Photoshop CS6 淘宝美工完全实例教程

培训教材版

宋丽颖 编著

人民邮电出版社
北京

图书在版编目（CIP）数据

Photoshop CS6淘宝美工完全实例教程 ：培训教材版/
宋丽颖编著. -- 北京 ：人民邮电出版社，2021.1（2024.1重印）
ISBN 978-7-115-54312-7

Ⅰ. ①P… Ⅱ. ①宋… Ⅲ. ①图像处理软件－教材
Ⅳ. ①TP391.413

中国版本图书馆CIP数据核字(2020)第116191号

内 容 提 要

这是一本全面介绍如何使用 Photoshop 完成淘宝网店设计工作的教程。本书主要针对零基础读者编写，是入门级读者快速、全面掌握 Photoshop 淘宝网店设计的实例参考书。

全书共 281 个实例，从 Photoshop 的基础操作入手，从易到难地介绍了淘宝网店设计中商品的修图/抠图/调色、文字的处理、场景图的合成、店标的设计、店招的设计、公告模板的设计、促销页面的设计、导航条的设计、陈列展示区的设计、收藏区的设计、客服区的设计、分类引导页面的设计、店铺页尾的设计、商品描述区的设计、促销活动海报的设计和整店装修等内容。

本书提供了学习资源，其中包含本书所有实例需要的素材文件、实例文件和 760 分钟在线教学视频，供读者查看及学习。

本书非常适合作为初、中级读者的入门及提高参考书，尤其适用于零基础读者。

◆ 编　　著　宋丽颖
　责任编辑　张丹阳
　责任印制　马振武
◆ 人民邮电出版社出版发行　　北京市丰台区成寿寺路 11 号
　邮编　100164　　电子邮件　315@ptpress.com.cn
　网址　https://www.ptpress.com.cn
　北京九州迅驰传媒文化有限公司印刷
◆ 开本：800×1000　1/16　　彩插：12
　印张：26.5　　2021 年 1 月第 1 版
　字数：973 千字　　2024 年 1 月北京第 5 次印刷

定价：79.00 元

读者服务热线：(010)81055410　印装质量热线：(010)81055316
反盗版热线：(010)81055315
广告经营许可证：京东市监广登字 20170147 号

实例 007

实例名称 查看与更改画布尺寸 38页

学习目标 掌握查看与更改画布尺寸的方法

实例 045

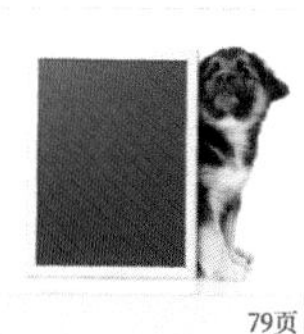

实例名称 翻转商品图像 79页

学习目标 掌握翻转商品图像的方法

实例 046

实例名称 通过斜切命令制作商品投影效果 80页

学习目标 掌握斜切命令制作商品投影效果的方法

实例 047

实例名称 通过扭曲命令还原商品图像 81页

学习目标 掌握使用扭曲命令还原商品图像的方法

实例 049

实例名称 通过仿制图章工具去除商品背景杂物 83页

学习目标 掌握使用仿制图章工具去除商品背景杂物的方法

实例 050

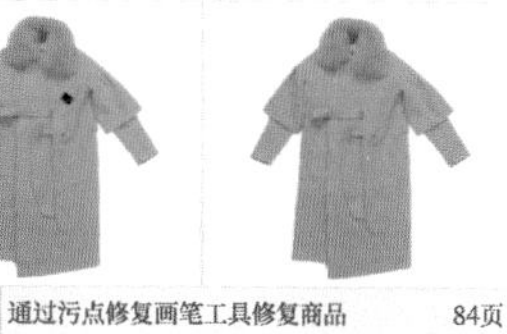

实例名称 通过污点修复画笔工具修复商品 84页

学习目标 掌握使用污点修复画笔工具修复商品的方法

实例 053

实例名称 通过内容感知移动工具制作重复图像 87页

学习目标 掌握使用内容感知移动工具制作重复图像的方法

实例 054

实例名称 通过红眼工具修复红眼 88页

学习目标 掌握使用红眼工具修复红眼的方法

实例 055

实例名称 使用历史记录画笔工具为人物磨皮 89页

学习目标 掌握使用历史记录画笔工具为人物磨皮的方法

实例 059

实例名称 通过油漆桶改变商品颜色 94页

学习目标 掌握使用油漆桶改变商品颜色的方法

实例 061

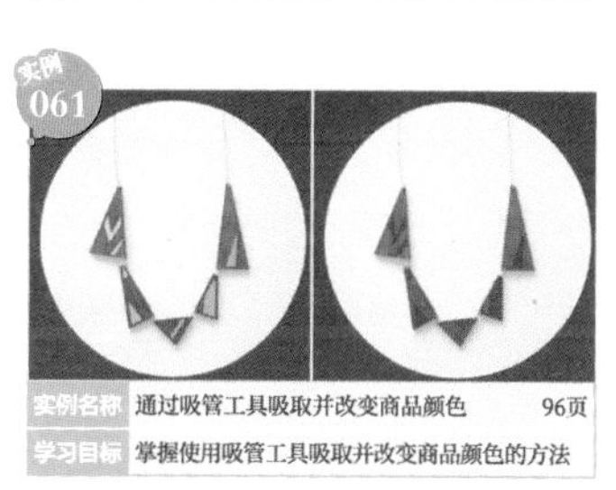

实例名称 通过吸管工具吸取并改变商品颜色 96页

学习目标 掌握使用吸管工具吸取并改变商品颜色的方法

实例 062

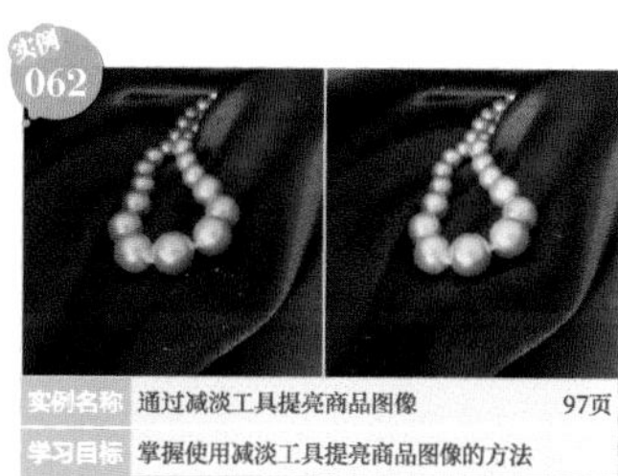

实例名称 通过减淡工具提亮商品图像 97页

学习目标 掌握使用减淡工具提亮商品图像的方法

实例 066

实例名称 如何设置预设动态画笔 101页

学习目标 掌握设置预设动态画笔的方法

实例 068

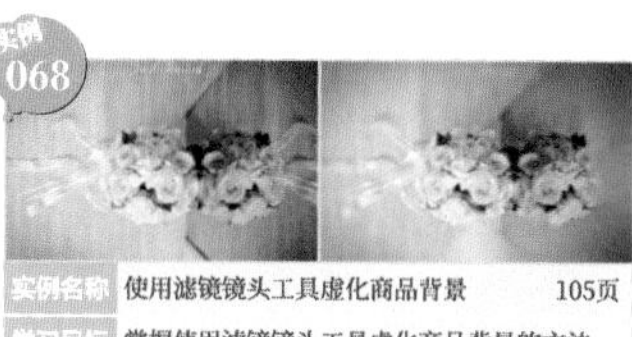

实例名称 使用滤镜镜头工具虚化商品背景 105页

学习目标 掌握使用滤镜镜头工具虚化商品背景的方法

实例 069

实例名称 使用滤镜模糊工具虚化商品图像 107页

学习目标 掌握使用滤镜模糊工具虚化商品图像的方法

实例 064

实例名称 通过模糊工具虚化商品背景 99页

学习目标 掌握使用模糊工具虚化商品背景的方法

实例 070

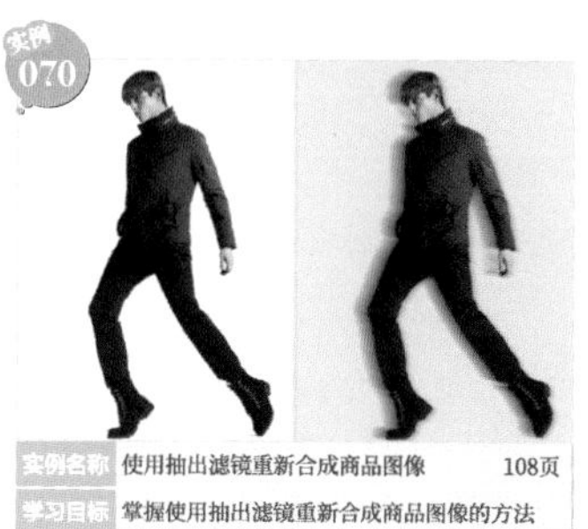

实例名称 使用抽出滤镜重新合成商品图像 108页

学习目标 掌握使用抽出滤镜重新合成商品图像的方法

实例 072

实例名称 使用液化滤镜精修商品图像 110页

学习目标 掌握使用液化滤镜精修商品图像的方法

实例 075

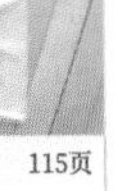

实例名称 使用套索工具抠取商品 115页

学习目标 掌握使用套索工具抠取商品的方法

实例 079

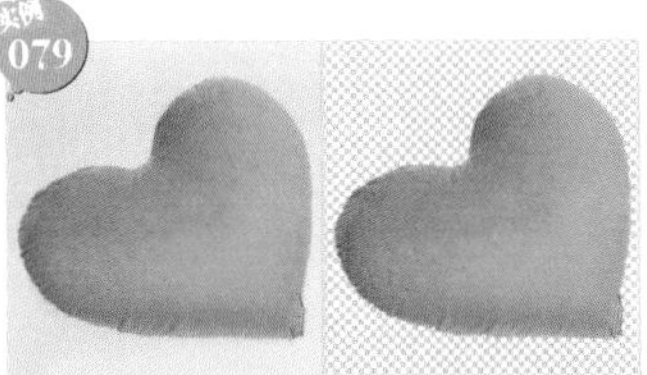

实例名称 通过魔棒工具抠取白色背景 120页

学习目标 掌握使用魔棒工具抠取白色背景的方法

实例 081

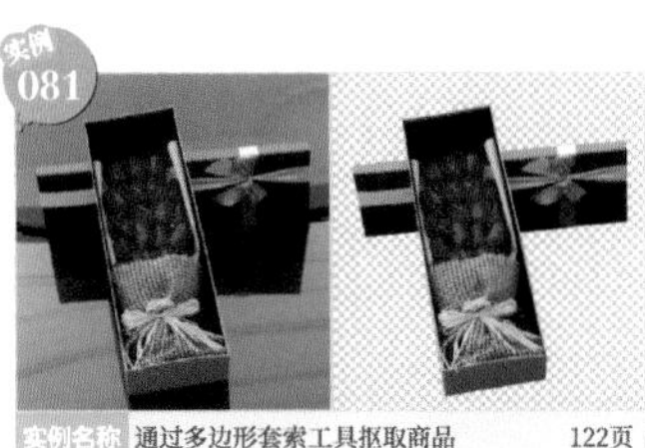

实例名称 通过多边形套索工具抠取商品 122页

学习目标 掌握使用多边形套索工具抠取商品的方法

实例 082

实例名称 通过快速选择工具抠取商品 123页

学习目标 掌握使用快速选择工具抠取商品的方法

实例 086

实例名称 通过反向命令抠取商品 127页

学习目标 掌握运用反向命令抠取商品的方法

实例 088

实例名称 通过背景橡皮擦工具抠取商品 129页

学习目标 掌握使用背景橡皮擦工具抠取商品的方法

实例 089

实例名称 通过魔术橡皮擦抠取商品 130页

学习目标 掌握使用魔术橡皮擦抠取商品的方法

实例 090

实例名称 通过钢笔工具绘制直线路径抠取商品 131页

学习目标 掌握使用钢笔工具绘制直线路径抠取商品的方法

实例 091

实例名称 通过钢笔工具绘制曲线路径抠取商品 132页

学习目标 掌握使用钢笔工具绘制曲线路径抠取商品的方法

实例 093

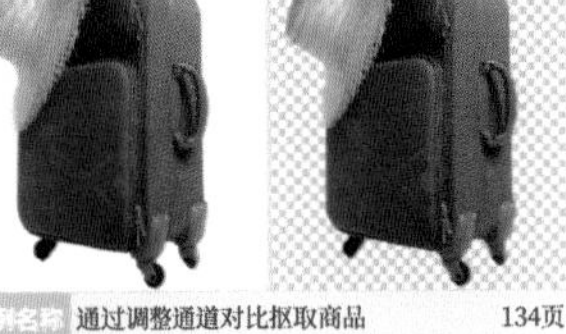

实例名称 通过调整通道对比抠取商品 134页

学习目标 掌握使用通道对比抠取商品的方法

实例 094

实例名称 利用通道差异性抠取商品 136页

学习目标 掌握利用通道差异性抠取商品的方法

实例 097

实例名称 通过正片叠底模式抠取商品 139页

学习目标 掌握使用正片叠底模式抠取商品的方法

实例 077

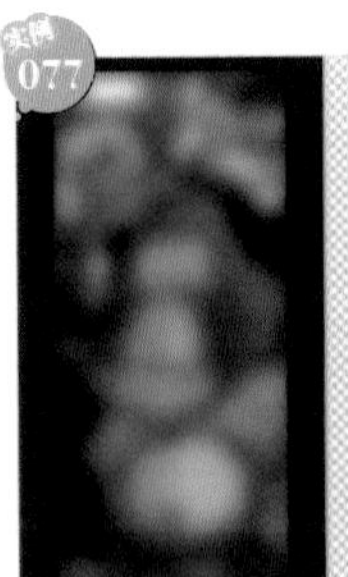

实例名称 通过绘制圆角矩形路径抠取商品 118页

学习目标 掌握使用圆角矩形工具抠取商品的方法

实例 101

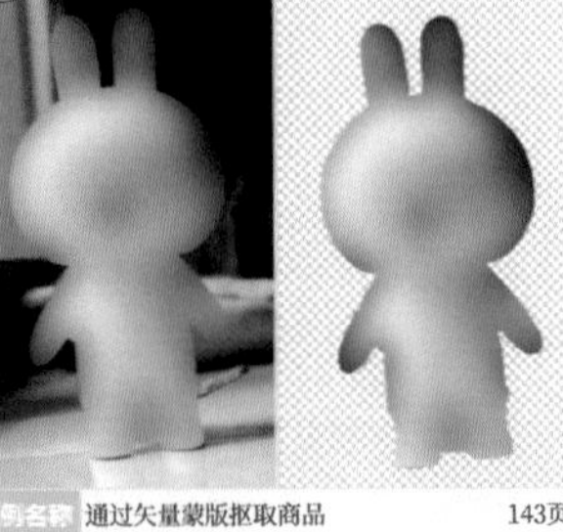

实例名称 通过矢量蒙版抠取商品 143页

学习目标 掌握使用矢量蒙版抠取商品的方法

实例 102

实例名称 通过调整边缘命令抠取商品 144页

学习目标 掌握使用调整边缘命令抠取商品的方法

实例104

实例名称 通过自动色调命令调整商品色调 147页

学习目标 掌握使用自动色调命令调整商品色调的方法

实例105

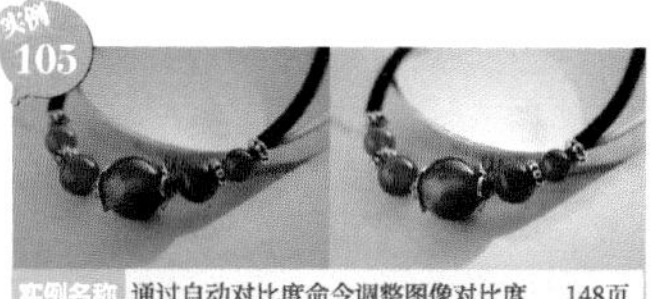

实例名称 通过自动对比度命令调整图像对比度 148页

学习目标 掌握使用自动对比度调整图像对比度的方法

实例106

实例名称 通过自动颜色命令校正偏色商品图像 149页

学习目标 掌握使用自动颜色命令校正偏色商品图像的方法

实例107

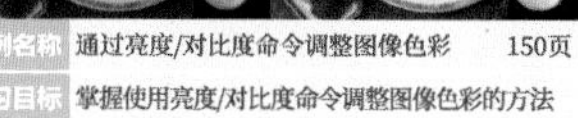

实例名称 通过亮度/对比度命令调整图像色彩 150页

学习目标 掌握使用亮度/对比度命令调整图像色彩的方法

实例109

实例名称 通过曲线命令调整商品图像色调 152页

学习目标 掌握使用曲线命令调整商品图像色调的方法

实例111

实例名称 通过自然饱和度命令调整商品图像饱和度 154页

学习目标 掌握使用自然饱和度命令调整商品图像饱和度的方法

实例108

实例名称 通过色阶命令调整商品图像亮度范围 151页

学习目标 掌握使用色阶命令调整商品图像亮度范围的方法

实例110

实例名称 通过曝光度命令调整商品图像曝光度 153页

学习目标 掌握使用曝光度命令调整商品图像曝光度的方法

实例112

实例名称 通过替换颜色命令替换商品图像颜色 155页

学习目标 掌握使用替换颜色命令替换商品图像颜色的方法

实例114

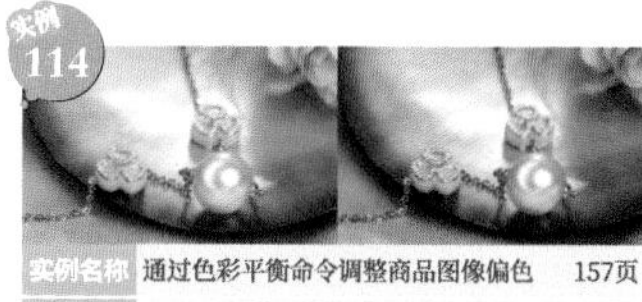

实例名称 通过色彩平衡命令调整商品图像偏色 157页

学习目标 掌握使用色彩平衡命令调整商品图像偏色的方法

实例117

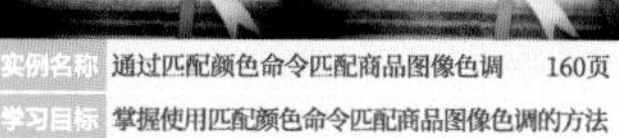

实例名称 通过匹配颜色命令匹配商品图像色调 160页

学习目标 掌握使用匹配颜色命令匹配商品图像色调的方法

实例120

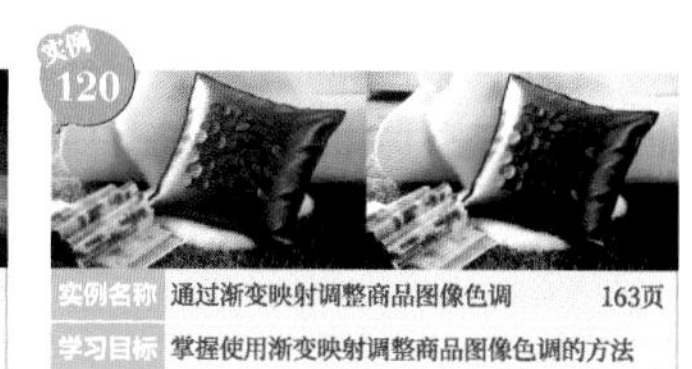

实例名称 通过渐变映射调整商品图像色调 163页

学习目标 掌握使用渐变映射调整商品图像色调的方法

实例113

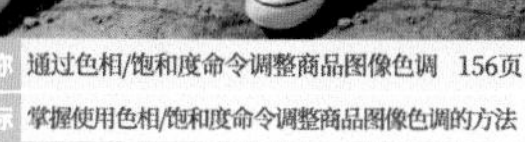

实例名称 通过色相/饱和度命令调整商品图像色调 156页

学习目标 掌握使用色相/饱和度命令调整商品图像色调的方法

实例123

实例名称 通过去色命令制作灰度商品图像 166页

学习目标 掌握使用去色命令制作灰度商品图像的方法

实例125

实例名称 通过HDR色调命令调整商品图像色调 168页

学习目标 掌握使用HDR色调命令调整商品图像色调的方法

实例115

实例名称 通过可选颜色命令改变商品图像颜色 158页

学习目标 掌握使用可选颜色命令改变商品图像颜色的方法

实例119

实例名称 通过反相命令调整商品图像颜色 162页

学习目标 掌握使用反相命令调整商品图像颜色的方法

实例121

实例名称 通过阴影/高光调整商品图像明暗 164页

学习目标 掌握使用阴影/高光调整商品图像明暗的方法

实例128

实例名称	单列文字的添加	173页
学习目标	掌握单列文字的添加方法	

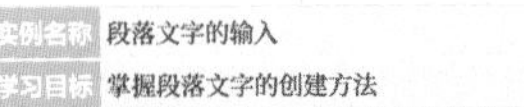

实例129

实例名称	段落文字的输入	174页
学习目标	掌握段落文字的创建方法	

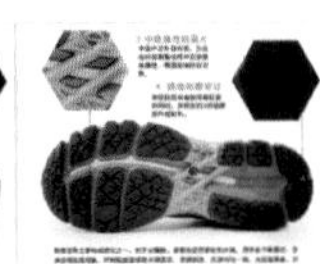

实例131

实例名称	描述段落的属性	177页
学习目标	掌握描述段落属性的方法	

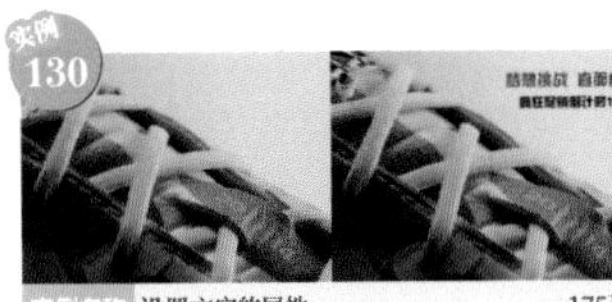

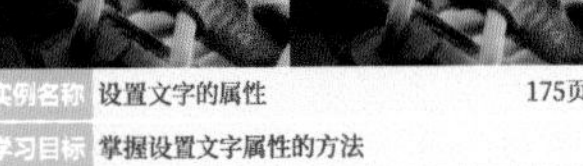

实例130

实例名称	设置文字的属性	175页
学习目标	掌握设置文字属性的方法	

实例137

实例名称	文字位置的排列	186页
学习目标	掌握文字位置的排列方法	

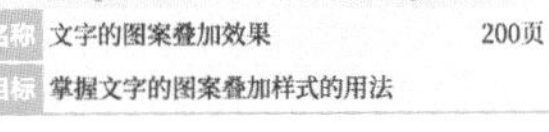

实例148

实例名称	文字的图案叠加效果	200页
学习目标	掌握文字的图案叠加样式的用法	

实例149

实例名称	批处理图像文件	202页
学习目标	掌握批处理图像文件的方法	

实例150

实例名称	网页切片的制作	203页
学习目标	掌握网页切片的制作方法	

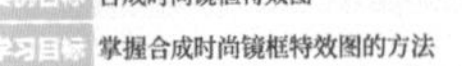

实例154

实例名称	合成时尚镜框特效图	212页
学习目标	掌握合成时尚镜框特效图的方法	

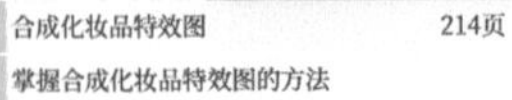

实例155

实例名称	合成化妆品特效图	214页
学习目标	掌握合成化妆品特效图的方法	

实例158

实例名称	合成女装特效图	219页
学习目标	掌握合成女装特效图的方法	

实例 157

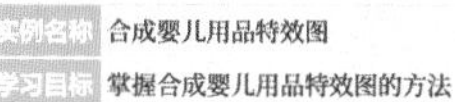

实例名称	合成婴儿用品特效图	218页
学习目标	掌握合成婴儿用品特效图的方法	

实例 171

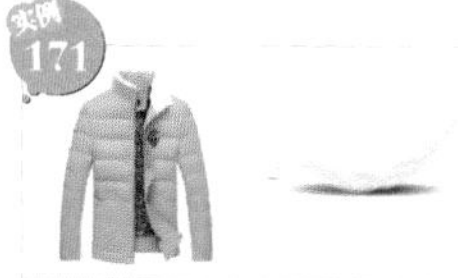

实例名称	合成羽绒服特效图	245页
学习目标	掌握合成羽绒服特效图的方法	

实例 166

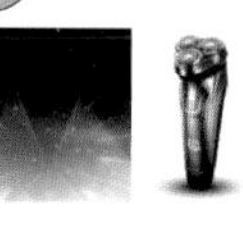

实例名称	合成剃须刀特效图	236页
学习目标	掌握合成剃须刀特效图的方法	

实例 167

实例名称	合成燕窝特效图	237页
学习目标	掌握合成燕窝特效图的方法	

实例 168

实例名称	合成女包特效图	240页
学习目标	掌握合成女包特效图的方法	

实例 172

实例名称	烘焙类店标的设计	248页
学习目标	掌握烘焙类店标的设计方法	

实例 173

实例名称	糖果类店标的设计	249页
学习目标	掌握糖果类店标的设计方法	

实例 174

实例名称	宠物类店标的设计	252页
学习目标	掌握宠物类店标的设计方法	

实例 175

实例名称	水产品类店标的设计	253页
学习目标	掌握水产品类店标的设计方法	

实例 177

实例名称	天然产品类店标的设计	255页
学习目标	掌握天然产品类店标的设计方法	

实例 178

实例名称	女士礼服类店标的设计	256页
学习目标	掌握女士礼服类店标的设计方法	

实例 176

实例名称	女装类店标的设计	254页
学习目标	掌握女装类店标的设计方法	

实例 179

实例名称	创意餐具类店标的设计	257页
学习目标	掌握创意餐具类店标的设计方法	

实例 181

实例名称	天然茶类店标的设计	259页
学习目标	掌握天然茶类店标的设计方法	

实例 182

实例名称 名表店招的设计

学习目标 掌握名表店招的设计方法

实例 183

实例名称 直饮净水器店招的设计 264页

学习目标 掌握直饮净水器店招的设计方法

实例 184

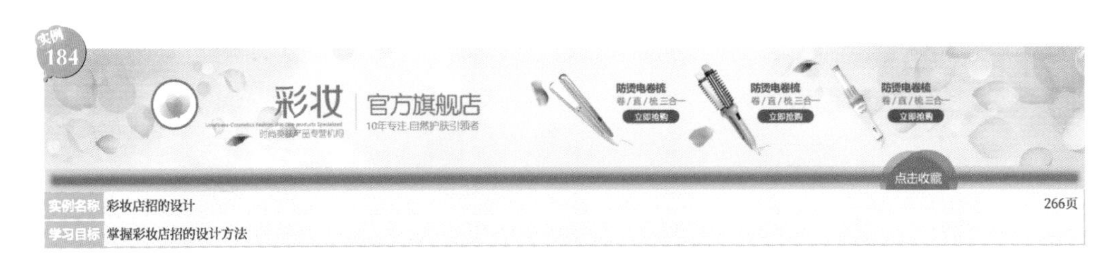

实例名称 彩妆店招的设计 266页

学习目标 掌握彩妆店招的设计方法

实例 185

实例名称 时尚女装店招的设计 269页

学习目标 掌握时尚女装店招的设计方法

实例 186

实例名称 男士品牌皮鞋店招的设计 271页

学习目标 掌握男士品牌皮鞋店招的设计方法

实例 188

实例名称 运动跑鞋店招的设计 276页

学习目标 掌握运动跑鞋店招的设计方法

实例 190

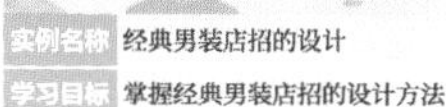

实例名称	经典男装店招的设计	281页
学习目标	掌握经典男装店招的设计方法	

实例 191

实例名称	宠物用品店招的设计	283页
学习目标	掌握宠物用品店招的设计方法	

实例 192

实例名称	新装上架公告的设计	286页
学习目标	掌握新装上架公告的设计方法	

实例 194

实例名称	店铺周年公告的设计	290页
学习目标	掌握店铺周年公告的设计方法	

实例 195

实例名称	店铺开张公告的设计	291页
学习目标	掌握店铺开张公告的设计方法	

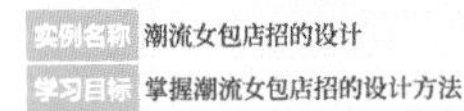

实例名称 潮流女包店招的设计 278页

学习目标 掌握潮流女包店招的设计方法

实例197

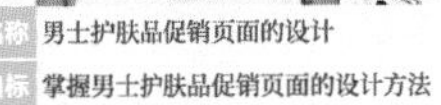

实例名称 男士护肤品促销页面的设计 296页

学习目标 掌握男士护肤品促销页面的设计方法

实例198

实例名称 初春女装促销页面的设计 298页

学习目标 掌握女装类促销页面的设计方法

实例199

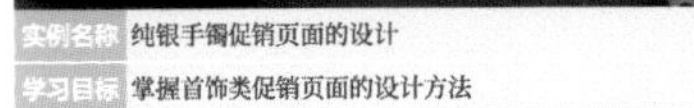

实例名称 纯银手镯促销页面的设计 299页

学习目标 掌握首饰类促销页面的设计方法

实例200

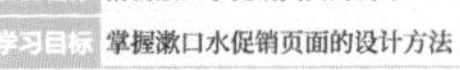

实例名称 清新漱口水促销页面的设计 300页

学习目标 掌握漱口水促销页面的设计方法

实例201

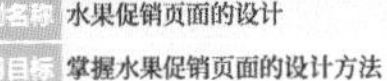

实例名称 水果促销页面的设计 301页

学习目标 掌握水果促销页面的设计方法

实例204

实例名称 帅气夹克促销页面的设计 306页

学习目标 掌握男装促销页面的设计方法

实例202

实例名称 新品女鞋促销页面的设计 303页

学习目标 掌握新品女鞋促销页面的设计方法

实例203

实例名称 舒适床品促销页面的设计 304页

学习目标 掌握床品促销页面的设计方法

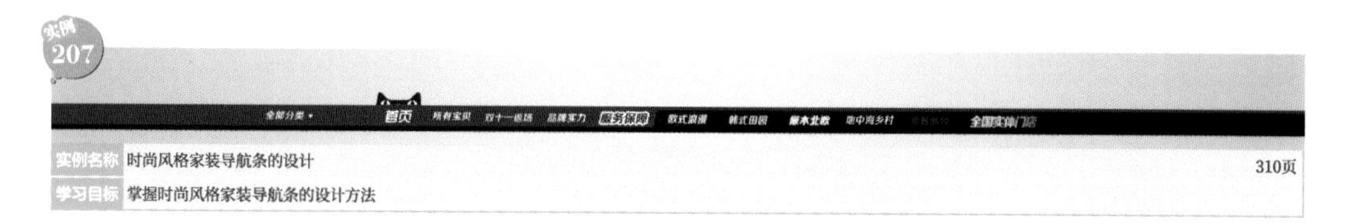

实例名称 时尚风格家装导航条的设计 310页

学习目标 掌握时尚风格家装导航条的设计方法

实例
208

店铺首页 热卖宝贝 9.9包邮专区 特价专区 保健用品 家居用品 婴儿专用 学生专用

所有宝贝 首页 店铺动态 品牌故事

实例名称 清爽风格家居导航条的设计 311页

学习目标 掌握清爽风格家居导航条的设计方法

实例名称 清新女装导航条的设计 315页

学习目标 掌握清新女装导航条的设计方法

实例名称 炫酷数码导航条的设计 316页

学习目标 掌握炫酷数码导航条的设计方法

实例名称 简约风格饰品导航条的设计 318页

学习目标 掌握简约风格饰品导航条的设计方法

实例名称 女装产品展示区的设计 326页

学习目标 掌握女装产品展示区的设计方法

实例名称 男装产品展示区的设计 328页

学习目标 掌握男装产品展示区的设计方法

实例 215

实例名称 品牌灯饰导航条的设计 322页

学习目标 掌握品牌灯饰导航条的设计方法

实例 219

实例名称 运动鞋展示区的设计 330页

学习目标 掌握运动鞋展示区的设计方法

实例 220

实例名称 婴儿产品展示区的设计 332页

学习目标 掌握婴儿产品展示区的设计方法

实例 221

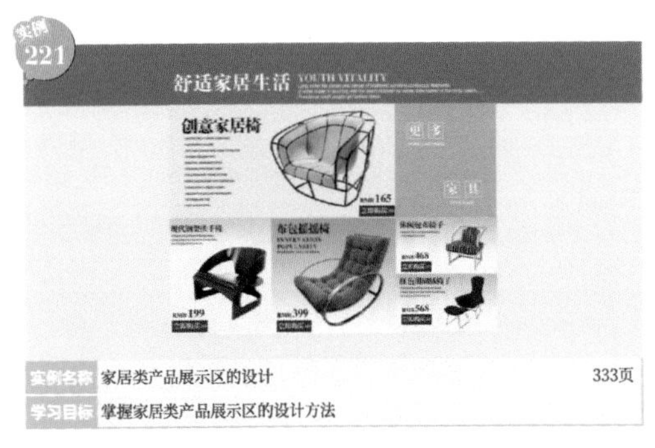

实例名称 家居类产品展示区的设计 333页

学习目标 掌握家居类产品展示区的设计方法

实例 222

实例名称 店铺大酬宾收藏区的设计 336页

学习目标 掌握优惠促销收藏区的设计方法

实例 224

实例名称 优惠券收藏区的设计 338页

学习目标 掌握优惠券收藏区的设计方法

实例 233

实例名称 体育用品分类引导页面的设计 354页

学习目标 掌握体育用品分类引导页面的设计方法

实例216

实例名称 精致风格导航条的设计 324页

学习目标 掌握精致风格导航条的设计方法

实例223

实例名称 精品女装收藏区的设计 337页

学习目标 掌握精品女装收藏区的设计方法

实例232

实例名称 家具类分类引导页面的设计 352页

学习目标 掌握家具类分类引导页面的设计方法

实例225

实例名称 新品上市收藏区的设计 340页

学习目标 掌握新品上市收藏区的设计方法

实例226

实例名称 优惠促销收藏区的设计 341页

学习目标 掌握优惠促销收藏区的设计方法

实例240

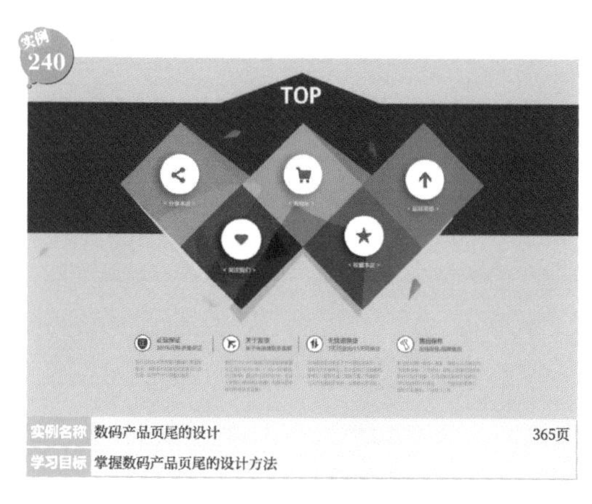

实例名称 数码产品页尾的设计 365页

学习目标 掌握数码产品页尾的设计方法

实例246

实例名称 休闲男装商品描述区的设计 375页

学习目标 掌握休闲男装商品描述区的设计方法

实例254

实例名称 浪漫情人节促销活动海报的设计

学习目标 掌握浪漫情人节促销活动海报的设计方法

390页

实例255

实例名称 女神节珠宝促销活动海报的设计

学习目标 掌握珠宝促销活动海报的设计方法

393页

实例259

实例名称 元旦数码产品促销活动海报的设计

学习目标 掌握元旦数码产品促销活动海报的设计方法

403页

实例 256

实例名称 圣诞节宠物用品促销活动海报的设计

学习目标 掌握圣诞节宠物用品促销活动海报的设计方法

395页

实例 257

实例名称 秋冬换季新品促销活动海报的设计

学习目标 掌握秋冬换季新品促销活动海报的设计方法

397页

实例 258

实例名称 “双11”家具促销活动海报的设计

学习目标 掌握“双11”家具促销活动海报的设计方法

400页

实例 260

实例名称 "6·18"淘宝狂欢节促销活动海报的设计

学习目标 掌握淘宝狂欢节促销活动海报的设计方法

405页

实例 267

实例名称 开学特惠节促销活动海报的设计

学习目标 掌握开学特惠节促销活动海报的设计方法

419页

实例 261

实例名称 男士皮包特惠促销活动海报的设计

学习目标 掌握男士皮包特惠促销活动海报的设计方法

408页

实例 263

实例名称 春款女装上新促销活动海报的设计

学习目标 掌握春款女装上新促销活动海报的设计方法

411页

实例 264

实例名称 国庆特惠促销活动海报的设计

学习目标 掌握国庆特惠促销活动海报的设计方法

412页

实例 266

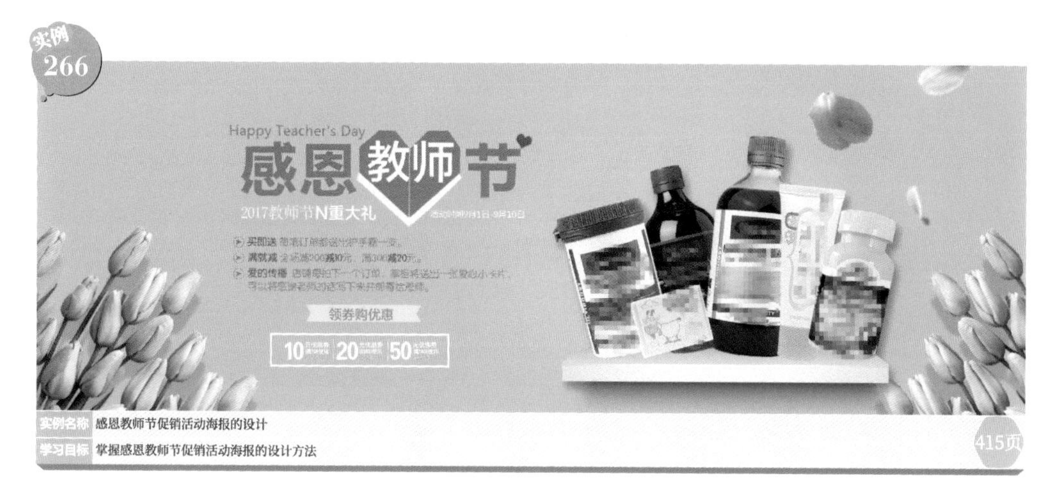

实例名称 感恩教师节促销活动海报的设计

学习目标 掌握感恩教师节促销活动海报的设计方法

415页

实例 268

实例名称 感恩母亲节促销活动海报的设计

学习目标 掌握感恩母亲节促销活动海报的设计方法

421页

实例 205

实例名称 精致女包促销页面的设计

学习目标 掌握精致女包促销页面的设计方法

307页

实例 206

实例名称 男士皮包促销页面的设计

学习目标 掌握男士皮包促销页面的设计方法

308页

实例 269

实例名称 年货盛宴促销活动海报的设计

学习目标 掌握年货盛宴促销活动海报的设计方法

423页

实例 270

实例名称 “双12”购物狂欢节促销活动海报的设计

学习目标 掌握“双12”购物狂欢节促销活动海报的设计方法

426页

实例名称 淘宝零点抢购特惠活动海报的设计

学习目标 掌握淘宝零点抢购特惠活动海报的设计方法

414页

实例名称 天猫儿童节促销活动海报的设计

学习目标 掌握天猫儿童节促销活动海报的设计方法

429页

实例名称 “5·1”巨惠家电促销活动海报的设计

学习目标 掌握家电促销活动海报的设计方法

432页

实例 275

实例名称 婴儿服饰店铺装修设计

学习目标 掌握婴儿服饰店铺装修的设计方法

442页

实例 276

实例名称 古墨茶叶店铺装修设计

学习目标 掌握古墨茶叶店铺装修的设计方法

443页

实例名称 简约家居店铺装修设计

学习目标 掌握简约家居店铺装修的设计方法

445页

实例名称 暖色调坚果店铺装修设计

学习目标 掌握暖色调坚果店铺装修的设计方法

446页

实例 280

实例名称 时尚男装店铺装修设计

学习目标 掌握时尚男装店铺装修的设计方法

447页

实例 281

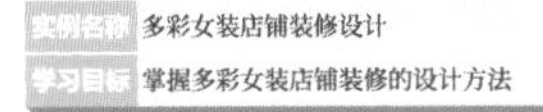

实例名称 多彩女装店铺装修设计

学习目标 掌握多彩女装店铺装修的设计方法

448页

前言

Photoshop作为Adobe公司旗下的图像处理软件，应用领域广泛，是进行淘宝网店设计的利器。本书就是一本通过Photoshop来完成淘宝网店设计的实战型教程图书，全书包含了目前较为流行的淘宝店铺装修设计案例，深入剖析了在设计中的一些重要技术，覆盖全面、内容丰富、语言简练，对读者的学习与实践有非常好的参考、借鉴价值。

本书内容

全书共有281个实例，分为20章，包含了Photoshop淘宝网店设计的重要工具和淘宝网店设计涉及的大部分技术。

第1章 Photoshop淘宝美工初步入门，主要介绍了Photoshop在淘宝网店设计中的基础工具和具体操作方法。

第2章 装饰与修复商品图像，主要介绍如何使用Photoshop对淘宝商品图像进行修复、调整和美化。

第3章 商品的抠图技巧，主要介绍如何使用套索工具、魔棒工具和反向命令等来抠取相关商品。

第4章 商品图的调色处理，主要介绍如何使用自动色调、亮度/对比度和色相/饱和度等命令来调整商品的颜色和效果。

第5章 商品文字的处理，主要介绍如何处理段落文字、单列文字的蒙版效果、文字路径形状和文字图案叠加效果等。

第6章 Photoshop在淘宝网店装修中的高级应用，主要介绍如何使用Photoshop进行商品图的批量处理、网页切片的制作和水印的添加。

第7章 商品场景图的合成，主要介绍如何制作电器、女装、男装、婴儿用品、化妆品和女包等20种商品的场景特效图。

第8章 淘宝店铺店标的设计，主要介绍如何设计糖果类、女装类、男装类和宠物类等10类网店的店标。

第9章 淘宝店铺首页店招的设计，主要介绍如何设计时尚女装、运动跑鞋、潮流女包和经典男装等10类网店的首页店招。

第10章 公告模板的设计，主要介绍如何设计新装上架、店铺发货、店铺周年、店铺开张和店铺放假的公告模板。

第11章 促销页面的设计，主要介绍如何设计男士护肤品、初春女装、热卖水果和舒适床品等10类商品的促销页面。

第12章 淘宝导航条的设计，主要介绍如何设计家装、家居、母婴用品和女装等10类不同风格的导航条。

第13章 宝贝陈列展示区的设计，主要介绍如何设计女装、男装、运动鞋、婴儿和家居商品等的展示区。

第14章 店铺收藏区的设计，主要介绍如何设计店铺大酬宾、精品女装、优惠券、新品上市和优惠促销等的收藏区。

第15章 客服区的设计，主要介绍如何设计素雅、简约、暗红色调、可爱和卡通等风格的客服区。

第16章 分类引导页面的设计，主要介绍如何设计家具、体育用品、头饰、女装和数码产品等的分类引导页面。

第17章 店铺页尾的设计，主要介绍如何设计购物须知、五星好评、简约风格、数码产品和女装产品等的店铺页尾。

第18章 店铺商品描述区的设计，主要介绍如何设计家居、生活用品、休闲男装、牛仔裤、男士西服和婴儿服饰等的商品描述区。

第19章 促销活动海报的设计，主要介绍如何设计情人节、圣诞节、“6·18”淘宝狂欢节和“双12”购物狂欢节等20个促销活动案例的海报。

第20章 店铺整体装修设计，主要介绍如何设计婴儿服饰、古墨茶叶、护肤用品和时尚男装等8类店铺的整体装修。

结构特色

全书的工具和技法都以实例的形式进行讲解，为了方便读者学习和检索相关资源，本书在编排上做了以下设计。

视频文件：学习资源中多媒体教学文件的存储路径，读者可以根据该路径找到相关视频并观看。

素材文件：学习资源中素材文件的存储路径，读者可以根据该路径找到相关文件，并根据书中步骤进行操作。

实例文件：学习资源中最终文件的存储路径，读者可以根据该路径找到相关文件，并查看和对照相关参数。

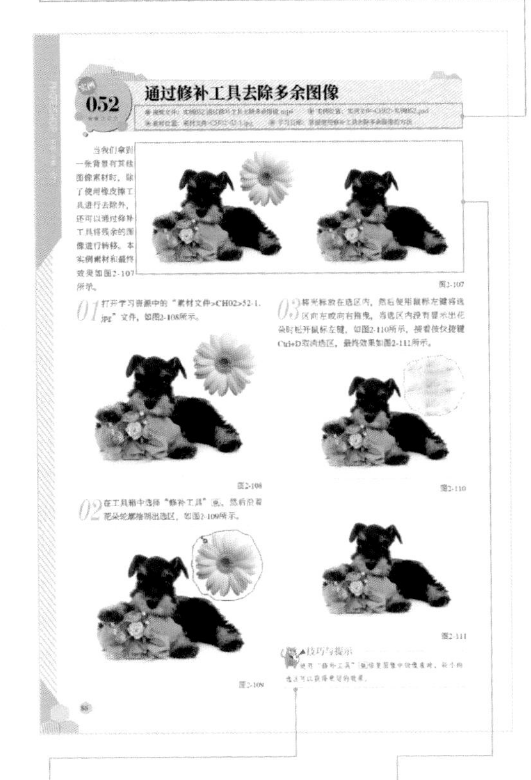
实例 052 通过修补工具去除多余图像

当我们拿到一张背景有其他图像素材时，除了使用橡皮擦工具进行去除外，还可以通过修补工具将残余的图像进行转移。本实例素材和最终效果如图2-107所示。

图2-107

01 打开学习资源中的“素材文件>CH02>52-1.jpg”文件，如图2-108所示。

图2-108

02 在工具箱中选择“修补工具”，然后沿着花朵轮廓绘制出选区，如图2-109所示。

图2-109

03 将光标放在选区内，然后使用鼠标左键将选区向左或向右拖曳，当选区内没有显示出花朵时松开鼠标左键，如图2-110所示，接着使快捷键Ctrl+D取消选区，最终效果如图2-111所示。

图2-110

图2-111

技巧与提示

88

实例 274 数码店铺装修设计

本实例是为数码店铺设计和制作首页，因为是数码类的产品，要尽可能体现产品的科技感，所以在颜色上选取黑、白和灰这3种颜色作为页面的主题色调，设计中心围绕着产品，以实现清晰明了的视觉效果来吸引顾客的注意。本实例最终效果如图20-1所示，版式结构如图20-2所示。

图20-1

图20-2

01 按快捷键Ctrl+N新建一个文件，然后选择“矩形工具”，接着在选项栏中设置“填充”为（R:51，G:51，B:51），接着绘制出一个的矩形，如图20-3所示。

02 在选项栏中设置“填充”为（R:196，G:0，B:0），然后继续使用“矩形工具”在图像中绘制一个矩形，效果如图20-4所示。

03 在选项栏中设置“填充”为白色，“描边”为（R:196，G:0，B:0），然后绘制一个矩形边框，效果如图20-5所示。

图20-5

04 使用“横排文字工具”输入相应的文字信息，效果如图20-6所示。

图20-3 图20-4

图20-6

技巧与提示：一些操作过程中的小方法和问题的其他解决方案，可以帮助读者快速解决问题。

素材/最终效果图：方便读者直观地观察案例的目的和作用，让读者能快速掌握当前案例的重要技术点。

效果图/版式图：方便读者掌握淘宝网店设计的具体方法和宏观思路，让读者能细致地学习淘宝网店设计的技法。

资源服务

本书附带“学习资源”，内容包括本书281个实例需要的素材文件、实例文件（最终完成文件）和在线教学视频。读者扫描封底的二维码可得到素材和实例文件的获取和视频的观看方式。广大读者在学习和资源使用过程中如有疑问，可通过图书服务群与我们联系，我们将竭诚为您服务。

编者

2020年4月

目录

金利名表旗舰店
NOBLE QUAITY

第7章 商品场景图的合成 205

第8章 淘宝店铺店标的设计 247

第9章 淘宝店铺首页店招的设计 261

第10章 公告模板的设计 285

第11章 促销页面的设计 295

第12章 淘宝导航条的设计 309

第1章

Photoshop淘宝美工初步入门

本章关键实例导航

Photoshop界面组成

- 视频文件：无
- 素材位置：无
- 实例位置：无
- 学习目标：了解Photoshop界面的组成部分和基本操作

Photoshop是一款处理平面图像的专业软件，更是专业设计人员的首选软件。在淘宝网店设计中，它是淘宝美工的必备软件。启动Photoshop CS6，可看到其工作界面包含菜单栏、选项栏、标题栏、工具箱、状态栏、文档窗口和各式各样的面板等，如图1-1所示。

图1-1

Photoshop界面详解

菜单栏：Photoshop CS6的菜单栏中包含11组主菜单，分别是“文件”“编辑”“图像”“图层”“文字”“选择”“滤镜”、3D、“视图”“窗口”和“帮助”等，如图1-2所示。单击相应的主菜单，即可打开该菜单的子命令，如图1-3所示。

文件(F) 编辑(E) 图像(I) 图层(L) 文字(Y) 选择(S) 滤镜(T) 3D(D) 视图(V) 窗口(W) 帮助(H)

图1-2

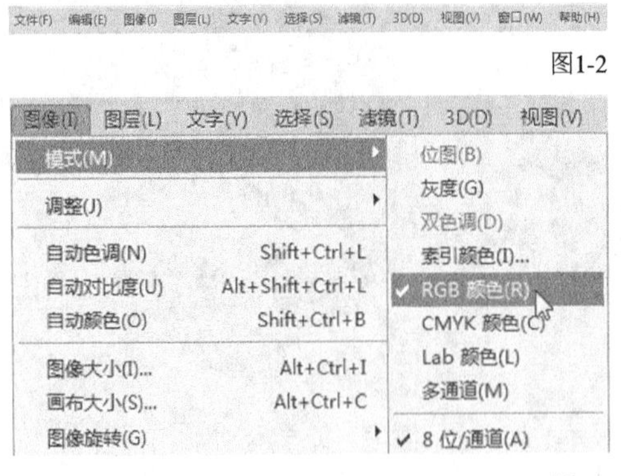

图1-3

标题栏：打开一个文件后，Photoshop会自动创建一个标题栏，标题栏中会显示这个文件的名称、格式、窗口缩放比例及颜色模式等信息。

文档窗口：文档窗口是显示打开图像的地方。如果只打开了一张图片，则只有一个文档窗口；如果打开了多张图片，则文档窗口会以选项卡的形式并排，如图1-4所示。单击文档窗口可以进行文档之间的切换。

图1-4

技巧与提示

在默认情况下，打开的所有的文件都会以选项卡的形式紧挨在一起。按住鼠标左键拖曳文档窗口的标题栏，可以将其设置为浮动窗口，如图1-5所示。

图1-5

工具箱：工具箱中集合了Photoshop CS6的大部分工具，这些工具共分为11组，如图1-6所示。

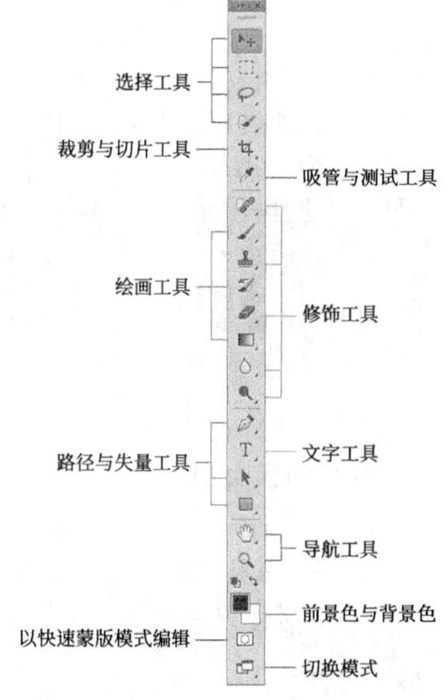

图1-6

技巧与提示

工具箱可以折叠起来。单击工具箱顶部的展开图标，可以将其展开为双栏，如图1-7所示。此时，展开图标会变成折叠图标，如果单击折叠图标，即可将工具箱还原为单栏。另外，将鼠标光标放置在上，按住鼠标左键进行拖曳，即可将工具箱设置为悬浮状态（将工具箱拖曳到原处，可以将其还原为停靠状态）。

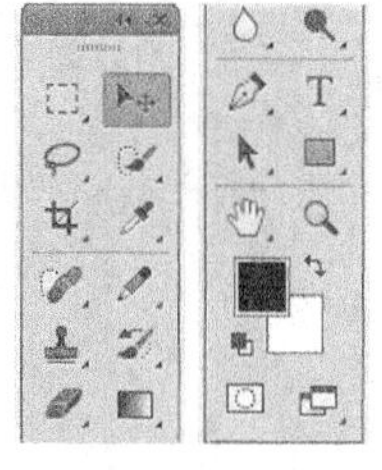

图1-7

选项栏：选项栏主要用于设置工具的参数，不同工具的选项栏是不同的。例如，当选择“移动工具”时，其选项栏显示图1-8所示的内容。

自动选择： 图层 显示变换控件

图1-8

状态栏：状态栏位于工作界面的最底部，可以显示当前文档的大小、文档尺寸、当前工具和窗口缩放比例等信息，单击状态栏中的三角形图标▶，可以设置要显示的内容，如图1-9所示。

图1-9

技巧与提示

观察图1-9所示的内容，其下拉菜单有很多参数，下面具体说明。

Adobe Drive：显示当前文档的Version Cue工具组状态。

文档大小：显示当前文档中图像的数据量信息，如图1-10所示。左侧的数值表示合并图层并保存文件后的大小；右侧的数值表示不合并图层与不删除通道的近似大小。

文档:6.59M/6.59M

图1-10

文档配置文件：显示当前图像所使用的颜色模式。

文档尺寸：显示当前文档的尺寸。

测量比例：显示当前文档的像素比例，如1像素=1.0000像素。

暂存盘大小：显示图像处理的内存与Photoshop暂存盘的内存信息。

效率：显示操作当前文档所花费时间的百分比。

计时：显示完成上一步操作所花费的时间。

当前工具：显示当前选择的工具名称。

32位曝光：这是Photoshop 提供的预览调整功能，以使显示器显示的HDR图像的高光和阴影不会太暗或出现褪色现象。该选项只有在文档窗口中显示HDR图像时才可用。

存储进度：在保存文件时，显示保存的进度。

实例 002 ★☆☆☆☆

调出需要用到的面板

视频文件：无　　实例位置：无
素材位置：无　　学习目标：了解Photoshop界面的相关面板的使用方法

Photoshop CS6有很多面板，这些面板主要用于编辑图像、控制操作和设置参数等。执行“窗口”菜单下的命令可以关闭或显示这些面板，如图1-11所示。例如，执行“窗口>色板”菜单命令，使“色板”命令处于勾选状态，可以在工作界面中显示出“色板”面板。

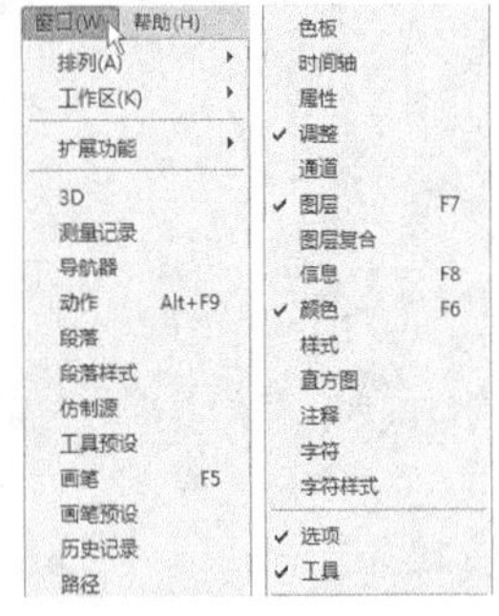

图1-11

折叠/展开/关闭面板

在默认情况下，界面中的面板都处于展开状态，如图1-12所示。单击面板右上角的折叠图标，可以将面板折叠起来，同时折叠图标会变成展开图标（单击该图标可以展开面板），如图1-13所示。另外，单击关闭图标，可以关闭面板。

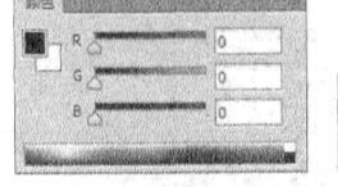

图1-12　图1-13

▲技巧与提示

如何将关闭后的面板重新调出，以“颜色”面板为例，可以执行“窗口>颜色”菜单命令或按F6键。

拆分面板

在默认情况，面板是以面板组的方式显示在工作界面中的，如“颜色”面板和“色板”面板就是组合在一起的，如图1-14所示。如果需要将某个面板组中的拖曳出来形成一个单独的面板，可以将鼠标光标放置在面板名称上，然后使用鼠标左键拖曳面板，将其拖曳为面板组，如图1-15和图1-16所示。

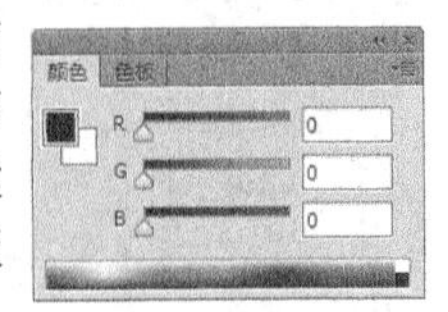

图1-14

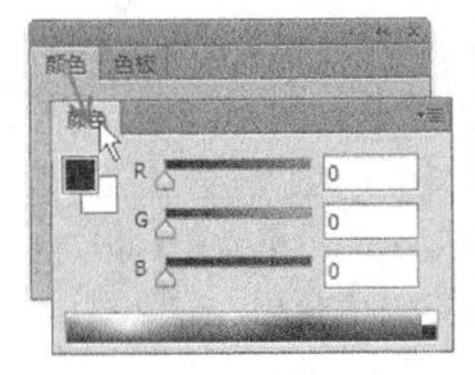

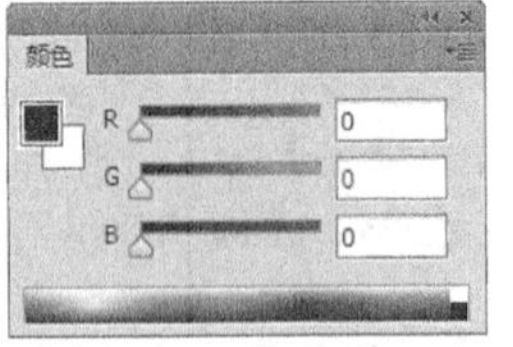

图1-15　图1-16

组合面板

如果要将一个单独的面板与其他面板组合在一起，可以将鼠标光标放置在该面板的名称上，然后使用鼠标左键将其拖曳到要组合的面板名称上，如图1-17和图1-18所示。

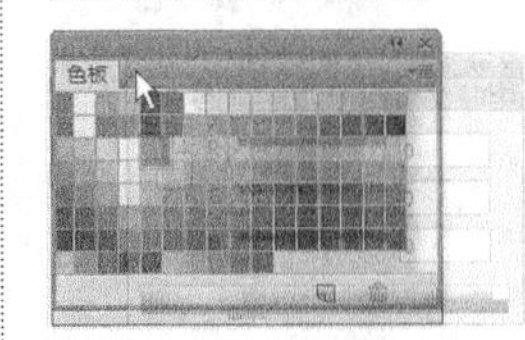

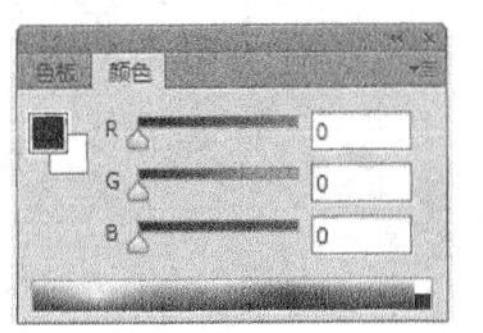

图1-17　图1-18

打开面板菜单

每个面板的右上角都有一个图标，单击该图标可以打开该面板的菜单选项，如图1-19所示。

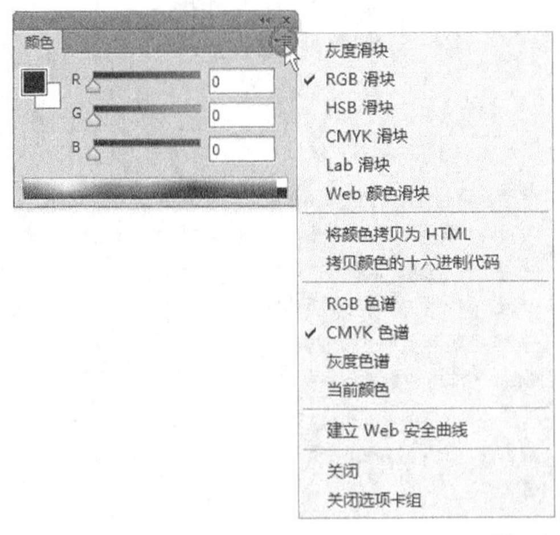

图1-19

实例003 新建一个商品文件

★☆☆☆☆

- 视频文件：无
- 实例位置：无
- 素材位置：无
- 学习目标：掌握如何新建商品图像文件

启动Photoshop后新建或打开一个图像文件，这时可根据需要新建一个图像文件，即新建一个空白的图像文件。

01 启动Photoshop CS6，然后在菜单栏中执行“文件>新建”命令，如图1-20所示。

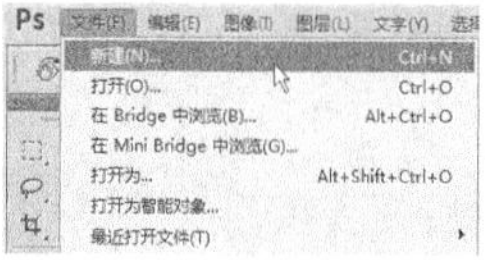

图1-20

02 打开“新建”对话框中，然后设置“名称”为“主题广告”，“预设”为“自定”，“宽度”为1280像素，“高度”为720像素，“分辨率”为72像素/英寸，“颜色模式”为“RGB颜色”，“背景内容”为“白色”，如图1-21所示。

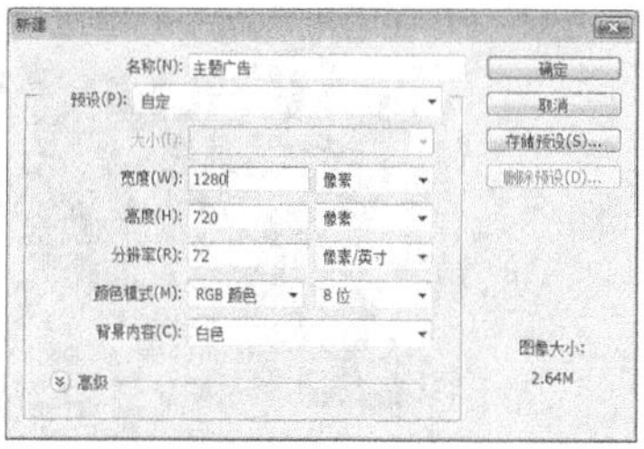

图1-21

技巧与提示

“新建”对话框详解。

名称：默认情况下，Photoshop将新文件命名为“未标题-1”；用户可以在这里为新文件命名，也可以在保存时再给文件命名；创建文件后，文件名会自动显示在文档窗口的标题栏中。

预设：可以预先定义好一些图像大小，在下拉列表框中可以选择不同的文档类型，如图1-22所示。

宽度/高度：可以用来设置文档的宽度和高度，在单位列表框中可以选择的单位如图1-23所示。

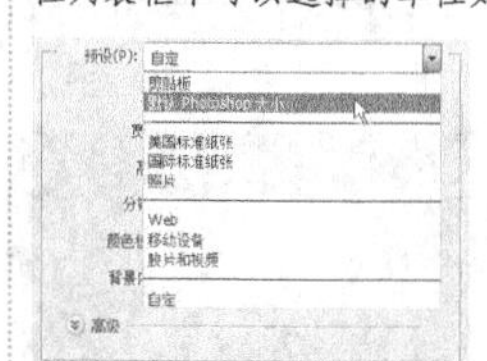

图1-22

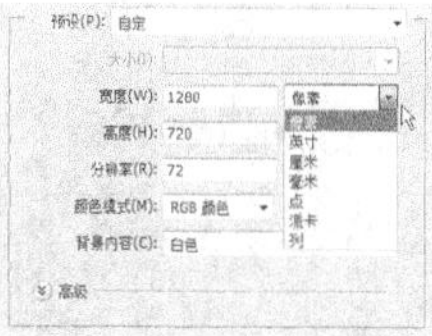

图1-23

分辨率：如果制作图像只用于电脑屏幕显示，图像分辨率只需要用72像素/英寸，如图1-24所示；如果图像需要打印输出，那么最好用高分辨率，即300像素/英寸。我们一般把“分辨率”设置为72像素/英寸，因为大多数显示器在屏幕区域中每英寸显示72个像素换句话说，文档设置的“分辨率”应与显示器的分辨率一样，如果加大了“分辨率”“高度”或“宽度”，图像的尺寸就会随之增大。在我们实际操作中，应尽量避免大图像，因为大图像在操作的时候会非常笨重，反应会比较慢，还会降低计算机的运行速度。

颜色模式：如果图像文件用于手机或屏幕显示，可选择“RGB颜色”；如果图像用于印刷，可选择“CMYK颜色”。在工作中，建议大家将“颜色模式”设置为“RGB颜色”，如图1-25所示。

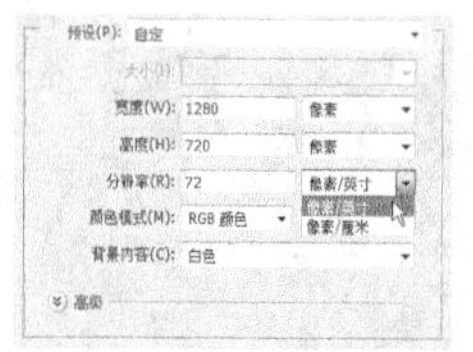

图1-24

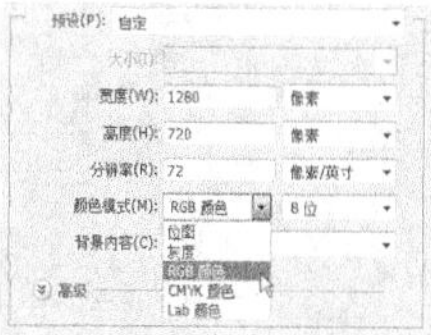

图1-25

背景内容：在此选项中可以选择“白色”“背景色”和“透明”中的任意一种背景方式，如图1-26所示。与“背景色”“白色”不同，“透明”方式建立的“背景内容”是灰白相间的网格，这些网格区域表示透明区，如图1-27所示。

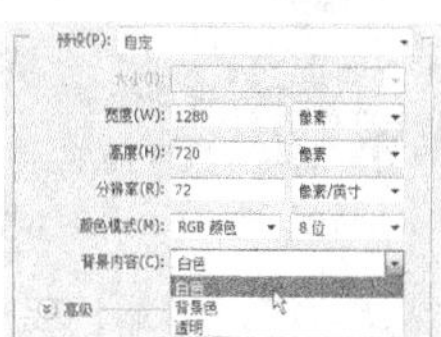

图1-26

图1-27

03 单击“确定”按钮，新建一个空白的商品图像文件，效果如图1-28所示。

技巧与提示

除了运用菜单命令创建文件，还可以按快捷键Ctrl+N创建新的图像文件。

图1-28

实例004 打开与置入商品图片

★☆☆☆☆

视频文件：实例004 打开与置入商品图片.mp4
实例位置：实例文件>CH01>实例004.psd
素材位置：素材文件>CH01>4-1.jpg、4-2.png
学习目标：掌握将文件置入到文档中的方法

在前面的内容中介绍了新建文件的方法，如果需要对已有的图像文件进行编辑，那么就需要在Photoshop中将其打开。

01 在菜单栏中单击“文件>打开”菜单命令，如图1-29所示。

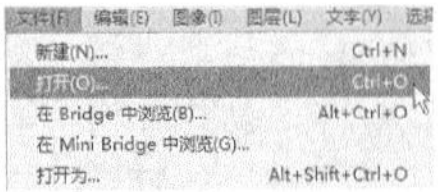
文件(F) 编辑(E) 图像(I) 图层(L) 文字(Y) 选择
新建(N)... Ctrl+N
打开(O)... Ctrl+O
在 Bridge 中浏览(B)... Alt+Ctrl+O
在 Mini Bridge 中浏览(G)...
打开为... Alt+Shift+Ctrl+O

图1-29

02 打开学习资源中的“实例文件>CH01>4-1.jpg”文件，如图1-30所示，效果如图1-31所示。

打开
查找范围(I): CH01
快速访问
桌面
库
此电脑
网络
17-1
4-1.jpg
4-2.png
5-1.jpg
6-1.jpg
7-1.JPG
8-1.jpg
9-1.JPG
文件名(N): 4-1.jpg
文件类型(T): 所有格式
打开(O)
取消
图像序列

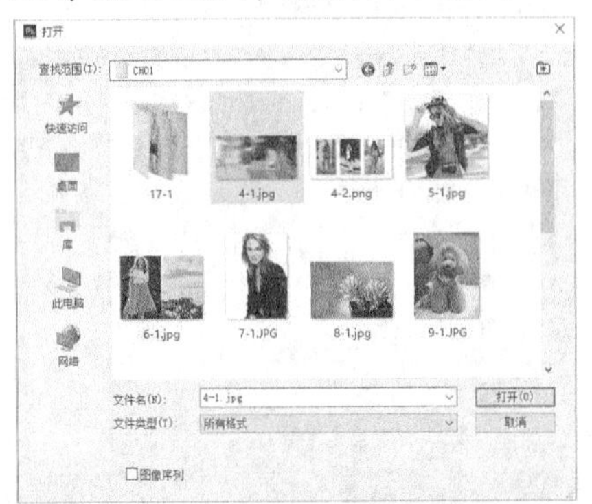

图1-30

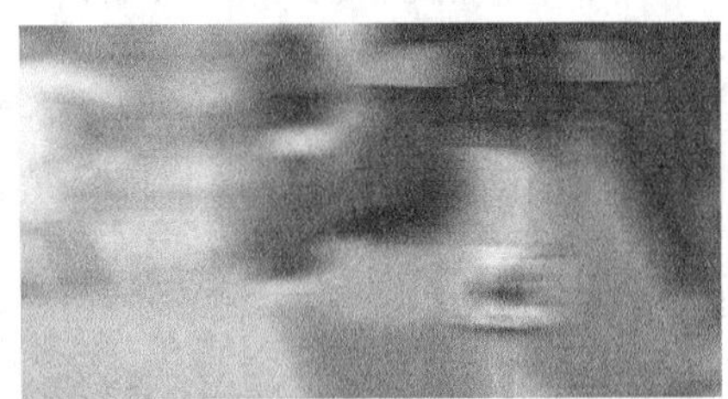

图1-31

03 执行“文件>置入”菜单命令，如图1-32所示，然后打开学习资源中的“素材文件>CH01>4-2.png”文件，如图1-33所示，接着单击“置入”按钮 置入(P) ，效果如图1-34所示。

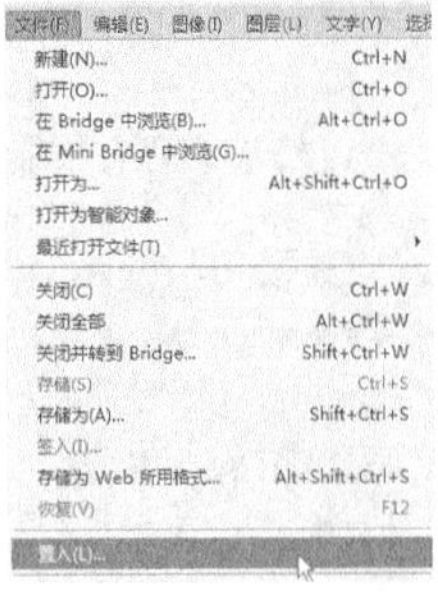
文件(F) 编辑(E) 图像(I) 图层(L) 文字(Y) 选择
新建(N)... Ctrl+N
打开(O)... Ctrl+O
在 Bridge 中浏览(B)... Alt+Ctrl+O
在 Mini Bridge 中浏览(G)...
打开为... Alt+Shift+Ctrl+O
打开为智能对象...
最近打开文件(T)
关闭(C) Ctrl+W
关闭全部 Alt+Ctrl+W
关闭并转到 Bridge... Shift+Ctrl+W
存储(S) Ctrl+S
存储为(A)... Shift+Ctrl+S
签入(I)...
存储为 Web 所用格式... Alt+Shift+Ctrl+S
恢复(V) F12
置入(L)...

图1-32

打开
查找范围(I): CH01
快速访问
桌面
库
此电脑
网络
17-1
4-1.jpg
4-2.png
5-1.jpg
6-1.jpg
7-1.JPG
8-1.jpg
9-1.JPG
文件名(N): 4-2.png
文件类型(T): 所有格式
打开(O)
取消
图像序列

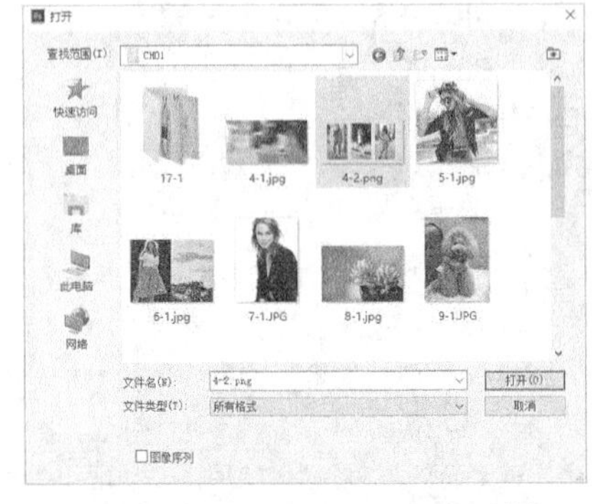

图1-33

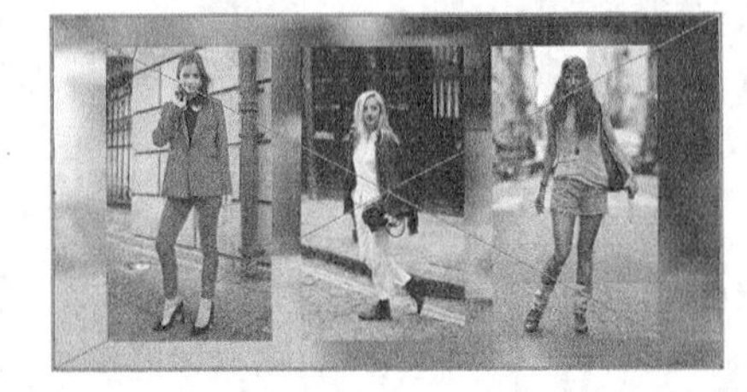

图1-34

04 将置入的文件放置在画布的中间位置，如图1-35所示，然后双击鼠标左键确定操作，最终效果如图1-36所示。

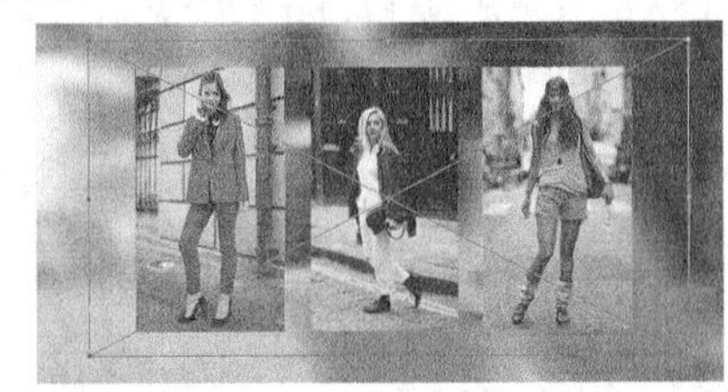

图1-35

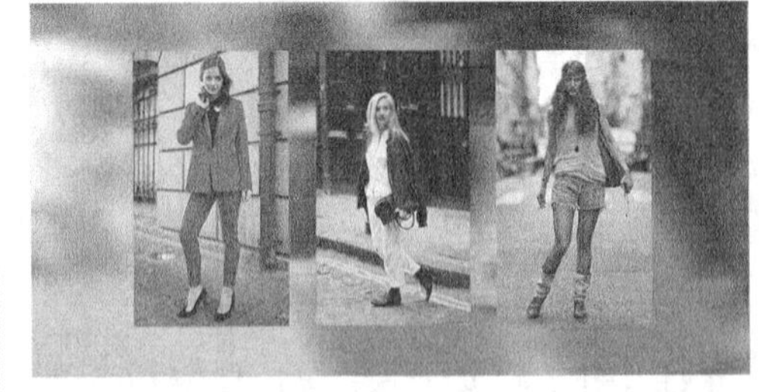

图1-36

保存与关闭商品图像文件

视频文件：实例005 保存与关闭商品图像文件.mp4　　实例位置：实例文件>CH01>实例005.jpg

素材位置：素材文件>CH01>5-1.jpg　　学习目标：掌握保存与关闭商品图像文件的方法

当对图像进行编辑以后，就需要对文件进行保存。当Photoshop出现程序错误、计算机出现程序错误及发生断电等情况时，所有的操作都将丢失，这时保存文件就变得非常重要了。这步操作看似简单，但是最容易被忽略，因此一定要养成经常保存文件的良好习惯。

01 在菜单栏中执行“文件>打开”菜单命令，如图1-37所示，打开学习资源中的“素材文件>CH01>5-1.jpg”文件，如图1-38所示。

图1-37　　图1-38

02 执行“文件>存储为”菜单命令，如图1-39所示，然后在弹出的“存储为”对话框中选择正确的保存路径、文件名称和格式，接着单击“保存”按钮[保存(S)]，如图1-40所示，最后在弹出的“JPEG选项”对话框中单击“确定”按钮[确定]，如图1-41所示，此时就完成了文件的保存工作，如图1-42所示。

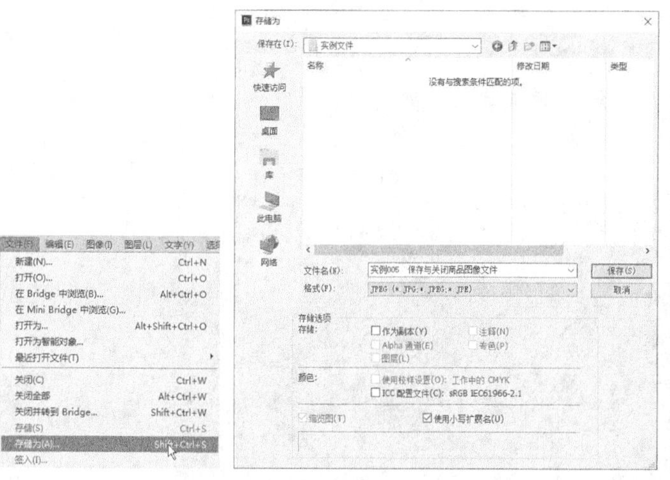

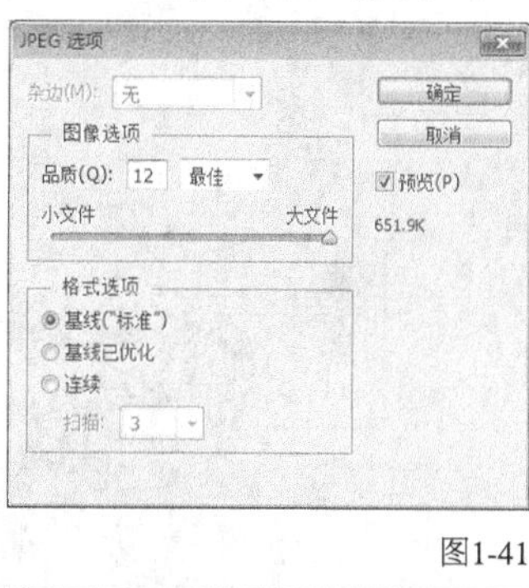

图1-41

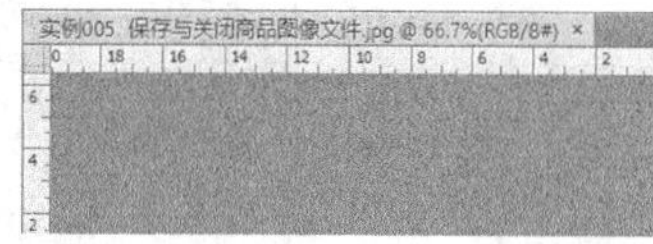

图1-39　　图1-40　　图1-42

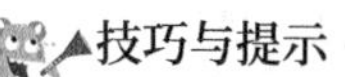

技巧与提示

下面介绍图1-40所示的“存储为”对话框中的重要参数。

保存在：用于指定保存文件的位置，如图1-43所示。

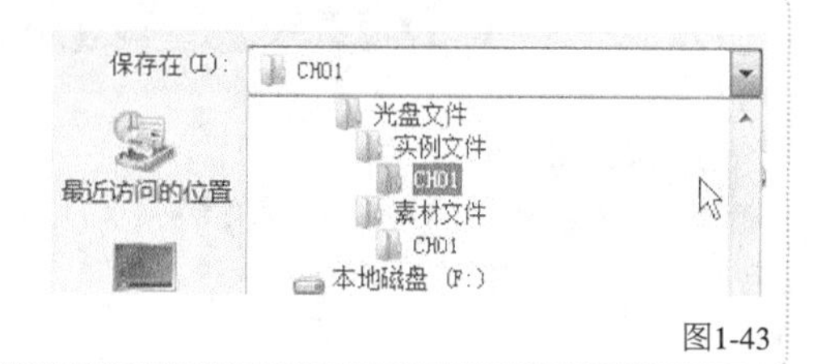

图1-43

文件名/格式：可以命名文件，并根据不同的需要选择文件的保存格式，如图1-44所示。

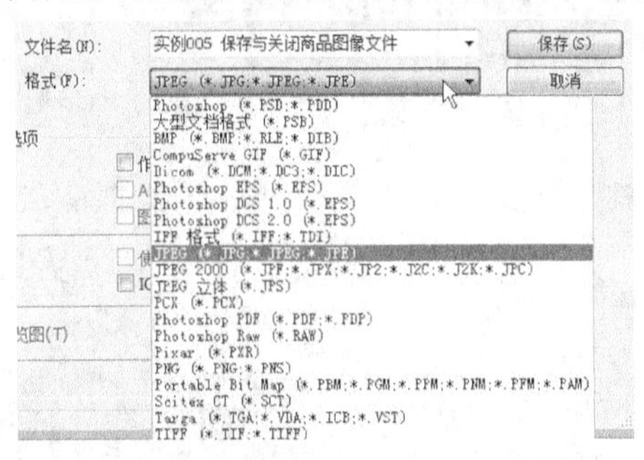

图1-44

作为副本：选中该选项，可以另存一个副本，并且与源文件保持存储位置一致。

注释：可以自由选择是否存储注释。

Alpha通道/图层/专色：用来选择是否存储Alpha通道、图层和专色。

使用校样设置：当文件的保存格式为EPS或PDF时，才可以选中该复选框。

ICC配置文件：用于保存嵌入文档中的ICC配置文件。

缩览图：创建图像缩览图，方便以后在“打开”对话框中的底部显示预览图。

另外，除了运用菜单命令存储文件，还可以使用快捷键Ctrl+Shift+S另存文件。

03 执行“文件>关闭”菜单命令，如图1-45所示，可以关闭当前处于激活状态的文件，如图1-46所示。

图1-45

图1-46

技巧与提示

除了运用菜单命令关闭文件，还可以使用快捷键Ctrl+W关闭当前文件，使用快捷键Alt+Ctrl+W关闭所有文件，使用快捷键Ctrl+Q关闭当前文件并退出Photoshop。另外，用户也可以直接单击文件标题栏上的“关闭”按钮☒来关闭当前文件。

调整商品图像的大小

视频文件：实例006 调整商品图像的大小.mp4　　实例位置：实例文件>CH01>实例006.psd

素材位置：素材文件>CH01>6-1.jpg　　学习目标：掌握调整商品图像大小的方法

更改图像的像素大小不仅会影响图像在屏幕上的大小，还会影响图像的质量及其打印特性（图像的打印尺寸和分辨率）。

01 在菜单栏中单击“文件>打开”菜单命令，如图1-47所示，打开学习资源中的“素材文件>CH01>6-1.jpg”文件，如图1-48所示。

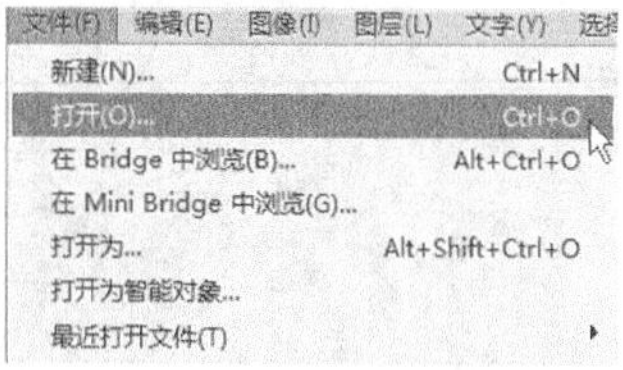

文件(F) 编辑(E) 图像(I) 图层(L) 文字(Y) 选择
新建(N)... Ctrl+N
打开(O)... Ctrl+O
在 Bridge 中浏览(B)... Alt+Ctrl+O
在 Mini Bridge 中浏览(G)...
打开为... Alt+Shift+Ctrl+O
打开为智能对象...
最近打开文件(T)

图1-47

图1-48

02 执行“图像>图像大小”菜单命令，如图1-49所示。打开“图像大小”对话框，在“文档大小”选项组中修改尺寸，如图1-50所示。最后单击“确定”按钮 确定 ，效果如图1-51所示。

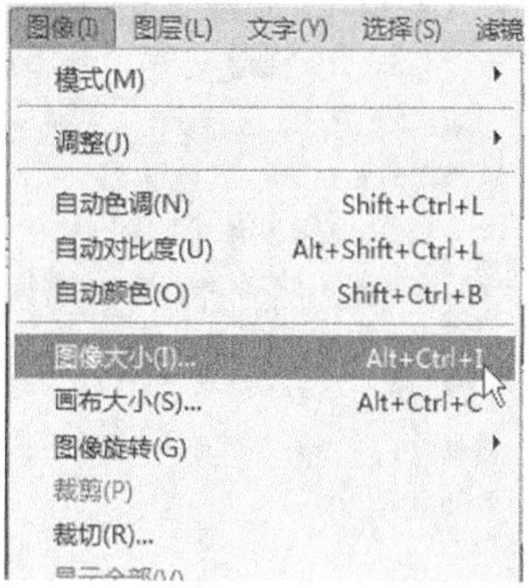

图像(I) 图层(L) 文字(Y) 选择(S) 滤镜
模式(M)
调整(J)
自动色调(N) Shift+Ctrl+L
自动对比度(U) Alt+Shift+Ctrl+L
自动颜色(O) Shift+Ctrl+B
图像大小(I)... Alt+Ctrl+I
画布大小(S)... Alt+Ctrl+C
图像旋转(G)
裁剪(P)
裁切(R)...

图1-49

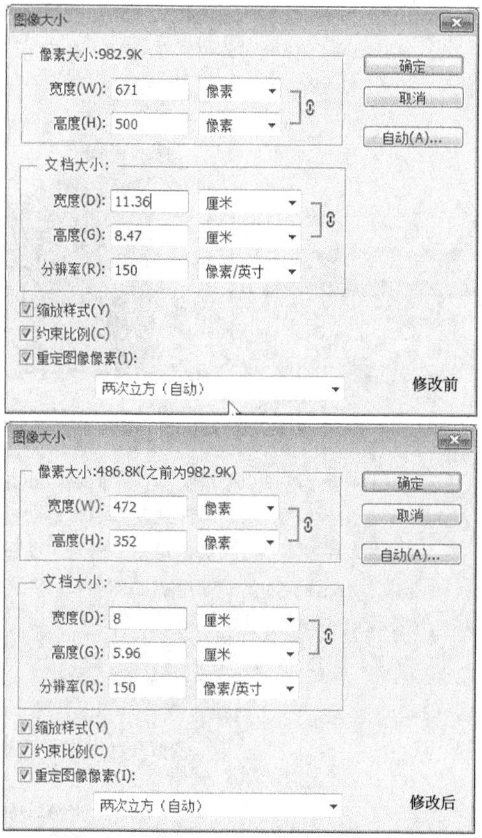

图像大小
像素大小:982.9K
宽度(W): 671 像素
高度(H): 500 像素
文档大小：
宽度(D): 11.36 厘米
高度(G): 8.47 厘米
分辨率(R): 150 像素/英寸
缩放样式(Y)
约束比例(C)
重定图像像素(I):
两次立方（自动）
确定 取消 自动(A)...
修改前

图像大小
像素大小:486.8K(之前为982.9K)
宽度(W): 472 像素
高度(H): 352 像素
文档大小：
宽度(D): 8 厘米
高度(G): 5.96 厘米
分辨率(R): 150 像素/英寸
缩放样式(Y)
约束比例(C)
重定图像像素(I):
两次立方（自动）
确定 取消 自动(A)...
修改后

图1-50

图1-51

查看与更改画布尺寸

视频文件：实例007 查看与更改画布尺寸.mp4　　实例位置：实例文件>CH01>实例007.psd

素材位置：素材文件>CH01>7-1.jpg　　学习目标：掌握查看与更改画布尺寸的方法

在进行图像处理的时候，如果图像的大小满足不了设计需求，大家可以通过修改画布的尺寸来放大或裁切图像，从而得到合适视觉效果的图像。

01 执行“文件>打开”菜单命令，如图1-52所示，打开学习资源中的“素材文件> CH01>7-1.jpg”文件，如图1-53所示。

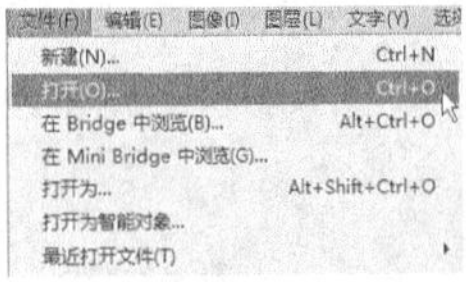

图1-52

图1-53

02 执行“图像>画布大小”菜单命令，如图1-54所示，打开“画布大小”对话框，如图1-55所示，然后在“新建大小”选项组中设置“宽度”为82厘米并重新定位，最后单击“确定”按钮 确定 ，如图1-56所示，效果如图1-57所示。

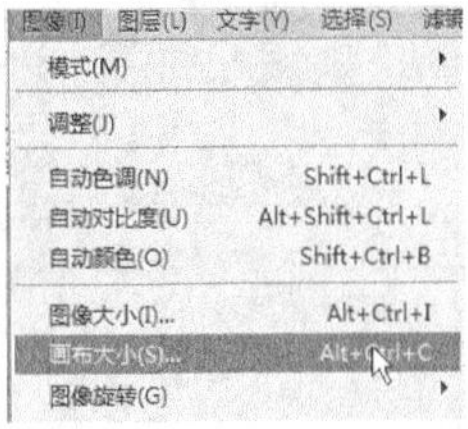

图1-54

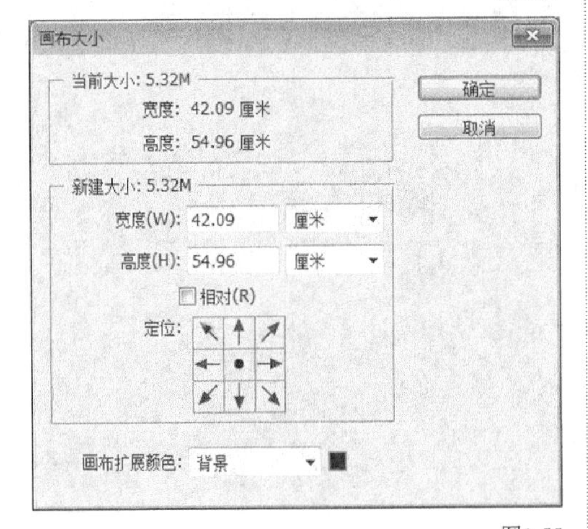

图1-55

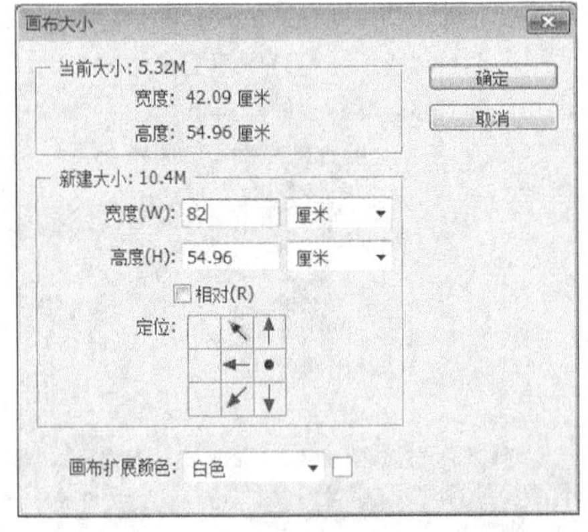

图1-56

图1-57

技巧与提示

下面介绍图1-55所示的“画布大小”对话框中的重要参数。

当前大小：显示当前画布大小。

新建大小：用于设置画布大小。

相对：勾选该选项后，“宽度”与“高度”将出现“锁链”图标，表示改变其中某一选项时，另一选项也会按比例发生变化。

定位：当减少像素数量时就会从图像中删除一些信息，当增加像素数量时会添加新的像素。

画布扩展颜色：在“画布扩展颜色”下拉列表中，可以选择填充新画布的颜色，如图1-58所示。

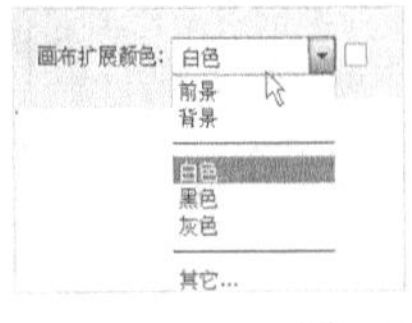

图1-58

更改图像的分辨率

视频文件：实例008 更改图像的分辨率.mp4　　实例位置：实例文件>CH01>实例008.psd

素材位置：素材文件>CH01>8-1.jpg　　学习目标：掌握修改图像大小的方法

修改图像尺寸主要是更改图像分辨率和修改图像的大小，以满足不同的要求。分辨率是指位图中的细节精细度，测量单位是像素/英寸（ppi），即每英寸的像素越多，分辨率越高，图片质量就越好。

01 执行“文件>打开”菜单命令，如图1-59所示，打开学习资源中的“素材文件>CH01>8-1.jpg”文件，如图1-60所示。

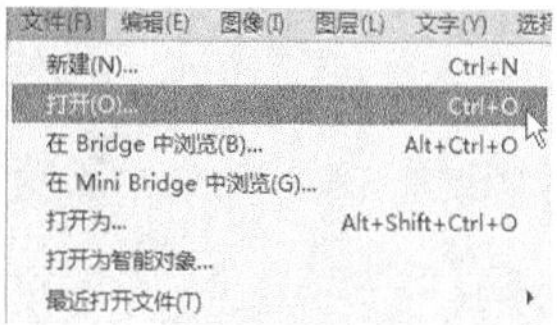

文件(F) 编辑(E) 图像(I) 图层(L) 文字(Y) 选择
新建(N)... Ctrl+N
打开(O)... Ctrl+O
在 Bridge 中浏览(B)... Alt+Ctrl+O
在 Mini Bridge 中浏览(G)...
打开为... Alt+Shift+Ctrl+O
打开为智能对象...
最近打开文件(T)

图1-59

图1-60

02 执行“图像>图像大小”菜单命令（快捷键为Alt+Ctrl+I），打开“图像大小”对话框，可以发现当前图像的“分辨率”为150像素/英寸，如图1-61所示。

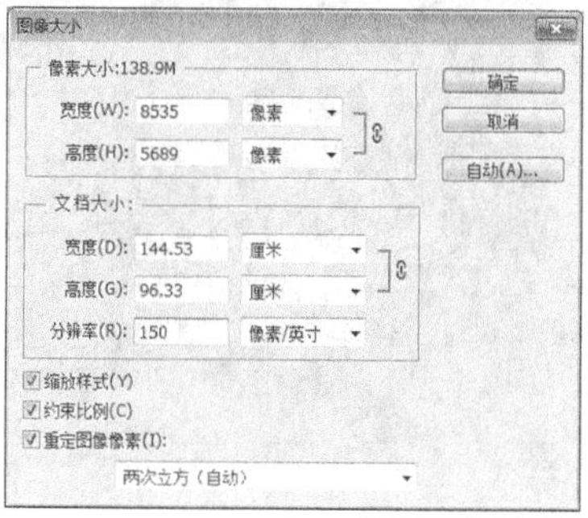

图像大小
像素大小:138.9M
宽度(W): 8535 像素
高度(H): 5689 像素
文档大小:
宽度(D): 144.53 厘米
高度(G): 96.33 厘米
分辨率(R): 150 像素/英寸
缩放样式(Y)
约束比例(C)
重定图像像素(I):
两次立方（自动）
确定
取消
自动(A)...

图1-61

03 设置“分辨率”为72像素/英寸，如图1-62所示。此时在图像窗口中可以明显看到图像变小了，效果如图1-63所示。

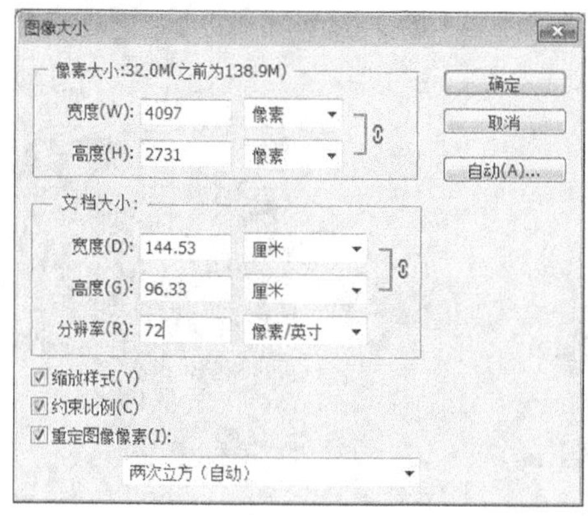

图1-62

图1-63

撤销/还原操作

- 视频文件：实例009 撤销/还原操作.mp4
- 实例位置：无
- 素材位置：素材文件>CH01>9-1.JPG
- 学习目标：掌握图像的撤销/还原操作方法

在编辑图像时，每进行一次操作，Photoshop都会将其记录到“历史记录”面板中。也就是说，在“历史记录”面板中可以恢复到某一步的状态，同时也可以再次返回到当前操作状态。在工作中，难免会操作失误，这时就可以在“历史记录”面板中还原到想要的状态。

01 打开学习资源中的“素材文件>CH01>9-1.JPG”文件，如图1-64所示。

图1-64

02 在工具箱中选择“矩形选框工具”，在图像中绘制一个矩形选区，如图1-65所示。按快捷键Ctrl+J得到“图层1”图层，如图1-66所示。

图1-65

图1-66

03 选择“背景”图层，然后单击鼠标右键，选择“删除图层”菜单命令，如图1-67所示，接着单击“是”按钮，如图1-68所示，效果如图1-69所示。

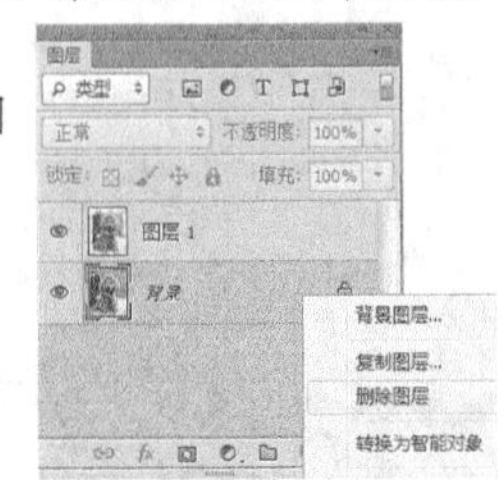

图1-67

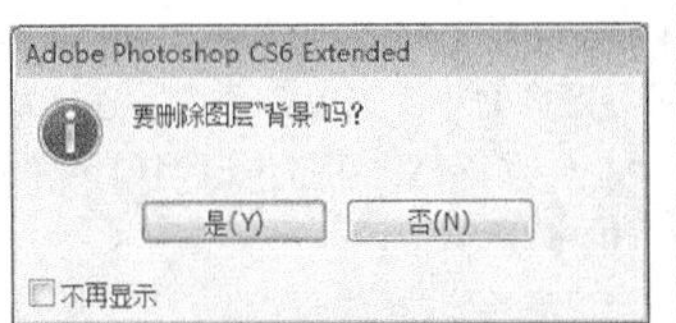

图1-68

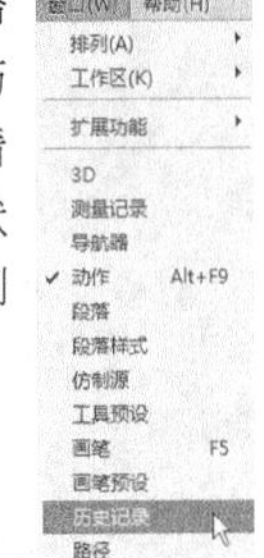

图1-69

04 执行“窗口>历史记录”菜单命令，如图1-70所示，打开“历史记录”面板，在该面板中可以查看之前的所有操作，单击“打开”状态，如图1-71所示，图像就会返回到原始的状态，如图1-72所示。

图1-70

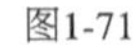

图1-71

图1-72

商品图像的恢复与清理

视频文件：实例010 商品图像的恢复与清理.mp4　实例位置：无
素材位置：素材文件>CH01>10-1.JPG　学习目标：掌握商品图像的恢复与清理的方法

在编辑图像时，常常会因操作错误而对效果不满意，这时可以恢复前面所做的步骤，然后重新编辑图像。在编辑图像时，每进行一次操作，Photoshop都会将其记录到“历史记录”面板中。我们可以通过清理“历史记录”将画面回到最初状态。

01 打开学习资源中的“素材文件>CH01>10-1.JPG”文件，如图1-73所示。

图1-73

02 执行“图像>图像旋转>水平翻转画布”菜单命令，如图1-74所示，效果如图1-75所示。

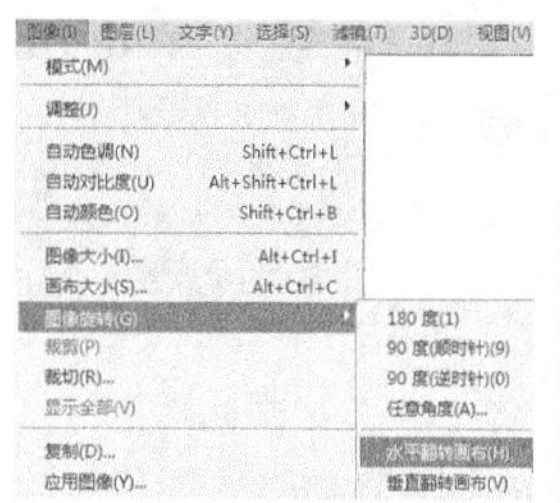

图1-74

图1-75

03 执行“文件>恢复”菜单命令，如图1-76所示，图像恢复到最初状态，效果如图1-77所示。

图1-76

图1-77

04 执行“窗口>历史记录”菜单命令，打开“历史记录”面板，在该面板中可以观察到之前进行的所有操作，如图1-78所示。

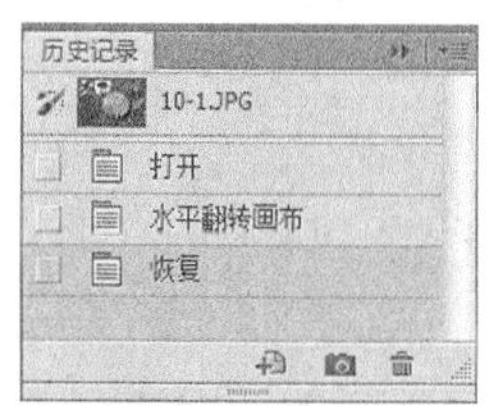

图1-78

05 执行“编辑>清理>历史记录”菜单命令，如图1-79所示，在弹出的对话框中单击“确定”按钮 确定 ，如图1-80所示。此时“历史记录”面板回到最初的画面状态，如图1-81所示。

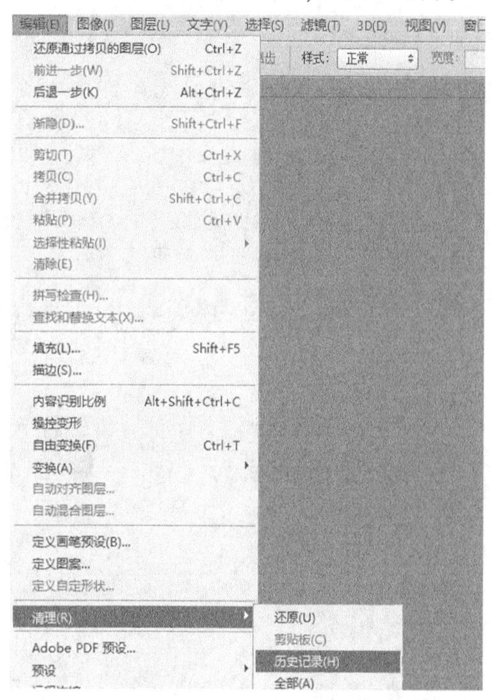

图1-79

图1-80

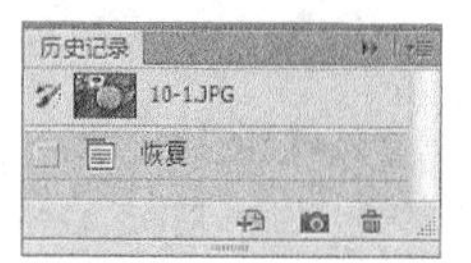

图1-81

更改图像的文件格式

视频文件：实例011 更改图像的文件格式.mp4
实例位置：实例文件>CH01>实例011.png
素材位置：素材文件>CH01>11-1.psd
学习目标：掌握存储不同文件格式的方法

当制作好一幅图像时，需要根据要求将其存储为不同的文件格式，以便在不同的软件中对其进行处理。下面以存储透明背景的图片格式为例，介绍更改图像文件格式的方法。

01 打开学习资源中的“素材文件>CH01>11-1.psd”文件，如图1-82所示。

图1-82

02 单击“背景”图层缩略图左侧的眼睛图标，将该图层进行隐藏，如图1-83所示，此时背景变成透明背景，如图1-84所示。

图1-83　　图1-84

03 执行“文件>存储为”菜单命令，如图1-85所示，然后输入合适的文件名称，设置“格式”为PNG格式，如图1-86所示，接着在弹出的“PNG选项”对话框中单击“确定”按钮 确定 ，如图1-87所示。

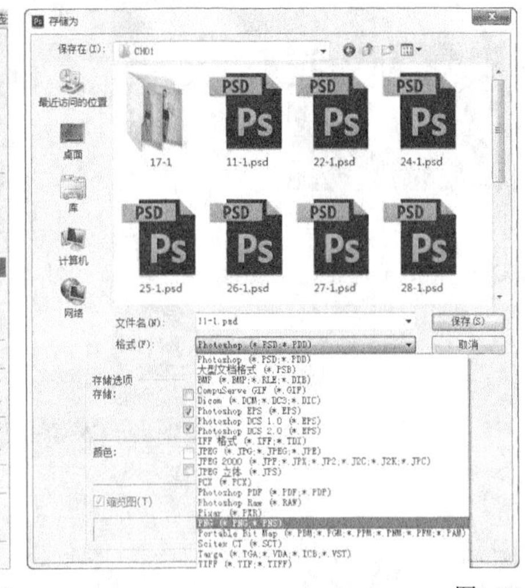

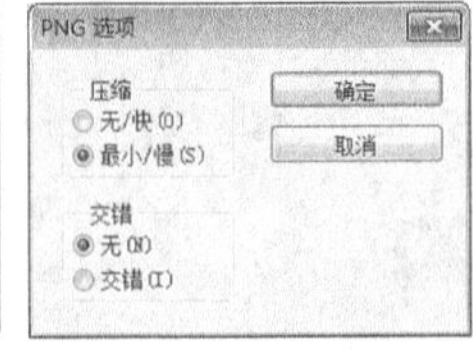

图1-85　　图1-86　　图1-87

技巧与提示

PNG格式是专门为Web开发的，它是一种将图像压缩到Web上的文件格式，PNG格式支持24位图像并产生无锯齿状的透明背景。PNG格式可以实现无损压缩，并且背景部分是透明的，因此常用来存储透明背景的素材。

实例 012 ★★★☆☆

在商品图像显示标尺

» 视频文件：实例012 在商品图像显示标尺.mp4
» 实例位置：无
» 素材位置：素材文件>CH01>12-1.JPG
» 学习目标：掌握标尺的用法

在工作中，标尺常用于定位图像或元素位置，从而让用户更精确地处理图像。

01 打开学习资源中“素材文件>CH01>12-1.JPG”文件，如图1-88所示。

图1-88

02 执行“视图>标尺”菜单命令或按快捷键Ctrl+R，如图1-89所示，窗口顶部和左侧会出现标尺，如图1-90所示。

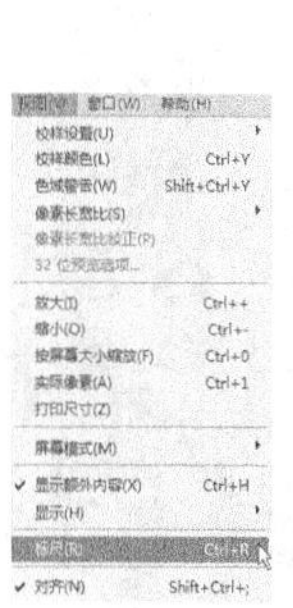

图1-89

图1-90

03 默认情况下，标尺的原点位于窗口的左上方，用户可以修改原点的位置。将鼠标光标放置在原点上，然后使用鼠标左键拖曳原点，画面中会显示出十字线，释放鼠标左键以后，释放处变成了原点的新位置，并且此时的原点数字也会发生变化，如图1-91所示。

图1-91

技巧与提示

在使用标尺时，为了得到最精确的数值，可以将画布缩放比例设置为100%。

04 如果要将原点复位到初始状态，即（0，0）位置，可以将鼠标光标放置在原点上，然后使用鼠标左键将原点向右下方拖曳（不要拖曳到画布区域，只拖曳到灰色区域即可），这样就可以将原点复位到初始位置，如图1-92所示。

图1-92

技巧与提示

想要隐藏标尺，可以在菜单栏中单击“视图>标尺”菜单命令，或按快捷键Ctrl+R。

实例

013 在页面中如何建立参考线

★★★☆☆

视频文件：实例013 在页面中如何建立参考线.mp4

实例位置：实例文件>CH01>实例013.psd

素材位置：素材文件>CH01>13-1.jpg

学习目标：掌握参考线的用法

参考线在实际工作中应用得非常广泛，特别是在平面设计中。使用参考线可以快速定位图像中的某个特定区域或某个元素的位置，以便用户在这个区域或位置内进行操作。

01 执行“文件>打开”菜单命令，在弹出的对话框中选择学习资源中的“素材文件>CH01>13-1.jpg”文件，接着按快捷键Ctrl+R显示出标尺，如图1-93所示。

图1-93

02 将鼠标光标放置在左侧的垂直标尺上，然后使用鼠标左键向右拖曳即可拖出垂直参考线，如图1-94所示。

图1-94

03 另外，还可以执行“视图>新建参考线”菜单命令，打开“新建参考线”对话框，然后在“位置”后输入精准数值来定向设置参考线，如图1-95所示，显示如图1-96所示。

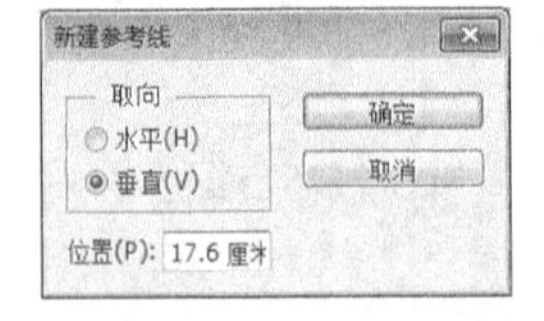

图1-95

图1-96

技巧与提示

下面介绍参考线的操作方式。

按住Ctrl键拖曳鼠标，可以移动参考线。

按住Shift键拖曳鼠标，可以使参考线与标尺上的刻度对齐。

按住Alt键拖曳参考线，可以切换参考线水平和垂直方向。

04 将鼠标光标放置在水平标尺上，然后使用鼠标左键向下拖曳即可拖出水平参考线，如图1-97所示。

图1-97

技巧与提示

按快捷键Ctrl+H可以将参考线隐藏起来，再次按快捷键Ctrl+H又会显示出参考线。

实例 014 ★★★☆☆

用标尺工具测量商品尺寸和角度

视频文件：实例014 用标尺工具测量商品尺寸和角度.mp4　实例位置：实例文件>CH01>实例014.psd

素材位置：素材文件>CH01>14-1.jpg　学习目标：掌握标尺工具的用法

01 打开学习资源中的“素材文件>CH01>14-1.jpg”文件，如图1-98所示。

图1-98

02 在工具箱中选择“标尺工具”工具或者执行“分析>标尺工具”菜单命令，当鼠标光标变成形状时，从起始点A按住鼠标左键拖曳到点B，此时在“信息”面板中将显示出倾斜角度和测量长度，如图1-99所示。

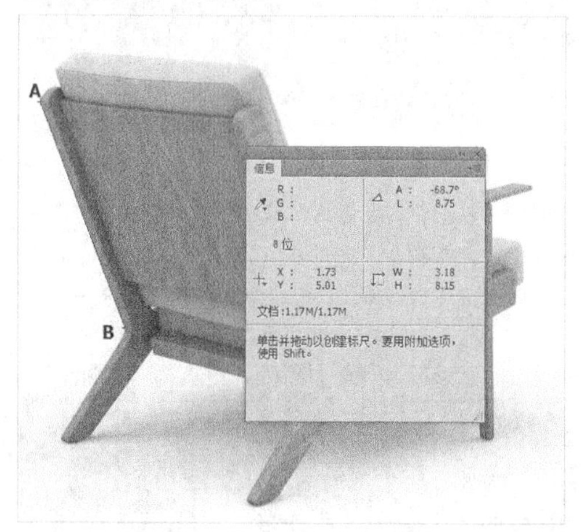

图1-99

技巧与提示

在选项栏中“信息”面板中显示的长度值不相同，这是由于系统单位不同，统一单位即可。执行“编辑>首选项>单位和标尺”菜单命令，在弹出的对话框中设置标尺的单位为“厘米”即可。

03 如果要继续测量长度和角度，可以按住Alt键，当鼠标光标变成形状时，从起始点B（也可以从起始点A）按住鼠标左键拖曳鼠标光标到点C，此时在选项栏和“信息”面板中将显示出两个长度之间的夹角度数和两个长度值，如图1-100所示。

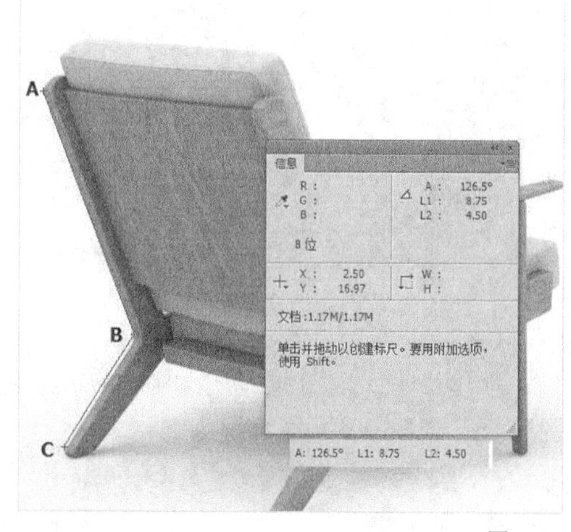

图1-100

技巧与提示

在创建完测量线以后，按住Shift键可以在水平方向、垂直方向及以45°为倍数的方向上移动测量线；如果不按住Shift键，可以在任意位置上移动和旋转测量线。

“标尺工具”主要用来测量图像中点到点之间的距离、位置和角度等。在工具箱中单击“标尺工具”按钮，在工具选项栏中可以观察到“标尺工具”的相关参数，如图1-101所示。

图1-101

下面介绍重要参数。

X/Y：测量的起始坐标位置。

W/H：在x轴和y轴上移动的水平（W）和垂直（H）距离。

A：相对于轴测量的角度。

L1/L2：使用量角器时移动的两个长度。

使用测量比例：勾选该选项后，将会使用测量比例进行测量。

拉直图层 拉直图层 ：单击该按钮并绘制测量线，画面将按照测量线进行自动旋转。

清除 清除 ：单击该按钮，将清除画面中的标尺。

使用缩放工具调整商品图像的显示比例

实例 015 ★★☆☆☆

» 视频文件：实例015 使用缩放工具调整商品图像的显示比例.mp4
» 实例位置：无
» 素材位置：素材文件>CH01>15-1.JPG
» 学习目标：掌握缩放工具的用法

01 执行“文件>打开”菜单命令，在弹出的对话框中选择学习资源中的“素材文件>CH01>15-1.JPG”文件，如图1-102所示。

02 在工具箱中选择“缩放工具”或按Z键，在选项栏中单击“放大”按钮，接着在画布中连续单击鼠标左键，可以不断地放大图像的显示比例，如图1-103所示。

图1-102

图1-103

03 在选项栏中单击“缩小”按钮，然后在画布中连续单击鼠标左键，可以不断地缩小图像的显示比例，如图1-104所示。

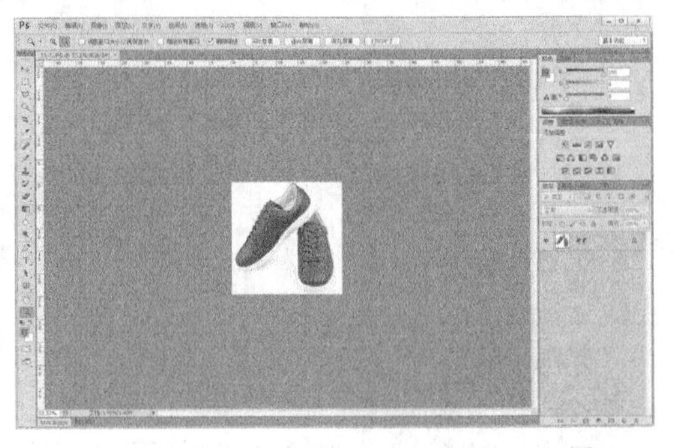

图1-104

技巧与提示

用“缩放工具”放大或缩小图像时，图像的实际大小不会发生改变，因为使用“缩放工具”放大或缩小图像，只是改变了图像在屏幕上的显示比例，并没有改变图像的大小。

04 如果要以实际像素显示图像的缩放比例，可以在选项栏中单击“实际像素”按钮 实际像素 或在画布中单击鼠标右键，然后在弹出的菜单中选择“实际像素”命令，如图1-105所示。

05 如果要以适合屏幕的方式显示图像，可以在选项栏中单击“适合屏幕”按钮 适合屏幕 或在画布中单击鼠标右键，然后在弹出的菜单中选择“按屏幕大小缩放”命令，如图1-106所示。

图1-105

图1-106

06 如果要在屏幕范围内最大化显示完整的图像，可以在选项栏中单击“填充屏幕”按钮[填充屏幕]，如图1-107所示。

07 如果要以实际打印尺寸显示图像，可以在选项栏中单击“打印尺寸”按钮[打印尺寸]或在画布中单击鼠标右键，然后在弹出的菜单中选择“打印尺寸”命令，如图1-108所示。

图1-107

图1-108

技巧与提示

使用“缩放工具”缩放图像显示比例时，可以借助一些快捷键，以节省操作时间。按快捷键Ctrl+“+”可以放大窗口的显示比例；按快捷键Ctrl+“-”可以缩小窗口显示比例；按快捷Ctrl+0可以自动调整图像的显示比例，使之能够完整地在窗口中显示出来；按快捷键Ctrl+1可以使图像按照实际的像素比例显示。

“缩放工具”在网店装修修图中的使用频率较高，如果想要查看商品中的某个区域中的图像细节，就需要用“缩放工具”。下面介绍具体使用方法。

放大/缩小：切换缩放的方式。单击“放大”按钮可以切换到放大模式，在画布中单击鼠标左键可以放大图像；单击“缩小”按钮可以切换到缩小模式，在画布中单击鼠标左键可以缩小图像，图1-109~图1-111所示分别是实际像素显示比例、缩小显示比例和放大显示比例的效果对比。

图1-109

图1-110

图1-111

下面介绍重要参数。

调整窗口大小以满屏显示：在缩放窗口的同时自动调整窗口的大小。

缩放所有窗口：同时缩放所有打开的文档窗口。

细微缩放：勾选该选项后，在画面中单击并向左侧或右侧拖曳鼠标，能够以平滑的方式快速放大或缩小窗口。

实际像素[实际像素]：单击该按钮，图像将以实际像素的比例进行显示。双击“缩放工具”也可以实现相同的操作。

适合屏幕[适合屏幕]：单击该按钮，可以在窗口中最大化显示完整的图像。

填充屏幕[填充屏幕]：单击该按钮，可以在整个屏幕范围内最大化显示完整的图像。

打印尺寸[打印尺寸]：单击该按钮，可以按照实际的打印尺寸来显示图像。

实例016 使用抓手工具移动显示画面

★☆☆☆☆

视频文件：实例016 使用抓手工具移动显示画面.mp4
实例位置：无
素材位置：素材文件>CH01>16-1.JPG
学习目标：掌握抓手工具的用法

01 执行“文件>打开”菜单命令，在弹出的对话框中选择学习资源中的“素材文件>CH01>16-1.JPG”文件，如图1-112所示。

02 在工具箱中选择“缩放工具”或按Z键，然后在画布中单击鼠标左键，放大图像的显示比例，如图1-113所示。

图1-112

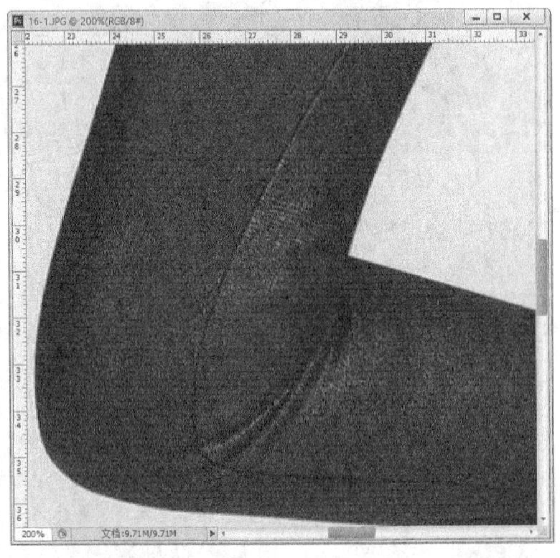

图1-113

03 在工具箱中选择“抓手工具”或按H键，此时鼠标光标在画布中会变成抓手形状，拖曳鼠标左键到其他位置即可查看到该区域的图像，如图1-114所示。

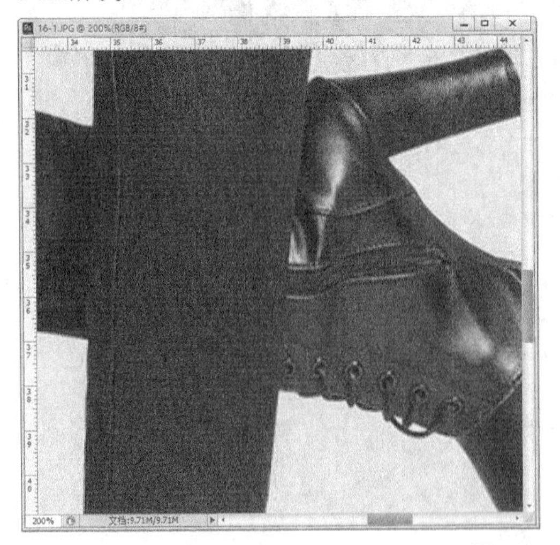

图1-114

技巧与提示

在使用其他工具编辑图像时，来回切换“抓手工具”会非常麻烦。在使用“画笔工具”进行绘画时，可以按住Space键（即空格键）切换到抓手状态，当松开Space键时，系统会自动切换回“画笔工具”。

“抓手工具”可以在文档窗口中以移动的方式查看图像，图1-115所示是“抓手工具”的选项栏。

滚动所有窗口 | 实际像素 | 适合屏幕 | 填充屏幕 | 打印尺寸

图1-115

下面介绍重要参数。

滚动所有窗口：勾选该选项时，可以允许滚动所有窗口。

实际像素、适合屏幕、填充屏幕、打印尺寸的含义与“缩放工具”相同。

切换与编辑商品窗口

视频文件：实例017 切换与编辑商品窗口.mp4　　实例位置：无

素材位置：素材文件>CH01>17-1.jpg~17-4.jpg　　学习目标：掌握窗口的堆叠方式

01 执行“文件>打开”菜单命令，在弹出的对话框中选择学习资源中的“素材文件>CH01>17-1.jpg~17-4.jpg”文件，如图1-116所示。

图1-116

02 执行“窗口>排列”菜单命令，然后在弹出的下拉菜单中选择“层叠”命令，如图1-117所示，效果如图1-118所示。

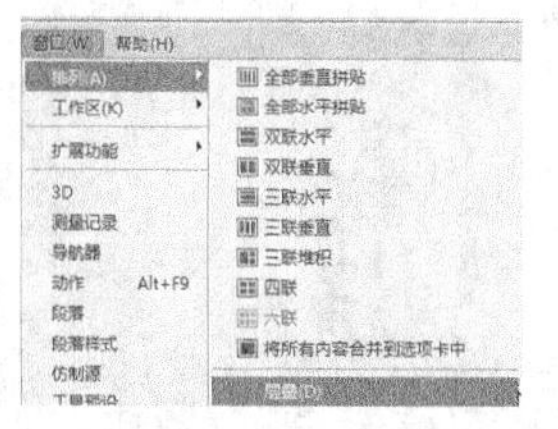

图1-117

图1-118

03 执行“窗口>排列>平铺”菜单命令，然后在弹出的对话框中选择“平铺”，如图1-119所示，效果如图1-120所示。

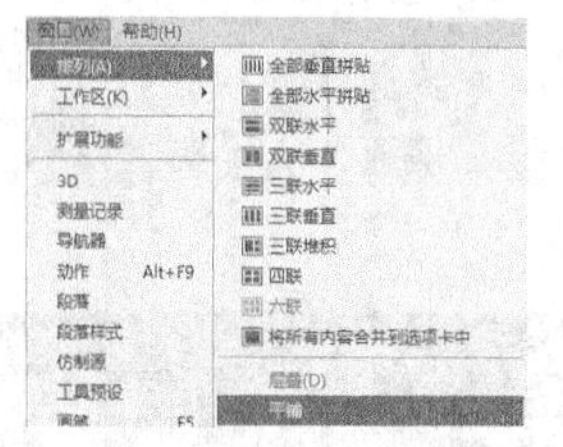

图1-119

图1-120

04 执行“窗口>排列”菜单命令，然后在下拉菜单中选择“在窗口中浮动”命令，如图1-121所示，效果如图1-122所示。

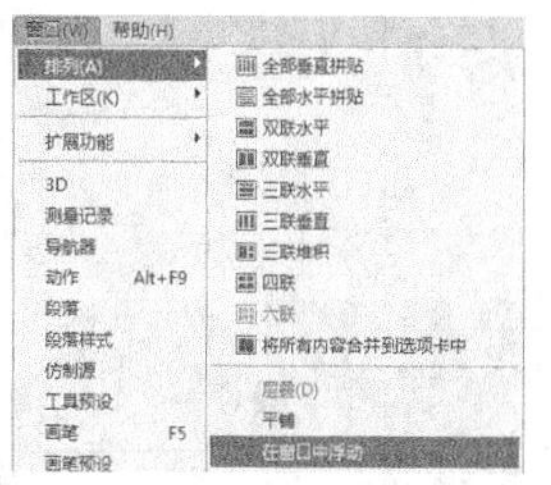

图1-121

图1-122

05 执行“窗口>排列”菜单命令，然后在下拉菜单中选择“使所有内容在窗口中浮动”命令，效果如图1-123所示。

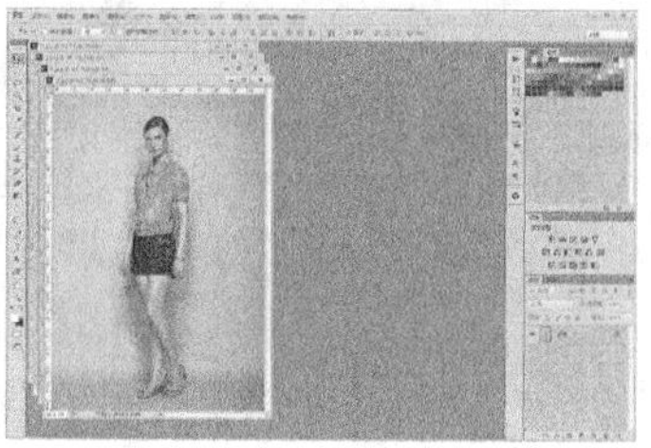

图1-123

技巧与提示

在Photoshop中打开多个文档时，用户可以选择文档的排列方式。在“窗口>排列”菜单下可以选择一个合适的排列方式，文档窗口的堆叠方式共有4种，如图1-124所示。

层叠(D)
平铺
在窗口中浮动
使所有内容在窗口中浮动

图1-124

下面介绍重要参数。

层叠：从屏幕的左上角到右下角以堆叠和层叠的方式显示未停放的窗口。

平铺：自动调整窗口大小，并以平铺的方式填满可用的空间。

在窗口中浮动：这种方式可以让图像自由浮动，并且可以任意拖曳标题栏来移动窗口。

使所有内容在窗口中浮动：这种方式可以让所有文档窗口都变成浮动窗口。

实例018 屏幕模式的切换

★★☆☆☆

视频文件：实例018 屏幕模式的切换.mp4　　实例位置：无

素材位置：素材文件>CH01>18-1.JPG　　学习目标：掌握屏幕模式的切换方法

01 打开学习资源中的“素材文件>CH01>18-1.JPG”文件，如图1-125所示。

02 在工具箱中单击“屏幕模式”按钮，在弹出的菜单中可以选择“标准屏幕模式”，此时可以显示菜单栏、标题栏、滚动条和其他屏幕元素，如图1-126所示。

图1-125

图1-126

03 选择“带有菜单栏的全屏模式”，此时可以显示菜单栏、50%的灰色背景，无标题栏和滚动条的全屏窗口，如图1-127所示。

图1-127

04 选择“全屏模式”，此时只能显示黑色背景和图像窗口，如图1-128所示。

图1-128

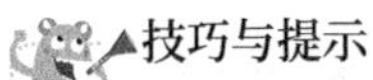

技巧与提示

按Esc键或F键可以退出全屏模式或在各种屏幕模式之间切换。

在图层面板中新建图层

视频文件：无

素材位置：无

实例位置：实例文件>CH01>实例019.psd

学习目标：掌握新建图层的方法

新建图层的方法有很多种，可以在“图层”面板中创建新的普通空白图层，也可以通过相应的命令来创建不同类型的图层。

01 打开Photoshop软件，执行“图层>新建>图层”菜单命令，在弹出“新建图层”对话框中单击“确定”按钮 确定 ，如图1-129所示，即可完成新建图层操作，如图1-130所示。

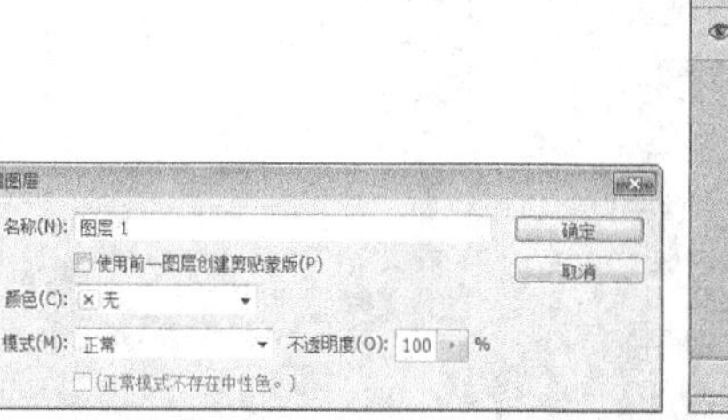

图1-129

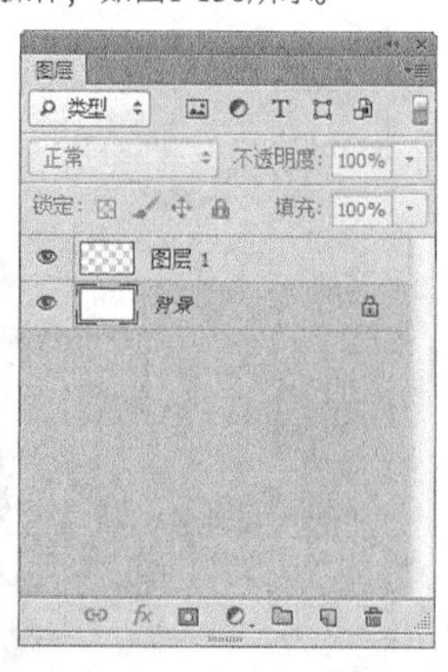

图1-130

技巧与提示

按住Alt键单击“创建新图层”按钮 或直接按快捷键Shift+Ctrl+N也可以打开“新建图层”对话框，并且在“新建图层”对话框中可以设置图层的名称、颜色、混合模式和不透明度等。

02 除此之外，在“图层”面板底部单击“创建新图层”按钮 ，也可在当前图层的上一层新建一个图层，如图1-131所示。如果要在当前图层的下一层新建一个图层，可以按住Ctrl键单击“创建新图层”按钮 ，如图1-132所示。

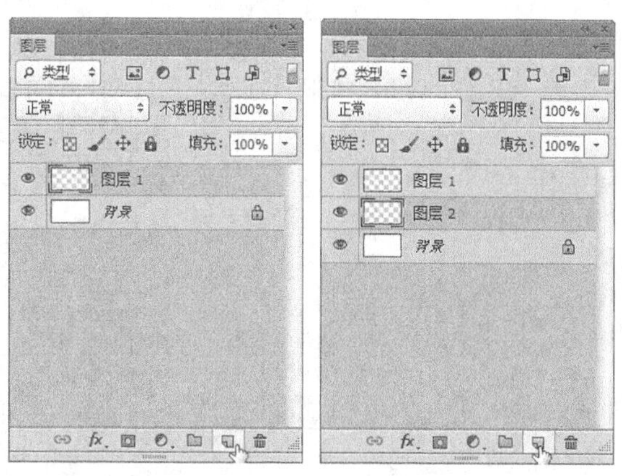

图1-131　　图1-132

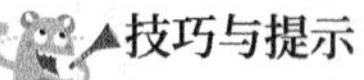

技巧与提示

注意，如果当前图层为“背景”图层，则按住Ctrl键也不能在其下方新建图层。

通过拷贝的图层命令创建图层

视频文件：实例020 通过拷贝的图层命令创建图层.mp4　实例位置：实例文件>CH01>实例020.psd
素材位置：素材文件>CH01>20-1.JPG　学习目标：掌握使用拷贝的图层命令创建图层的方法

创建图层可以通过复制已有的图层来创建新的图层，还可以将图像中的局部创建为新的图层。

01 执行“文件>打开”菜单命令，在弹出的对话框中选择学习资源中的“素材文件>CH01>20-1.JPG”文件，如图1-133所示。

图1-133

02 确定当前图层为“背景”图层，执行“图层>新建>通过拷贝的图层”菜单命令或按快捷键Ctrl+J，如图1-134所示，可以将当前图层复制一份得到新图层，如图1-135所示。

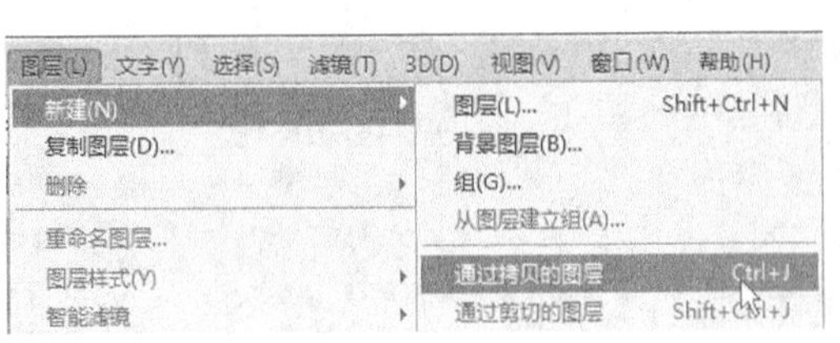

图1-134

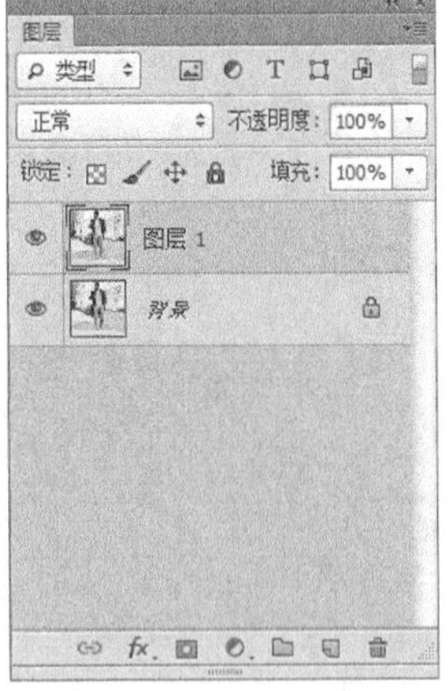

图1-135

通过剪切的图层命令创建图层

视频文件：实例021 通过剪切的图层命令创建图层.mp4　　实例位置：实例文件>CH01>实例021.psd

素材位置：素材文件>CH01>21-1.jpg　　学习目标：掌握剪切的图层命令创建图层的方法

如果创建的图层中存在选区，可以执行剪切命令将选区中的图像复制到一个新的图层中，从而建立一个新图层。

01 执行“文件>打开”菜单命令，在弹出的对话框中选择学习资源中的“素材文件>CH01>21-1.jpg”文件，如图1-136所示。

图1-136

02 单击工具箱中“椭圆选框工具”，在图像中建立一个圆形选区，如图1-137所示。

图1-137

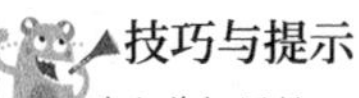

技巧与提示

建立剪切图层，必须在被剪贴的图层中建立选区，这样才能确保成功剪切图像。

03 执行“图层>新建>通过剪切的图层”菜单命令或按快捷键Shift+Ctrl+J，可以将选区内的图像剪切到一个新的图层中，如图1-138所示，隐藏“图层1”图层可以查看剪切后的效果，如图1-139所示。

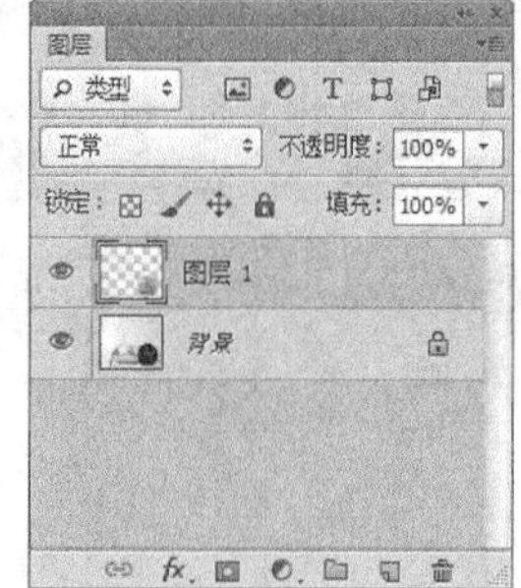

图1-138

图1-139

显示与隐藏图层

- 视频文件：实例022 显示与隐藏图层.mp4
- 实例位置：实例文件>CH01>实例022.psd
- 素材位置：素材文件>CH01>22-1.psd
- 学习目标：掌握显示与隐藏图层的方法

图层缩略图左侧的眼睛图标可以用来控制图层的可见性。单击眼睛图标可以在图层的显示与隐藏之间进行切换。

01 执行“文件>打开”菜单命令，在弹出的对话框中选择学习资源中的“素材文件>CH01>22-1.psd”文件，如图1-140所示。

图1-140

02 选择“图层2”图层，单击图层缩略图左侧的眼睛图标隐藏图层，如图1-141所示，隐藏效果如图1-142所示。

图1-141

图1-142

将背景图层转换为普通图层

视频文件：无　　实例位置：实例文件>CH01>实例023.psd

素材位置：素材文件>CH01>23-1.jpg　　学习目标：掌握将背景图层转换为普通图层的方法

在一般情况下，“背景”图层都处于锁定无法编辑的状态。因此，如果要对“背景”图层进行操作，就需要将其转换为普通图层。

01 执行“文件>打开”菜单命令，在弹出的对话框中选择学习资源中的“素材文件>CH01>23-1.jpg”文件，如图1-143所示。

图1-143

02 在“背景”图层上单击鼠标右键，在弹出的菜单中选择“背景图层”命令，如图1-144所示，此时将打开“新建图层”对话框，如图1-145所示，然后单击“确定”按钮 确定 ，即可将“背景”图层转换为普通图层，如图1-146所示。

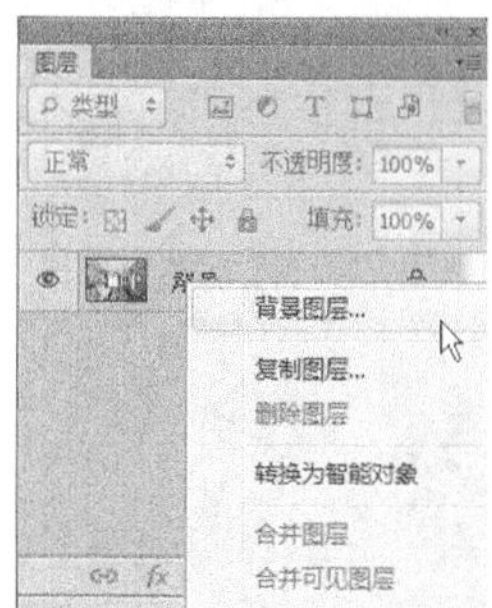

图1-144

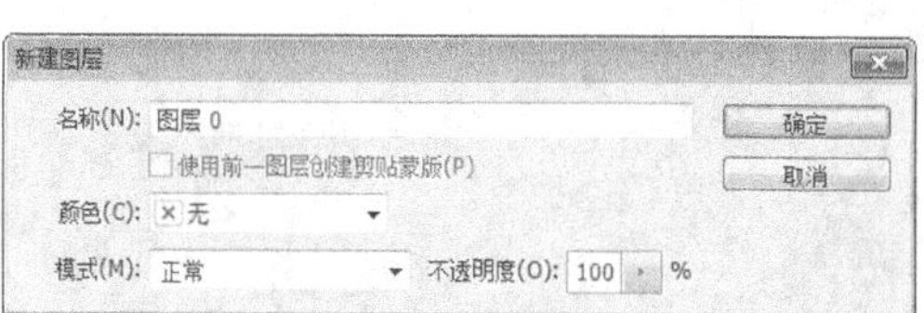

图1-145

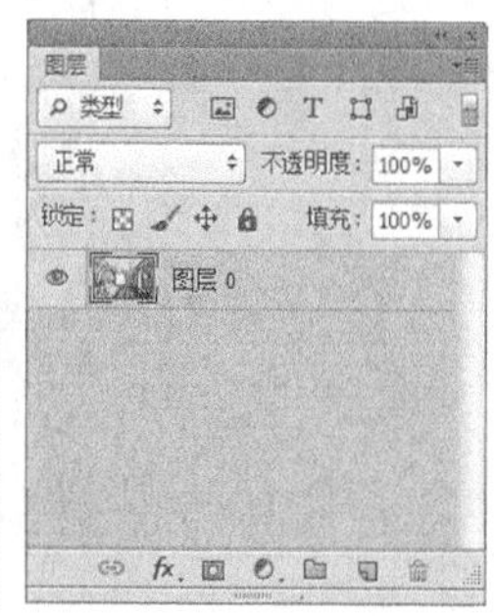

图1-146

技巧与提示

除上述方法外，还有3种将背景图层转换为普通图层的方法。

第1种：在“背景”图层的缩略图上双击鼠标左键，打开“新建图层”对话框，然后单击“确定”按钮 确定 。

第2种：按住Alt键双击“背景”图层的缩略图，“背景”图层将直接转换为普通图层。

第3种：执行“图层>新建>背景图层”菜单命令，可以将“背景”图层转换为普通图层。

将普通图层转换为背景图层

视频文件：实例024 将普通图层转换为背景图层.mp4　　实例位置：实例文件>CH01>实例024.psd

素材位置：素材文件>CH01>24-1.psd　　学习目标：掌握将普通图层转换为背景图层的方法

在制作图像时，有时可能图层过多，为了便于操作，我们可以将背景图像的图层进行拼合，然后转换成背景图层再进行制作。

01 执行“文件>打开”菜单命令，在弹出的对话框中选择学习资源中的“素材文件>CH01>24-1.psd”文件，如图1-147所示。

图1-147

02 选择“背景”图层，在图层名称上单击鼠标右键，在弹出的菜单中选择“拼合图像”命令，如图1-148所示，此时所有图层将被转换为“背景”图层，如图1-149所示。

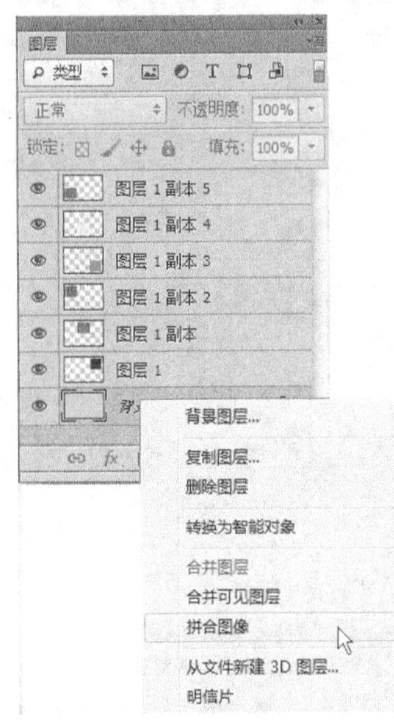

图1-148

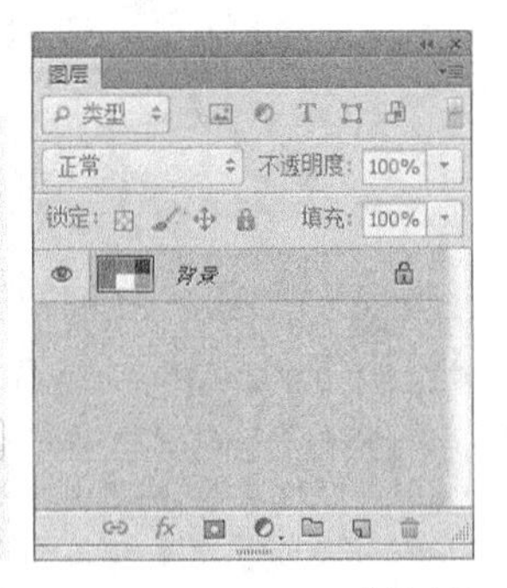

图1-149

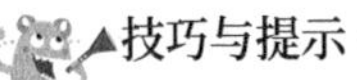

▲技巧与提示

执行“图层>拼合图像”菜单命令，也可以将图像拼合成“背景”图层。

选择/取消选择图层

视频文件：实例025 选择/取消选择图层.mp4　实例位置：实例文件>CH01>实例025.psd

素材位置：素材文件>CH01>25-1.psd　学习目标：掌握选择/取消选择图层的方法

在实际操作中，如果要对某个图层进行操作，就必须先选中该图层。在Photoshop中，可以选择单个图层，也可以选择多个连续的图层或选择多个非连续的图层。

01 执行“文件>打开”菜单命令，在弹出的对话框中选择学习资源中的“素材文件>CH01>25-1.psd”文件，如图1-150所示。

图1-150

02 打开“图层”面板，然后使用鼠标单击“图层1”图层，此时即可将其选中，如图1-151所示。

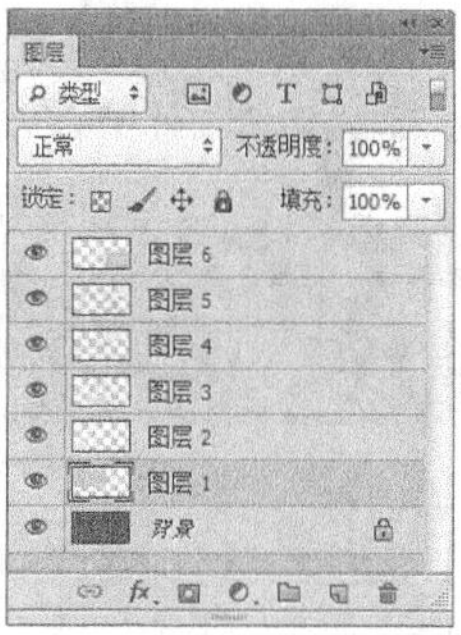

图1-151

03 按住Shift键同时使用鼠标左键单击“图层2”图层和“图层5”图层，即可选择它们之间的图层，如图1-152所示，也可以先选择位于底端的图层，然后按住Shift键单击位于顶端的图层。

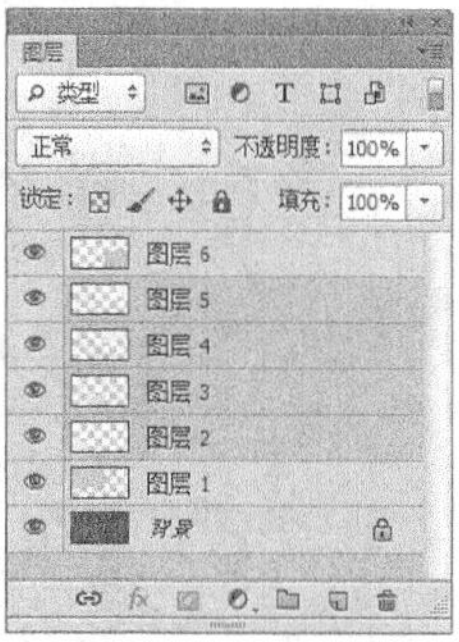

图1-152

技巧与提示

选择一个图层，然后按住Ctrl键同时单击其他图层的名称，也可选中这些连续的图层。注意，如果使用Ctrl键选中连续多个图层，只能单击其他图层的名称，绝对不能单击图层缩略图，否则会载入图层的选区。

04 按住Ctrl键同时使用鼠标分别单击“图层2”“图层4”“图层6”多个图层，即可选择多个非连续的图层，如图1-153所示，也可以先选择其中一个图层，然后按住Ctrl键单击其他图层的名称。

图1-153

技巧与提示

选择一个图层后，按快捷键Ctrl+“]”可以将当前图层切换为与之相邻的上一个图层；按快捷键Ctrl+“[”可以将当前图层切换为与之相邻的下一个图层。

05 如果要选择所有图层，那么执行“选择>所有图层”菜单命令或按快捷键Alt+Ctrl+A，即可选择“背景”图层以外的图层，如图1-154所示。如果要选择包含“背景”图层在内的所有图层，那么按住Ctrl键单击“背景”图层的名称即可，如图1-155所示。

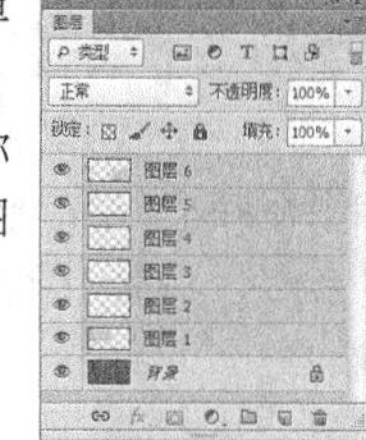

图1-154

图1-155

06 如果不想选择任何图层，那么执行“选择>取消选择图层”菜单命令，如图1-156所示，即可取消选择所有图层，如图1-157所示。

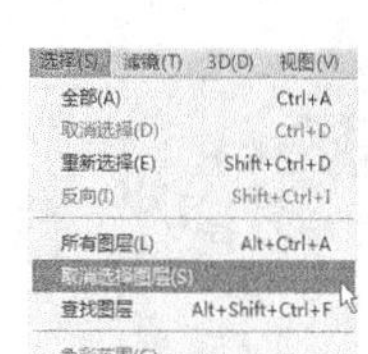

图1-156

图1-157

技巧与提示

除此之外，还可以在“图层”面板中最下面的空白处单击鼠标左键取消选择所有图层。

删除图层

»视频文件：实例026 删除图层.mp4　　»实例位置：实例文件>CH01>实例026.psd

»素材位置：素材文件>CH01>26-1.psd　　»学习目标：掌握删除图层的方法

在处理图像时，如果有不使用的图层，就需要删除图层，以节省空间。

01 执行“文件>打开”菜单命令，在弹出的对话框中选择学习资源中的“素材文件>CH01>26-1.psd”文件，如图1-158所示。

图1-158

02 按住Shift键同时使用鼠标单击“图层2”图层和“图层3”图层，如图1-159所示，然后执行“图层>删除>图层”菜单命令，如图1-160所示，即可将其删除，如图1-161所示。

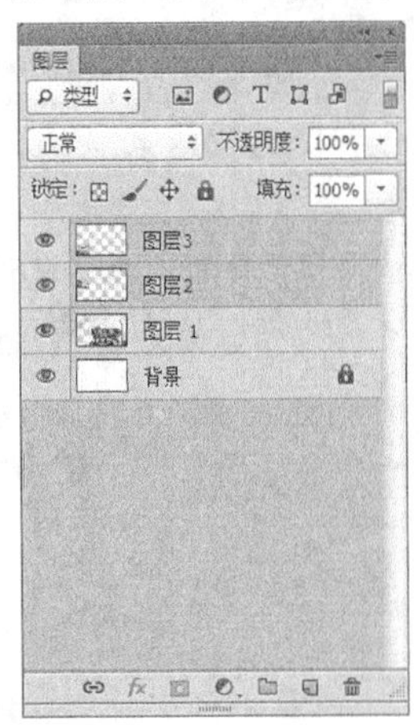

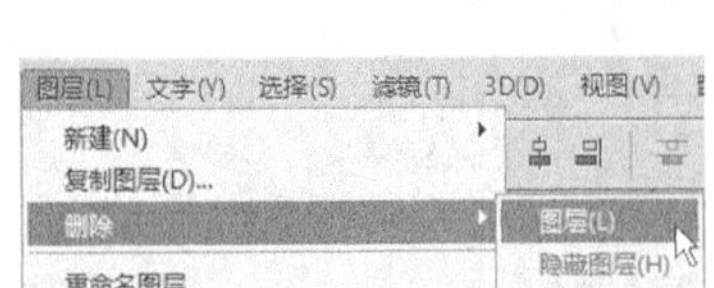

图1-159　　图1-160　　图1-161

▲技巧与提示

要快速删除图层，也可以将其拖曳到“删除图层”按钮 上，还可以直接按Delete键。

实例 027 ★☆☆☆☆

修改图层名称和颜色

视频文件：实例027 修改图层名称和颜色.mp4
实例位置：实例文件>CH01>实例027.psd
素材位置：素材文件>CH01>27-1.psd
学习目标：掌握修改图层名称和颜色的方法

在一个图层较多的文档中，修改图层名称及其颜色有助于快速找到相应的图层。

01 执行“文件>打开”菜单命令，在弹出的对话框中选择学习资源中的“素材文件>CH01>27-1.psd”文件，如图1-162所示。

图1-162

02 打开“图层”面板，选择“图层1”图层，如图1-163所示，然后执行“图层>重命名图层”菜单命令，如图1-164所示，接着在图层名称上输入“红色”，如图1-165所示。

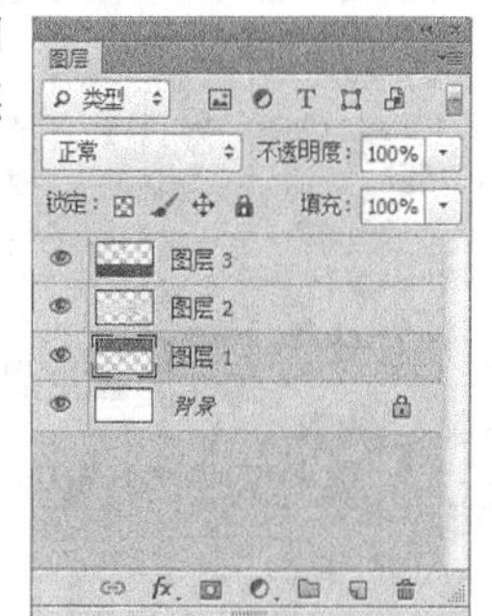

图1-163

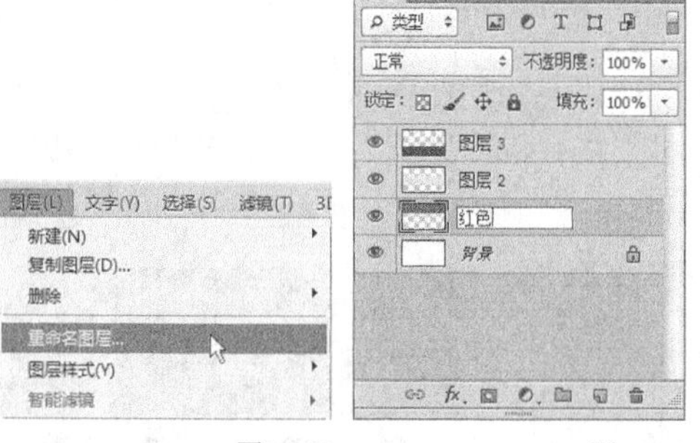

图1-164　图1-165

技巧与提示

为图层重命名也可以在图层名称上双击鼠标左键，激活名称输入框后输入名称文字。

03 使用相同方法为其他图层重命名，如图1-166所示。

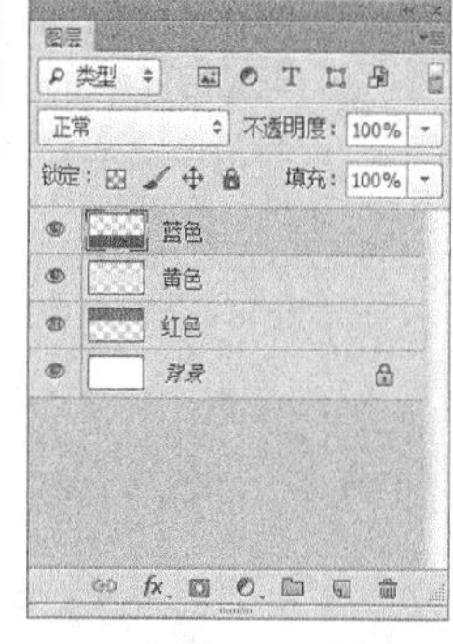

图1-166

04 选择“红色”图层，然后在图层缩略图或图层名称上单击鼠标右键，接着在弹出的菜单中选择相应的颜色即可，如图1-167和图1-168所示，修改后的图层面板如图1-169所示。

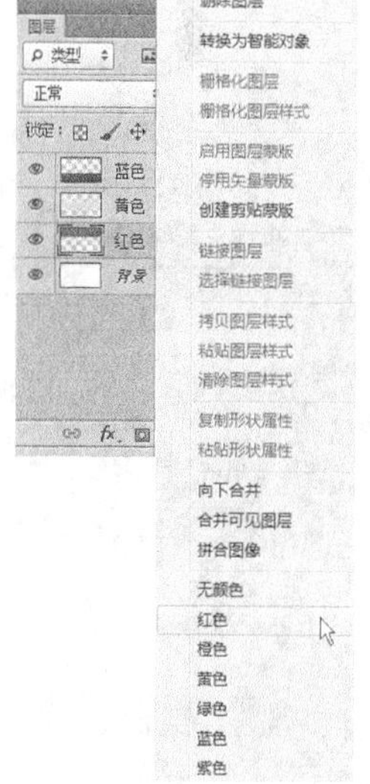

图1-167

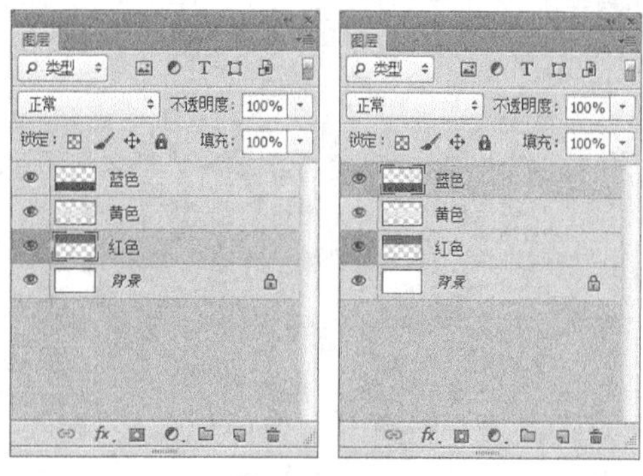

图1-168　图1-169

对齐与分布图层

实例 028 ★☆☆☆☆

- 视频文件：实例028 对齐与分布图层.mp4
- 实例位置：实例文件>CH01>实例028.psd
- 素材位置：素材文件>CH01>28-1.psd
- 学习目标：掌握对齐与分布图层的方法

我们在制作淘宝网页图像时，如果想要一个网店的装修效果看上去整洁并且有设计感，就需要对一些图像进行分布处理。

01 打开学习资源中的"素材文件>CH01>28-1.psd"文件，如图1-170所示。

图1-170

02 打开"图层"面板，选择"图层1"~"图层3"图层，如图1-171所示，然后执行"图层>对齐>顶边"菜单命令，如图1-172所示，可以将选定图层上的顶端像素与所有选定图层上最顶端的像素进行对齐，如图1-173所示。

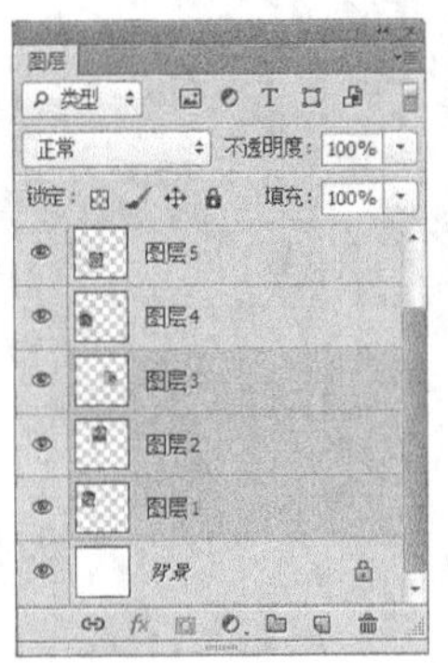

图1-171

图1-172

图1-173

技巧与提示

此外，对齐图层也可以直接使用选项栏中对齐按钮，如图1-174所示。

图1-174

03 使用相同的方法将"图层4""图层5"和"图层6"3个图层进行顶部对齐，然后使用"移动工具"调整到相应的位置，如图1-175所示。

图1-175

04 按住Ctrl键，同时使用鼠标分别单击“图层1”图层和“图层4”图层，然后将两个图层进行左部对齐，如图1-176所示。

图1-176

05 使用相同的方法将“图层3”图层和“图层6”图层进行右部对齐，如图1-177所示。

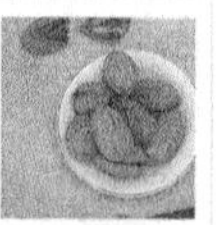

图1-177

06 选择“图层1”~“图层3”图层，如图1-178所示，然后执行“图层>分布>水平居中”菜单命令，如图1-179所示，这样可以从每个图层的水平中心开始间隔均匀地分布图层，如图1-180所示。

图1-178

图1-179

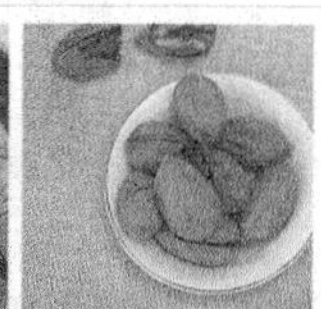

图1-180

技巧与提示

分布图层可以直接使用选项栏中分布按钮，如图1-181所示。

图1-181

07 选择“图层4”~“图层6”图层，如图1-182所示，然后使用相同的方法将图层进行水平居中分布，如图1-183所示。

图1-182

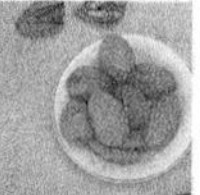

图1-183

将智能对象转换为普通图层

视频文件：实例029 将智能对象转换为普通图层.mp4
实例位置：实例文件>CH01>实例029.psd
素材位置：素材文件>CH01>29-1.jpg、29-2.png
学习目标：掌握将智能对象转换为普通图层的方法

本实例主要是学习智能对象的编辑方法，将智能对象转换成普通图层以便操作。

01 打开学习资源中的“素材文件>CH01>29-1.jpg”文件，如图1-184所示。

图1-184

02 执行“文件>置入”菜单命令，然后在弹出“置入”对话框中选择学习资源中的“素材文件>CH01>29-2.png”文件，此时该素材会作为智能对象置入到当前文档中，如图1-185和图1-186所示。

图1-185

图1-186

03 执行“图层>栅格化>智能对象”菜单命令，如图1-187所示，或单击鼠标右键选择“栅格化图层”菜单命令，如图1-188所示，此时智能对象转换为普通图层，如图1-189所示。

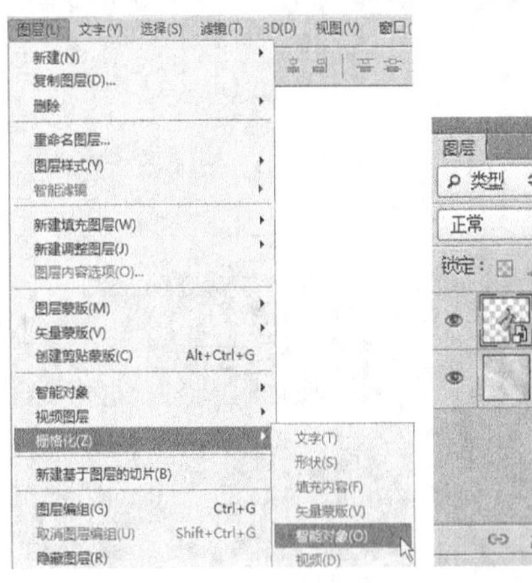

图1-187

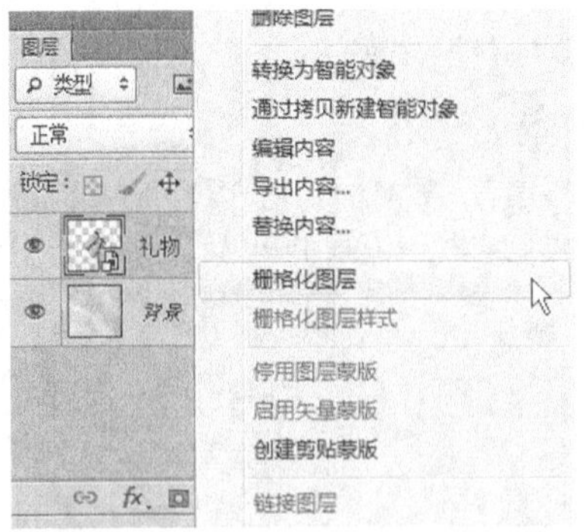

图1-188

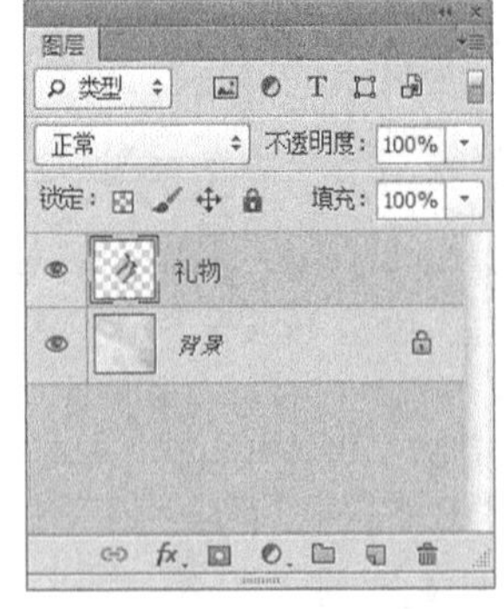

图1-189

替换智能对象内容

视频文件：实例030 替换智能对象内容.mp4
实例位置：实例文件>CH01>实例030.psd
素材位置：素材文件>CH01>30-1.png、30-2.png
学习目标：掌握替换智能对象内容的方法

我们创建智能对象以后，如果对其不满意，那么可以将其替换成其他的智能对象。

01 按快捷键Ctrl+N新建一个文档，然后设置“背景”图层为蓝色，接着置入学习资源中的“素材文件>CH01>30-1.png”文件，如图1-190和图1-191所示。

图1-190

图1-191

02 选择“购物狂欢1”智能对象，执行“图层>智能对象>替换内容”菜单命令，如图1-192所示，接着在弹出的“置入”对话框中选择学习资源中的“素材文件>CH01>30-2.png”文件，如图1-193所示。此时，“购物狂欢1”智能对象将被替换成“购物狂欢2.png”文件，但是图层名称不会改变，如图1-194所示，最终效果如图1-195所示。

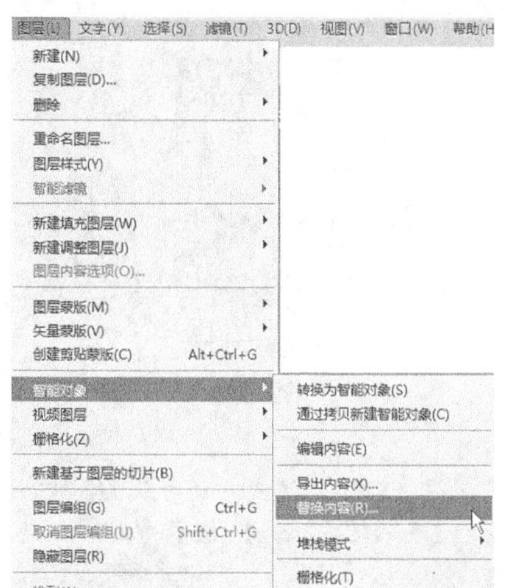

图1-192

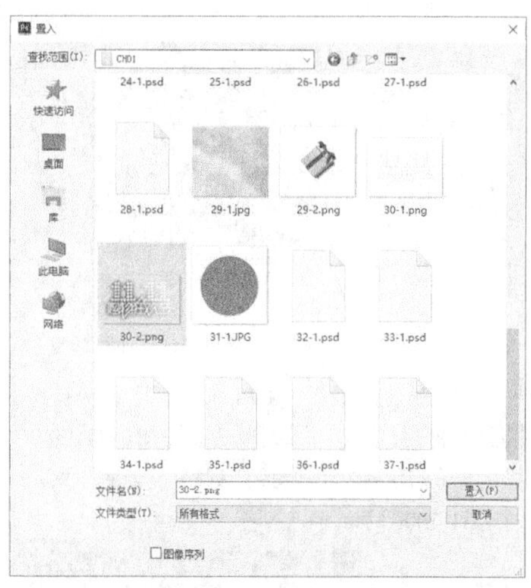

图1-193

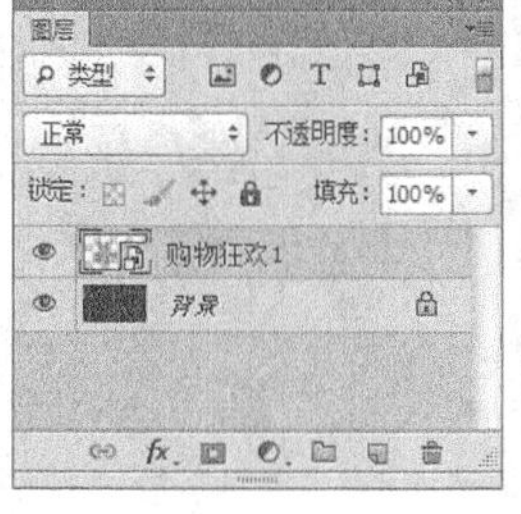

图1-194

图1-195

实例031 栅格化文字图层

★☆☆☆☆

视频文件：实例031 栅格化文字图层.mp4　实例位置：实例文件>CH01>实例031.psd
素材位置：素材文件>CH01>31-1.jpg　学习目标：掌握栅格化文字图层的方法

本例主要学习如何栅格化文字图层并对其进行编辑。对于文字图层，不能直接在上面进行编辑，需要先将其栅格化以后才能进行相应的操作。

01 打开学习资源中的“素材文件>CH01>31-1.jpg”文件，如图1-196所示。

图1-196

02 使用“横排文字工具” T 在图像的中输入“收藏店铺”文字，如图1-197所示。

图1-197

03 选择文字图层，如图1-198所示，然后执行“图层>栅格化>文字”菜单命令，如图1-199所示，也可以单击鼠标右键选择“栅格化文字”菜单命令，如图1-200所示。

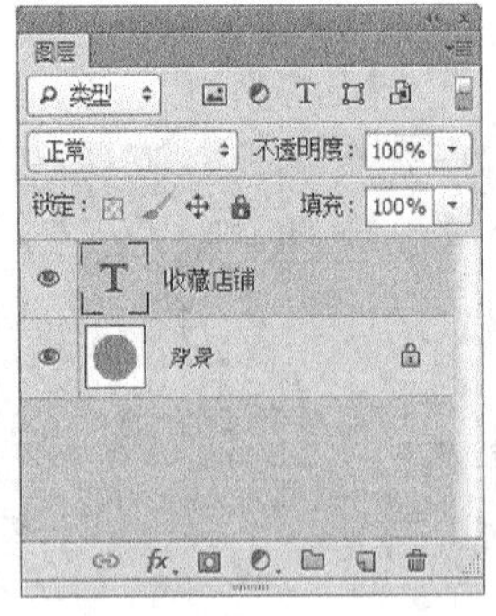

图1-198

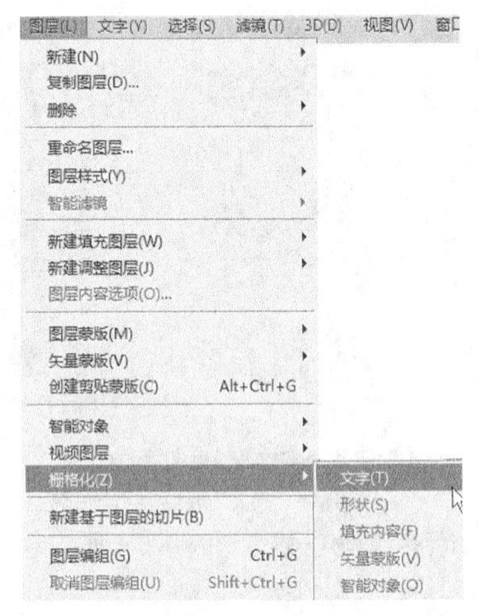

图1-199

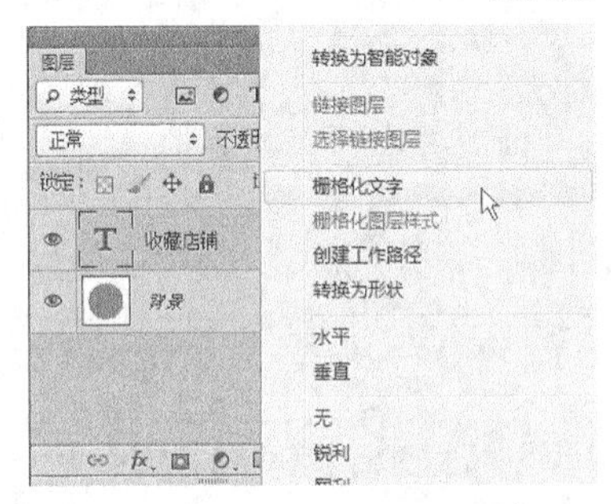

图1-200

04 在“图层”面板中就可以观察到文字图层已经被转换为普通图层了，如图1-201所示。

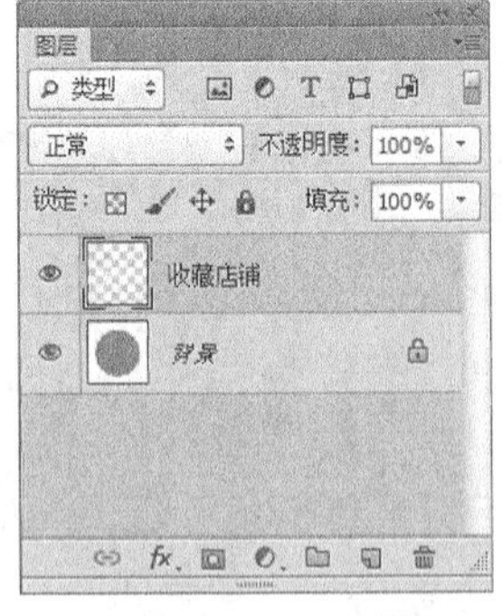

图1-201

调整图层的不透明度与填充

»视频文件：实例032 调整图层的不透明度与填充.mp4　　»实例位置：实例文件>CH01>实例032.psd

»素材位置：素材文件>CH01>32-1.psd　　»学习目标：掌握调整图层的不透明度与填充的方法

“图层”面板中有专门针对图层的不透明度与填充进行调整的选项，两者在一定程度上都是针对不透明度进行调整，数值为100%时为完全不透明，数值为50%时为半透明，数值为0%时为完全透明。

01 打开学习资源中的“素材文件> CH01>32-1.psd”文件，如图1-202所示。

02 打开“图层”面板，然后使用鼠标左键单击“图层1”图层，接着设置该图层“不透明度”为0%，如图1-203所示，此时图层中的图像为完全透明，如图1-204所示。

图1-202

图1-203

图1-204

03 设置该图层“不透明度”为50%，如图1-205所示，此时我们发现图层中的图像为半透明，如图1-206所示。

04 设置“图层2”图层的“填充”为50%，如图1-207所示，图层中的白色圆形同样为半透明，如图1-208所示。

图1-205

图1-206

图1-207

图1-208

调整图层的顺序

视频文件：实例033 调整图层的顺序.mp4　　实例位置：实例文件>CH01>实例033.psd

素材位置：素材文件>CH01>33-1.psd　　学习目标：掌握调整图层顺序的方法

在创建图层时，“图层”面板将按照创建的先后顺序来排列图层。创建图层以后，可以重新调整排列顺序。如果要改变图层的排列顺序，那么将该图层拖曳到另外一个图层的上面或下面即可。

01 打开学习资源中的“素材文件>CH01>33-1.psd”文件，如图1-209所示。

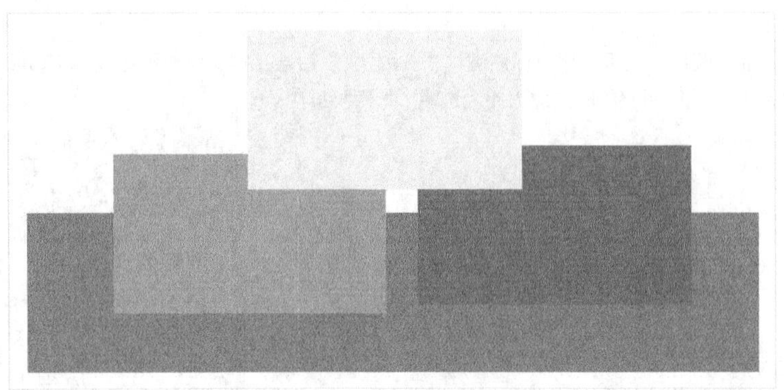

图1-209

02 打开“图层”面板，然后将“图层1”图层向上拖曳到“图层2副本”图层上方，如图1-210所示，效果如图1-211所示。

图1-210

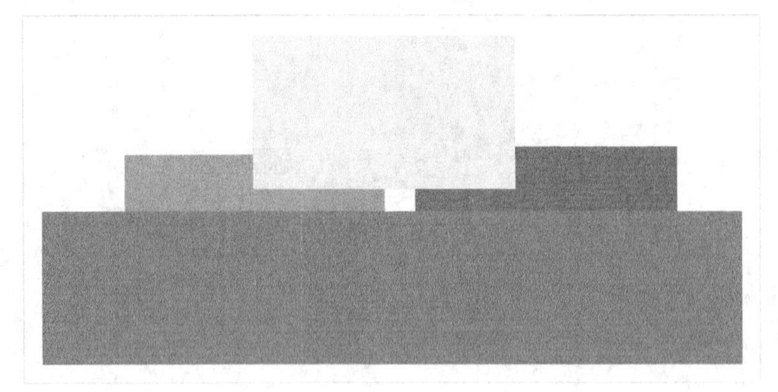

图1-211

链接与取消链接图层

视频文件：实例034 链接与取消链接图层.mp4
实例位置：实例文件>CH01>实例034.psd
素材位置：素材文件>CH01>34-1.psd
学习目标：掌握链接与取消链接图层的方法

如果要同时处理多个图层中的内容（如移动、应用变换或创建剪贴蒙版），那么可以将这些图层链接在一起，以便于我们更方便查找图像。

01 打开学习资源中的“素材文件>CH01>34-1.psd”文件，如图1-212所示。

图1-212

02 打开“图层”面板，同时选择“图层1”图层和文字图层，如图1-213所示，然后执行“图层>链接图层”菜单命令或在“图层”面板下单击“链接图层”按钮，如图1-214所示，可以将这些图层链接起来，如图1-215所示。

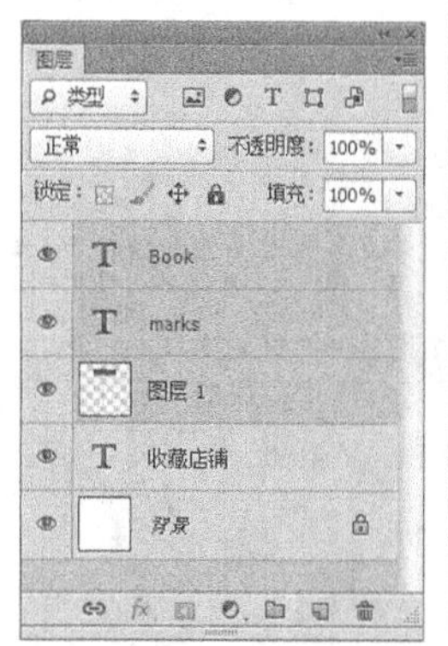

图1-213

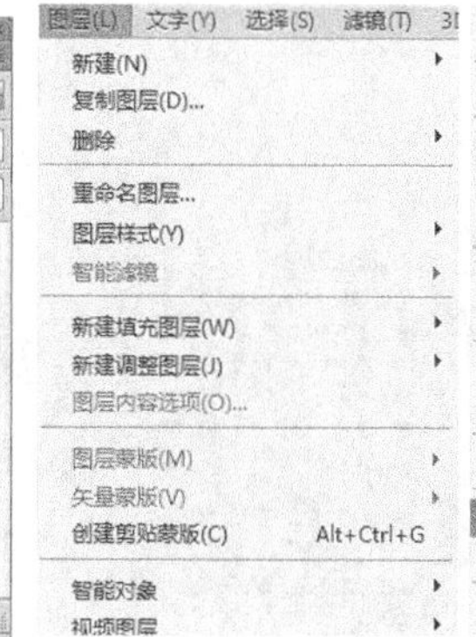

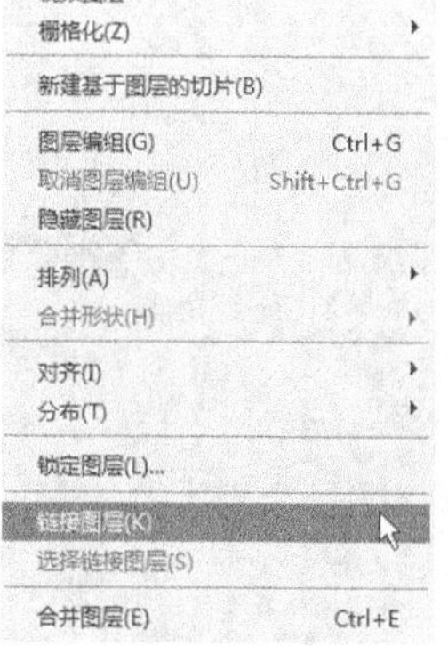

图1-214

图1-215

技巧与提示

将图层链接在一起后，当移动其中一个图层或对其进行变换的时候，与其链接的图层也会发生相应的变化。

03 如果要取消链接，那么选择其中一个链接图层，然后单击“链接图层”按钮即可，如图1-216所示。

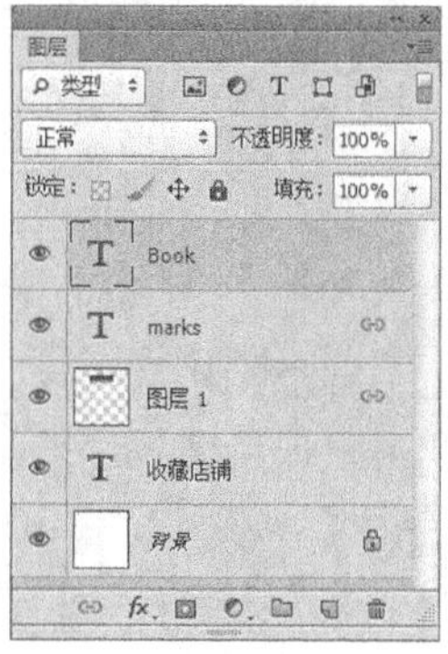

图1-216

创建图层组

视频文件：实例035 创建图层组.mp4　　实例位置：实例文件>CH01>实例035.psd

素材位置：素材文件>CH01>35-1.psd　　学习目标：掌握创建图层组的方法

随着对图像的不断编辑，图层的数量会越来越多，少则几个，多则几十个、几百个，要在如此多的图层中找到需要的图层，会是一件非常麻烦的事情。如果使用图层组来管理同一个内容部分的图层，就可以使“图层”面板中的图层结构更加有条理，寻找起来也更加方便、快捷。

01 打开学习资源中的“素材文件>CH01>35-1.psd”文件，如图1-217所示。

图1-217

02 选择除“背景”图层之外的所有图层，如图1-218所示，然后执行“图层>图层编组”菜单命令或按快捷键Ctrl+G，如图1-219所示，可以为所选图层创建一个图层组，如图1-220所示。

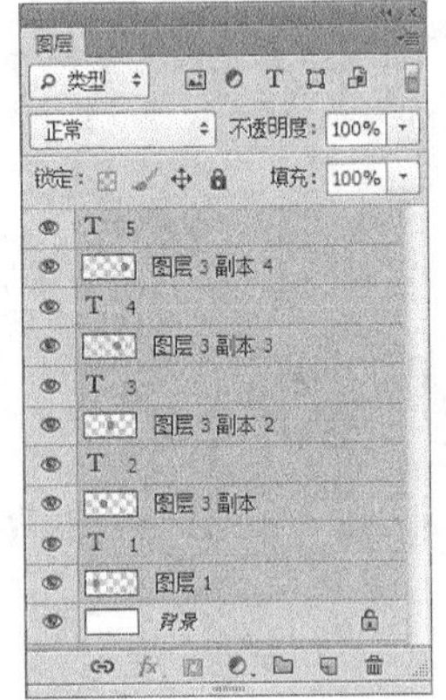

图1-218

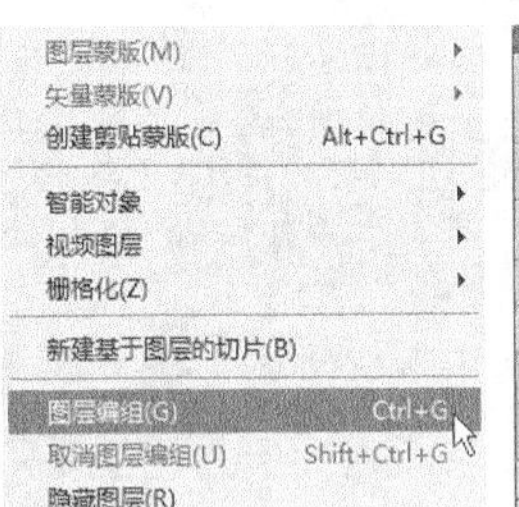

图1-219

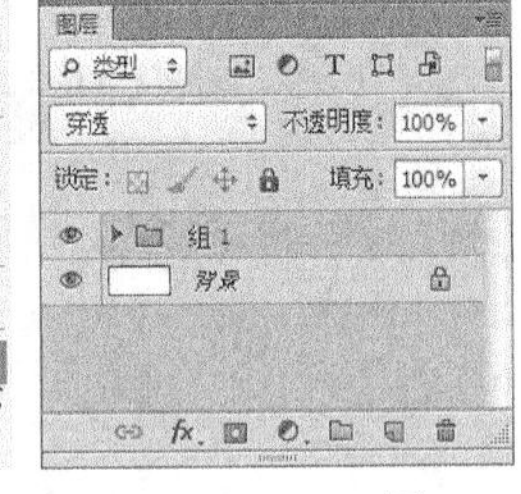

图1-220

03 单击图层组左侧的▶图标展开该图层组，这样该组内的所有图层或图层组都会展示出来，如图1-221所示。

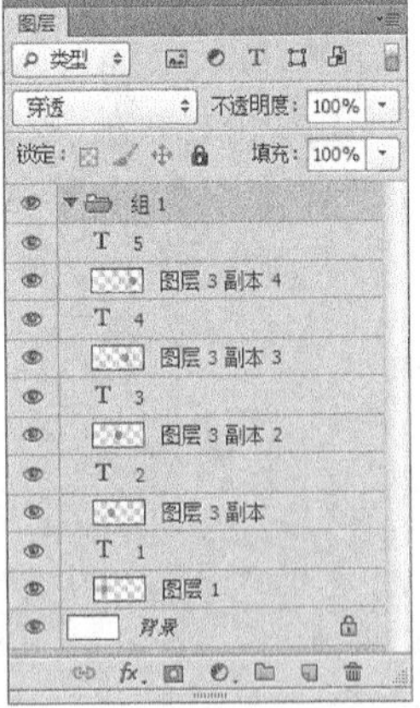

图1-221

合并图层

视频文件：实例036 合并图层.mp4
实例位置：实例文件>CH01>实例036.psd
素材位置：素材文件>CH01>36-1.psd
学习目标：掌握合并图层的方法

如果一个文档中含有过多的图层、图层组及图层样式，就会耗费非常多的内存资源，减慢计算机的运行速度。遇到这种情况，我们可以删除无用的图层、合并同一个内容的图层等来减小文档的大小。

01 打开学习资源中的“素材文件>CH01>36-1.psd”文件，如图1-222所示。

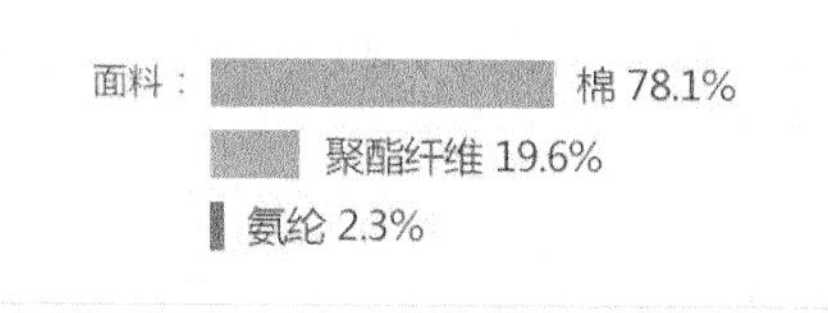

图1-222

02 选择“图层1”“图层2副本2”和“图层2副本3”图层，如图1-223所示，然后执行“图层>合并图层”菜单命令或按快捷键Ctrl+E，合并以后的图层使用选中图层最上面图层的名称，如图1-224和图1-225所示。

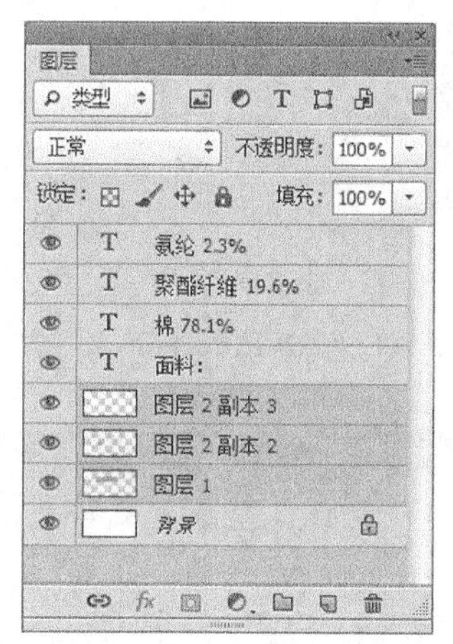

图1-223

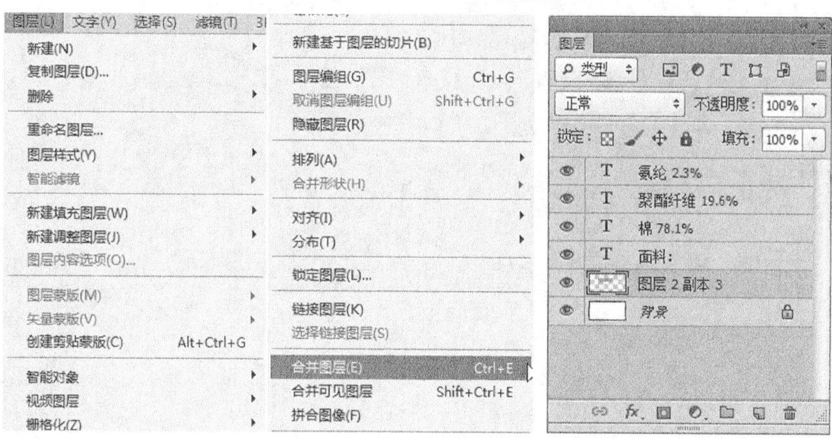

图1-224 图1-225

盖印图层

视频文件：实例037 盖印图层.mp4　　实例位置：实例文件>CH01>实例037.psd
素材位置：素材文件>CH01>37-1.psd　　学习目标：掌握盖印图层的方法

“盖印”是一种合并图层的特殊方法，它可以将多个图层的内容合并到一个新的图层中，同时保持其他图层不变。盖印图层在实际工作中经常用到，是一种很实用的图层合并方法。

01 打开学习资源中的“素材文件>CH01>37-1.psd”文件，如图1-226所示。

02 选择“图层1”图层，然后按快捷键Ctrl+Alt+E，可以将该图层中的图像盖印到下面的图层中，原始图层的内容保持不变，如图1-227所示。

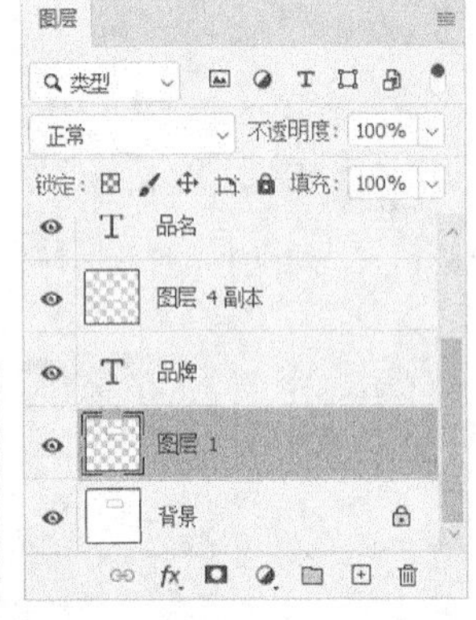

图1-226　　图1-227

03 选择多个图层，如图1-228所示，然后按快捷键Ctrl+Alt+E，可以将这些图层中的图像盖印到一个新的图层中，原始图层的内容保持不变，如图1-229所示。

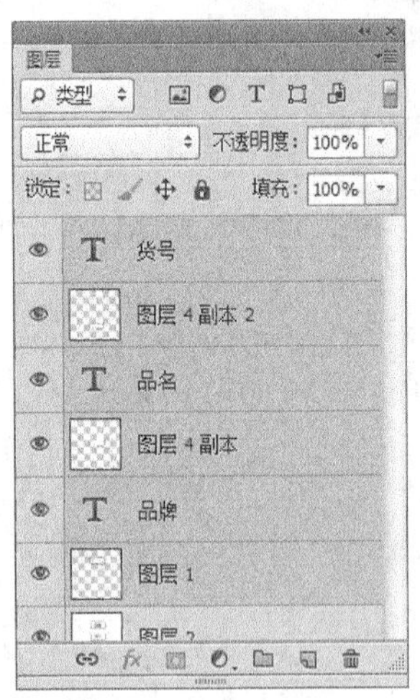

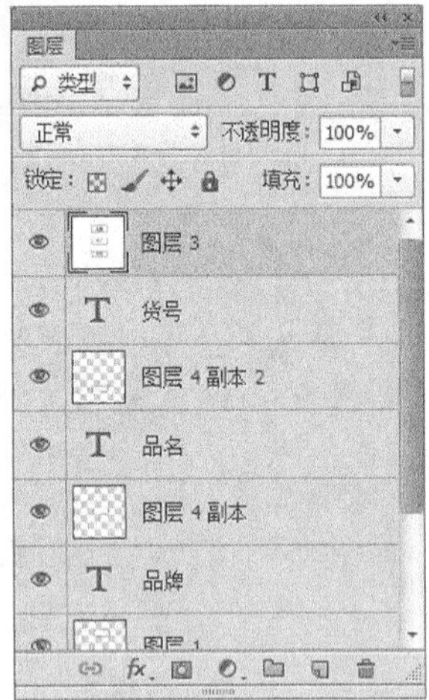

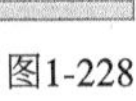

图1-228　　图1-229

第2章

装饰与修复商品图像

本章关键实例导航

实例 038 使用选框工具绘制形状图案

★★☆☆☆

视频文件：实例038 使用选框工具绘制形状图案.mp4
实例位置：实例文件>CH02>实例038.psd
素材位置：素材文件>CH02>38-1.jpg
学习目标：掌握使用选框工具绘制形状图案的方法

淘宝卖家在商品图像中添加色块时，往往需要建立相应的选区，然后通过填充颜色进而完成操作，这就需要使用选框工具来完成最终的效果。本实例素材和最终效果如图2-1所示。

图2-1

01 打开学习资源中的“素材文件>CH02>38-1.jpg”文件，如图2-2所示。

图2-2

02 在工具箱中选择“矩形选框工具”，如图2-3所示，然后在图像的左上方绘制一个矩形选区，如图2-4所示。

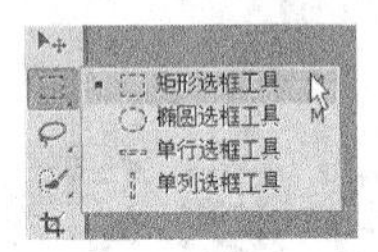

图2-3

图2-4

03 新建“图层1”图层，如图2-5所示，然后设置前景色为（R:255，G:0，B:0），如图2-6所示，接着按快捷键Alt+Delete填充该选区，效果如图2-7所示。

图2-5

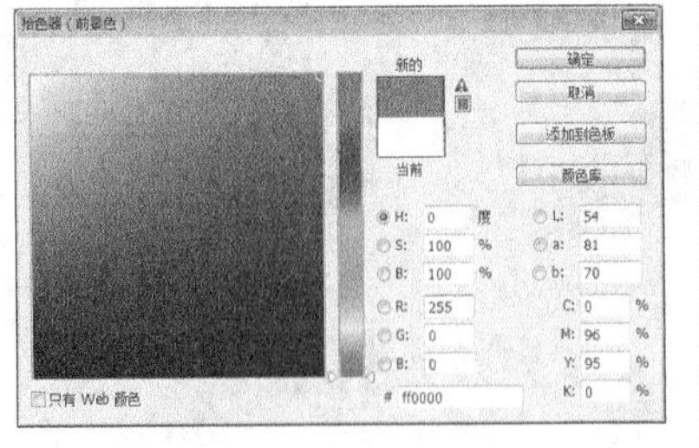

图2-6

图2-7

04 执行“选择>取消选择”菜单命令或按快捷键Ctrl+D，即可取消选区，如图2-8所示，效果如图2-9所示。

选择(S) 滤镜(T) 3D(D) 视图(V)
全部(A) Ctrl+A
取消选择(D) Ctrl+D
重新选择(E) Shift+Ctrl+D
反向(I) Shift+Ctrl+I
所有图层(L) Alt+Ctrl+A
取消选择图层(S)

图2-8

图2-9

05 使用“横排文字工具”在画布中单击鼠标左键设置插入点，输入相应的文字，最终效果如图2-10所示。

图2-10

实例 039 ★★☆☆☆

如何为选区描边

视频文件：实例039 如何为选区描边.mp4　　实例位置：实例文件>CH02>实例039.psd

素材位置：素材文件>CH02>39-1.jpg　　学习目标：掌握为选区描边的方法

淘宝卖家在制作产品背景时，需要对背景边缘进行描边，来增加产品视觉的层次，可以通过建立选区来完成此操作。本实例素材和最终效果如图2-11所示。

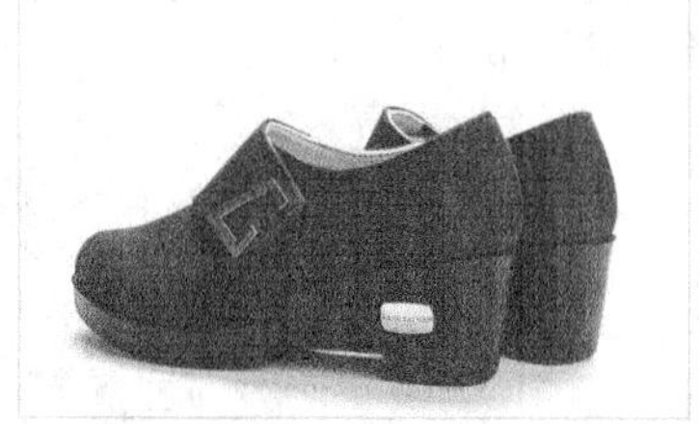

图2-11

01 打开学习资源中的"素材文件>CH02>39-1.jpg"文件，如图2-12所示。

图2-12

02 在工具箱中选择"矩形选框工具"，然后在图像的中绘制一个矩形选区，如图2-13所示。

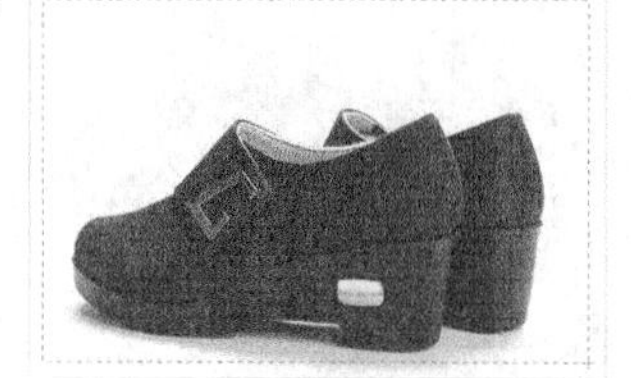

图2-13

03 新建"图层1"图层，如图2-14所示，然后执行"编辑>描边"菜单命令，如图2-15所示，接着在弹出的"描边"对话框中设置"宽度"为15像素，"颜色"为黑色，如图2-16所示，最后单击"确定"按钮 确定 ，效果如图2-17所示。

图2-14

编辑(E) 图像(I) 图层(L) 文字(Y) 选择
还原矩形选框(O) Ctrl+Z
前进一步(W) Shift+Ctrl+Z
后退一步(K) Alt+Ctrl+Z
渐隐(D)... Shift+Ctrl+F
剪切(T) Ctrl+X
拷贝(C) Ctrl+C
合并拷贝(Y) Shift+Ctrl+C
粘贴(P) Ctrl+V
选择性粘贴(I)
清除(E)
拼写检查(H)...
查找和替换文本(X)...
填充(L)... Shift+F5
描边(S)...

图2-15

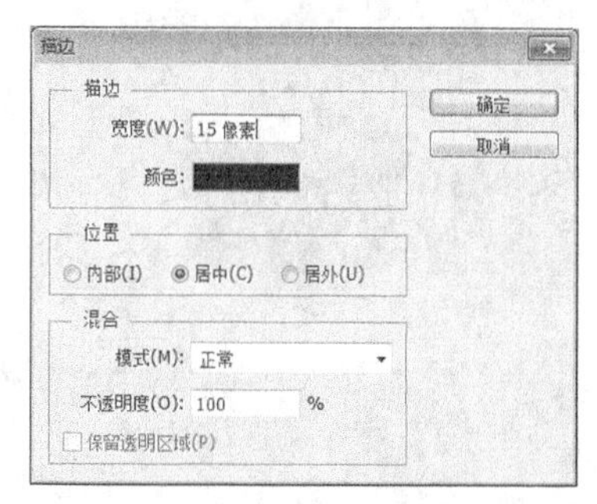

图2-16

图2-17

04 执行"选择>取消选择"菜单命令或按快捷键Ctrl+D，即可取消选区，如图2-18所示，最终效果如图2-19所示。

选择(S) 滤镜(T) 3D(D) 视图(V)
全部(A) Ctrl+A
取消选择(D) Ctrl+D
重新选择(E) Shift+Ctrl+D
反向(I) Shift+Ctrl+I
所有图层(L) Alt+Ctrl+A

图2-18

图2-19

实例040 手动裁剪商品图像

★★☆☆☆

视频文件：实例040 手动裁剪商品图像.mp4　实例位置：实例文件>CH02>实例040.psd
素材位置：素材文件>CH02>40-1.jpg　学习目标：掌握手动裁剪商品图像的方法

淘宝卖家在处理商品图时，会经常遇到商品图片尺寸不合适的情况，此时就要用到裁剪工具，手动将图片裁剪到合适的尺寸。本实例素材和最终效果如图2-20所示。

图2-20

01 导入学习资源中的“素材文件>CH02>40-1.jpg”文件，如图2-21所示。

图2-21

02 在工具箱中单击“裁剪工具”按钮或按C键，如图2-22所示，此时在画布中会显示出裁剪框，如图2-23所示。

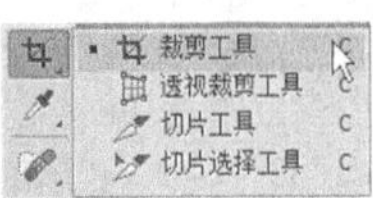

图2-22

图2-23

03 用鼠标左键仔细调整裁剪框上的定界点，确定裁剪区域，如图2-24所示。

图2-24

04 确定裁剪区域以后，如图2-25所示，按Enter键、双击鼠标左键或在选项栏中单击“提交当前裁剪操作”按钮即可完成裁剪操作，最终效果如图2-26所示。

图2-25

图2-26

自定裁剪区

视频文件：实例041 自定裁剪区.mp4　　实例位置：实例文件>CH02>实例041.psd

素材位置：素材文件>CH02>41-1.jpg　　学习目标：掌握自定裁剪区的方法

淘宝卖家在处理商品图片时，如果知道相应的尺寸数据，可以通过自动裁剪区进行制作。本实例素材和最终效果如图2-27所示。

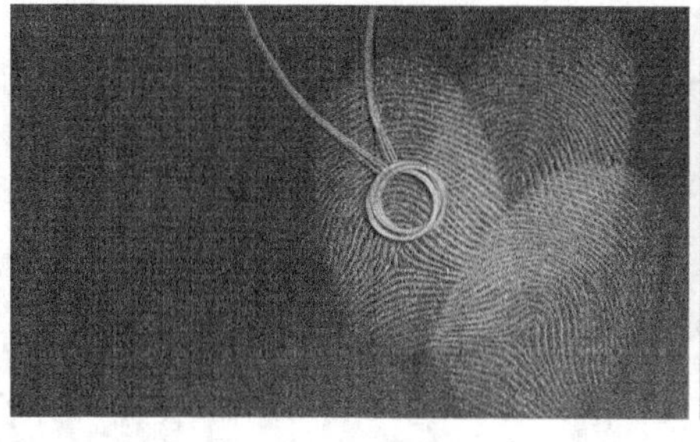

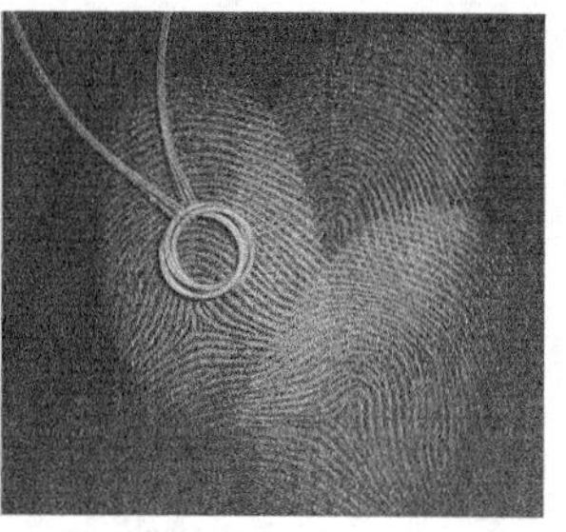

图2-27

01 导入学习资源中的“素材文件>CH02>41-1.jpg”文件，如图2-28所示。

02 在工具箱中单击“裁剪工具”按钮或按C键，在画布中会显示出裁剪框，如图2-29所示。

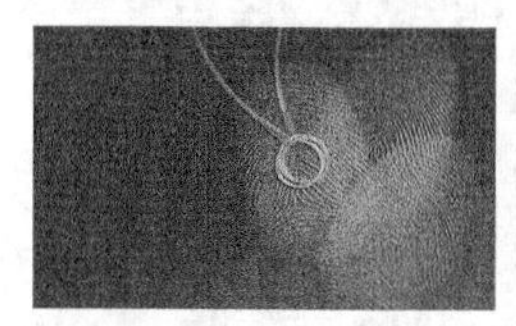

图2-28

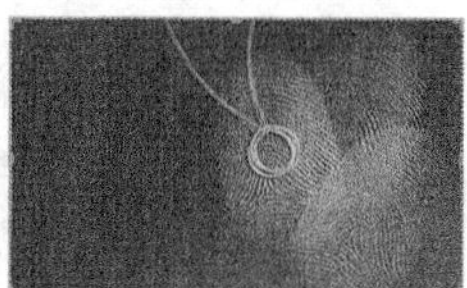

图2-29

03 在选项栏中设置比例为“自定”，“视图”为“三等分”，具体参数设置如图2-30所示，效果如图2-31所示。

自定　10　x　9　拉直　视图：三等分

图2-30

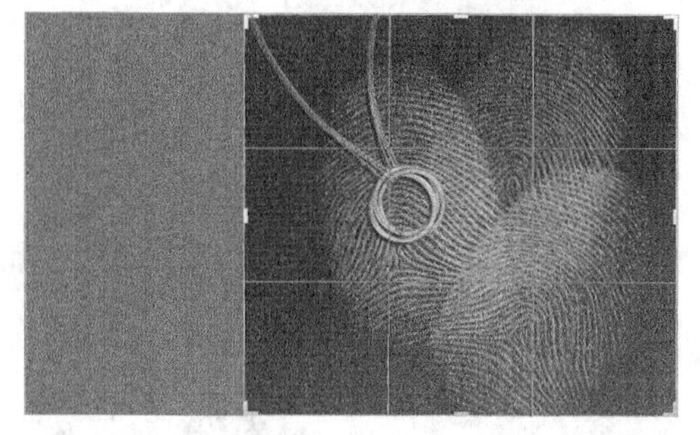

图2-31

技巧与提示

在视图下拉列表中可以选择裁剪参考线的样式及其叠加方式，如图2-32所示。裁剪参考线包含“三等分”“网格”“对角”“三角形”“黄金比例”和“金色螺线”等6种。

“三等分”选项是基于三分原则的。三分原则是摄影师拍照时广泛使用的一种技巧，将画面按水平方向在1/3和2/3的位置建立两条水平线，按垂直方向在1/3和2/3的位置建立两条垂直线，然后尽量将画面中的重要元素放在交点位置上，如图2-33所示。

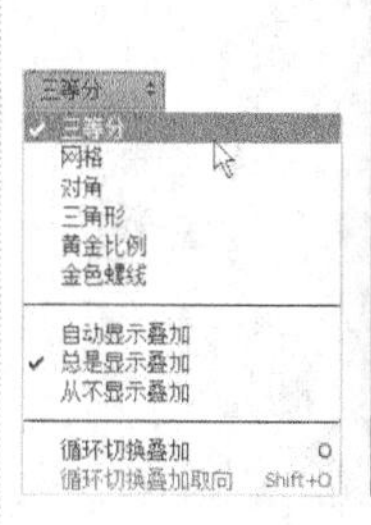

图2-32

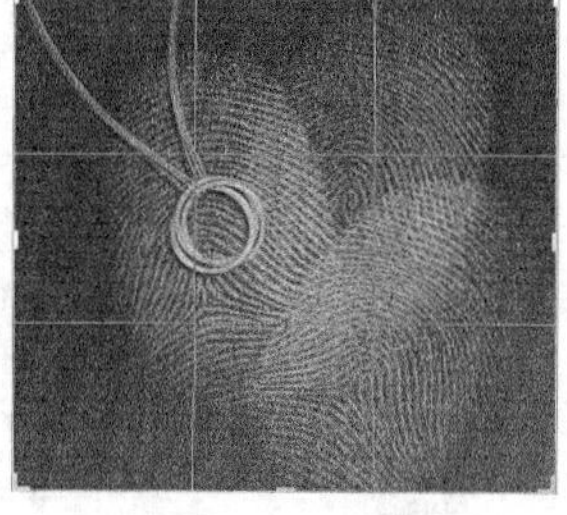

图2-33

04 确定裁剪区域以后，按Enter键完成裁剪操作，最终效果如图2-34所示。

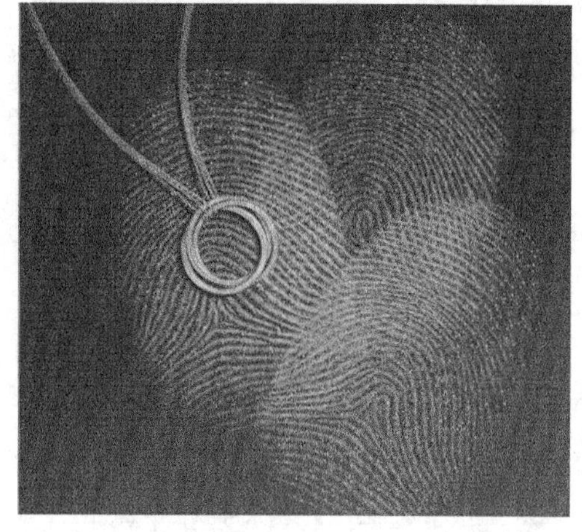

图2-34

实例042 裁剪倾斜图像

★★☆☆☆

视频文件：实例042 裁剪倾斜图像.mp4　　实例位置：实例文件>CH02>实例042.psd

素材位置：素材文件>CH02>42-1.jpg　　学习目标：掌握裁剪倾斜图像的方法

淘宝卖家在很多时候都会遇到图片角度不合适的问题，此时就需要将图片进行倾斜裁剪，以使图片达到最终理想的效果。本实例素材和最终效果如图2-35所示。

图2-35

01 导入学习资源中的“素材文件>CH02>42-1.jpg”文件，如图2-36所示。

图2-36

02 在工具箱中单击“裁剪工具”按钮或按C键，如图2-37所示，然后用鼠标左键仔细调整裁剪框上的定界点，确定裁剪区域，如图2-38所示。

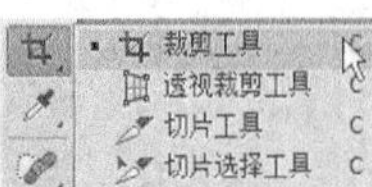

图2-37

图2-38

03 将光标放在裁剪框之外，此时鼠标光标变成双箭头，如图2-39所示，旋转裁剪框，调整图像角度，如图2-40所示。

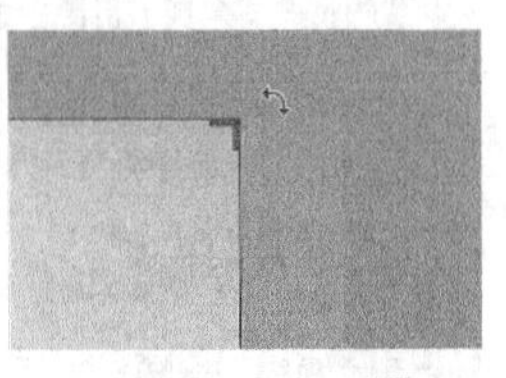

图2-39

图2-40

04 确定裁剪区域以后，如图2-41所示，按Enter键完成裁剪操作，最终效果如图2-42所示。

图2-41

图2-42

实例 043 ★★☆☆☆

通过缩放命令调整商品图像大小

视频文件：实例043 通过缩放命令调整商品图像大小.mp4
实例位置：实例文件>CH02>实例043.psd
素材位置：素材文件>CH02>43-1.jpg、43-2.png、43-3.png
学习目标：掌握缩放命令调整商品图像大小的方法

淘宝后台上传图片的尺寸都是有规定的，如果图片过大，就要通过缩放命令将图片制作成合适的大小，便于设计时使用。本实例素材和最终效果如图2-43所示。

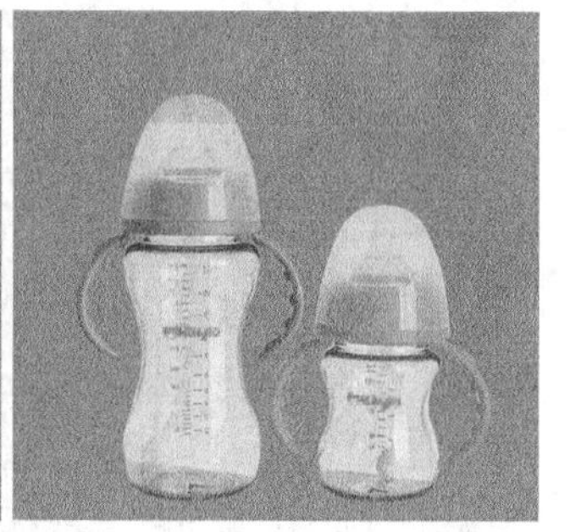

图2-43

01 按快捷键Ctrl+O打开学习资源中的“素材文件>CH02>43-1.jpg”文件，如图2-44所示。

02 打开学习资源中的“素材文件>CH02>43-2.png”文件，然后将其拖曳到“43-1.jpg”操作界面中，并将其放置在图2-45所示的位置。

图2-44

图2-45

03 执行“编辑>变换>缩放”菜单命令，如图2-46所示，然后按住Shift键的同时拖曳4个角上的任意一个控制点，将其等比例缩小到图2-47所示的大小，接着按Enter键完成变换操作，效果如图2-48所示。

变换
自动对齐图层...
自动混合图层...
再次(A) Shift+Ctrl+T
缩放(S)
旋转(R)

图2-46

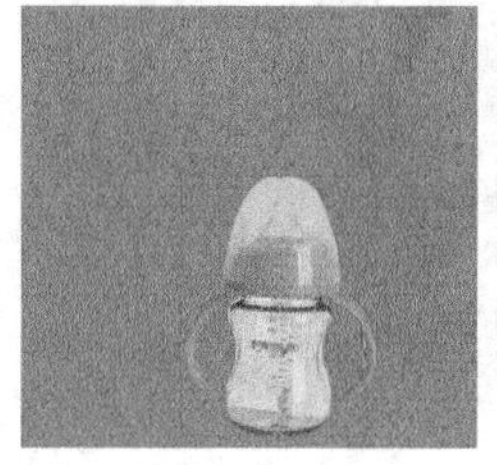

图2-47

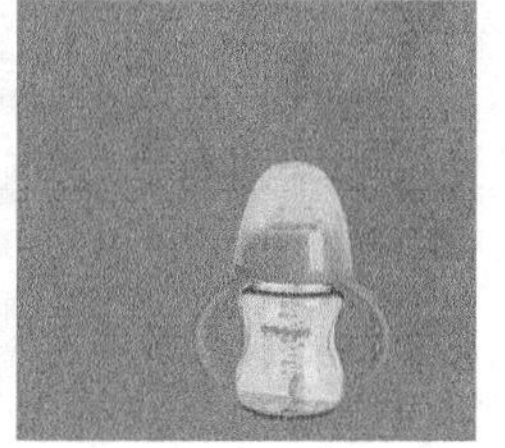

图2-48

技巧与提示

在实际工作中，为了节省操作时间，也可以直接按快捷键Ctrl+T进入自由变换状态。

04 导入学习资源中的“素材文件>CH02>43-3.png”文件，然后将其拖曳到“43-2.png”操作界面中，并将其放置在图2-49所示的位置。

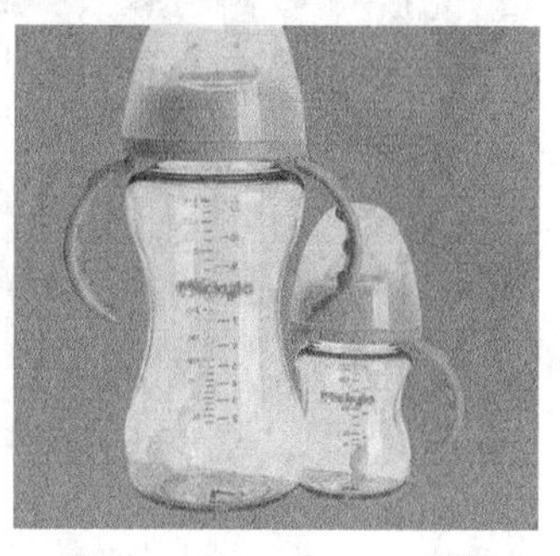

图2-49

05 再次执行“缩放”菜单命令，然后按住Shift键的同时拖曳4个角上的任意一个控制点，将其等比例缩小到图2-50所示的大小，接着按Enter键完成变换操作，最后使用“移动工具”将其调整到合适的位置，最终效果如图2-51所示。

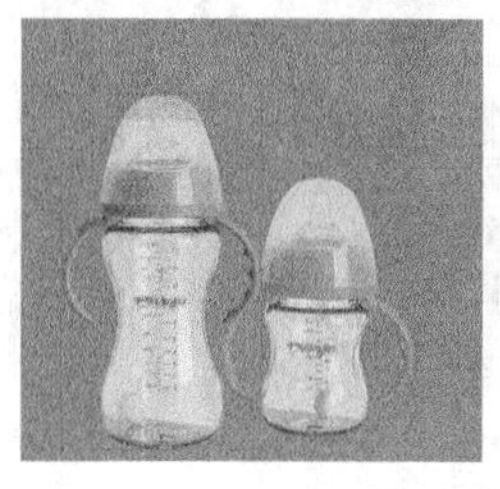

图2-50

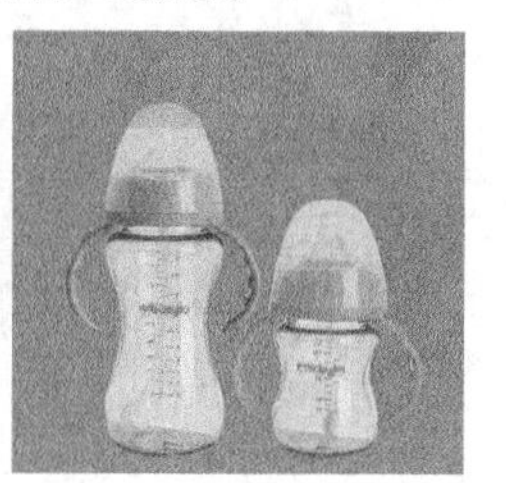

图2-51

实例044 通过旋转命令调整商品图像角度

★★☆☆☆

视频文件：实例044 通过旋转命令调整商品图像角度.mp4　实例位置：实例文件>CH02>实例044.psd

素材位置：素材文件>CH02>44-1.psd　学习目标：掌握使用旋转命令调整商品图像角度的方法

淘宝卖家在制作图像时，如果遇到商品角度不合适的情况，可以通过旋转命令将图片调整到合适的角度。本实例素材和最终效果如图2-52所示。

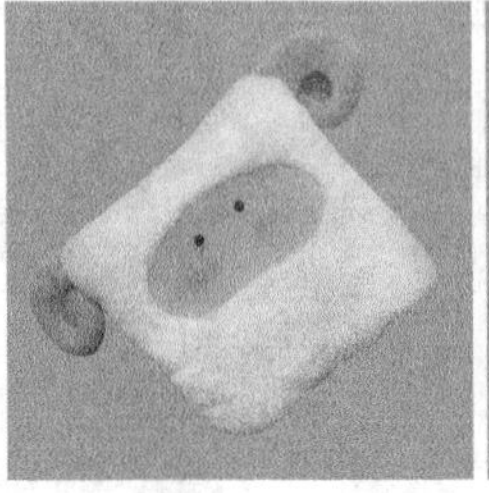

图2-52

01 打开学习资源中的“素材文件>CH02>44-1.psd”文件，如图2-53所示。

图2-53

02 选择“图层1”图层，如图2-54所示，然后执行“编辑>变换>旋转”菜单命令，如图2-55所示，接着将图像旋转到图2-56所示的角度。

图2-54

自由变换(F)　Ctrl+T
变换
自动对齐图层...
自动混合图层...
定义画笔预设(B)...
再次(A)　Shift+Ctrl+T
缩放(S)
旋转(R)
斜切(K)

图2-55

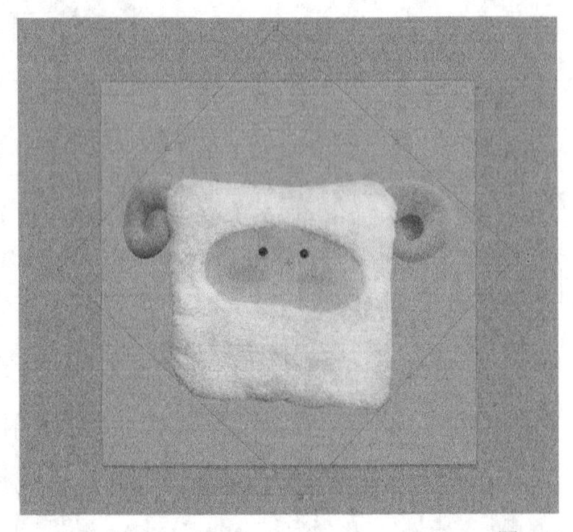

图2-56

03 旋转完成后按Enter键确认操作，最终效果如图2-57所示。

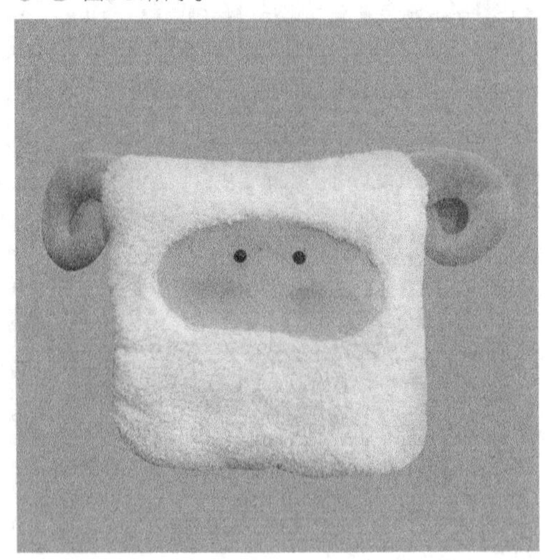

图2-57

实例 045 ★★☆☆☆

翻转商品图像

视频文件：实例045 翻转商品图像.mp4　　实例位置：实例文件>CH02>实例045.psd

素材位置：素材文件>CH02>45-1.jpg　　学习目标：掌握翻转商品图像的方法

淘宝卖家在很多时候需要将图片进行对称翻转，此时可以使用Photoshop中的翻转命令，进而完成该操作，达到最终的理想效果。本实例素材和最终效果如图2-58所示。

图2-58

01 打开学习资源中的“素材文件>CH02>45-1.jpg”文件，如图2-59所示。

图2-59

02 选择“矩形选框工具”，如图2-60所示，然后在图像中绘制一个矩形选区，如图2-61所示。

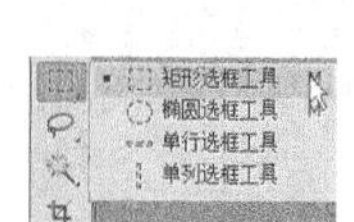

图2-60

图2-61

03 执行“编辑>变换>水平翻转”菜单命令，如图2-62所示，这时图像在水平方向上进行翻转，效果如图2-63所示。

图2-62

图2-63

04 执行“选择>取消选择”菜单命令或按快捷键Ctrl+D，即可取消选区，如图2-64所示，效果如图2-65所示。

图2-64

图2-65

实例 046 通过斜切命令制作商品投影效果

★★☆☆☆

- 视频文件：实例046 通过斜切命令制作商品投影效果.mp4
- 实例位置：实例文件>CH02>实例046.psd
- 素材位置：素材文件>CH02>46-1.png
- 学习目标：掌握斜切命令制作商品投影效果的方法

在制作商品图片时，如果要制作相应的投影效果，那么需要通过斜切命令，将图片进行一定程度的变形，从而达到其最终效果。本实例素材和最终效果如图2-66所示。

图2-66

01 按快捷键Ctrl+N新建一个文件，然后打开学习资源中的“素材文件>CH02>46-1.png”文件，如图2-67所示。

图2-67

技巧与提示

由于这张素材是PNG格式的，且已经抠除了背景，因此背景是透明的。

02 按快捷键Ctrl+J复制“图层1”图层得到一个“图层1副本”图层，如图2-68所示，然后执行“编辑>变换>垂直翻转”菜单命令，如图2-69所示，并调整到戒指倒影的合适位置，如图2-70所示。

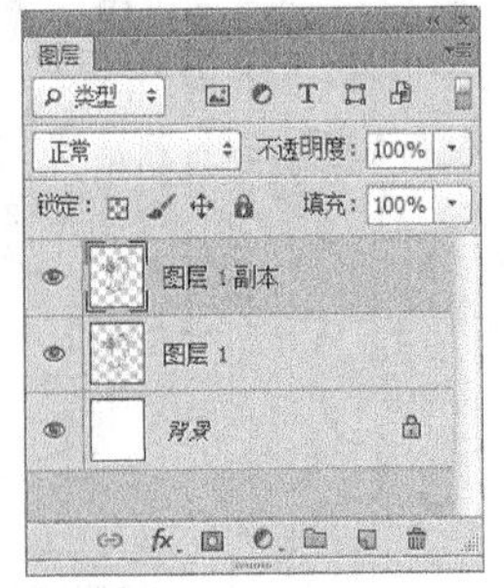

图2-68

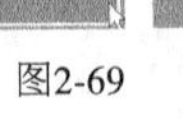

图2-69

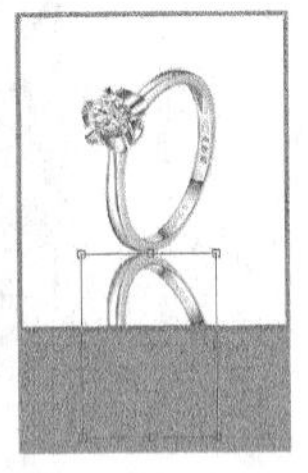

图2-70

03 调整完成后不要退出变换模式，在画布中单击鼠标右键，然后在弹出的菜单中选择“斜切”命令，如图2-71所示，接着将图像调整为图2-72所示的效果。

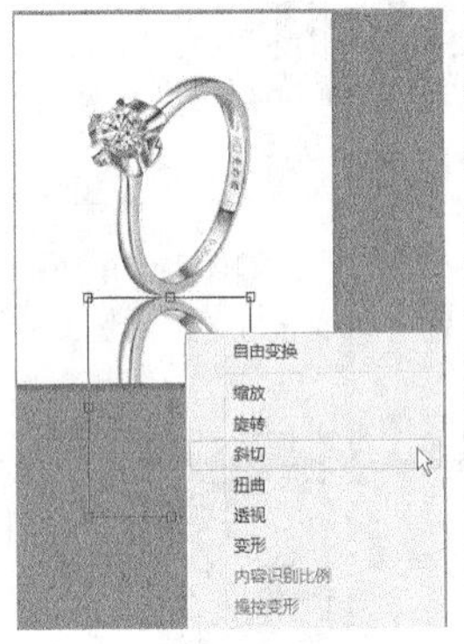

图2-71

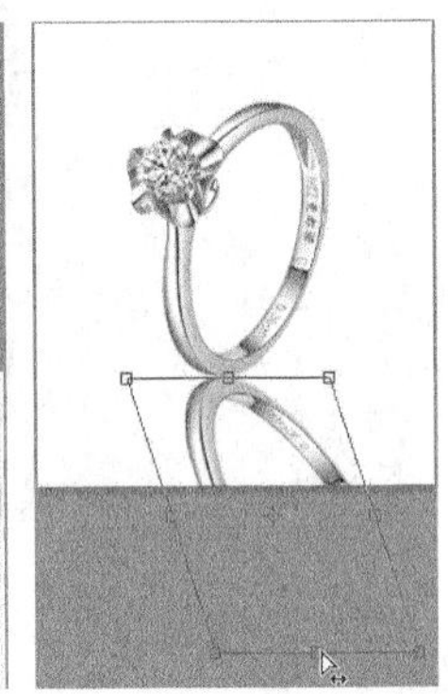

图2-72

04 设置“图层1副本”图层的“不透明度”为34%，如图2-73所示，最终效果如图2-74所示。

图2-73

图2-74

实例 047 ★★☆☆☆

通过扭曲命令还原商品图像

视频文件：实例047 通过扭曲命令还原商品图像.mp4　实例位置：实例文件>CH02>实例047.psd
素材位置：素材文件>CH02>47-1.jpg　学习目标：掌握使用扭曲命令还原商品图像的方法

当商品图形不规整时，可以通过扭曲将图片进行变形的修复处理，让商品图重新恢复完美的视觉效果。本实例素材和最终效果如图2-75所示。

图2-75

01 打开学习资源中的“素材文件>CH02>47-1.jpg”文件，如图2-76所示。

图2-76

02 打开“图层”面板，然后按快捷键Ctrl+J复制“背景”图层得到“图层1”图层，如图2-77所示。

图2-77

技巧与提示

由于“背景”图层在默认情况下处于锁定状态，不能对其进行移动、变换等操作，因此要重新复制“背景”图层，将其转换为可编辑图层后才能进行下一步的操作。

03 执行“编辑>变换>扭曲”菜单命令，然后拖曳4个角上的锚点，如图2-78所示，完成后按Enter键确认操作，最终效果如图2-79所示。

图2-78

图2-79

实例 048 ★★☆☆☆

透视商品图像

视频文件：实例048 透视商品图像.mp4　　实例位置：实例文件>CH02>实例048.psd

素材位置：素材文件>CH02>48-1.jpg　　学习目标：掌握制作透视商品图像的方法

在制作淘宝页面需要对商品进行叠加设计时，一定要对商品的透视角度进行处理，这样才能使商品叠加在视觉上给人舒适感。本实例素材和最终效果如图2-80所示。

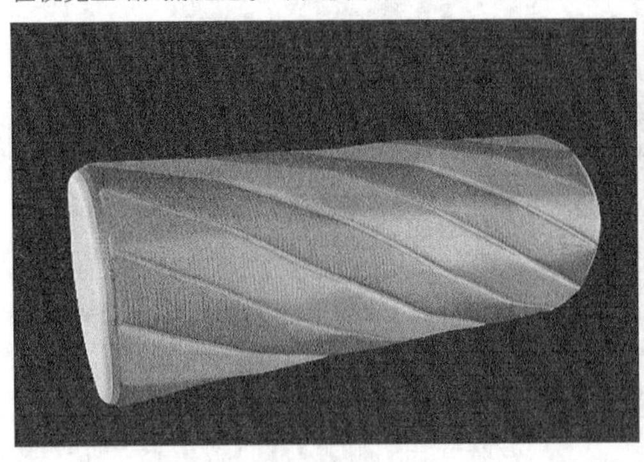

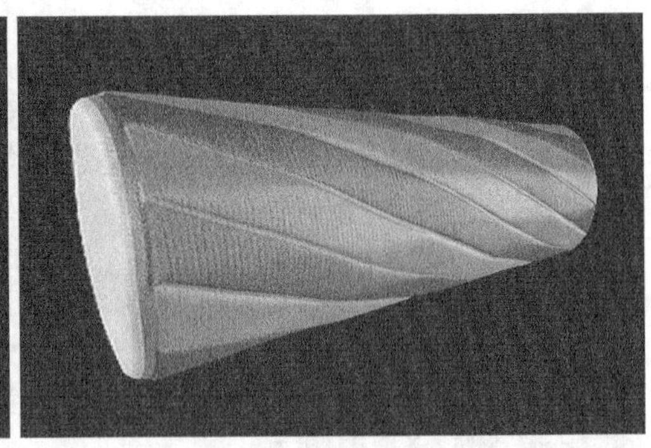

图2-80

01 打开学习资源中的“素材文件>CH02>48-1.jpg”文件，如图2-81所示。

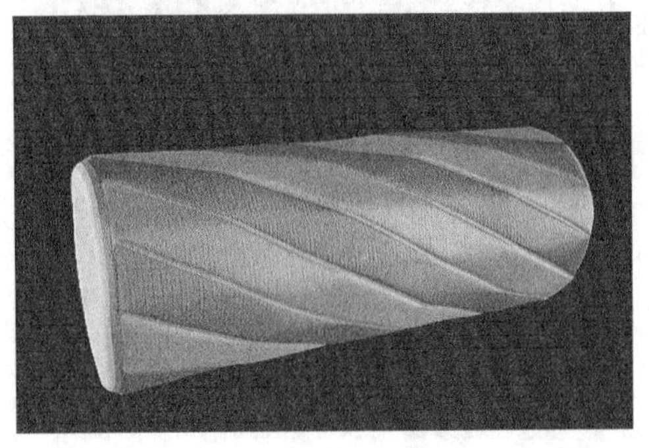

图2-81

02 选择“图层1”图层，然后执行“编辑>变换>透视”菜单命令，如图2-82所示，接着向上拖曳右下角的控制点，使图像产生近大远小透视效果，最后向下拖曳左下角的控制点，使透视效果更加明显，如图2-83所示。

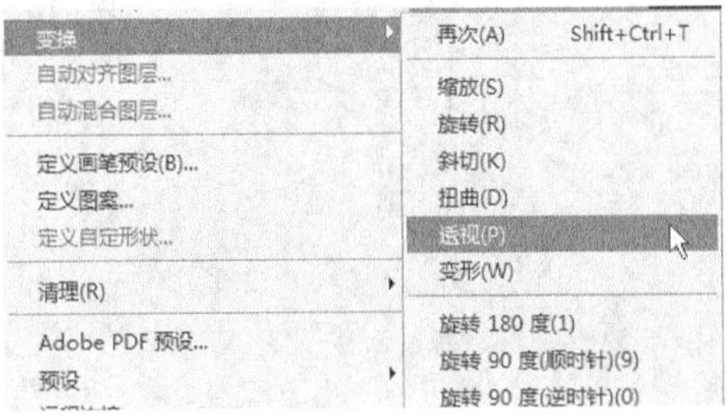

变换
自动对齐图层...
自动混合图层...
定义画笔预设(B)...
定义图案...
定义自定形状...
清理(R)
Adobe PDF 预设...
预设

再次(A)　Shift+Ctrl+T
缩放(S)
旋转(R)
斜切(K)
扭曲(D)
透视(P)
变形(W)
旋转 180 度(1)
旋转 90 度(顺时针)(9)
旋转 90 度(逆时针)(0)

图2-82

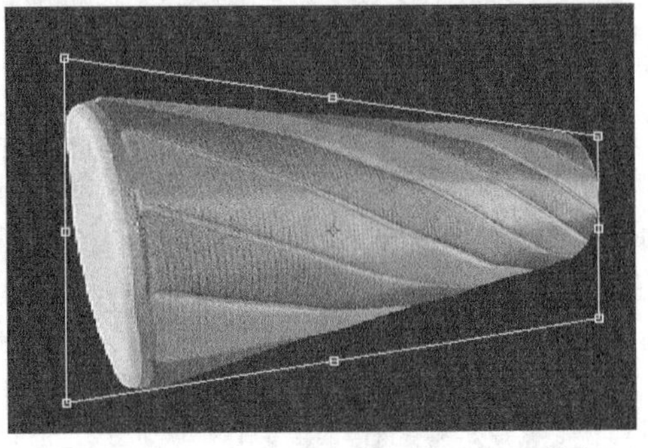

图2-83

03 完成后按Enter键确认操作，最终效果如图2-84所示。

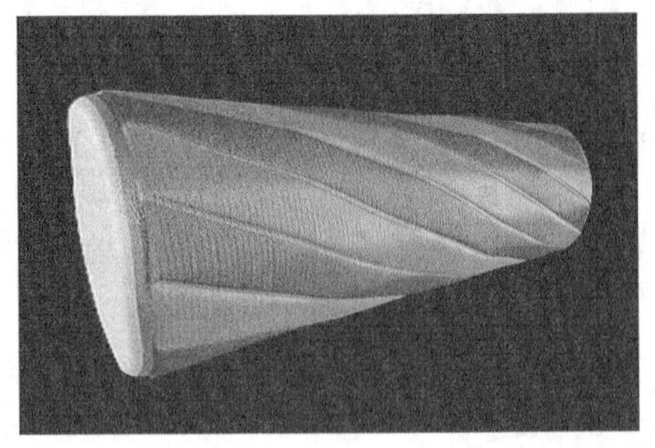

图2-84

通过仿制图章工具去除商品背景杂物

视频文件：实例049 通过仿制图章工具去除商品背景杂物.mp4　实例位置：实例文件>CH02>实例049.psd
素材位置：素材文件>CH02>49-1.jpg　学习目标：掌握使用仿制图章工具去除商品背景杂物的方法

使用“仿制图章工具”可以将图像的一部分绘制到同一图像的另一个位置上，或绘制到具有相同颜色模式的任何打开的文档的另一部分，当然也可以将一个图层的一部分绘制到另一个图层上。本实例素材和最终效果如图2-85所示。

图2-85

01 打开学习资源中的“素材文件>CH02>49-1.jpg”文件，如图2-86所示。

图2-86

02 在工具箱中选择“仿制图章工具”，如图2-87所示，然后在选项栏中选择一种柔边画笔，设置“大小”为50像素，如图2-88所示。

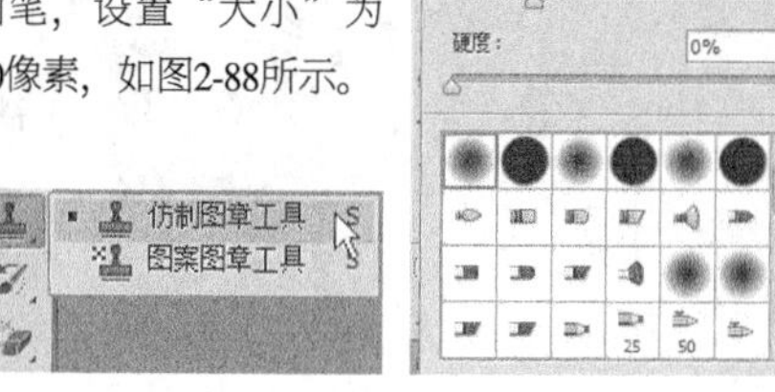

图2-87　图2-88

03 将鼠标光标放在图2-89所示的位置，然后按住Alt键单击进行取样，接着在图像上部进行操作，最终效果如图2-90所示。

图2-89

图2-90

实例050 通过污点修复画笔工具修复商品

★★☆☆☆

视频文件：实例050 通过污点修复画笔工具修复商品.mp4　实例位置：实例文件>CH02>实例050.psd

素材位置：素材文件>CH02>50-1.jpg　学习目标：掌握使用污点修复画笔工具修复商品的方法

使用“污点修复画笔工具”可以消除图像中的污点和某个对象，在处理商品时会经常用到此功能。本实例素材和最终效果如图2-91所示。

图2-91

01 打开学习资源中的“素材文件>CH02>50-1.jpg”文件，如图2-92所示。

图2-92

02 在工具箱中选择“污点修复画笔工具”，如图2-93所示，然后设置画笔“大小”为29像素，如图2-94所示，在图像上单击污点，即可将污点消除，如图2-95所示。

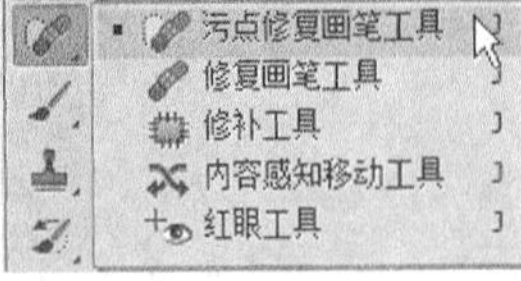

图2-93

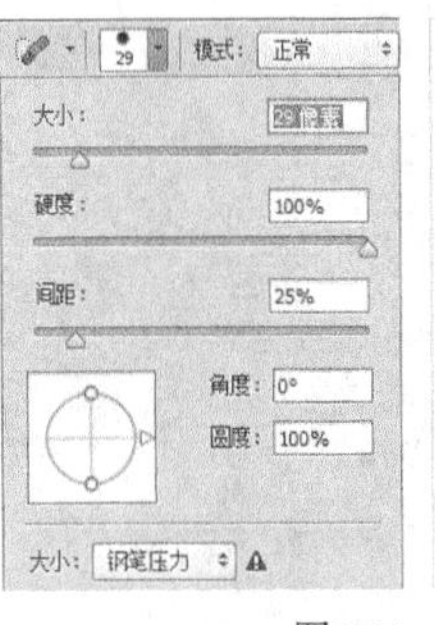

图2-94

图2-95

技巧与提示

在消除污点比较分散的图像时，切忌用较大的画笔一次性修复污点。正确的做法是逐一消除污点，画笔大小可以根据污点的大小进行更改。

03 采用相同的方法修复其他的污渍，最终效果如图2-96所示。

图2-96

通过修复画笔工具去除脸部雀斑和眼袋

»视频文件：实例051 通过修复画笔工具去除脸部雀斑和眼袋.mp4 »实例位置：实例文件>CH02>实例051.psd
»素材位置：素材文件>CH02>51-1.jpg »学习目标：掌握使用修复画笔工具去除脸部雀斑和眼袋的方法

淘宝卖家在制作人物图像时，如果模特脸上有雀斑或黑眼圈，会影响整体的效果，此时就需要使用修复画笔工具，快速去除脸上的雀斑，最终呈现完美的视觉效果。本实例素材和最终效果如图2-97所示。

图2-97

01 打开学习资源中的“素材文件>CH02>51-1.jpg”文件，如图2-98所示。

图2-98

技巧与提示

放大图像，可以发现人像脸部存在两个缺憾，即雀斑和眼袋，如图2-99所示。

图2-99

02 在“修复画笔工具”的选项栏中设置画笔的“大小”为21像素，“硬度”为0%，如图2-100所示。

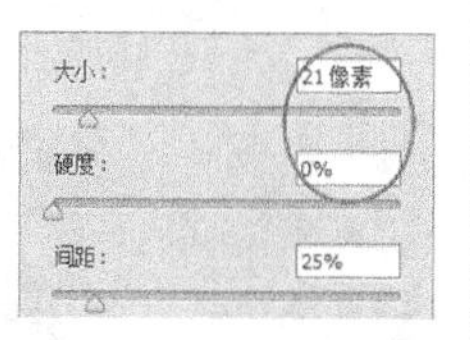

图2-100

03 按住Alt键在干净的皮肤上单击鼠标左键进行取样，如图2-101所示，然后在雀斑上单击鼠标左键即可去除雀斑，效果如图2-102所示。

图2-101

图2-102

04 下面去除眼袋。在选项栏中设置画笔的“大小”为50像素，然后按住Alt键在左眼的眼袋下方单击鼠标左键进行取样，接着在眼袋上涂抹，如图2-103所示，去除眼袋后的效果如图2-104所示。

图2-103

图2-104

05 采用相同的去除右眼的眼袋，如图2-105所示，最终效果如图2-106所示。

图2-105

图2-106

实例052 通过修补工具去除多余图像

★★☆☆☆

视频文件：实例052 通过修补工具去除多余图像.mp4 实例位置：实例文件>CH02>实例052.psd

素材位置：素材文件>CH02>52-1.jpg 学习目标：掌握使用修补工具去除多余图像的方法

当我们拿到一张背景有其他图像的素材时，除了使用橡皮擦工具进行去除外，还可以通过修补工具将残余的图像进行转移。本实例素材和最终效果如图2-107所示。

图2-107

01 打开学习资源中的“素材文件>CH02>52-1.jpg”文件，如图2-108所示。

图2-108

02 在工具箱中选择“修补工具”，然后沿着花朵轮廓绘制选区，如图2-109所示。

图2-109

03 将鼠标光标放在选区内，然后使用鼠标左键将选区向左或向右拖曳，当选区内没有显示出花朵时松开鼠标，如图2-110所示，接着按快捷键Ctrl+D取消选区，最终效果如图2-111所示。

图2-110

图2-111

技巧与提示

使用“修补工具”修复图像中的像素时，较小的选区可以获得更好的效果。

实例

053 通过内容感知移动工具制作重复图像

★★☆☆☆

视频文件：实例053 通过内容感知移动工具制作重复图像.mp4　实例位置：实例文件>CH02>实例053.psd

素材位置：素材文件>CH02>53-1.jpg　学习目标：掌握使用内容感知移动工具制作重复图像的方法

内容感知移动工具可以将同一画面的像素快速复制出来，是我们在进行产品美化时经常用到的工具之一。本实例素材和最终效果如图2-112所示。

图2-112

01 打开学习资源中的“素材文件>CH02>53-1.jpg”文件，如图2-113所示。

图2-113

02 在工具箱中选择“内容感知移动工具”，接着将小狗的轮廓勾勒出来，如图2-114所示。

图2-114

技巧与提示

只需要勾勒出小狗的大概轮廓即可，不需要勾勒得非常精确。

03 在选项栏中设置“模式”为“扩展”，然后将鼠标光标放在选区内，接着将选区向右拖曳到图2-115所示的位置，松开鼠标以后就复制出了一只重复的小狗，如图2-116所示。

图2-115

图2-116

04 按快捷键Ctrl+D取消选区，效果如图2-117所示。

图2-117

实例054 通过红眼工具修复红眼

★★☆☆☆

视频文件：实例054 通过红眼工具修复红眼.mp4　实例位置：实例文件>CH02>实例054.psd

素材位置：素材文件>CH02>54-1.jpg　学习目标：掌握使用红眼工具修复红眼的方法

在商品拍摄时，难免会遇到模特的拍摄效果有红眼，此时需要通过Photoshop中的“红眼工具”来修复红眼。本实例素材和最终效果如图2-118所示。

图2-118

01 打开学习资源中的“素材文件>CH02>54-1.jpg”文件，如图2-119所示。

图2-119

02 在工具箱中选择“红眼工具”，将图像放大到实际像素，然后使用鼠标左键在左眼处绘制一个矩形区域，如图2-120所示，继续使用“红眼工具”对左眼进行多次修复，完成后的效果如图2-121所示。

图2-120

图2-121

03 采用相同的方法对右眼进行修复，最终效果如图2-122所示。

图2-122

实例 055 ★★☆☆☆

使用历史记录画笔工具为人物磨皮

视频文件：实例055 使用历史记录画笔工具为人物磨皮.mp4 实例位置：实例文件>CH02>实例055.psd
素材位置：素材文件>CH02>55-1.jpg 学习目标：掌握使用历史记录画笔工具为人物磨皮的方法

淘宝卖家在处理人像时，往往会通过模糊命令来对人物皮肤进行美化，但这是将五官一起操作，此时就需要通过历史记录工具将人物五官重新刻画出来。本实例素材和最终效果如图2-123所示。

图2-123

01 打开学习资源中的“素材文件>CH02>55-1.jpg”文件，如图2-124所示。

图2-124

技巧与提示

放大图像，可以观察到人像面部的纹路比较明显，噪点也比较突出，如图2-125所示，因此需要对其进行“磨皮”处理，使皮肤更加光滑、细腻。

图2-125

02 按快捷键Ctrl+J复制“背景”图层得到“图层1”图层，如图2-126所示。

图2-126

03 执行“滤镜>模糊>特殊模糊”菜单命令，如图2-127所示，然后在弹出的“特殊模糊”对话框中设置“半径”为5，“阈值”为27，如图2-128所示，效果如图2-129所示。

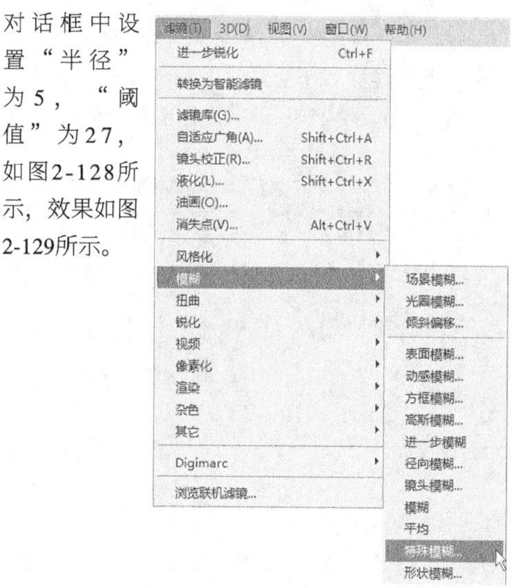

图2-127

图2-128

图2-129

技巧与提示

这里的模糊参数并不是固定的，可以一边调整参数，一边观察预览窗口中的模糊效果，只要皮肤的柔化程度达到要求即可。

04 由于“特殊模糊”滤镜将头发也模糊了，因此需要在“历史记录”面板标记“特殊模糊”操作，如图2-130所示，然后选择“通过拷贝的图层”操作，如图2-131所示。

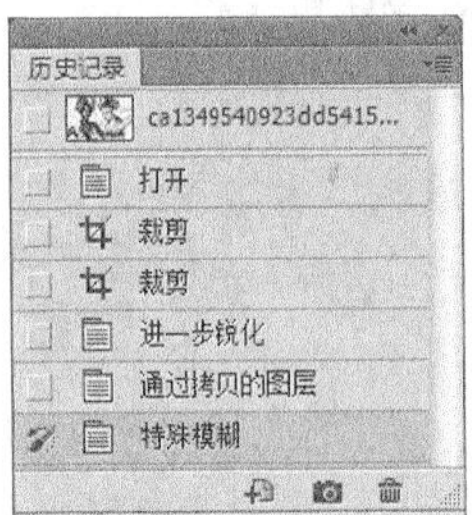

图2-130

图2-131

技巧与提示

标记好“特殊模糊”操作以后，下面就可以使用“历史记录画笔工具”在原始图像上绘制模糊效果了。

05 在“历史记录画笔工具”的选项栏中选择一种柔边画笔，然后设置“大小”为125像素，“硬度”为0%，如图2-132所示，接着在人物的面部涂抹，为其磨皮，如图2-133所示。

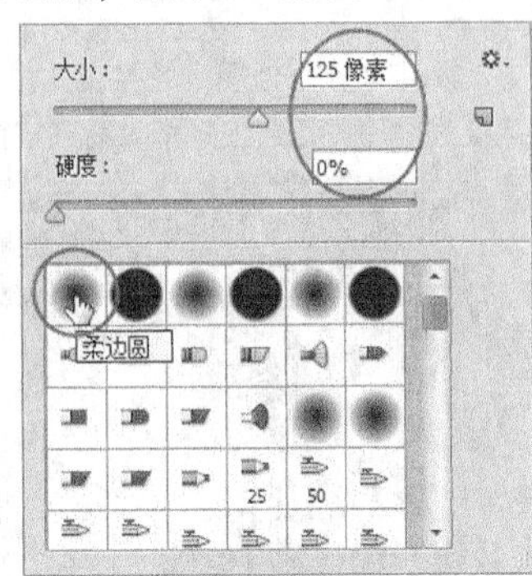

图2-132

图2-133

06 按“[”键减小画笔的大小，然后继续在眼角、鼻翼和嘴角等细节部位进行涂抹（注意，眉毛、睫毛等部分不需要涂抹），完成后的效果如图2-134所示。

图2-134

实例056 通过橡皮擦工具去除商品信息与背景

★★☆☆☆

视频文件：实例056 通过橡皮擦工具去除商品信息与背景.mp4　实例位置：实例文件>CH02>实例056.psd

素材位置：素材文件>CH02>56-1.jpg　学习目标：掌握魔术橡皮擦工具擦除背景的方法

本实例学习用“魔术橡皮擦工具”抠除产品的背景，从而得到理想的画面效果。本实例素材和最终效果如图2-135所示。

图2-135

01 打开学习资源中的“素材文件>CH02>56-1.jpg”文件，如图2-136所示。

图2-136

02 在工具箱中选择“橡皮擦工具”，如图2-137所示，然后选项栏中选择一种柔边画笔，设置“大小”为29像素，“硬度”为0%，如图2-138所示，接着将不需要的部分涂抹掉，最终效果如图2-139所示。

图2-137

图2-138

图2-139

通过拾色器为商品选择合适颜色

视频文件：实例057 通过拾色器为商品选择合适颜色.mp4　实例位置：实例文件>CH02>实例057.psd
素材位置：素材文件>CH02>57-1.psd　学习目标：掌握拾色器为商品选择合适颜色的方法

在Phtotshop软件中，淘宝卖家可以通过“拾色器”来吸取合适的颜色对物体进行填充，这是在装修店铺时选择颜色最快的一种方法，同时相近的颜色利于画面效果的统一。本实例素材和最终效果如图2-140所示。

图2-140

01 打开学习资源中的“素材文件>CH02>57-1.psd”文件，如图2-141所示。

图2-141

02 选择“背景”图层，然后打开“拾色器”对话框，设置颜色为（R:200，G:200，B:200），如图2-142所示，接着单击“确定”按钮 确定 ，最后按快捷键Alt+Delete用前景色填充图层，最终效果如图2-143所示。

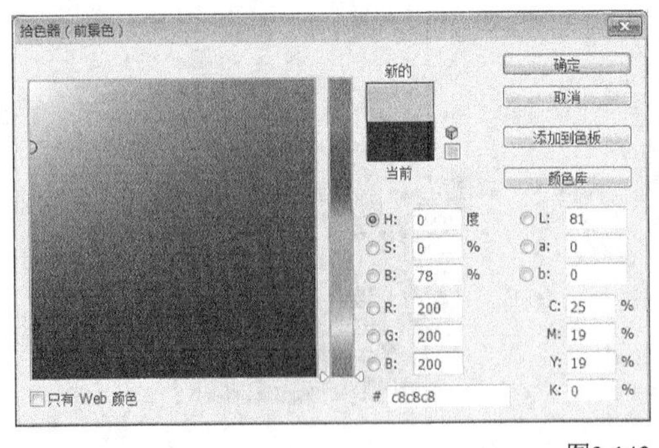

图2-142

图2-143

实例 058 ★★☆☆☆

通过填充工具更改商品背景颜色

视频文件：实例058 通过填充工具更改商品背景颜色.mp4　实例位置：实例文件>CH02>实例058.psd

素材位置：素材文件>CH02>58-1.jpg　学习目标：掌握填充工具更改商品背景颜色的方法

在Photoshop软件中，不仅可以利用"填充工具"轻松改变商品颜色，还可以使用此项功能为图像背景填充图案等，最终得到满意的视觉效果。本实例素材和最终效果如图2-144所示。

图2-144

01 打开学习资源中的"素材文件>CH02>58-1.jpg"文件，如图2-145所示。

02 在工具箱中选择"魔棒工具"，然后在白色区域单击鼠标左键建立选区，如图2-146所示。

图2-145　图2-146

03 打开"拾色器"对话框，设置背景颜色为（R:201，G:201，B:210），如图2-147所示，然后单击"确定"按钮 确定 。

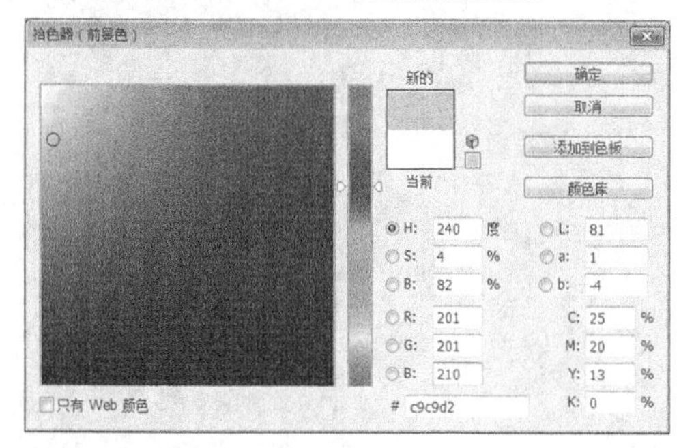

图2-147

04 执行"编辑>填充"菜单命令，如图2-148所示，然后在弹出的"填充"对话框中设置"使用"为"背景色"，如图2-149所示，接着单击"确定"按钮 确定 ，效果如图2-150所示。

图2-148

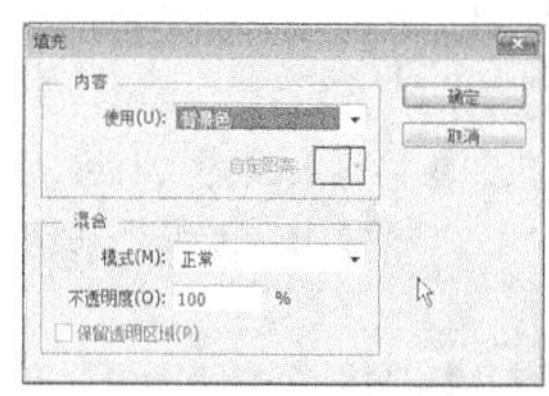

图2-149　图2-150

05 执行"选择>取消选择"菜单命令或按快捷键Ctrl+D，即可取消选区，最终效果如图2-151所示。

图2-151

实例 059 通过油漆桶改变商品颜色

★★☆☆☆

视频文件：实例059 通过油漆桶改变商品颜色.mp4　实例位置：实例文件>CH02>实例059.psd
素材位置：素材文件>CH02>59-1.jpg　学习目标：掌握使用油漆桶改变商品颜色的方法

当淘宝卖家想快速更改图片背景颜色时，可以通过建立选区，并且使用油漆桶进行颜色填充，这是一种非常快捷的填充方式。本实例素材和最终效果如图2-152所示。

图2-152

01 打开学习资源中的“素材文件>CH02>59-1.jpg”文件，如图2-153所示。

02 在工具箱中选择“魔棒工具”，然后在白色区域单击鼠标左键建立选区，如图2-154所示。

图2-153

图2-154

03 新建“图层1”图层，然后打开“拾色器”对话框，设置背景颜色为（R:243，G:195，B:59），如图2-155所示，完成后单击“确定”按钮 确定 。

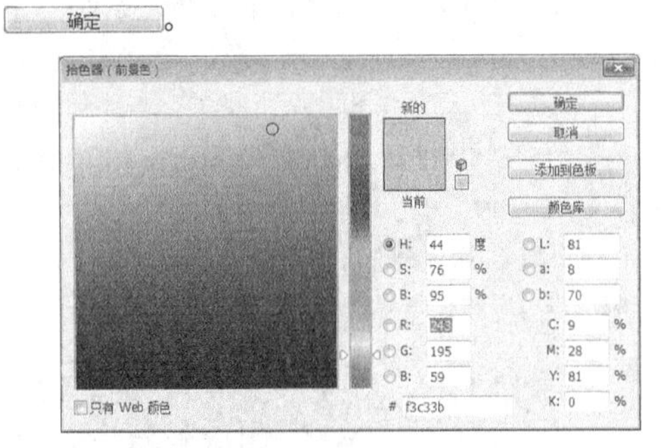

图2-155

04 在工具箱中选择“油漆桶工具”，如图2-156所示，然后单击鼠标左键填充该选区，如图2-157所示。

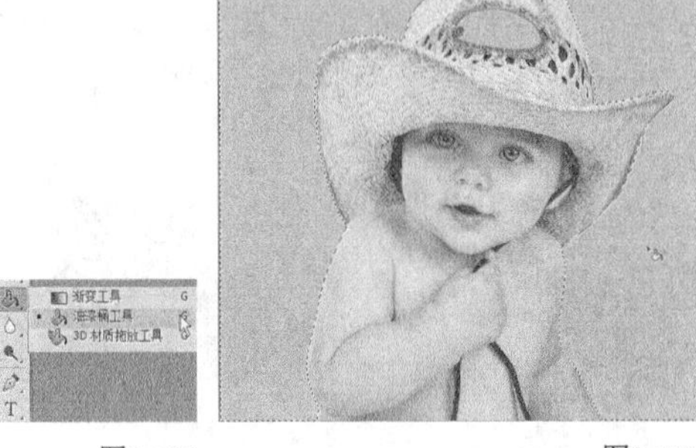

图2-156　图2-157

05 执行“选择>取消选择”菜单命令或按快捷键Ctrl+D，即可取消选区，效果如图2-158所示。

图2-158

通过渐变工具制作商品渐变效果

视频文件：实例060 通过渐变工具制作商品渐变效果.mp4　　实例位置：实例文件>CH02>实例060.psd

素材位置：素材文件>CH02>60-1.png　　学习目标：掌握渐变工具制作商品渐变效果的方法

在装修店铺时，精美的产品素材是完全不够的，很多时候为了建立画面的层次感，素材需要搭配渐变效果的背景，以达到满意的视觉效果。本实例素材和最终效果如图2-159所示。

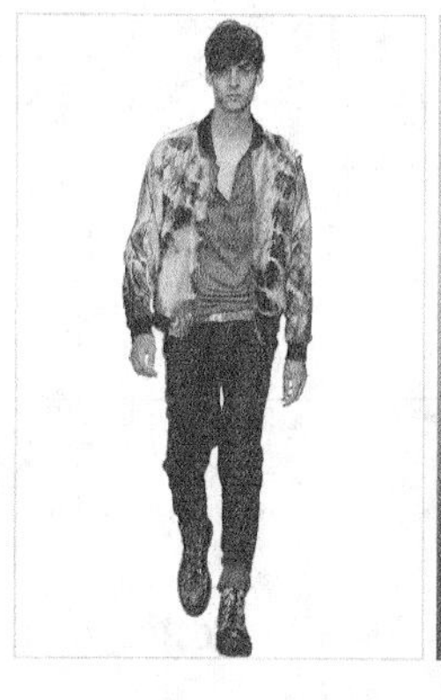

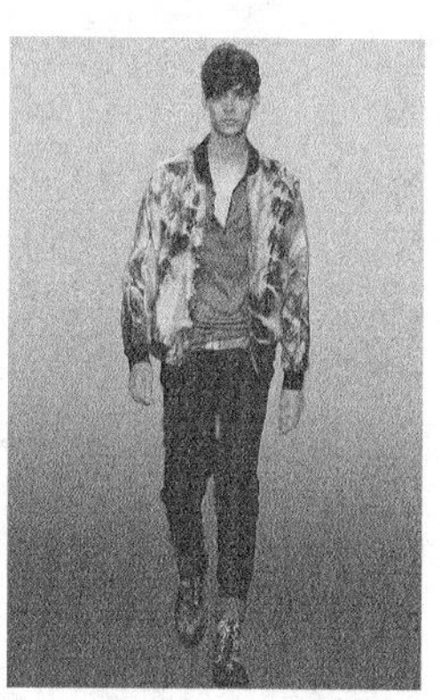

图2-159

01 按快捷键Ctrl+N新建一个文件，然后导入学习资源中的“素材文件>CH02>60-1.png”文件，如图2-160所示。

02 在“背景”图层上方新建一个“图层2”图层，如图2-161所示。

图2-160

图2-161

03 选择“渐变工具”，如图2-162所示，然后打开“渐变编辑器”对话框，设置第1个色标的颜色为（R:204，G:206，B:205），第2个色标的颜色为（R:176，G:177，B:171），第3个色标的颜色为（R:80，G:77，B:68），如图2-163所示，最后从上向下为该图层填充线性渐变色，如图2-164所示，效果如图2-165所示。

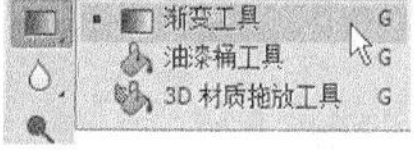

图2-162

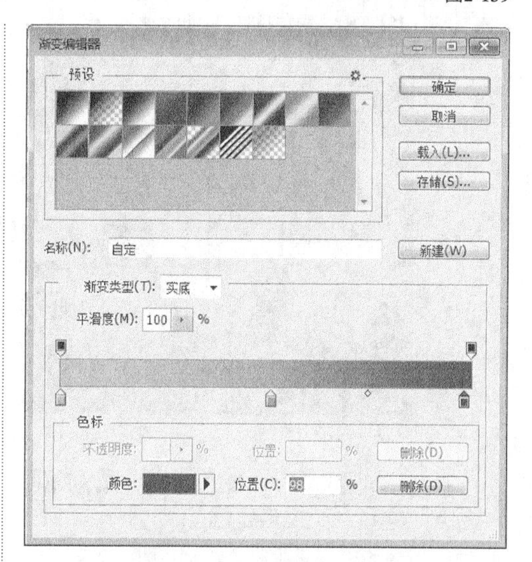

图2-163

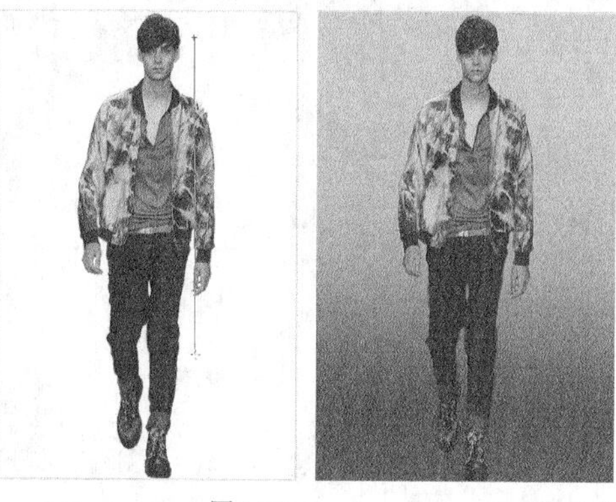

图2-164　　图2-165

实例

061 通过吸管工具吸取并改变商品颜色

★★☆☆☆

视频文件：实例061 通过吸管工具吸取并改变商品颜色.mp4　　实例位置：实例文件>CH02>实例061.psd

素材位置：素材文件>CH02>61-1.jpg　　学习目标：掌握使用吸管工具吸取并改变商品颜色的方法

吸管工具通过颜色区域建立相应的选区，可以快速改变商品相应的颜色。本实例素材和最终效果如图2-166所示。

图2-166

01 打开学习资源中的“素材文件>CH02>61-1.jpg”文件，如图2-167所示。

图2-167

02 在工具箱中选择“吸管工具”，然后单击红色区域，如图2-168所示。

图2-168

03 在工具箱中选择“魔棒工具”，如图2-169所示，然后在项链黄色区域内单击鼠标左键建立选区，如图2-170所示。

图2-169

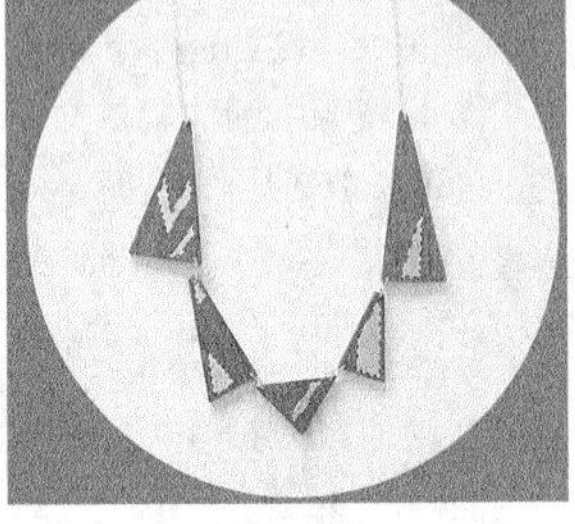

图2-170

04 按快捷键Alt+Delete使用红色填充选区，如图2-171所示，然后按快捷键Ctrl+D取消选区，效果如图2-172所示。

图2-171

图2-172

通过减淡工具提亮商品图像

视频文件：实例062 通过减淡工具提亮商品图像.mp4　实例位置：实例文件>CH02>实例062.psd
素材位置：素材文件>CH02>62-1.jpg　学习目标：掌握使用减淡工具提亮商品图像的方法

使用“减淡工具”可以对图像进行减淡处理，在某个区域上方绘制的次数越多，该区域就会变得越亮。本实例素材和最终效果如图2-173所示。

图2-173

01 打开学习资源中的“素材文件>CH02>62-1.jpg”文件，如图2-174所示。

图2-174

02 在工具箱中选择“减淡工具”，如图2-175所示，然后在选项栏中选择一种柔边画笔，设置画笔的“大小”为174像素，“硬度”为0%，“范围”为“中间调”，“曝光度”为60%，如图2-176所示，最后在珍珠项链区域进行涂抹对其进行提亮，最终效果如图2-177所示。

范围：中间调　曝光度：60%　保护色调

图2-176

减淡工具　O
加深工具　O
海绵工具　O

图2-175

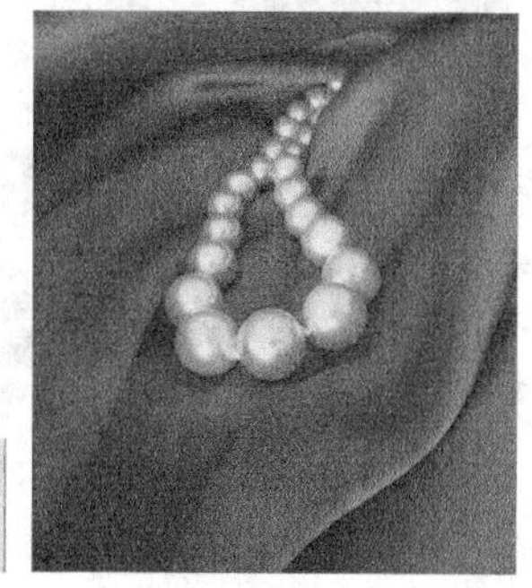

图2-177

通过加深工具调暗商品图像

视频文件：实例063 通过加深工具调暗商品图像.mp4　实例位置：实例文件>CH02>实例063.psd
素材位置：素材文件>CH02>63-1.jpg　学习目标：掌握使用加深工具调暗商品图像的方法

使用“加深工具”可以对图像进行加深处理，在某个区域上方绘制的次数越多，该区域就会变得越暗。本实例素材和最终效果如图2-178所示。

图2-178

01 打开学习资源中的“素材文件>CH02>63-1.jpg”文件，如图2-179所示。

图2-179

02 在工具箱中选择“加深工具”，如图2-180所示，然后在选项栏中选择一种柔边画笔，设置画笔的“大小”为215像素，“曝光度”为60%，如图2-181所示，接着在图像中间区域进行涂抹，加深杯子的颜色，最终效果如图2-182所示。

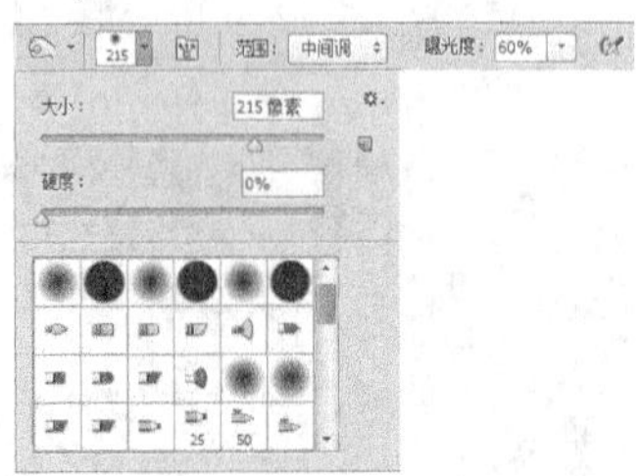

图2-181

图2-180

图2-182

通过模糊工具虚化商品背景

视频文件：实例064 通过模糊工具虚化商品背景.mp4　　实例位置：实例文件>CH02>实例064.psd
素材位置：素材文件>CH02>64-1.jpg　　学习目标：掌握使用模糊工具虚化商品背景的方法

在装修店铺时，虚化背景可以突出产品的细节，通过使用模糊工具，调整合适的参数对图像进行虚化处理。本实例素材和最终效果如图2-183所示。

图2-183

01 打开学习资源中的"素材文件>CH02>64-1.jpg"文件，如图2-184所示。

图2-184

02 在"模糊工具"的选项栏中选择一种柔边画笔，设置"强度"为84%，如图2-185所示，然后在背景区域进行涂抹（顶部可以多涂抹几次），如图2-186所示。

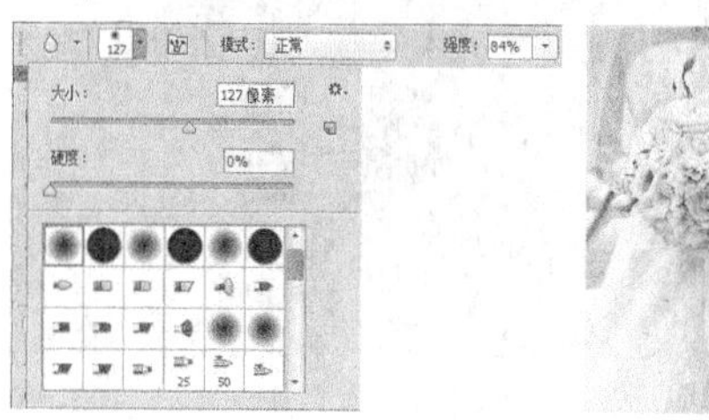

图2-185　　图2-186

03 在选项栏中调整画笔"大小"为44像素，"硬度"为100%，并调整"强度"为100%，如图2-187所示，然后在花束边缘处涂抹，以拉开前景与背景色的距离感，效果如图2-188所示。

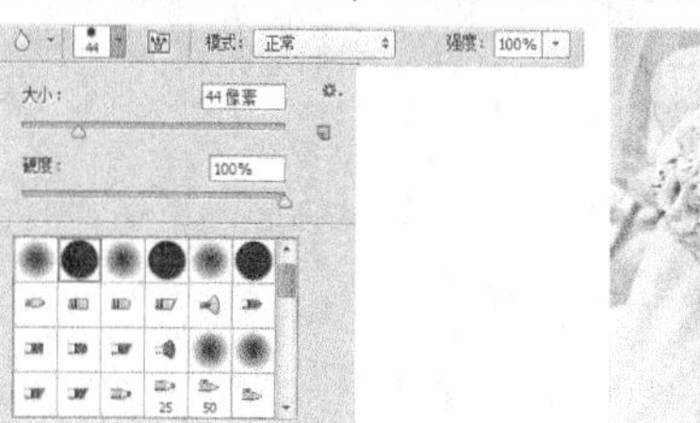

图2-187　　图2-188

实例065 通过锐化工具清晰显示商品图像

★★☆☆☆

视频文件：实例065 通过锐化工具清晰显示商品图像.mp4　实例位置：实例文件>CH02>实例065.psd

素材位置：素材文件>CH02>65-1.jpg　学习目标：掌握使用锐化工具清晰显示商品图像的方法

在装修店铺时，图像模糊是一件很头疼的事情，这时可以使用锐化工具对图像进行处理。本实例素材和最终效果如图2-189所示。

图2-189

01 打开学习资源中的“素材文件>CH02>65-1.jpg”文件，如图2-190所示。

图2-190

02 在“模糊工具”的选项栏中选择一种柔边画笔，并设置“大小”为170像素，“强度”为43%，如图2-191所示，然后在画面主体上进行涂抹，如图2-192所示。

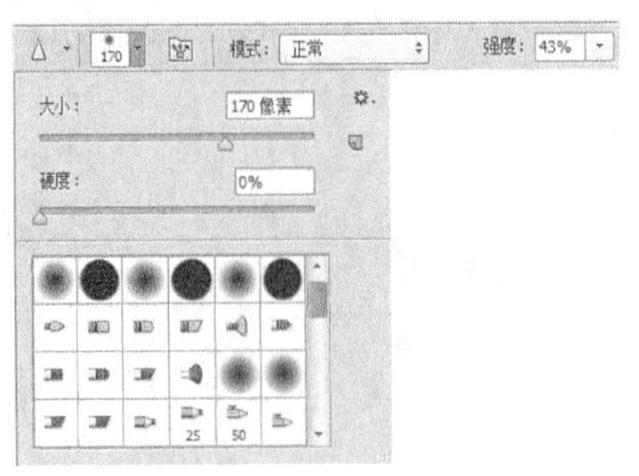

图2-191

图2-192

技巧与提示

“锐化工具”的选项栏只比“模糊工具”多一个“保护细节选项”。勾选该选项后，在进行锐化处理时，将对图像的细节进行保护。

03 适当调整选项栏中的画笔大小和画笔强度，然后在花束边缘处进行涂抹，效果如图2-193所示。

图2-193

实例066 ★★☆☆☆

如何设置预设动态画笔

视频文件：实例066 如何设置预设动态画笔.mp4　　实例位置：实例文件>CH02>实例066.psd

素材位置：素材文件>CH02>66-1.jpg、66-2.jpg　　学习目标：掌握设置预设动态画笔的方法

淘宝卖家在绘制背景图案时，可以通过定义画笔预设，将制作好的图形导入，从而绘制出满意的背景图案。本实例素材和最终效果如图2-194所示。

图2-194

01 打开学习资源中的“素材文件>CH02>66-1.jpg”文件，如图2-195所示，然后执行“编辑>定义画笔预设”菜单命令，接着导入学习资源中的“素材文件>CH02>66-2.jpg”文件，如图2-196所示，最后在弹出的“画笔名称”对话框中为画笔命名，如图2-197所示。

图2-195

图2-196

图2-197

02 在工具箱中选择“画笔工具”，然后按F5键打开“画笔”面板，接着选择自定义的“花朵画笔”，最后设置“大小”为150像素，“间距”为117%，如图2-198所示。

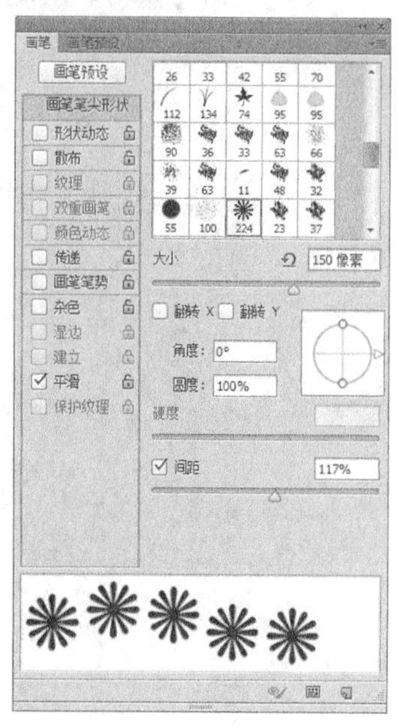

图2-198

03 勾选“形状动态”选项，设置“大小抖动”为70%，“角度抖动”为50%，“圆角抖动”为70%，“最小圆度”为25%，具体参数设置如图2-199所示。

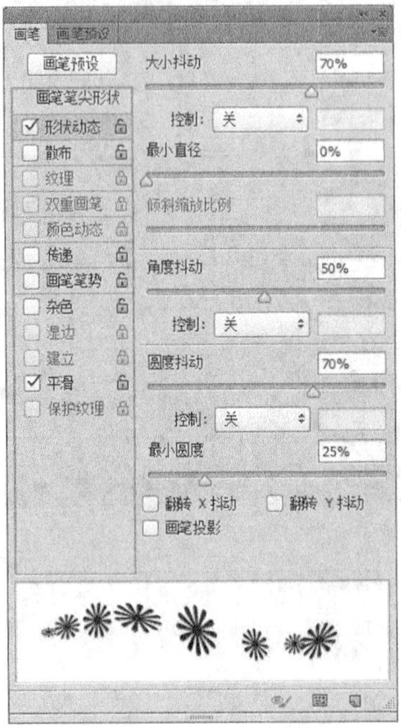

图2-199

04 勾选“散布”选项，然后设置其数值为30%，如图2-200所示。

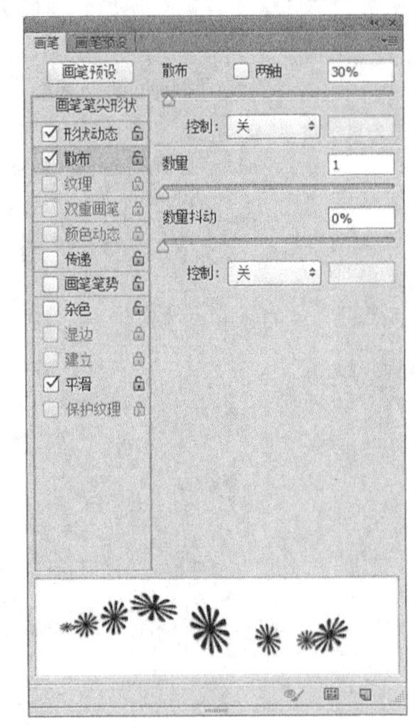

图2-200

05 在“画笔”面板上方单击“画笔预设”按钮 画笔预设，打开“画笔预设”面板，然后单击“创建新画笔”按钮 ，接着在弹出的“画笔名称”对话框中为画笔命名，如图2-201所示。

图2-201

06 新建一个“图层1”图层，然后设置前景色为(R:177，G:233，B:127)，如图2-202所示，接着单击“确定”按钮 确定 。

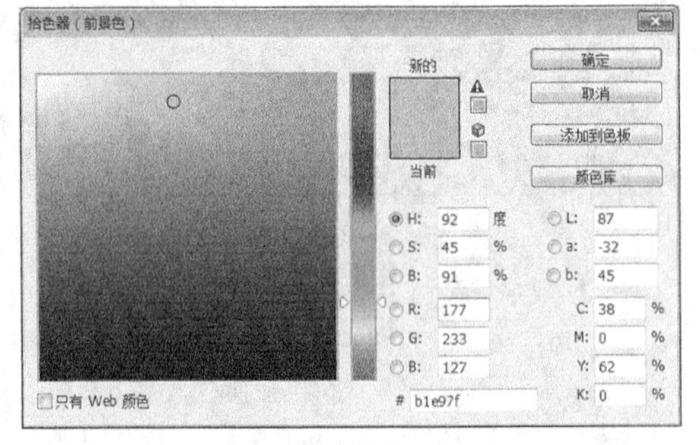

图2-202

07 使用设置好的“画笔工具” 在图像上拖曳鼠标光标绘制动态花朵，然后设置“图层1”图层的“不透明度”为55%，如图2-203所示，最终效果如图2-204所示。

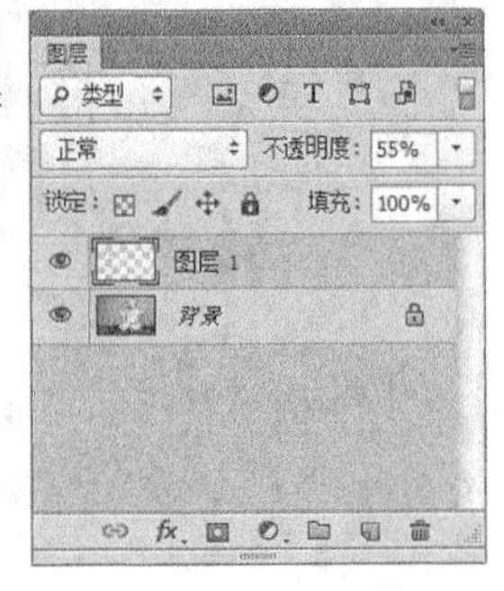

图2-203

图2-204

使用散布功能制作心形图案

视频文件：实例067 使用散布功能制作心形图案.mp4　　实例位置：实例文件>CH02>实例067.psd

素材位置：素材文件>CH02>67-1.jpg、心形笔刷.abr　　学习目标：掌握使用散布功能制作心形图案的方法

淘宝卖家很多时候需要使用“画笔工具”来绘制出满意的图形，但是重复的绘制不仅浪费时间，还过于烦琐，此时如果利用“散布”功能，就可以快速绘制出理想的图案。本实例素材和最终效果如图2-205所示。

图2-205

01 打开学习资源中的“素材文件>CH02>67-1.jpg”文件，如图2-206所示。

图2-206

02 新建一个名称为“散布”的图层，如图2-207所示，然后选择“画笔工具”，接着在画布中单击鼠标右键，并在弹出的“画笔预设”选取器中单击图标，在弹出的菜单中选择“载入画笔”命令，如图2-208所示，最后在弹出的“载入”对话框中选择学习资源中的“素材文件>CH02>心形笔刷.abr”文件，如图2-209所示。

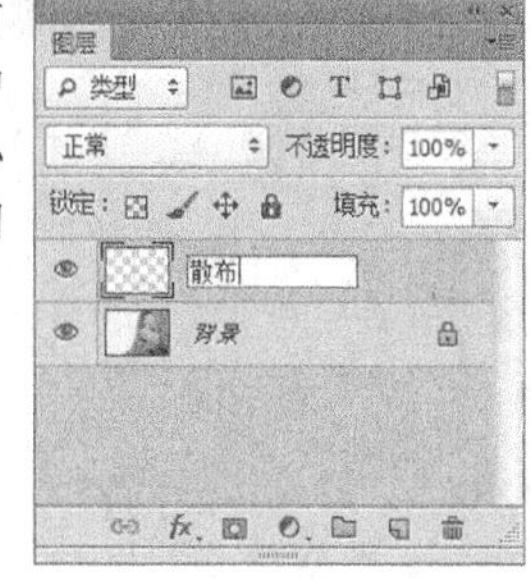

图2-207

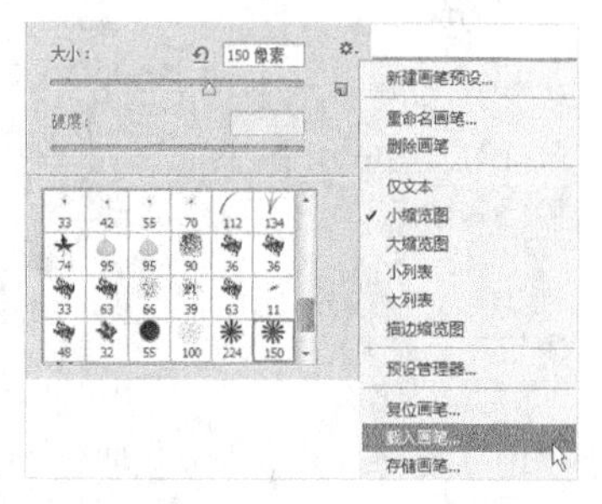

图2-208

图2-209

技巧与提示

“.abr”文件是画笔预设文件。在互联网上有很多自定义的画笔文件，大家可以去下载下来使用。另外，在本书的配套学习资源中附赠了700多个高清笔刷。

03 在“画笔”面板中选择上一步载入的心形画笔，然后设置“大小”为64像素，“间距”为255%，如图2-210所示。

图2-210

04 勾选“形状动态”选项，然后设置“大小抖动”为81%，“角度抖动”为100%，“圆角抖动”为0%，如图2-211所示。

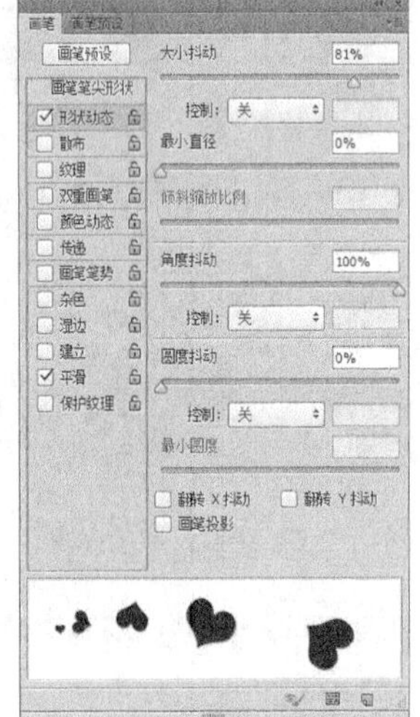

图2-211

05 勾选“散布”选项，然后设置“散布”值为460%，接着设置“数量抖动”为70%，如图2-212所示。

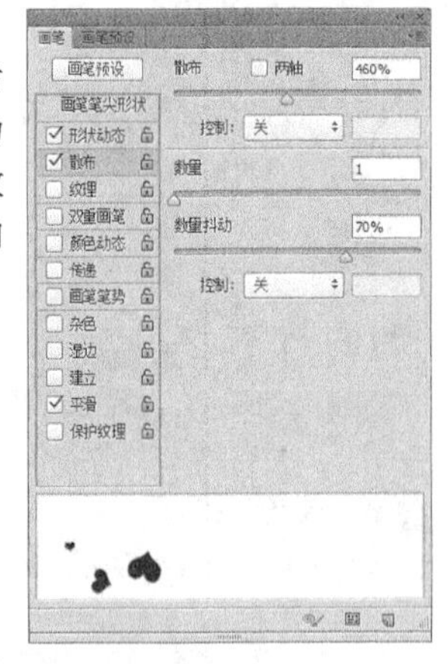

图2-212

06 设置前景色为（R:255，G:91，B:91），如图2-213所示，接着单击“确定”按钮 确定 。

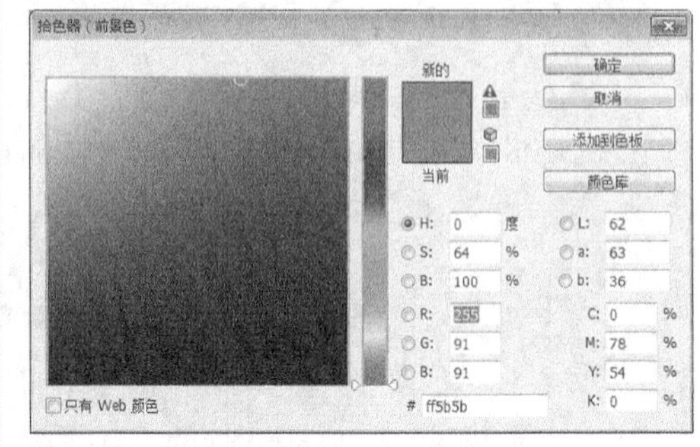

图2-213

07 在“画笔工具”的选项栏中设置“不透明度”和“流量”都为80%，如图2-214所示，然后在“散布”图层中绘制心形图案，最终效果如图2-215所示。

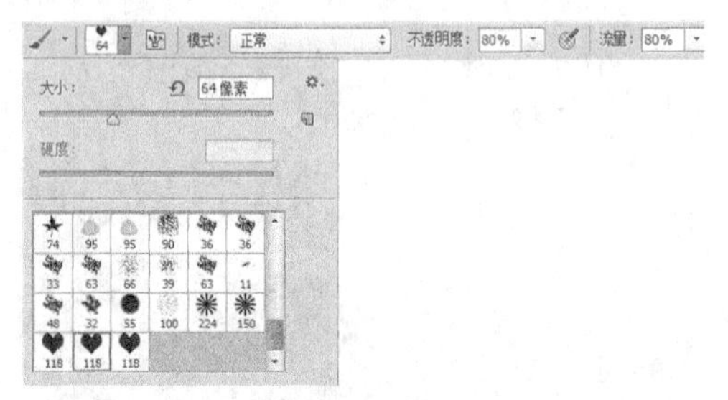

图2-214

图2-215

实例068 使用滤镜镜头工具虚化商品背景

★★☆☆☆

视频文件：实例068 使用滤镜镜头工具虚化商品背景.mp4　　实例位置：实例文件>CH02>实例068.psd

素材位置：素材文件>CH02>68-1.jpg　　学习目标：掌握使用滤镜镜头工具虚化商品背景的方法

商品在经过摄影师拍摄后，都处于非常清晰的状态，如果此时需要将背景进行相应的虚化处理，就要用到滤镜镜头，这项功能可以轻松地虚化要处理的地方。本实例素材和最终效果如图2-216所示。

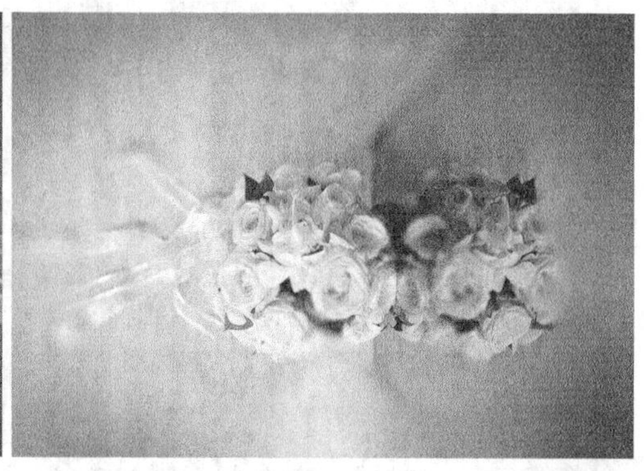

图2-216

01 打开学习资源中的“素材文件>CH02>68-1.jpg”文件，如图2-217所示。

图2-217

02 执行“滤镜>模糊>场景模糊”菜单命令，如图2-218所示，此时照片中会自动添加一个图钉，将其移动到画面中间，如图2-219所示。

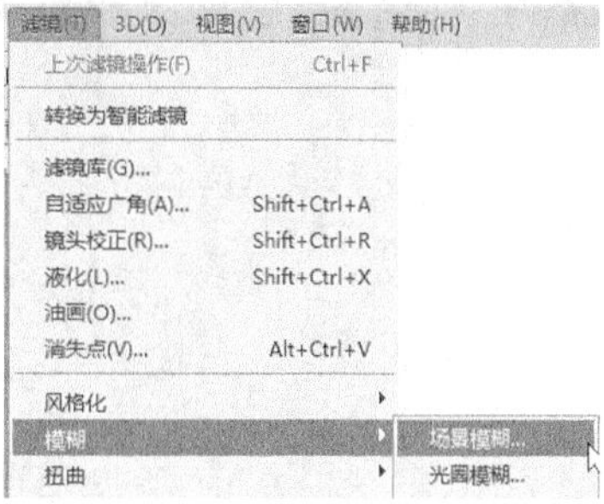

滤镜(T)　3D(D)　视图(V)　窗口(W)　帮助(H)
上次滤镜操作(F)　Ctrl+F
转换为智能滤镜
滤镜库(G)...
自适应广角(A)...　Shift+Ctrl+A
镜头校正(R)...　Shift+Ctrl+R
液化(L)...　Shift+Ctrl+X
油画(O)...
消失点(V)...　Alt+Ctrl+V
风格化
模糊　场景模糊...
扭曲　光圈模糊...

图2-218

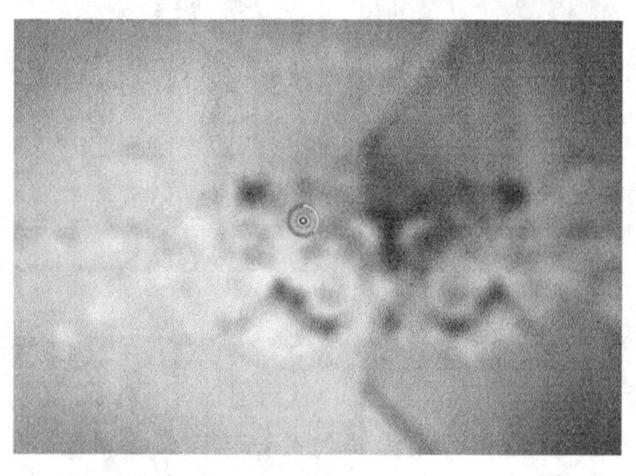

图2-219

03 单击图钉，然后在“模糊工具”面板中设置“场景模糊”的“模糊”数值为0像素，如图2-220所示，效果如图2-221所示。

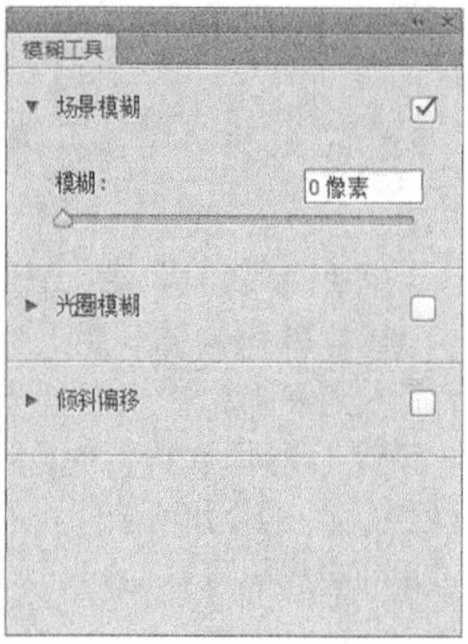

模糊工具
场景模糊
模糊：0 像素
光圈模糊
倾斜偏移

图2-220

图2-221

04 在花束倒影上单击，添加5个图钉，如图2-222所示，并设置它们的“模糊”数值为0像素，如图2-223所示。

图2-222

图2-223

05 继续在图像的边缘处添加图钉，然后在“模糊工具”面板中设置“模糊”数值为85像素，如图2-224所示，效果如图2-225所示。

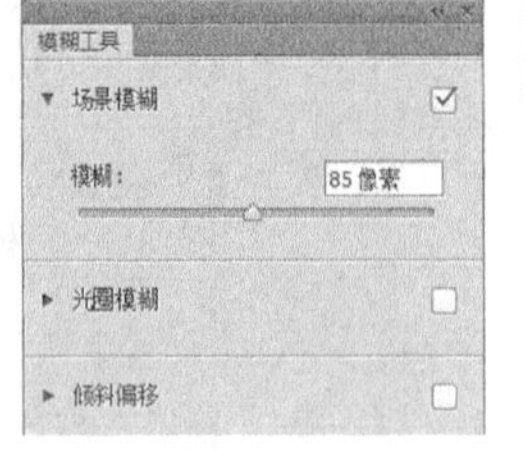

图2-224

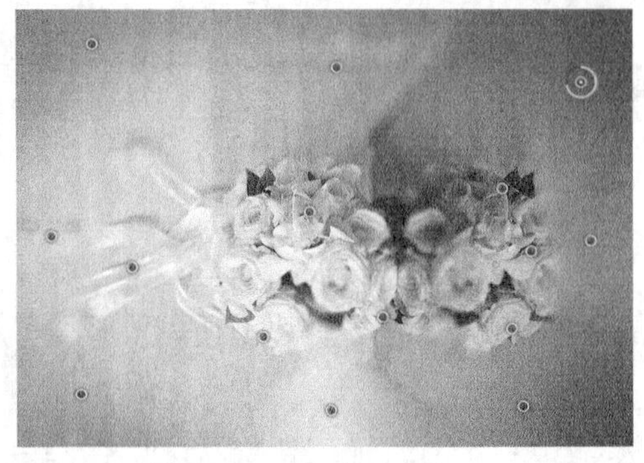

图2-225

06 在“模糊效果”面板中设置“光源散景”为30%，“散景颜色”为67%，“光照范围”为（197，255），如图2-226所示。

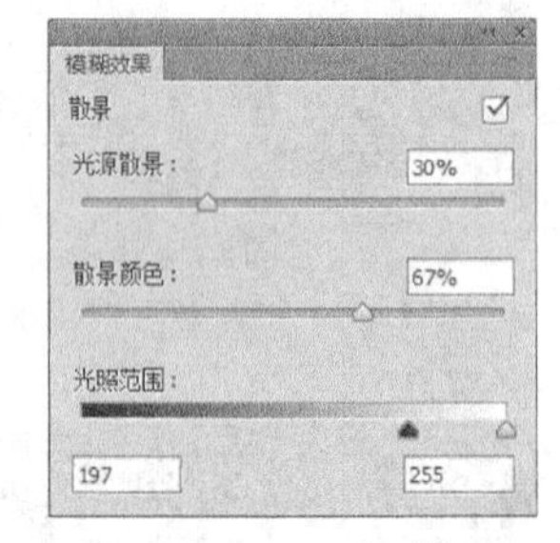

图2-226

07 单击“确定”按钮 确定 ，执行“场景模糊”操作，最终效果如图2-227所示。

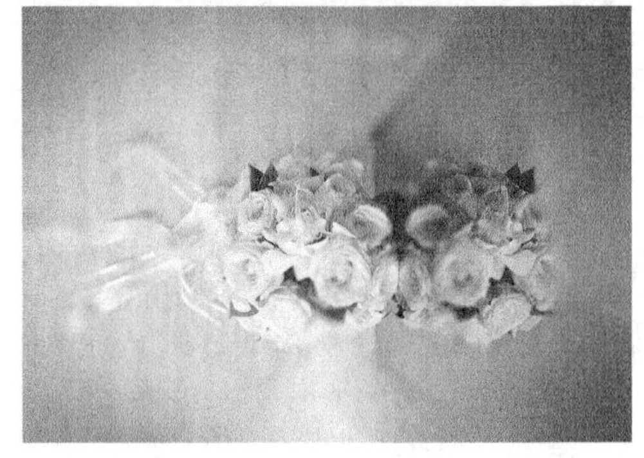

图2-227

实例069 使用滤镜模糊工具虚化商品图像

★★☆☆☆

视频文件：实例069 使用滤镜模糊工具虚化商品图像.mp4　　实例位置：实例文件>CH02>实例069.psd
素材位置：素材文件>CH02>69-1.jpg　　学习目标：掌握使用滤镜模糊工具虚化商品图像的方法

淘宝卖家使用滤镜模糊工具可以轻松模糊商品要处理的区域，从而让商品图看起来更有意境。本实例素材和最终效果如图2-228所示。

图2-228

01 打开学习资源中的“素材文件>CH02>69-1.jpg”文件，如图2-229所示。

图2-229

02 执行“滤镜>模糊>光圈模糊”菜单命令，如图2-230所示，此时Photoshop会自动在图像上添加一个焦点范围变换框，如图2-231所示。

图2-230

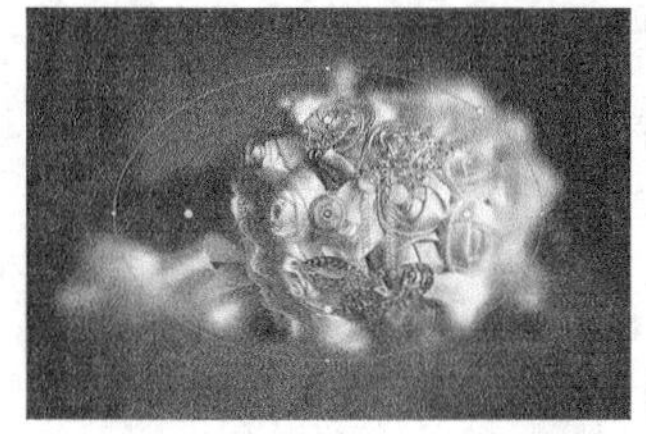

图2-231

03 调节变换框的位置和大小，如图2-232所示，然后将一个白点随意向内拖曳，以缩小模糊与变换框中心的间距，如图2-233所示。

图2-232

图2-233

04 在“模糊工具”面板中设置“光圈模糊”的“模糊”数值为12像素，如图2-234所示，然后在“模糊效果”面板中设置“光源散景”为36%，“散景颜色”为100%，“光照范围”为（153，255），如图2-235所示，单击“确定”按钮 确定 ，最终效果如图2-236所示。

图2-234

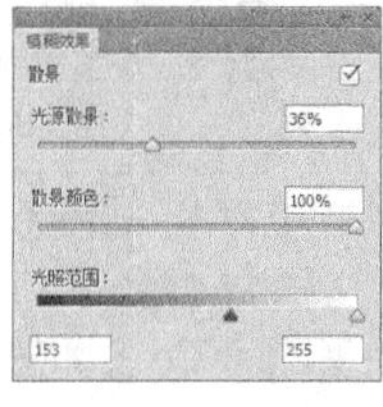

图2-235

图2-236

实例070 使用抽出滤镜重新合成商品图像

★★☆☆☆

视频文件：实例070 使用抽出滤镜重新合成商品图像.mp4　实例位置：学习资源>实例文件>CH02>实例070.psd
素材位置：素材文件>CH02>70-1.png　学习目标：掌握使用抽出滤镜重新合成商品图像的方法

“动感模糊”滤镜很重要，用它可以沿着指定的方向（-360°~360°），并按照指定的距离（1~999）对图像进行模糊处理，所产生的效果类似于在固定的曝光时间拍摄一个高速运动的对象。本实例素材和最终效果如图2-237所示。

图2-237

01 按快捷键Ctrl+N新建一个文件，设置前景色为（R:228，G:231，B:220），如图2-238所示，接着单击“确定”按钮 确定 ，最后按快捷键Alt+Delete用前景色填充“背景”图层，效果如图2-239所示。

02 导入学习资源中的“素材文件>CH02>70-1.png”文件，如图2-240所示。

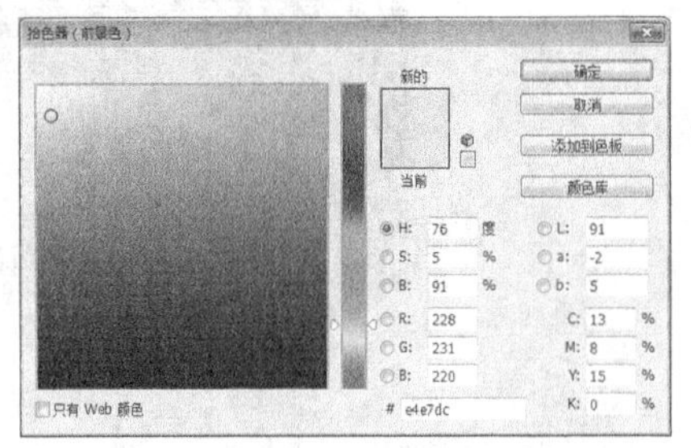

图2-238

图2-239　图2-240

03 按快捷键Ctrl+J复制一个“图层1副本”图层，然后拖曳到“背景”图层上方，如图2-241所示。

04 执行“滤镜>模糊>动感模糊”菜单命令，如图2-242所示，在弹出的“动感模糊”对话框中设置“角度”为-13度，“距离”为93像素，如图2-243所示，效果如图2-244所示。

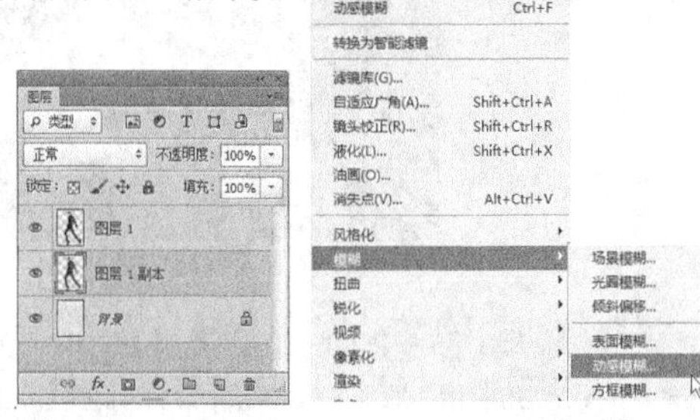

图2-241　图2-242

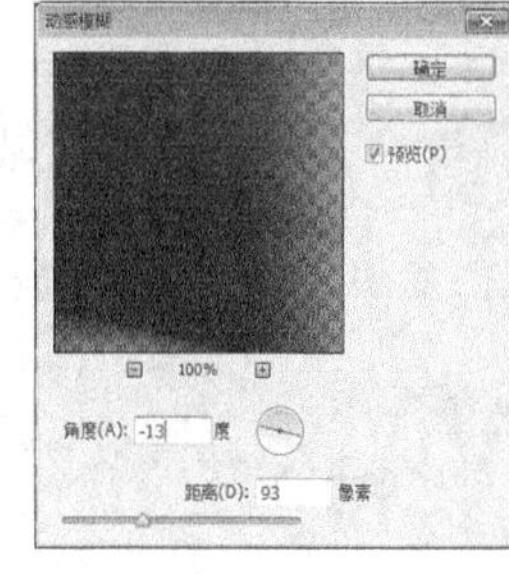

图2-243

图2-244

05 使用“移动工具” 适当地调整模糊图像的位置，以达到最佳的视觉效果，如图2-245所示。

图2-245

实例 071 ★★☆☆☆

使用滤镜锐化工具锐化商品细节图像

视频文件：实例071 使用滤镜锐化工具锐化商品细节图像.mp4　实例位置：实例文件>CH02>实例071.psd
素材位置：素材文件>CH02>71-1.jpg　学习目标：掌握使用滤镜锐化工具锐化商品细节图像的方法

“智能锐化”滤镜的功能强大，它具有独特的锐化选项，可以设置锐化算法，控制阴影和高光区域的锐化量。本实例素材和最终效果如图2-246所示。

图2-246

01 打开学习资源中的“素材文件>CH02>71-1.jpg”文件，如图2-247所示。

02 执行“滤镜>锐化>智能锐化”菜单命令，如图2-248所示，然后在弹出的“智能锐化”对话框中设置“数量”为238%，“半径”为2像素，如图2-249所示。

图2-247

图2-248

图2-249

03 单击“确定”按钮 确定 ，即可完成图像的锐化操作，最终效果如图2-250所示。

图2-250

技巧与提示

在“智能锐化”对话框中勾选“基本”选项，可以设置“智能锐化”滤镜的基本锐化功能，如图2-251所示。

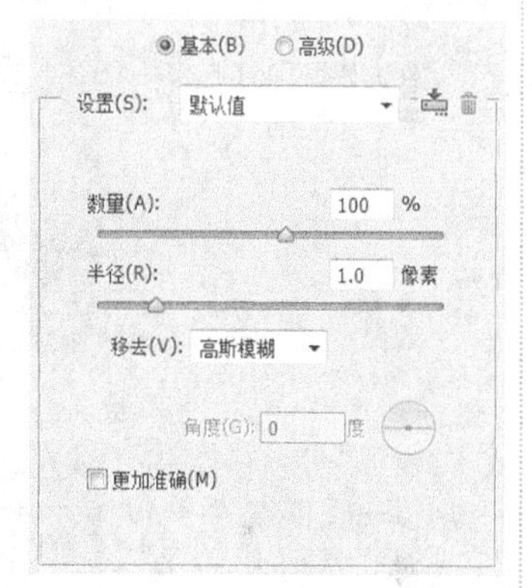

图2-251

下面介绍重要参数。

设置：单击“存储当前设置的拷贝”按钮，可以将当前设置的锐化参数存储为预设参数；单击“删除当前设置”按钮，可以删除当前选择的自定义锐化设置。

数量：用来设置锐化的精细程度。数值越高，越能强化边缘之间的对比度。

半径：用来设置受锐化影响的边缘像素的数量。数值越高，受影响的边缘越宽，锐化的效果越明显。

移去：用来选择锐化图像的算法。选择“高斯模糊”选项，可以使用“USM锐化”滤镜的方法锐化图像；选择“镜头模糊”选项，可以查找图像中的边缘和细节，并对细节进行更加精细的锐化，以减少锐化的光晕；选择“动感模糊”选项，可以激活下面的“角度”选项，通过设置“角度”值可以减轻由于相机或对象移动而产生的模糊效果。

更加准确：勾选该选项，可以使锐化效果更加准确。

实例
072 使用液化滤镜精修商品图像

★★☆☆☆

视频文件：实例072 使用液化滤镜精修商品图像.mp4　实例位置：学习资源>实例文件>CH02>实例072.psd

素材位置：素材文件>CH02>72-1.jpg　学习目标：掌握使用液化滤镜精修商品图像的方法

在处理服装类的商品图像时，都会对拍摄好的模特进行相应的处理，此时需要用到液化功能对模特不满意的地方进行修复。本实例素材和最终效果如图2-252所示。

图2-252

01 打开学习资源中的“素材文件>CH02>72-1.jpg”文件，如图2-253所示。

图2-253

02 修饰整体。执行“滤镜>液化”菜单命令，然后在弹出的“液化”对话框中选择“向前变形工具”，接着将右侧额头轮廓从外向内轻推，如图2-254所示。

图2-254

03 调整五官。选择“膨胀工具”，然后设置“画笔大小”为400，“画笔密度”为45，接着在两只眼睛上单击鼠标左键，使眼睛变大，如图2-255所示。

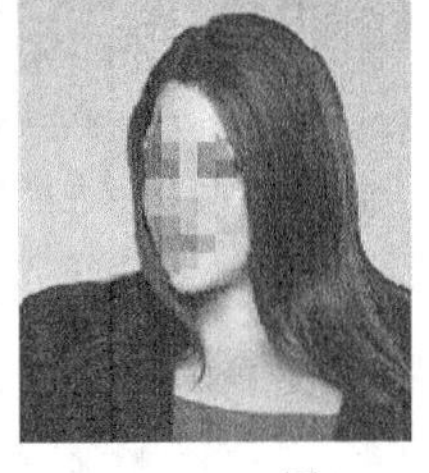

图2-255

▲技巧与提示

注意，“膨胀工具”类似于“喷枪”，单击时间越长（松开鼠标左键的时间），对图像局部的影响就越大，所以操作时的时间需要适当控制。

04 左侧手臂上部外侧和右侧手臂下部过粗，继续使用“向前变形工具”从左向右进行轻推，如图2-256所示。

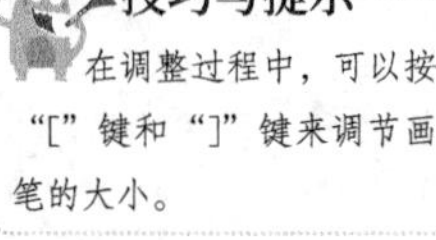

▲技巧与提示

在调整过程中，可以按“[”键和“]”键来调节画笔的大小。

图2-256

05 右眼眼角明显上挑且向右上方倾斜，左眼的外眼角上挑，使用“向前变形工具”修整眼睛形状，使其变得更加对称，如图2-257所示，最终效果如图2-258所示。

图2-257　图2-258

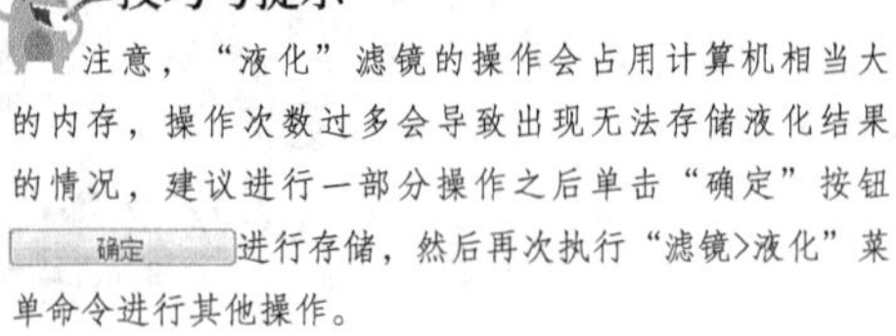

▲技巧与提示

注意，“液化”滤镜的操作会占用计算机相当大的内存，操作次数过多会导致出现无法存储液化结果的情况，建议进行一部分操作之后单击“确定”按钮 确定 进行存储，然后再次执行“滤镜>液化”菜单命令进行其他操作。

第 3 章

商品的抠图技巧

本章关键实例导航

- ◇ 使用套索工具抠取商品 /115
- ◇ 通过魔棒工具抠取白色背景 /120
- ◇ 通过反向命令抠取商品 /127
- ◇ 通过钢笔工具绘制直线路径抠取商品 /131
- ◇ 利用通道差异性抠取商品 /136
- ◇ 使用色彩范围命令抠取商品 /138

通过矩形选框工具抠取商品

- 视频文件：实例073 通过矩形选框工具抠取商品.mp4
- 实例位置：实例文件>CH03>实例073.psd
- 素材位置：素材文件>CH03>73-1.jpg
- 学习目标：掌握使用矩形选框工具抠取商品的方法

淘宝卖家如果在编辑矩形形状的图像商品时，可以选择矩形选框工具抠取商品，这样可以快速完整抠取出图像。本实例素材和最终效果如图3-1所示。

图3-1

01 打开学习资源中的“素材文件>CH03>73-1.jpg”文件，如图3-2所示。

图3-2

02 在工具箱中选取“矩形选框工具”，如图3-3所示。

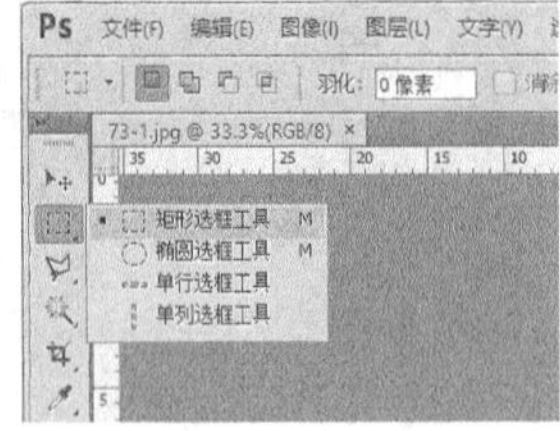

图3-3

技巧与提示

“矩形选框工具”主要用来制作矩形选区和正方形选区，按住M键可以快速选取矩形选框工具，按住Shift键可以创建正方形选区，按住Alt键可创建以起点为中心的矩形选区。

03 在工具选项栏中设置“羽化”为0像素，“样式”为“正常”，如图3-4所示，然后绘制一个合适的矩形选区，如图3-5所示。

羽化: 0像素 消除锯齿 样式: 正常 宽度:

图3-4

图3-5

04 执行上述操作后，在工具选项栏中选择“添加到选区”按钮，如图3-6所示，然后继续绘制出合适的选区，重复操作直到选中全部商品图像，如图3-7所示。

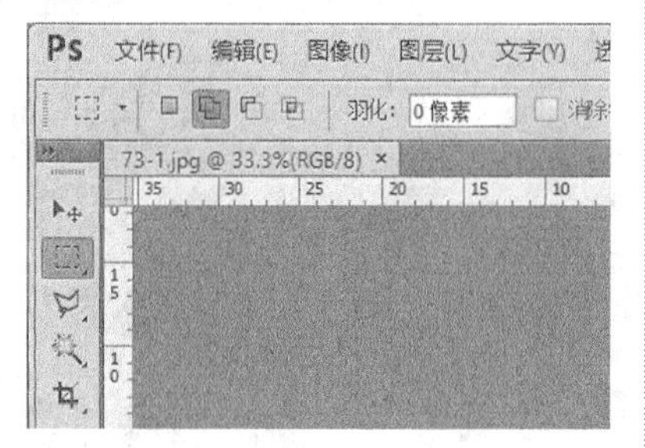

图3-6

图3-7

技巧与提示

标记图层颜色选区运算选项介绍。

新选区：激活该按钮以后，可以创建一个新选区，如图3-8所示。如果已经存在选区，那么新创建的选区将替代原来的选区。

添加到选区：激活该按钮以后，可以将当前创建的选区添加到原来的选区中（按住Shift键也可以实现相同的操作），如图3-9所示。

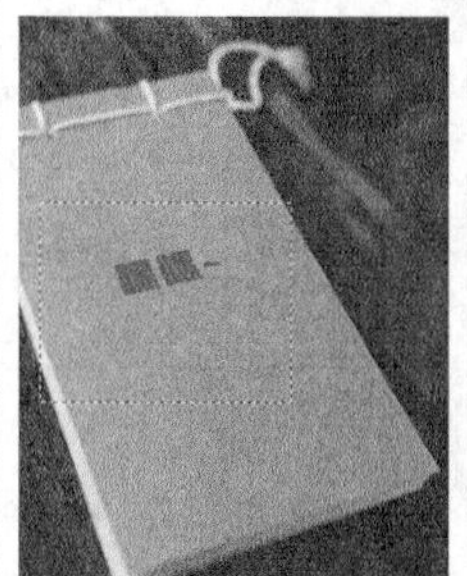

图3-8　　图3-9

从选区减去：激活该按钮以后，可以将当前创建的选区从原来的选区中减去（按住Alt键也可以实现相同的操作），如图3-10所示。

与选区交叉：激活该按钮以后，新建选区时只保留原有选区与新创建的选区相交的部分（按住快捷键Alt+Shift也可以实现相同的操作），如图3-11所示。

图3-10　　图3-11

05 按快捷键Ctrl+J得到“图层1”图层，如图3-12所示，然后单击“背景”图层的“指示图层可见性”图标，如图3-13所示，最终效果如图3-14所示。

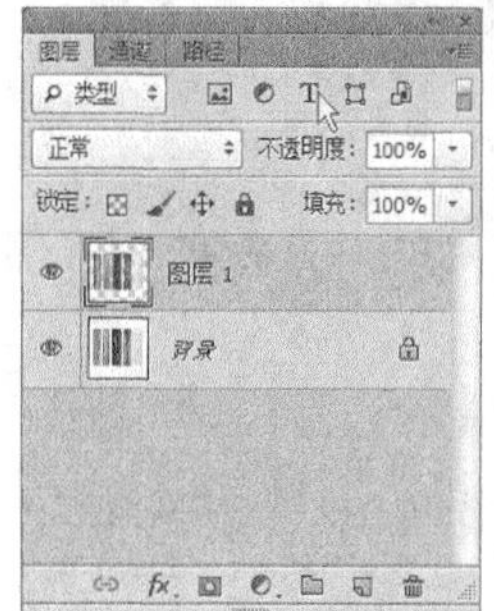

图3-12　　图3-13

图3-14

实例 074 ★★☆☆☆

通过椭圆选框工具抠取商品

视频文件：实例074 通过椭圆选框工具抠取商品.mp4
实例位置：实例文件>CH03>实例074.psd
素材位置：素材文件>CH03>74-1.jpg
学习目标：掌握使用椭圆选框工具抠取商品的方法

淘宝卖家在处理商品图片时，如果遇到圆形或是椭圆形形状的商品，就可以使用椭圆选框工具抠取商品，这样既可以迅速抠取出商品，又可以节省编辑商品图像的时间。本实例素材和最终效果如图3-15所示。

图3-15

01 打开学习资源中的“素材文件>CH03>74-1.jpg”文件，如图3-16所示。

图3-16

02 在工具箱中选取“椭圆选框工具”，如图3-17所示，然后绘制出一个合适的圆形选区，如图3-18所示。

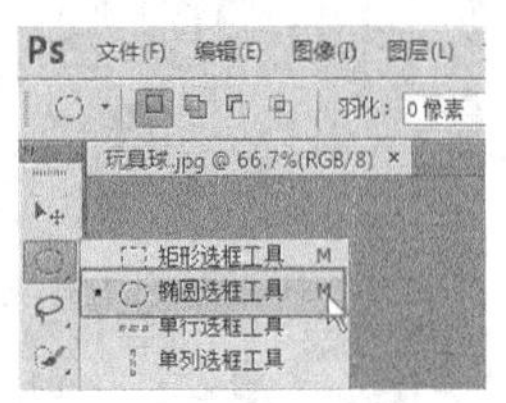

图3-17

图3-18

03 按快捷键Ctrl+J复制“背景”图层，得到“图层1”图层，如图3-19所示，然后单击“背景”图层的“指示图层可见性”图标，如图3-20所示，最终效果如图3-21所示。

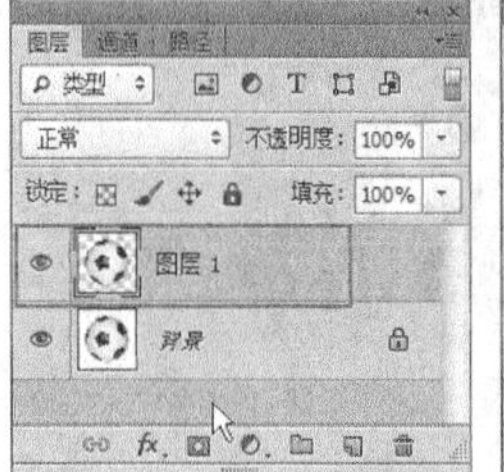

图3-19　图3-20

图3-21

技巧与提示

选中一个图层以后，执行“图层>新建>通过拷贝的图层”菜单命令或按快捷键Ctrl+J，可以将当前图层复制一份。

使用套索工具抠取商品

视频文件：实例075 使用套索工具抠取商品.mp4　实例位置：实例文件>CH03>实例075.psd
素材位置：素材文件>CH03>75-1.jpg、75-2.jpg　学习目标：掌握使用套索工具抠取商品的方法

淘宝卖家在处理不规则形状的图像时，可以使用套索工具抠取商品，这样既可以节省处理图片的时间，也可以将图片变得更美观。本实例素材和最终效果如图3-22所示。

图3-22

01 打开学习资源中的"素材文件>CH03>75-1.jpg"文件，如图3-23所示。

图3-23

02 执行"图层>置入"菜单命令，如图3-24所示，然后在弹出的"置入"窗口中选择"75-2.jpg"文件，单击"置入"按钮［置入(P)］，如图3-25所示。

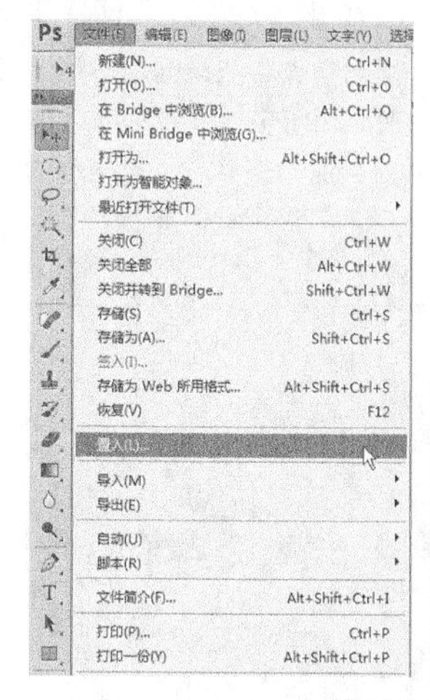

图3-24

图3-25

03 执行上述操作后即可得到智能图层，如图3-26所示，然后将该智能图层重命名为"花朵"，接着在智能图层的名称上单击鼠标右键，在弹出的菜单中选择"栅格化图层"命令，如图3-27所示。

图3-26

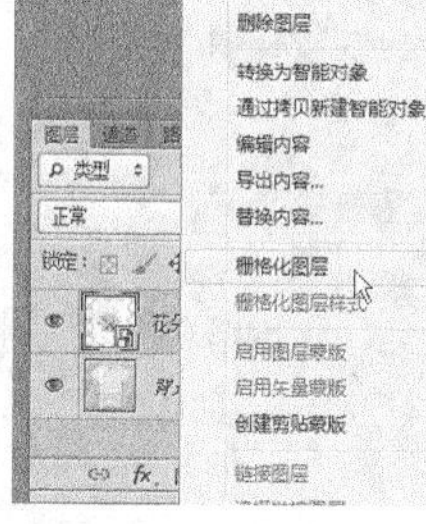

图3-27

技巧与提示

对于文字图层、形状图层、矢量蒙版图层或智能对象等包含矢量数据的图层，不能直接在上面进行编辑，如图3-28所示，需要先将其栅格化以后才能进行相应的操作。选择需要栅格化的图层，执行"图层>栅格化"菜单下的子命令，可以将相应的图层栅格化。

图3-28

04 在工具箱中选取“套索工具”，如图3-29所示，然后绘制出一个合适的选区，如图3-30所示。

图3-29　　图3-30

05 执行“选择>反向”菜单命令，如图3-31所示，效果如图3-32所示，然后按Delete键删除选区内的图像，效果如图3-33所示。

图3-31　　图3-32

图3-33

技巧与提示

执行“选择>反向”菜单命令或按快捷键Shift+Ctrl+I，可以反选选区，也就是选择图像中没有被选择的部分。

06 执行“选择>取消选择”菜单命令，如图3-34所示，效果如图3-35所示。

图3-34　　图3-35

技巧与提示

创建选区以后，执行“选择>取消选择”菜单命令或快捷键Ctrl+D，可以取消选区状态。如果要恢复被取消的选区，可以执行“选择>重新选择”菜单命令。

07 确认当前图层为“花朵”图层，然后设置该图层的“混合模式”为“正片叠底”，如图3-36所示，效果如图3-37所示。

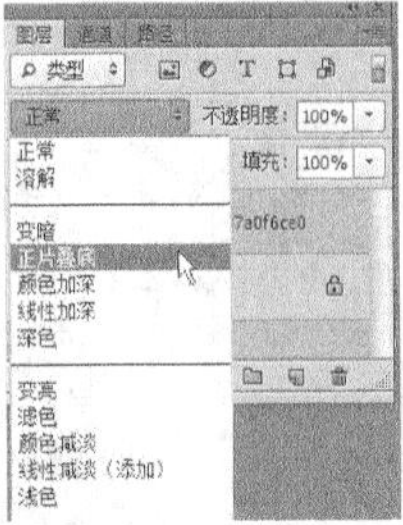

图3-36　　图3-37

08 执行“编辑>变换>缩放”菜单命令，如图3-38所示，然后使用鼠标左键将花朵图像缩放到合适的大小，效果如图3-39所示。

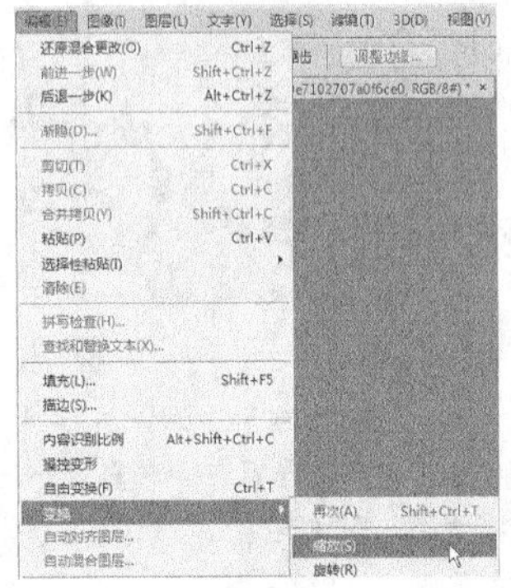

图3-38　　图3-39

09 按住Shift键同时拖动锚点将花朵图片调整到合适的大小，如图3-40所示，然后选择“移动工具”，在弹出的对话框中选择“应用”按钮 应用(A)，如图3-41所示，最终效果如图3-42所示。

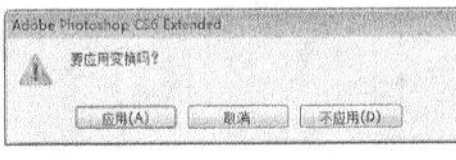

图3-41

图3-40　　图3-42

技巧与提示

在缩放选区时，按住Shift键可以等比例缩放选区；按住快捷键Shift+Alt可以以中心点为基准点等比例缩放选区。

通过绘制矩形路径抠取商品

视频文件：实例076 通过绘制矩形路径抠取商品.mp4　　实例位置：实例文件>CH03>实例076.psd

素材位置：素材文件>CH03>76-1.jpg　　学习目标：掌握绘制矩形路径抠取商品的方法

淘宝卖家在处理商品图片时，若商品呈矩形形状，则可使用矩形工具创建路径来抠取商品。本实例素材和最终效果如图3-43所示。

图3-43

01 打开学习资源中的"素材文件>CH03>76-1.jpg"文件，如图3-44所示。

图3-44

02 在工具箱中选择"矩形工具" 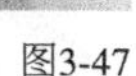，如图3-45所示，然后在选项栏中选择"路径"，如图3-46所示，最后根据商品的形状绘制出图3-47所示的路径。

图3-46

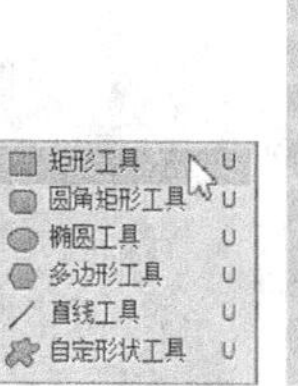

图3-45

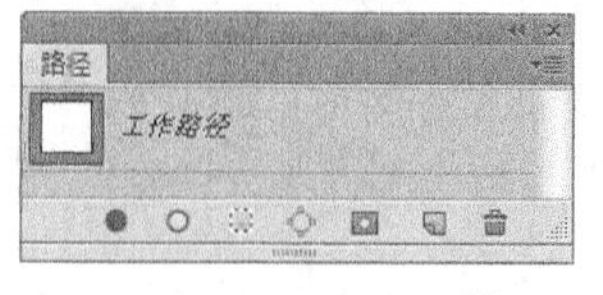

图3-47

03 打开"路径"面板，然后在"路径"面板中选择"工作路径"，如图3-48所示。

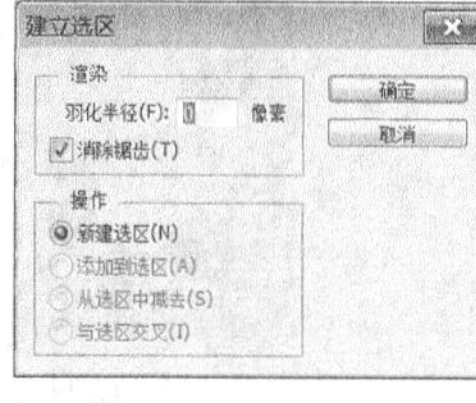

图3-48

04 在"工作路径"的名称上单击鼠标右键，然后在弹出的菜单中选择"建立选区"命令，接着在弹出的"建立选区"对话框中设置"羽化半径"为0像素，"操作"为"新建选区"，如图3-49所示，效果如图3-50所示。

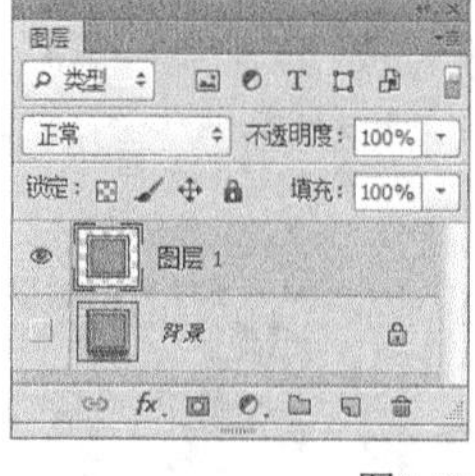

图3-49

图3-50

05 按快捷键Ctrl+J复制"背景"图层得到"图层1"图层，如图3-51所示，然后将"背景"图层隐藏，如图3-52所示，最终效果如图3-53所示。

图3-51

图3-52

图3-53

实例 077 ★★☆☆☆

通过绘制圆角矩形路径抠取商品

视频文件：实例077 通过绘制圆角矩形路径抠取商品.mp4　实例位置：实例文件>CH03>实例077.psd
素材位置：素材文件>CH03>77-1.jpg　学习目标：掌握使用圆角矩形工具抠取商品的方法

淘宝卖家在处理商品图片时，若商品呈圆角矩形形状，可使用“圆角矩形工具”创建路径来抠取商品。本实例素材和最终效果如图3-54所示。

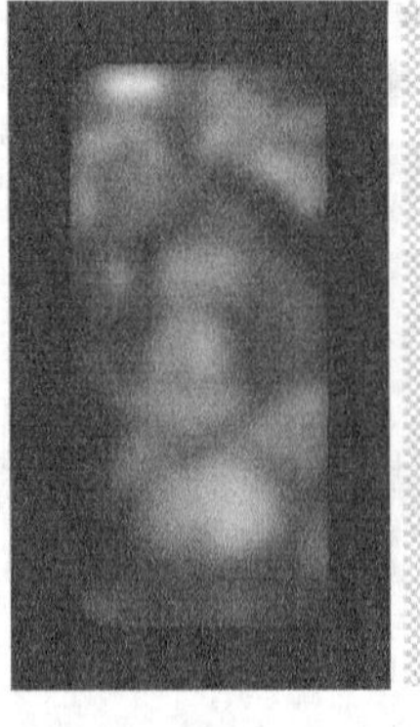
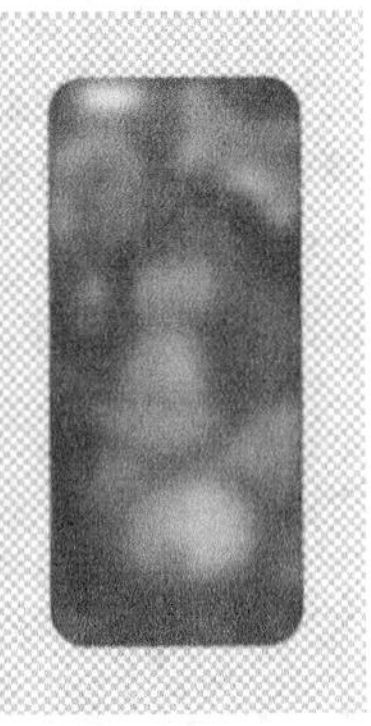
图3-54

01 打开学习资源中的“素材文件>CH03>77-1.jpg”文件，如图3-55所示。

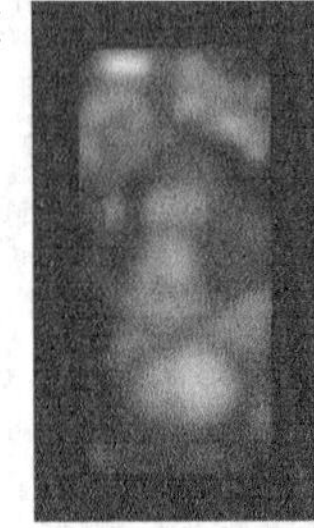
图3-55

02 在工具箱中选择“圆角矩形工具”，如图3-56所示，然后在选项栏中选择“路径”，设置“半径”为55像素，如图3-57所示，最后根据商品的形状绘制出图3-58所示的路径。

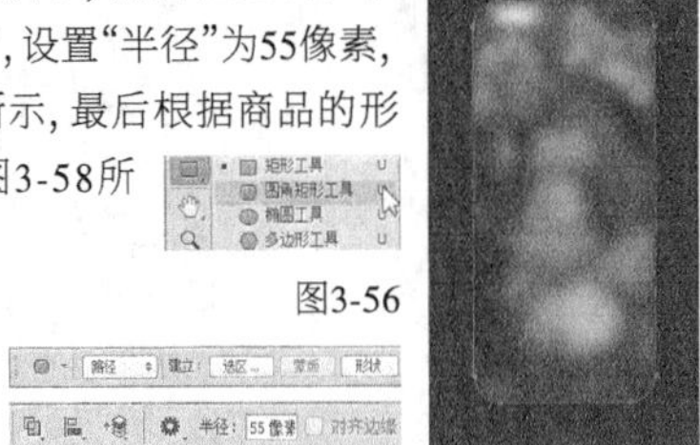
图3-56　图3-57　图3-58

技巧与提示

使用“圆角矩形工具”可以创建出具有圆角效果的矩形，其创建方法与矩形完全相同，只不过多了一个“半径”选项，“半径”选项用来设置圆角的半径，数值越大，圆角越大。

03 打开“路径”面板，然后在“路径”面板中选择“工作路径”，如图3-59所示。

图3-59

04 在“工作路径”的名称上单击鼠标右键，然后在弹出的菜单中选择“建立选区”命令，接着在弹出的“建立选区”对话框中设置“羽化半径”为0像素，“操作”为“新建选区”，如图3-60所示，效果如图3-61所示。

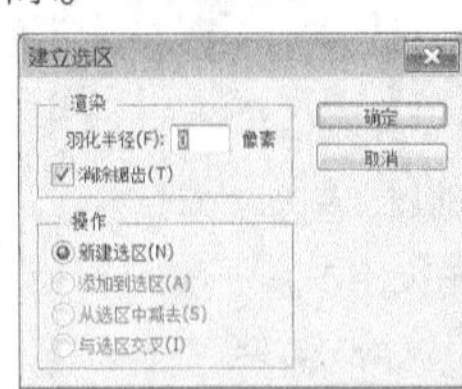
图3-60

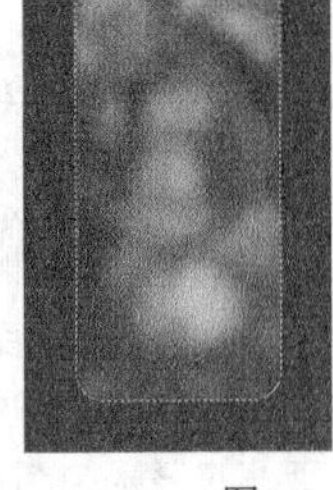
图3-61

05 按快捷键Ctrl+J复制“背景”图层得到“图层1”图层，如图3-62所示，然后将“背景”图层隐藏，如图3-63所示，最终效果如图3-64所示。

图3-62

图3-63

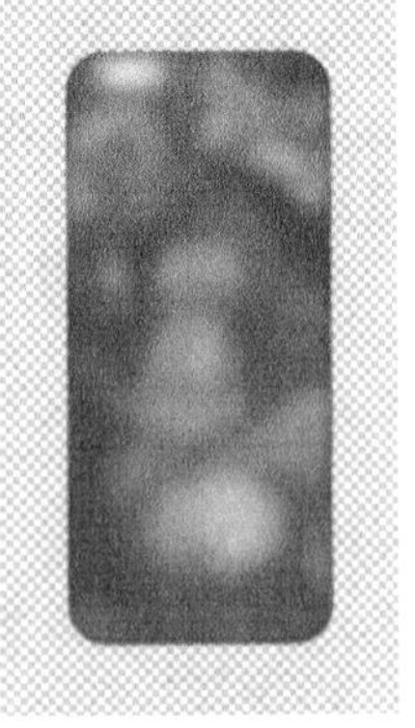
图3-64

通过绘制椭圆路径抠取商品

视频文件：实例078 通过绘制椭圆路径抠取商品.mp4　　实例位置：实例文件>CH03>实例078.psd

素材位置：素材文件>CH03>78-1.jpg　　学习目标：掌握绘制椭圆形路径抠取商品的方法

淘宝卖家在处理商品图片时，若商品呈椭圆形状，可使用椭圆工具创建路径来抠取商品。本实例素材和最终效果如图3-65所示。

图3-65

01 打开学习资源中的“素材文件>CH03>78-1.jpg”文件，如图3-66所示。

图3-66

02 在工具箱中选择“椭圆工具”，如图3-67所示，然后在选项栏中选择“路径”，如图3-68所示，最后根据商品的形状绘制出图3-69所示的路径。

图3-68

矩形工具 U
圆角矩形工具 U
椭圆工具 U
多边形工具 U
直线工具 U
自定形状工具 U

图3-67

图3-69

技巧与提示

要创建椭圆形，拖曳鼠标进行创建即可；要创建圆形，按住Shift键或快捷键Shift+Alt（以鼠标单击点为中心）进行创建即可。

03 按快捷键Ctrl+T进入自由变换状态，然后按住Shift键，接着用鼠标左键拖曳定界框4个角上的控制点调整大小，如图3-70所示，最后按Enter键应用变换，效果如图3-71所示。

图3-70

图3-71

04 在“工作路径”的名称上单击鼠标右键，然后在弹出的菜单中选择“建立选区”命令，如图3-72所示。

图3-72

05 按快捷键Ctrl+J复制“背景”图层得到“图层1”图层，然后将“背景”图层隐藏，如图3-73所示，最终效果如图3-74所示。

图3-73

图3-74

实例 079 通过魔棒工具抠取白色背景

★★☆☆☆

视频文件：实例079 通过魔棒工具抠取白色背景.mp4　实例位置：实例文件>CH03>实例079.psd

素材位置：素材文件>CH03>79-1.jpg　学习目标：掌握使用魔棒工具抠取白色背景的方法

在处理商品图片时，如果背景图像与商品图像颜色区分明确，那么可以使用“魔棒工具”抠取白色背景。本实例素材和最终效果如图3-75所示。

图3-75

01 打开学习资源中的“素材文件>CH03>79-1.jpg”文件，如图3-76所示。

图3-76

02 在工具箱中选择“魔棒工具”，如图3-77所示，然后在选项栏中设置“容差”为32，并勾选“消除锯齿”和“连续”选项，如图3-78所示，最后在背景处单击鼠标左键，效果如图3-79所示。

图3-78

图3-77

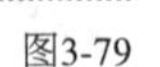

图3-79

03 执行“选择>反向”菜单命令，如图3-80所示，效果如图3-81所示。

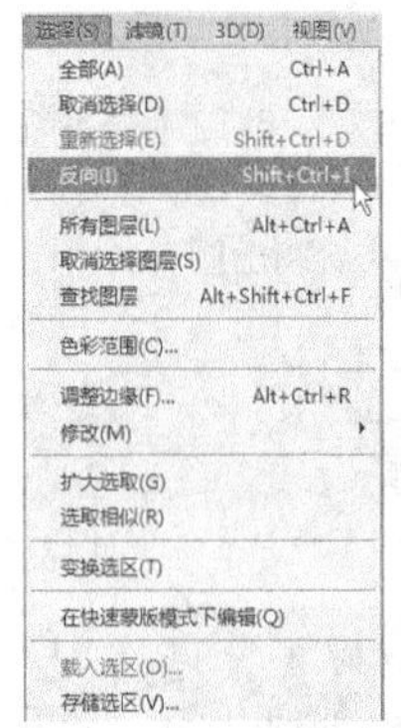

图3-80

图3-81

04 按快捷键Ctrl+J复制“背景”图层得到“图层1”图层，然后将“背景”图层隐藏，如图3-82所示，最终效果如图3-83所示。

图3-82

图3-83

实例 080 ★★☆☆☆

通过磁性套索工具抠取商品

视频文件：实例080 通过磁性套索工具抠取商品.mp4　实例位置：实例文件>CH03>实例080.psd
素材位置：素材文件>CH03>80-1.jpg　学习目标：掌握使用磁性套索工具抠取商品的方法

淘宝卖家在处理商品图像时，如果商品与背景对比明显，那么可以通过“磁性套索工具”抠取商品。“磁性套索工具”可以根据商品的外轮廓自动建立选区，更加快速地抠取商品。本实例素材和最终效果如图3-84所示。

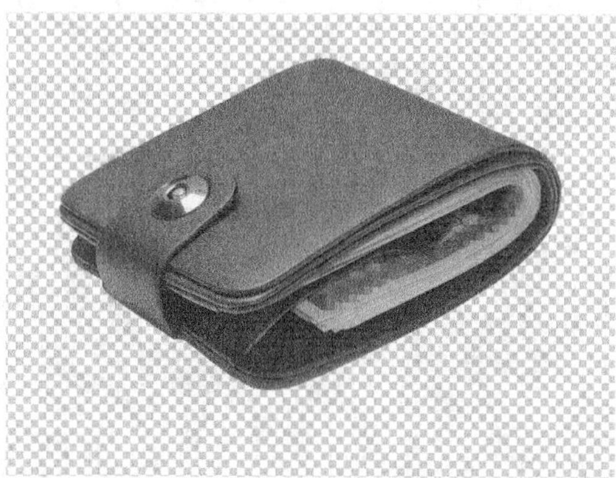

图3-84

01 打开学习资源中的“素材文件>CH03>80-1.jpg”文件，如图3-85所示。

图3-85

02 在工具箱中选择“磁性套索工具”，如图3-86所示，然后在选项栏中选择“添加到选区”按钮，最后沿着钱包的轮廓绘制出商品的选区，如图3-87所示。

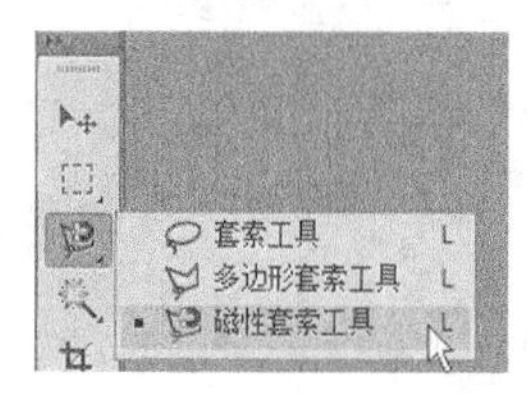

图3-86

图3-87

技巧与提示

在使用“磁性套索工具”绘制选区时，按住CapsLock键，鼠标光标会变成⊙形状，圆形的大小就是该工具能够检测到的边缘宽度。另外，按“↑”键和“↓”键可以调整检测宽度。

03 按快捷键Ctrl+J复制“背景”图层得到“图层1”图层，然后将“背景”图层隐藏，如图3-88所示，最终效果如图3-89所示。

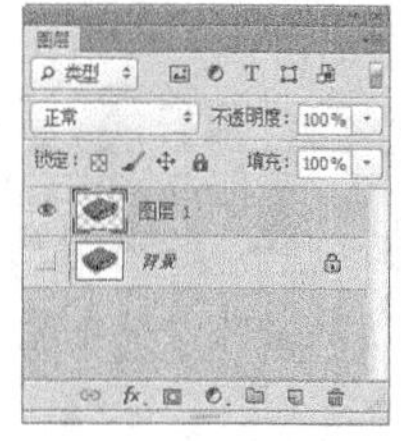

图3-88

图3-89

实例081 通过多边形套索工具抠取商品

★★☆☆☆

视频文件：实例081 通过多边形套索工具抠取商品.mp4　实例位置：实例文件>CH03>实例081.psd

素材位置：素材文件>CH03>81-1.jpg　学习目标：掌握使用多边形套索工具抠取商品的方法

淘宝卖家在处理商品图像时，若商品图像的轮廓呈直线，则可以使用多边形套索工具抠取商品。本实例素材和最终效果如图3-90所示。

图3-90

01 打开学习资源中的“素材文件>CH03>81-1.jpg”文件，如图3-91所示。

图3-91

02 在工具箱中选择“多边形套索工具”，如图3-92所示，然后沿着商品的轮廓绘制出合适的选区，如图3-93所示。

图3-92

技巧与提示

在使用“多边形套索工具”绘制选区时，按住Shift键可以在水平方向、垂直方向或45°方向上绘制直线。另外，按Delete键可以删除最后绘制的直线。

图3-93

03 按快捷键Ctrl+J复制“背景”图层得到“图层1”图层，然后将“背景”图层隐藏，如图3-94所示，最终效果如图3-95所示。

图3-94

图3-95

通过快速选择工具抠取商品

视频文件：实例082 通过快速选择工具抠取商品.mp4　　实例位置：实例文件>CH03>实例082.psd

素材位置：素材文件>CH03>82-1.jpg　　学习目标：掌握使用快速选择工具抠取商品的方法

淘宝卖家在处理商品图片时，若商品的颜色简单、背景图案复杂，则可以使用“快速选择工具”抠取商品。本实例素材和最终效果如图3-96所示。

图3-96

01 打开学习资源中的“素材文件>CH03>82-1.jpg”文件，如图3-97所示。

图3-97

02 在工具箱中选择“快速选择工具”，如图3-98所示，然后在选项栏中单击“添加到选区”按钮，接着在画笔选择器中设置“大小”为15像素，如图3-99所示，最后重复单击画面背景图像，直到将背景图案全部添加到选区，效果如图3-100所示。

图3-98

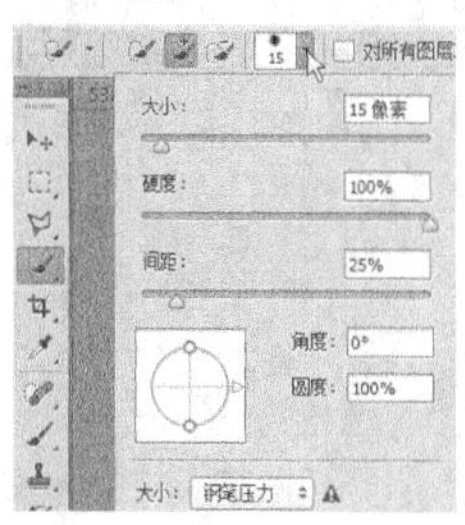

图3-99

图3-100

技巧与提示

快速选择工具选项介绍。

新选区：激活该按钮，可以创建一个新的选区。

添加到选区：激活该按钮，可以在原有选区的基础上添加新创建的选区。

从选区减去：激活该按钮，可以在原有选区的基础上减去当前绘制的选区。

画笔选择器：单击按钮，可以在弹出的“画笔”选择器中设置画笔的大小、硬度、间距、角度及圆度。在绘制选区的过程中，可以按“]”键和“[”键增大或减小画笔大小。

03 执行“选择>反向”菜单命令，如图3-101所示，效果如图3-102所示。

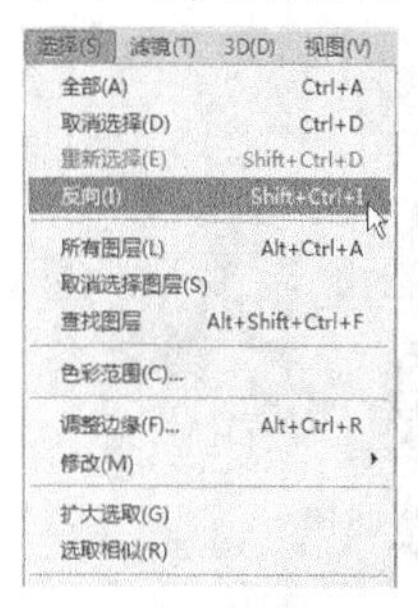

图3-101

图3-102

04 按快捷键Ctrl+J复制“背景”图层得到“图层1”图层，然后将“背景”图层隐藏，如图3-103所示，最终效果如图3-104所示。

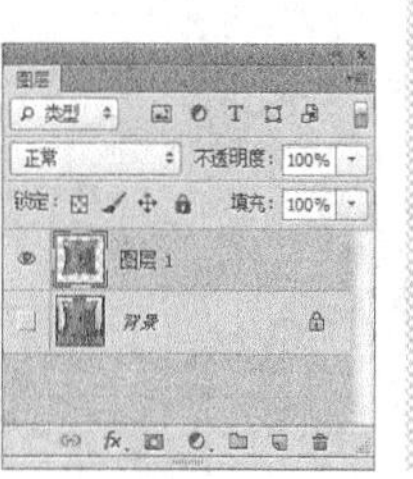

图3-103

图3-104

实例 083 通过扩大选区命令抠取商品

★★☆☆☆

视频文件：实例084 通过扩大选区命令抠取商品.mp4　实例位置：实例文件>CH03>实例083.psd
素材位置：素材文件>CH03>83-1.jpg　学习目标：掌握使用扩大选区命令抠取商品的方法

淘宝卖家在处理商品图片时，可以先选取部分区域建立选区，然后通过扩大选区来抠取商品图像，以节省抠图时间。本实例素材和最终效果如图3-105所示。

图3-105

01 打开学习资源中的"素材文件>CH03>83-1.jpg"文件，如图3-106所示。

图3-106

02 在工具箱中选择"魔棒工具"，如图3-107所示，然后使用鼠标左键在小鸭子上单击，效果如图3-108所示。

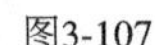

图3-107

图3-108

03 在菜单栏连续单击两次"选择>扩大选取"菜单命令，如图3-109所示，效果如图3-110所示。

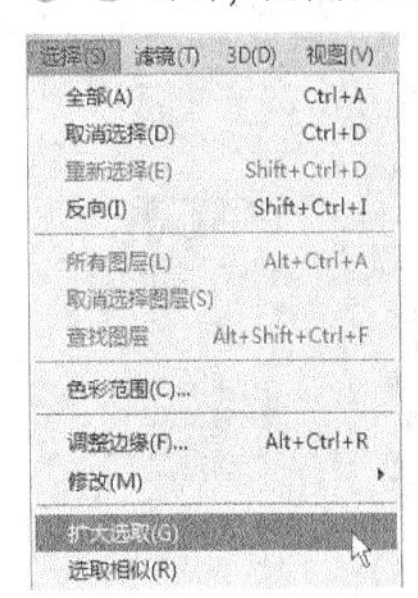

图3-109

图3-110

技巧与提示

"扩大选取"命令是基于"魔棒工具"选项栏中指定的"容差"范围来决定选区的扩展范围。执行"选择>扩大选取"菜单命令后，Photoshop会查找并选择那些与当前选区中像素色调相近的像素，从而扩大选择区域。

04 使用"魔棒工具"，然后按住Shift键，在不同色区的颜色上单击鼠标左键，如图3-111所示。

图3-111

05 按快捷键Ctrl+J复制"背景"图层得到"图层1"图层，如图3-112所示，然后将"背景"图层隐藏，如图3-113所示，最终效果如图3-114所示。

图3-112

图3-113

图3-114

通过选取相似命令抠取商品

视频文件：实例084 通过选取相似命令抠取商品.mp4　　实例位置：实例文件>CH03>实例084.psd

素材位置：素材文件>CH03>84-1.jpg　　学习目标：掌握使用选取相似命令抠取商品的方法

淘宝卖家在处理商品图片时，若商品的颜色相似，则可以先选取部分区域，然后通过“选取相似”命令抠取商品。本实例素材和最终效果如图3-115所示。

图3-115

01 打开学习资源中的“素材文件>CH03>84-1.jpg”文件，如图3-116所示。

图3-116

02 在工具箱中选择“魔棒工具”，如图3-117所示，然后在选项栏中设置“容差”为80，接着使用鼠标左键单击白色茶碗，如图3-118所示。

图3-117

图3-118

03 在菜单栏连续执行4次“选择>选取相似”菜单命令，如图3-119所示，效果如图3-120所示。

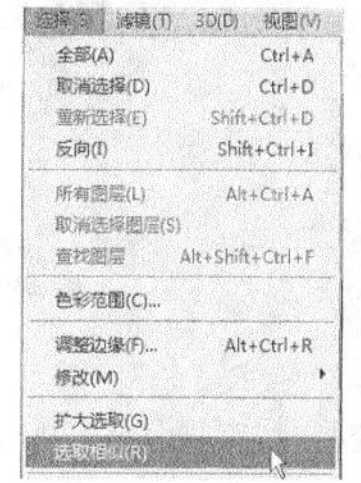

图3-119

图3-120

04 按快捷键Ctrl+J复制“背景”图层得到“图层1”图层，然后将“背景”图层隐藏，如图3-121所示，最终效果如图3-122所示。

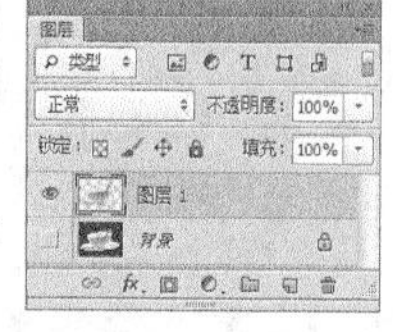

图3-121

图3-122

实例085 通过全部命令抠取商品

★★☆☆☆

视频文件：实例085 通过全部命令抠取商品.mp4　实例位置：实例文件>CH03>实例085.psd

素材位置：素材文件>CH03>85-1.jpg、85-2.jpg　学习目标：掌握使用全部命令抠取商品的方法

淘宝卖家在处理比较复杂的商品且需要对整幅图像进行调整时，可以通过“全部”命令对图像进行调整，更快捷地抠取图像。本实例素材和最终效果如图3-123所示。

图3-123

01 打开学习资源中的“素材文件>CH03>85-1.jpg”文件，如图3-124所示。

图3-124

02 选择“裁剪工具”，然后在画面中拖曳出一个矩形区域，如图3-125所示。

图3-125

技巧与提示

裁剪是指移去部分图像，以突出或加强构图效果。使用“裁剪工具”可以裁剪掉多余的图像，并重新定义画布的大小。选择“裁剪工具”后，在画面中拖曳出一个矩形区域，选择要保留的部分，然后按Enter键或双击鼠标左键即可完成裁剪。

03 打开学习资源中的“素材文件>CH03>85-2.jpg”文件，如图3-126所示。

04 执行“选择>全部”菜单命令，如图3-127所示，效果如图3-128所示。

图3-126

选择(S)　滤镜(T)　3D(D)　视图(V)
全部(A)　Ctrl+A
取消选择(D)　Ctrl+D
重新选择(E)　Shift+Ctrl+D
反向(I)　Shift+Ctrl+I
所有图层(L)　Alt+Ctrl+A
取消选择图层(S)
查找图层　Alt+Shift+Ctrl+F
色彩范围(C)...
调整蒙版(F)...　Alt+Ctrl+R
修改(M)
扩大选取(G)
选取相似(R)

图3-127

图3-128

05 将墨镜列表复制到当前的画面中，然后按快捷键Ctrl+T进入自由变换状态，接着按住Shift键，用鼠标左键拖曳定界框4个角上的控制点调整大小，如图3-129所示，最后按Enter键应用变换，最终效果如图3-130所示。

图3-129　图3-130

实例086 通过反向命令抠取商品

★★☆☆☆

视频文件：实例086 通过反向命令抠取商品.mp4　实例位置：实例文件>CH03>实例086.psd

素材位置：素材文件>CH03>86-1.jpg　学习目标：掌握运用反向命令抠取商品的方法

淘宝卖家在处理商品图片时，可以先建立背景选区，然后通过“反向”命令来抠取商品。本实例素材和最终效果如图3-131所示。

图3-131

01 打开学习资源中的“素材文件>CH03>86-1.jpg”文件，如图3-132所示。

图3-132

02 在工具箱中选择“魔棒工具”，如图3-133所示，然后在选项栏中设置“容差”为50，接着使用鼠标左键单击白色背景，如图3-134所示。

图3-133

图3-134

03 执行“选择>反向”菜单命令，如图3-135所示，效果如图3-136所示。

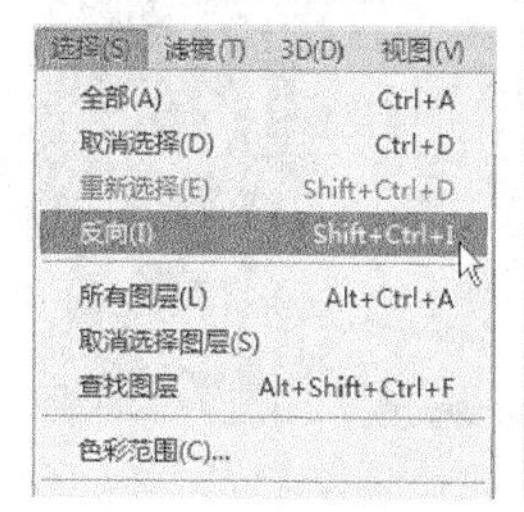

图3-135　图3-136

04 按快捷键Ctrl+J复制“背景”图层得到“图层1”图层，然后将“背景”图层隐藏，如图3-137所示，最终效果如图3-138所示。

图3-137　图3-138

实例
087 通过橡皮擦工具抠取商品

★★☆☆☆

视频文件：实例087 通过橡皮擦工具抠取商品.mp4　实例位置：实例文件>CH03>实例087.psd

素材位置：素材文件>CH03>87-1.jpg　学习目标：掌握使用橡皮擦工具抠取商品的方法

淘宝卖家在处理商品图片时，若商品图像比较规整易处理，可以使用“橡皮擦工具”抠取商品。本实例素材和最终效果如图3-139所示。

图3-139

01 打开学习资源中的“素材文件>CH03>87-1.jpg”文件，如图3-140所示。

图3-140

02 按快捷键Ctrl+J复制“背景”图层得到“图层1”图层，如图3-141所示。

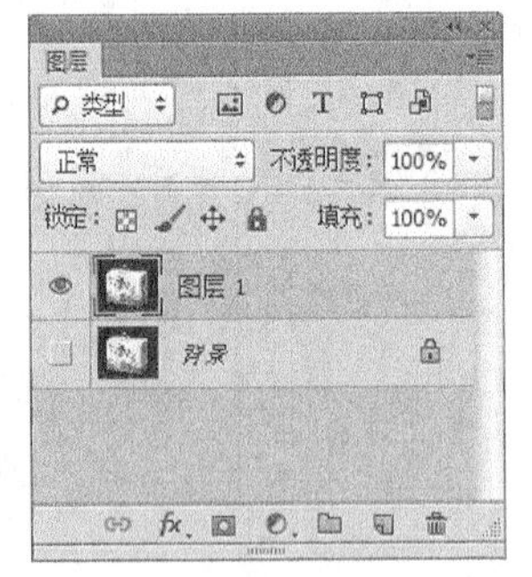

图3-141

03 选择“橡皮擦工具”，然后在选项栏中设置“大小”为29像素，选择一种硬边笔刷，如图3-142所示，接着沿着包装盒的轮廓进行擦除，如图3-143所示，最终效果如图3-144所示。

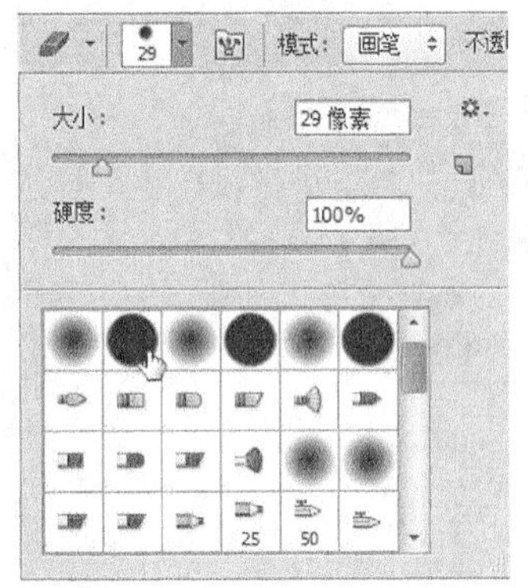

图3-142

图3-143

图3-144

技巧与提示

使用“橡皮擦工具”可以将像素更改为背景色或透明。若使用该工具在“背景”图层或锁定了透明像素的图层中进行擦除，则擦除的像素变成背景色；若在普通图层中进行擦除，则擦除的像素变透明。

通过背景橡皮擦工具抠取商品

视频文件：实例088 通过背景橡皮擦工具抠取商品.mp4　　实例位置：实例文件>CH03>实例088.psd

素材位置：素材文件>CH03>88-1.jpg　　学习目标：掌握使用背景橡皮擦工具抠取商品的方法

淘宝卖家在处理商品图片时，若商品图像颜色对比明显，则可以使用“背景橡皮擦工具”快速抠取商品。本实例素材和最终效果如图3-145所示。

图3-145

01 打开学习资源中的“素材文件>CH03>88-1.jpg”文件，如图3-146所示。

图3-146

02 选择“背景橡皮擦工具”，如图3-147所示，然后按住Alt键在白色背景中吸取颜色，此时鼠标指针变为吸管工具，如图3-148所示。

图3-147

图3-148

03 在选项栏中设置“大小”为132像素，然后选择“取样”为“背景色板”按钮，如图3-149所示，接着在白色背景处单击鼠标左键，效果如图3-150所示。

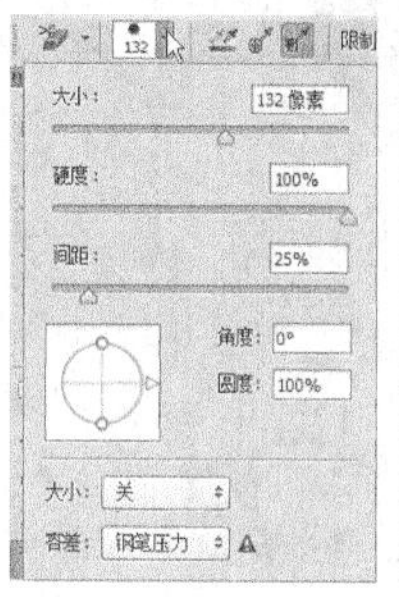

图3-149

图3-150

04 将“背景”图层转换为“图层0”图层，然后在“图层0”图层下方新建一个“图层1”图层，并填充为黑色，如图3-151所示，用来检验白色背景是否已被擦除干净，效果如图3-152所示。

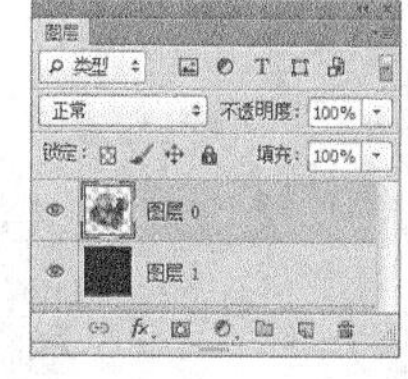

图3-151

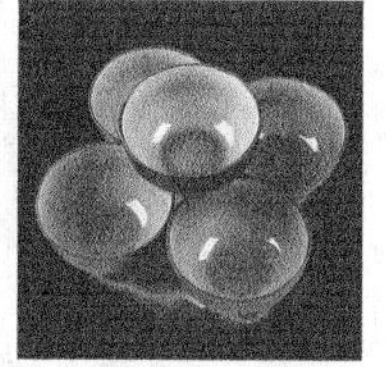

图3-152

05 在选项栏中设置“容差”为58%，如图3-153所示，然后继续使用“背景橡皮擦工具”将未擦干净的白色背景擦除，如图3-154所示，接着将“图层1”图层隐藏，如图3-155所示，最终效果如图3-156所示。

图3-153　图3-154

图3-155

图3-156

技巧与提示

“背景橡皮擦工具”是一种智能化的橡皮擦，设置好背景色以后，使用该工具可以在抹除背景的同时保留前景对象的边缘。

实例089 通过魔术橡皮擦抠取商品

★★☆☆☆

视频文件：实例089 通过魔术橡皮擦抠取商品.mp4　实例位置：实例文件>CH03>实例089.psd

素材位置：素材文件>CH03>89-1.jpg　学习目标：掌握使用魔术橡皮擦抠取商品的方法

淘宝卖家在处理商品图片时，使用“魔术橡皮擦”可以快速处理单一背景颜色的图片，既帮助卖家节省了时间，又提高了抠取商品的效率。本实例素材和最终效果如图3-157所示。

图3-157

01 打开学习资源中的“素材文件>CH03>89-1.jpg”文件，如图3-158所示。

图3-158

02 选择“魔术橡皮擦工具”，如图3-159所示，然后在选项栏中设置“容差”为35，如图3-160所示。

03 移动鼠标指针至图像编辑窗口中的白色区域，单击鼠标左键即可擦除背景，效果如图3-161所示。

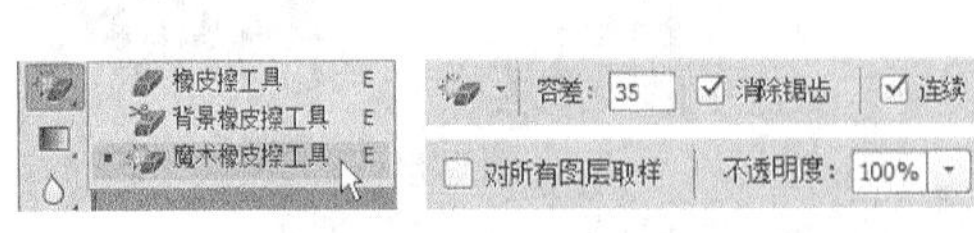

图3-159　图3-160

图3-161

技巧与提示

使用“魔术橡皮擦工具”在图像中单击时，可以将所有相似的像素更改为透明（如果在已锁定了透明像素的图层中工作，那么这些像素将更改为背景色）。

实例 090 ★★☆☆☆

通过钢笔工具绘制直线路径抠取商品

视频文件：实例090 通过钢笔工具绘制直线路径抠取商品.mp4　　实例位置：实例文件>CH03>实例090.psd
素材位置：素材文件>CH03>90-1.jpg　　学习目标：掌握使用钢笔工具绘制直线路径抠取商品的方法

淘宝卖家在处理商品图片时，若商品呈矩形或多边形形状，则可以使用“钢笔工具”绘制直线路径抠取商品。本实例素材和最终效果如图3-162所示。

图3-162

01 打开学习资源中的“素材文件>CH03>90-1.jpg”文件，如图3-163所示。

图3-163

02 在工具箱中选择“钢笔工具”，如图3-164所示，然后根据商品的形状绘制出图3-165所示的路径。

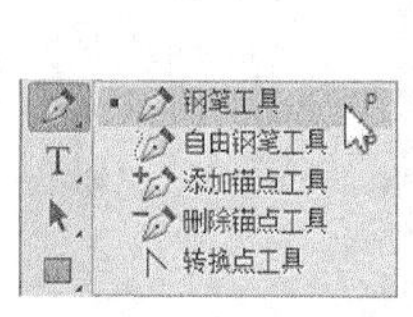

图3-164　　图3-165

03 打开“路径”面板，然后在“路径”面板中选择“工作路径”，如图3-166所示。

04 在“工作路径”的名称上单击鼠标右键，然后在弹出的菜单中选择“建立选区”命令，如图3-167所示。

图3-166

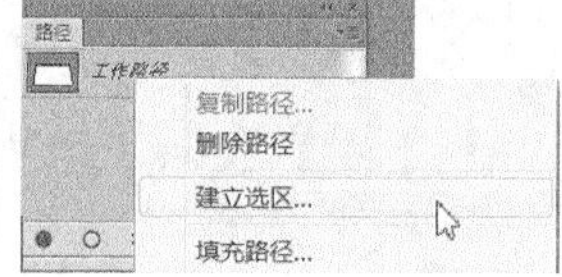

图3-167

05 在弹出的“建立选区”对话框中设置“羽化半径”为0像素，“操作”为“新建选区”，如图3-168所示，效果如图3-169所示。

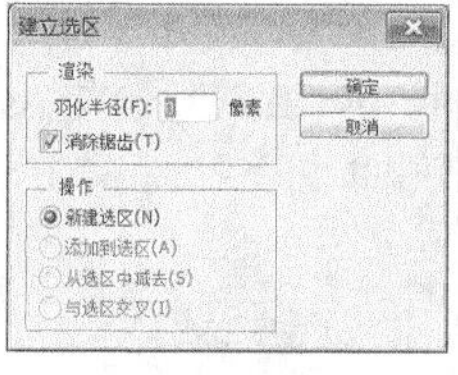

图3-168

图3-169

06 按快捷键Ctrl+J复制“背景”图层得到“图层1”图层，然后将“背景”图层隐藏，如图3-170所示，最终效果如图3-171所示。

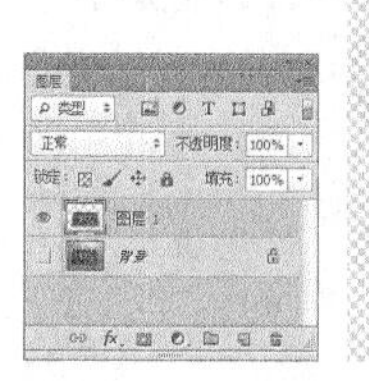

图3-170

图3-171

技巧与提示

处于显示/隐藏状态的图层👁/□：当该图标显示为眼睛👁形状时表示当前图层处于可见状态，而显示□形状时图层处于不可见状态。单击该图标可以在显示与隐藏之间进行切换。

实例 091 通过钢笔工具绘制曲线路径抠取商品

★★☆☆☆

- 视频文件：实例091 通过钢笔工具绘制曲线路径抠取商品.mp4
- 实例位置：实例文件>CH03>实例091.psd
- 素材位置：素材文件>CH03>91-1.jpg
- 学习目标：掌握使用钢笔工具绘制曲线路径抠取商品的方法

淘宝卖家在处理商品图片时，若商品的轮廓平滑，则可以使用“钢笔工具”绘制曲线路径抠取商品。本实例素材和最终效果如图3-172所示。

图3-172

01 打开学习资源中的“素材文件>CH03>91-1.jpg”文件，如图3-173所示。

图3-173

02 在工具箱中选择“钢笔工具”，如图3-174所示，然后在选项栏中选择“路径”按钮，接着根据商品的形状绘制出曲线路径，如图3-175所示。

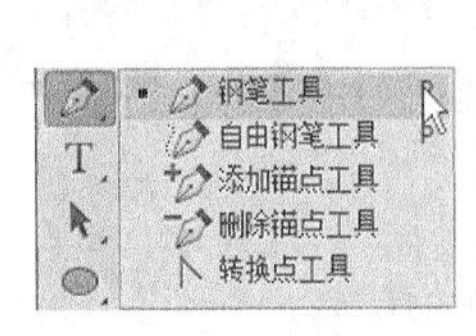

图3-174

图3-175

03 执行“窗口>路径”菜单命令，如图3-176所示，然后在弹出的“路径”面板中选择“将路径作为选区载入”按钮，如图3-177所示，效果如图3-178所示。

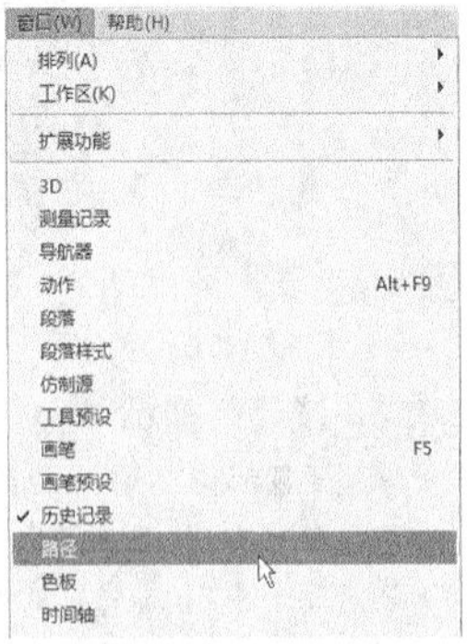

图3-176

图3-177

图3-178

技巧与提示

路径是一种轮廓，它主要有以下5种用途。

第1种：可以使用路径作为矢量蒙版来隐藏图层区域。

第2种：将路径转换为选区。

第3种：可以将路径保存在“路径”面板中，以备随时使用。

第4种：可以使用颜色填充或描边路径。

第5种：将图像导出到页面排版或矢量编辑程序时，将已存储的路径指定为剪贴路径，可以使图像的一部分变为透明。

路径可以使用钢笔工具和形状工具来绘制，绘制的路径分为开放式、闭合式和组合式3种。

04 按快捷键Ctrl+J复制“背景”图层得到“图层1”图层，然后将“背景”图层隐藏，如图3-179所示，最终效果如图3-180所示。

图3-179

图3-180

实例092 通过自由钢笔工具绘制路径抠取商品

★★☆☆☆

视频文件：实例092 通过自由钢笔工具绘制路径抠取商品.mp4　　实例位置：实例文件>CH03>实例092.psd

素材位置：素材文件>CH03>92-1.jpg　　学习目标：掌握使用自由钢笔工具绘制路径抠取商品的方法

淘宝卖家在处理商品图片时，若商品的边缘处于不规则的形状，则可以使用“自由钢笔工具”绘制路径抠取商品。本实例素材和最终效果如图3-181所示。

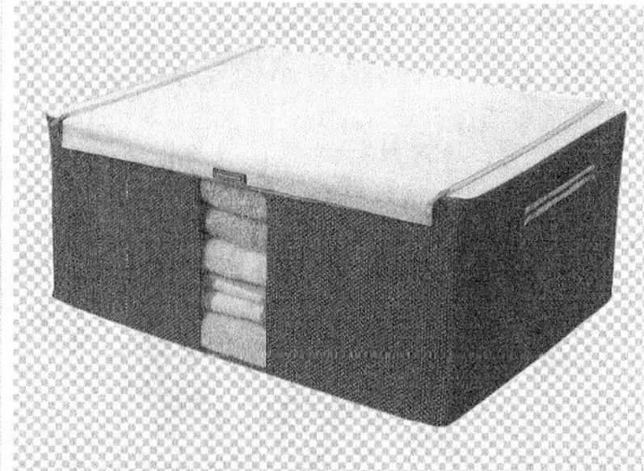

图3-181

01 打开学习资源中的“素材文件>CH03>92-1.jpg”文件，如图3-182所示。

图3-182

02 在工具箱中选择“自由钢笔工具”，如图3-183所示，然后在选项栏中勾选“磁性的”选项，接着沿着商品的轮廓拖动鼠标绘制出路径，如图3-184所示。

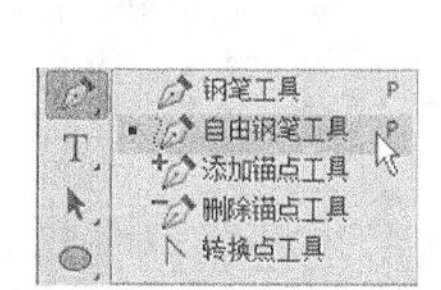

图3-183

图3-184

技巧与提示

在“自由钢笔工具”的选项栏中有一个“磁性的”选项，勾选该选项，“自由钢笔工具”将切换为“磁性钢笔工具”，使用该工具可以像使用“磁性套索工具”一样快速勾勒出对象的轮廓。在选项栏中单击图标，打开“磁性钢笔工具”的选项面板，这个面板同时也是“自由钢笔工具”的选项面板，如图3-185所示。

图3-185

03 打开“路径”面板，单击“将路径作为选区载入”按钮，如图3-186所示。

04 执行上述操作后，即可创建选区，效果如图3-187所示。

图3-186　图3-187

05 展开“图层”面板，然后按快捷键Ctrl+J复制“背景”图层得到“图层1”图层，接着将“背景”图层隐藏，如图3-188所示，最终效果如图3-189所示。

图3-188

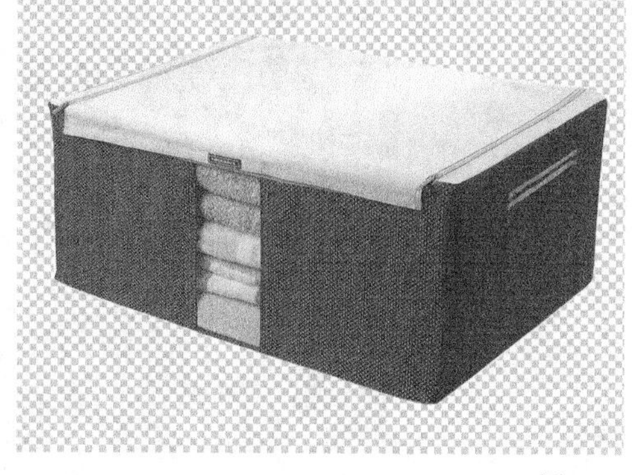

图3-189

实例093 通过调整通道对比抠取商品

★★☆☆☆

视频文件：实例093 通过调整通道对比抠取商品.mp4　实例位置：实例文件>CH03>实例093.psd

素材位置：素材文件>CH03>93-1.jpg　学习目标：掌握使用通道对比抠取商品的方法

淘宝卖家在处理商品图片时，若商品的外轮廓比较复杂，则可以使用调整通道对比的方法来抠取商品。本实例素材和最终效果如图3-190所示。

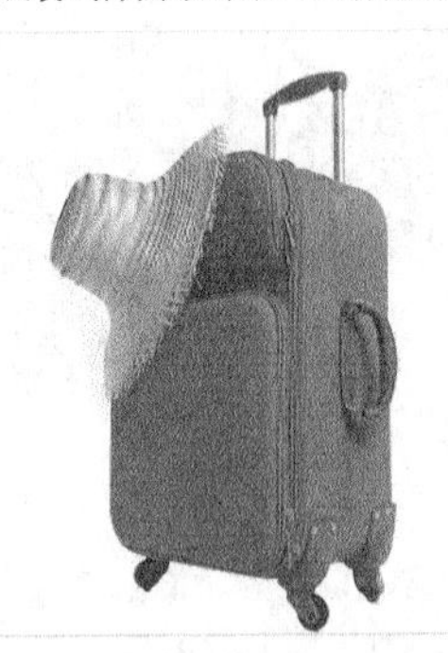

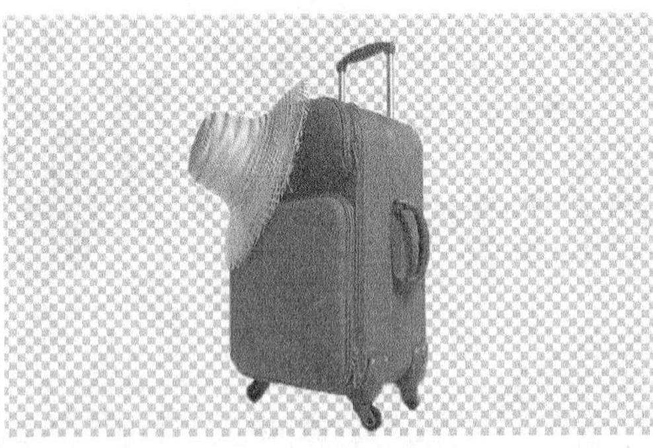

图3-190

01 打开学习资源中的“素材文件>CH03>93-1.jpg”文件，如图3-191所示。

图3-191

02 展开“通道”面板，分别单击查看通道显示效果，单击鼠标左键拖动“绿”通道至面板底部的“创建新通道”按钮，复制“绿”通道得到“绿副本”通道，如图3-192所示。

图3-192

03 执行“图像>调整>亮度/对比度”菜单命令，如图3-193所示，然后在弹出的“亮度/对比度”对话框中设置“亮度”为-83，“对比度”为100，如图3-194所示，效果如图3-195所示。

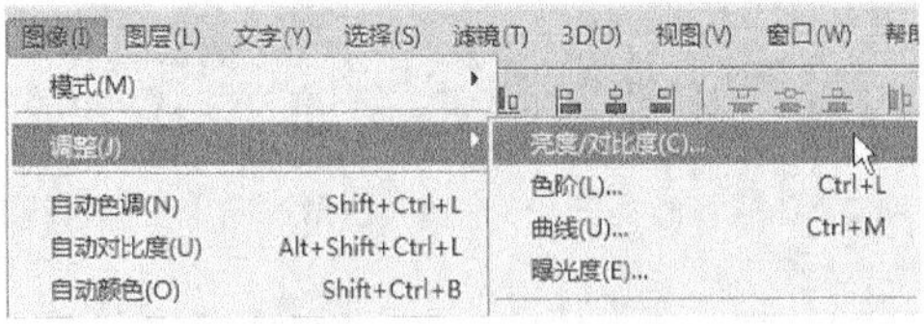

图3-193

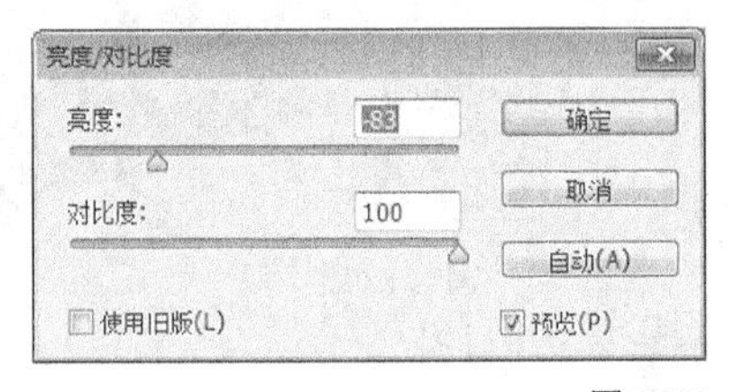

图3-194

图3-195

04 在工具箱中选择“快速选择工具”，如图3-196所示，然后在图像上连续单击鼠标左键建立选区，如图3-197所示。

快速选择工具 W
魔棒工具

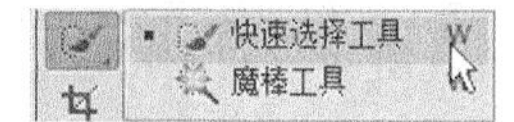

图3-196

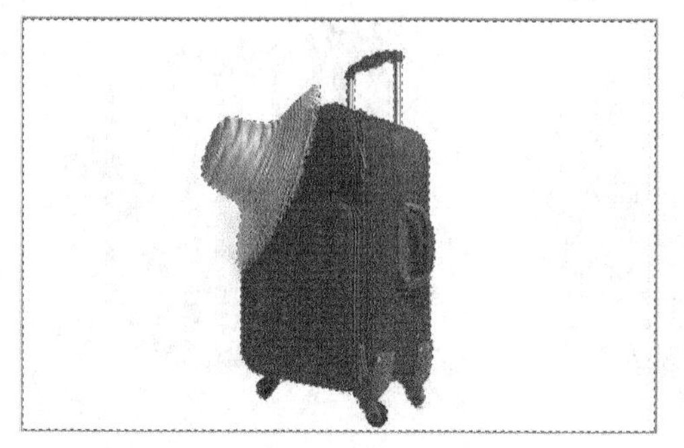

图3-197

05 执行“选择>反向”菜单命令，如图3-198所示，效果如图3-199所示。

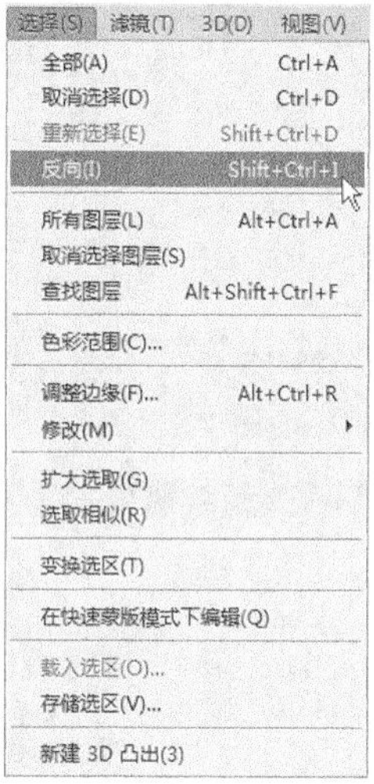

选择(S) 滤镜(T) 3D(D) 视图(V)
全部(A) Ctrl+A
取消选择(D) Ctrl+D
重新选择(E) Shift+Ctrl+D
反向(I) Shift+Ctrl+I
所有图层(L) Alt+Ctrl+A
取消选择图层(S)
查找图层 Alt+Shift+Ctrl+F
色彩范围(C)...
调整边缘(F)... Alt+Ctrl+R
修改(M)
扩大选取(G)
选取相似(R)
变换选区(T)
在快速蒙版模式下编辑(Q)
载入选区(O)...
存储选区(V)...
新建 3D 凸出(3)

图3-198

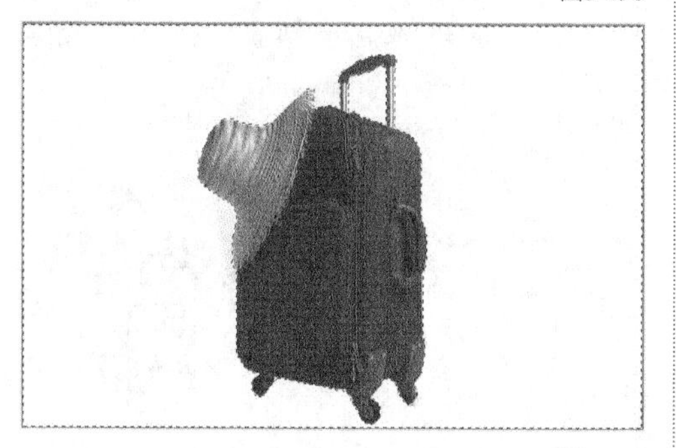

图3-199

06 在“通道”面板中单击“RGB”通道，退出通道模式，如图3-200所示。

通道
RGB Ctrl+2
红 Ctrl+3
绿 Ctrl+4
蓝 Ctrl+5
绿 副本 Ctrl+6

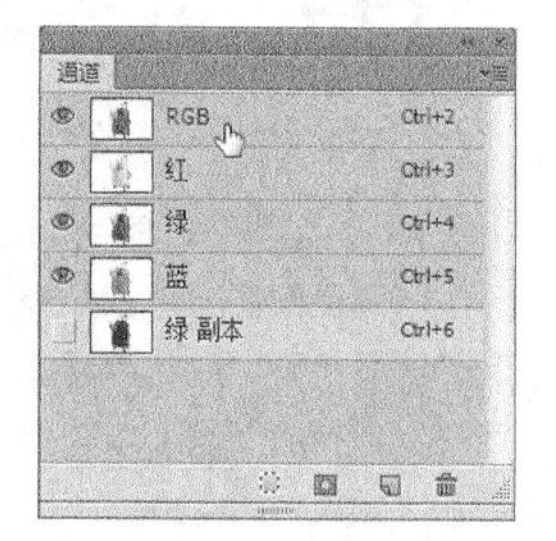

图3-200

07 执行上述操作后，即可返回到RGB模式，效果如图3-201所示。

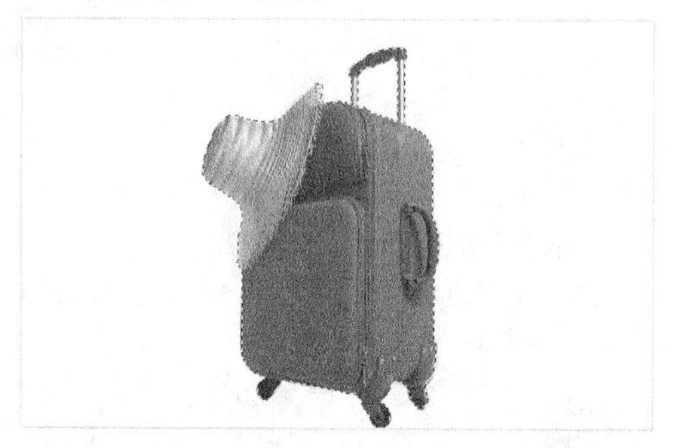

图3-201

08 按快捷键Ctrl+J复制“背景”图层得到“图层1”图层，然后将“背景”图层隐藏，如图3-202所示，最终效果如图3-203所示。

图层
类型
正常
不透明度: 100%
锁定:
填充: 100%
图层 1
背景

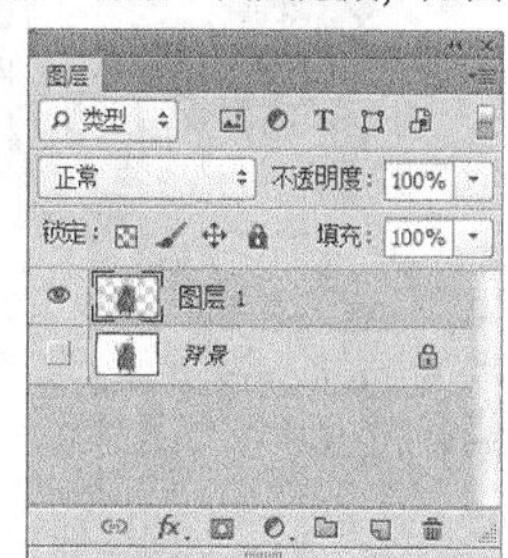

图3-202

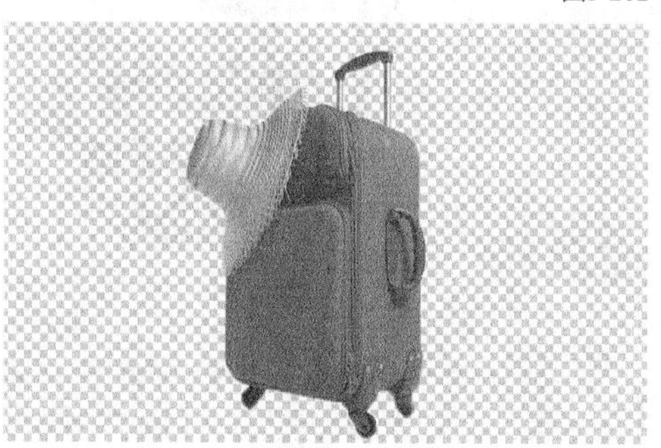

图3-203

实例 094 ★★☆☆☆

利用通道差异性抠取商品

视频文件：实例094 利用通道差异性抠取商品.mp4　实例位置：实例文件>CH03>实例094.psd

素材位置：素材文件>CH03>94-1.jpg　学习目标：掌握利用通道差异性抠取商品的方法

淘宝卖家在处理商品图片时，若商品图像颜色差异较大不利于选取，则可以利用通道差异性来抠取商品图像。本实例素材和最终效果如图3-204所示。

图3-204

01 打开学习资源中的“素材文件>CH03>94-1.jpg”文件，如图3-205所示。

02 展开“通道”面板，单击鼠标左键选择“蓝”通道，如图3-206所示。

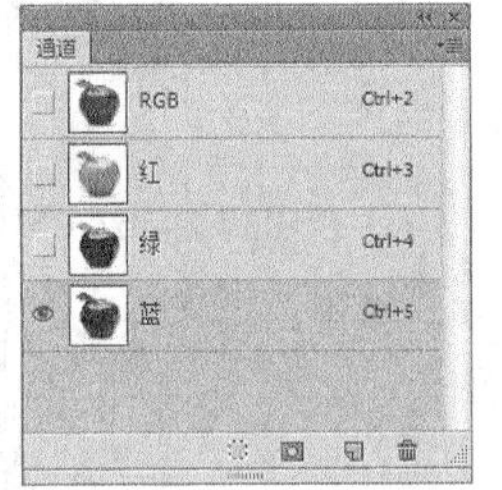

图3-205　图3-206

03 在工具箱中选择“快速选择工具”，如图3-207所示，然后在白色背景处单击，效果如图3-208所示。

图3-207　图3-208

04 按快捷键Ctrl+2快速返回RGB模式，如图3-209所示，然后执行“选择>反向”菜单命令，如图3-210所示，效果如图3-211所示。

图3-209

图3-210　图3-211

05 按快捷键Ctrl+J复制“背景”图层得到“图层1”图层，然后将“背景”图层隐藏，如图3-212所示，最终效果如图3-213所示。

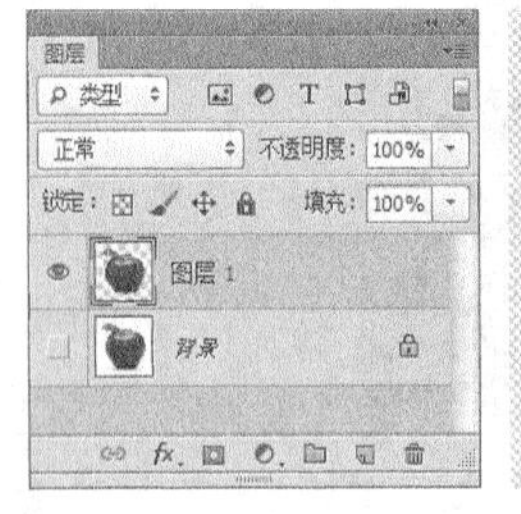

图3-212　图3-213

通过透明图层抠取商品

视频文件：实例095 通过透明图层抠取商品.mp4　实例位置：实例文件>CH03>实例095.psd
素材位置：素材文件>CH03>95-1.psd　学习目标：掌握通过透明图层抠取商品的方法

淘宝卖家在处理商品图片时，当商品图像存在于透明图层中时，可以直接通过透明图层来抠取图像。本实例素材和最终效果如图3-214所示。

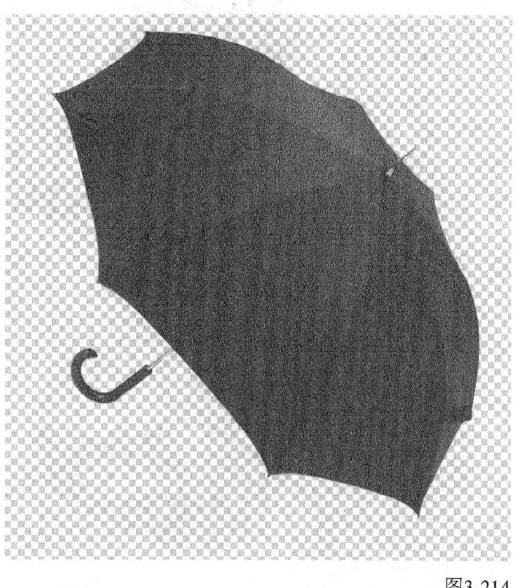

图3-214

01 打开学习资源中的"素材文件>CH03>95-1.psd"文件，如图3-215所示。

02 选择"图层1"图层，然后执行"选择>载入选区"菜单命令，如图3-216所示。

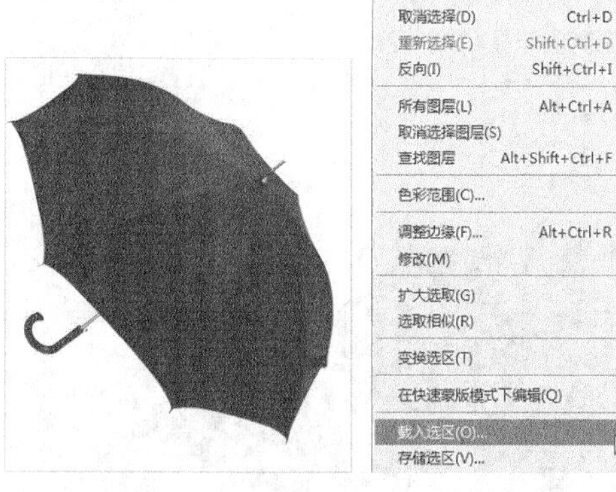

图3-215　图3-216

03 在弹出的"载入选区"对话框中设置"文档"为"95-1.psd"，"通道"为"图层1透明"，然后单击"确定"按钮，如图3-217所示。

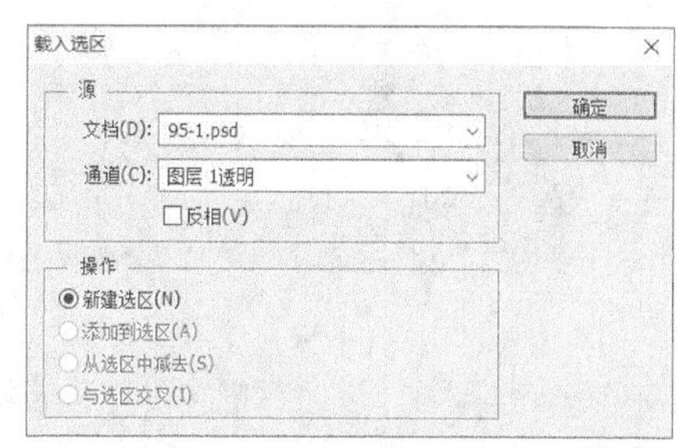

图3-217

04 执行上述操作后，即可将透明图层包含的图像进行选取，然后按快捷键Ctrl+D取消选区，接着将"背景"图层隐藏，如图3-218所示，最终效果如图3-219所示。

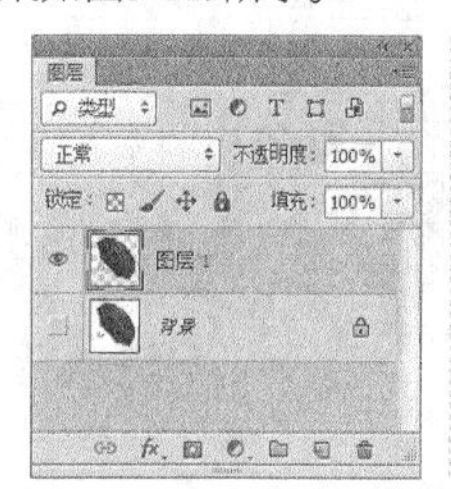

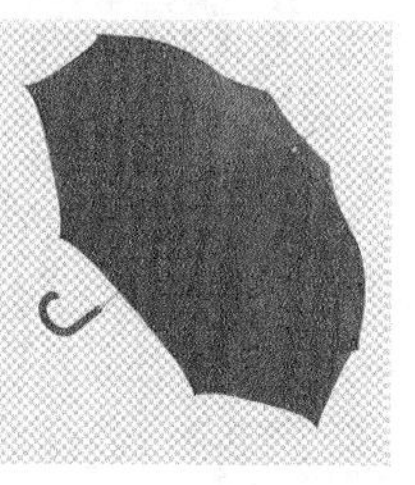

图3-218　图3-219

实例 096 ★★☆☆☆

通过色彩范围命令抠取商品

视频文件：实例096 通过色彩范围命令抠取商品.mp4　实例位置：实例文件>CH03>实例096.psd
素材位置：素材文件>CH03>96-1.jpg　学习目标：掌握通过色彩范围命令抠取商品的方法

淘宝卖家在处理商品图片时，若商品形状复杂不好抠取，则可使用“色彩范围”命令抠取商品。本实例素材和最终效果如图3-220所示。

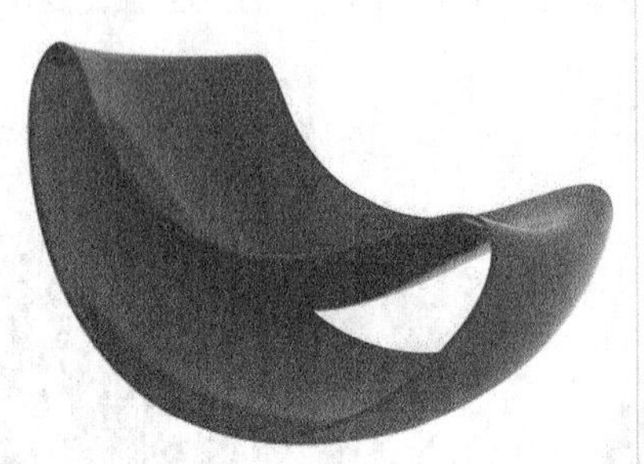

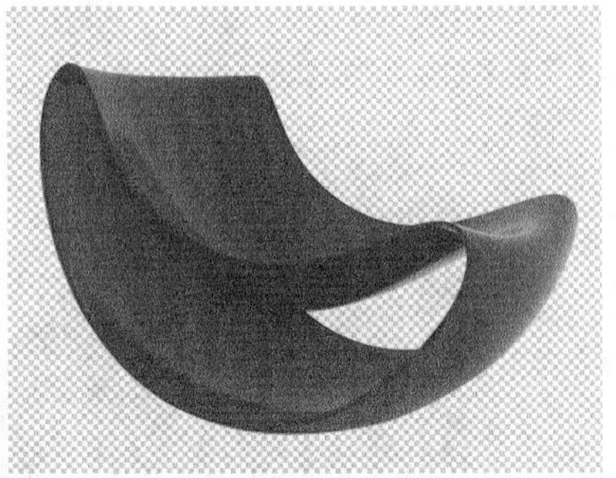

图3-220

01 打开学习资源中的“素材文件>CH03>96-1.jpg”文件，如图3-221所示。

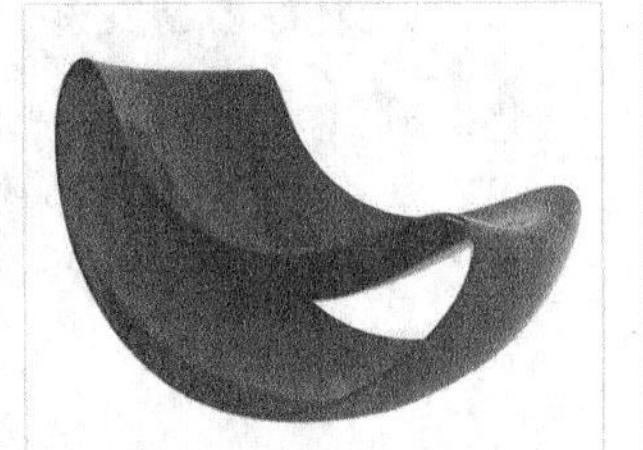

图3-221

02 执行“选择>色彩范围”菜单命令，如图3-222所示，然后在弹出的“色彩范围”对话框中设置“颜色容差”为59，如图3-223所示，接着单击“确定”按钮 确定 ，最后在白色背景处单击，如图3-224所示。

图3-222

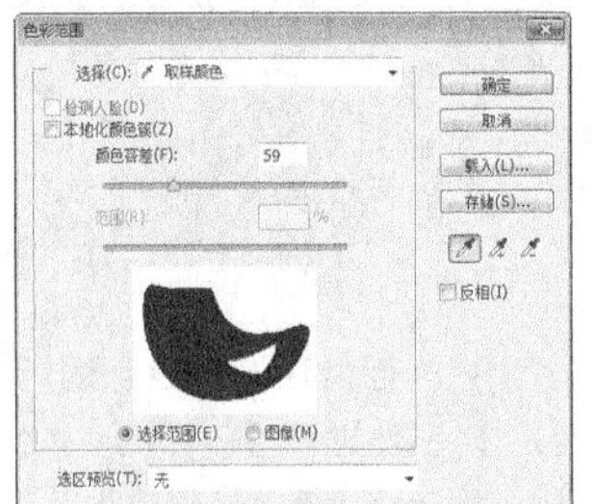

图3-223

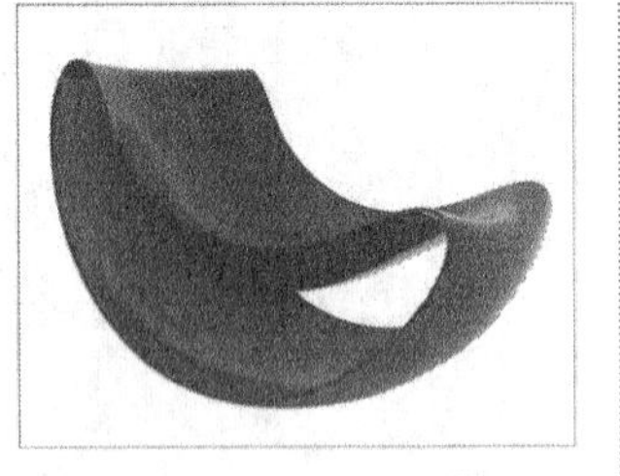

图3-224

03 执行“选择>反向”菜单命令，如图3-225所示，效果如图3-226所示。

图3-225　图3-226

04 按快捷键Ctrl+J复制“背景”图层得到“图层1”图层，然后将“背景”图层隐藏，如图3-227所示，最终效果如图3-228所示。

图3-227

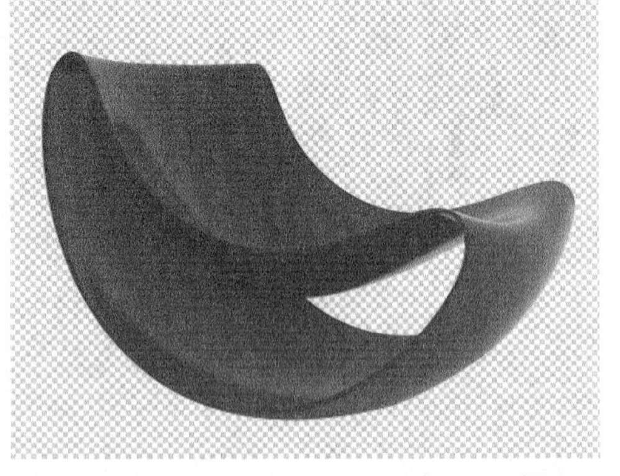

图3-228

通过正片叠底模式抠取商品

视频文件：实例097 通过正片叠底模式抠取商品.mp4　　实例位置：实例文件>CH03>实例097.psd

素材位置：素材文件>CH03>97-1.jpg、97-2.jpg　　学习目标：掌握使用正片叠底模式抠取商品的方法

淘宝卖家在处理商品图片时，可以使用“正片叠底”模式快速将白色背景的图片抠出。本实例素材和最终效果如图3-229所示。

图3-229

01 打开学习资源中的“素材文件>CH03>97-1.jpg”文件，如图3-230所示。

图3-230

02 将学习资源中的“素材文件>CH03>97-2.jpg”文件拖曳到当前文件中，如图3-231所示，然后按Alt键调整图像的透视关系，如图3-232所示。

图3-231

图3-232

03 按Enter键应用变换，在图层面板中设置该图层的“混合模式”为“正片叠底”，如图3-233所示，即可使用“正片叠底”模式完成抠图，效果如图3-234所示。

图3-233

图3-234

实例098 通过颜色加深模式抠取商品

★★☆☆☆

- 视频文件：实例098 通过颜色加深模式抠取商品.mp4
- 实例位置：实例文件>CH03>实例098.psd
- 素材位置：素材文件>CH03>98-1.jpg、98-2.jpeg
- 学习目标：掌握通过颜色加深模式抠取商品的方法

淘宝卖家在处理商品图片时，若需要在商品图像上添加装饰素材，则可以使用“颜色加深”模式抠取图像。本实例素材和最终效果如图3-235所示。

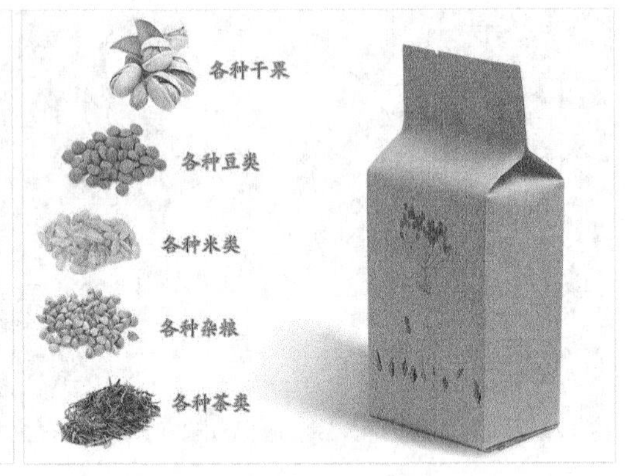

图3-235

01 打开学习资源中的“素材文件>CH03>98-1.jpg”文件，如图3-236所示。

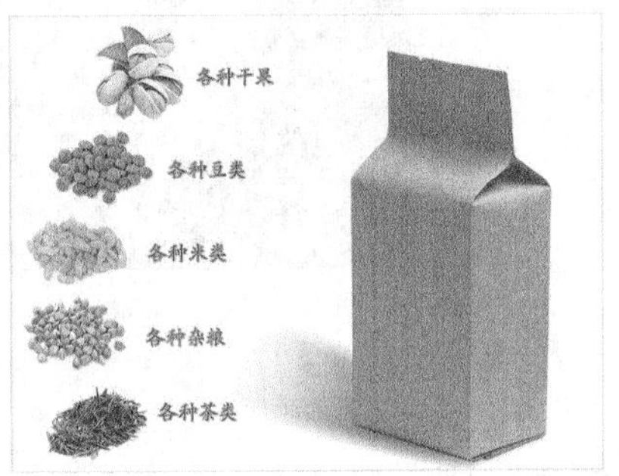

图3-236

02 将学习资源中的“素材文件>CH03>98-2.jpeg”文件拖曳到当前的文件中，如图3-237所示，然后按Alt键调整图像的透视关系，如图3-238所示。

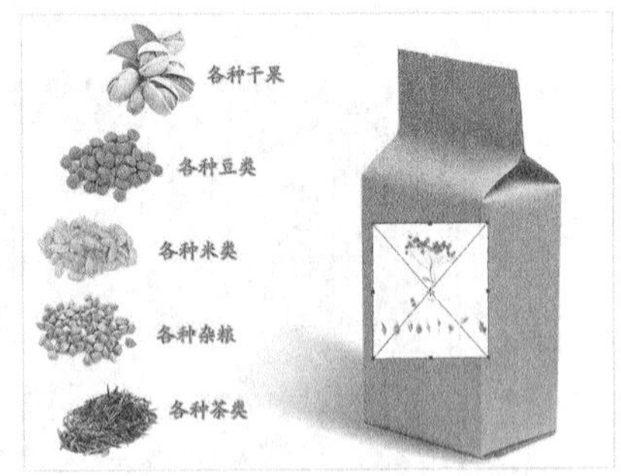

图3-237

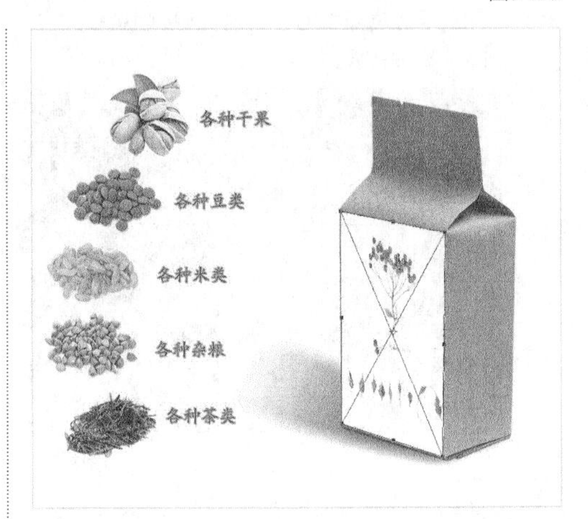

图3-238

03 按Enter键应用变换，在图层面板中设置该图层的“混合模式”为“颜色加深”，如图3-239所示，即可使用“颜色加深”模式完成抠图，效果如图3-240所示。

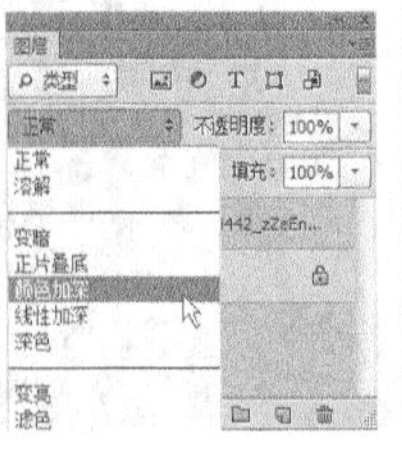

图3-239

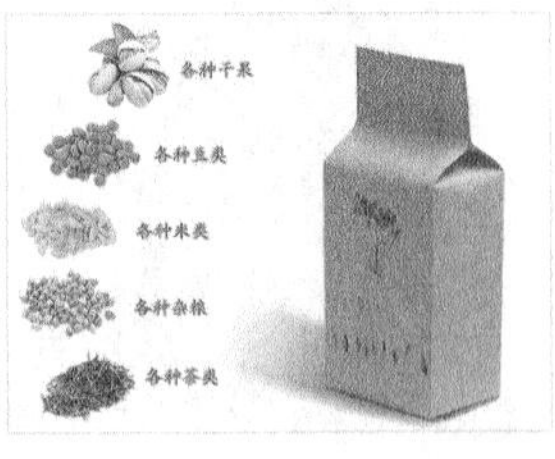

图3-240

实例 099 ★★☆☆☆

通过滤色模式抠取商品

视频文件：实例099 通过滤色模式抠取商品.mp4
实例位置：实例文件>CH03>实例099.psd
素材位置：素材文件>CH03>99-1.jpg、99-2.jpg
学习目标：掌握通过滤色模式抠取商品的方法

淘宝卖家在处理商品图片时，若商品图像非常复杂且背景是黑色时，则可以使用“滤色”模式快速抠取图像。本实例素材和最终效果如图3-241所示。

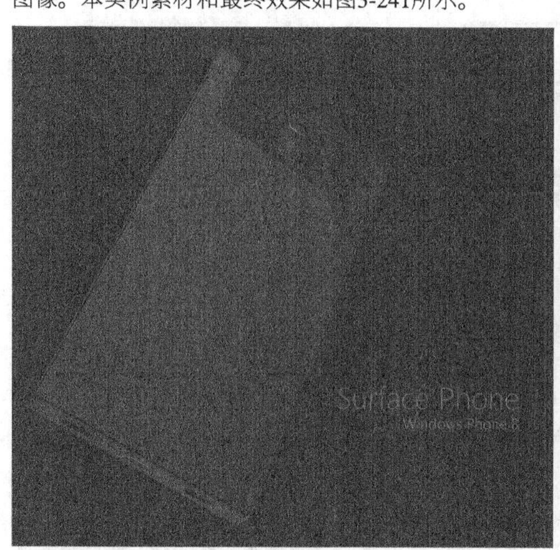

图3-241

01 打开学习资源中的“素材文件>CH03>99-1.jpg”文件，如图3-242所示。

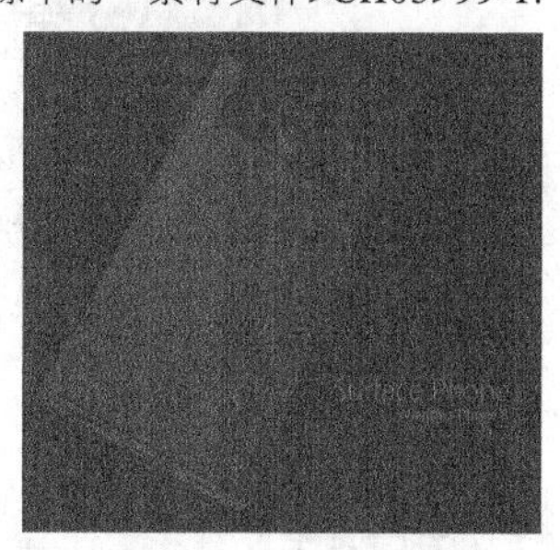

图3-242

02 将学习资源中的“素材文件>CH03>99-2.jpg”文件拖曳到当前的文件中，然后使用鼠标左键拖曳定界框4个角上的控制点进行旋转，如图3-243所示。

图3-243

03 按Enter键应用变换，在图层面板中设置该图层的“混合模式”为“滤色”，如图3-244所示，即可使用“滤色”模式完成抠图，效果如图3-245所示。

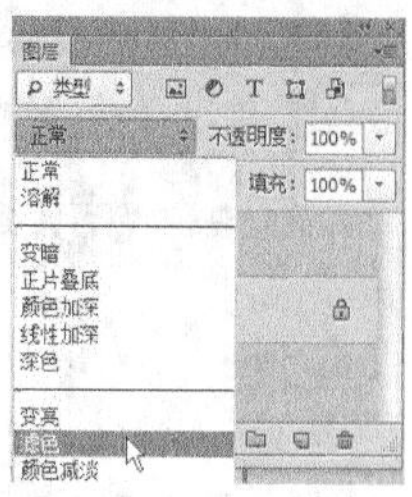

图3-244

图3-245

实例100 通过快速蒙版抠取商品

★★☆☆☆

视频文件：实例100 通过快速蒙版抠取商品.mp4　实例位置：实例文件>CH03>实例100.psd
素材位置：素材文件>CH03>100-1.jpg　学习目标：掌握使用快速蒙版抠取商品的方法

淘宝卖家在处理商品图片时，若商品图像轮廓清晰且颜色丰富，则可通过快速蒙版抠取商品。本实例素材和最终效果如图3-246所示。

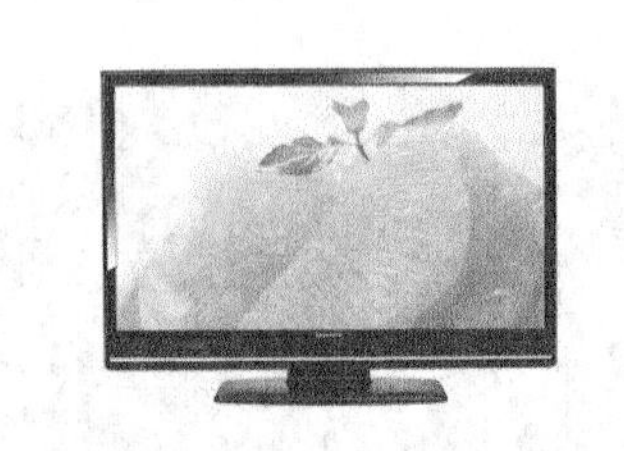
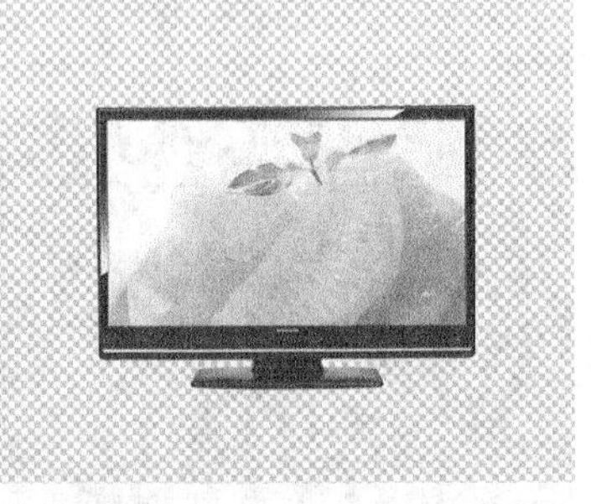

图3-246

01 打开学习资源中的“素材文件>CH03>100-1.jpg”文件，如图3-247所示。

02 使用“钢笔工具”绘制出商品的路径，然后展开“路径”面板，选择“工作路径”，如图3-248所示。

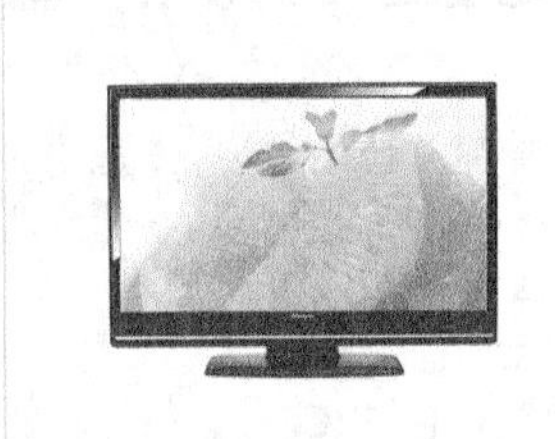

图3-247

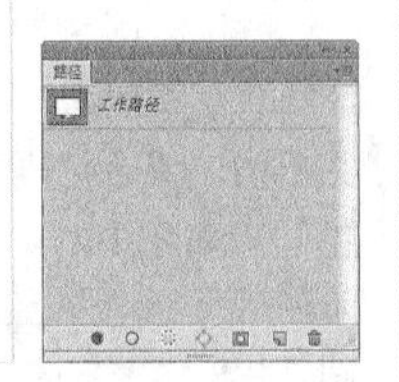

图3-248

03 按快捷键Ctrl+Enter将路径转换为选区，如图3-249所示。

04 在工具箱底部，单击“以快速蒙版模式编辑”按钮，如图3-250所示。

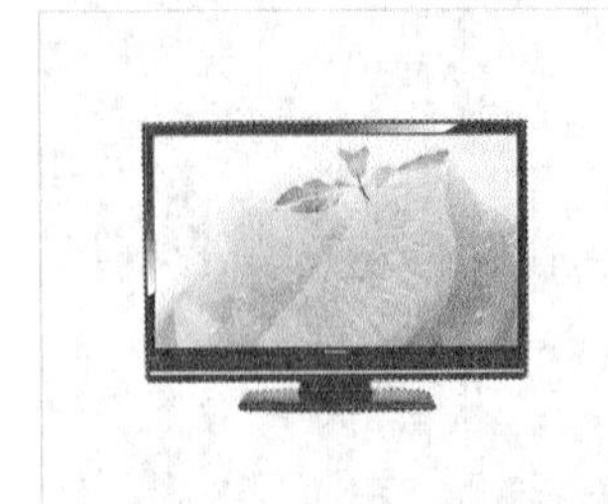

图3-249

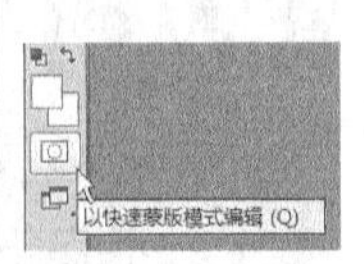

图3-250

05 执行上述操作后，即可启动快速蒙版，可以看到红色的保护区，并可以检查是否有多选的区域，如图3-251所示。

图3-251

06 在工具箱底部，单击“以标准模式编辑”按钮，可退出快速蒙版模式，如图3-252所示，效果如图3-253所示。

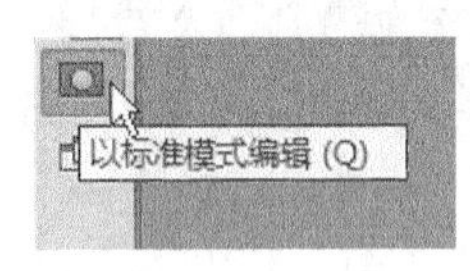

图3-252

图3-253

07 按快捷键Ctrl+J复制“背景”图层得到“图层1”图层，然后将“背景”图层隐藏，如图3-254所示，最终效果如图3-255所示。

图3-254

图3-255

通过矢量蒙版抠取商品

»视频文件：实例101 通过矢量蒙版抠取商品.mp4　»实例位置：实例文件>CH03>实例101.psd

»素材位置：素材文件>CH03>101-1.jpg　»学习目标：掌握使用矢量蒙版抠取商品的方法

借助路径即可创建矢量蒙版，利用路径选择图像，可以快速通过矢量蒙版对图像进行抠取。本实例素材和最终效果如图3-256所示。

图3-256

01 打开学习资源中的“素材文件>CH03>101-1.jpg”文件，如图3-257所示。

图3-257

02 使用“钢笔工具”绘制出图3-258所示的路径。

图3-258

03 打开“路径”面板，然后单击“图层蒙版”按钮，如图3-259所示。

图3-259

04 执行上述操作后，即可隐藏背景图像，如图3-260所示，最终效果如图3-261所示。

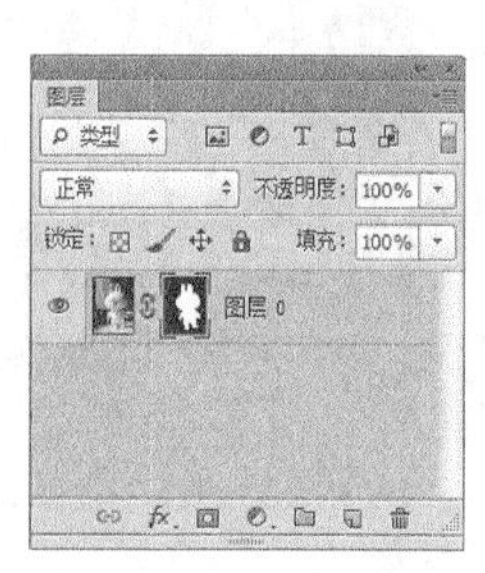

图3-260

图3-261

实例102 通过调整边缘命令抠取商品

★★☆☆☆

- 视频文件：实例102 通过调整边缘命令抠取商品.mp4
- 实例位置：实例文件>CH03>实例102.psd
- 素材位置：素材文件>CH03>102-1.jpg
- 学习目标：掌握使用调整边缘命令抠取商品的方法

淘宝卖家在处理商品图片时，如果需要做特殊边缘的效果，那么可以使用“调整边缘”命令抠取商品。本实例素材和最终效果如图3-262所示。

图3-262

01 打开学习资源中的“素材文件>CH03>102-1.jpg”文件，如图3-263所示。

图3-263

02 在工具箱中选择“套索工具”，如图3-264所示，然后使用鼠标绘制出花朵的外轮廓选区，如图3-265所示。

图3-264

图3-265

03 在选项栏单击“调整边缘”按钮 调整边缘... ，如图3-266所示，然后在弹出的对话框中设置“半径”为118像素，“平滑”为75，“羽化”为5.4像素，“对比度”为10%，接着设置“输出到”为“新建带有图层蒙版的图层”，最后单击“确定”按钮 确定 ，如图3-267所示。

图3-266

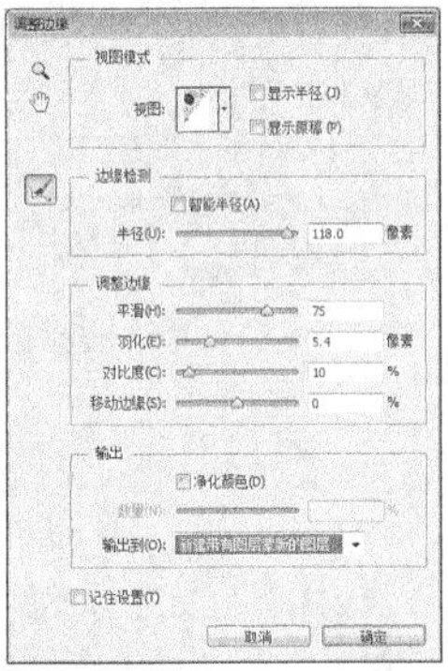

图3-267

04 单击后即可新建一个带有图层蒙版的“背景副本”图层，然后将“背景”图层隐藏，如图3-268所示，最终效果如图3-269所示。

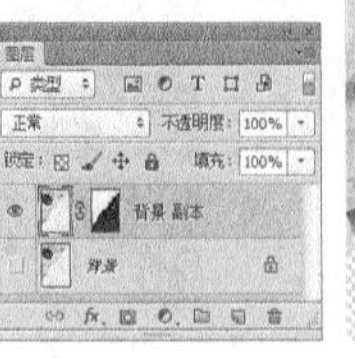

图3-268

图3-269

第 4 章

商品图的调色处理

本章关键实例导航

实例 103 ★☆☆☆☆

图片模式的转换

- 视频文件：无
- 实例位置：实例文件>CH04>实例103.psd
- 素材位置：素材文件>CH04>103-1.jpg
- 学习目标：掌握CMYK模式转换RGB模式的方法

CMYK模式为印刷模式，很多美工在设计页面时，要注意图片颜色模式的转换，以免成品色差过大，影响整体效果。本实例素材和最终效果如图4-1所示。

图4-1

01 导入学习资源中的“素材文件>CH04>103-1.jpg”文件，如图4-2所示。

图4-2

02 执行“模式>RGB颜色”菜单命令，如图4-3所示，即可自动转换图片模式，如图4-4所示。

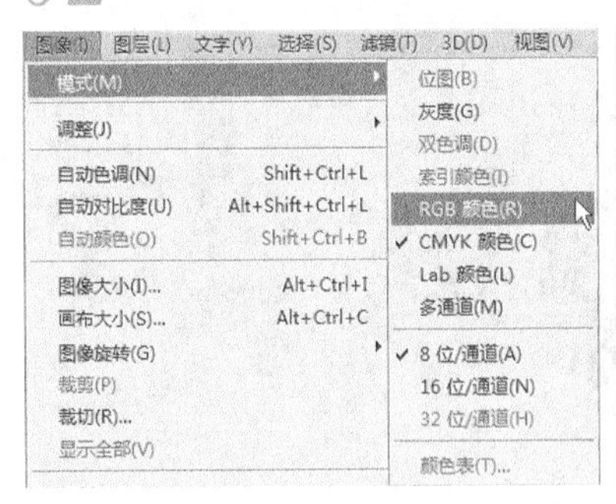

图4-3

图4-4

实例 104 ★☆☆☆☆

通过自动色调命令调整商品色调

视频文件：实例104 通过自动色调命令调整商品色调.mp4　　实例位置：实例文件>CH04>实例104.psd

素材位置：素材文件>CH04>104-1.jpg　　学习目标：掌握使用自动色调命令调整商品色调的方法

在处理商品图片时，可以通过“自动色调”命令简单地调整商品色调，修改图片的明暗与偏色。本实例素材和最终效果如图4-5所示。

图4-5

01 导入学习资源中的“素材文件>CH04>104-1.jpg”文件，如图4-6所示。

图4-6

02 执行“图像>自动色调”菜单命令，如图4-7所示，即可自动调整图像的明暗，如图4-8所示。

图像(I)　图层(L)　文字(Y)　选择(S)　滤镜
模式(M)
调整(J)
自动色调(N)　Shift+Ctrl+L
自动对比度(U)　Alt+Shift+Ctrl+L
自动颜色(O)　Shift+Ctrl+B
图像大小(I)...　Alt+Ctrl+I
画布大小(S)...　Alt+Ctrl+C
图像旋转(G)
裁剪(P)
裁切(R)...
显示全部(V)

图4-7

图4-8

技巧与提示

按快捷键Shift+Ctrl+L也可以执行“自动色调”命令调整图像色调。

03 重复执行该操作，直到将图像调整至合适色调，最终效果如图4-9所示。

图4-9

实例105 ★☆☆☆☆ 通过自动对比度命令调整图像对比度

»视频文件：实例105 通过自动对比度命令调整图像对比度.mp4　»实例位置：实例文件>CH04>实例105.psd
»素材位置：素材文件>CH04>105-1.jpg　»学习目标：掌握使用自动对比度命令调整图像对比度的方法

淘宝卖家在编辑商品图像时，往往会遇到拍摄的图片颜色对比不强烈的情况，这时可以通过“自动对比度”命令来加强图片的视觉效果。本实例素材和最终效果如图4-10所示。

图4-10

01 打开学习资源中的“素材文件>CH04>105-1.jpg”文件，如图4-11所示，可以观察到图像颜色对比不强烈。

图4-11

02 执行“图像>自动对比度”菜单命令，如图4-12所示，即可调整图像的对比度，如图4-13所示。

图像(I)　图层(L)　文字(Y)　选择(S)　滤镜
模式(M)
调整(J)
自动色调(N)　Shift+Ctrl+L
自动对比度(U)　Alt+Shift+Ctrl+L
自动颜色(O)　Shift+Ctrl+B
图像大小(I)...　Alt+Ctrl+I
画布大小(S)...　Alt+Ctrl+C
图像旋转(G)
裁剪(P)
裁切(R)...
显示全部(V)
复制(D)...
应用图像(Y)...
计算(C)...

图4-12

图4-13

技巧与提示

按快捷键Alt+Shift+Ctrl+L也可以执行“自动对比度”命令调整图像对比度。

03 重复该操作，直到将图像调整至合适的效果，最终效果如图4-14所示。

图4-14

实例106 ★☆☆☆☆

通过自动颜色命令校正偏色商品图像

视频文件：实例106 通过自动颜色命令校正偏色商品图像.mp4　　实例位置：实例文件>CH04>实例106.psd

素材位置：素材文件>CH04>106-1.jpg　　学习目标：掌握使用自动颜色命令校正偏色商品图像的方法

装修店铺时，如果遇到商品图像轻微偏色，那么可以使用“自动颜色”命令校正偏色的商品图像，使图片色彩更加明显。本实例素材和最终效果如图4-15所示。

图4-15

01 打开学习资源中的“素材文件>CH04>106-1.jpg”文件，如图4-16所示。

图4-16

02 执行“图像>自动颜色”菜单命令，如图4-17所示，即可自动调整图像的偏色，最终效果如图4-18所示。

图像(I)　图层(L)　文字(Y)　选择(S)　滤镜
模式(M)
调整(J)
自动色调(N)　Shift+Ctrl+L
自动对比度(U)　Alt+Shift+Ctrl+L
自动颜色(O)　Shift+Ctrl+B
图像大小(I)...　Alt+Ctrl+I
画布大小(S)...　Alt+Ctrl+C
图像旋转(G)
裁剪(P)
裁切(R)...
显示全部(V)

图4-17

图4-18

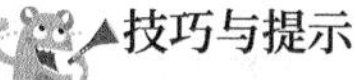

技巧与提示

按快捷键Shift+Ctrl+B也可以执行“自动颜色”命令调整图像颜色。

实例107 通过亮度/对比度命令调整图像色彩

★☆☆☆☆

视频文件：实例107 通过亮度/对比度命令调整图像色彩.mp4　　实例位置：实例文件>CH04>实例107.psd

素材位置：素材文件>CH04>107-1.jpg　　学习目标：掌握使用亮度/对比度命令调整图像色彩的方法

亮度不够或对比不强烈的商品图像无法在店铺中吸引顾客眼球，通过“亮度/对比度”命令可以调整图像色彩。本实例素材和最终效果如图4-19所示。

图4-19

01 打开学习资源中的“素材文件>CH04>107-1.jpg”文件，可以观察到图像的亮度不够，呈现为灰蒙蒙的效果，如图4-20所示。

图4-20

02 执行“图层>新建调整图层>亮度/对比度”菜单命令，如图4-21所示，创建一个“亮度/对比度”调整图层并在“属性”面板中设置“亮度”为46，“对比度”为36，如图4-22所示，最终效果如图4-23所示。

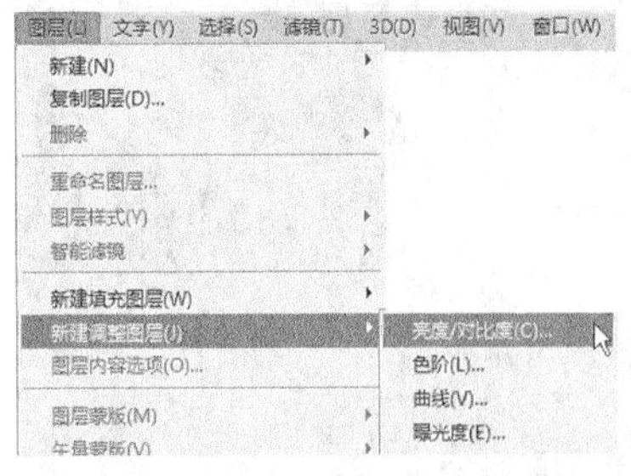

图4-21

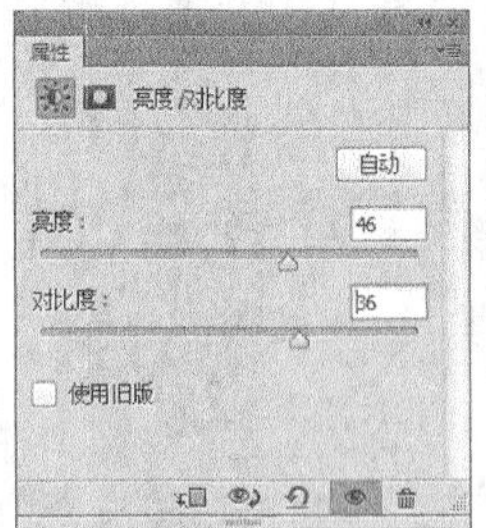

图4-22

图4-23

技巧与提示

“图像>调整>亮度/对比度”菜单命令，与图层中的“亮度/对比度”菜单命令相比，图层中的“亮度/对比度”菜单命令可以随时调整不满意的图像效果，而图像中的“亮度/对比度”菜单命令则不可随时更改。

通过色阶命令调整商品图像亮度范围

视频文件：实例108 通过色阶命令调整商品图像亮度范围.mp4　实例位置：实例文件>CH04>实例108.psd

素材位置：素材文件>CH04>108-1.jpg　学习目标：掌握使用色阶命令调整商品图像亮度范围的方法

一张明亮的图像会使整个店铺显得更加整洁，色阶命令可以很好地调整图片中的明暗对比。本实例素材和最终效果如图4-24所示。

图4-24

01 打开学习资源中的“素材文件>CH04>108-1.jpg”文件，如图4-25所示。

图4-25

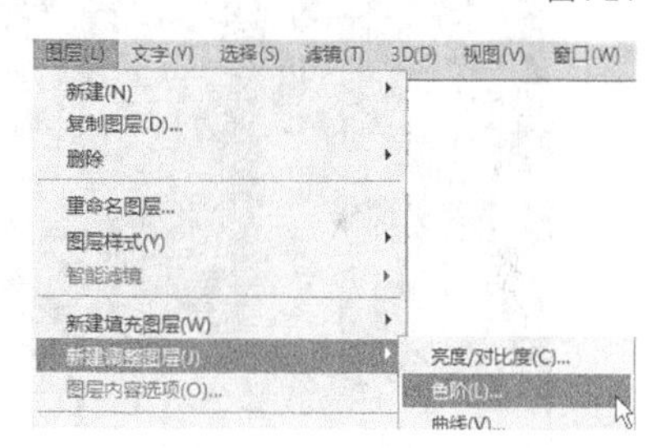

图4-26

02 由于整体颜色很暗，因此要先调整一下图像的色阶。执行“图层>新建调整图层>色阶”菜单命令，如图4-26所示，然后在“属性”面板中设置“输入色阶”为（12，1.46，219），如图4-27所示，最终效果如图4-28所示。

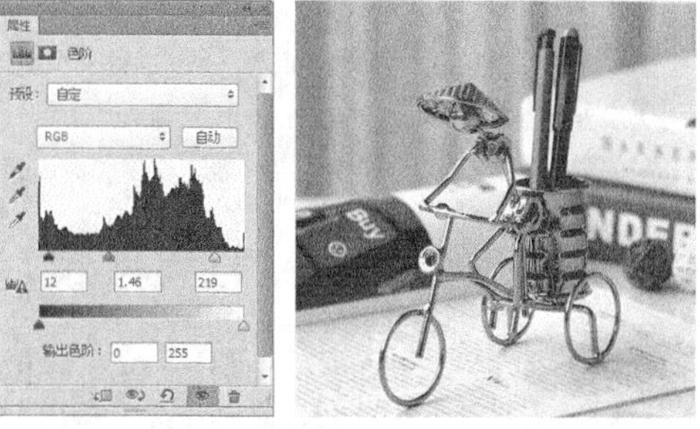

图4-27　图4-28

技巧与提示

使用图层面板中的“创建新的填充或调整图层”按钮 和执行菜单命令建立调整图层的效果是相同的。

实例 109 ★★☆☆☆

通过曲线命令调整商品图像色调

视频文件：实例109 通过曲线命令调整商品图像色调.mp4　　实例位置：实例文件>CH04>实例109.psd

素材位置：素材文件>CH04>109-1.jpg　　学习目标：掌握使用曲线命令调整商品图像色调的方法

“曲线”命令在实际工作中是使用频率较高的调整命令之一，它具备了“亮度/对比度”“阈值”和“色阶”等命令的功能。通过调整曲线的形状，可以对图像的色调进行非常精确的调整。本实例素材和最终效果如图4-29所示。

图4-29

01 打开学习资源中的“素材文件>CH04>109-1.jpg”文件，如图4-30所示。

图4-30

02 执行“图层>新建调整图层>曲线”菜单命令，如图4-31所示，创建一个“曲线”调整图层，如图4-32所示。

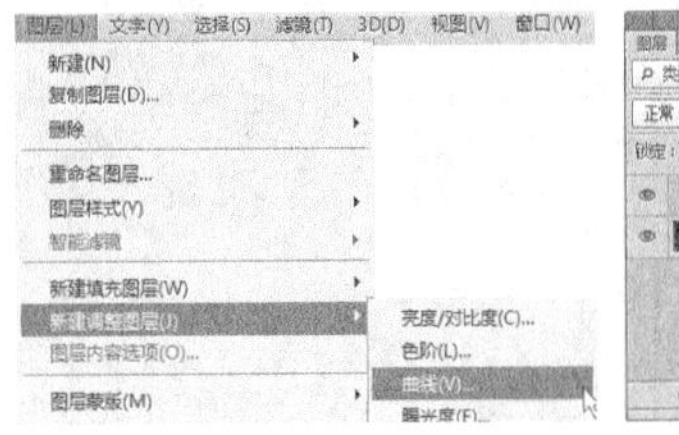

图4-31　　图4-32

03 打开“属性”面板，设置“输入”和“输出”分别为72、107，如图4-33所示，最终效果如图4-34所示。

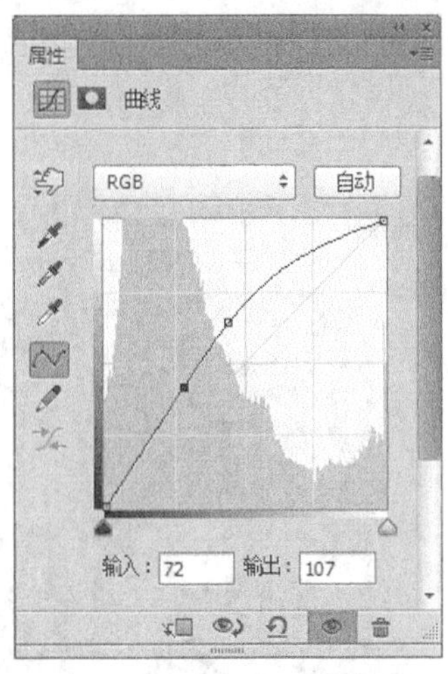

图4-33

图4-34

通过曝光度命令调整商品图像曝光度

视频文件：实例110 通过曝光度命令调整商品图像曝光度.mp4　实例位置：实例文件>CH04>实例110.psd
素材位置：素材文件>CH04>110-1.jpg　学习目标：掌握使用曝光度命令调整商品图像曝光度的方法

“曝光度”命令专门用于调整图像的曝光效果，通过在线性颜色空间执行计算得到曝光效果，从而加强图片的光感。本实例素材和最终效果如图4-35所示。

图4-35

01 打开学习资源中的“素材文件>CH04>110-1.jpg”文件，如图4-36所示。

图4-36

02 执行“图像>调整>曝光度”菜单命令，如图4-37所示，然后在“属性”面板中设置“曝光度”为1.64，“位移”为-0.0198，“灰度系数校正”为1.14，如图4-38所示，最终效果如图4-39所示。

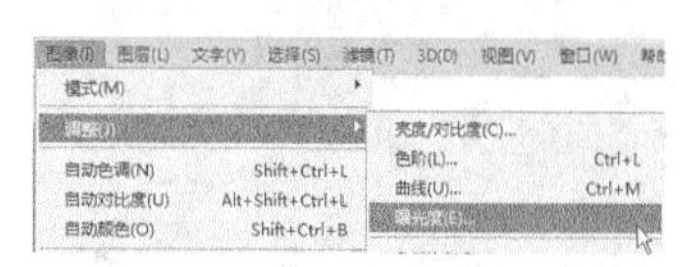

图4-37

曝光度
预设(R)：自定
确定
取消
曝光度(E)：+1.64
位移(O)：-0.0198
预览(P)
灰度系数校正(G)：1.14

图4-38

图4-39

通过自然饱和度命令调整商品图像饱和度

视频文件：实例111 通过自然饱和度命令调整商品图像饱和度.mp4　实例位置：实例文件>CH04>实例111.psd

素材位置：素材文件>CH04>111-1.jpg　学习目标：掌握使用自然饱和度命令调整商品图像饱和度的方法

使用“自然饱和度”命令可以快速调整图像的饱和度，并且可以在增加图像饱和度的同时有效地控制颜色过于饱和而出现的溢色现象。本实例素材和最终效果如图4-40所示。

图4-40

01 打开学习资源中的“素材文件>CH04>111-1.jpg”文件，如图4-41所示。

图4-41

02 执行“图像>调整>自然饱和度”菜单命令，如图4-42所示，创建一个“自然饱和度”调整图层，然后在其属性面板中设置“自然饱和度”为18，“饱和度”为49，如图4-43所示，最终效果如图4-44所示。

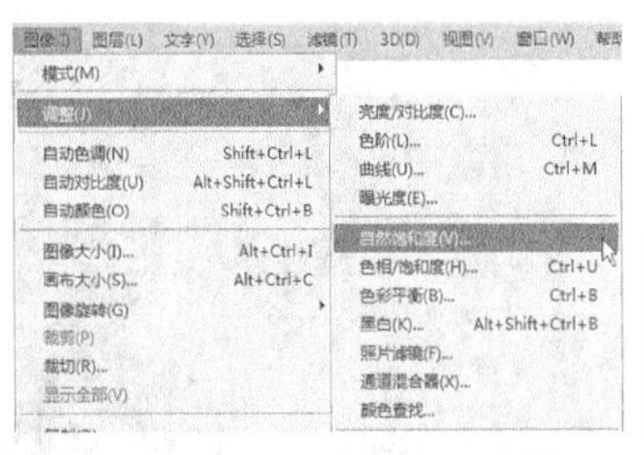

图4-42

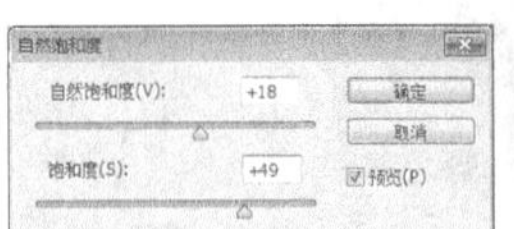

图4-43

图4-44

技巧与提示

调节“自然饱和度”选项，不会生成饱和度过高或过低的颜色，画面始终会保持一个比较平衡的色调，对调节产品色调非常有用。

实例112 通过替换颜色命令替换商品图像颜色

★★☆☆☆

视频文件：实例112 通过替换颜色命令替换商品图像颜色.mp4　实例位置：实例文件>CH04>实例112.psd

素材位置：素材文件>CH04>112-1.jpg　学习目标：掌握使用替换颜色命令替换商品图像颜色的方法

使用“替换颜色”命令能将选定的颜色替换为其他颜色，可以非常方便地帮我们更换产品的颜色。颜色的替换是通过更改选定颜色的色相、饱和度和明度来实现的。本实例素材和最终效果如图4-45所示。

图4-45

01 打开学习资源中的“素材文件>CH04>112-1.jpg”文件，如图4-46所示。

图4-46

02 执行“图像>调整>替换颜色”菜单命令，如图4-47所示，打开“替换颜色”对话框，然后使用“吸管工具”在图像中红色区域单击，接着设置“颜色容差”为50，如图4-48所示。

图4-47

图4-48

03 使用鼠标双击“结果”色块，然后在弹出的“拾色器”对话框中设置颜色为（R:255，G:1，B:228），并单击“确定”按钮，如图4-49所示。

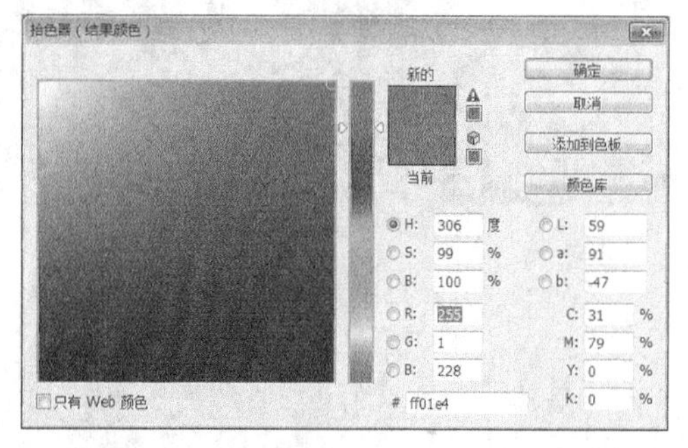

图4-49

04 切换回“替换颜色”对话框，然后设置“颜色容差”为180，“色相”为-37，“饱和度”为8，“明度”为-4，如图4-50所示，最终效果如图4-51所示。

图4-50

图4-51

实例113 通过色相/饱和度命令调整商品图像色调

★☆☆☆☆

视频文件：实例113 通过色相/饱和度命令调整商品图像色调.mp4　实例位置：实例文件>CH04>实例113.psd

素材位置：素材文件>CH04>113-1.jpg　学习目标：掌握使用色相/饱和度命令调整商品图像色调的方法

使用“色相/饱和度”命令可以调整整个图像或选区内的图像的色相、饱和度和明度，同时也可以对单个通道进行调整。该命令是日常处理商品色调时使用频率非常高的调整命令之一。本实例素材和最终效果如图4-52所示。

图4-52

01 打开学习资源中的“素材文件>CH04>113-1.jpg”文件，如图4-53所示。

图4-53

02 执行“图像>调整>色相/饱和度”菜单命令，如图4-54所示，创建一个“色相/饱和度”调整图层，然后在其属性面板中设置“色相”为－18，“饱和度”为8，“明度”为5，如图4-55所示，最终效果如图4-56所示。

图像(I) 图层(L) 文字(Y) 选择(S) 滤镜(T) 3D(D) 视图(V) 窗口(W) 帮助
模式(M)
调整(J)
自动色调(N) Shift+Ctrl+L
自动对比度(U) Alt+Shift+Ctrl+L
自动颜色(O) Shift+Ctrl+B
图像大小(I)... Alt+Ctrl+I
画布大小(S)... Alt+Ctrl+C
图像旋转(G)
亮度/对比度(C)...
色阶(L)... Ctrl+L
曲线(U)... Ctrl+M
曝光度(E)...
自然饱和度(V)...
色相/饱和度(H)... Ctrl+U
色彩平衡(B)... Ctrl+B
黑白(K)... Alt+Shift+Ctrl+B

图4-54

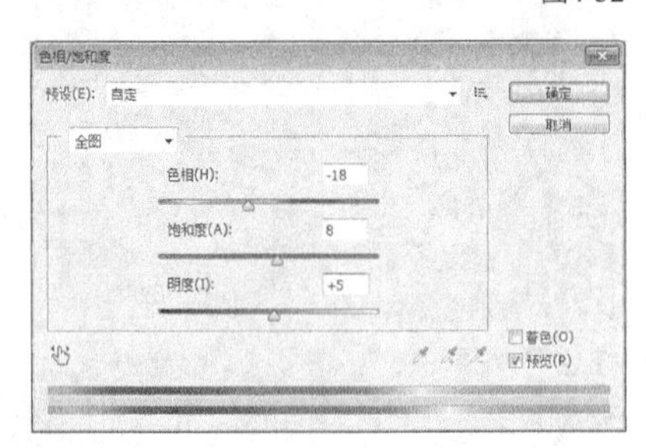

图4-55

图4-56

实例114 通过色彩平衡命令调整商品图像偏色

★★☆☆☆

视频文件：实例114 通过色彩平衡命令调整商品图像偏色.mp4　实例位置：实例文件>CH04>实例114.psd

素材位置：素材文件>CH04>114-1.jpg　学习目标：掌握使用色彩平衡命令调整商品图像偏色的方法

“色彩平衡”命令可以更改图像总体颜色的混合程度，更加准确地将图像商品进行色彩校正。本实例素材和最终效果如图4-57所示。

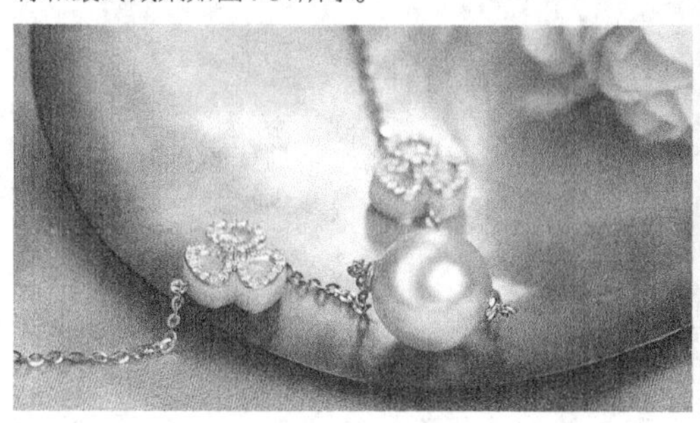

图4-57

01 打开学习资源中的“素材文件>CH04>114-1.jpg”文件，如图4-58所示。

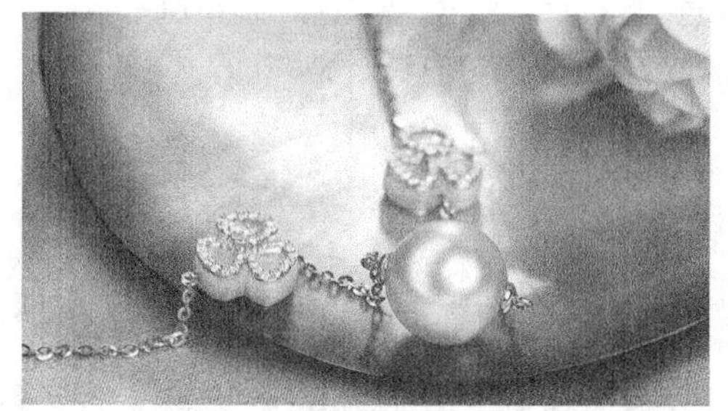

图4-58

02 打开“图层”面板，单击“创建新的填充或调整图层”按钮，在弹出的下拉菜单中选择“色彩平衡”，如图4-59所示。

图层
类型
正常　不透明度：100%
锁定：　填充：100%
背景
纯色...
渐变...
图案...
亮度/对比度...
色阶...
曲线...
曝光度...
自然饱和度...
色相/饱和度...
色彩平衡...
黑白...

图4-59

03 打开“属性”面板，然后设置“青色-红色”为44，“洋红-绿色”为-28，“黄色-蓝色”为-6，如图4-60所示，最终效果如图4-61所示。

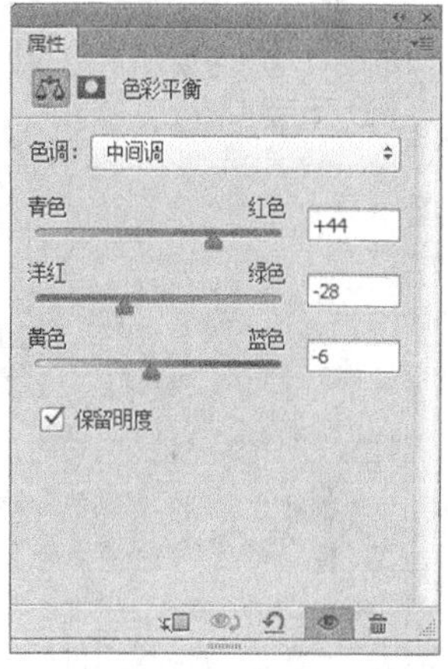

图4-60

图4-61

技巧与提示

色彩平衡调整“青色-红色”“洋红-绿色”及“黄色-蓝色”在图像中所占的比例，可以手动输入，也可以通过拖曳滑块来调整。

实例 115 通过可选颜色命令改变商品图像颜色

★★☆☆☆

视频文件：实例115 通过可选颜色命令改变商品图像颜色.mp4　实例位置：实例文件>CH04>实例115.psd

素材位置：素材文件>CH04>115-1.jpg　学习目标：掌握使用可选颜色命令改变商品图像颜色的方法

"可选颜色"命令是一个很重要的调色命令，它可以有选择地修改任何主要颜色中的印刷色数值，并且不会影响其他主要颜色。本实例素材和最终效果如图4-62所示。

图4-62

01 打开学习资源中的"素材文件>CH04>115-1.jpg"文件，如图4-63所示。

图4-63

02 创建一个"可选颜色"调整图层，然后在"属性"面板中设置"颜色"为"红色"，接着设置"青色"为-39%，"洋红"为50%，"黄色"为65%，"黑色"为55%，如图4-64所示。

技巧与提示

"属性"面板中颜色的下拉列表中可以选择要修改的颜色，并在下面对颜色进行调整，可以调整该颜色青色、洋红、黄色和黑色等的百分比。

图4-64

03 在"属性"面板中设置"颜色"为"蓝色"，然后设置"青色"为63%，"洋红"为-8%，"黄色"为17%，如图4-65所示。

04 在"属性"面板中设置"颜色"为"白色"，然后设置"青色"为50%，"洋红"为-3%，"黄色"为-19%，"黑色"为-17%，如图4-66所示。

图4-65

图4-66

05 在"属性"面板中设置"颜色"为"中性色"，然后设置"青色"为8%，"黄色"为14%，如图4-67所示，最终效果如图4-68所示。

图4-67

图4-68

实例 116 ★☆☆☆☆

通过照片滤镜过滤商品图像色调

视频文件：实例116 通过照片滤镜过滤商品图像色调.mp4　　实例位置：实例文件>CH04>实例116.psd
素材位置：素材文件>CH04>116-1.jpg　　学习目标：掌握使用滤镜过滤商品图像色调的方法

使用“照片滤镜”可以模仿在相机镜头前面添加彩色滤镜的效果，以便调整通过镜头传输的光的色彩平衡、色温和胶片曝光。“照片滤镜”允许选取一种颜色将色相调整应用到图像中。本实例素材和最终效果如图4-69所示。

图4-69

01 打开学习资源中的“素材文件>CH04>116-1.jpg”文件，如图4-70所示。

图4-70

02 创建一个“照片滤镜”调整图层，然后在“属性”面板中设置“滤镜”为“冷却滤镜（80）”，接着设置“浓度”为44%，如图4-71和图4-72所示，最终效果如图4-73所示。

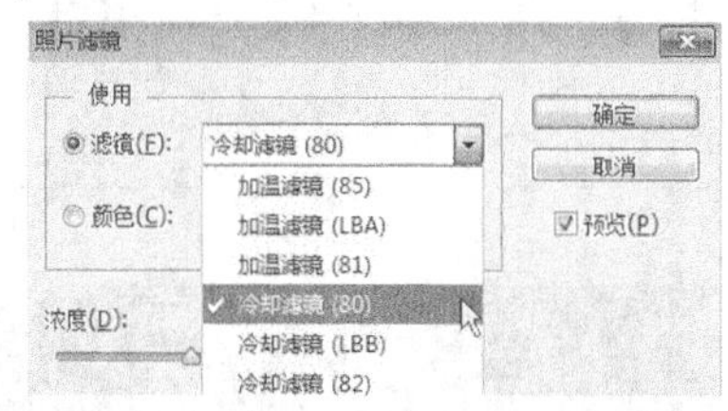

图4-71

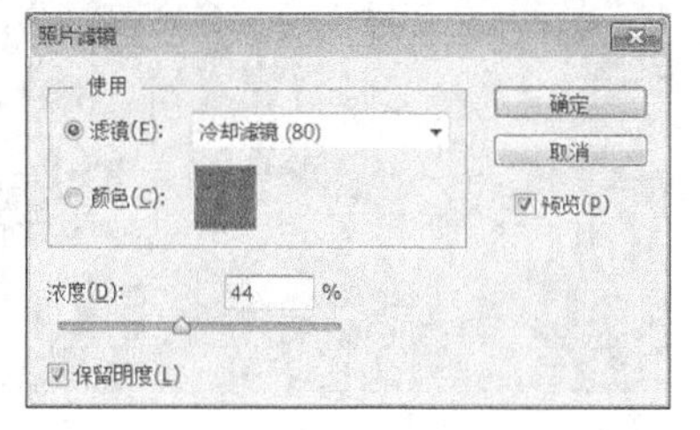

图4-72

图4-73

技巧与提示

在调色命令的对话框中，如果对参数的设置不满意，可以按住Alt键，此时“取消”按钮 取消 将变成“复位”按钮 复位 ，单击该按钮可以将参数设置恢复到默认值，如图4-74所示。

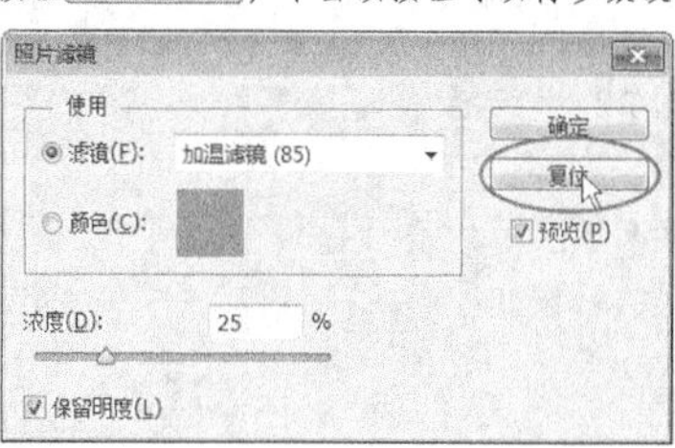

图4-74

通过匹配颜色命令匹配商品图像色调

视频文件：实例117 通过匹配颜色命令匹配商品图像色调.mp4　　实例位置：实例文件>CH04>实例117.psd

素材位置：素材文件>CH04>117-1.JPG　　学习目标：掌握使用匹配颜色命令匹配商品图像色调的方法

使用“匹配颜色”命令可以将一个图像（源图像）的颜色与另一个图像（目标图像）的颜色匹配起来，也可以匹配同一个图像中不同图层之间的颜色，使图像呈现一种艺术效果。本实例素材和最终效果如图4-75所示。

图4-75

01 打开学习资源中的“素材文件>CH04>117-1.JPG”文件，如图4-76所示。

图4-76

02 选择“背景”图层，然后执行“图像>调整>匹配颜色”菜单命令，如图4-77所示，打开“匹配颜色”对话框，接着设置“源”为“蓝紫色背景.JPG”图像，“图层”为“背景”，最后设置“明亮度”为144，“颜色强度”为72，“渐隐”为46，如图4-78所示，最终效果如图4-79所示。

图4-77

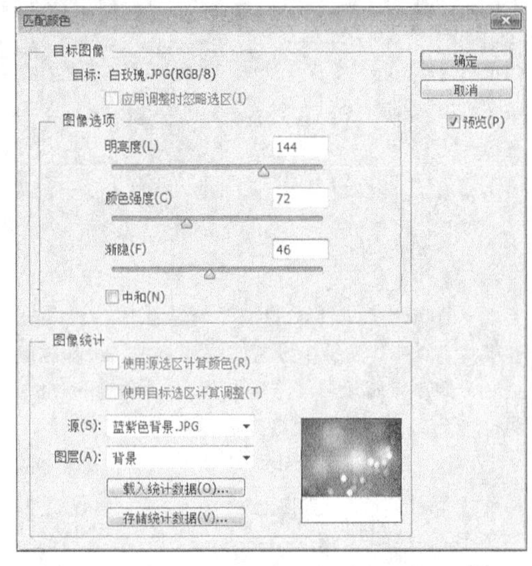

图4-78

图4-79

实例118 通过通道混合器命令调整商品图像色调

★★☆☆☆

视频文件：实例118 通过通道混合器命令调整商品图像色调.mp4　实例位置：实例文件>CH04>实例118.psd

素材位置：素材文件>CH04>118-1.JPG　学习目标：掌握使用通道混合器命令调出复古色的方法

使用“通道混合器”命令可以对图像某一个通道的颜色进行调整，以创建出各种不同色调的图像，这一命令可以将人物服装调整出复古的效果。本实例素材和最终效果如图4-80所示。

图4-80

01 打开学习资源中的“素材文件>CH04>118-1.JPG”文件，如图4-81所示。

图4-81

02 创建一个“通道混合器”调整图层，然后在“属性”面板中设置“输出通道”为“红”通道，接着设置“红色”为115%，“绿色”为-17%，“蓝色”为4%，如图4-82所示。

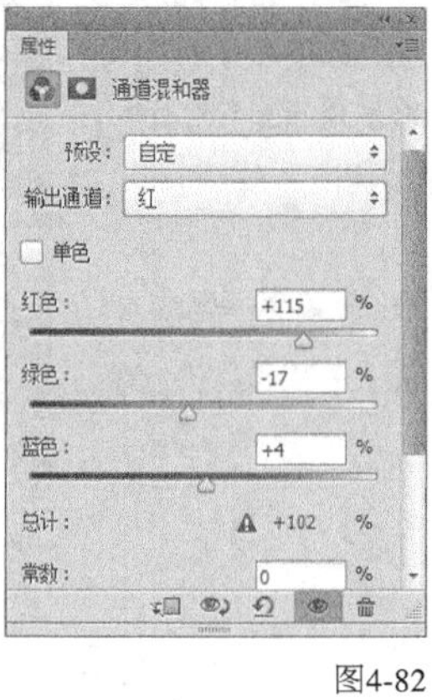

属性
通道混和器
预设：自定
输出通道：红
单色
红色：+115 %
绿色：-17 %
蓝色：+4 %
总计：+102 %
常数：0 %

图4-82

03 设置“输出通道”为“绿”通道，然后设置“红色”为10%，“绿色”为88%，“蓝色”为-6%，如图4-83所示。

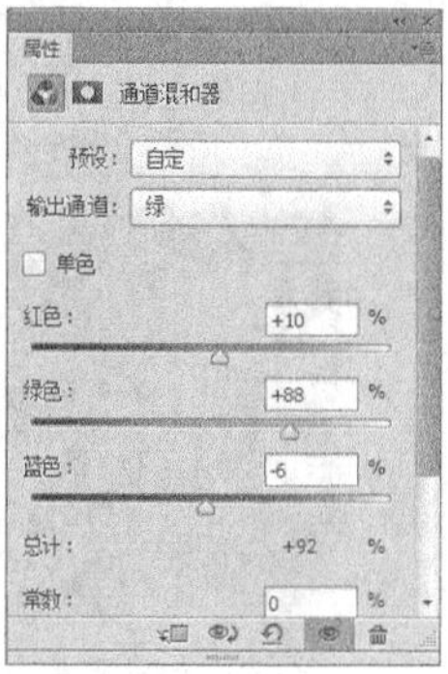

属性
通道混和器
预设：自定
输出通道：绿
单色
红色：+10 %
绿色：+88 %
蓝色：-6 %
总计：+92 %
常数：0 %

图4-83

04 设置“输出通道”为“蓝”通道，然后设置“红色”为-17%，“绿色”为10%，“蓝色”为79%，如图4-84所示，最终效果如图4-85所示。

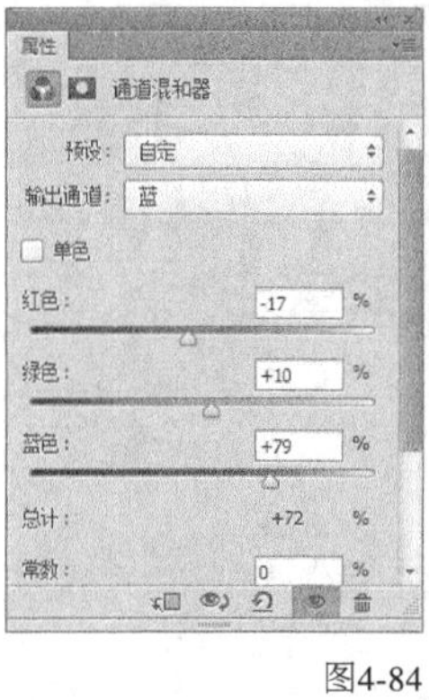

属性
通道混和器
预设：自定
输出通道：蓝
单色
红色：-17 %
绿色：+10 %
蓝色：+79 %
总计：+72 %
常数：0 %

图4-84

图4-85

实例 119 通过反相命令调整商品图像颜色

★☆☆☆☆

视频文件：实例119 通过反相命令调整商品图像颜色.mp4　　实例位置：实例文件>CH04>实例119.psd

素材位置：素材文件>CH04>119-1.jpeg　　学习目标：掌握使用反相命令调整商品图像颜色的方法

使用“反相”命令可以将图像中的某种颜色转换为它的补色，即将原来的黑色变成白色，将原来的白色变成黑色，从而创建出负片效果。本实例素材和最终效果如图4-86所示。

图4-86

01 打开学习资源中的“素材文件>CH04>119-1.jpeg”文件，如图4-87所示。

02 使用“椭圆选框工具” 在图像上部绘制一个圆形选区，然后按住Shift键继续在图像的下部绘制一个圆形选区，如图4-88所示。

图4-87

图4-88

图4-90

03 执行“图像>调整>反相”菜单命令或按快捷键Ctrl+I，如图4-89所示，将选区内的图像制作成负片效果，如图4-90所示。

图4-89

04 执行“选择>取消选择”菜单命令或按快捷键Ctrl+D取消选区，如图4-91所示，最终效果如图4-92所示。

图4-91　图4-92

通过渐变映射命令调整商品图像色调

实例120 ★★☆☆☆

视频文件：实例120 通过渐变映射命令调整商品图像色调.mp4　实例位置：实例文件>CH04>实例120.psd

素材位置：素材文件>CH04>120-1.jpg　学习目标：掌握使用渐变映射命令调整商品图像色调的方法

“渐变映射”就是将渐变色映射到图像上。在映射过程中，先将图像转换为灰度图像，然后将相等的图像灰度范围映射为指定的渐变填充色，从而制作出具有艺术效果的产品图像。本实例素材和最终效果如图4-93所示。

图4-93

01 打开学习资源中的“素材文件>CH04>120-1.jpg”文件，如图4-94所示。

图4-94

02 执行“图像>调整>渐变映射”菜单命令，创建一个“渐变映射”调整图层，如图4-95所示。

03 在“属性”面板中单击渐变条，如图4-96所示，打开“渐变编辑器”对话框，接着设置第1个色标的颜色为深紫色（R:9，G:1，B:58），第2个色标的颜色为白色，如图4-97和图4-98所示，最终效果如图4-99所示。

图4-95

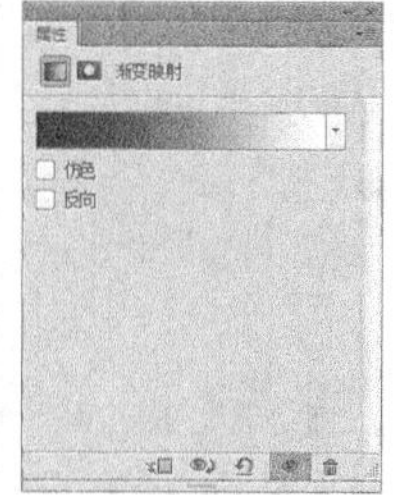

图4-96

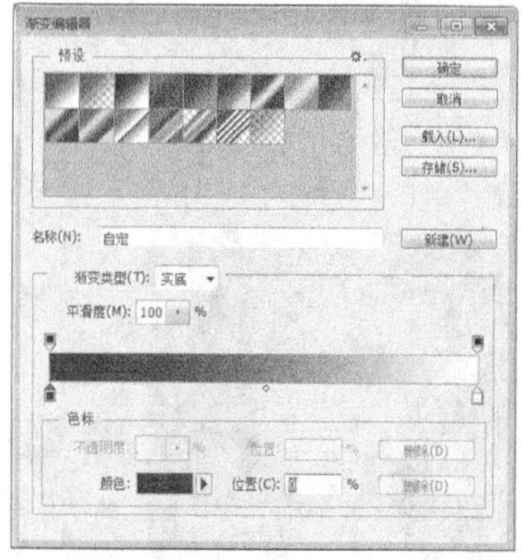

图4-97

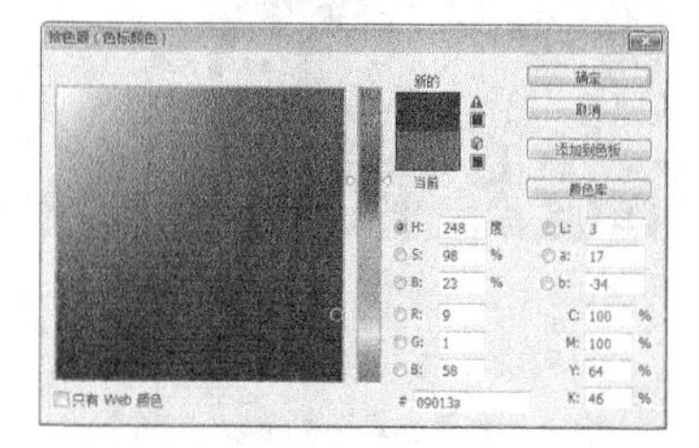

图4-98

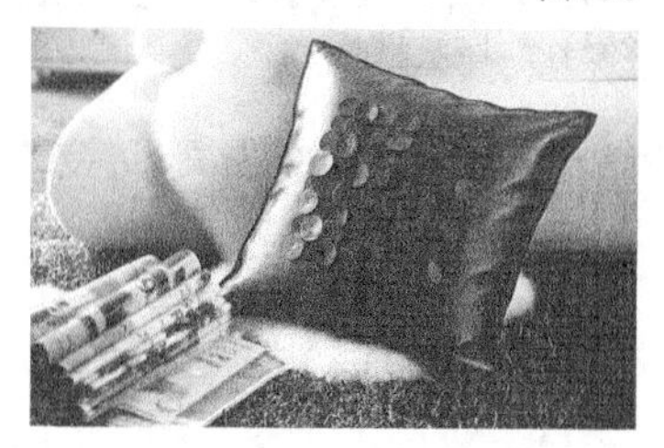

图4-99

实例
121 通过阴影/高光命令调整商品图像明暗

★★☆☆☆

视频文件：实例121 通过阴影/高光命令调整商品图像明暗.mp4　实例位置：实例文件>CH04>实例121.psd

素材位置：素材文件>CH04>121-1.jpg　学习目标：掌握使用阴影/高光命令调整商品图像明暗的方法

“阴影/高光”命令可以基于阴影/高光中的局部相邻像素来校正每个像素，在调整阴影区域时对高光区域的影响很小，在调整高光区域时对阴影区域的影响很小。本实例素材和最终效果如图4-100所示。

图4-100

01 打开学习资源中的“素材文件>CH04>121-1.jpg”文件，如图4-101所示。

02 打开“图层”面板，然后按快捷键Ctrl+J将“背景”图层复制一层得到“图层1”图层，如图4-102所示。

图4-101

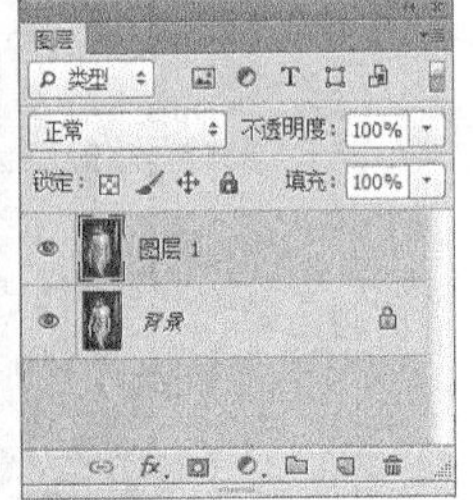

图4-102

技巧与提示

一般我们在处理图像时，可以先复制出一个新的图层，以保证原图像不被损坏，也方便随时查看调整后与调整前图片的对比效果。

03 执行“图像>调整>阴影/高光”菜单命令，如图4-103所示，打开“阴影/高光”对话框，接着在“阴影”选项组下设置“数量”为22%，以提亮阴影区域；在“高光”选项组下设置“数量”为30%，如图4-104所示，降低人像脸部的高光，最终效果如图4-105所示。

图像(I)　图层(L)　文字(Y)　选择(S)　滤镜(T)　3D(D)　视图(V)　窗口(W)　帮助

模式(M)
调整(J)
自动色调(N)　Shift+Ctrl+L
自动对比度(U)　Alt+Shift+Ctrl+L
自动颜色(O)　Shift+Ctrl+B
图像大小(I)...　Alt+Ctrl+I
画布大小(S)...　Alt+Ctrl+C
图像旋转(G)
裁剪(P)
裁切(R)...
显示全部(V)
复制(D)...
应用图像(Y)...
计算(C)...
变量(B)
应用数据组(L)...
陷印(T)...
分析(A)

亮度/对比度(C)...
色阶(L)...　Ctrl+L
曲线(U)...　Ctrl+M
曝光度(E)...
自然饱和度(V)...
色相/饱和度(H)...　Ctrl+U
色彩平衡(B)...　Ctrl+B
黑白(K)...　Alt+Shift+Ctrl+B
照片滤镜(F)...
通道混合器(X)...
颜色查找...
反相(I)　Ctrl+I
色调分离(P)...
阈值(T)...
渐变映射(G)...
可选颜色(S)...
阴影/高光(W)...
HDR 色调...
变化...

图4-103

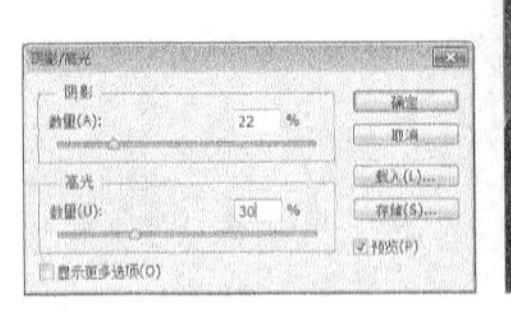

图4-104

图4-105

通过黑白命令去除商品图像颜色

»视频文件：实例122 通过黑白命令去除商品图像颜色.mp4　　»实例位置：实例文件>CH04>实例122.psd

»素材位置：素材文件>CH04>122-1.jpg　　»学习目标：掌握使用黑白命令去除商品图像颜色的方法

使用“黑白”命令可以将彩色图像转换为黑白图像，同时可以控制每一种色调的量。另外，“黑白”命令还可以为黑白图像着色，创建单色图像。本实例素材和最终效果如图4-106所示。

图4-106

01 打开学习资源中的“素材文件>CH04>122-1.jpg”文件，如图4-107所示。

图4-107

02 执行“图像>调整>黑白”菜单命令，如图4-108所示，然后在“黑白”对话框中设置“红色”为66%，“黄色”为135%，“绿色”为2%，“青色”为94%，“蓝色”为-3%，“洋红”为105%，如图4-109所示，最终效果如图4-110所示。

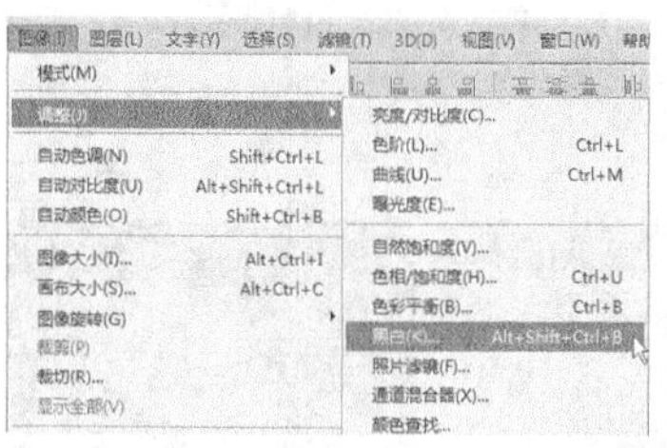

图4-108

图4-109

图4-110

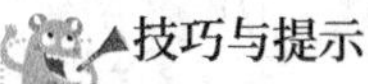

技巧与提示

按快捷键Alt+Shift+Ctrl+B也可以执行“黑白”菜单命令。

实例 123 ★★☆☆☆

通过去色命令制作灰度商品图像

视频文件：实例123 通过去色命令制作灰度商品图像.mp4　实例位置：实例文件>CH04>实例123.psd
素材位置：素材文件>CH04>123-1.jpg　学习目标：掌握使用去色命令制作灰度商品图像的方法

使用“去色”命令可以去掉图像中的颜色，制作出黑白效果的图像。本实例素材和最终效果如图4-111所示。

图4-111

01 打开学习资源中的“素材文件>CH04>123-1.jpg”文件，如图4-112所示。

图4-112

02 执行“图像>调整>去色”菜单命令，如图4-113所示，效果如图4-114所示。

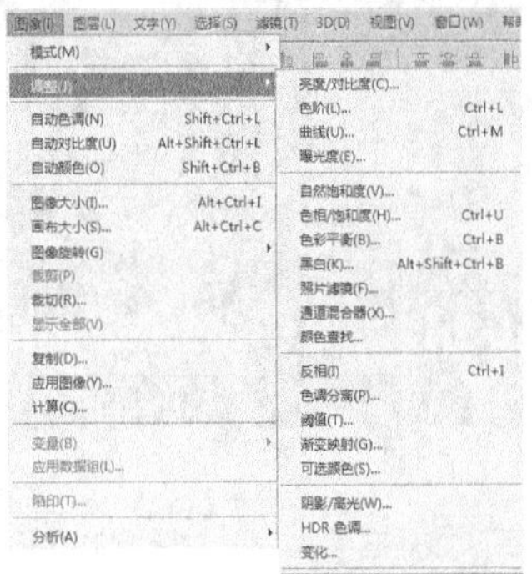

图4-113

图4-114

03 在“图层”面板底部单击“创建新图层”按钮，新建“图层1”图层，然后设置前景色为黑色，接着按快捷键Alt+Delete填充该图层，如图4-115所示。

技巧与提示

切换前景色与背景色可以单击工具箱中“切换前景色与背景色”按钮，也可以使用键盘中X键。

图4-115

04 在“图层”面板下单击“添加图层蒙版”按钮，为该图层添加一个图层蒙版，如图4-116所示。

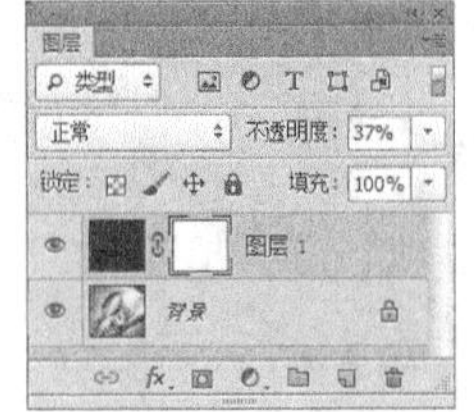

图4-116

05 确认前景色为黑色，然后选择“画笔工具”，接着在选项栏中选择一种柔光笔刷，并设置“大小”为193像素，“不透明度”为28%，如图4-117所示，最后在蒙版中间进行涂抹，如图4-118所示，最终效果如图4-119所示。

图4-117

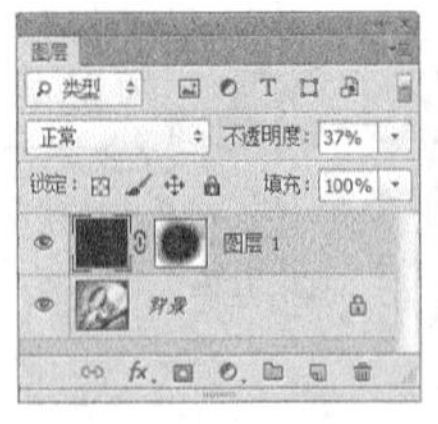

图4-118

图4-119

通过变化命令制作彩色调商品图像

视频文件：实例124 通过变化命令制作彩色调商品图像.mp4　　实例位置：实例文件>CH04>实例124.psd

素材位置：素材文件>CH04>124-1.jpg　　学习目标：掌握使用变化命令制作彩色调商品图像的方法

“变化”命令是一个非常简单直观的调色命令，只需要单击它的缩略图即可调整图像的色彩、饱和度和明度，同时还可以预览调色的整个过程。本实例素材和最终效果如图4-120所示。

图4-120

01 打开学习资源中的“素材文件>CH04>124-1.jpg”文件，如图4-121所示。

02 执行“图像>调整>变化”菜单命令，如图4-122所示，打开“变化”对话框，然后单击“加深红色”缩略图，如图4-123所示，将红色加深一个色阶，最终效果如图4-124所示。

图4-121

图4-122

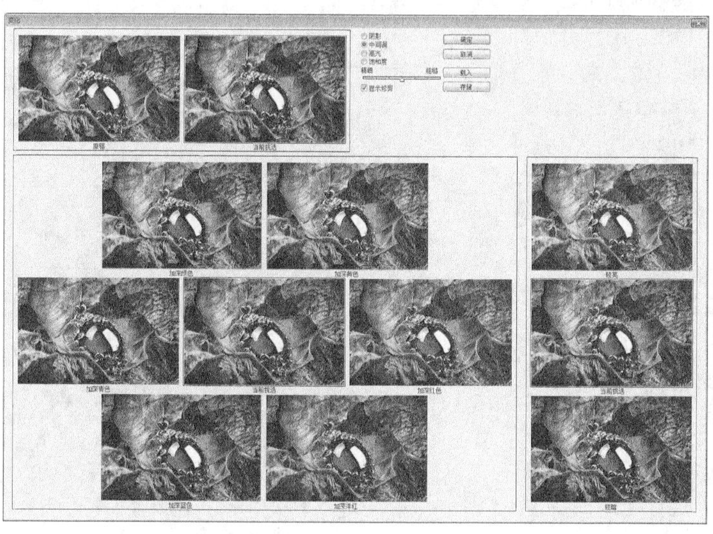

图4-123

图4-124

实例125 通过HDR色调命令调整商品图像色调

★★☆☆☆

视频文件：实例125 通过HDR色调命令调整商品图像色调.mp4　实例位置：实例文件>CH04>实例125.psd
素材位置：素材文件>CH04>125-1.jpg　学习目标：掌握使用HDR色调命令调整商品图像色调的方法

“HDR色调”命令可以用来修补太亮或太暗的图像，制作出高动态范围的图像效果。本实例素材和最终效果如图4-125所示。

图4-125

01 打开学习资源中的“素材文件>CH04>125-1.jpg”文件，如图4-126所示。

图4-126

02 执行“图像>调整>HDR色调”菜单命令，如图4-127所示，打开“HDR色调”对话框，然后设置“半径”为125像素，“强度”为1.58，“曝光度”为-0.14，“细节”为73%，“自然饱和度”为48%，“饱和度”为57%，具体参数设置如图4-128所示，最终效果如图4-129所示。

图4-127

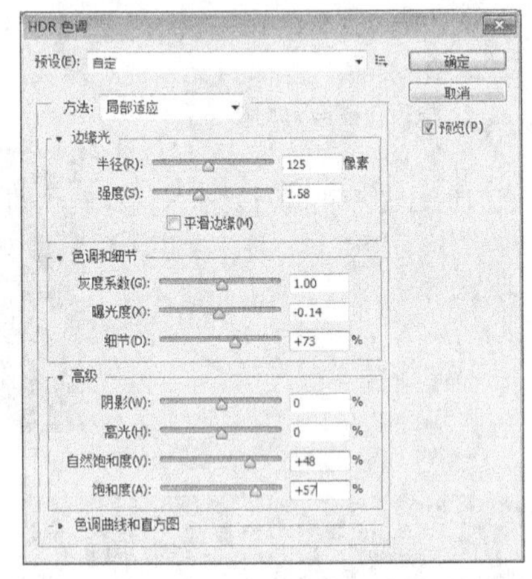

图4-128

图4-129

实例126 如何替换商品的颜色

★★☆☆☆

视频文件：实例126 如何替换商品的颜色.mp4　实例位置：实例文件>CH04>实例126.psd

素材位置：素材文件>CH04>126-1.jpg　学习目标：掌握替换商品颜色的方法

使用“颜色替换工具”可以将选定的颜色替换为其他颜色，非常方便更改商品的颜色，省去了重新拍摄的麻烦，颜色的替换是通过更改选定颜色的色相、饱和度和明度来实现的。本实例素材和最终效果如图4-130所示。

图4-130

01 打开学习资源中的“素材文件>CH04>126-1.jpg”文件，如图4-131所示。

图4-131

02 设置前景色为（R:126，G:0，B:255），如图4-132所示，然后在工具箱中选择“颜色替换工具”，接着在选项栏中设置画笔“大小”为31像素，如图4-133所示，最后在蓝色帽子上进行绘制，如图4-134所示。

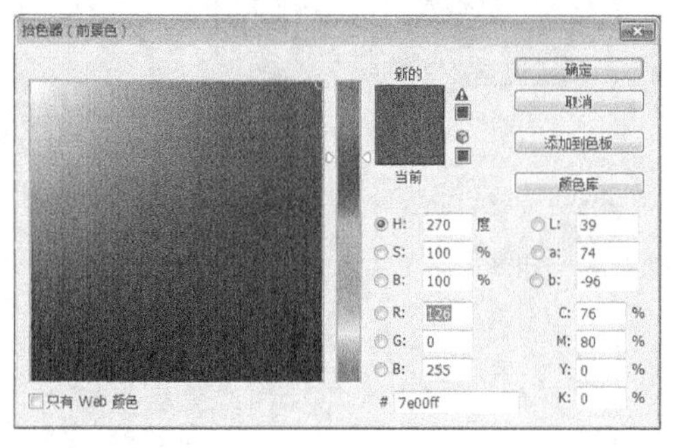

图4-132

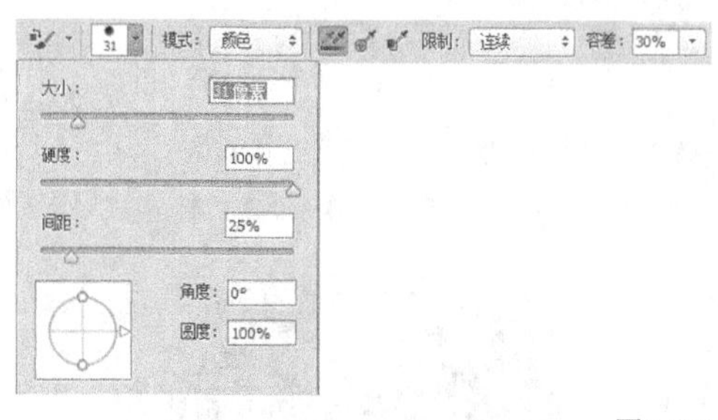

图4-133

图4-134

技巧与提示

在用“颜色替换工具”替换颜色时，鼠标光标中心的十字叉不能超出替换区域。例如，本例要替换蓝色的帽子，在绘制时十字叉不能超出蓝色帽子区域，否则会替换掉其他颜色，如图4-135所示。

图4-135

03 按“[”键增大画笔的大小，然后在其他区域绘制，如图4-136所示。

04 按“]”键减小画笔的大小，然后按Z键放大图像显示比例，接着在细节处绘制，最终效果如图4-137所示。

图4-136

图4-137

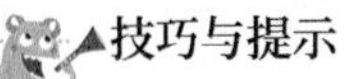

技巧与提示

另外，我们还可以利用“颜色替换工具”轻松为人物的头发换色，如图4-138和图4-139所示。

图4-138

图4-139

第5章 商品文字的处理

本章关键实例导航

实例127 单行文字的添加

★☆☆☆☆

- 视频文件：实例127 单行文字的添加.mp4
- 实例位置：实例文件>CH05>实例127.psd
- 素材位置：素材文件>CH05>127-1.jpg
- 学习目标：掌握单行文字的添加方法

本实例主要练习淘宝商品宣传图片单行文字的添加方法。本实例素材和最终效果如图5-1所示。

图5-1

01 打开学习资源中的“素材文件>CH05>127-1.jpg”文件，如图5-2所示。

图5-2

02 在工具箱中选择“横排文字工具”T，如图5-3所示，然后在选项栏中设置字体为“方正兰亭黑体”，字体大小为23点，消除锯齿方式为“锐利”，颜色为黑色，如图5-4所示。

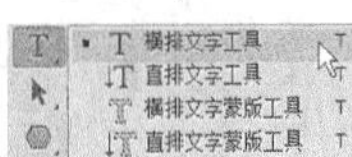

图5-3

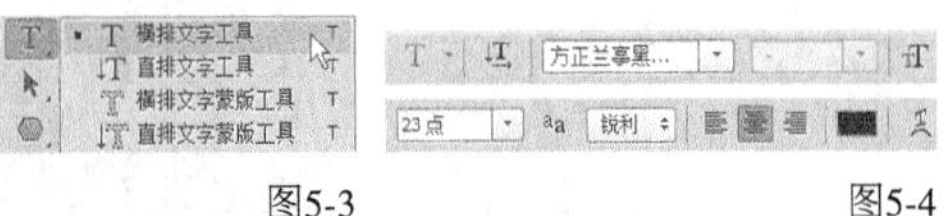

图5-4

03 在画布中单击鼠标左键设置插入点，然后输入相应的文字，如图5-5所示。

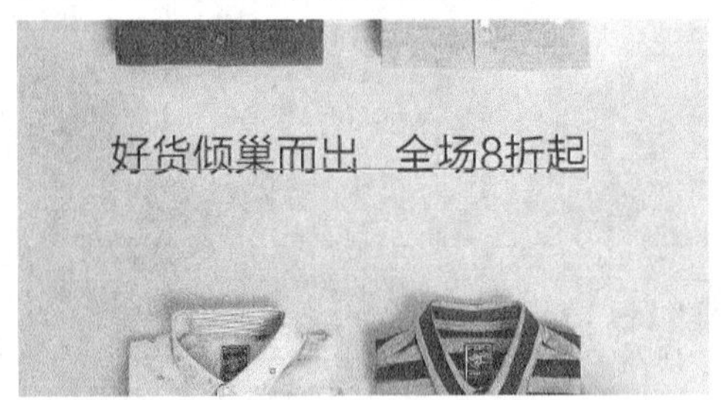

图5-5

04 在选项栏中设置字体大小为15点，如图5-6所示，然后继续使用“横排文字工具”T输入文字，如图5-7所示。

图5-6

图5-7

05 按住Shift键同时使用鼠标选中这两个文字图层，如图5-8所示，然后在选项栏中单击“水平居中对齐”按钮，最终效果如图5-9所示。

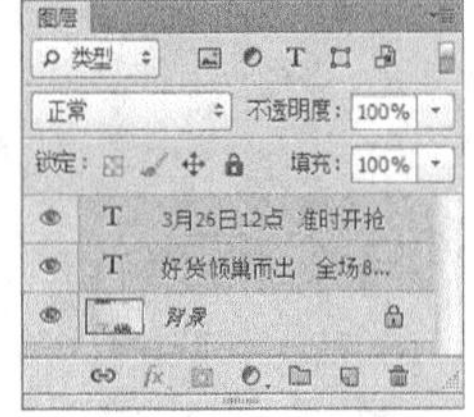

图5-8

图5-9

技巧与提示

如果要在输入文字时移动文字的位置，将鼠标光标放在文字输入区域外，拖曳鼠标左键即可移动文字。

实例128 ★★☆☆☆

单列文字的添加

视频文件：实例128 单列文字的添加.mp4　实例位置：实例文件>CH05>实例128.psd

素材位置：素材文件>CH05>128-1.jpg　学习目标：掌握单列文字的添加方法

本例主要练习在商品宣传图片上添加单列文字的方法。本实例素材和最终效果如图5-10所示。

图5-10

01 打开学习资源中的“素材文件>CH05>128-1.jpg”文件，如图5-11所示。

图5-11

02 在工具箱中选择“直排文字工具”，如图5-12所示，然后在选项栏中设置字体为“方正大黑_GBK”，字体大小为1.88点，消除锯齿方式为“锐利”，并选择“居中对齐文本”按钮，最后设置颜色为（R:251，G:108，B:51），如图5-13和图5 -14所示。

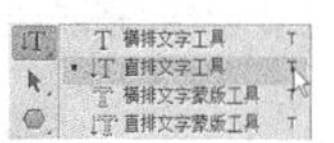

图5-12

方正大黑_GBK　1.88点　锐利

图5-13

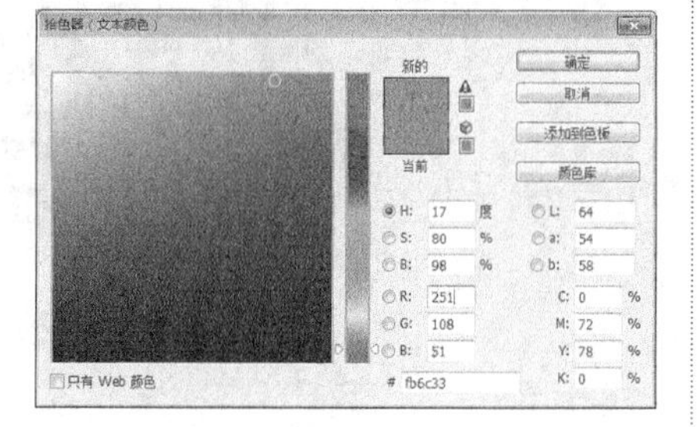

图5-14

技巧与提示

在“字符”面板中也可以设置文本的颜色，如图5-15所示。“字符”面板将在下面的内容中进行讲解。

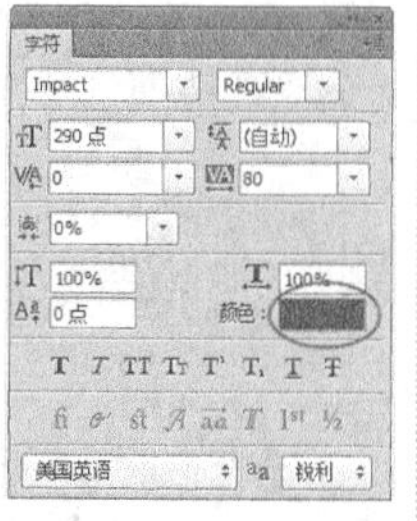

图5-15

03 在画布中单击鼠标左键设置插入点，然后输入相应的文字，如图5-16所示，完成后按小键盘上的Enter键确认操作，最终效果如图5-17所示。

图5-16

图5-17

技巧与提示

如果当前使用的是“直排文字工具”，那么对齐按钮分别会变成“顶对齐文本”按钮、“居中对齐文本”按钮和“底对齐文本”按钮，如图5-18所示。

锐利

图5-18

实例
129 段落文字的输入
★★☆☆☆

- 视频文件：实例129 段落文字的输入.mp4
- 实例位置：实例文件>CH05>实例129.psd
- 素材位置：素材文件>CH05>129-1.jpg
- 学习目标：掌握段落文字的创建方法

段落文字是在文本框内输入的文字，它具有自动换行、可调整文字区域大小等优势。段落文字主要用在需要大量文本页面中，如产品详情页、店铺公告等。本实例素材和最终效果如图5-19所示。

图5-19

01 打开学习资源中的“素材文件>CH05>129-1.jpg”文件，如图5-20所示。

图5-20

02 在“横排文字工具”T的选项栏中设置字体为“方正准圆简体”，字体大小为14点，颜色为黑色，具体参数设置如图5-21所示，然后按住鼠标左键在图像右侧拖曳出一个文本框，如图5-22所示。

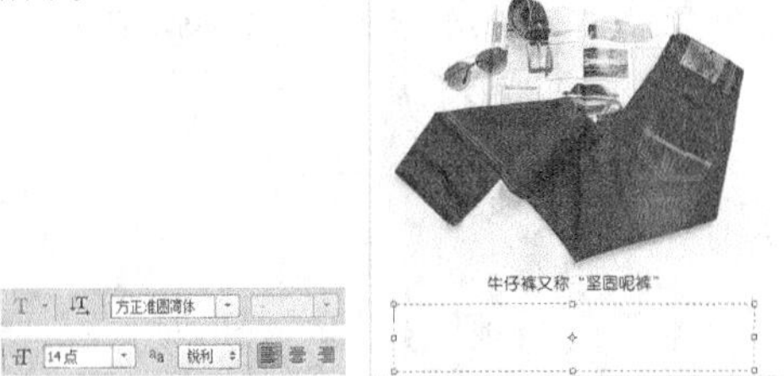

图5-21 图5-22

技巧与提示

若要精确设置文本框的大小，则可以按住Alt键拖曳出一个文本框，此时Photoshop会弹出一个“段落文字大小”对话框，在该对话框中可以设置文本框的“宽度”和“高度”值，如图5-23所示。

段落文字大小
宽度：500 点 确定
高度：600 点 取消

图5-23

03 在光标插入点处输入文字，如图5-24所示，当一行文字超出文本框的宽度时，文字会自动换行，输入完成以后按小键盘上的Enter键完成操作。

图5-24

04 当输入的文字过多时，文本框右下角的控制点将变为⊞形状，这时可以通过调整文本框的大小让所有的文字在文本框中完全显示出来，最终效果如图5-25所示。

图5-25

设置文字的属性

视频文件：实例130 设置文字的属性.mp4
实例位置：实例文件>CH05>实例130.psd
素材位置：素材文件>CH05>130-1.jpg
学习目标：掌握设置文字属性的方法

本实例素材和最终效果如图5-26所示。

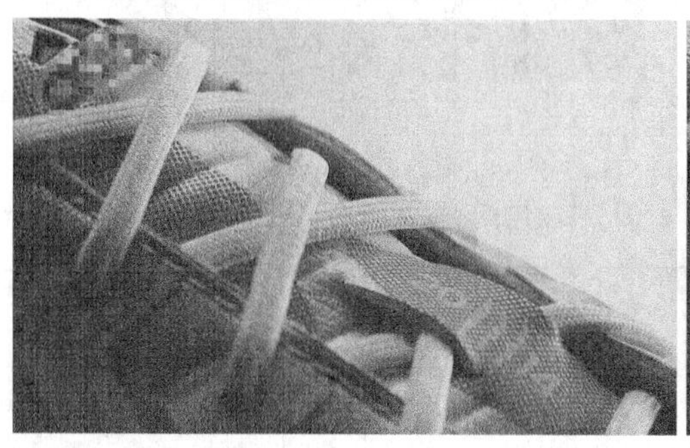

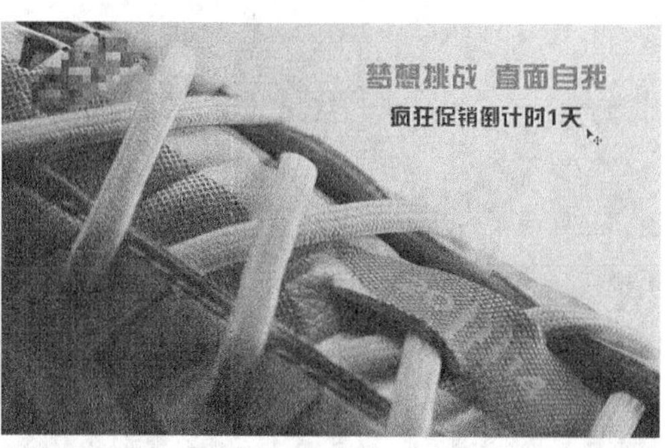

图5-26

01 打开学习资源中的“素材文件>CH05>130-1.jpg”文件，如图5-27所示。

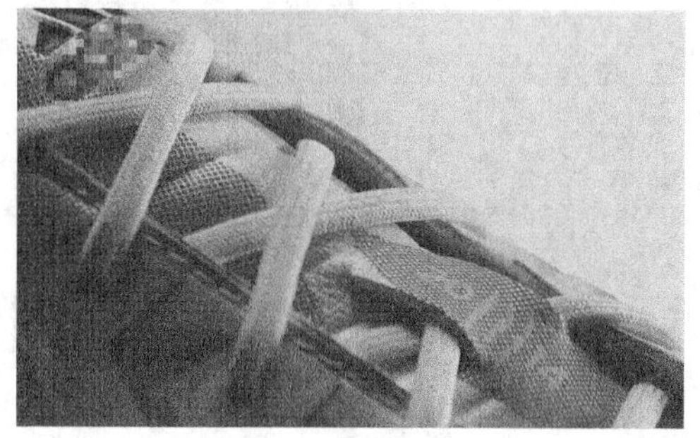

图5-27

02 使用“横排文字工具”T在操作区域中输入相应文字，如图5-28所示。

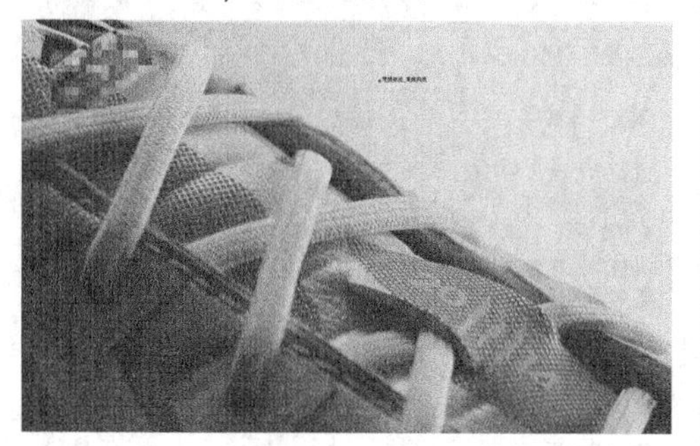

图5-28

03 执行“窗口>字符”菜单命令，如图5-29所示，打开“字符”面板，然后设置字体为“方正综艺_GBK”，字体大小为75点，字距为25，“颜色”为红色，具体参数设置如图5-30所示（文字颜色可随意设置），效果如图5-31所示。

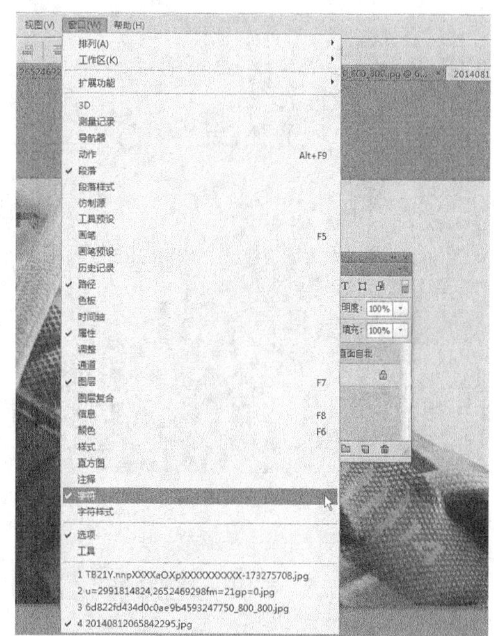

图5-29

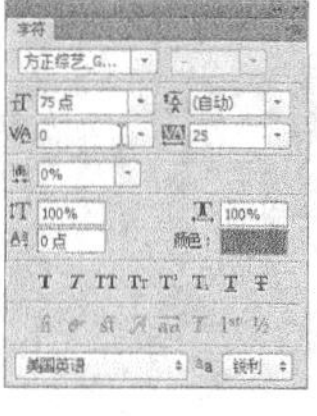

图5-30

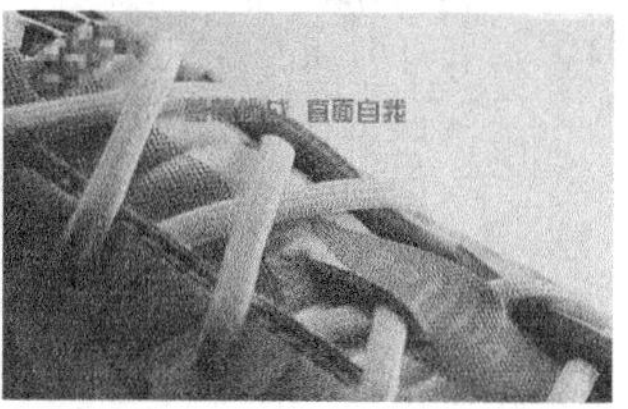

图5-31

04 使用“移动工具”将文字调整到合适的位置，如图5-32所示，然后继续使用“横排文字工具”在操作区域中输入相应文字，如图5-33所示。

图5-32

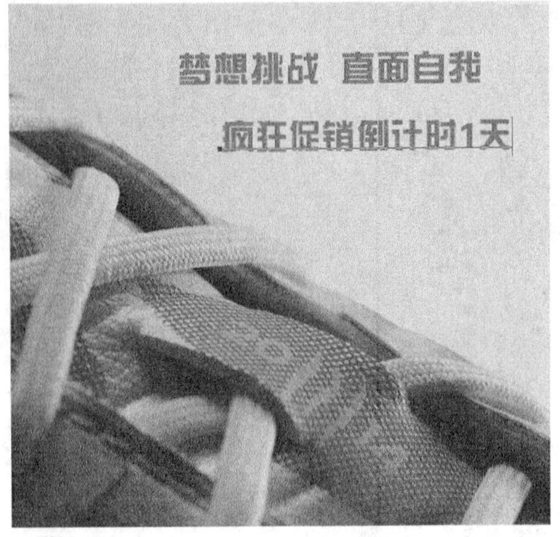

图5-33

05 在“字符”面板中设置文字大小为60点，“颜色”为黑色，具体参数设置如图5-34所示，然后调整文字到合适的位置，如图5-35所示。

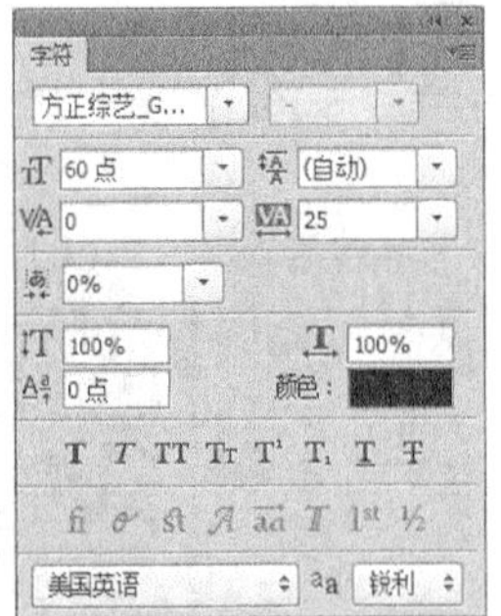

图5-34

图5-35

06 按住Shift键同时使用鼠标选中这两个文字图层，如图5-36所示，然后在选项栏中单击“水平居中对齐”，最终效果如图5-37所示。

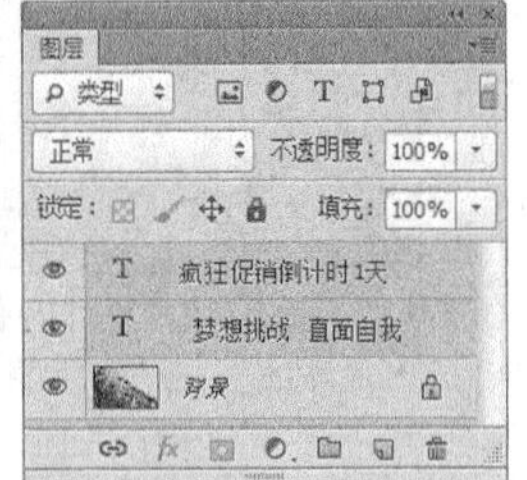

图5-36

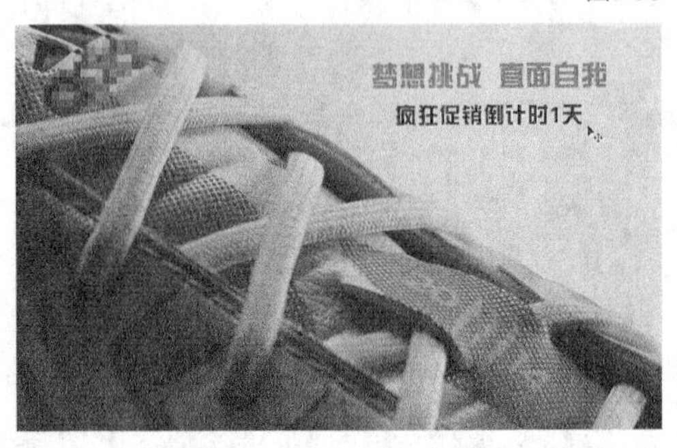

图5-37

技巧与提示

“字符”面板中提供了比文字工具选项栏更多的调整选项，如图5-38所示。在“字符”面板中，字体系列、字体样式、字体大小、文字颜色和消除锯齿等都与工具选项栏中的选项相对应。

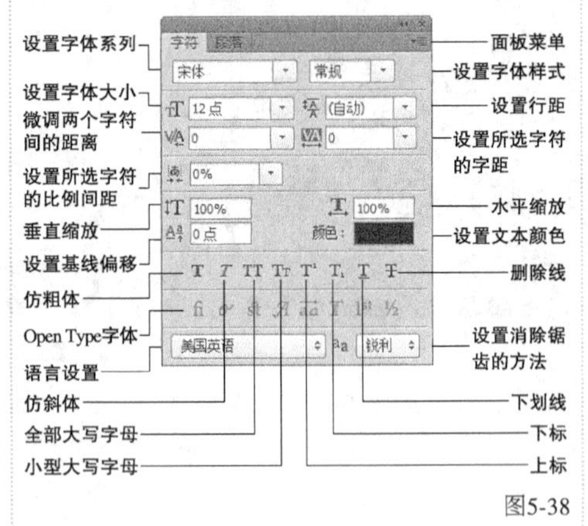

图5-38

描述段落的属性

- 视频文件：实例131 描述段落的属性.mp4
- 实例位置：实例文件>CH05>实例131.psd
- 素材位置：素材文件>CH05>131-1.jpg
- 学习目标：掌握描述段落属性的方法

本实例主要练习修改多个段落，在输入段落文字后，可以对段落进行调整，如修改文字的大小写、颜色和行距等。本实例素材和最终效果如图5-39所示。

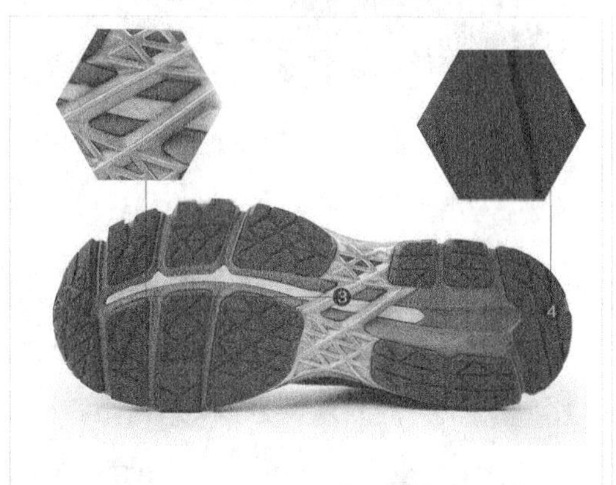

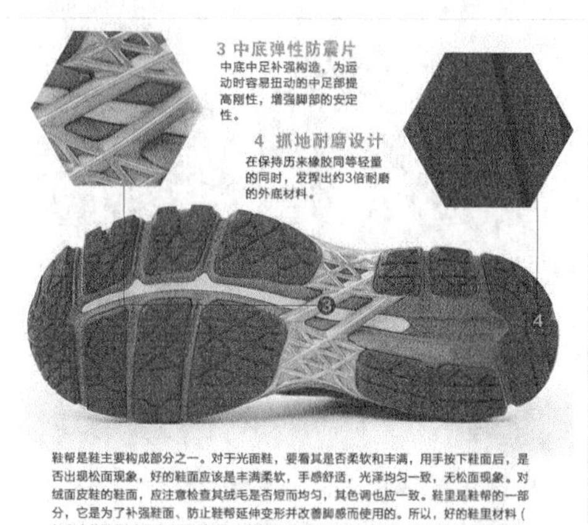

图5-39

01 打开学习资源中的“素材文件>CH05>131-1.jpg”文件，如图5-40所示。

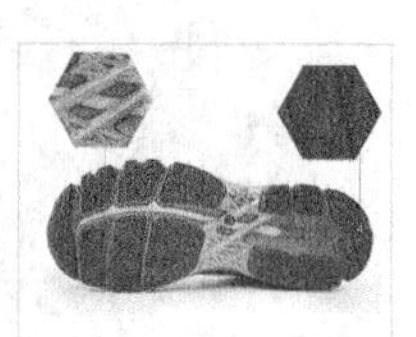

图5-40

技巧与提示

在文字工具的选项栏中提供了3种设置文本段落对齐方式的按钮，选择文本以后，单击需要的对齐按钮，可以使文本按指定的方式对齐，图5-42所示的方式（从左往右）分别为“左对齐文本”、“居中对齐文本”和“右对齐文本”。

02 在工具箱中选择“横排文字工具”，如图5-41所示，然后在选项栏中设置字体为“方正大黑_GBK”，字体大小为6.41点，并选择“左对齐文本”按钮，最后设置颜色为（R:251，G:108，B:51），如图5-42和图5-43所示。

图5-41 图5-42

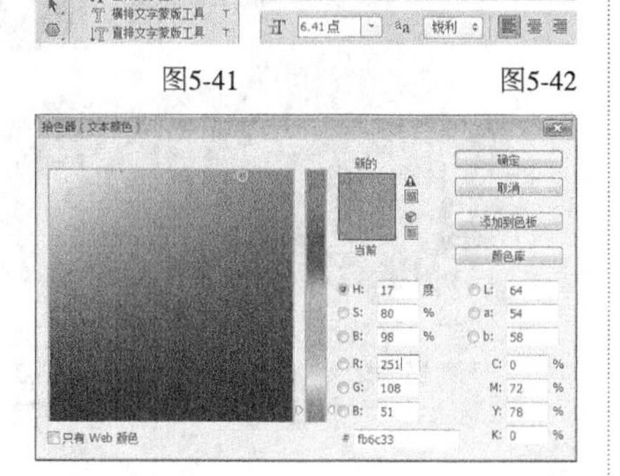

图5-43

03 在画布中单击鼠标左键设置插入点，然后输入相应的文字，如图5-44所示。

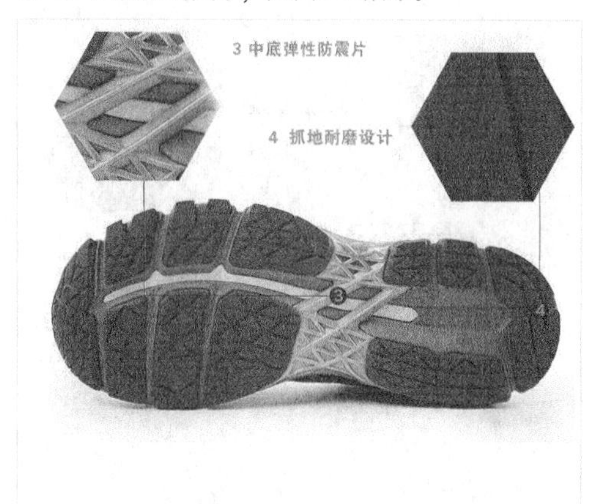

图5-44

04 继续使用“横排文字工具”T，按住鼠标左键在文字中间拖曳出一个文本框，如图5-45所示。

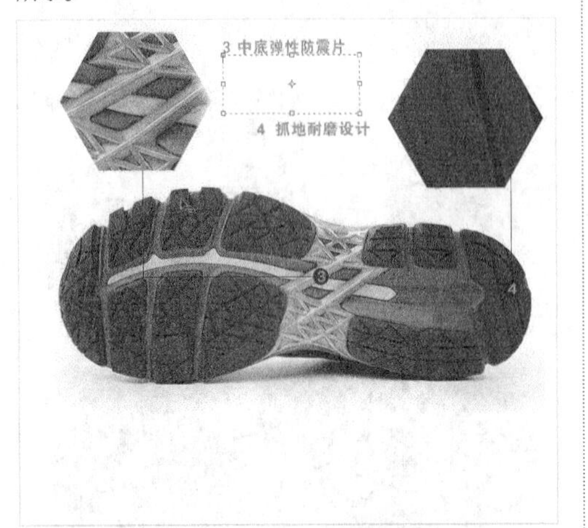

图5-45

05 打开“字符”面板，设置字体为“方正兰亭黑简体”，字体大小为12点，行距为16点，字距为25，“颜色”为黑色，并单击“仿粗体”按钮T，具体参数设置如图5-46所示，接着在文本框中输入相应的段落文字，如图5-47所示。

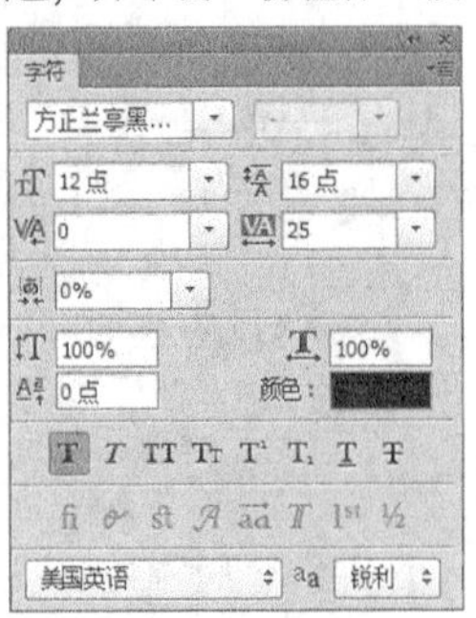

图5-46

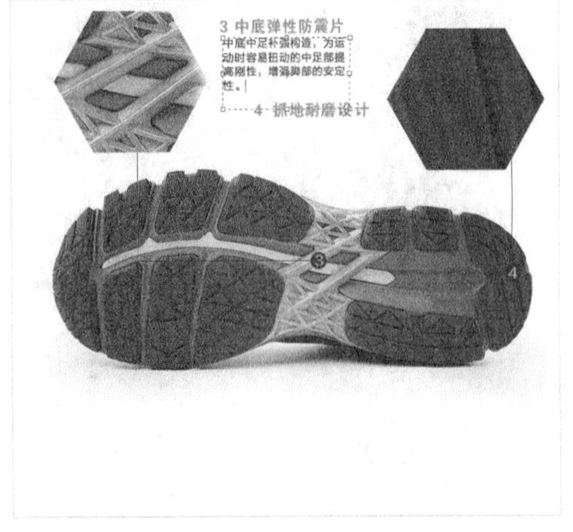

图5-47

06 按住鼠标左键在图像下方拖曳出一个文本框，如图5-48所示，然后在“字符”面板中设置字体大小为12点，行距为18点，如图5-49所示。

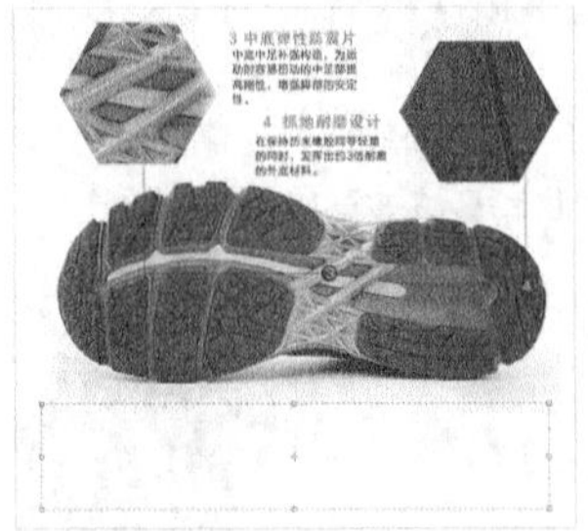

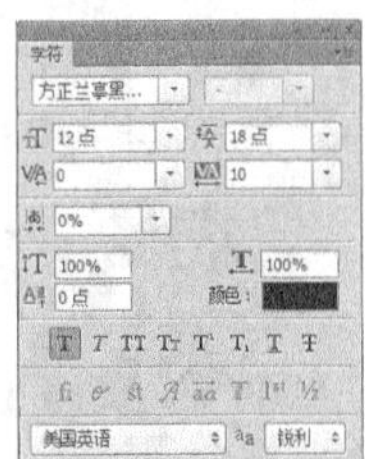

图5-48　图5-49

07 在光标插入点处输入文字，如图5-50所示，输入完成以后按小键盘上的Enter键完成操作，然后根据画面适当地调整文字的位置，最终效果如图5-51所示。

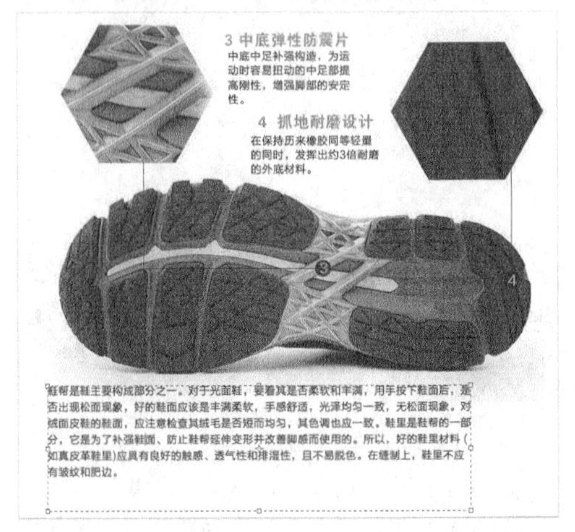

图5-50

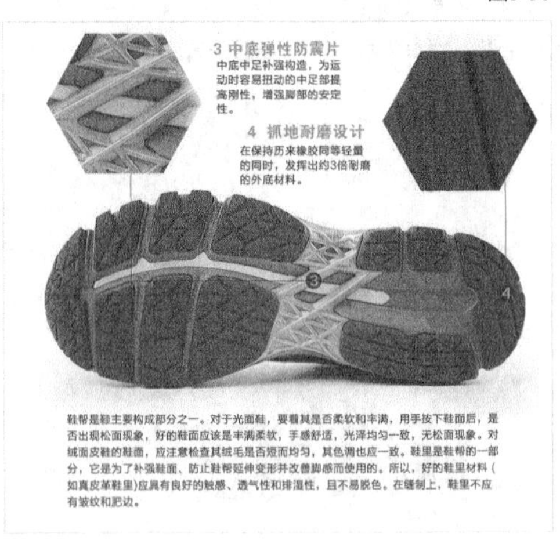

图5-51

横排文字的蒙版效果

视频文件：实例132 横排文字的蒙版效果.mp4　　实例位置：实例文件>CH05>实例132.psd
素材位置：素材文件>CH05>132-1.jpeg　　学习目标：掌握横排文字蒙版工具的使用方法

使用“横排文字蒙版工具”输入文字后，文字将以选区的形式出现，在文字选区中，可以为其填充前景色、背景色及渐变色等。本实例素材和最终效果如图5-52所示。

图5-52

01 打开学习资源中的“素材文件>CH05>132-1.jpeg”文件，如图5-53所示。

图5-53

02 在工具箱中选择“横排文字蒙版工具”，如图5-54所示，此时图像呈淡红色，如图5-55所示。

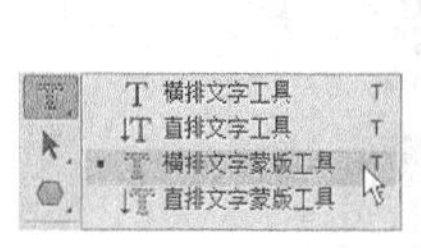

图5-54

图5-55

03 在画布中单击鼠标左键设置插入点，然后输入相应的文字，如图5-56所示。

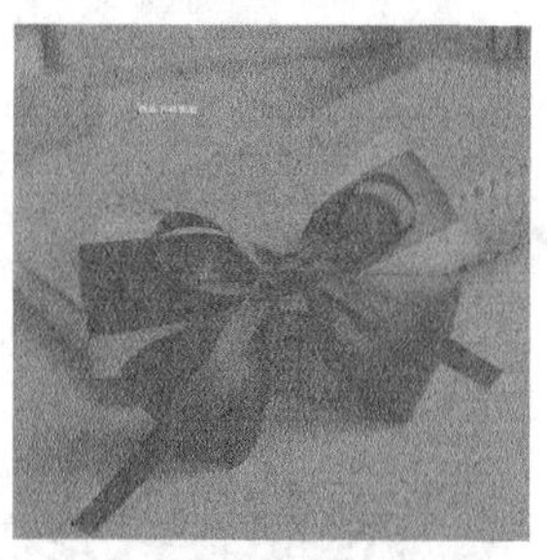

图5-56

04 打开“字符”面板，设置字体为“方正正中黑体”，字体大小为60点，行距为18点，字距为10，“颜色”为灰色，并单击“仿粗体”按钮，具体参数设置如图5-57所示，接着在文本框中输入相应的文字，如图5-58所示。

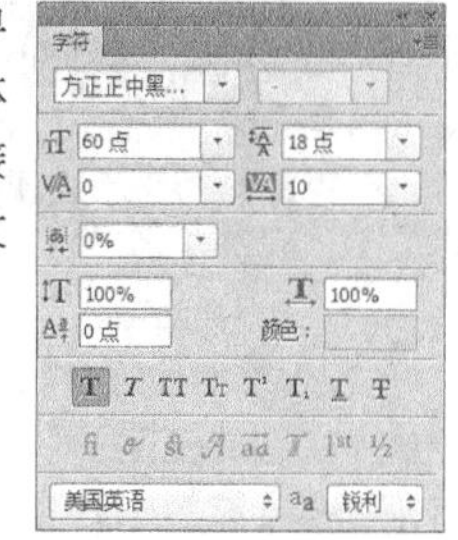

图5-57

图5-58

05 单击选项栏中“提交当前所有编辑”按钮☑，即可结束当前文字输入，如图5-59所示。

图5-59

06 执行上述操作后，即可创建文字选区，如图5-60所示。

图5-60

07 设置前景色为红色，然后单击“确定”按钮［确定］，如图5-61所示，接着按快捷键Alt+Delete填充前景色，效果如图5-62所示。

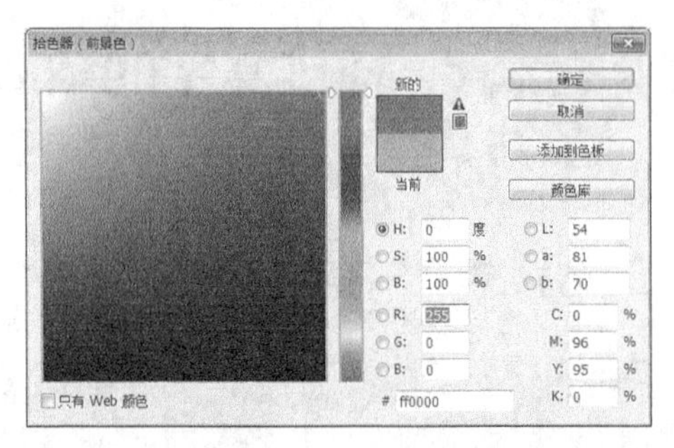

图5-61

图5-62

08 执行“选择>取消选择”菜单命令或按快捷键Ctrl+D，即可取消选区，如图5-63所示，最终效果如图5-64所示。

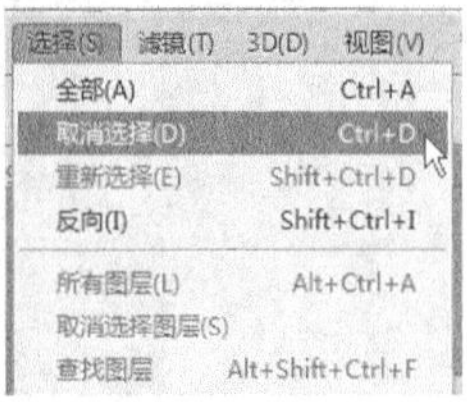

选择(S) 滤镜(T) 3D(D) 视图(V)
全部(A) Ctrl+A
取消选择(D) Ctrl+D
重新选择(E) Shift+Ctrl+D
反向(I) Shift+Ctrl+I
所有图层(L) Alt+Ctrl+A
取消选择图层(S)
查找图层 Alt+Shift+Ctrl+F

图5-63

图5-64

直排文字的蒙版效果

视频文件：实例133 直排文字的蒙版效果.mp4　实例位置：实例文件>CH05>实例133.psd
素材位置：素材文件>CH05>133-1.jpg　学习目标：掌握直排文字蒙版工具的使用方法

使用“直排文字蒙版工具”输入纵向文字后，纵向文字将以选区的形式出现，同时也可以为其填充颜色、制作渐变效果等。本实例素材和最终效果如图5-65所示。

图5-65

01 打开学习资源中的“素材文件>CH05>133-1.jpg”文件，如图5-66所示。

图5-66

02 在工具箱中选择“直排文字蒙版工具”，如图5-67所示，此时图像呈淡红色，如图5-68所示。

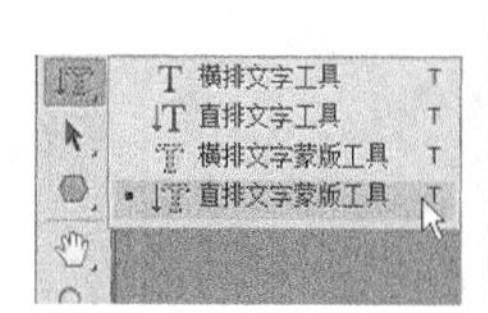

图5-67

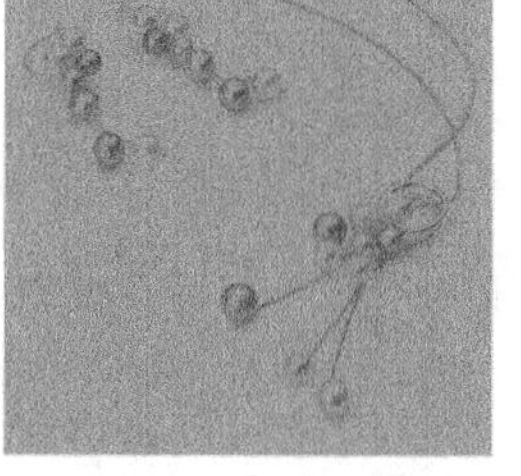

图5-68

03 打开“字符”面板，然后设置字体为“方正正中黑体”，字体大小为30点，行距为18点，字距为10，并单击“仿粗体”按钮，具体参数设置如图5-69所示，接着在文本框中输入相应的段落文字，如图5-70所示。

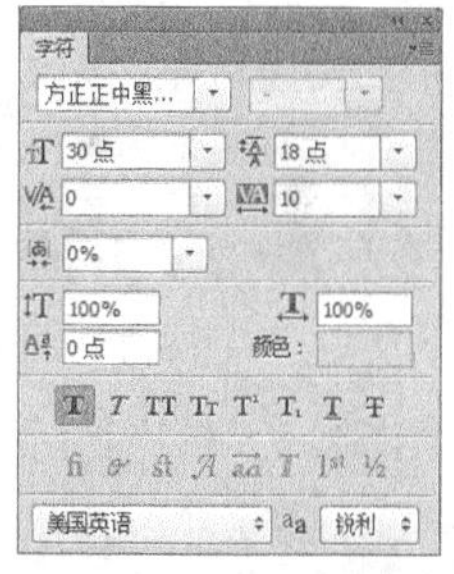

图5-69

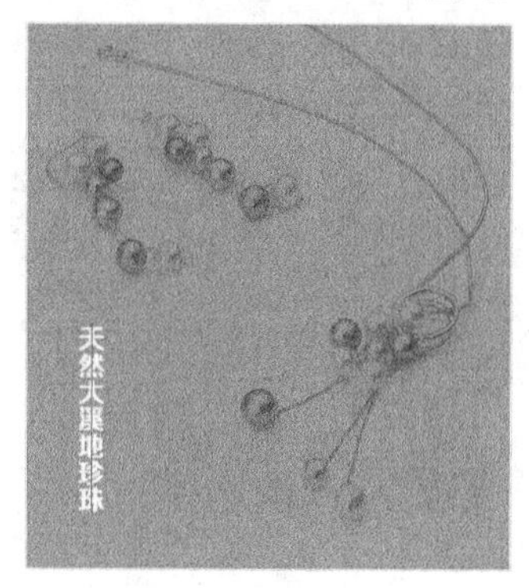

图5-70

04 单击选项栏中的“提交当前所有编辑”按钮☑，即可结束当前文字输入，如图5-71所示。

图5-71

05 执行上述操作后，查看创建的文字选区，如图5-72所示。

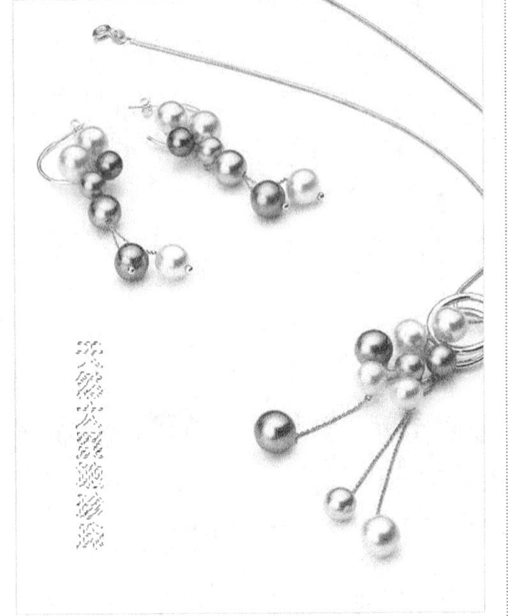

图5-72

06 设置前景色为红色，然后单击“确定”按钮 确定 ，如图5-73所示，接着按快捷键Alt+Delete填充前景色，效果如图5-74所示。

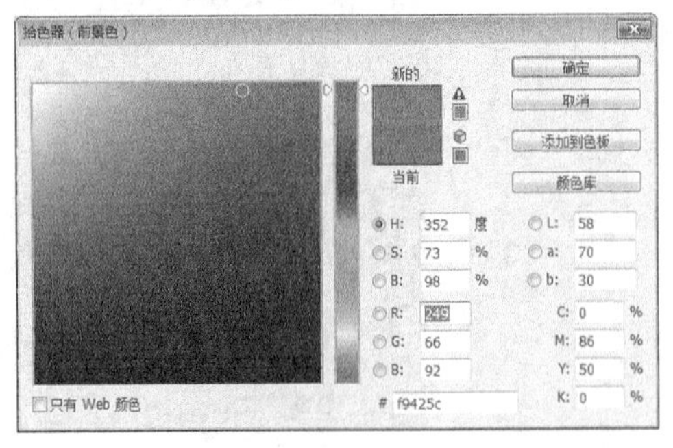

图5-73

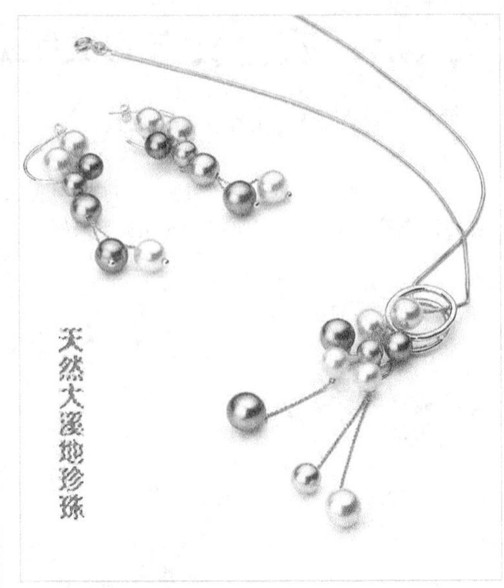

图5-74

07 执行“选择>取消选择”菜单命令或按快捷键Ctrl+D取消选区，如图5-75所示，最终效果如图5-76所示。

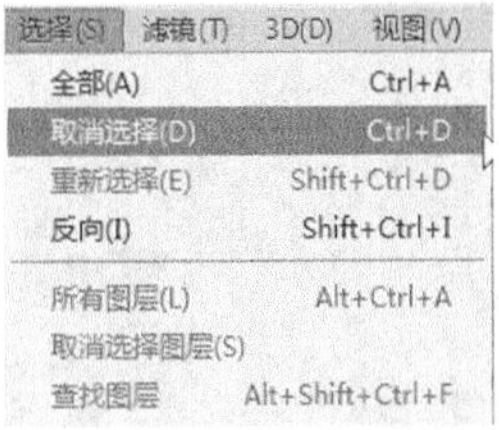

图5-75

图5-76

实例134 ★★☆☆☆

文字水平和垂直效果互换

视频文件：实例134 文字水平和垂直效果互换.mp4　实例位置：实例文件>CH05>实例134.psd
素材位置：素材文件>CH05>134-1.psd　学习目标：掌握文字水平和垂直方向互换的方法

有时商品图片上的文字方向未必是合适的，这时就需要淘宝美工对文字的方向进行处理。本实例素材和最终效果如图5-77所示。

图5-77

01 打开学习资源中的“素材文件>CH05>134-1.psd”文件，如图5-78所示。

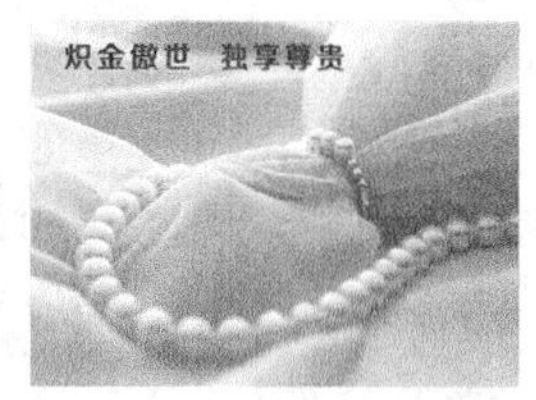

图5-78

02 打开“图层”面板，然后选择文字图层，如图5-79所示。

图5-79

03 在工具箱中选择“横排文字工具”，如图5-80所示，然后使用鼠标左键在文字中单击插入点，如图5-81所示，接着单击选项栏中的“切换文本取向”按钮，如图5-82所示。

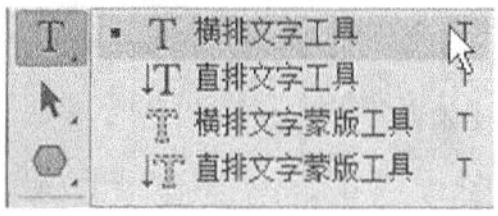

横排文字工具　T
直排文字工具　T
横排文字蒙版工具　T
直排文字蒙版工具　T

图5-80

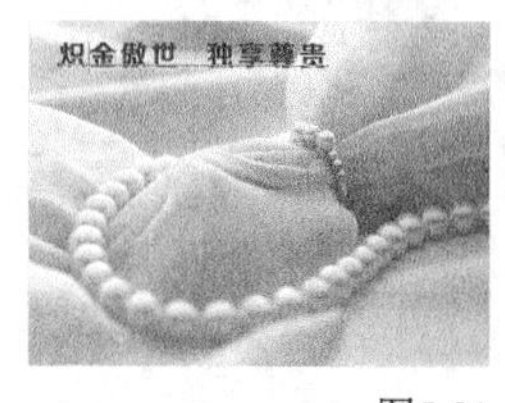

图5-81

炽金傲世　独享尊贵

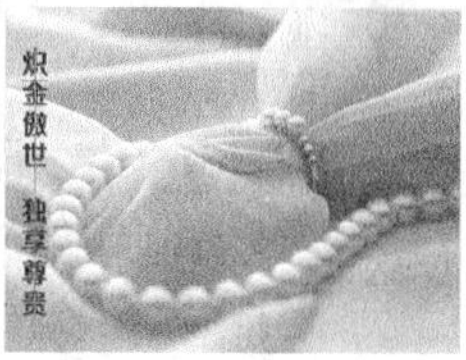

图5-82

技巧与提示

如果当前选择的文字是横排文字，执行“文字>取向>垂直”菜单命令，即可将其更改为直排文字。如果当前选择的文字是直排文字，执行“文字>取向>水平”菜单命令，即可将其更改为横排文字。

04 完成后按小键盘上的Enter键确认操作，最终效果如图5-83所示。

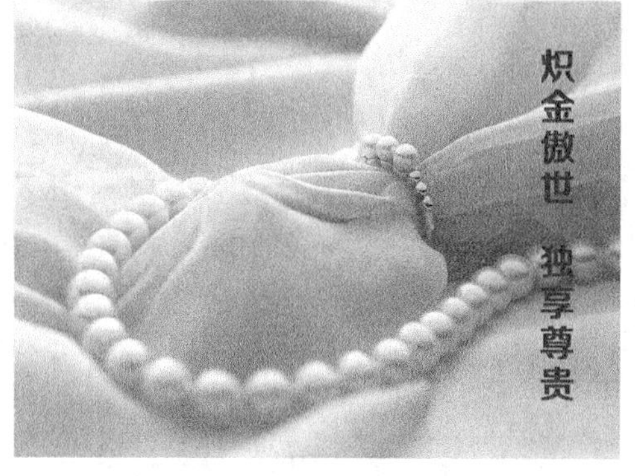

图5-83

实例135 创建路径文字

★★☆☆☆

视频文件：实例135 创建路径文字.mp4　　实例位置：实例文件>CH05>实例135.psd

素材位置：素材文件>CH05>135-1.jpg　　学习目标：掌握路径文字的创建方法

路径文字是指在路径上创建的文字，文字会沿着路径排列。当改变路径形状时，文字的排列方式也会发生改变。本实例素材和最终效果如图5-84所示。

图5-84

01 打开学习资源中的“素材文件>CH05>135-1.jpg”文件，如图5-85所示。

02 在工具箱中选择“钢笔工具”，绘制图5-86所示的路径。

图5-85

图5-86

技巧与提示

用于排列文字的路径可以是闭合式的，也可以是开放式的。

03 将鼠标光标放在路径上，当鼠标光标变成形状时，如图5-87所示，单击设置文字插入点，如图5-88所示，接着在路径上输入文字，此时可以发现文字会沿着路径排列，如图5-89所示。

图5-87

图5-88

图5-89

04 使用鼠标左键将所有文字选中，如图5-90所示，打开“字符”面板，然后设置字体为“方正正中黑体”，字体大小为30点，行距为18点，字距为100，并单击“仿粗体”按钮，具体参数设置如图5-91所示，效果如图5-92所示。

图5-90

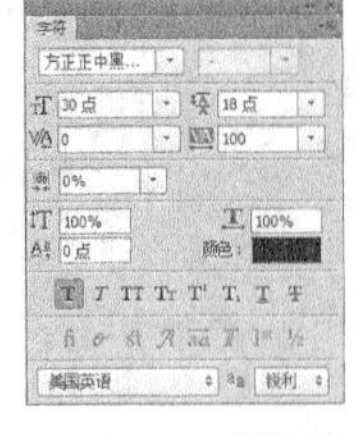

图5-91

图5-92

05 使用“移动工具”将文字调整到合适的位置，最终效果如图5-93所示。

图5-93

技巧与提示

要取消选择的路径，在“路径”面板中的空白处单击鼠标左键即可。

实例 136 ★★☆☆☆

调整文字路径形状

视频文件：实例136 调整文字路径形状.mp4　　实例位置：实例文件>CH05>实例136.psd

素材位置：素材文件>CH05>136-1.psd　　学习目标：掌握文字路径形状的调整方法

本实例主要是针对当路径文字绘制方向错误时，如何使用“直接选择工具”进行正确的调整，以达到文字的最佳效果。本实例素材和最终效果如图5-94所示。

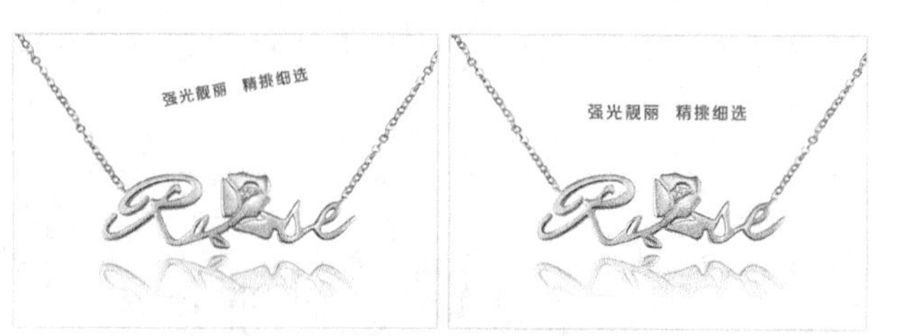

图5-94

01 打开学习资源中的“素材文件>CH05>136-1.psd”文件，如图5-95所示。

图5-95

02 执行“窗口>路径”菜单命令，打开“路径”面板，选择该文字路径，如图5-96所示。

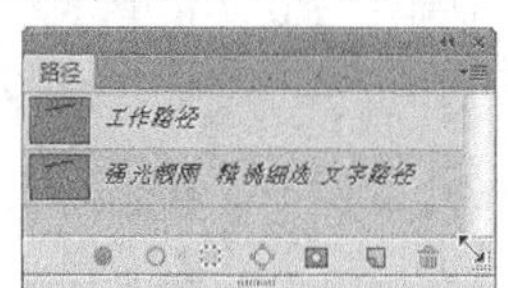

图5-96

技巧与提示

如果要将路径在文档窗口中显示出来，可以在“路径”面板单击该路径。

03 在工具箱中选择“直接选择工具”，如图5-97所示，然后选择文字的路径，接着将其调整成图5-98所示的形状。

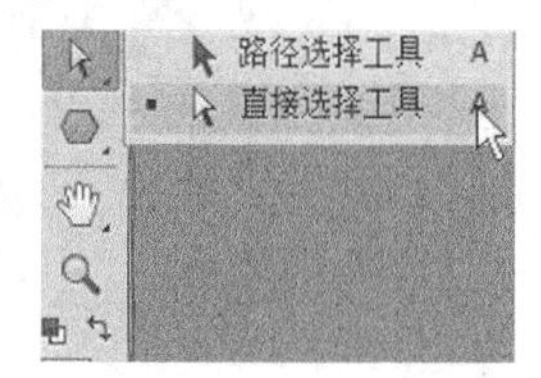

图5-97

图5-98

技巧与提示

需要注意的是在制作中不能使用“移动工具”选择路径，“移动工具”只能用来选择图像，此处只能用“路径选择工具”选择路径。

04 完成后按小键盘上的Enter键确认操作，效果如图5-99所示。

图5-99

05 打开“字符”面板，然后设置字体为“方正正准黑简体”，字体大小为40点，行距为18点，字距为100，并单击“仿粗体”按钮，具体参数设置如图5-100所示，最终效果如图5-101所示。

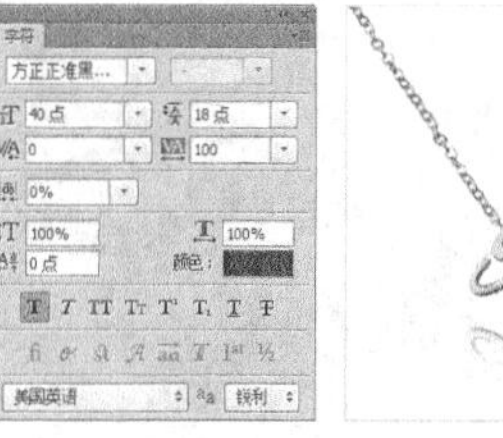

图5-100

图5-101

实例 137 文字位置的排列

★★☆☆☆

- 视频文件：实例137 文字位置的排列.mp4
- 实例位置：实例文件>CH05>实例137.psd
- 素材位置：素材文件>CH05>137-1.jpg
- 学习目标：掌握文字位置的排列方法

在处理商品图上的文字时，可以使用“钢笔工具”来创建和更改文字的排列路径。本实例素材和最终效果如图5-102所示。

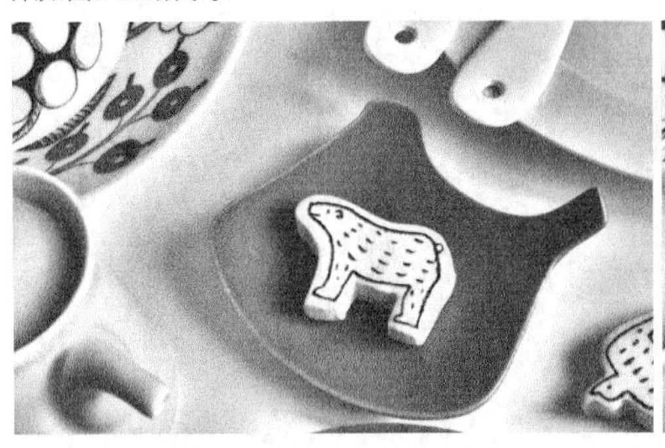

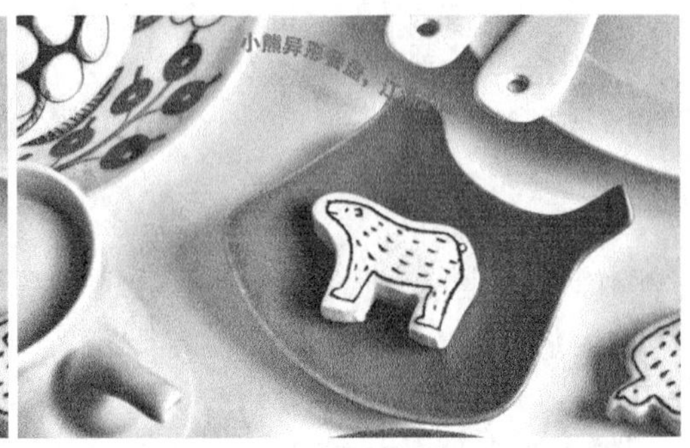

图5-102

01 打开学习资源中的“素材文件>CH05>137-1.jpg”文件，如图5-103所示。

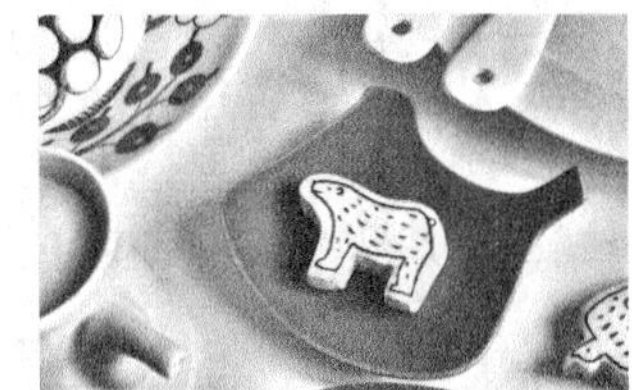

图5-103

02 使用“钢笔工具” 绘制图5-104所示的路径。

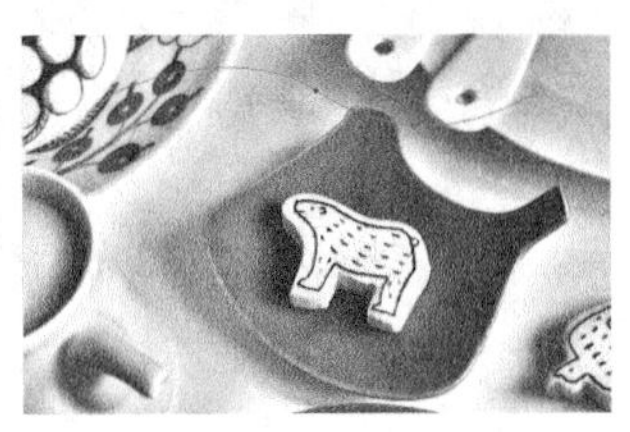

图5-104

03 将鼠标光标放在路径上，当鼠标光标变成 形状时，单击设置文字插入点，接着在路径上输入文字，此时可以发现文字会沿着路径排列，如图5-105所示。

图5-105

04 执行“窗口>路径”菜单命令，打开“路径”面板，选择该文字路径，如图5-106所示。

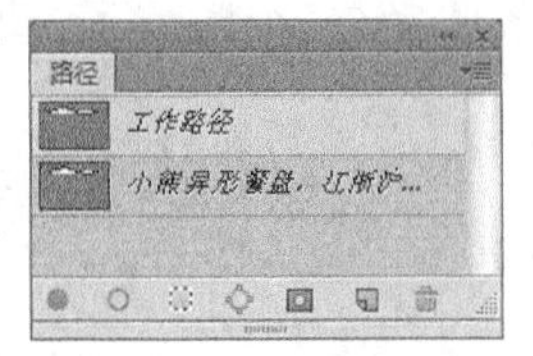

图5-106

05 在工具箱中选择“路径选择工具” ，然后选择文字的路径，单击鼠标左键调整该路径的锚点，如图5-107所示。

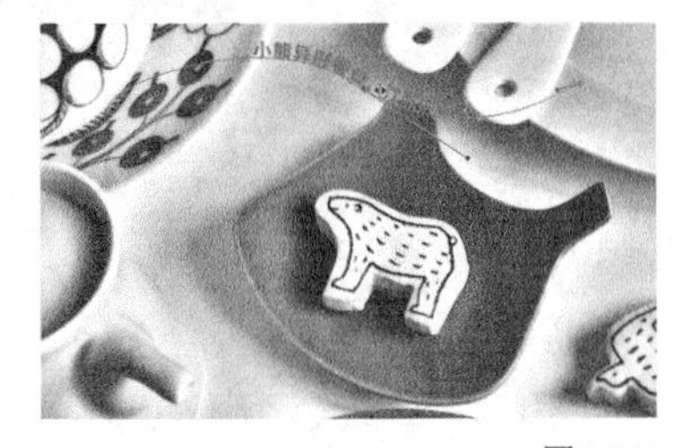

图5-107

06 完成后按小键盘上的Enter键确认操作，即可调整文字位置的排列，最终效果如图5-108所示。

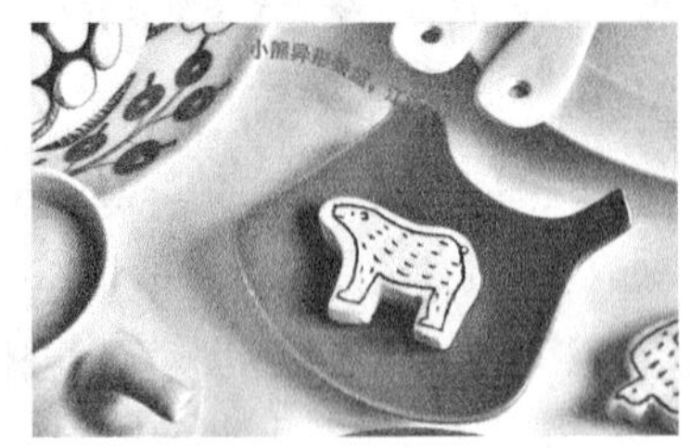

图5-108

文字的扭曲效果

- 视频文件：实例138 文字的扭曲效果.mp4
- 实例位置：实例文件>CH05>实例138.psd
- 素材位置：素材文件>CH05>138-1.jpg
- 学习目标：掌握文字变形命令的使用方法

淘宝卖家在处理文字的时候，可以使用“文字变形”命令对文字形态进行处理，从而制作出扭曲效果。本实例素材和最终效果如图5-109所示。

图5-109

01 打开学习资源中的“素材文件>CH05>138-1.jpg”文件，如图5-110所示。

图5-110

02 在“横排文字工具”T的选项栏中单击“切换字符和段落面板”按钮，打开“字符”面板，然后设置字体为“方正兰亭粗黑体”，字体大小为101.5点，行距为104.4点，“颜色”为（R:251，G:17，B:121），具体参数设置如图5-111和图5-112所示。

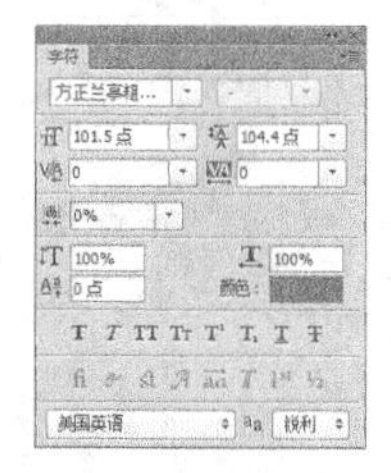

图5-111

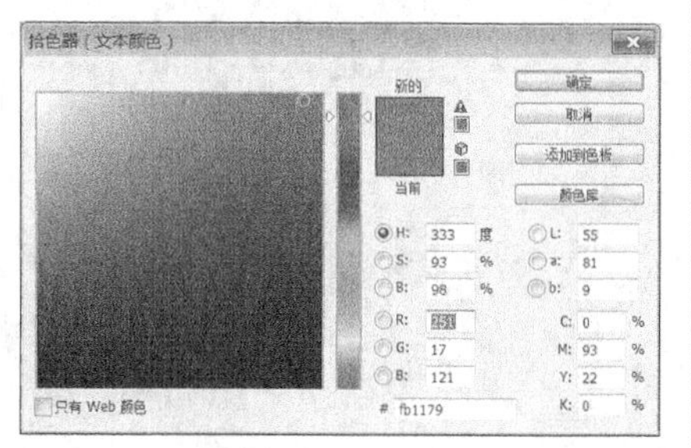

图5-112

03 使用“横排文字工具”T在画布中单击鼠标左键设置插入点，输入相应的文字，如图5-113所示。

图5-113

04 执行“文字>文字变形”菜单命令，如图5-114所示，打开“变形文字”对话框，然后设置“样式”为“旗帜”，“弯曲”为34%，“水平扭曲”为－8%，如图5-115所示，最终效果如图5-116所示。

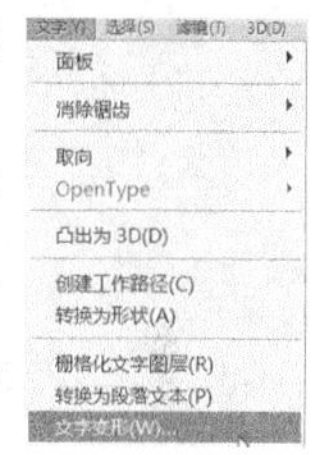

图5-114

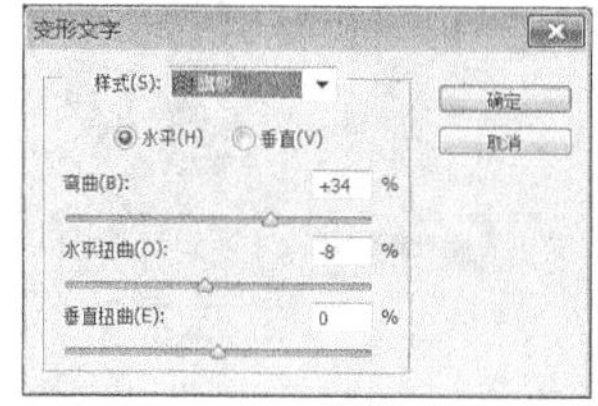

图5-115

图5-116

技巧与提示

输入文字以后，在文字工具的选项栏中单击“创建文字变形”按钮，打开“变形文字”对话框，在该对话框中可以选择变形文字的方式，如图5-117所示。

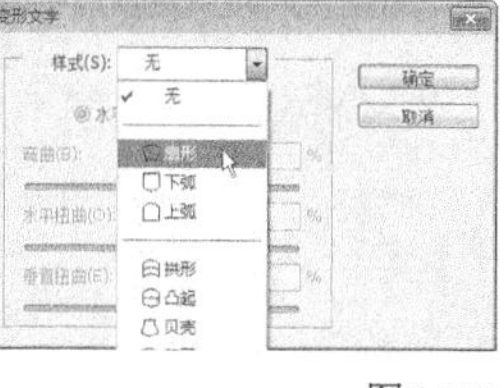

图5-117

实例 139 如何编辑变形文字

★★☆☆☆

- 视频文件：实例139 如何编辑变形文字.mp4
- 实例位置：实例文件>CH05>实例139.psd
- 素材位置：素材文件>CH05>139-1.psd
- 学习目标：掌握变形文字的编辑方法

淘宝卖家在处理产品文字时，可以使用“文字变形”命令对已经变形的文字进行二次编辑。本实例素材和最终效果如图5-118所示。

图5-118

01 打开学习资源中的“素材文件>CH05>139-1.psd”文件，如图5-119所示。

图5-119

02 打开“图层”面板，然后选择该变形文字图层，如图5-120所示。

图5-120

03 执行“文字>文字变形”菜单命令，如图5-121所示，打开“变形文字”对话框，然后设置“样式”为“花冠”，“弯曲”为44%，“水平扭曲”为-7%，“垂直扭曲”为-14%，如图5-122所示，最终效果如图5-123所示。

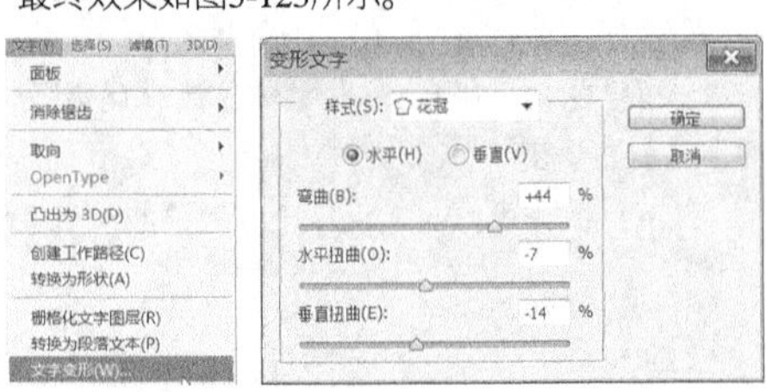

图5-121 图5-122

图5-123

实例140 商品文字路径的创建

★★☆☆☆

视频文件：实例140 商品文字路径的创建.mp4
实例位置：实例文件>CH05>实例140.psd
素材位置：素材文件>CH05>140-1.psd
学习目标：掌握商品文字路径的创建方法

在处理文字效果时，为了更快捷键地编辑和处理原文字，可以为文字创建工作路径。本实例素材和最终效果如图5-124所示。

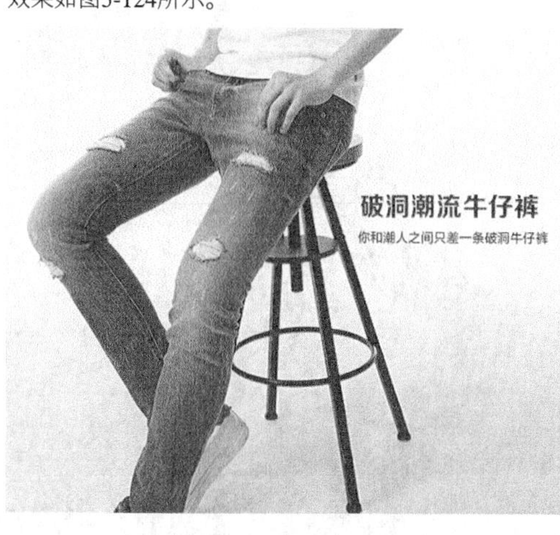

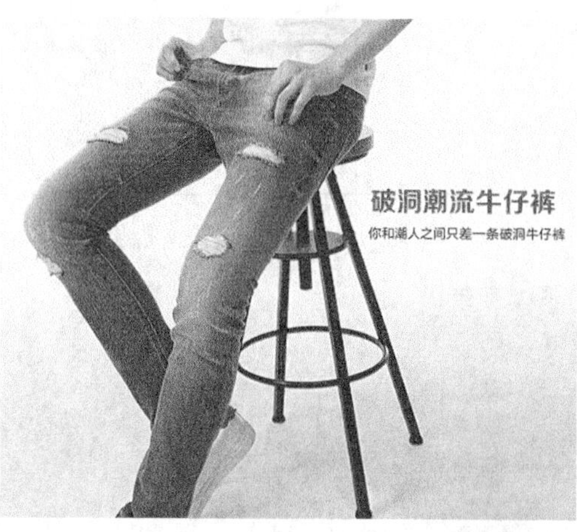

图5-124

01 打开学习资源中的“素材文件>CH05>140-1.psd”文件，如图5-125所示。

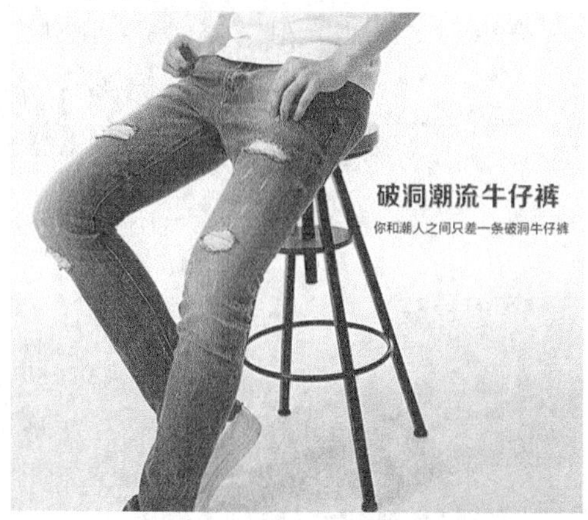

图5-125

02 打开“图层”面板，然后选择文字图层，如图5-126所示，接着执行“文字>创建工作路径”菜单命令，为文字轮廓创建工作路径，如图5-127所示，效果如图5-128所示。

图5-126

图5-127

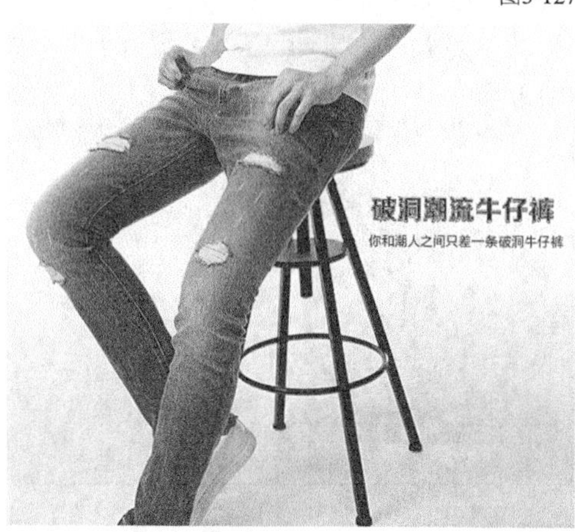

图5-128

03 单击文字图层缩略图左侧的眼睛图标，暂时隐藏文字图层，如图5-129所示，这样更方便我们清楚地查看路径，如图5-130所示。

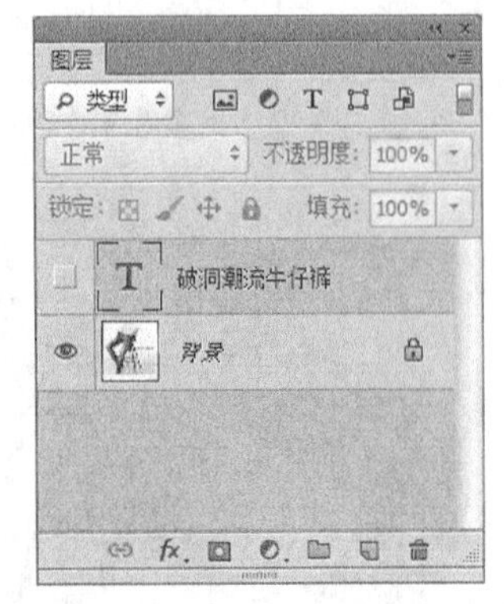

图5-129

图5-130

04 按快捷键Ctrl+Enter将文字路径载入选区，然后设置前景色为（R:83，G:83，B:83），如图5-131所示。

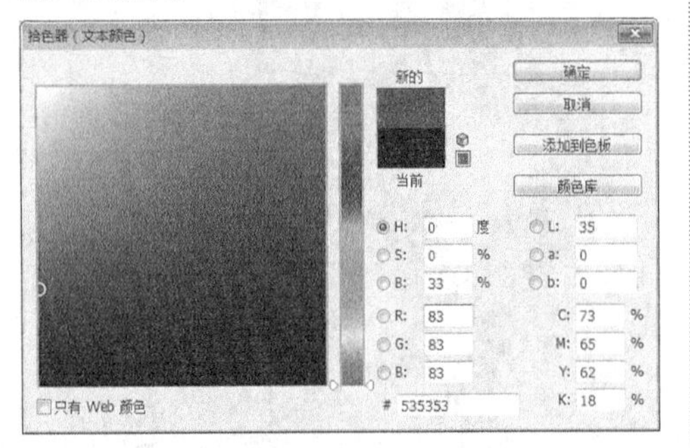

图5-131

05 新建“图层1”图层，如图5-132所示，然后按快捷键Alt+Delete填充该文字选区，效果如图5-133所示。

图5-132

图5-133

06 执行“选择>取消选择”菜单命令或按快捷键Ctrl+D取消选区，如图5-134所示，最终效果如图5-135所示。

选择(S)	滤镜(T) 3D(D) 视图(V)
全部(A)	Ctrl+A
取消选择(D)	Ctrl+D
重新选择(E)	Shift+Ctrl+D
反向(I)	Shift+Ctrl+I
所有图层(L)	Alt+Ctrl+A
取消选择图层(S)	
查找图层	Alt+Shift+Ctrl+F

图5-134

图5-135

实例141 ★★☆☆☆

文字的图像效果

视频文件：实例141 文字的图像效果.mp4　实例位置：实例文件>CH05>实例141.psd
素材位置：素材文件>CH05>141-1.jpg　学习目标：掌握将文字转换为图像的方法

淘宝卖家在为商品添加文字的时候，使用“栅格化文字图层”命令可以将文字图层直接转换为普通图层。本实例素材和最终效果如图5-136所示。

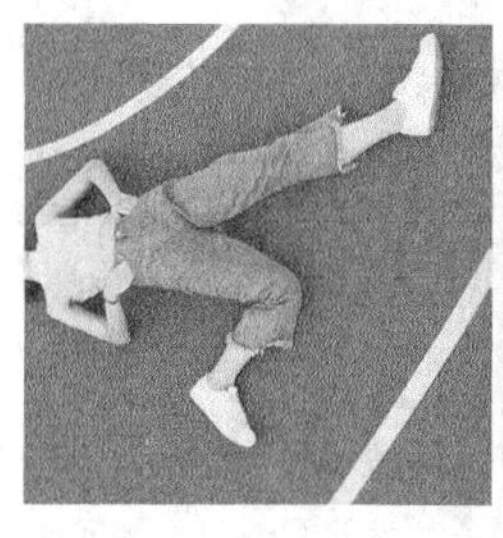

图5-136

01 打开学习资源中的“素材文件>CH05>141-1.jpg”文件，如图5-137所示。

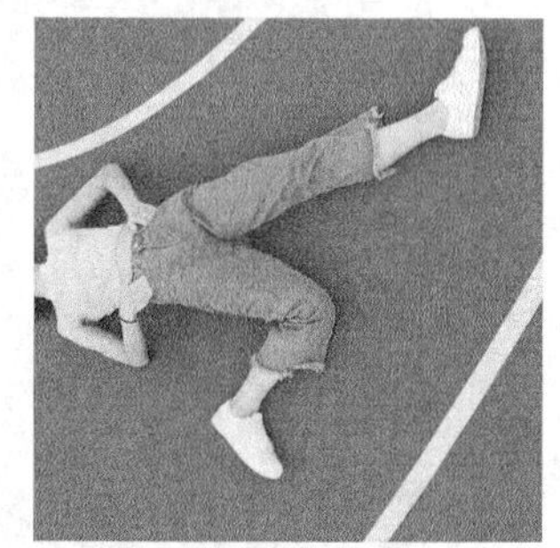

图5-137

02 执行“窗口>字符”菜单命令，打开“字符”面板，然后设置字体为“方正兰亭粗黑体”，字体大小为70点，行距为72点，“颜色”为白色，具体参数设置如图5-138所示。

03 使用“横排文字工具”在操作区域中输入相应文字，如图5-139所示。

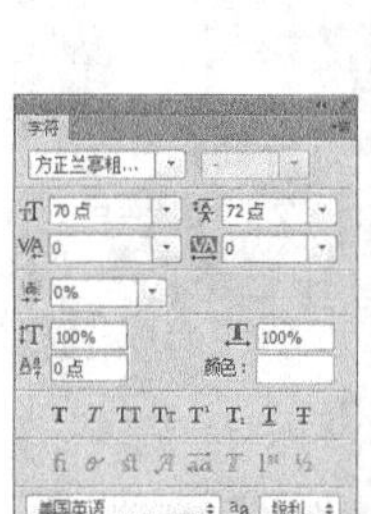

图5-138　图5-139

04 执行“文字>栅格化文字图层”菜单命令，如图5-140所示，即可将文字图层转换为普通图层，如图5-141所示。

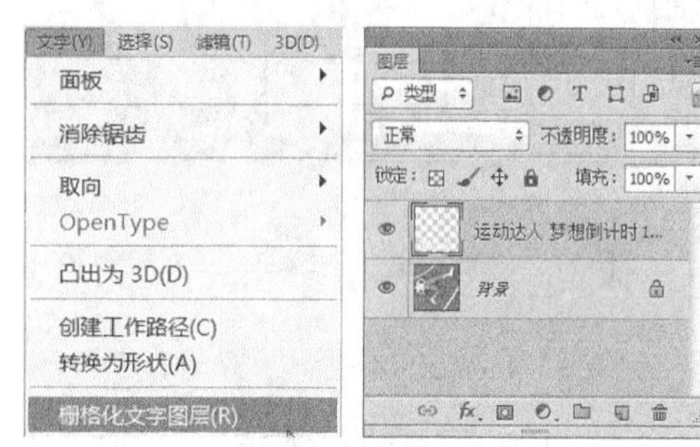

图5-140　图5-141

技巧与提示

栅格化文字图层的方法共有以下3种。

第1种：在“图层”面板中选择文字图层，然后在图层名称上单击鼠标右键，接着在弹出的菜单中选择“栅格化文字”命令，如图5-142所示，即可将文字图层转换为普通图层，如图5-143所示。

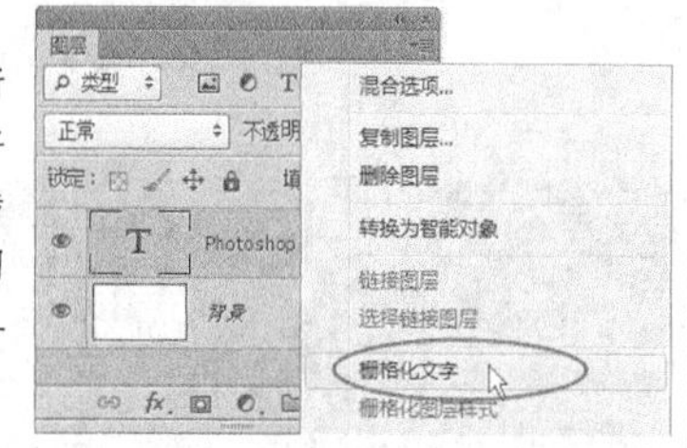

图5-142

图5-143

第2种：执行“文字>栅格化文字图层”菜单命令。

第3种：执行“图层>栅格化>文字”菜单命令。

05 在工具箱中选择“魔棒工具”，然后在文字上任意区域单击，如图5-144所示。

图5-144

06 执行“选择>选取相似”菜单命令，如图5-145所示，即可将文字全部载入选区，如图5-146所示。

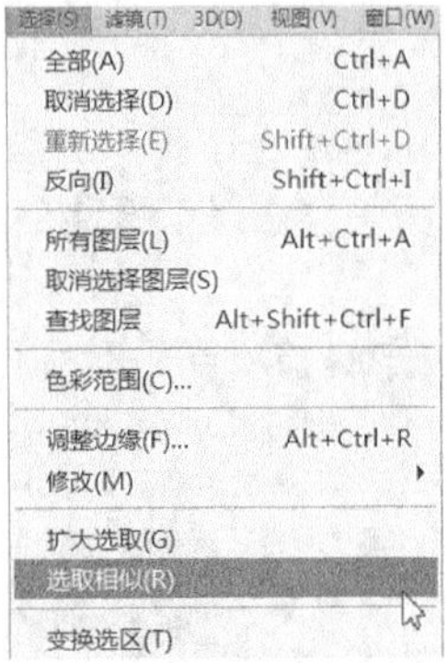

选择(S) 滤镜(T) 3D(D) 视图(V) 窗口(W)
全部(A) Ctrl+A
取消选择(D) Ctrl+D
重新选择(E) Shift+Ctrl+D
反向(I) Shift+Ctrl+I
所有图层(L) Alt+Ctrl+A
取消选择图层(S)
查找图层 Alt+Shift+Ctrl+F
色彩范围(C)...
调整边缘(F)... Alt+Ctrl+R
修改(M)
扩大选取(G)
选取相似(R)
变换选区(T)

图5-145

图5-146

07 设置前景色为（R:255，G:166，B:51），如图5-147所示，然后按快捷键Alt+Delete填充该文字选区，效果如图5-148所示。

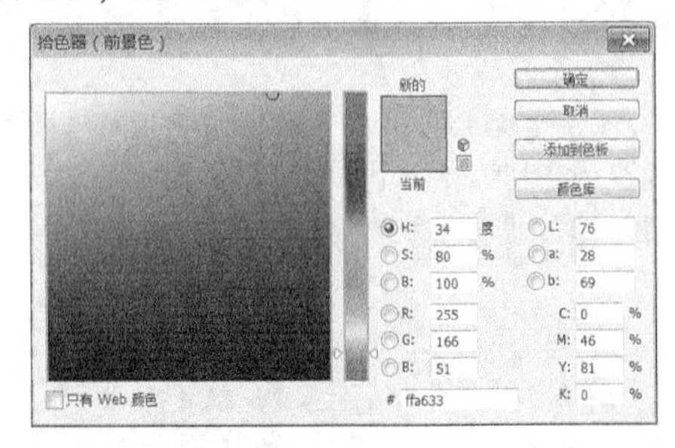

图5-147

图5-148

08 执行“选择>取消选择”菜单命令或按快捷键Ctrl+D取消选区，如图5-149所示，最终效果如图5-150所示。

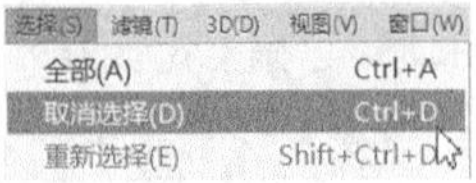

选择(S) 滤镜(T) 3D(D) 视图(V) 窗口(W)
全部(A) Ctrl+A
取消选择(D) Ctrl+D
重新选择(E) Shift+Ctrl+D

图5-149

图5-150

实例142 改变文字的颜色

★★☆☆☆

视频文件：实例142 改变文字的颜色.mp4
实例位置：实例文件>CH05>实例142.psd
素材位置：素材文件>CH05>142-1.jpg
学习目标：掌握改变文字颜色的方法

使用“颜色叠加”样式可以在图像上叠加设置的颜色。本实例素材和最终效果如图5-151所示。

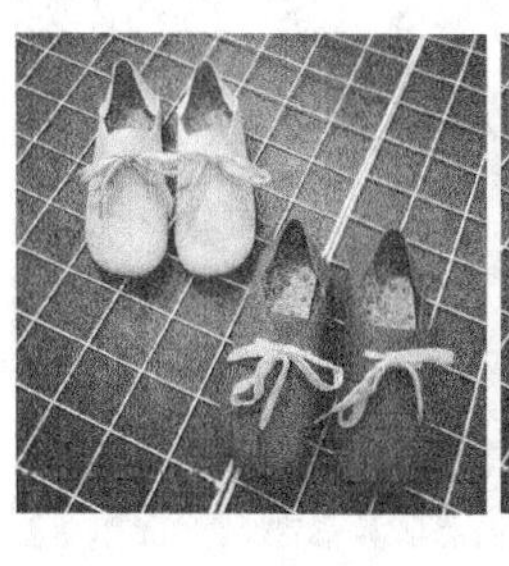

图5-151

01 打开学习资源中的“素材文件>CH05>142-1.jpg”文件，如图5-152所示。

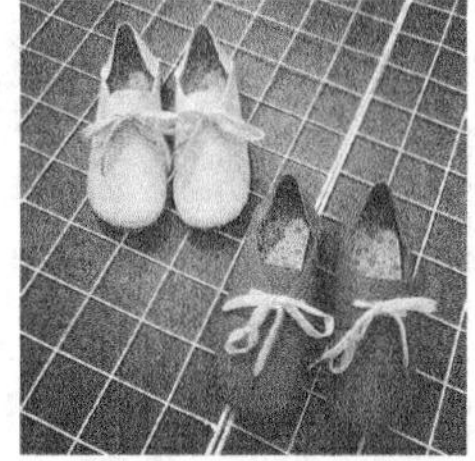

图5-152

02 执行“窗口>字符”菜单命令，打开“字符”面板，然后设置字体为“方正兰亭粗黑体”，字体大小为70点，行距为72点，“颜色”为白色，具体参数设置如图5-153所示。

图5-153

03 在工具箱中选择“横排文字工具”在操作区域中输入文字，如图5-154所示。

图5-154

技巧与提示

在画布中输入文字后，可以使用“移动工具”结束文字输入，然后重新使用“横排文字工具”进行相应的文字输入，从而形成两个不同的文字图层。

04 选择顶端的文字图层，如图5-155所示，然后执行“图层>图层样式>颜色叠加”菜单命令，如图5-156所示。

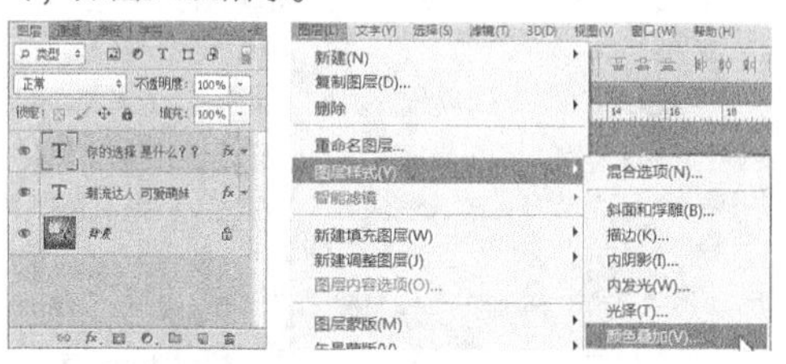

图5-155　　图5-156

05 打开“图层样式”对话框，然后双击颜色色块，打开“拾色器”对话框，设置颜色为（R:255，G:31，B:142），如图5-157和图5-158所示，文字效果如图5-159所示。

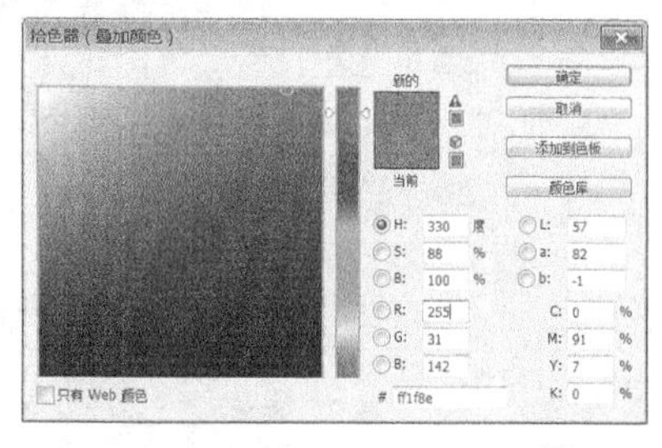

图5-157

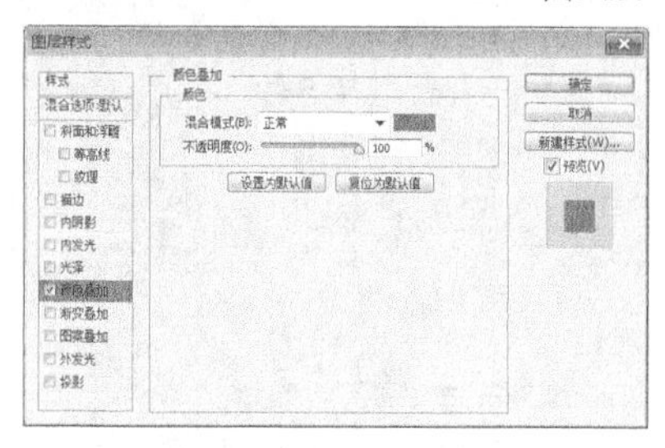

图5-158

图5-159

技巧与提示

如果要为一个图层添加图层样式，先要打开“图层样式”对话框。打开“图层样式”对话框的方法主要有以下3种。

第1种：执行“图层样式>描边”菜单命令（这里可以选择“图层样式”后的任意选项），如图5-160所示，然后系统会打开“图层样式”对话框，如图5-161所示。

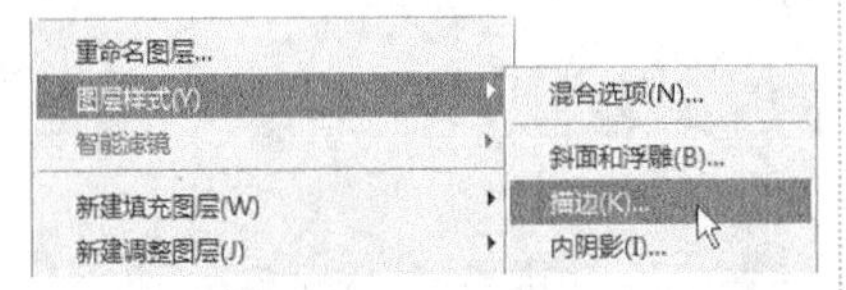

图5-160

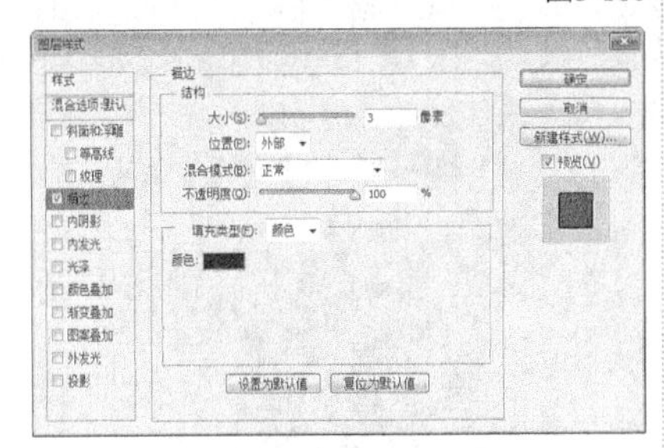

图5-161

第2种：在“图层”面板下单击“添加图层样式”按钮fx，在弹出的菜单中选择一种样式即可打开“图层样式”对话框，如图5-162所示。

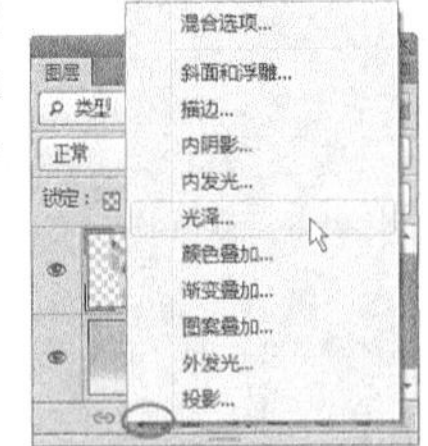

图5-162

第3种：在“图层”面板中双击需要添加样式的图层缩略图，也可以打开“图层样式”对话框。

06 选择“背景”图层上方的文字图层，如图5-163所示，然后同样使用“颜色叠加”图层样式，并设置颜色为（R:254，G:212，B:43），如图5-164和图5-165所示。

图5-163

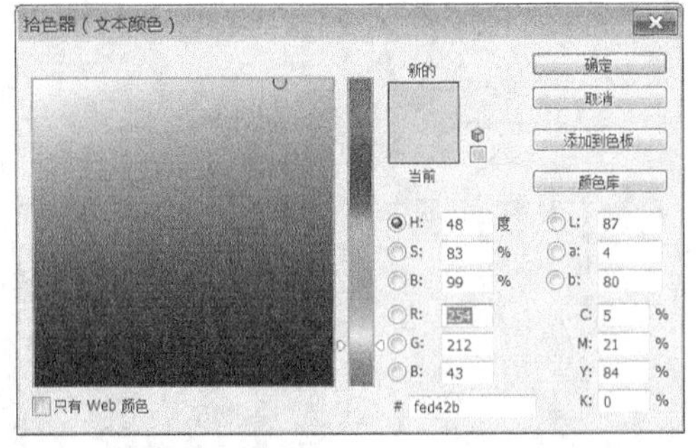

图5-164

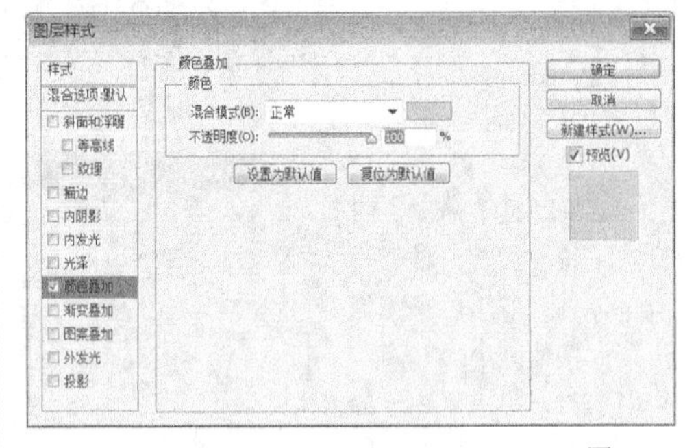

图5-165

07 在“图层样式”对话框中设置好样式参数后，单击“确定”按钮 确定 即可为选定图层添加样式，添加了样式的图层的右侧会出现一个fx图标，此时“图层”面板如图5-166所示，最终效果如图5-167所示。

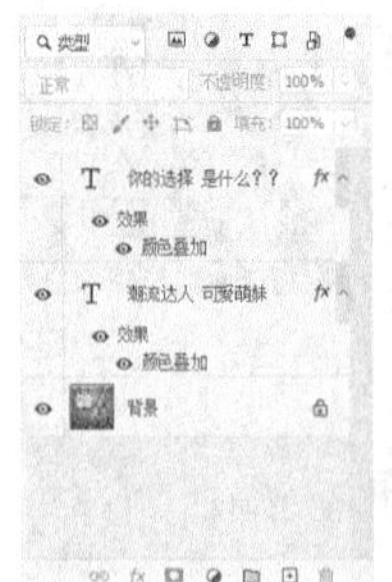

图5-166

图5-167

实例 143 ★★☆☆☆

文字的渐变效果

- 视频文件：实例143 文字的渐变效果.mp4
- 实例位置：实例文件>CH05>实例143.psd
- 素材位置：素材文件>CH05>143-1.jpg
- 学习目标：掌握使用渐变叠加样式制作渐变文字效果的方法

使用“渐变叠加”样式可以在图层上叠加指定的渐变色。本实例素材和最终效果如图5-168所示。

图5-168

01 打开学习资源中的“素材文件>CH05>143-1.jpg”文件，如图5-169所示。

图5-169

02 打开“字符”面板，然后设置字体为“方正韵动粗黑体”，字体大小为52.67点，行距为61.95点，“颜色”为红色，具体参数设置如图5-170所示。

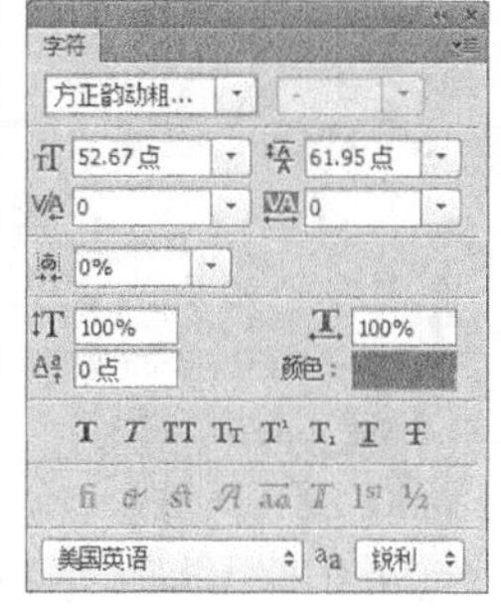

图5-170

03 在工具箱中选择“横排文字工具”T，在画布中单击鼠标左键设置插入点，输入相应的文字，如图5-171所示。

图5-171

04 执行“图层>图层样式>渐变叠加”菜单命令，如图5-172所示，打开“图层样式”对话框，然后设置渐变为“蓝红黄渐变”，接着设置“角度”为-32度，“缩放”为62%，如图5-173所示。

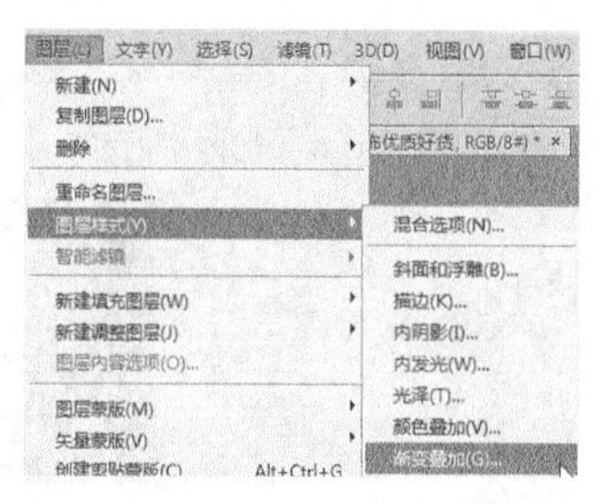

图5-172

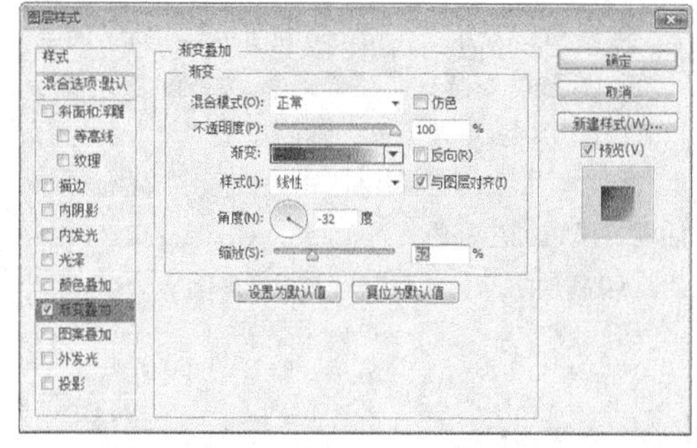

图5-173

05 在“图层样式”对话框中设置好样式参数后，单击“确定”按钮 确定 即可为选定图层添加样式，添加了样式的图层的右侧会出现一个 fx 图标，如图5-174所示，最终效果如图5-175所示。

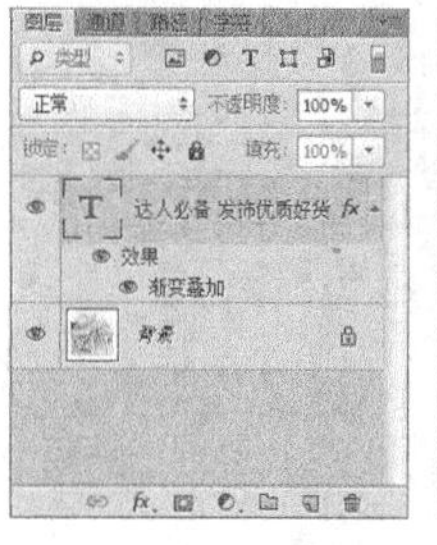

图5-174

图5-175

实例 144 ★★☆☆☆

商品文字的描边效果

视频文件：实例144 商品文字的描边效果.mp4
实例位置：实例文件>CH05>实例144.psd
素材位置：素材文件>CH05>144-1.psd
学习目标：掌握商品文字的描边方法

“描边”样式可以使用颜色、渐变及图案来描绘图像的轮廓边缘。本实例素材和最终效果如图5-176所示。

图5-176

01 打开学习资源中的“素材文件>CH05>144-1.psd”文件，如图5-177所示。

图5-177

02 选择文字图层，如图5-178所示，执行“图层>图层样式>描边”菜单命令，如图5-179所示，打开“图层样式”对话框，然后设置“大小”为8像素，接着用鼠标双击颜色色块，打开“拾色器”对话框，设置描边颜色为（R:253，G:208，B:150），如图5-180所示，具体参数设置如图5-181所示。

图5-178

图5-179

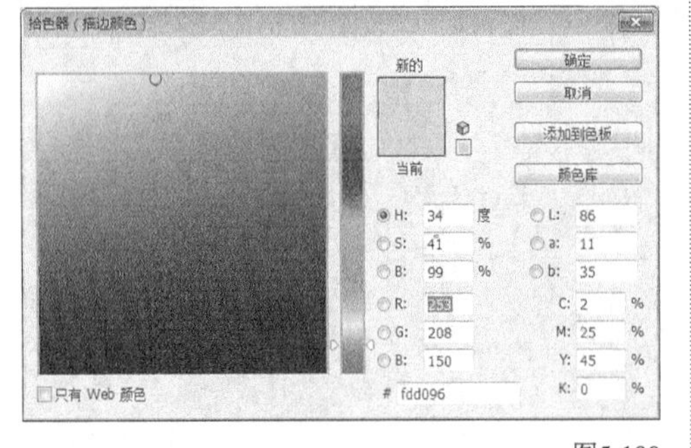

图5-180

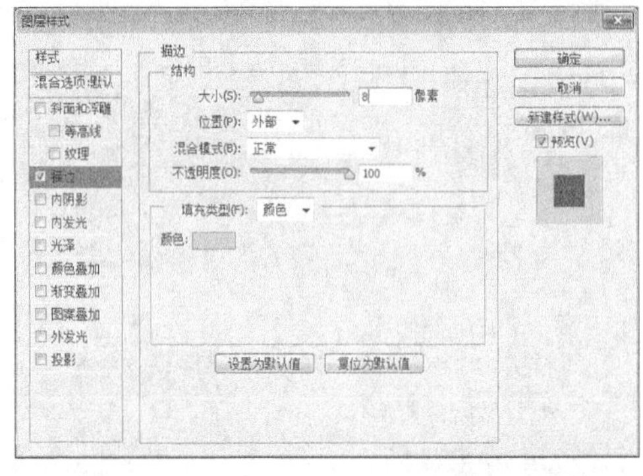

图5-181

03 在“图层样式”对话框中设置好样式参数后，单击“确定”按钮 确定 即可为选定图层添加样式，添加了样式的图层的右侧会出现一个 fx 图标，如图5-182所示，最终效果如图5-183所示。

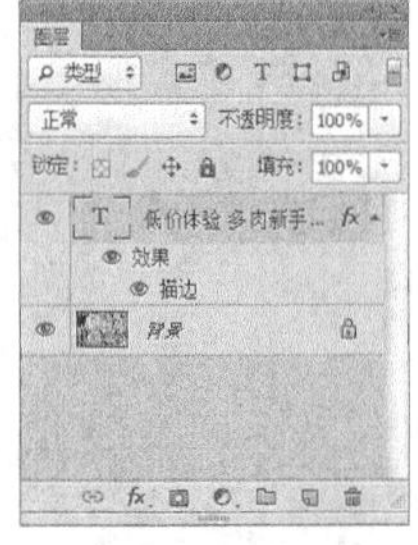

图5-182

图5-183

立体文字效果

视频文件：实例145 立体文字效果.mp4　　实例位置：实例文件>CH05>实例145.psd

素材位置：素材文件>CH05>145-1.psd　　学习目标：掌握斜面和浮雕样式的用法

使用“斜面和浮雕”样式可以为图层添加高光与阴影，使文字产生立体的浮雕效果。本实例素材和最终效果如图5-184所示。

图5-184

01 打开学习资源中的“素材文件>CH05>145-1.psd”文件，如图5-185所示。

图5-185

02 执行“图层>图层样式>斜面和浮雕”菜单命令，如图5-186所示，打开“图层样式”对话框，然后设置“大小”为5像素，“软化”为2像素，接着设置“角度”为－18度，“高度”为21度，再设置“光泽等高线”为预设的“高斯”，具体参数设置如图5-187所示。

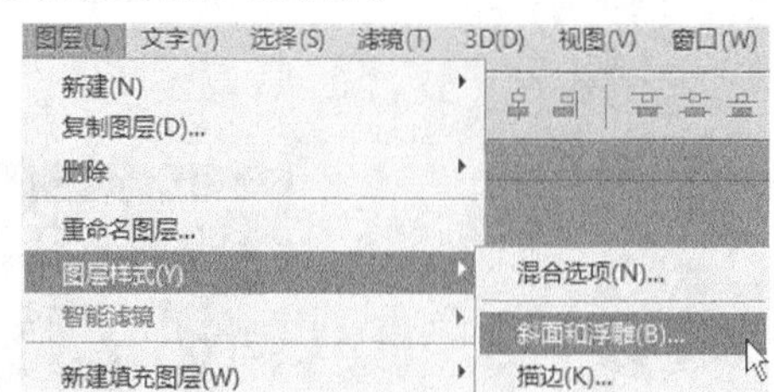

图5-186

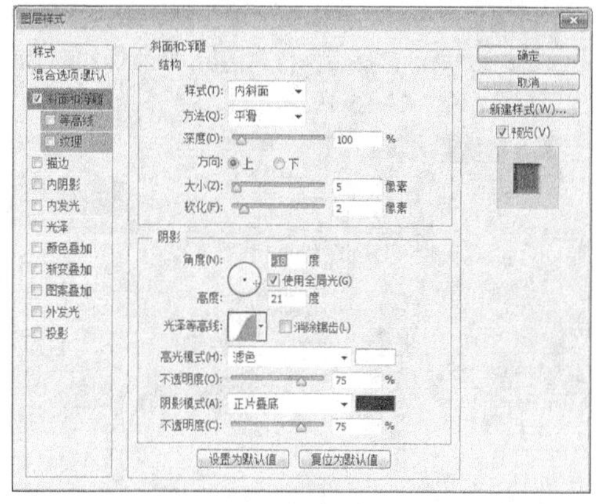

图5-187

03 在“图层样式”对话框中设置好样式参数后，单击“确定”按钮 确定 即可为选定图层添加样式，添加了样式的图层的右侧会出现一个 fx 图标，如图5-188所示，最终效果如图5-189所示。

图5-188

图5-189

实例

146

★★☆☆☆

文字的发光效果

» 视频文件：实例146 文字的发光效果.mp4　　» 实例位置：实例文件>CH05>实例146.psd

» 素材位置：素材文件>CH05>146-1.psd　　» 学习目标：掌握使用外发光样式制作发光字的方法

使用“外发光”样式可以沿图层内容的边缘向外创建发光效果。本实例素材和最终效果如图5-190所示。

图5-190

01 打开学习资源中的“素材文件> CH05>146-1.psd”文件，如图5-191所示。

图5-191

02 选择“芦荟矿物睡眠面膜”文字图层，如图5-192所示，然后执行“图层>图层样式>外发光”菜单命令，如图5-193所示。

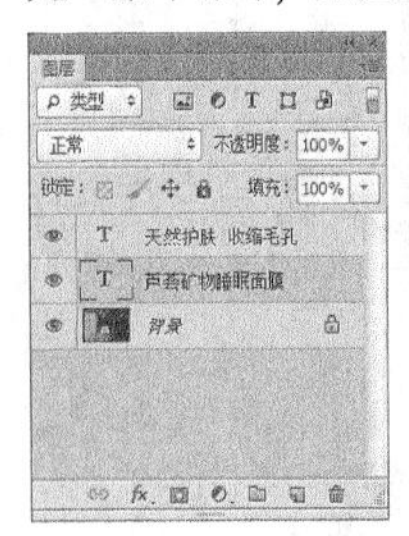

图5-192

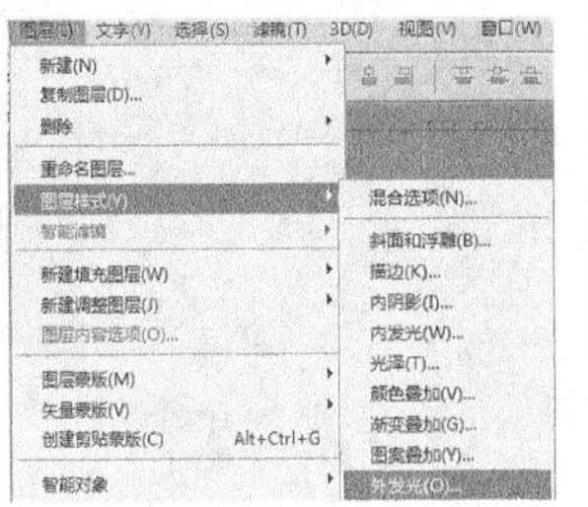

图5-193

03 打开“图层样式”对话框，然后设置“不透明度”为84%，发光颜色为黄色，接着设置“扩展”为32%，“大小”为7像素，最后设置“等高线”为“画圆步骤”，如图5-194所示，文字效果如图5-195所示。

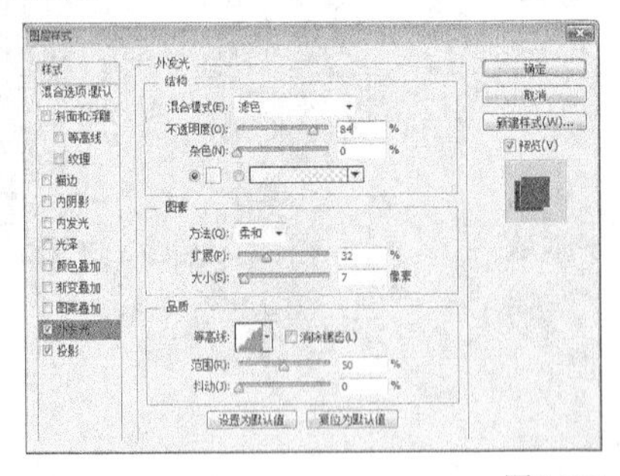

图5-194

图5-195

04 在文字图层名称上单击鼠标右键，在弹出的菜单中选择“拷贝图层样式”命令，如图5-196所示。

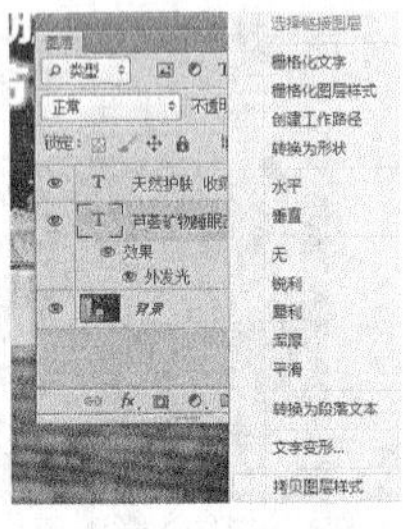

图5-196

05 选择顶端文字图层，如图5-197所示，在目标图层的名称上单击鼠标右键，在弹出的菜单中选择“粘贴图层样式”命令，如图5-198所示，最终效果如图5-199所示。

图5-197

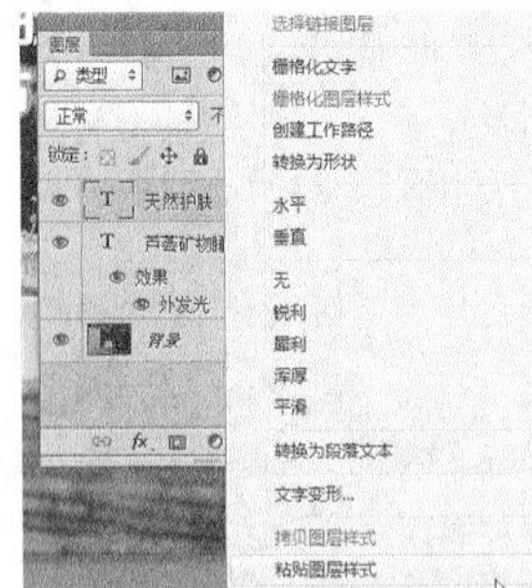

图5-198

图5-199

实例147 文字的投影效果

★★☆☆☆

视频文件：实例147 文字的投影效果.mp4　　实例位置：实例文件>CH05>实例147.psd

素材位置：素材文件>CH05>147-1.jpg　　学习目标：掌握投影样式的用法

用“投影”样式可以为图层添加投影，使文字产生立体感。本实例素材和最终效果如图5-200所示。

图5-200

01 打开学习资源中的“素材文件>CH05>147-1.jpg”文件，如图5-201所示。

图5-201

02 打开“字符”面板，然后设置字体为“方正兰亭粗黑体”，字体大小为157点，“颜色”为白色，具体参数设置如图5-202所示。

图5-202

03 使用“横排文字工具”T在画布中单击鼠标左键设置插入点，输入相应的文字，如图5-203所示。

图5-203

04 执行“图层>图层样式>投影”菜单命令，如图5-204所示，打开“图层样式”对话框，然后设置“角度”为30度，“距离”为8像素，“扩展”为21%，“大小”为16像素，如图5-205所示。

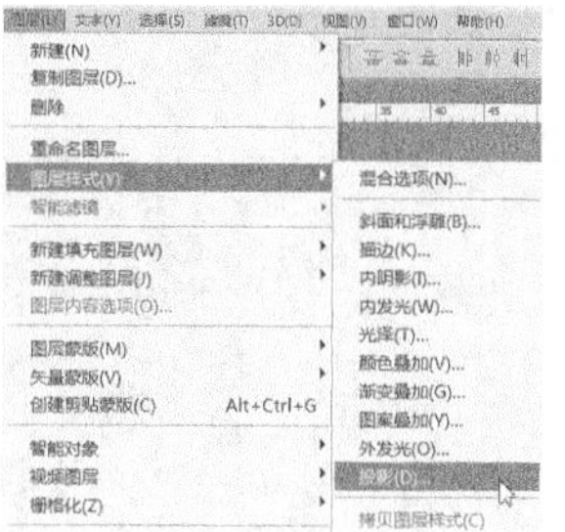

图5-204

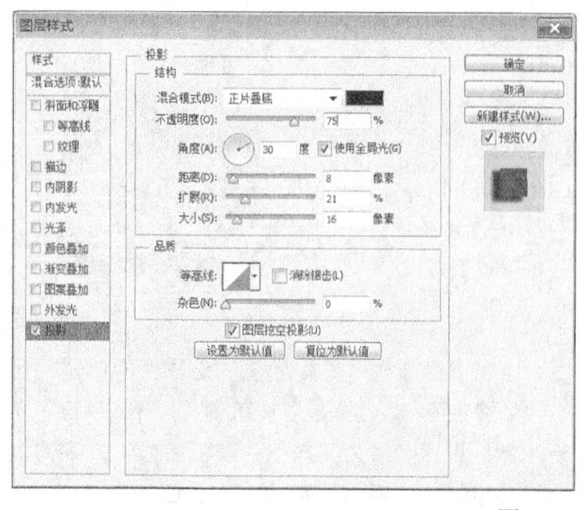

图5-205

05 在“图层样式”对话框中设置好样式参数后，单击“确定”按钮 确定 即可为选定图层添加样式，添加了样式的图层的右侧会出现一个fx图标，如图5-206所示，最终效果如图5-207所示。

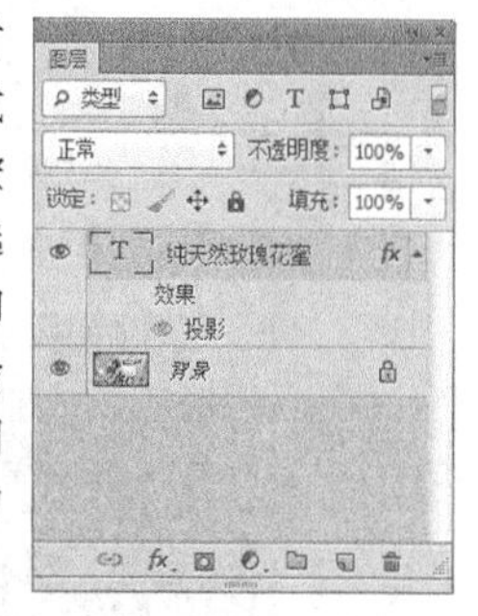

图5-206

图5-207

实例 148 ★★☆☆☆

文字的图案叠加效果

视频文件：实例148 文字的图案叠加效果.mp4 实例位置：实例文件>CH05>实例148.psd
素材位置：素材文件>CH05>148-1.jpg 学习目标：掌握文字的图案叠加样式的用法

使用“图案叠加”样式可以在图像上叠加设置的图案。本实例素材和最终效果如图5-208所示。

图5-208

01 打开学习资源中的“素材文件>CH05>148-1.jpg”文件，如图5-209所示。

图5-209

02 在“横排文字工具”[T]的选项栏中单击“切换字符和段落面板”按钮，打开“字符”面板，然后设置字体为“方正兰亭粗黑体”，字体大小为60.24点，“颜色”为（R:147，G:2，B:147），如图5-210所示，具体参数设置如图5-211所示。

03 使用“横排文字工具”[T]在画布中单击鼠标左键设置插入点，输入相应的文字，如图5-212所示。

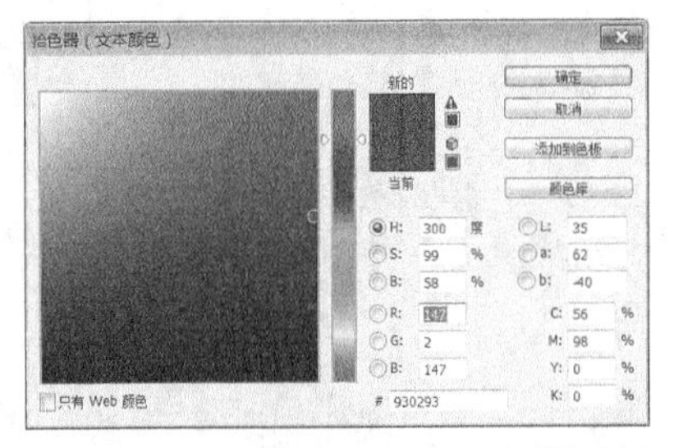

图5-210

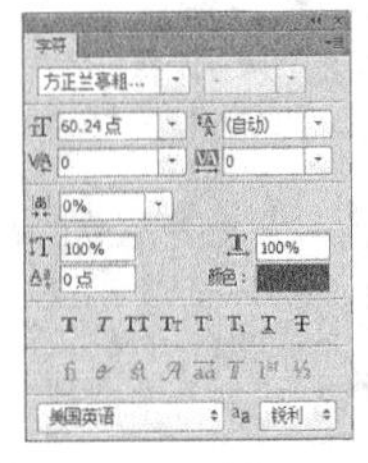

图5-211 图5-212

04 执行“图层>图层样式>图案叠加”菜单命令，如图5-213所示，打开“图层样式”对话框，然后选择“水平排列”图案，如图5-214所示，最终效果如图5-215所示。

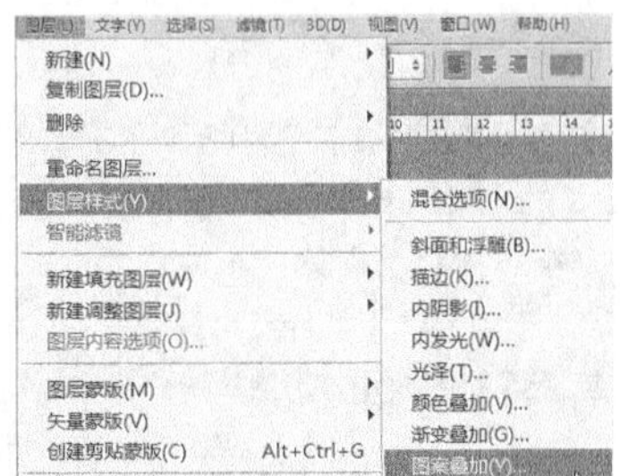

图5-213

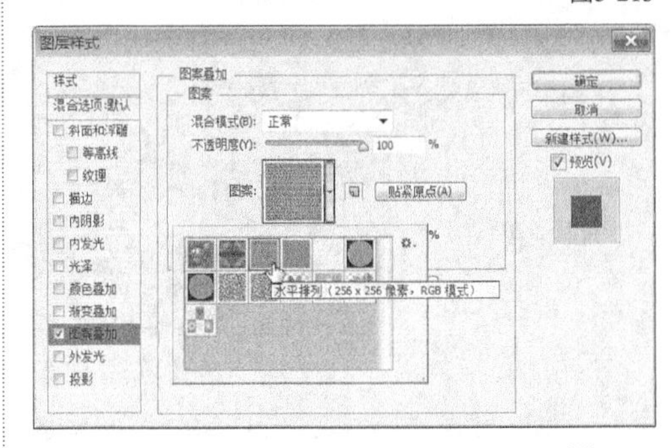

图5-214

图5-215

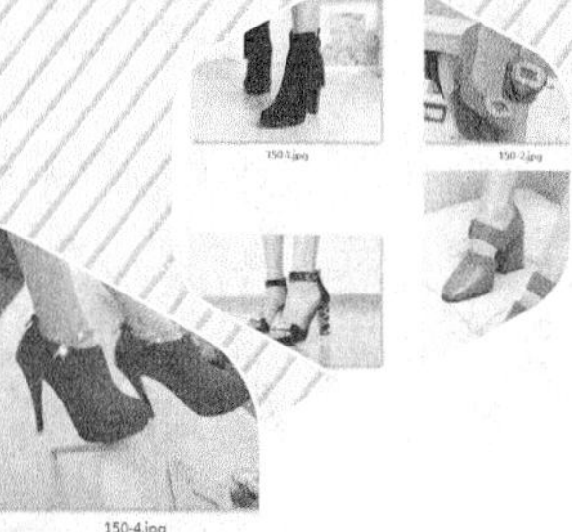

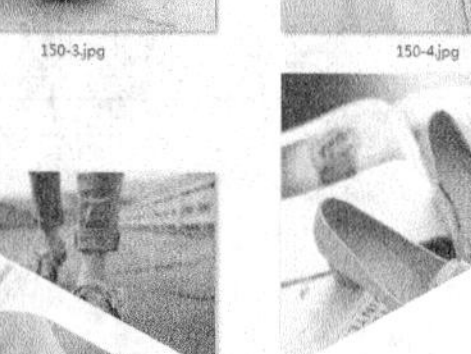

第6章 Photoshop在淘宝网店装修中的高级应用

本章关键实例导航

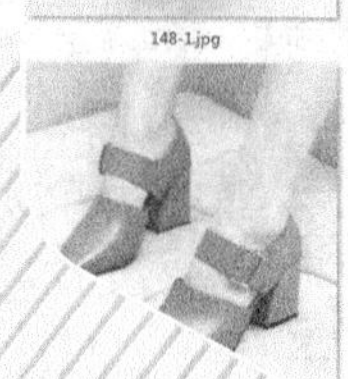

实例 149 批处理图像文件

★★☆☆☆

- 视频文件：无
- 实例位置：实例文件>CH06>实例149
- 素材位置：素材文件>CH06>149-1
- 学习目标：掌握批处理图像文件的方法

本实例主要练习使用“批处理”命令处理一批图像文件，素材和最终效果如图6-1所示。

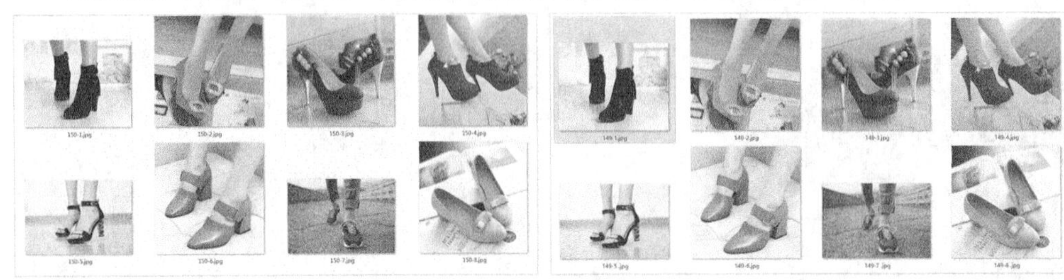

图6-1

01 执行“文件>自动>批处理”菜单命令，如图6-2所示，打开“批处理”对话框，然后在“播放”选项组下设置动作为“棕褐色调”，并设置“源”为“文件夹”，接着单击下面的“选择”按钮 选择(C)... ，最后弹出的对话框中选择学习资源中的“素材文件>CH06>149-1”文件夹，如图6-3所示。

导出(E)
生成
在 Behance 上共享(D)...
搜索 Adobe Stock...
置入嵌入的智能对象(L)...
置入链接的智能对象(K)...
打包(G)...
自动(U) — 批处理(B)... / PDF 演示文稿(P)... / 创建快捷批处理(C)... / 裁剪并修齐照片 / 联系表 II... / Photomerge... / 合并到 HDR Pro...
脚本(R)
导入(M)
文件简介(F)... Alt+Shift+Ctrl+I
打印(P)... Ctrl+P
打印一份(Y) Alt+Shift+Ctrl+P
退出(X) Ctrl+Q

图6-2

播放
组(T)：默认动作
动作：棕褐色调（图层）
源(O)：文件夹
选择(C)... F:\新建文件夹 (3)\学习资源\素材文件\CH06\149-1\
☐ 覆盖动作中的“打开”命令(R)
☐ 包含所有子文件夹(I)
☐ 禁止显示文件打开选项对话框(F)
☐ 禁止颜色配置文件警告(P)
目标(D)：无
选择(H)...
☐ 覆盖动作中的“存储为”命令(V)

图6-3

技巧与提示

本例的原始素材是8张彩色图像，如图6-4所示。下面就用载入的“棕褐色调”动作将其批处理成棕褐色图像。

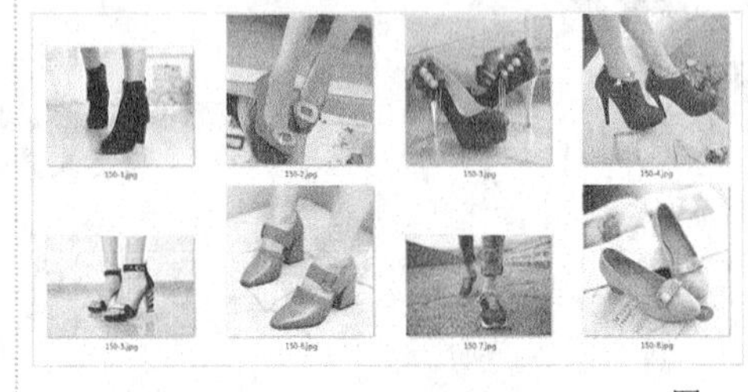

图6-4

02 设置“目标”为“存储并关闭”，然后单击下面的“选择”按钮 选择(H)... ，接着设置好文件的保存路径，最后勾选“覆盖动作中的‘存储为’命令”选项，如图6-5所示。

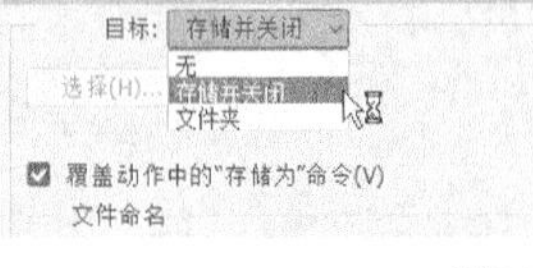

图6-5

03 在“批处理”对话框中单击“确定”按钮 确定 ，Photoshop会自动处理文件夹中的图像并将其保存到设置好的文件夹中，如图6-6所示。

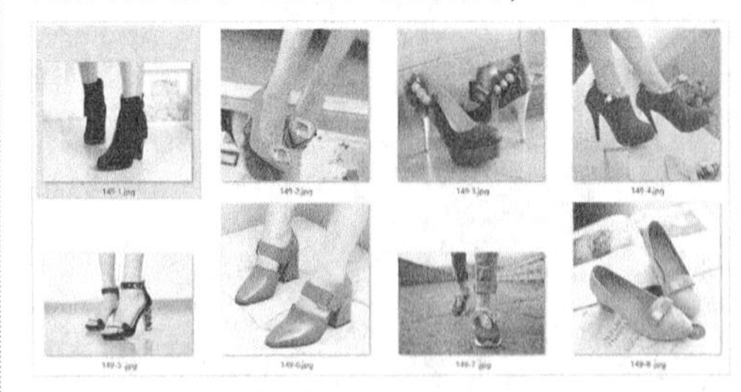

图6-6

网页切片的制作

- 视频文件：实例150 网页切片的制作.mp4
- 实例位置：实例文件>CH06>实例150
- 素材位置：素材文件>CH06>150-1.jpg
- 学习目标：掌握网页切片的制作方法

当图片过大时，就要使用网页切片将图片进行合理的分割，这样才能方便上传至网店。本实例素材和最终效果如图6-7所示。

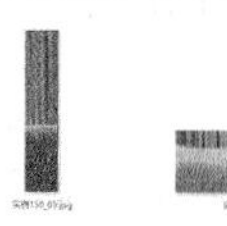

图6-7

01 按快捷键Ctrl+N新建一个文件，然后导入学习资源中的“素材文件>CH06>150-1.jpg”文件，如图6-8所示。

02 在工具箱中选择“切片工具”，如图6-9所示，然后将图片分成若干份，切片时可以根据画面的内容分割，如图6-10所示。

图6-8

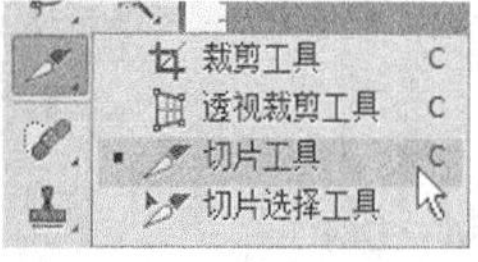

图6-9

图6-10

03 按快捷键Ctrl+Shift+Alt+S将切好的图片存储为Web所用格式，然后在弹出的对话框中设置图片的格式、品质等选项，接着单击“存储”按钮，如图6-11所示，最后在弹出的“将优化结果存储为”对话框中设置“格式”为“HTML和图像”，并单击“保存”按钮，如图6-12所示。

图6-11

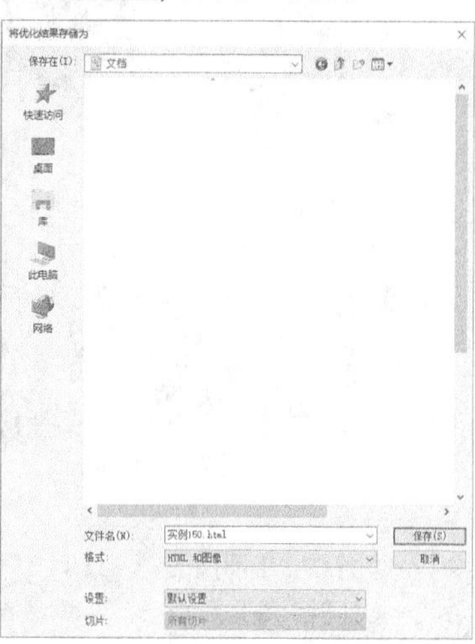

图6-12

04 此时可以通过刚才保存的路径，找到已经处理好的切片文件，最终效果如图6-13所示。

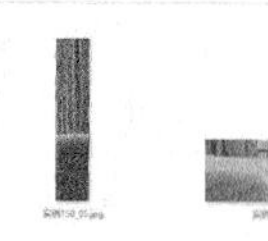

图6-13

实例 151 水印的添加

★★☆☆☆

- 视频文件：实例151 水印的添加.mp4
- 实例位置：实例文件>CH06>实例151.jpg
- 素材位置：素材文件>CH06>151-1.jpg
- 学习目标：掌握水印的添加方法

在装修网店时，为了使图片更容易让用户记住，同时使图片不被轻易盗用，需要为图片添加水印。本实例素材和最终效果如图6-14所示。

图6-14

01 按快捷键Ctrl+N新建一个文件，然后导入学习资源中的“素材文件>CH06>151-1.jpg”文件，如图6-15所示。

图6-15

02 选择“横排文字工具”，然后在“字符”面板中设置“字体”为方正正中黑简体，“字体大小”为67.15点，“字距”为25，如图6-16所示，接着输入相应的水印文字，效果如图6-17所示。

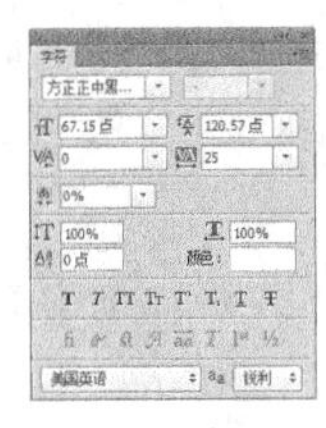

图6-16　图6-17

03 按快捷键Ctrl+T进入自由变换模式，然后将文字调整到图6-18所示的角度，效果如图6-19所示。

图6-18　图6-19

04 设置该文字图层的“不透明度”为30%，图层面板如图6-20所示，效果如图6-21所示。

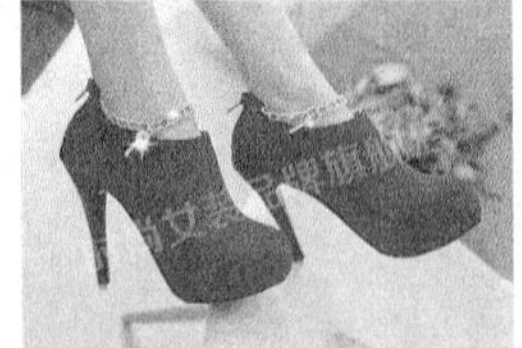

图6-20　图6-21

05 继续使用“横排文字工具”输入店铺的相关网址信息，如图6-22所示，然后快捷键Ctrl+T适当地调整文字的角度，如图6-23所示。

图6-22　图6-23

06 设置该文字图层的“不透明度”为50%，图层面板如图6-24所示，效果如图6-25所示。

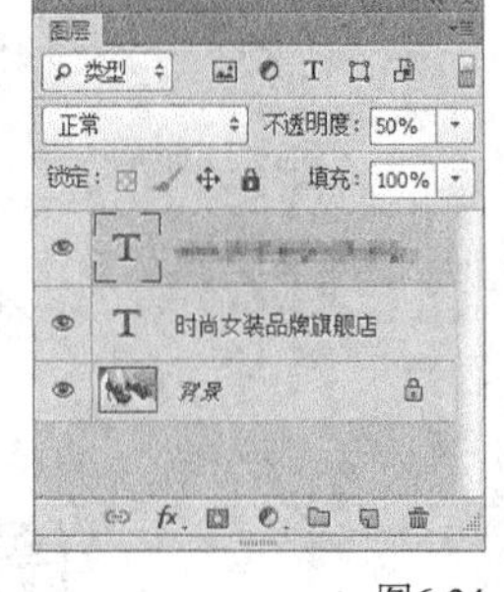

图6-24　图6-25

07 选择“时尚女装品牌旗舰店”文字图层，然后执行“图层>图层样式>投影”菜单命令，在打开的对话框中设置“距离”为4像素，“大小”为4像素，如图6-26所示，最终效果如图6-27所示。

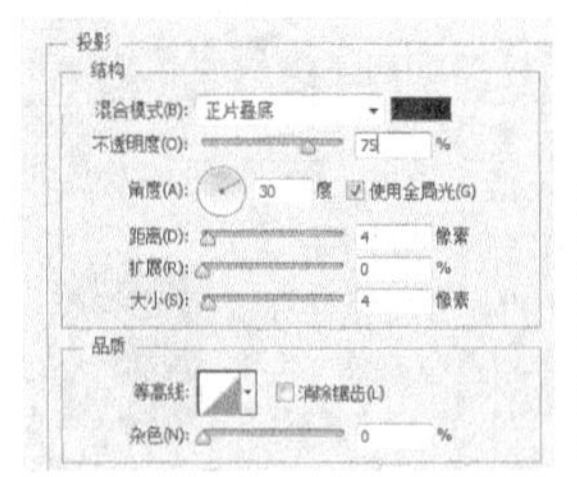

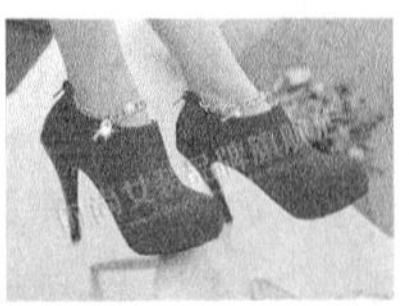

图6-26　图6-27

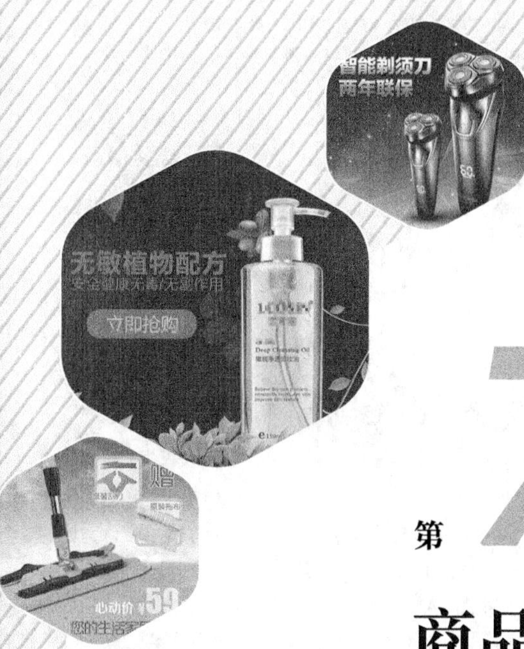

第7章 商品场景图的合成

本章关键实例导航

实例 152 合成商品搭配特效图

★★☆☆☆

视频文件：实例152 合成商品搭配特效图.mp4　　实例位置：实例文件>CH07>实例152.psd

素材位置：素材文件>CH07>152-1.png、152-2.png、152-3.jpg　　学习目标：掌握合成商品搭配特效图的方法

本实例是合成女装搭配特效图，在销售商品时，单一的产品难以进行销售，此时就需要设计师在设计图片时进行巧妙的搭配，把产品打造为一件热销产品，并且还能提高其他产品的成交率。本实例素材和最终效果如图7-1所示。

图7-1

01 启动Photoshop软件，按快捷键Ctrl+N新建一个文件，具体参数设置如图7-2所示。

新建
名称(N)：实例152　　确定
预设(P)：自定　　取消
大小(I)：　　存储预设(S)...
宽度(W)：35　厘米　　删除预设(D)...
高度(H)：33　厘米
分辨率(R)：72　像素/英寸
颜色模式(M)：RGB 颜色　8 位
背景内容(C)：白色　　图像大小：2.65M
高级

图7-2

02 设置前景色为（R:219，G:220，B:224），然后按快捷键Alt+Delete用前景色填充“背景”图层，如图7-3所示。

图7-3

03 导入学习资源中的“素材文件>CH07>152-1.png和152-2.png”文件，然后分别调节素材位置，如图7-4所示。

图7-4

04 继续导入学习资源中的“素材文件>CH07>152-3.jpg”文件，如图7-5所示，然后设置该素材图层的“混合模式”为“正片叠底”，如图7-6所示，效果如图7-7所示。

图7-5

图7-6

图7-7

05 新建一个图层，然后设置前景色为（R:65，G:65，B:65），如图7-8所示，接着使用“钢笔工具”绘制出一个三角形路径，如图7-9所示。

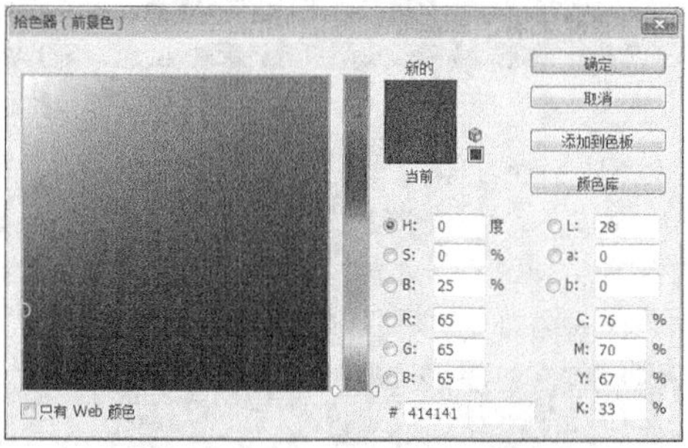

图7-8

图7-9

06 按快捷键Ctrl+Enter载入路径的选区，然后使用前景色填充选区，接着按快捷键Ctrl+D取消选区，如图7-10所示。

图7-10

07 新建一个图层，然后使用“矩形选框工具”在图像的左上方绘制一个矩形选区，并使用前景色填充该选区，如图7-11所示。

图7-11

08 使用“横排文字工具”在画面中输入文字信息（字体：方正粗雅宋体），最终效果如图7-12所示。

图7-12

实例

153 合成生活电器特效图

★★☆☆☆

视频文件：实例153 合成生活电器特效图.mp4　实例位置：实例文件>CH07>实例153.psd

素材位置：素材文件>CH07>153-1.jpg、153-2.png、153-3.jpg、153-4.png　学习目标：掌握合成生活电器特效图的方法

在合成生活电器类的产品特效图时，应该注意到产品的功能性，让买家被页面效果吸引，从而产生购买欲望。本实例素材和最终效果如图7-13所示。

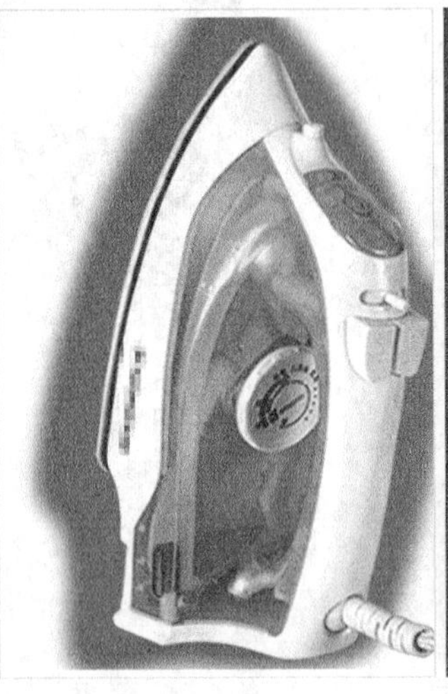

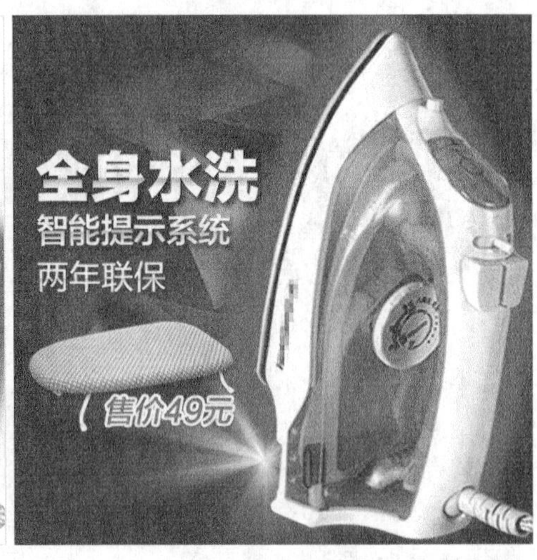

图7-13

01 启动Photoshop软件，按快捷键Ctrl+N新建一个文件，具体参数设置如图7-14所示。

新建

名称(N)：实例153　确定

预设(P)：自定　取消

大小(I)：　存储预设(S)...

宽度(W)：20　厘米　删除预设(D)...

高度(H)：20　厘米

分辨率(R)：72　像素/英寸

颜色模式(M)：RGB 颜色　8位

背景内容(C)：白色　图像大小：941.9K

高级

图7-14

02 设置前景色为(R:2, G:26, B:80)，然后按快捷键Alt+Delete用前景色填充“背景”图层，如图7-15所示。

图7-15

03 导入学习资源中的“素材文件>CH07>153-1.jpg”文件，然后调节素材位置，如图7-16所示，接着在“图层”面板下方单击“添加图层蒙版”按钮，为该图层添加一个图层蒙版，如图7-17所示。

图7-16

图7-17

04 选择“画笔工具”，选择一种柔边笔刷，然后设置前景色为黑色，接着在图层上进行适当的涂抹，将边缘的部分隐藏掉，效果如图7-18所示。

图7-18

05 导入学习资源中的“素材文件>CH07>153-2.png”文件，然后新建一个“图层3”图层，接着设置前景色为（R:0，G:4，B:34），最后使用“矩形选框工具”在图像的下方绘制一个矩形选区，并使用前景色填充该选区，如图7-19所示。

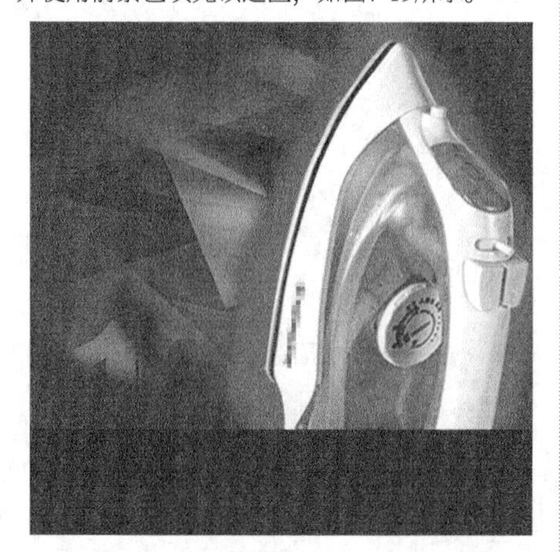

图7-19

06 设置“图层3”图层的“混合模式”为“叠加”，“不透明度”为60%，如图7-20所示，效果如图7-21所示。

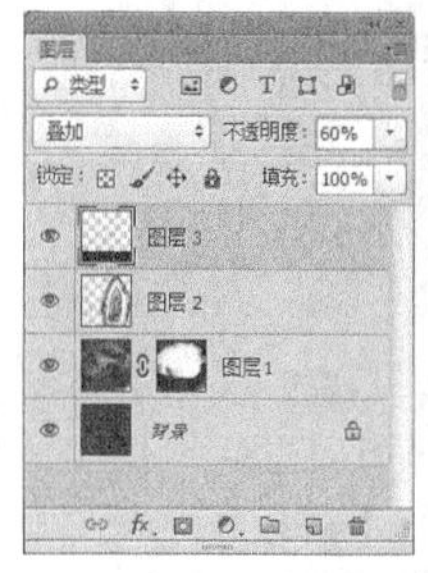

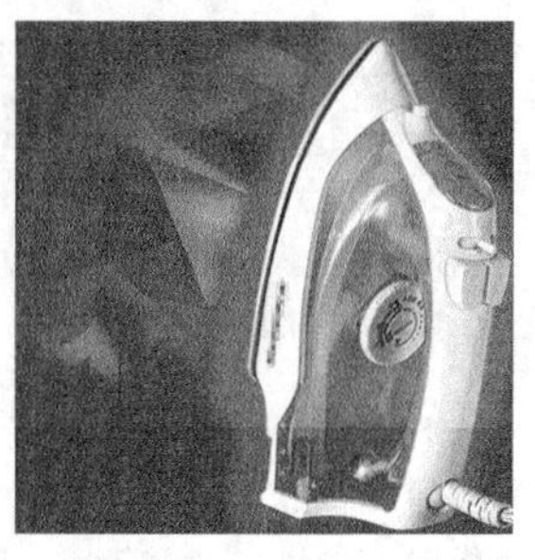

图7-20　图7-21

07 在“图层”面板下方单击“添加图层蒙版”按钮，为该图层添加一个图层蒙版，然后使用黑色“画笔工具”在图层上进行适当的涂抹，如图7-22所示，效果如图7-23所示。

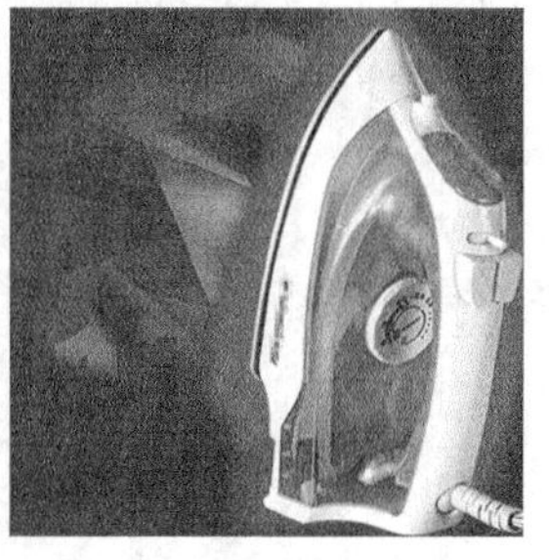

图7-22　图7-23

08 导入学习资源中的“素材文件>CH07>153-3.jpg”文件，然后适当地调节素材位置，如图7-24所示。

图7-24

09 设置该素材图层的“混合模式”为“变亮”，然后为该图层添加一个图层蒙版，并使用黑色“画笔工具”在图层上进行适当的涂抹，如图7-25所示，效果如图7-26所示。

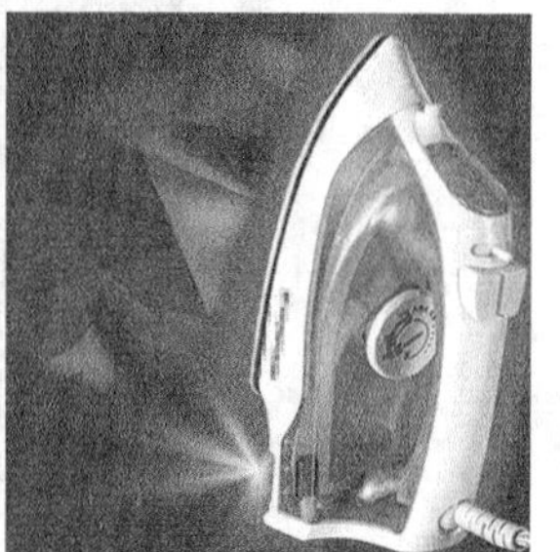

图7-25　图7-26

10 继续导入学习资源中的“素材文件>CH07>153-4.png”文件，然后适当地调节素材位置，如图7-27所示。

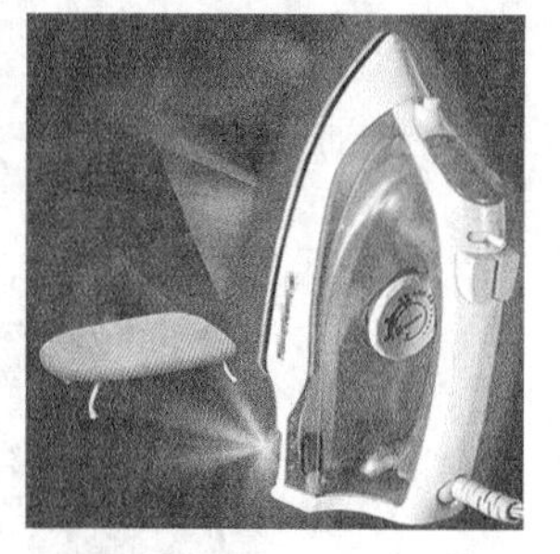

图7-27

11 使用“横排文字工具”在绘图区域输入文字(字体：方正兰亭中黑，颜色：红色)，然后设置合适的大小，效果如图7-28所示。

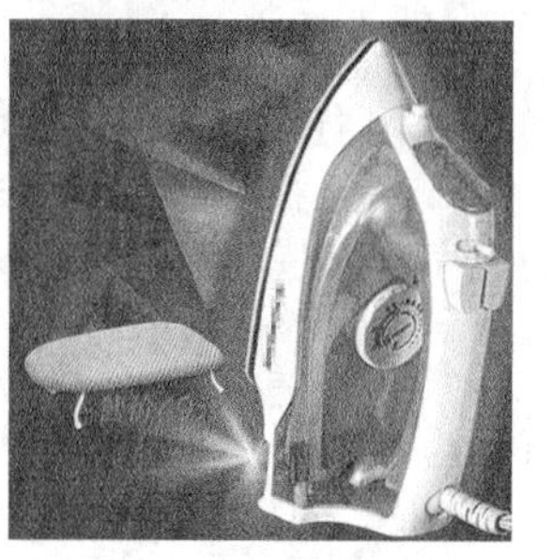

图7-28

12 执行“图层>图层样式>描边”菜单命令，在打开的对话框中设置“大小”为3像素，“不透明度”为100%，描边颜色为白色，如图7-29所示，效果如图7-30所示。

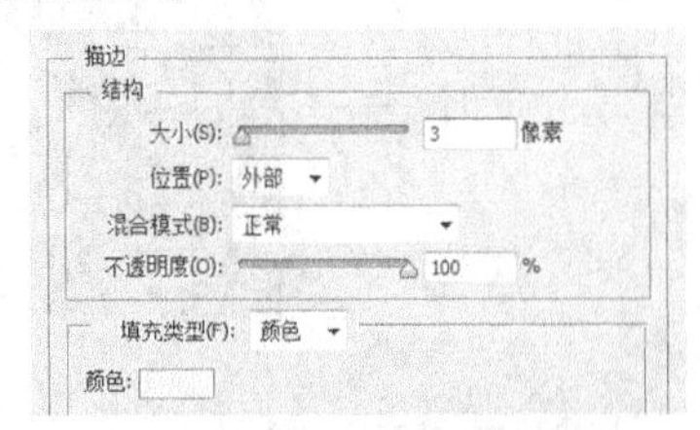

图7-29

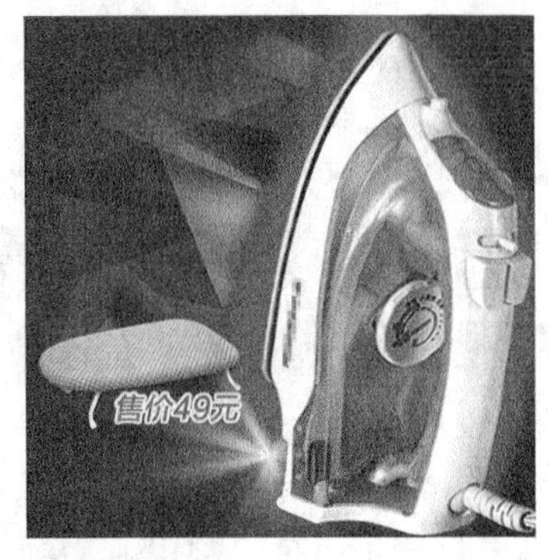

图7-30

13 使用“横排文字工具”T在画面中输入文字信息（字体：方正兰亭特黑简体），效果如图7-31所示。

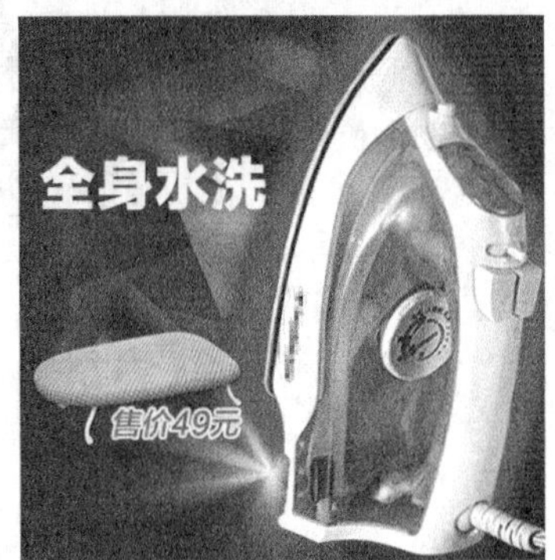

图7-31

14 执行“图层>图层样式>渐变叠加”菜单命令，打开“图层样式”对话框，然后单击“点按可编辑渐变”按钮，接着在弹出的“渐变编辑器”对话框中设置第1个色标的颜色为白色，第2个色标的颜色为（R:186，G:186，B:186），第3个色标的颜色为白色，如图7-32所示，最后返回“图层样式”对话框，具体参数设置如图7-33所示。

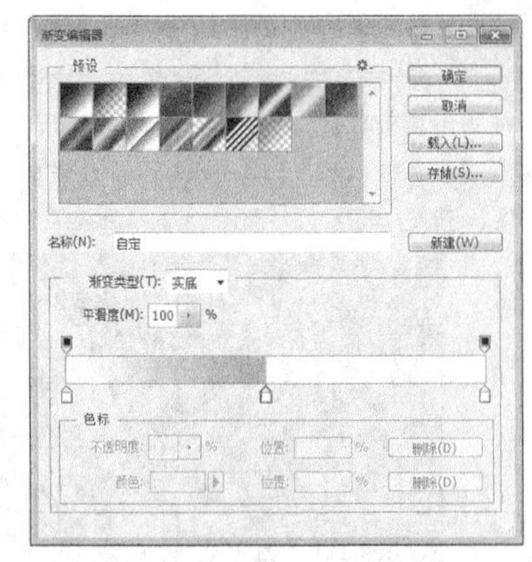

图7-32

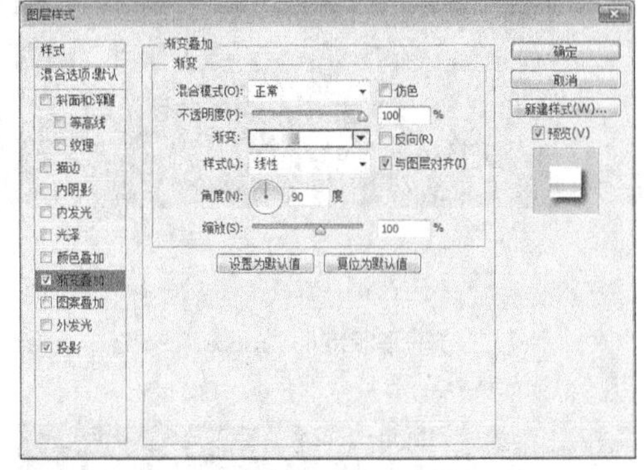

图7-33

技巧与提示

在制作字体特效时，可以随时观察字体的效果，已实现最佳的视觉效果。

15 在“图层样式”对话框中单击“投影”样式，然后设置“角度”为127度，“距离”为6像素，“大小”为6像素，具体参数设置如图7-34所示，效果如图7-35所示。

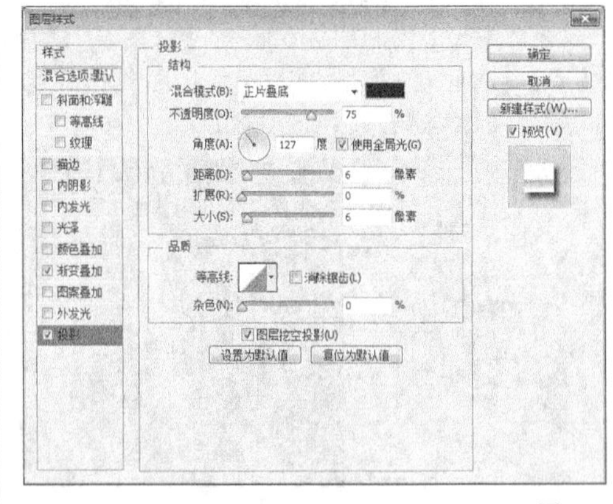

图7-34

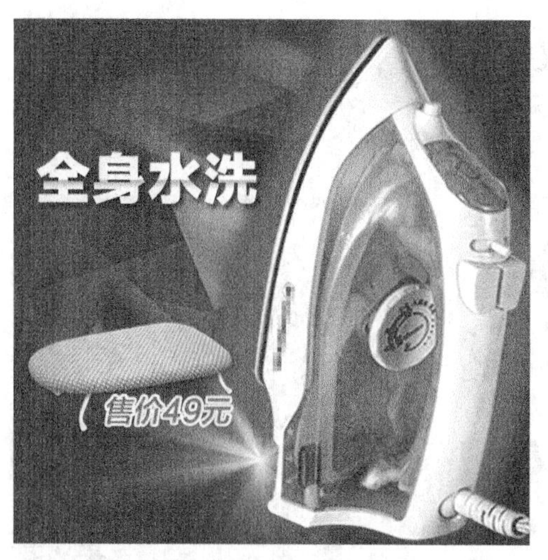

图7-35

16 使用“横排文字工具” T 在画面中输入文字信息（字体：方正兰亭中黑简体），效果如图7-36所示。

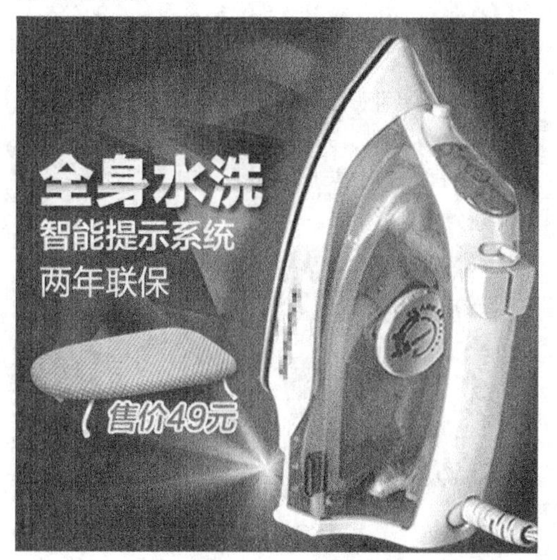

图7-36

17 选择“全身水洗”文字图层，然后执行“图层>图层样式>拷贝图层样式”菜单命令，接着选择“智能提示系统两年联保”文字图层，最后执行“图层>图层样式>粘贴图层样式”菜单命令，“图层”面板如图7-37所示，最终效果如图7-38所示。

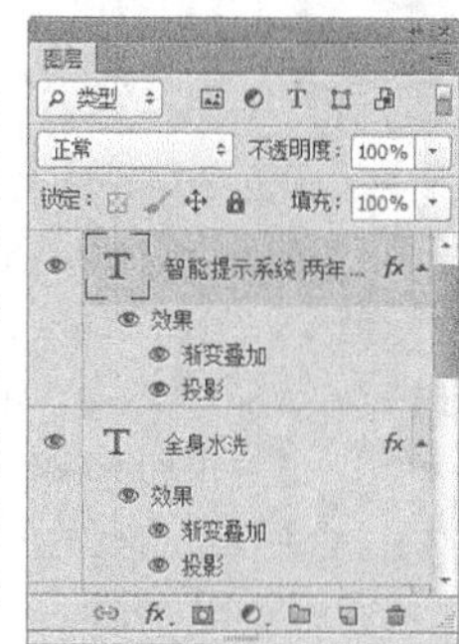

图7-37

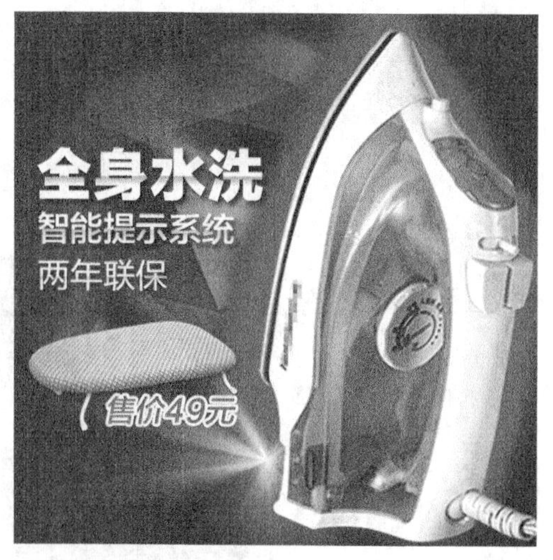

图7-38

技巧与提示

在这里介绍一个复制/粘贴图层样式的简单方法。按住Alt键将“效果”拖曳到目标图层上，可以复制并粘贴所有样式，如图7-39和图7-40所示。

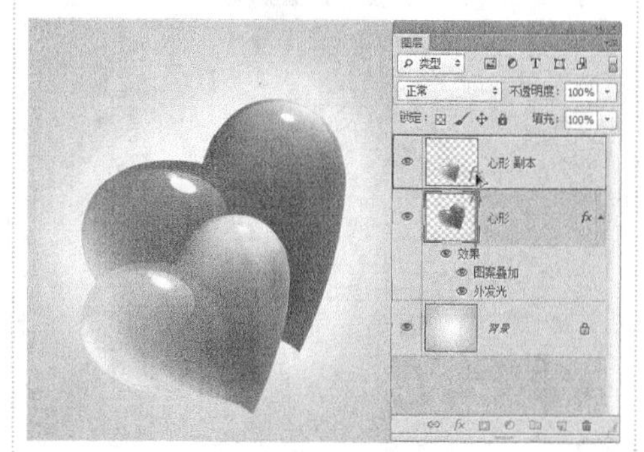

图7-39

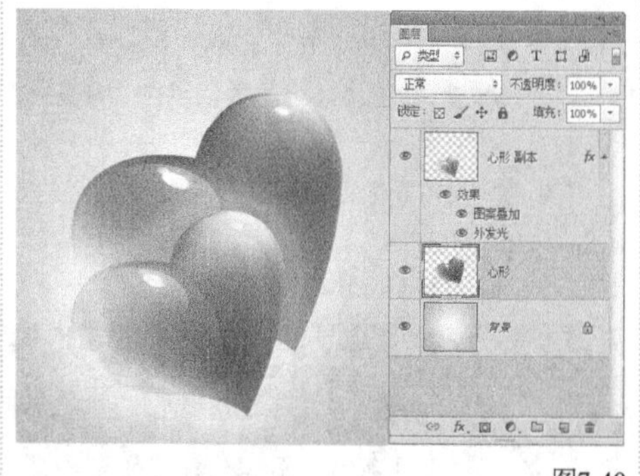

图7-40

实例 154 ★★☆☆☆

合成时尚镜框特效图

- 视频文件：实例154 合成时尚镜框特效图.mp4
- 实例位置：实例文件>CH07>实例154.psd
- 素材位置：素材文件>CH07>154-1.png
- 学习目标：掌握合成时尚镜框特效图的方法

在合成时尚用品特效图时，可以采用明亮的颜色进行设计搭配，在元素选择上可以采用夸张搞笑的形式，还可以将店铺内的促销信息标注在页面上，从而吸引买家购买。本实例素材和最终效果如图7-41所示。

图7-41

01 启动Photoshop软件，按快捷键Ctrl+N新建一个文件，具体参数设置如图7-42所示。

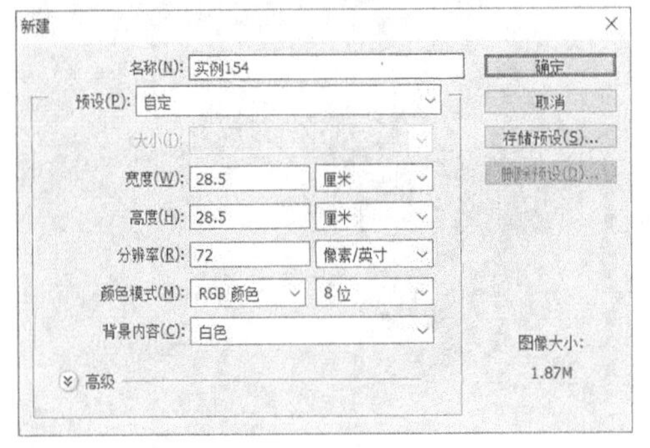
新建

名称(N)：实例154
预设(P)：自定
大小(I)：
宽度(W)：28.5 厘米
高度(H)：28.5 厘米
分辨率(R)：72 像素/英寸
颜色模式(M)：RGB 颜色 8位
背景内容(C)：白色
高级

确定
取消
存储预设(S)...
删除预设(D)...
图像大小：
1.87M

图7-42

02 设置前景色为（R:30，G:35，B:85），然后按快捷键Alt+Delete用前景色填充“背景”图层，如图7-43所示。

03 新建一个“图层1”图层，设置前景色为（R:252，G:45，B:65），接着使用“钢笔工具”绘制出不规则形状，如图7-44所示。

图7-43

图7-44

04 按快捷键Ctrl+Enter载入路径的选区，然后用前景色填充选区，接着按快捷键Ctrl+D取消选区，效果如图7-45所示。

05 导入学习资源中的“素材文件>CH07>154-1.png”文件，并将新生成的图层命名为“图层2”，然后按快捷键Ctrl+T进入自由变换状态，接着进行旋转调整好角度，如图7-46所示。

图7-45

图7-46

技巧与提示

图像的倾斜，是为了更大化的扩大文字的区域，以此达到凸显重要文字信息的目的。

06 使用“横排文字工具”在绘图区域输入文字(英文字体：Charlemagne std，中文字体：方正大标宋简体)，然后设置合适的大小，效果如图7-47所示。

图7-47

07 设置文字颜色为（R:234，G:255，B:0），然后继续使用“横排文字工具” 在绘图区域输入文字（字体：方正兰亭中黑），并设置合适的大小，如图7-48所示。

图7-48

08 选择“185”文字图层，然后执行“图层>图层样式>内阴影”菜单命令，打开“图层样式”对话框，然后单击“阴影颜色”为（R:255，G:219，B:103），“距离”为14像素，“大小”为18像素，“等高线”为“半圆”，具体参数设置如图7-49所示。

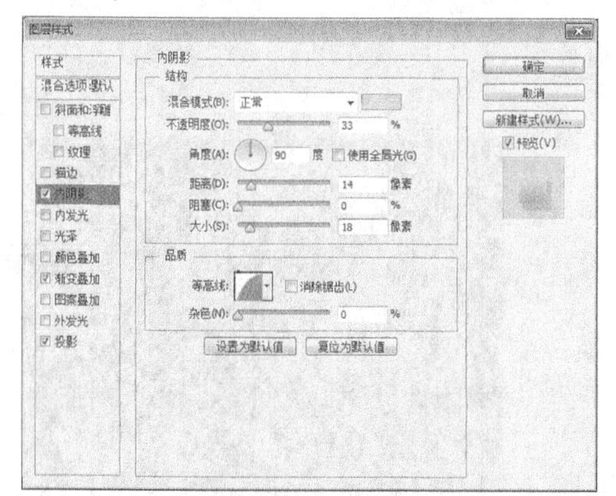

图7-49

09 在“图层样式”对话框中单击“渐变叠加”样式，然后单击“点按可编辑渐变”按钮 ，接着在弹出的“渐变编辑器”对话框中设置第1个色标的颜色为（R:255，G:134，B:37），第2个色标的颜色为（R:255，G:251，B:49），如图7-50所示，最后返回“图层样式”对话框，单击“确定”按钮 确定 ，具体参数设置如图7-51所示。

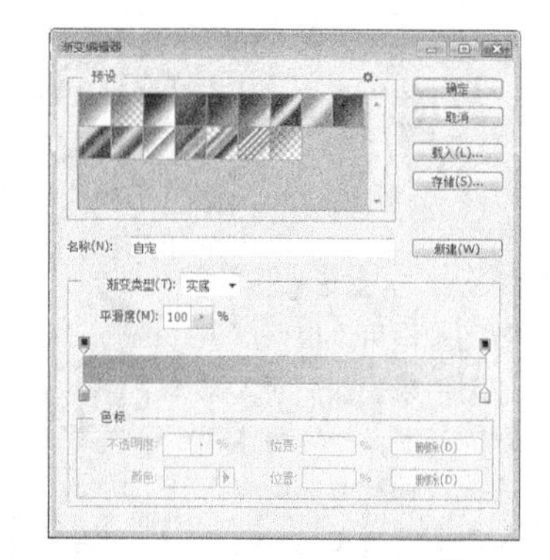

图7-50

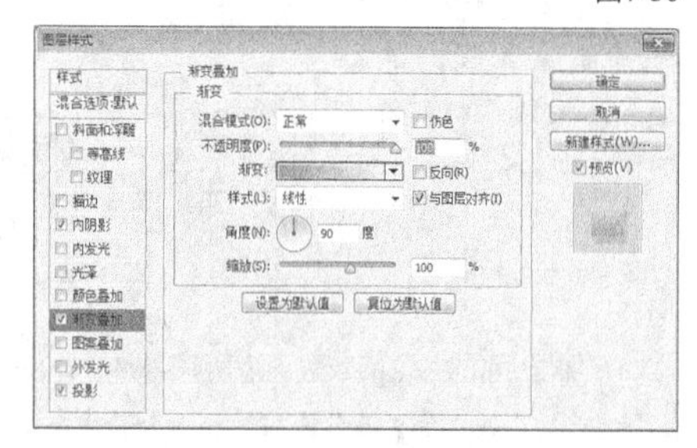

图7-51

10 在“图层样式”对话框中单击“投影”样式，然后设置“不透明度”为13%，“距离”为8像素，“大小”为2像素，具体参数设置如图7-52所示，最终效果如图7-53所示。

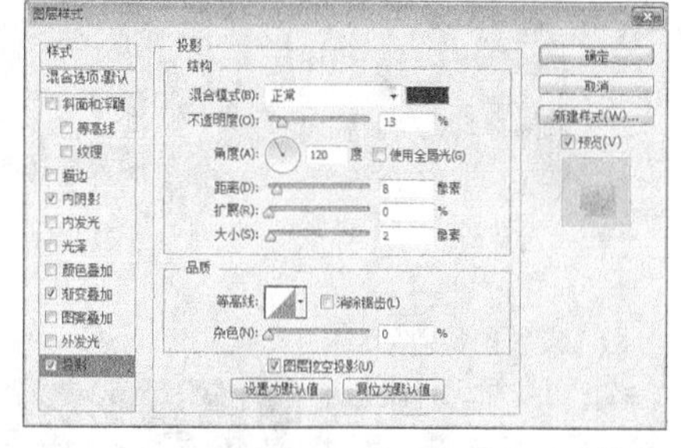

图7-52

图7-53

实例 155 ★★☆☆☆

合成化妆品特效图

视频文件：实例155 合成化妆品特效图.mp4
实例位置：实例文件>CH07>实例155.psd
素材位置：素材文件>CH07>155-1.png~155-4.png
学习目标：掌握合成化妆品特效图的方法

在合成化妆品特效图时，可以根据产品的属性来设计页面，如这款产品，一定要体现出纯植物配方的特点，所以从背景和元素选择上，选择了绿色和植物叶子等来体现产品特质。本实例素材和最终效果如图7-54所示。

图7-54

01 启动Photoshop软件，按快捷键Ctrl+N新建一个文件，具体参数设置如图7-55所示。

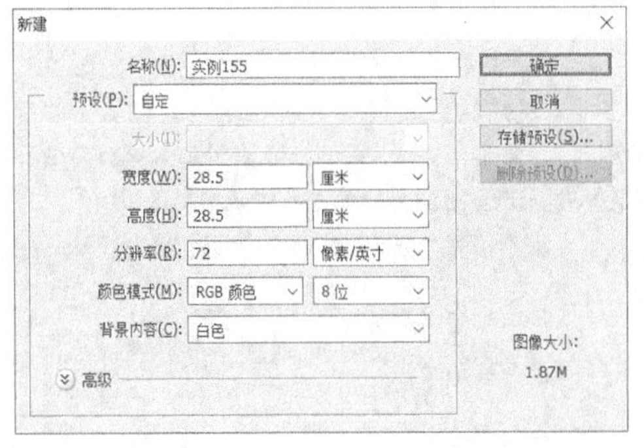

图7-55

02 设置前景色为（R:12，G:21，B:1），然后按快捷键Alt+Delete用前景色填充“背景”图层，如图7-56所示。

图7-56

03 新建一个“图层1”图层，然后设置前景色为（R:51，G:83，B:12），接着选择“画笔工具”，并在选项栏中设置画笔的“大小”为401像素，“硬度”为0%，“不透明度”为80%，“流量”为80%，如图7-57所示，最后绘制出绿色的光照效果，效果如图7-58所示。

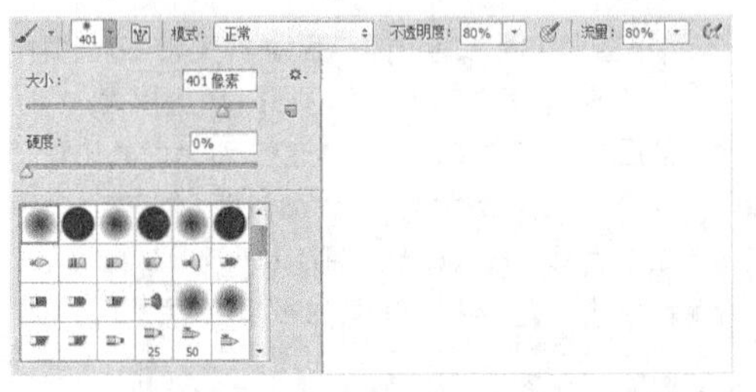

图7-57

图7-58

技巧与提示

使用画笔工具绘制出层次感，可以使画面的整体性更加统一，也更加符合商品的属性。

04 导入学习资源中的“素材文件>CH07>155-1.png和155-2.png”文件，然后调整好大小和位置，如图7-59所示。

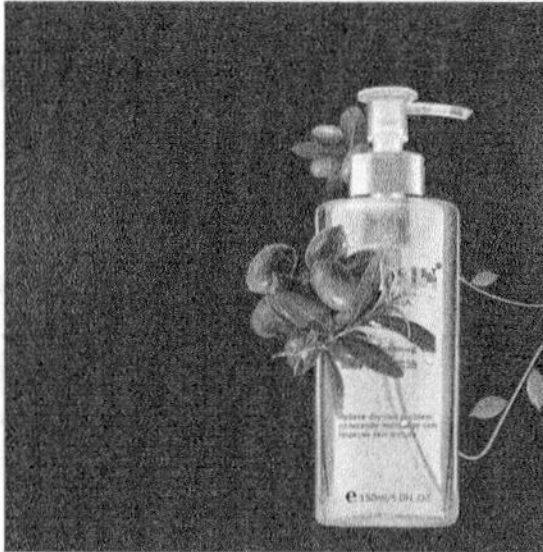

图7-59

05 选择“图层3”图层，然后将其拖曳到“图层2”的下方，适当调整图层的顺序，接着设置该图层的“不透明度”为30%，如图7-60所示，效果如图7-61所示。

图7-60

图7-61

06 分别导入学习资源中的“素材文件>CH07>155-3.png和155-4.png”文件，然后调整好大小和位置，如图7-62所示。

图7-62

07 设置文字颜色为（R:97，G:139，B:11），然后使用“横排文字工具”在绘图区域输入文字(字体：方正兰亭黑简体)，并设置合适的大小，效果如图7-63所示。

图7-63

08 选择“圆角矩形工具”，然后在选项栏中设置“填充”颜色为（R:97，G:139，B:11），“半径”为35像素，如图7-64所示，接着在画面中绘制一个圆角矩形，效果如图7-65所示。

图7-64

图7-65

09 设置文字颜色为（R:206，G:255，B:0），然后使用“横排文字工具”在绘图区域输入文字(字体：微软雅黑)，并设置合适的大小，最终效果如图7-66所示。

图7-66

实例156 合成生活用品特效图

★★☆☆☆

视频文件：实例156 合成生活用品特效图.mp4　　实例位置：实例文件>CH07>实例156.psd

素材位置：素材文件>CH07>156-1.jpg、156-2.jpg、156-3.png~156-5.png　　学习目标：掌握合成生活用品特效图的方法

在合成生活用品特效图时，切记不要使用过于花哨或复杂的背景，那样会丧失对产品的主要特征的表现。本实例素材和最终效果如图7-67所示。

图7-67

01 启动Photoshop软件，然后打开学习资源中的“素材文件>CH07>156-1.jpg”文件，如图7-68所示。

02 导入学习资源中的“素材文件>CH07>156-2.jpg”文件，如图7-69所示。

图7-68

图7-69

03 在“图层”面板下方单击“添加图层蒙版”按钮，为该图层添加一个图层蒙版，然后使用黑色“画笔工具”在蒙版中涂去上半部分区域，如图7-70所示，效果如图7-71所示。

图7-70

图7-71

技巧与提示

通常情况下，如果没有找到合适的背景，可以用不同的素材拼接成一张合适的商品背景。

04 导入学习资源中的“素材文件>CH07>156-3.png”文件，然后调整好大小和位置，如图7-72所示。

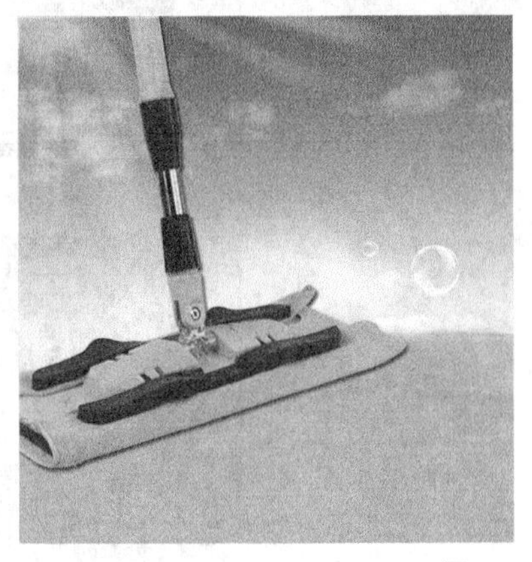

图7-72

05 选择“圆角矩形工具”，然后在选项栏中设置“填充”颜色为（R:255，G:254，B:133），“描边”颜色为（R:219，G:216，B:0），“形状描边宽度”为3点，如图7-73所示，接着在画面中绘制两个圆角矩形，效果如图7-74所示。

06 分别导入学习资源中的“素材文件>CH07>156-4.png和156-5.png”文件，然后调整好大小和位置，如图7-75所示。

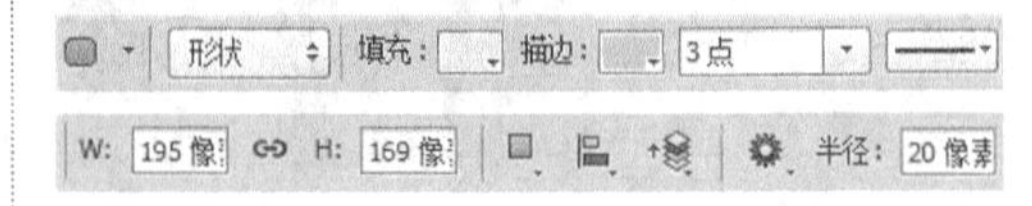

图7-73

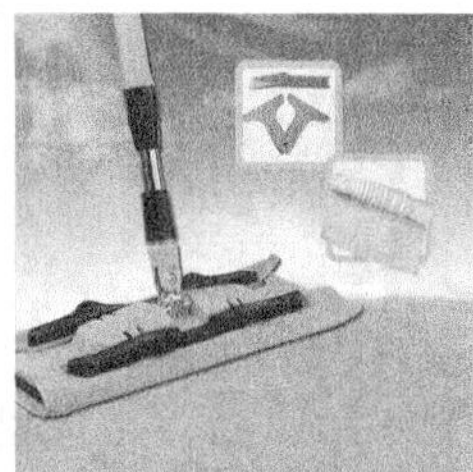

图7-74 图7-75

07 使用“横排文字工具” T 在绘图区域输入文字(字体：微软雅黑)，并设置合适的大小，如图7-76所示。

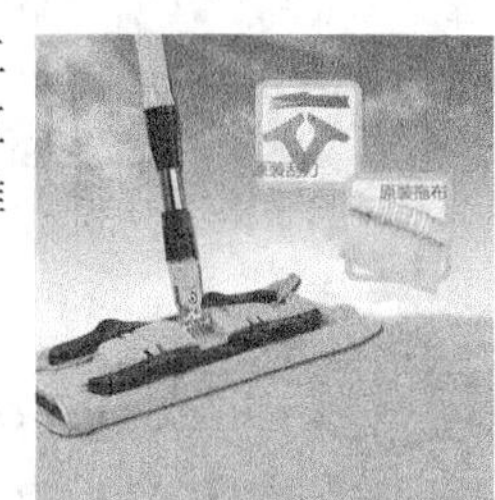

图7-76

08 在“图层”面板下方单击“添加图层样式”按钮 fx.，然后在弹出的菜单栏中选择“描边”命令，在“描边”对话框设置“大小”为2像素，“颜色”为白色，如图7-77所示，效果如图7-78所示。

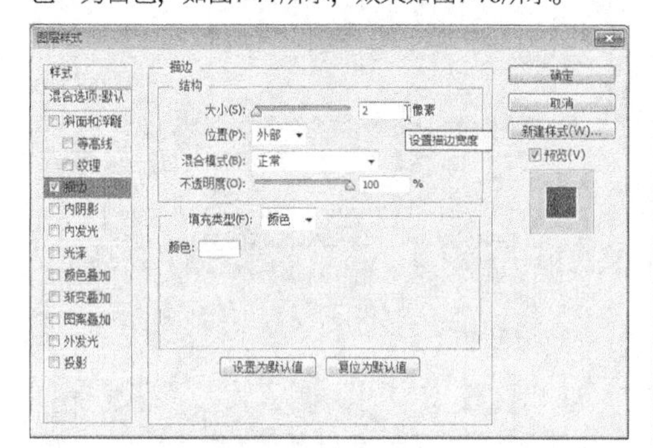

图7-77

图7-78

09 选择“原装刮刀”文字图层，然后执行“图层>图层样式>拷贝图层样式”菜单命令，接着选择“原装拖布”文字图层，执行“图层>图层样式>粘贴图层样式”菜单命令，效果如图7-79所示。

10 使用“横排文字工具” T 在绘图区域输入文字(字体：方正准圆简体)，如图7-80所示。

图7-79 图7-80

11 在“图层”面板下方单击“添加图层样式”按钮 fx.，然后在弹出的菜单栏中选择“描边”命令，在“描边”对话框设置“大小”为3像素，“颜色”为（R:253，G:233，B:1），如图7-81所示，效果如图7-82所示。

12 使用“横排文字工具” T 在绘图区域输入其他文字(字体：方正正准黑简体)，然后设置合适的大小和颜色，最终效果如图7-83所示。

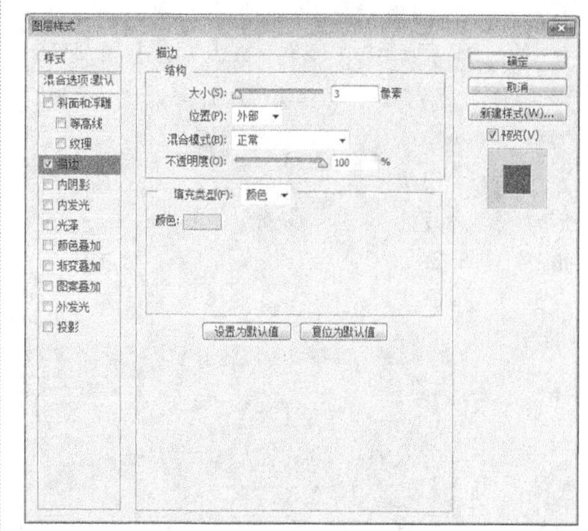

图7-81

图7-82 图7-83

实例 157 合成婴儿用品特效图

★★☆☆☆

视频文件：实例157 合成婴儿用品特效图.mp4

素材位置：素材文件>CH07>157-1.jpg、157-2.png、157-3.png

实例位置：实例文件>CH07>实例157.psd

学习目标：掌握合成婴儿用品特效图的方法

在合成婴儿用品特效图时，一定要使用柔和的颜色，同时选择温馨的图片进行设计制作，从而达到满意的视觉效果。本实例素材和最终效果如图7-84所示。

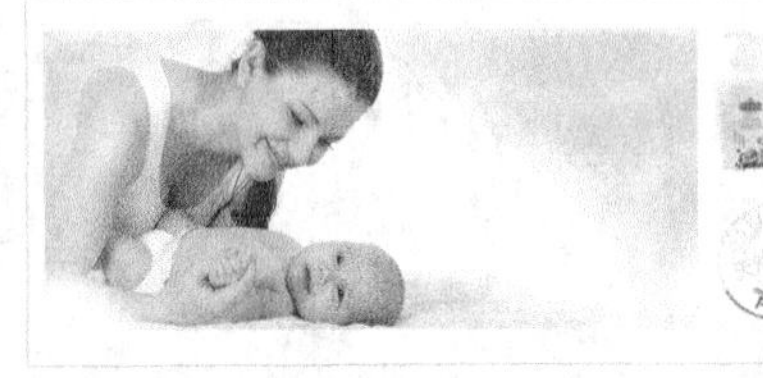

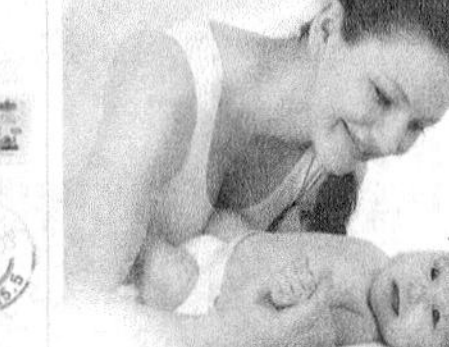

图7-84

01 打开开学习资源中的“素材文件>CH07>157-1.jpg”文件，效果如图7-85所示。

图7-85

02 导入学习资源中的“素材文件>CH07>157-2.png”文件，如图7-86所示，在“图层”面板下方单击“添加图层样式”按钮 fx，然后在弹出的菜单栏中选择“投影”命令，在“投影”对话框设置“角度”为113度，“距离”为10像素，“扩展”为3%，“大小”为10像素，如图7-87所示，效果如图7-88所示。

图7-86

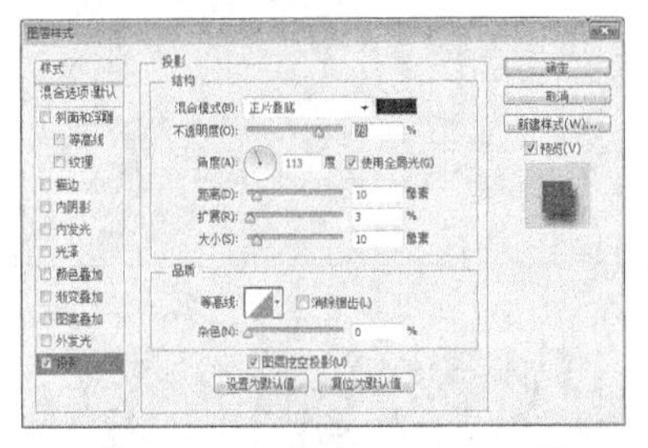

图7-87

图7-88

03 导入学习资源中的“素材文件>CH07>157-3.png”文件，如图7-89所示，在“图层”面板下方单击“添加图层样式”按钮 fx，然后在弹出的菜单栏中选择“颜色叠加”命令，在“颜色叠加”对话框设置“叠加颜色”为（R:80，G:17，B:30），“不透明度”为100%，如图7-90所示，效果如图7-91所示。

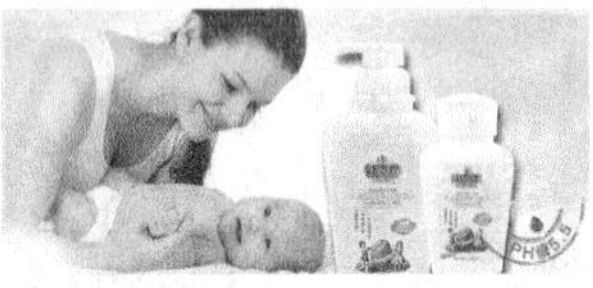

图7-89

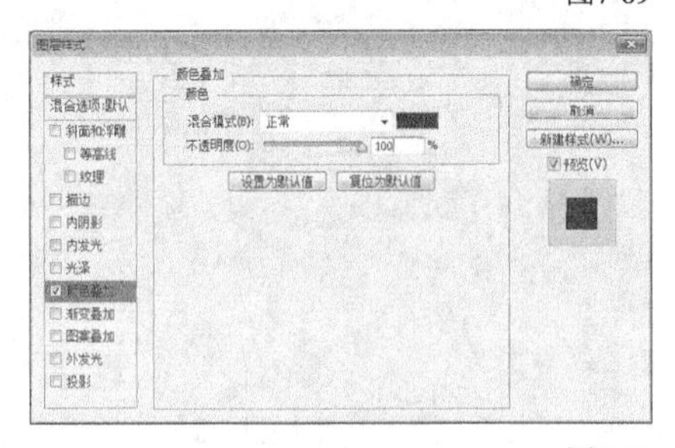

图7-90

图7-91

04 使用“横排文字工具” T 在绘图区域输入文字(字体：方正正准黑简体)，然后设置合适的大小，最终效果如图7-92所示。

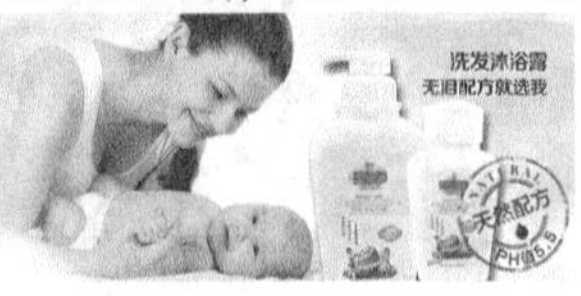

图7-92

实例158 合成女装特效图

★★☆☆☆

视频文件：实例158 合成女装特效图.mp4　　实例位置：实例文件>CH07>实例158.psd

素材位置：素材文件>CH07>158-1.png　　学习目标：掌握合成女装特效图的方法

在合成女装特效图时，首先要注意整体页面得明亮多彩，其次是要根据女装产品的类型、季节等进行设计制作，同时也可以将文字的排版方式进行独特的设计，以吸引买家更多的关注。本实例素材和最终效果如图7-93所示。

图7-93

01 启动Photoshop软件，按快捷键Ctrl+N新建一个“实例158”文件，具体参数设置如图7-94所示。

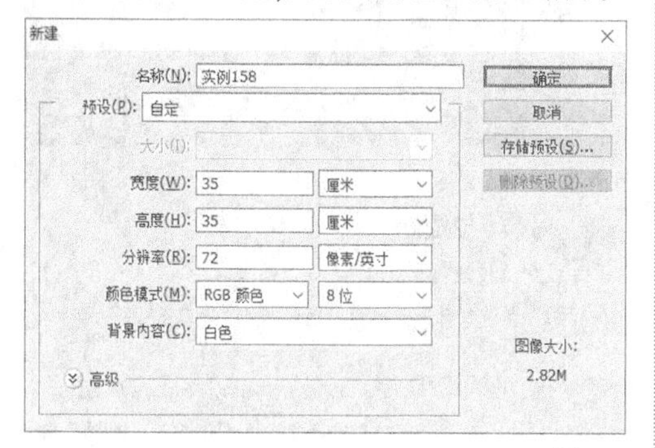

图7-94

02 设置前景色为（R:238，G:84，B:118），然后按快捷键Alt+Delete用前景色填充“背景”图层，如图7-95所示。

03 导入学习资源中的“素材文件>CH07>158-1.png”文件，然后调整好大小和位置，如图7-96所示。

图7-95

图7-96

04 按快捷键Ctrl+T进入自由变换状态，将图像放大到图7-97所示的大小。

图7-97

05 按住Ctrl键单击图层缩略图左侧的眼睛图标载入该图层的选区，如图7-98所示。

图7-98

06 新建一个“轮廓”图层，然后设置前景色为（R:255，G:248，B:153），按快捷键Alt+Delete用前景色填充选区，如图7-99所示。

图7-99

07 设置前景色为（R:253，G:245，B:209），然后使用“椭圆工具”在画面中绘制一个圆形，效果如图7-100所示。

图7-100

08 在选项栏中设置“填充”为无，“描边”颜色为浅黄色，“形状描边宽度”为9点，“描边选项”为虚线，如图7-101所示，然后使用“椭圆工具”在画面中绘制一个圆形虚线边框，效果如图7-102所示。

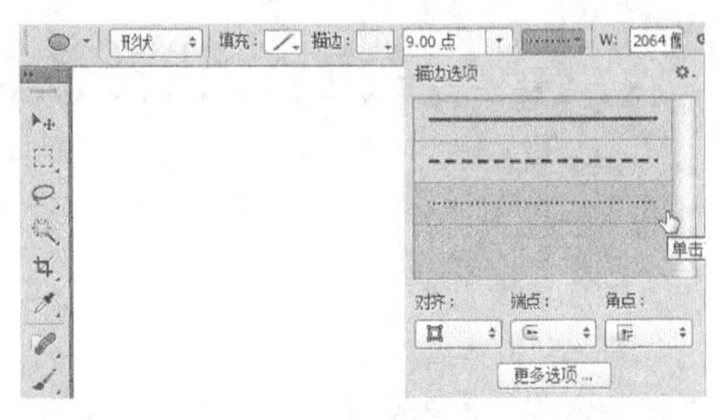

图7-101

图7-102

技巧与提示

使用虚线绘制出圆形，可以使画面给人感觉更活泼，这是在制作商品合成图时经常用到的设计方法之一。

09 使用“横排文字工具”在绘图区域输入文字，然后设置合适的大小和颜色，最终效果如图7-103所示。

图7-103

实例159 ★★☆☆☆

合成男装特效图

视频文件：实例159 合成男装特效图.mp4　　实例位置：实例文件>CH07>实例159.psd

素材位置：素材文件>CH07>159-1.png~159-4.png　　学习目标：掌握合成男装特效图的方法

在合成男装特效图时，应尽量选择素雅的背景颜色，整体的视觉效果一定要足以体现商品的特征，让用户在视觉上比较舒适。本实例素材和最终效果如图7-104所示。

图7-104

01 启动Photoshop软件，按快捷键Ctrl+N新建一个“实例159”文件，具体参数设置如图7-105所示。

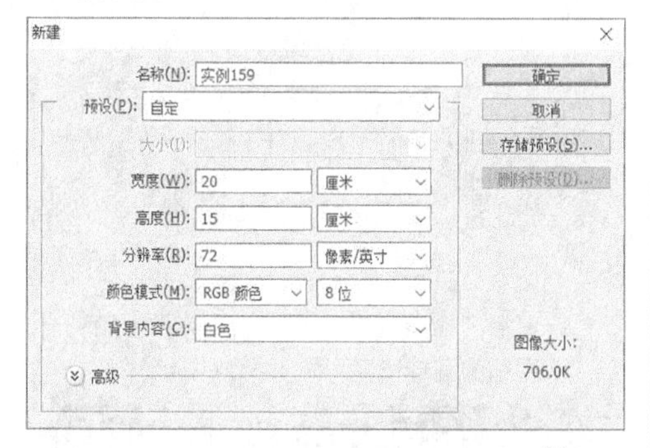

图7-105

02 导入学习资源中的“素材文件>CH07>159-1.png”文件，然后调整好大小和位置，如图7-106所示。

图7-106

03 设置“图层1”图层的“不透明度”为76%，如图7-107所示，效果如图7-108所示。

图7-107

图7-108

04 导入学习资源中的“素材文件>CH07>159-2.png”文件，然后调整好大小和位置，如图7-109所示。

图7-109

05 分别导入学习资源中的“素材文件>CH07>159-3.png和159-4.png”文件，然后设置这两个图层的“不透明度”为20%，如图7-110所示，效果如图7-111所示。

图7-110

图7-111

06 使用“横排文字工具”T在绘图区域输入其他文字(字体：方正大标宋简体)，然后设置合适的大小，最终效果如图7-112所示。

图7-112

实例 160 合成童鞋特效图

★★☆☆☆

视频文件：实例160 合成童鞋特效图.mp4
实例位置：实例文件>CH07>实例160.psd
素材位置：素材文件>CH07>160-1.jpg、160-2.png
学习目标：掌握合成童鞋特效图的方法

在合成童鞋特效图时，可以直接选取摄影师已经拍摄好的图片进行设计，同时为了表现商品的细节部分，可以圈出产品的一小部分来放大展示，以便让买家能够使清晰了解商品。本实例素材和最终效果如图7-113所示。

图7-113

01 打开学习资源中的“素材文件>CH07>160-1.jpg”文件，如图7-114所示。

图7-114

02 导入学习资源中的“素材文件>CH07>160-2.png”文件，然后调整好大小和位置，如图7-115所示。

图7-115

03 使用“椭圆选框工具”在图像上绘制一个合适的圆形选区，如图7-116所示。

图7-116

04 按快捷键Ctrl+J复制出选区内的图像，然后使用“移动工具”将图像调整好位置，如图7-117所示。

技巧与提示

在处理商品时，为了能够表现商品的细节，可以使用放大镜式的设计手法，将商品的局部进行放大，以便买家更加清晰地看到商品细节。

图7-117

05 执行“图层>图层样式>描边”菜单命令，打开“图层样式”对话框，然后设置“大小”为9像素，“颜色”为（R:34，G:105，B:141），如图7-118所示，效果如图7-119所示。

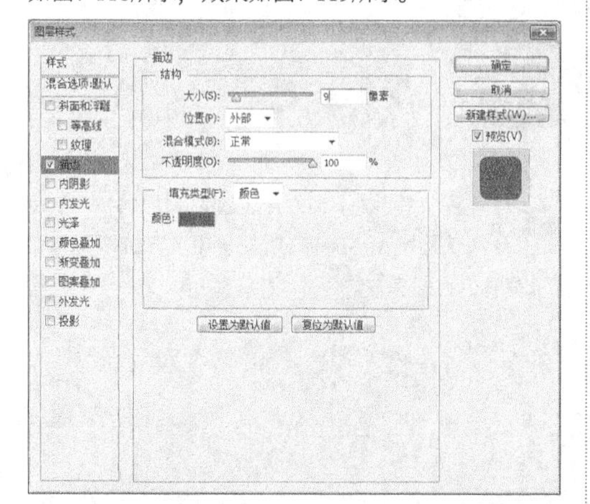

图7-118

图7-119

06 使用“横排文字工具”T在绘图区域输入文字(字体：方正综艺简体)，并适当调整文字大小，效果如图7-120所示。

图7-120

07 执行“图层>图层样式>投影”菜单命令，打开“图层样式”对话框，然后设置“角度”为－115度，“距离”为7像素，“扩展”为8%，“大小”为2像素，如图7-121所示，最终效果如图7-122所示。

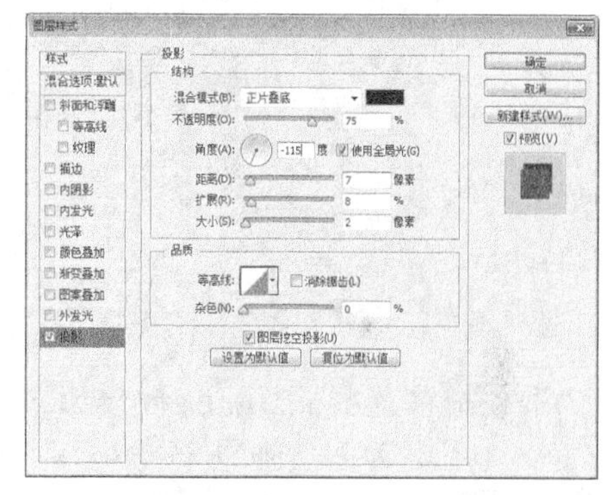

图7-121

图7-122

实例161 合成家具特效图

★★☆☆☆

视频文件：实例161 合成家具特效图.mp4　　实例位置：实例文件>CH07>实例161.psd

素材位置：素材文件>CH07>161-1.jpg　　学习目标：掌握合成家具特效图的方法

在合成家具特效图时，可以采取页面分割的方式进行设计制作，同时在页面的另一半使用几何图形进行背景衬托，使整个页面看起来简洁大方。本实例素材和最终效果如图7-123所示。

图7-123

01 按快捷键Ctrl+N新建一个“实例161”文件，具体参数设置如图7-124所示。

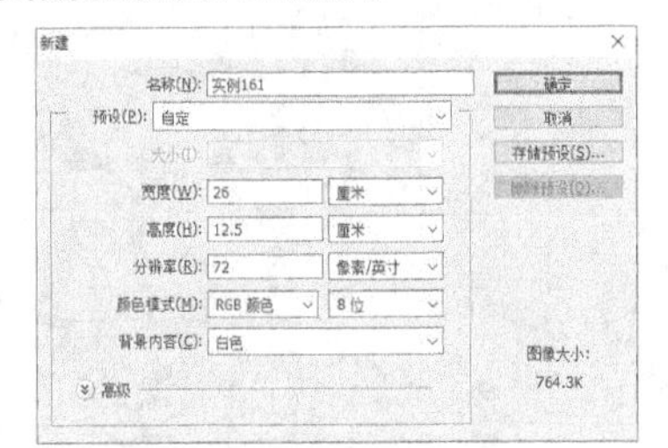

图7-124

02 设置前景色为（R:241，G:240，B:240），然后按快捷键Alt+Delete用前景色填充“背景”图层，如图7-125所示。

图7-125

03 新建一个“图层1”图层，然后使用“椭圆选框工具”在图像上绘制一个合适的圆形选区，如图7-126所示。

图7-126

04 设置前景色为（R:211，G:209，B:209），然后按快捷键Alt+Delete用前景色填充选区，如图7-127所示。

图7-127

05 导入学习资源中的“素材文件>CH07>161-1.jpg”文件，并将新生成的图层命名为“效果图”，然后调整好大小和位置，如图7-128所示。

图7-128

06 执行“图层>创建剪贴蒙版”菜单命令，将“效果图”图层与“图层1”图层创建为一个剪贴蒙版组，效果如图7-129所示。

图7-129

07 新建一个“图层2”图层，然后使用“椭圆选框工具”在图像上绘制一个合适的圆形选区，接着用前景色填充选区，如图7-130所示。

图7-130

08 选择“效果图”图层，然后按快捷键Ctrl+J复制得到一个副本图层，接着按快捷键Ctrl+T进入自由变换状态，调整好大小，并将其放在画面底端，如图7-131所示。

图7-131

09 将“效果图副本”图层拖曳到“图层2”图层上方，然后执行“图层>创建剪贴蒙版”菜单命令，将“效果图副本”图层与“图层2”图层创建为一个剪贴蒙版组，效果如图7-132所示。

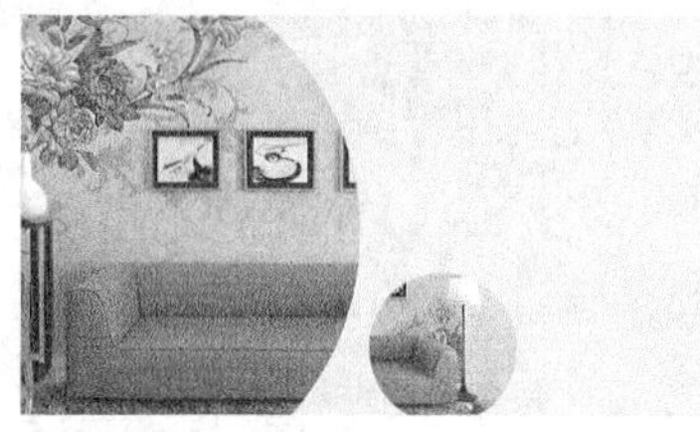
图7-132

10 新建一个图层，然后使用“钢笔工具”绘制出图7-133所示的路径。

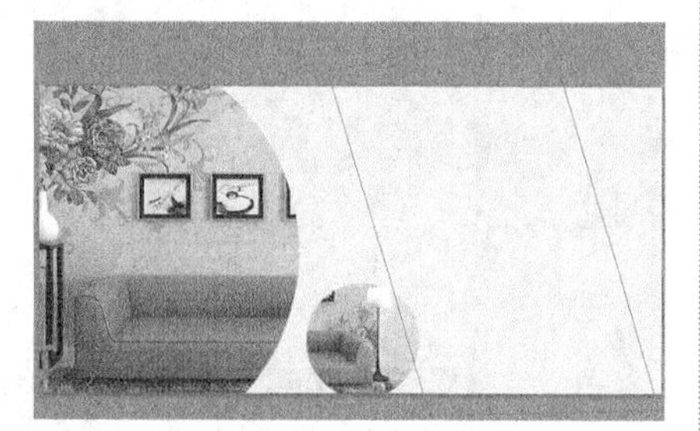
图7-133

11 设置前景色为（R:211，G:203，B:177），然后按快捷键Ctrl+Enter载入路径的选区，接着按快捷键Alt+Delete填充前景色，效果如图7-134所示。

图7-134

12 新建一个图层，设置前景色为（R:220，G:214，B:196），然后使用“钢笔工具”绘制出图7-135所示的路径，接着使用前景色填充路径，如图7-136所示。

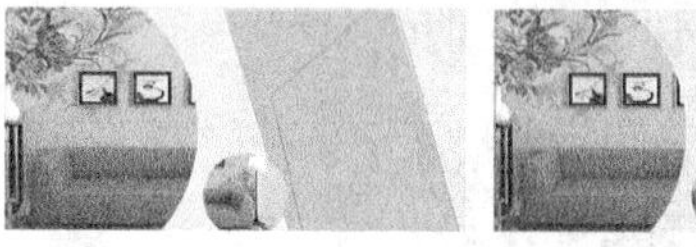
图7-135　图7-136

13 设置文字颜色为（R:75，G:55，B:4），然后使用“横排文字工具”在绘图区域输入文字(字体：方正兰亭特黑简)，并设置合适的大小，效果如图7-137所示。

图7-137

14 在选项栏中设置字体为“方正准圆简体”，并单击“右对齐文本”按钮，然后使用“横排文字工具”在绘图区域输入文字，最终效果如图7-138所示。

图7-138

实例162 合成婴儿座椅特效图

★★☆☆☆

- 视频文件：实例162 合成婴儿座椅特效图.mp4
- 实例位置：实例文件>CH07>实例162.psd
- 素材位置：素材文件>CH07>162-1.png、162-2.png
- 学习目标：掌握合成婴儿座椅特效图的方法

在合成婴儿座椅特效图时，应该使商品能够全方位展现出来，这样能够让买家更加透彻的了解商品，同时也可以将赠品以图片的形式展现出来，以更大程度的吸引买家的关注。本实例素材和最终效果如图7-139所示。

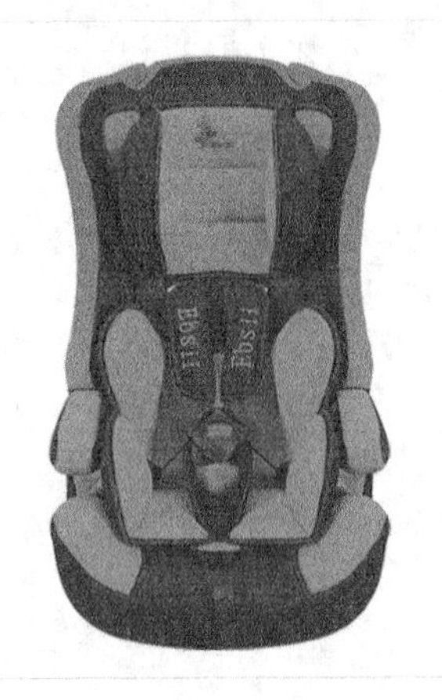

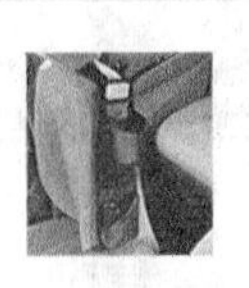

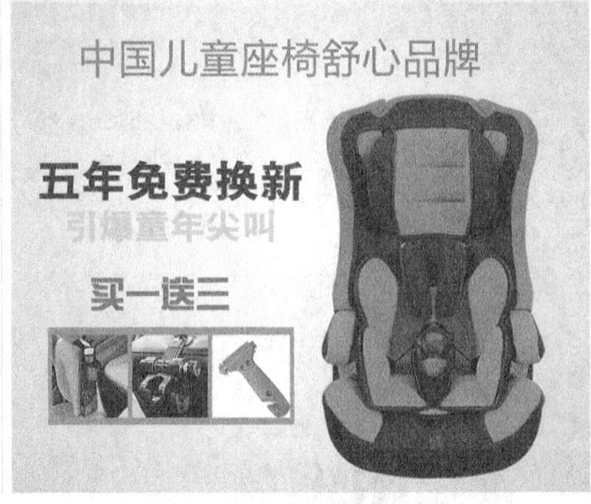

图7-139

01 按快捷键Ctrl+N新建一个“实例162”文件，具体参数设置如图7-140所示。

新建
名称(N)：实例162
预设(P)：自定
大小(I)：
宽度(W)：30 厘米
高度(H)：25 厘米
分辨率(R)：72 像素/英寸
颜色模式(M)：RGB 颜色 8位
背景内容(C)：白色
高级
确定
取消
存储预设(S)...
删除预设(D)...
图像大小：
1.72M

图7-140

02 选择“渐变工具”，然后单击选项栏中的“点按可编辑渐变”按钮，接着在弹出的“渐变编辑器”对话框中设置第1个色标的颜色为白色，第2个色标的颜色为（R:176，G:175，B:175），如图7-141所示，最后按照从中心向右下角的方向填充径向渐变，如图7-142所示，效果如图7-143所示。

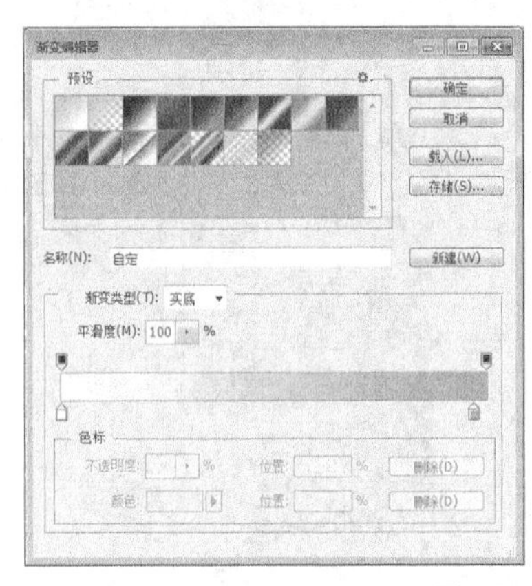

图7-141

图7-142

图7-143

03 导入学习资源中的“素材文件>CH07>162-1.png”文件，并将新生成的图层命名为“图层1”，然后调整好大小和位置，如图7-144所示。

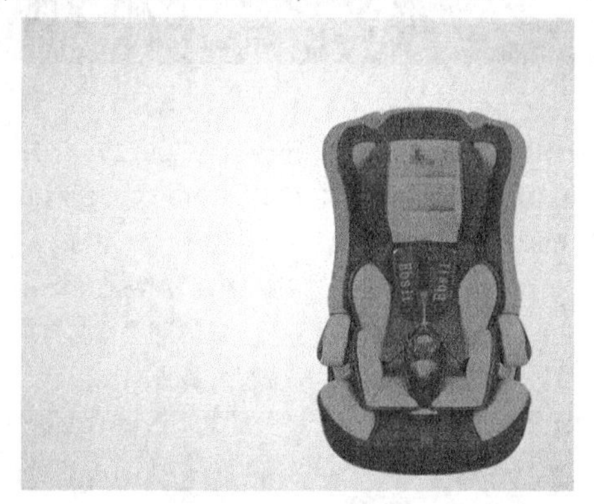

图7-144

04 新建一个“图层2”图层，然后使用“矩形选框工具”绘制一个矩形选区，如图7-145所示。

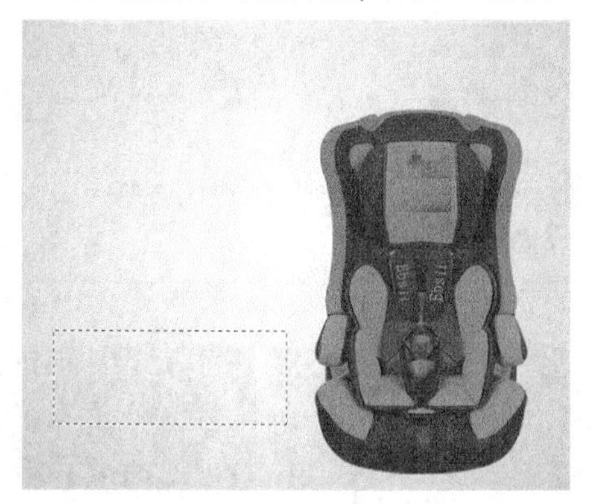

图7-145

05 设置前景色为（R:255，G:126，B:0），然后按快捷键Alt+Delete用前景色填充选区，完成后按快捷键Ctrl+D取消选区，效果如图7-146所示。

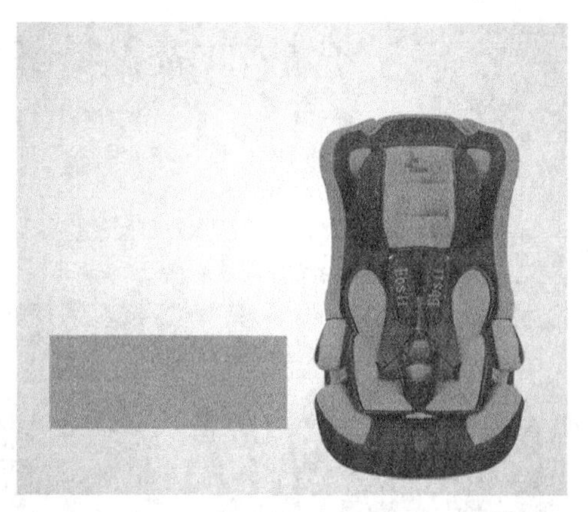

图7-146

06 导入学习资源中的“素材文件>CH07>162-2.png”文件，并将新生成的图层命名为“图层3”，然后调整好大小和位置，如图7-147所示。

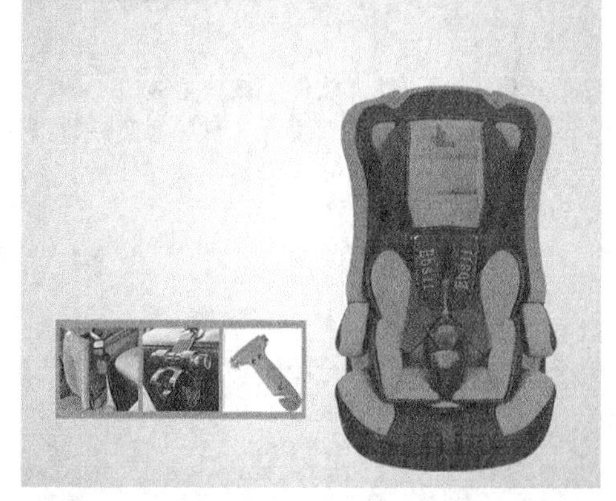

图7-147

07 使用“横排文字工具”在绘图区域输入文字(字体：体坛粗黑简体)，然后设置合适的大小和颜色，最终效果如图7-148所示。

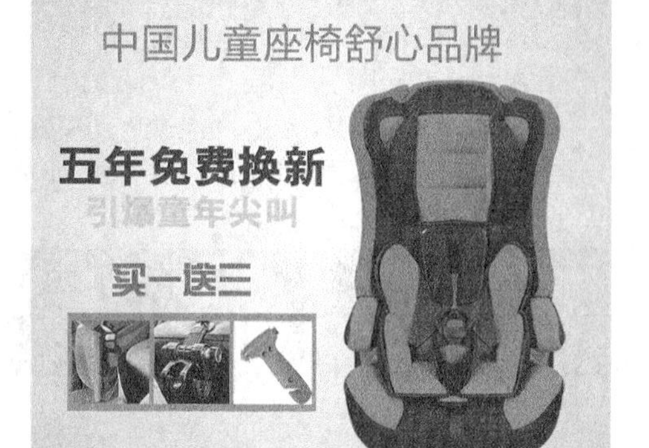

图7-148

实例

163 合成冲锋衣特效图

★★☆☆☆

视频文件：实例163 合成冲锋衣特效图.mp4　　实例位置：实例文件>CH07>实例163.psd

素材位置：素材文件>CH07>163-1.png　　学习目标：掌握合成冲锋衣特效图的方法

在合成冲锋衣特效图时，可以对页面的主体文字进行相应的处理，添加相应的图形样式，以达到最佳的视觉效果。本实例素材和最终效果如图7-149所示。

图7-149

01 启动Photoshop软件，按快捷键Ctrl+N新建一个“实例163”文件，具体参数设置如图7-150所示。

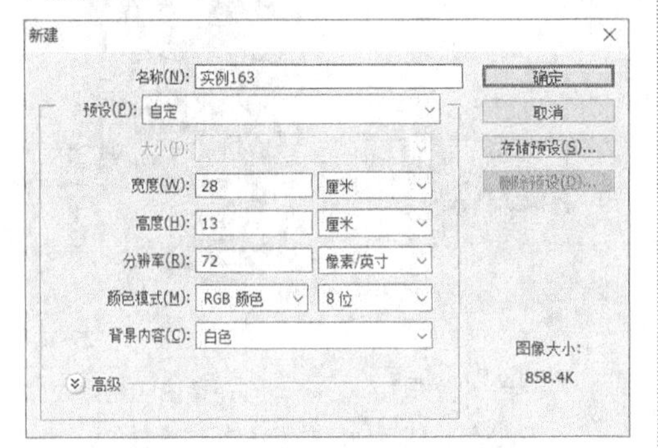

图7-150

02 设置前景色为（R:44，G:0，B:0），然后按快捷键Alt+Delete用前景色填充“背景”图层，如图7-151所示。

03 新建一个“图层1”图层，然后使用“椭圆选框工具”在图像中绘制一个合适的圆形选区，并使用白色填充选区，如图7-152所示。

图7-151　　图7-152

04 执行“图层>图层样式>外发光”菜单命令，打开“图层样式”对话框，然后设置“不透明度”为75%，发光颜色为（R:255，G:72，B:0），“大小”为43像素，如图7-153所示，效果如图7-154所示。

05 导入学习资源中的“素材文件>CH07>163-1.png”文件，并将新生成的图层命名为“图层2”，然后调整好大小和位置，如图7-155所示。

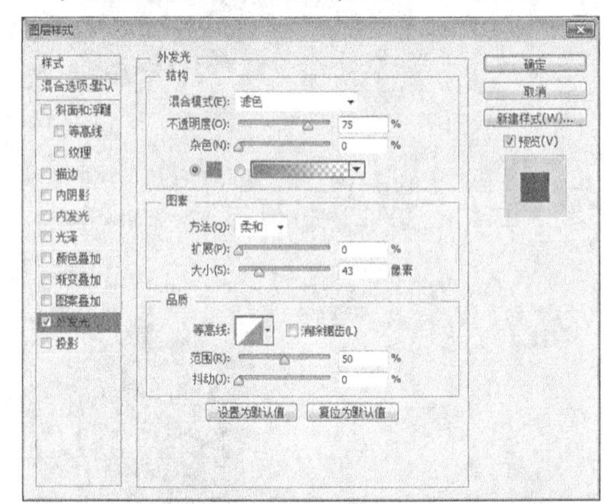

图7-153

图7-154

图7-155

06 执行“图层>图层样式>投影”菜单命令，打开“图层样式”对话框，然后设置“不透明度”为70%，“距离”为4像素，“扩展”为7%，

“大小”为10像素，具体参数设置如图7-156所示，效果如图7-157所示。

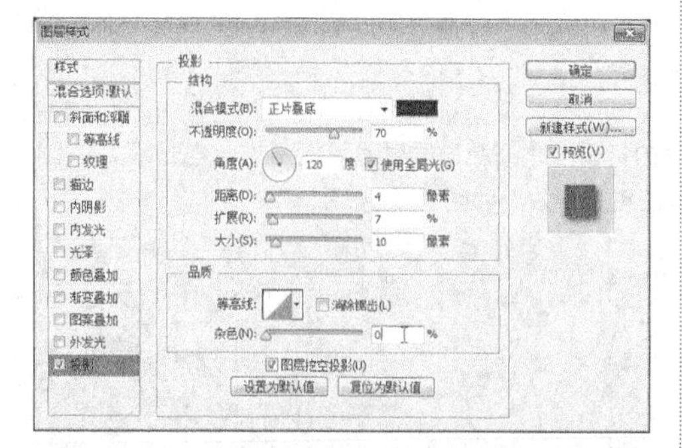

图7-156

图7-157

07 使用“横排文字工具”T在绘图区域输入文字(字体：方正综艺简体)，然后设置合适的大小，效果如图7-158所示。

图7-158

08 按快捷键Ctrl+T进入自由变换状态，然后适当地旋转文字的角度，效果如图7-159所示。

09 保持自由变换状态，然后单击鼠标右键，选择“斜切”菜单命令，接着使用鼠标调整文字的形状，如图7-160所示。

图7-159

图7-160

10 执行“图层>图层样式>斜面和浮雕”菜单命令，打开“图层样式”对话框，然后设置“深度”为123%，“大小”为1像素，接着设置高光的“不透明度”为100%，具体参数设置如图7-161所示。

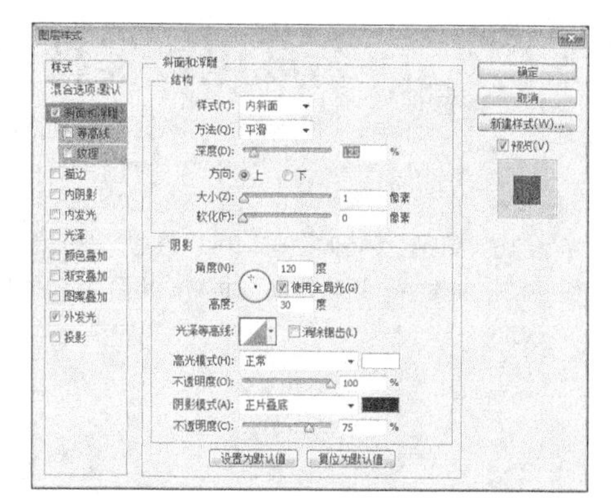

图7-161

11 在“图层样式”对话框中单击“外发光”样式，然后设置“不透明度”为100%，发光颜色为（R:255，G:72，B:0），“大小”为32像素，如图7-162所示，效果如图7-163所示。

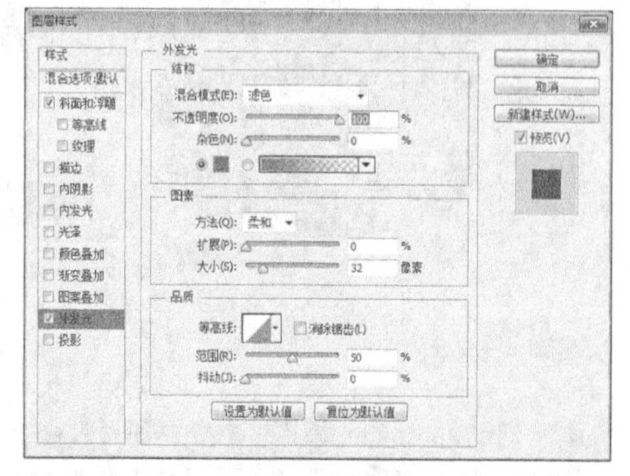

图7-162

图7-163

12 使用“横排文字工具”T在绘图区域输入文字(字体：方正综艺简体)，然后设置合适的大小和颜色，最终效果如图7-164所示。

图7-164

实例164 合成电饭煲特效图

★★☆☆☆

视频文件：实例164 合成电饭煲特效图.mp4
实例位置：实例文件>CH07>实例164.psd
素材位置：素材文件>CH07>164-1.png、164-2.png
学习目标：掌握合成电饭煲特效图的方法

在合成电饭煲特效图时，可以根据产品来制作不同的背景与之搭配，同时也可以添加一些促销文案，以使买家在搜索中一下就能被页面和文字吸引。本实例素材和最终效果如图7-165所示。

图7-165

01 启动Photoshop软件，按快捷键Ctrl+N新建一个“实例164”文件，具体参数设置如图7-166所示。

新建

名称(N): 实例164
预设(P): 自定
大小(I):
宽度(W): 28 厘米
高度(H): 28 厘米
分辨率(R): 72 像素/英寸
颜色模式(M): RGB 颜色 8位
背景内容(C): 白色
高级
确定
取消
存储预设(S)...
删除预设(D)...
图像大小: 1.80M

图7-166

02 设置前景色为(R:255, G:178, B:178)，然后按快捷键Alt+Delete用前景色填充“背景”图层，如图7-167所示。

03 新建一个“图层1”图层，然后使用“矩形选框工具”绘制一个矩形选区，并使用白色填充选区，如图7-168所示。

图7-167 图7-168

04 新建一个“图层1”图层，然后使用“钢笔工具”绘制一个不规则的路径，接着设置前景色为（R:222，G:23，B:7），最后使用前景色填充路径，效果如图7-169所示。

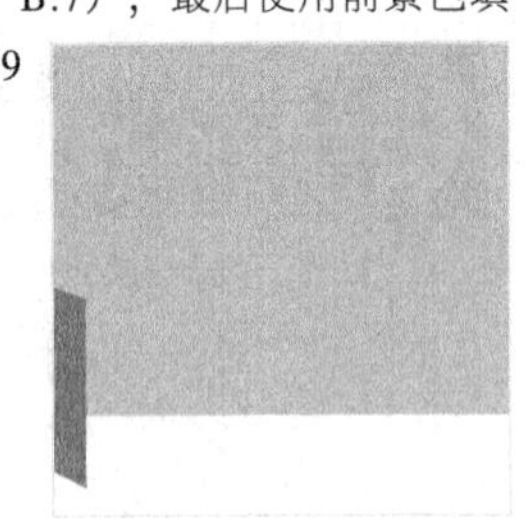

图7-169

05 执行“图层>图层样式>投影”菜单命令，打开“图层样式”对话框，然后设置“不透明度”为35%，“距离”为6像素，“扩展”为3%，“大小”为10像素，具体参数设置如图7-170所示，效果如图7-171所示。

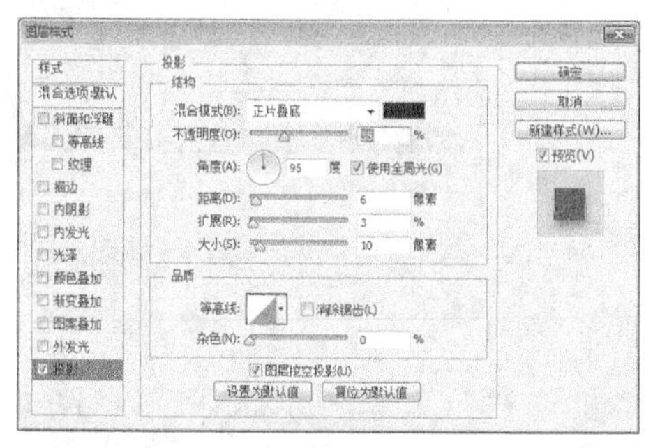

图7-170

图7-171

06 新建一个“图层2”图层，然后使用“钢笔工具”绘制一个不规则的路径，接着设置前景色为（R:248，G:60，B:45），最后使用前景色填充路径，效果如图7-172所示。

07 同样为“图层2”图层添加一个“投影”图层样式，具体参数设置与“图层1”图层相同，效果如图7-173所示。

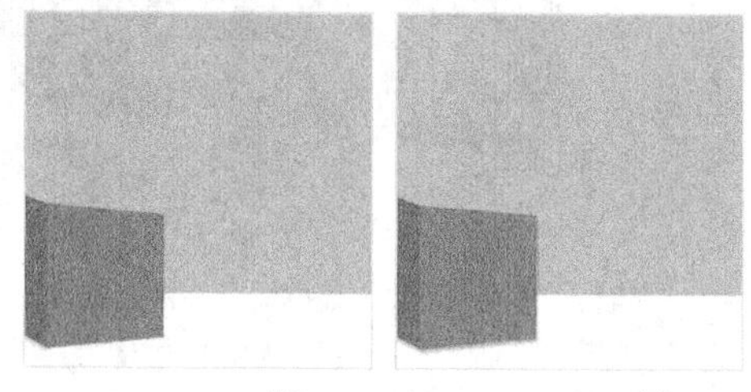

图7-172　　图7-173

08 使用相同方法制作其他色块，并为其添加“投影”图层样式，效果如图7-174所示。

09 导入学习资源中的“素材文件>CH07>164-1.png”文件，并将新生成的图层命名为“电饭煲”，然后调整好大小和位置，如图7-175所示。

图7-174　　图7-175

10 导入学习资源中的“素材文件>CH07>164-2.png”文件，并将新生成的图层命名为“白瓷碗”，然后按快捷键Ctrl+T进入自由变换状态，接着调整好大小和角度，如图7-176所示。

11 按快捷键Ctrl+J复制得到两个副本图层，然后分别使用“移动工具”将图像拖曳到合适的位置，如图7-177所示。

图7-176　　图7-177

12 新建一个“图层4”图层，然后使用“矩形选框工具”绘制一个矩形选区，并使用白色填充选区，接着设置该图层的“不透明度”为40%，如图7-178所示。

13 使用“横排文字工具”在绘图区域输入文字(字体：方正综艺简体)，然后设置合适的大小，效果如图7-179所示。

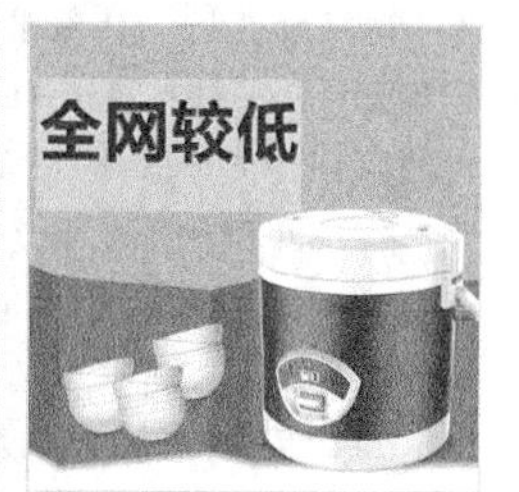

图7-178　　图7-179

14 在“图层”面板下方单击“添加图层样式”按钮 fx，然后在弹出的菜单栏中选择“渐变叠加”命令，在渐变编辑器中设置第1个色标的颜色为（R:253，G:157，B:72），第2个色标的颜色为（R:246，G:215，B:176），第3个色标的颜色为（R:254，G:153，B:81），如图7-180所示，最后返回“图层样式”对话框，具体参数设置如图7-181所示。

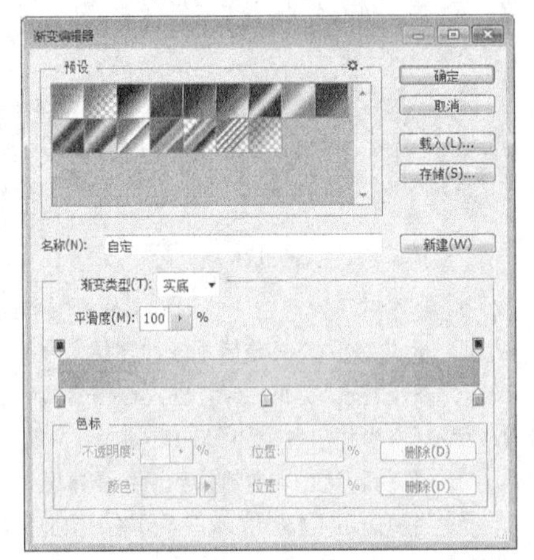

图7-180

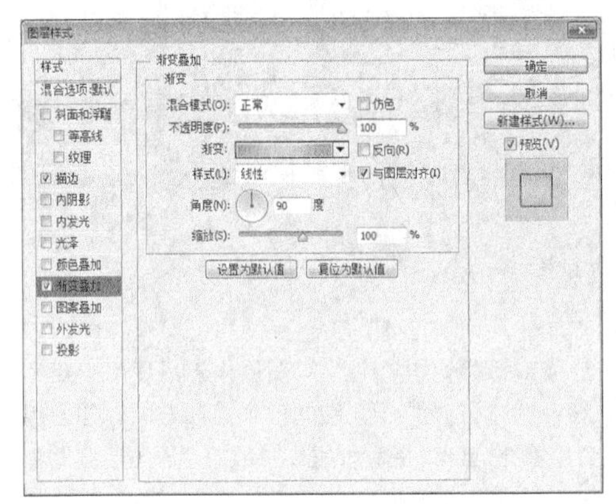

图7-181

15 在“图层样式”对话框中单击“描边”样式，然后设置“大小”为2像素，“填充类型”为“渐变”，接着单击“点按可编辑渐变”按钮，并在弹出的“渐变编辑器”对话框中设置第1个色标的颜色为（R:248，G:60，B:45），第2个色标的颜色为（R:222，G:22，B: 6），如图7-182所示，最后返回“图层样式”对话框，具体参数设置如图7-183所示，效果如图7-184所示。

16 使用“横排文字工具” T 在绘图区域输入文字(字体：微软雅黑)，设置合适的大小，效果如图7-185所示。

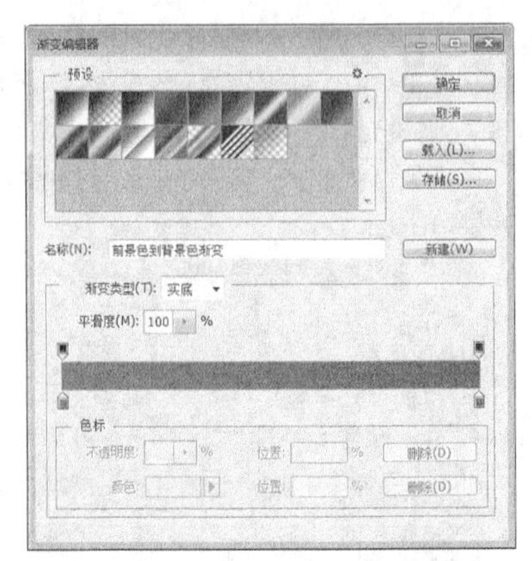

图7-182

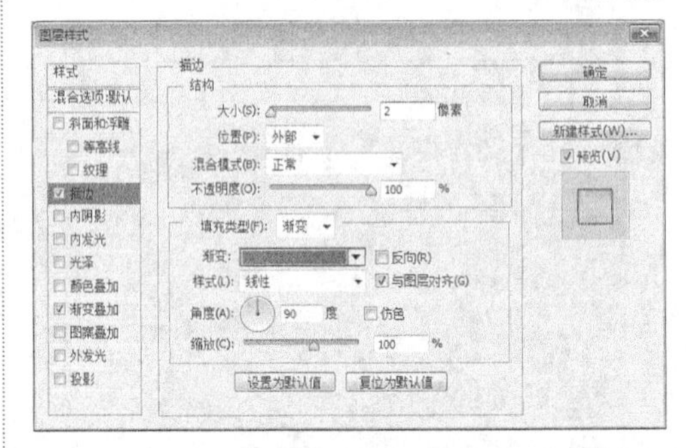

图7-183

图7-184

图7-185

17 执行“编辑>描边”菜单命令，然后在弹出的“描边”对话框中设置“大小”为1像素，“颜色”为红色，如图7-186所示，效果如图7-187所示。

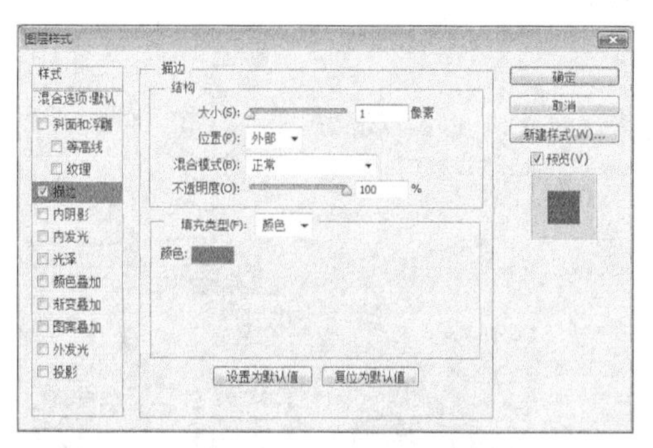

图7-186

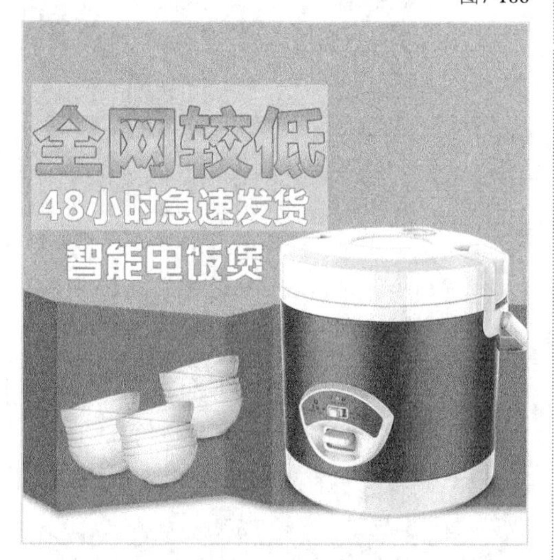

图7-187

18 在“背景”图层上新建一个图层，然后使用“椭圆选框工具”在图像上绘制一个合适的圆形选区，并使用红色填充选区，如图7-188所示。

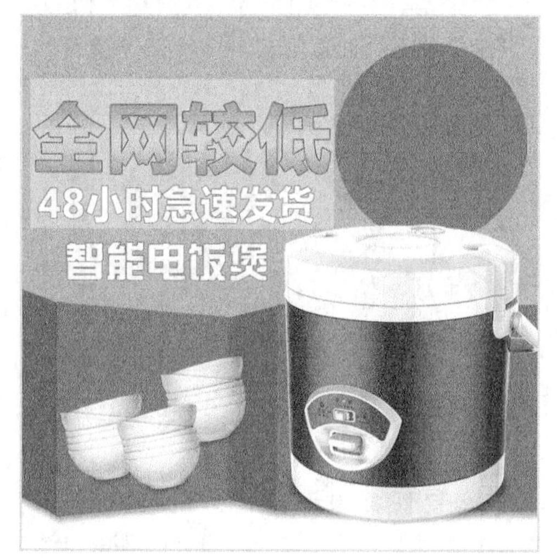

图7-188

19 选择“椭圆工具”，然后在选项栏中设置“填充”为无，“描边”颜色为白色，“形状描边宽度”为2.97点，“描边选项”为虚线，如图7-189所示，接着在画面中绘制一个圆形边框，效果如图7-190所示。

图7-189

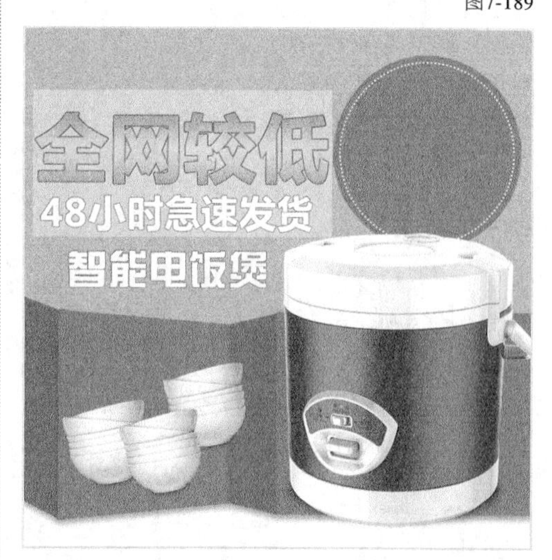

图7-190

20 使用“横排文字工具”在绘图区域输入文字(字体：微软雅黑)，然后设置合适的大小，最终效果如图7-191所示。

图7-191

实例165 合成女裤特效图

★★☆☆☆

- 视频文件：实例165 合成女裤特效图.mp4
- 实例位置：实例文件>CH07>实例165.psd
- 素材位置：素材文件>CH07>165-1.png
- 学习目标：掌握合成女裤特效图的方法

在合成女裤特效图时，可以将模特图片进行相应的分割处理，以最大程度展现产品细节，同时也可以将价格作为主体进行设计，以吸引买家关注。本实例素材和最终效果如图7-192所示。

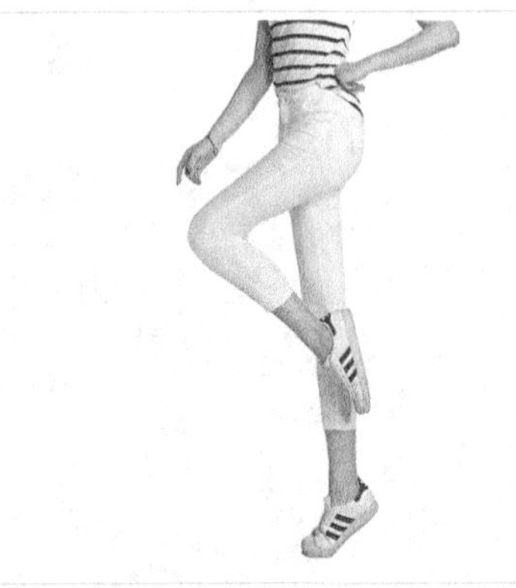

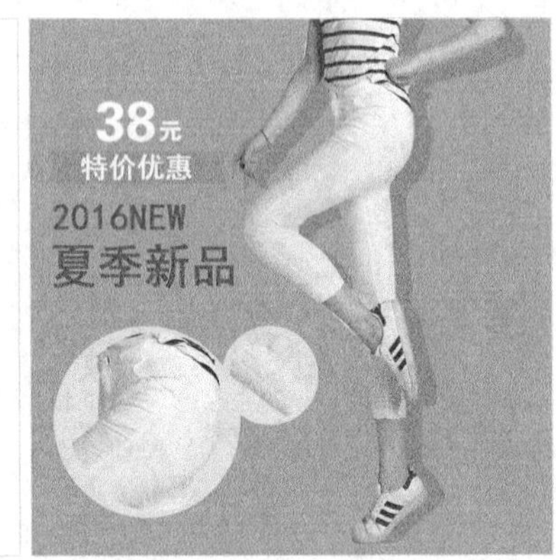

图7-192

01 启动Photoshop软件，按快捷键Ctrl+N新建一个“实例165”文件，具体参数设置如图7-193所示。

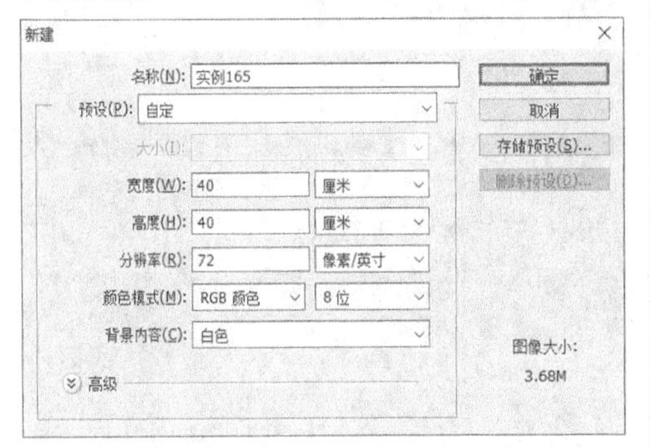

图7-193

02 设置前景色为（R:255，G:146，B:180），然后按快捷键Alt+Delete用前景色填充“背景”图层，如图7-194所示。

图7-194

03 导入学习资源中的“素材文件>CH07>165-1.png”文件，并将新生成的图层命名为“图层1”，然后调整好大小和位置，如图7-195所示。

04 按Ctrl键同时单击图层缩略图左侧的眼睛图标载入该图层的选区，如图7-196所示。

图7-195

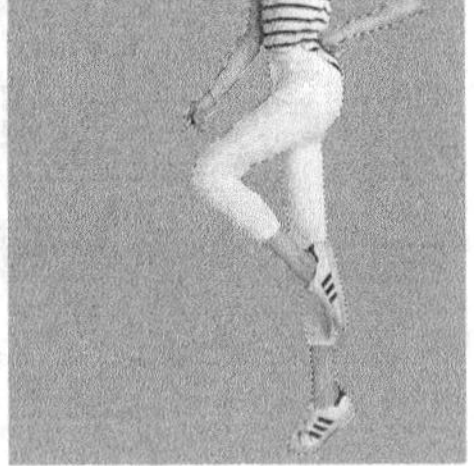

图7-196

05 按快捷键Ctrl+J复制“图层1”图层，得到“图层1副本”图层，然后将副本图层拖曳到“图层1”图层的下方，如图7-197所示，接着用黑色填充该选区，最后使用“移动工具”适当调整位置，效果如图7-198所示。

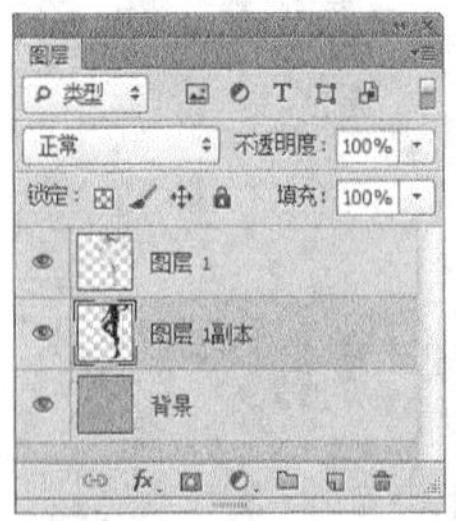

图7-197

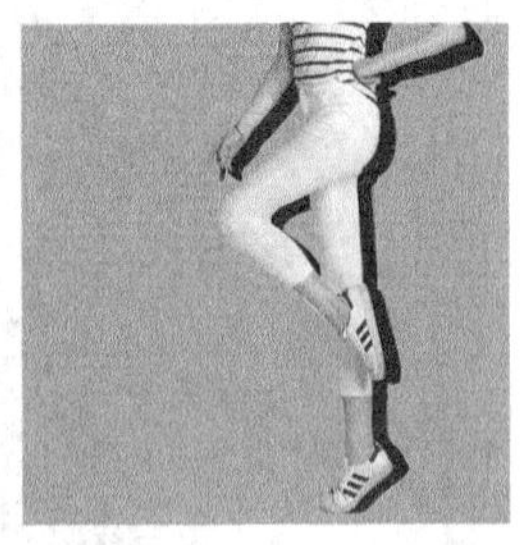

图7-198

06 设置“图层1副本”图层的“混合模式”为“正片叠底”，“不透明度”为15%，如图7-199所示，效果如图7-200所示。

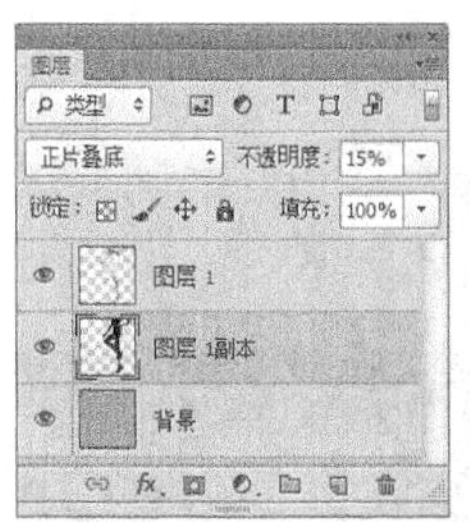

图7-199

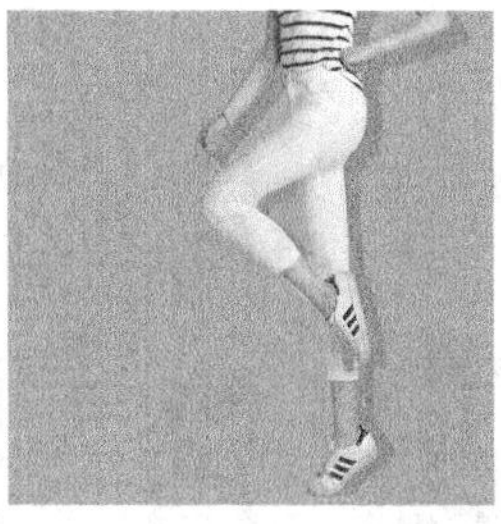

图7-200

07 新建一个“图层2”图层，然后使用“椭圆选框工具”在图像上绘制一个合适的圆形选区，接着设置前景色为（R:288，G:227，B:235），最后按快捷键Alt+Delete用前景色填充选区，如图7-201所示。

08 按快捷键Ctrl+J复制“图层2”图层得到副本图层，然后按快捷键Ctrl+T进入自由变换状态，并调整好大小，如图7-202所示。

图7-201

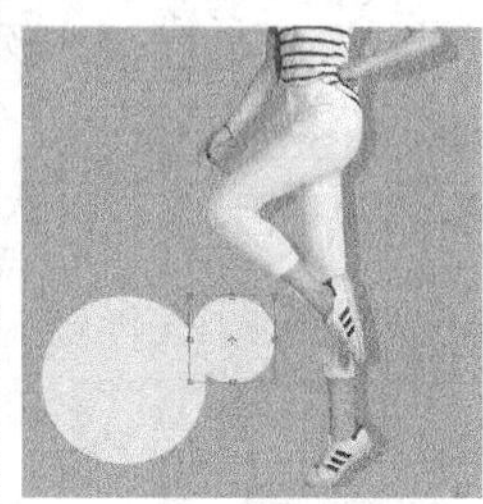

图7-202

09 选择“图层1”图层，然后使用“椭圆选框工具”在图像上绘制一个合适的圆形选区，如图7-203所示。

10 按快捷键Ctrl+J复制出选区内的图像，然后使用“移动工具”将图像调整好位置，接着按快捷键Ctrl+T进入自由变换状态，并调整好大小，如图7-204所示。

图7-203

图7-204

11 再次选择“图层1”图层，然后使用“椭圆选框工具”在图像上绘制一个合适的圆形选区，如图7-205所示，接着按快捷键Ctrl+J复制出选区内的图像，并调整大小和位置，如图7-206所示。

图7-205

图7-206

12 新建一个“图层3”图层，然后设置前景色为（R:159，G:159，B:159），接着使用“矩形选框工具”绘制出一个矩形选区，并使用前景色填充选区，如图7-207所示。

图7-207

13 按住Shift键同时使用“椭圆选框工具”在图像上绘制两个合适的圆形选区，如图7-208所示，然后按Delete键将选区内的图像删除，接着按快捷键Ctrl+D取消选区，效果如图7-209所示。

图7-208

图7-209

14 使用“横排文字工具”在绘图区域输入其他文字(字体：体坛粗黑简体)，然后设置合适的大小，最终效果如图7-210所示。

图7-210

实例166 合成剃须刀特效图

★★☆☆☆

视频文件：实例166 合成剃须刀特效图.mp4
实例位置：实例文件>CH07>实例166.psd
素材位置：素材文件>CH07>166-1.jpg、166-2.png
学习目标：掌握合成剃须刀特效图的方法

在合成剃须刀特效图时，为了能够完美的突出机器的科技感，可以选择了一张具有科技感的背景图片。本实例素材和最终效果如图7-211所示。

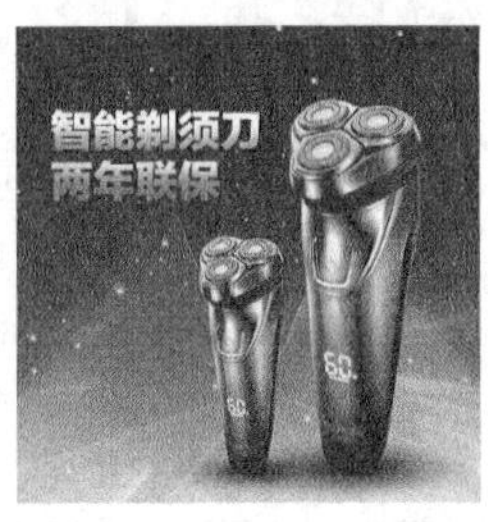

图7-211

01 打开学习资源中的“素材文件>CH07>166-1.jpg”文件，这种科幻酷炫的图片常用来作为电子产品的背景，如图7-212所示。

02 导入学习资源中的“素材文件>CH07>166-2.png”文件，并将新生成的图层命名为“图层1”，然后调整好大小和位置，如图7-213所示。

图7-212

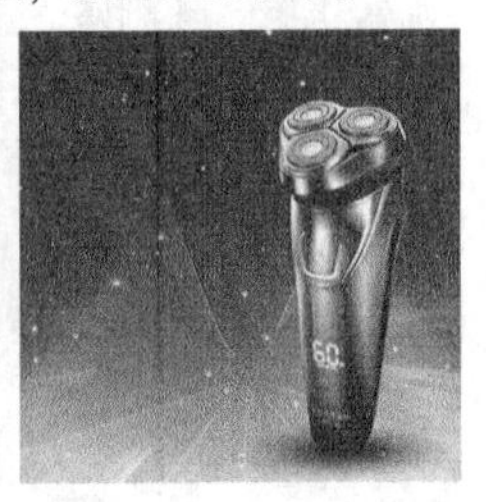

图7-213

03 按快捷键Ctrl+J复制“图层1”图层得到一个副本图层，然后按快捷键Ctrl+T进入自由变换状态，并调整好大小，如图7-214所示。

04 使用“横排文字工具”T在绘图区域输入其他文字(字体：方正兰亭特黑简体)，然后设置合适的大小，效果如图7-215所示。

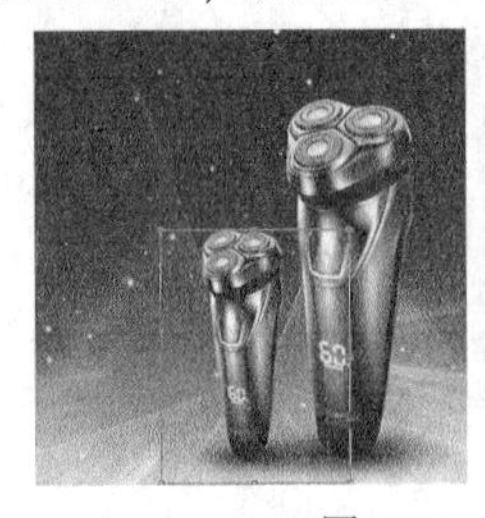

图7-214

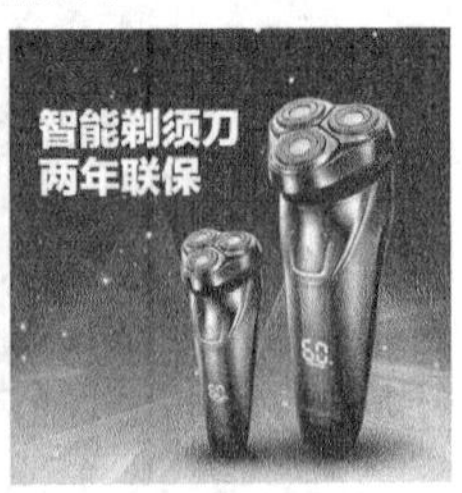

图7-215

05 在“图层”面板下方单击“添加图层样式”按钮fx，然后在弹出的菜单栏中选择“渐变叠加”命令，在渐变编辑器中选择“铬黄渐变”，如图7-216所示，最后返回“图层样式”对话框，设置“样式”为“线性”，“角度”为89度，“缩放”为73%，具体参数设置如图7-217所示。

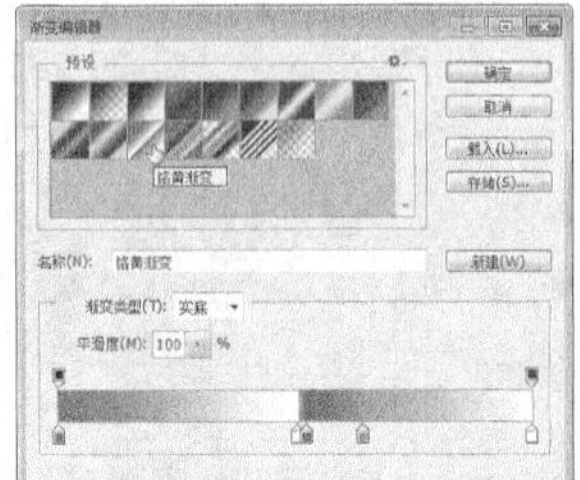

图7-216

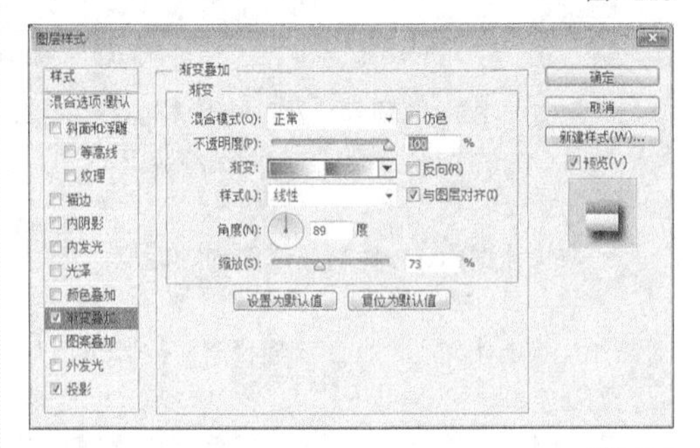

图7-217

06 在“图层样式”对话框中单击“投影”样式，然后设置“不透明度”为86%，“距离”为9像素，“大小”为7像素，具体参数设置如图7-218所示，最终效果如图7-219所示。

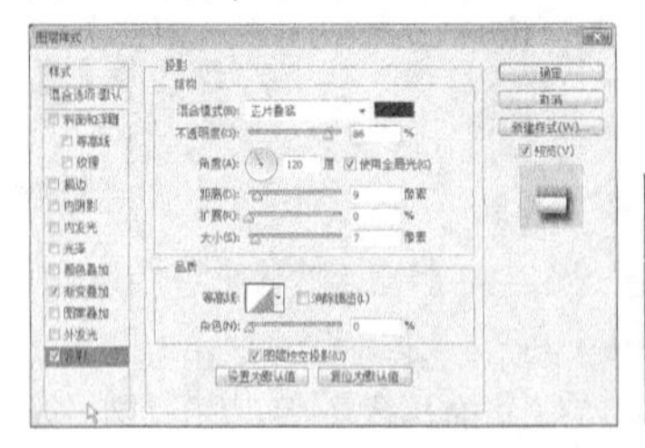

图7-218

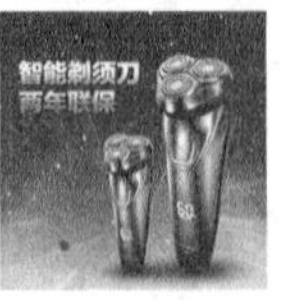

图7-219

实例167 ★★☆☆☆

合成燕窝特效图

视频文件：实例167 合成燕窝特效图.mp4
实例位置：实例文件>CH07>实例167.psd
素材位置：素材文件>CH07>167-1.jpg、167-2.png~167-4.png
学习目标：掌握合成燕窝特效图的方法

在合成燕窝特效图时，可以选择较为唯美的背景图片，产品图片也可以进行相应的特效制作，如添加烟雾等来衬托产品；在字体设计上，本实例选取了比较有韵味的毛笔字体，以达到理想的视觉效果。本实例素材和最终效果如图7-220所示。

图7-220

01 导入学习资源中的“素材文件>CH07>167-1.jpg和167-2.png”文件，然后调整好大小，如图7-221所示。

图7-221

02 导入学习资源中的“素材文件>CH07>167-3.png”文件，并将新生成的图层命名为“图层2”，然后调整好大小和位置，如图7-222所示。

图7-222

03 创建一个“曲线”调整图层，然后在“属性”面板中将曲线调整成图7-223所示的形状，接着按快捷键Ctrl+Alt+G将其设置为“图层2”图层的剪贴蒙版，如图7-224所示，效果如图7-225所示。

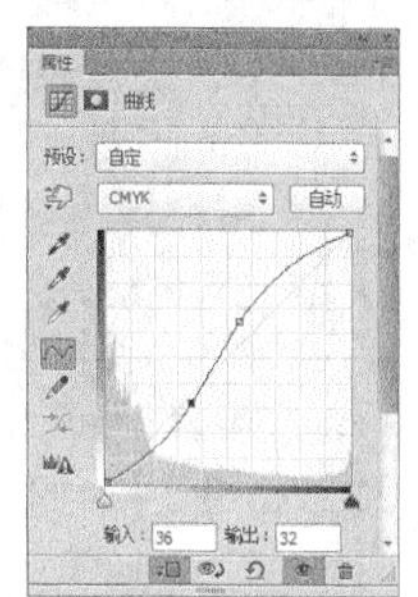

图7-223

图7-224

图7-225

技巧与提示

如果对图片的色调不满意，可以添加调整图层来调节画面，调整图层与菜单命令相比，优点是可以随时调整画面。

04 导入学习资源中的“素材文件>CH07>167-4.png，文件，并将新生成的图层命名为“图层3”，然后调整好大小和位置，接着设置该图层的“不透明度”为68%，效果如图7-226所示。

图7-226

05 使用“横排文字工具”T在绘图区域输入其他文字(字体：叶根友毛笔行书)，然后设置合适的大小，效果如图7-227所示。

图7-227

06 在“图层”面板下方单击“添加图层样式”按钮fx，然后在弹出的菜单栏中选择“渐变叠加”命令，接着在渐变编辑器中设置第1个色标的颜色为（R:220，G:206，B:161），第2个色标的颜色为白色，第3个色标的颜色为（R:220，G:206，B:161），第4个色标的颜色为白色，如图7-228所示，最后返回“图层样式”对话框，设置“不透明度”为100%，“角度”为0度，具体参数设置如图7-229所示，效果如图7-230所示。

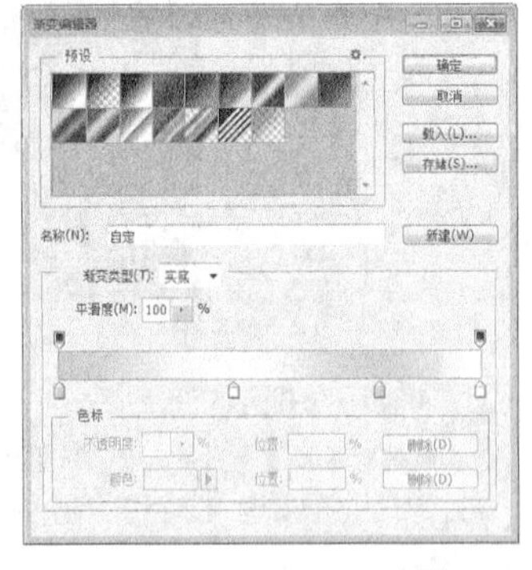

图7-228

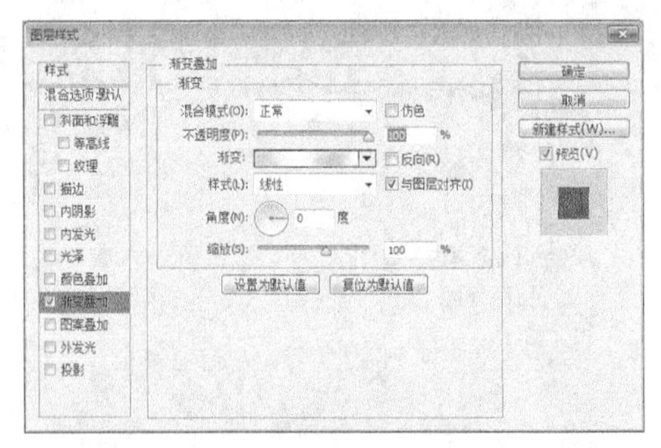

图7-229

图7-230

07 使用“横排文字工具”T在绘图区域输入其他文字(字体：叶根友毛笔行书)，然后设置合适的大小，效果如图7-231所示。

图7-231

08 在“图层”面板下方单击“添加图层样式”按钮fx，然后在弹出的菜单栏中选择“描边”命令，在“描边”对话框设置“大小”为4像素，“不透明度”为77%，“颜色”为（R:156，G:31，B:36），如图7-232所示。

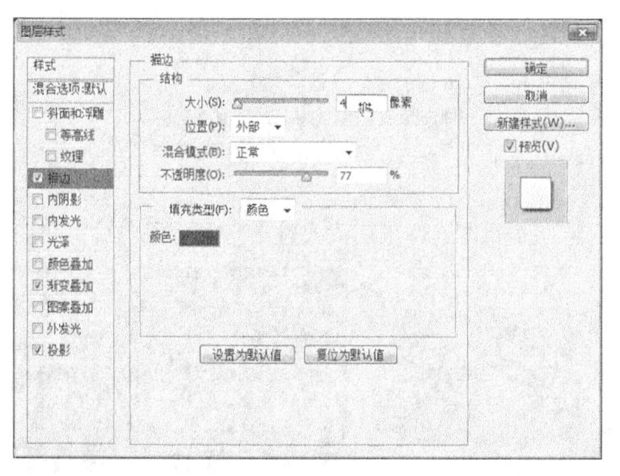

图7-232

09 在“图层样式”对话框中单击“渐变叠加”样式，然后单击“点按可编辑渐变”按钮，接着在弹出的“渐变编辑器”对话框中设置第1个色标的颜色为白色，第2个色标的颜色为（R:255，G:250，B:185），第3个色标的颜色为（R:253，G:208，B:0），如图7-233所示，最后返回“图层样式”对话框，设置“缩放”为146%，具体参数设置如图7-234所示，效果如图7-235所示。

图7-233

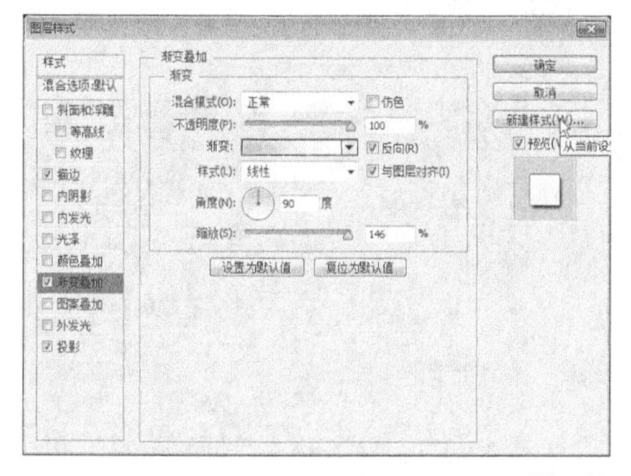

图7-234

图7-235

10 使用“横排文字工具”在绘图区域输入其他文字(字体：叶根友毛笔行书)，然后设置合适的大小，效果如图7-236所示。

图7-236

11 将“燕”字的图层样式复制并粘贴给“窝”文字图层，最终效果如图7-237所示。

图7-237

实例 168 ★★☆☆☆

合成女包特效图

- 视频文件：实例168 合成女包特效图.mp4
- 实例位置：实例文件>CH07>实例168.psd
- 素材位置：素材文件>CH07>168-1.png~168-3.png
- 学习目标：掌握合成女包特效图的方法

在合成女包特效图时，可以选择插画类的元素进行设计，本实例选取了时尚女性的插画作品与商品进行搭配，使页面的视觉效果更加独特，其次商品在抠除背景后，可以使用描边或投影等图层样式来增加其感染力。本实例素材和最终效果如图7-238所示。

图7-238

01 启动Photoshop软件，按快捷键Ctrl+N新建一个“实例168”文件，具体参数设置如图7-239所示。

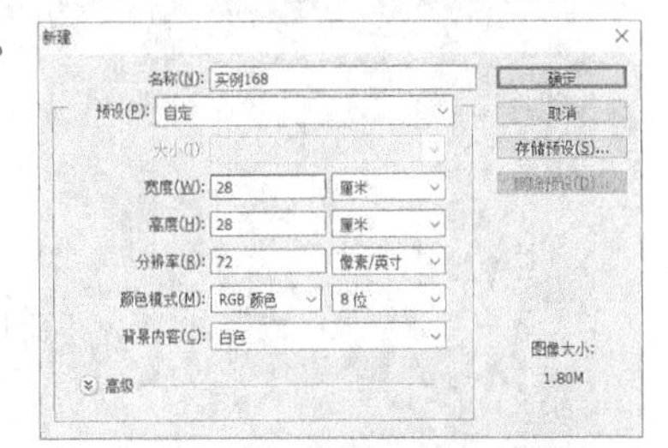

图7-239

02 设置前景色为(R:103, G:157, B:181)，然后按快捷键Alt+Delete用前景色填充“背景”图层，如图7-240所示。

图7-240

03 新建一个“图层1”图层，然后使用“矩形选框工具” 绘制出一个矩形选区，如图7-241所示。

04 设置前景色为（R:252，G:45，B:65），然后按快捷键Alt+Delete用前景色填充选区，完成后按快捷键Ctrl+D取消选区，效果如图7-242所示。

图7-241　图7-242

05 导入学习资源中的“素材文件>CH07>168-1.png”文件，并将新生成的图层命名为“图层2”，然后调整好大小和位置，如图7-243所示。

06 导入学习资源中的“素材文件>CH07>168-2.png”文件，并将新生成的图层命名为“图层3”，然后调整好大小和位置，如图7-244所示。

图7-243　图7-244

07 执行“图层>新建调整图层>色阶”菜单命令，创建一个“色阶”调整图层，然后在“属性”面板中设置“输入色阶”为（7，0.87，206），如图7-245所示，接着按快捷键Ctrl+Alt+G将其设置为“图层3”图层的剪贴蒙版，如图7-246所示，效果如图7-247所示。

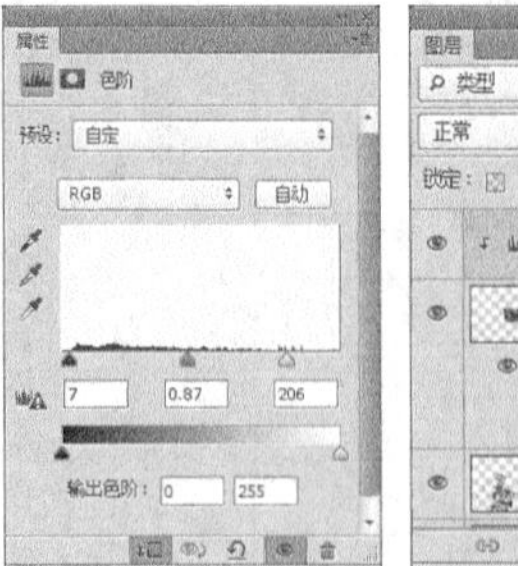

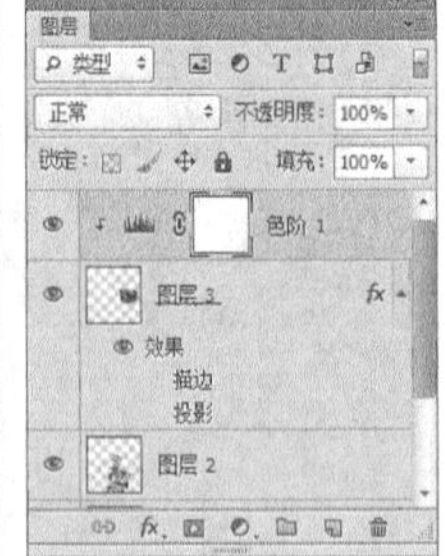

图7-245　图7-246

图7-247

08 创建一个“曲线”调整图层，然后将曲线调节成图7-248所示的形状，接着按快捷键Ctrl+Alt+G将其设置为“图层3”图层的剪贴蒙版，如图7-249所示，效果如图7-250所示。

09 导入学习资源中的“素材文件>CH07>168-3.png”文件，并将新生成的图层命名为“图层4”，然后调整好大小和位置，如图7-251所示。

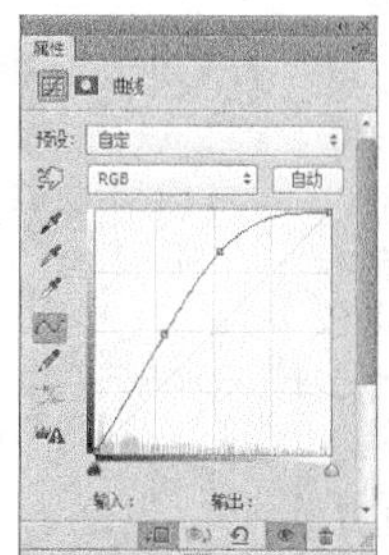

图7-248

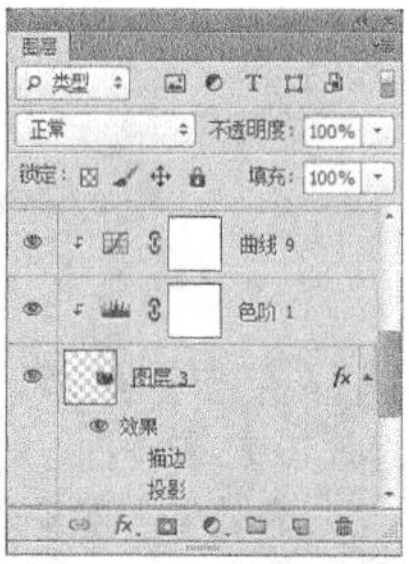

图7-249

图7-250

图7-251

10 在“图层”面板下方单击“添加图层样式”按钮 fx，然后在弹出的菜单栏中选择“描边”命令，在“描边”对话框设置“大小”为8像素，“不透明度”为100%，“颜色”为白色，如图7-252所示，效果如图7-253所示。

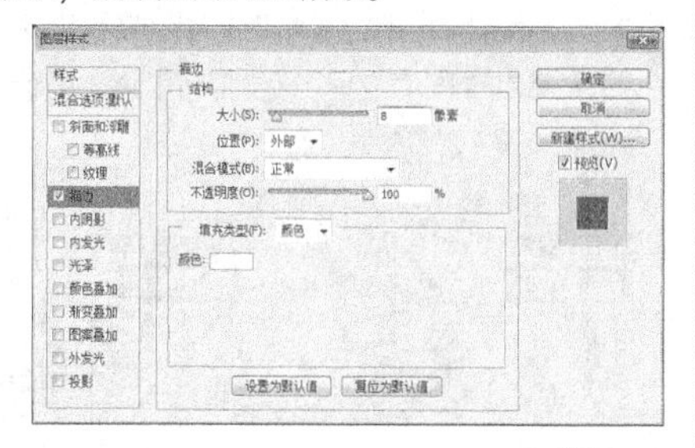

图7-252

图7-253

11 执行“图层>新建调整图层>亮度/对比度”菜单命令，创建一个“亮度/对比度”调整图层，然后在“属性”面板中设置“亮度”为39，“对比度”为36，如图7-254所示，接着按快捷键Ctrl+Alt+G将其设置为“图层4”图层的剪贴蒙版，效果如图7-255所示。

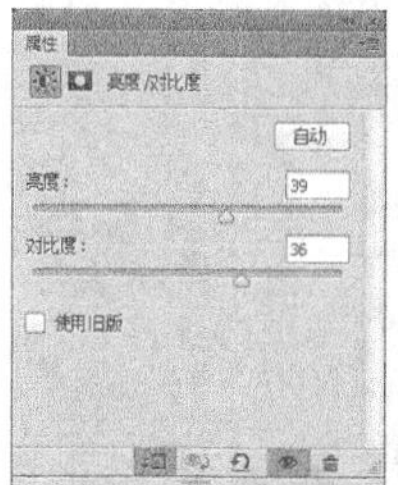

图7-254

图7-255

12 创建一个“色阶”调整图层，然后在“属性”面板中设置“输入色阶”为（0，1，237），如图7-256所示，接着按快捷键Ctrl+Alt+G将其设置为“图层4”图层的剪贴蒙版，效果如图7-257所示。

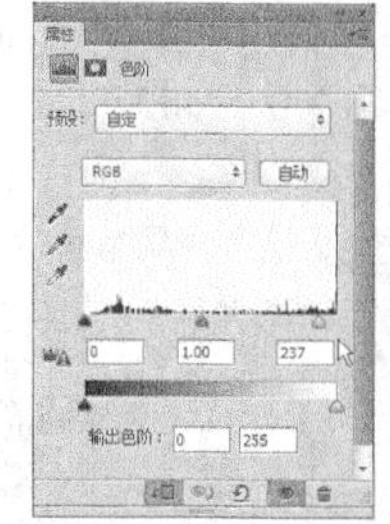

图7-256

图7-257

13 使用“横排文字工具” T 在绘图区域输入其他文字(字体：方正兰亭中黑简体)，然后设置合适的大小，最终效果如图7-258所示。

图7-258

实例169 合成童装特效图

★★☆☆☆

- 视频文件：实例169 合成童装特效图.mp4
- 实例位置：实例文件>CH07>实例169.psd
- 素材位置：素材文件>CH07>169-1.jpg、169-2.png
- 学习目标：掌握合成童装特效图的方法

在合成童装特效图时，可以根据服装的颜色和类型选择背景，此实例中该产品的颜色较为淡雅，所以背景选择了较为柔和的图片。在文字设计上，颜色要能够压住整个页面，所以选择了比较深的颜色。本实例素材和最终效果如图7-259所示。

图7-259

01 启动Photoshop软件，按快捷键Ctrl+N新建一个“实例169”文件，具体参数设置如图7-260所示。

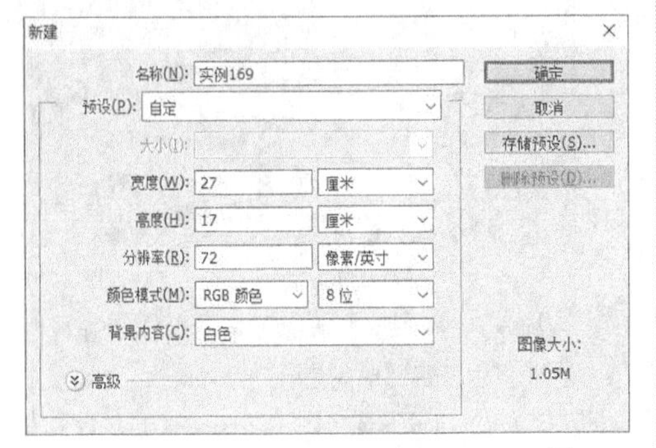

新建

名称(N)：实例169

预设(P)：自定

大小(I)：

宽度(W)：27 厘米

高度(H)：17 厘米

分辨率(R)：72 像素/英寸

颜色模式(M)：RGB 颜色 8 位

背景内容(C)：白色

高级

确定

取消

存储预设(S)...

删除预设(D)...

图像大小：

1.05M

图7-260

02 导入学习资源中的“素材文件>CH07>169-1.jpg”文件，然后调整素材位置，如图7-261所示。

03 按快捷键Ctrl+T进入自由变换状态，将图像放大到图7-262所示的大小。

图7-261

图7-262

04 导入学习资源中的“素材文件>CH07>169-2.png”文件，然后按快捷键Ctrl+T进入自由变换状态，将图像旋转至图7-263所示的角度。

05 新建一个“图层3”图层，然后使用“矩形选框工具”绘制出一个矩形选区，接着设置前景色为（R:6，G:45，B:130），并使用前景色填充选区，效果如图7-264所示。

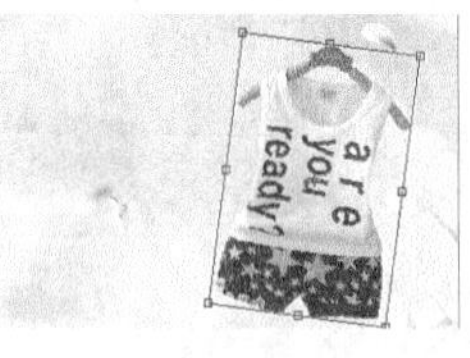

图7-263

图7-264

06 使用“横排文字工具”在绘图区域输入文字(字体：体坛粗黑简体)，然后设置合适的大小和颜色，效果如图7-265所示。

图7-265

07 使用“椭圆选框工具”在图像上绘制一个合适的圆形选区，如图7-266所示。

图7-266

08 新建一个图层，然后按快捷键Alt+Delete用前景色填充选区，如图7-267所示。

09 按快捷键Ctrl+J复制出若干个圆形图案，然后使用“移动工具”将图像调整好位置，最终效果如图7-268所示。

图7-267

图7-268

合成首饰特效图

视频文件：实例170 合成首饰特效图.mp4　实例位置：实例文件>CH07>实例170.psd

素材位置：素材文件>CH07>170-1.png、170-2.jpg~170-4.jpg、170-5.png~170-7.png　学习目标：掌握合成首饰特效图的方法

在合成首饰特效图时，可以使用分割页面的形式将商品一一展现出来，这样可以避免单一产品图片叠加在一起而引起整体效果的杂乱而影响最终的视觉效果。本实例素材和最终效果如图7-269所示。

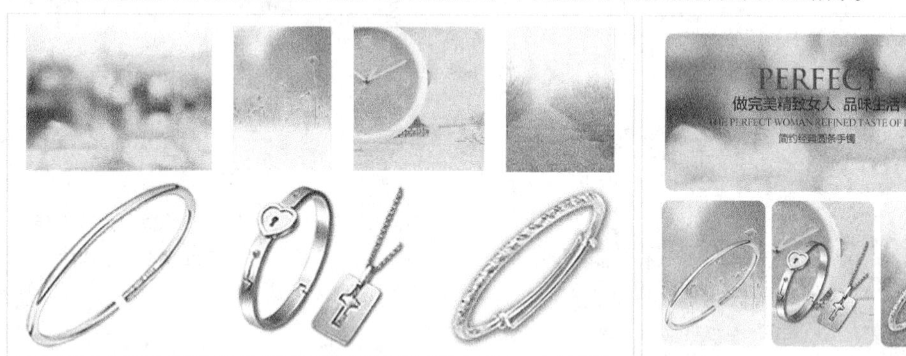

图7-269

01 启动Photoshop软件，按快捷键Ctrl+N新建一个“实例170”文件，具体参数设置如图7-270所示。

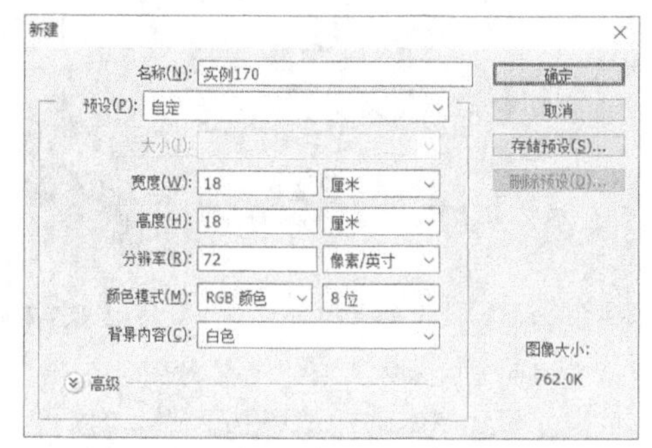

图7-270

02 设置前景色为灰色，然后使用“圆角矩形工具”在画面中绘制一个圆角矩形，如图7-271所示。

03 执行“图层>栅格化>形状”菜单命令，将该形状图层栅格化，如图7-272所示。

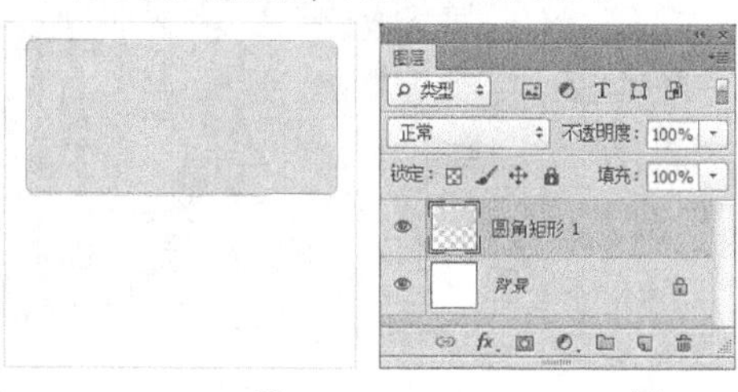

图7-271　图7-272

04 使用“钢笔工具”绘制出图7-273所示的形状，然后按快捷键Ctrl+Enter载入路径的选区，接着按Delete键将选区内的图像删除，最后按快捷键Ctrl+D取消选区，效果如图7-274所示。

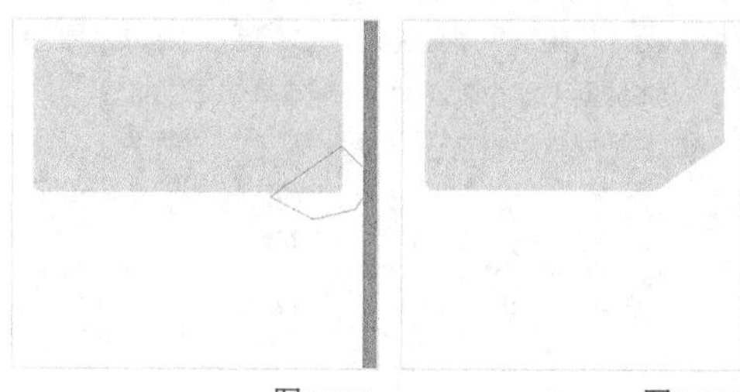

图7-273　图7-274

05 继续使用“圆角矩形工具”在画面中绘制出3个相同大小的圆角矩形，并调整好位置，如图7-275所示。

06 将右边的圆角矩形图层栅格化，同样使用“钢笔工具”绘制出一个三角的形状，然后删除路径中的图像，效果如图7-276所示。

图7-275　图7-276

07 分别导入学习资源中的“素材文件>CH07>170-1.png、170-2.jpg、170-3.jpg、170-4.jpg”文件，然后按快捷键Ctrl+Alt+G分别创建剪贴蒙版，如图7-277所示，效果如图7-278所示。

08 导入学习资源中的“素材文件>CH07>170-5.png”文件，然后调整素材的位置，如图7-279所示。

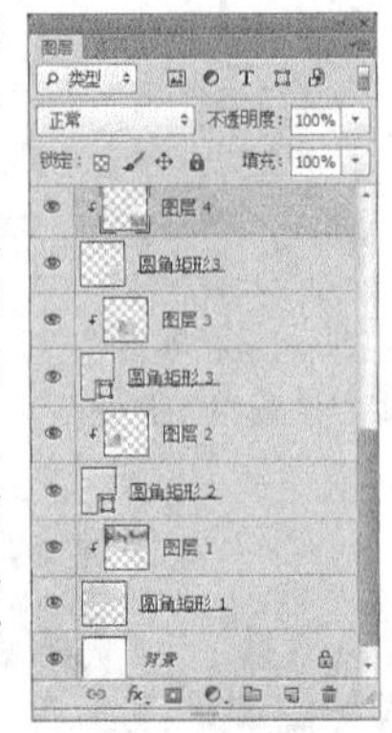

图7-277

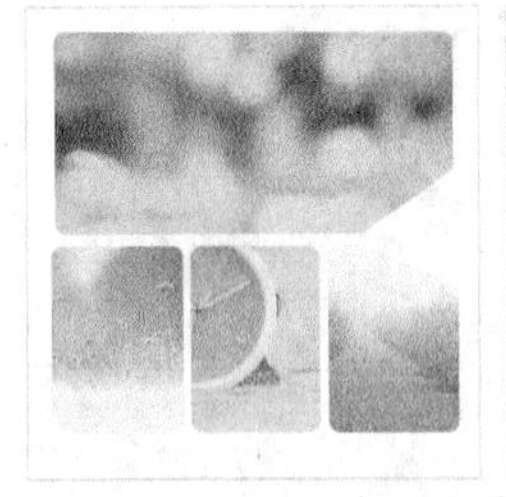

图7-278　　图7-279

09 执行“图层>图层样式>投影”菜单命令，打开“图层样式”对话框，然后设置“不透明度”为83%，“距离”为1像素，“扩展”为4%，“大小”为6像素，如图7-280所示，效果如图7-281所示。

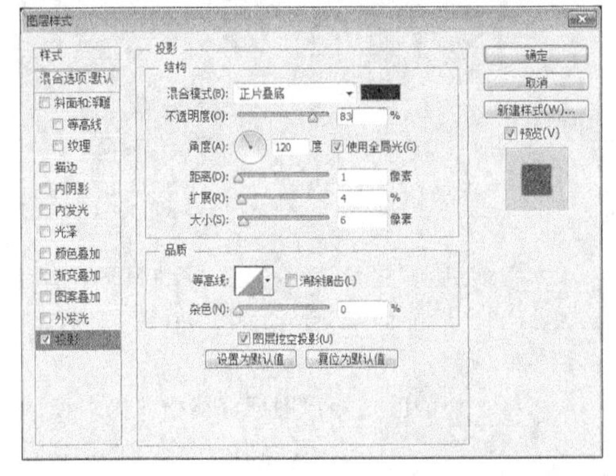

图7-280

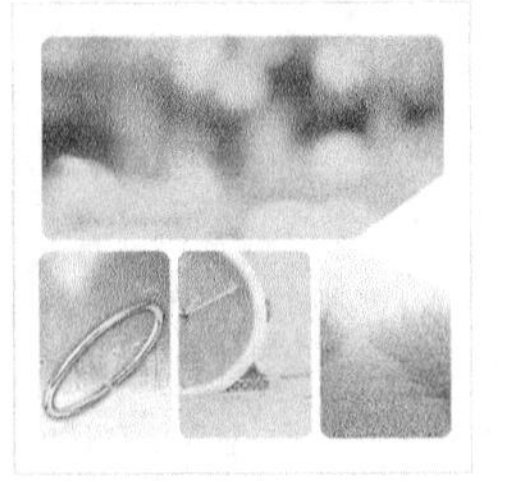

图7-281

10 分别导入学习资源中的“素材文件>CH07>170-6.png、170-7.png”文件，然后调整好两个素材的位置，如图7-282所示。

11 为这两个首饰添加同样的投影立体效果，如图7-283所示。

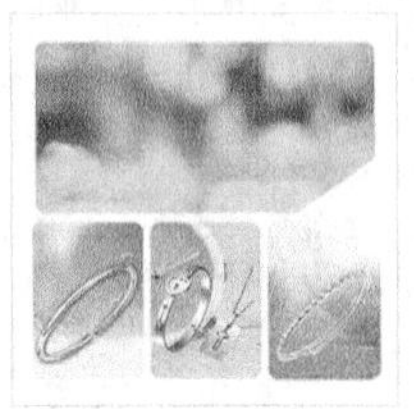

图7-282　　图7-283

12 选择“多边形工具” ，然后设置“填充”为黑色，“边”为3，接着绘制三角形状，如图7-284所示。

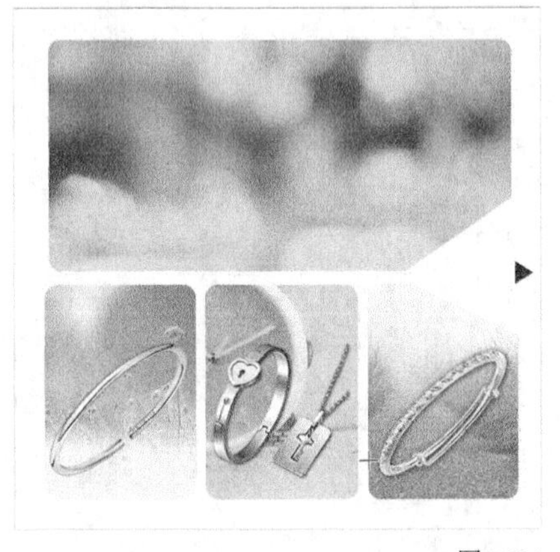

图7-284

13 使用“横排文字工具” 在绘图区域输入文字信息(字体：方正兰亭中黑简体)，然后设置合适的大小，最终效果如图7-285所示。

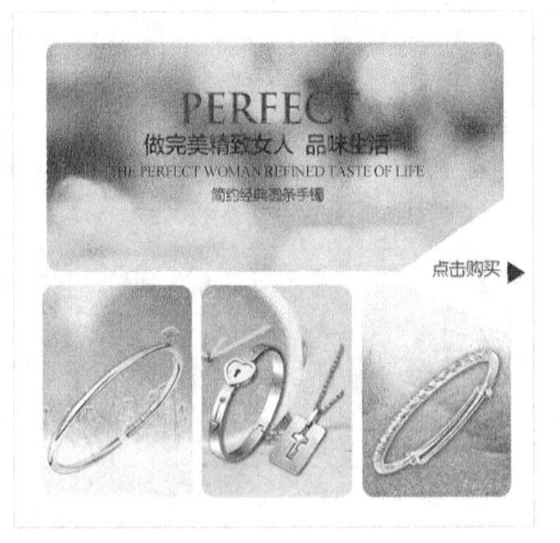

图7-285

合成羽绒服特效图

»视频文件：实例171 合成羽绒服特效图.mp4　　»实例位置：实例文件>CH07>实例171.psd

»素材位置：素材文件>CH07>171-1.png、171-2.png　　»学习目标：掌握合成羽绒服特效图的方法

在合成羽绒服特效图时，并没有对背景进行设计，这样做是为了能够将产品清晰展现出来，其次在元素选择上，根据文案的大体意思“轻如无形”，选取了羽毛作为衬托图形。本实例素材和最终效果如图7-286所示。

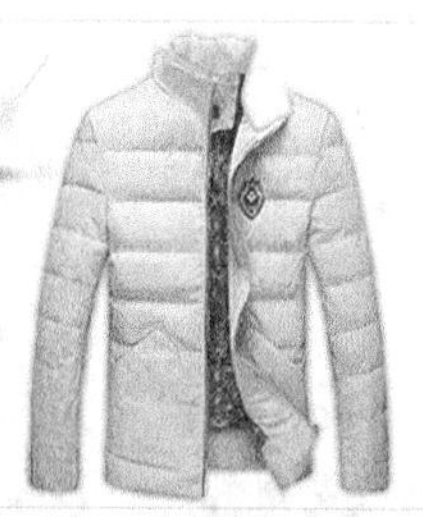

图7-286

01 启动Photoshop软件，按快捷键Ctrl+N新建一个“实例171”文件，具体参数设置如图7-287所示。

新建
名称(N)：实例171
预设(P)：自定
大小(I)：
宽度(W)：20 厘米
高度(H)：9.5 厘米
分辨率(R)：72 像素/英寸
颜色模式(M)：RGB 颜色 8 位
背景内容(C)：白色
高级
确定
取消
存储预设(S)...
删除预设(D)...
图像大小：
446.8K

图7-287

02 导入学习资源中的“素材文件>CH07>171-1.png”文件，然后调整素材位置，如图7-288所示。

图7-288

03 执行“图层>图层样式>外发光”菜单命令，打开“图层样式”对话框，然后设置“不透明度”为65%，发光颜色为（R:43，G:50，B:1），“大小”为24像素，如图7-289所示。

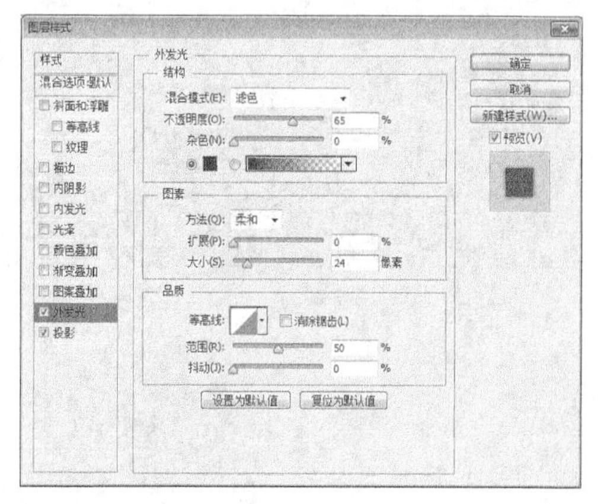

图7-289

04 在“图层样式”对话框中单击“投影”样式，然后设置“不透明度”为63%，“扩展”为1%，“大小”为5像素，具体参数设置如图7-290所示，效果如图7-291所示。

图层样式
投影
结构
混合模式(B)：正片叠底
不透明度(O)：63 %
角度(A)：120 度 使用全局光(G)
距离(D)：0 像素
扩展(R)：1 %
大小(S)：5 像素
品质
等高线：
消除锯齿(L)
杂色(N)：0 %
图层挖空投影(U)
设置为默认值
复位为默认值
确定
取消
新建样式(W)...
预览(V)

图7-290

图7-291

05 执行“图层>新建调整图层>亮度/对比度”菜单命令，创建一个“亮度/对比度”调整图层，然后在“属性”面板中设置“亮度”为12，“对比度”为14，如图7-292所示，接着按快捷键Ctrl+Alt+G将其设置为“图层1”图层的剪贴蒙版，如图7-293所示，效果如图7-294所示。

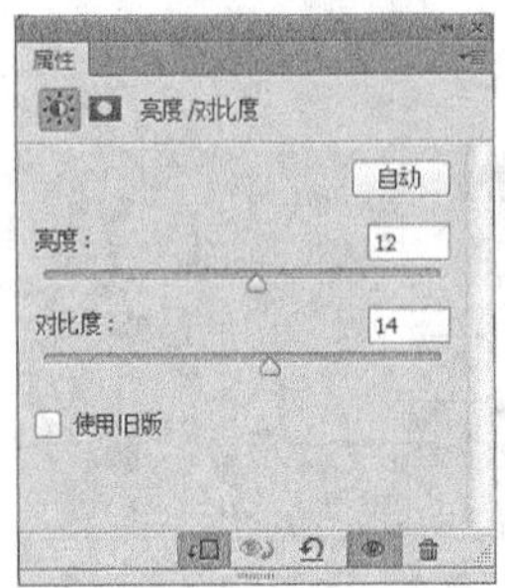

图7-292

图7-293

图7-294

06 执行“图层>新建调整图层>色阶”菜单命令，创建一个“色阶”调整图层，然后在“属性”面板中设置“输入色阶”为（34，0.84，241），如图7-295所示，接着按快捷键Ctrl+Alt+G将其设置为“图层1”图层的剪贴蒙版，如图7-296所示，效果如图7-297所示。

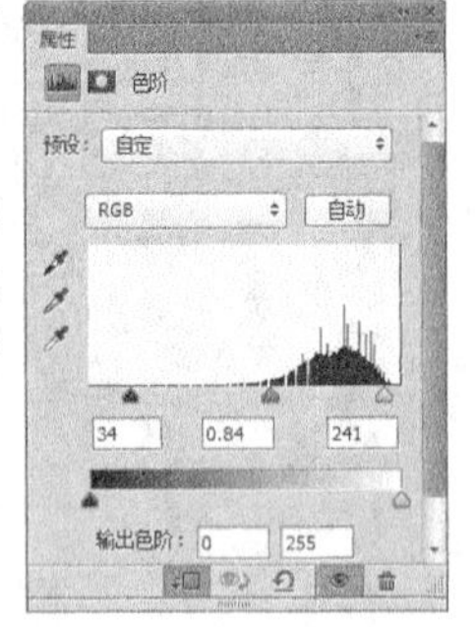

图7-295

图7-296

图7-297

07 导入学习资源中的“素材文件>CH07>171-2.png”文件，然后调整素材位置，如图7-298所示。

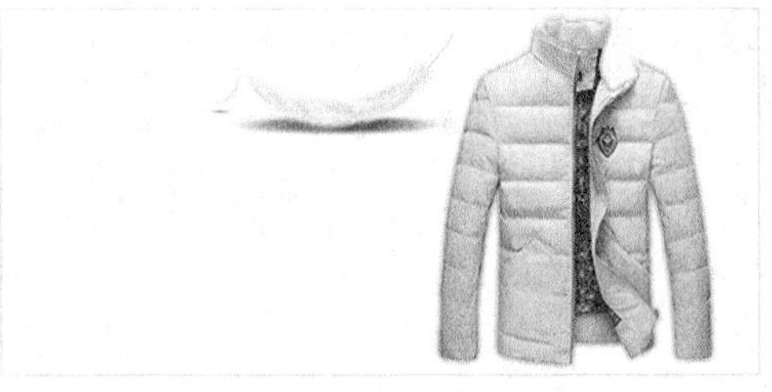

图7-298

08 设置文字颜色为（R:145，G:6，B:9），然后使用“横排文字工具”T在绘图区域输入文字(字体：方正韵动粗黑简体)，并设置合适的大小，最终效果如图7-299所示。

图7-299

第 8 章

淘宝店铺店标的设计

本章关键实例导航

实例172 烘焙类店标的设计

★★☆☆☆

视频文件：实例172 烘焙类店标的设计.mp4
实例位置：实例文件>CH08>实例172.PSD
素材位置：无
学习目标：掌握烘焙类店标的设计方法

本实例制作的是烘焙类店标，通过绘制面包的外在轮廓形状，将烘焙店的形象表现出来；将图形分成块状绘制，增加了标识的层次；在字体设计上，通常选择带有卡通形状的字体与之搭配。本实例素材和最终效果如图8-1所示。

图8-1

01 按快捷键Ctrl+N新建一个文件，然后在工具箱中选择“钢笔工具”，接着绘制出图8-2所示的路径。

图8-2

技巧与提示

使用钢笔绘制图标时，应尽可能将图形绘制成面包的形状。

02 新建一个图层，然后设置前景色为（R:196，G:127，B:53），接着按快捷键Ctrl+Enter载入该图层的选区，如图8-3所示，并使用前景色填充该选区，效果如图8-4所示。

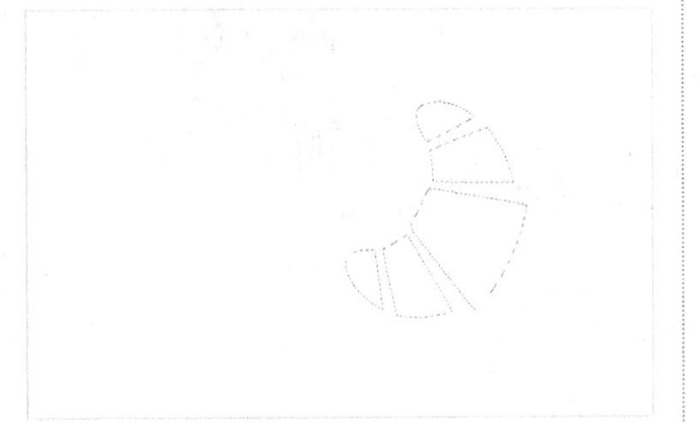

图8-3

图8-4

03 选择“横排文字工具”，然后在“字符”面板中选择合适的字体，并输入标志的英文和中文文字，效果如图8-5所示。

图8-5

04 设置文字颜色为（R:93，G:38，B:13），然后继续使用“横排文字工具”输入标识的其他英文，效果如图8-6所示。

图8-6

实例173 ★★☆☆☆

糖果类店标的设计

视频文件：实例173 糖果类店标的设计.mp4　　实例位置：实例文件>CH08>实例173.psd

素材位置：无　　学习目标：掌握糖果类店标的设计方法

本实例制作的是糖果类店标，设计时可以在绘制好的图形上添加图层样式，做出糖块的晶莹剔透感；将该图形进行复制并摆放，可以让买家重复记忆，从而形成对品牌的印象。本实例素材和最终效果如图8-7所示。

图8-7

01 按快捷键Ctrl+N新建文件，然后选择“椭圆工具”，接着在选项栏中设置“填充”为（R:223，G:27，B:116），最后在图像中绘制一个圆形，效果如图8-8所示。

图8-8

02 执行“编辑>变换路径>变形”菜单命令，然后适当地调整圆形形状，如图8-9所示，效果如图8-10所示。

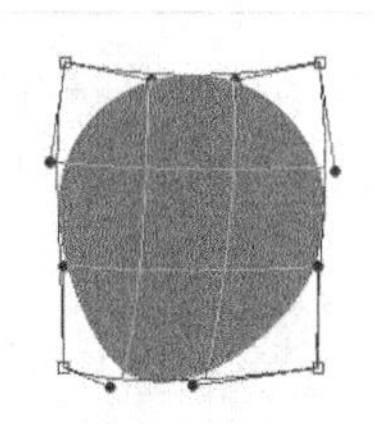

图8-9

图8-10

03 执行“图层>图层样式>斜面和浮雕”菜单命令，打开“图层样式”对话框，然后设置“大小”为163像素，“软化”为14像素，接着设置“光泽等高线”为“锥形-反转”，“不透明度”为60%，“阴影颜色”为（R:249，G:65，B:87），如图8-11所示，最后勾选“斜面和浮雕”下方的“纹理”选项，如图8-12所示。

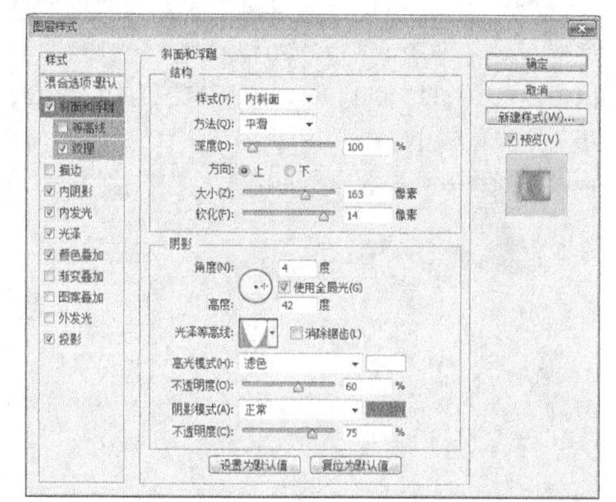

图8-11

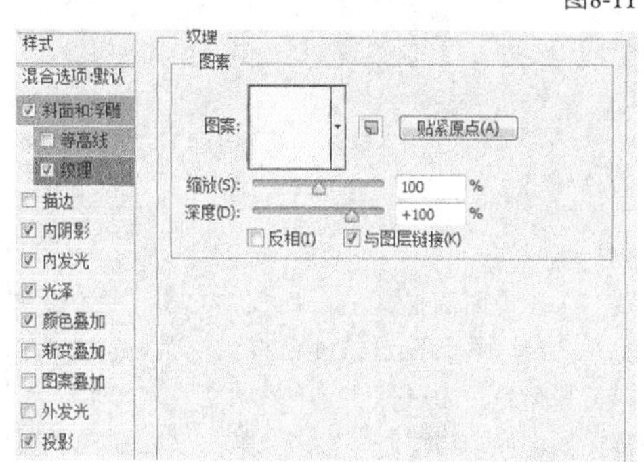

图8-12

04 在“图层样式”对话框中单击“内阴影”样式，然后设置“混合模式”为“线性加深”，“阴影颜色”为（R:182，G:18，B:91），“不透明度”为20%，“角度”为4度，“距离”为7像素，“阻塞”为33%，“大小”为6像素，“等高线”为“锥形”，如图8-13所示。

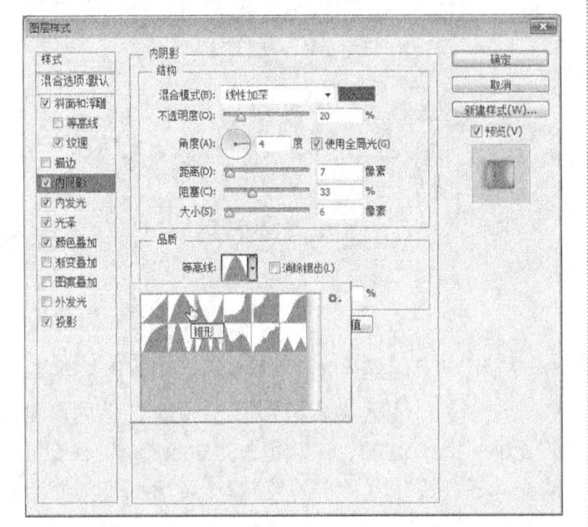

图8-13

05 在“图层样式”对话框中单击“内发光”样式，然后设置“混合模式”为“正片叠底”，“不透明度”为100%，“发光颜色”为（R:246，G:22，B:117），“阻塞”为3%，“大小”为16像素，如图8-14所示。

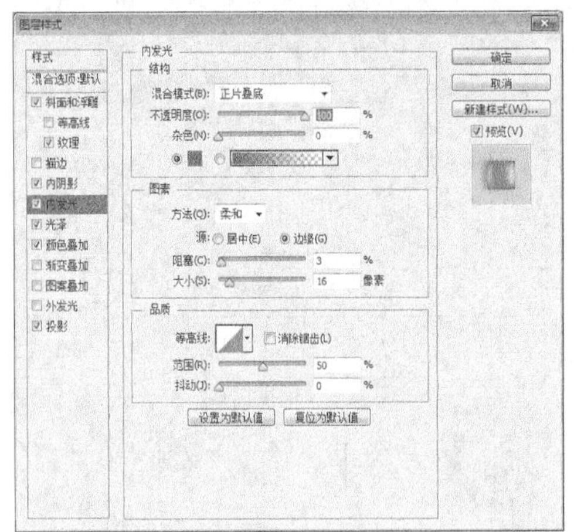

图8-14

06 在“图层样式”对话框中单击“光泽”样式，然后设置“混合模式”为“强光”，“效果颜色”为白色，“不透明度”为30%，“角度”为63度，“距离”为19像素，“大小”为59像素，“等高线”为“半圆”，如图8-15所示。

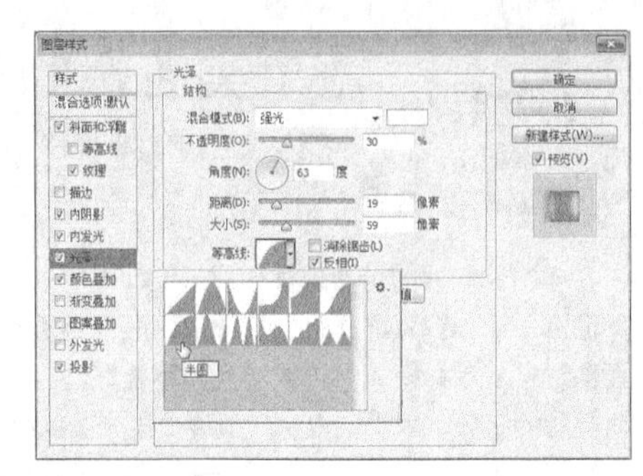

图8-15

07 在“图层样式”对话框中单击“颜色叠加”样式，然后设置“叠加颜色”为（R:253，G:150，B:203），如图8-16所示。

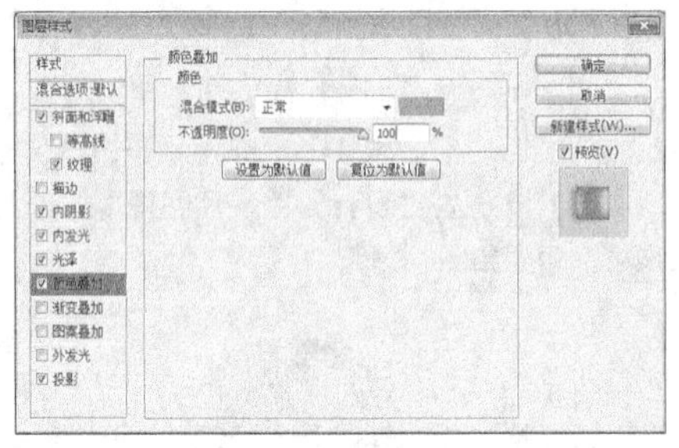

图8-16

08 在“图层样式”对话框中单击“投影”样式，然后设置“混合模式”为“正常”，“投影颜色”为（R:212，G:43，B:107），“不透明度”为36%，“角度”为4度，“距离”为19像素，“扩展”为7%，“大小”为24像素，如图8-17所示，效果如图8-18所示。

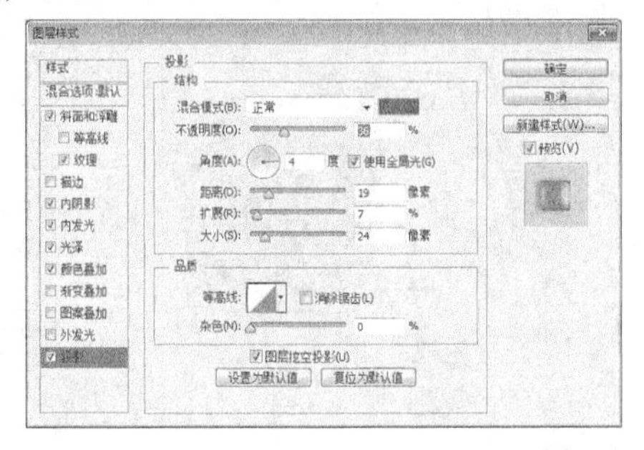

图8-17

技巧与提示

之所以要为图形添加图层样式，是因为这样可以让图形呈现糖果的晶莹剔透感，更符合标识的属性。

图8-18

09 按快捷键Ctrl+J复制出一个副本图层，然后按快捷键Ctrl+T适当调整大小，效果如图8-19所示。

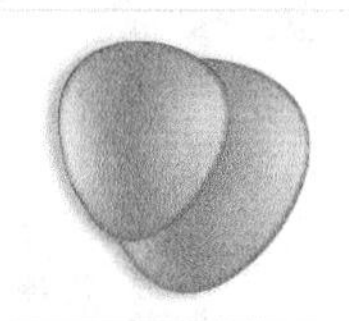

图8-19

10 双击图层面板中的“斜面和浮雕”，然后设置“大小”为196像素，“软化”为12像素，“阴影颜色”为（R:255，G:164，B:203），如图8-20所示，接着勾选“斜面和浮雕”下方的“等高线”，如图8-21所示，效果如图8-22所示。

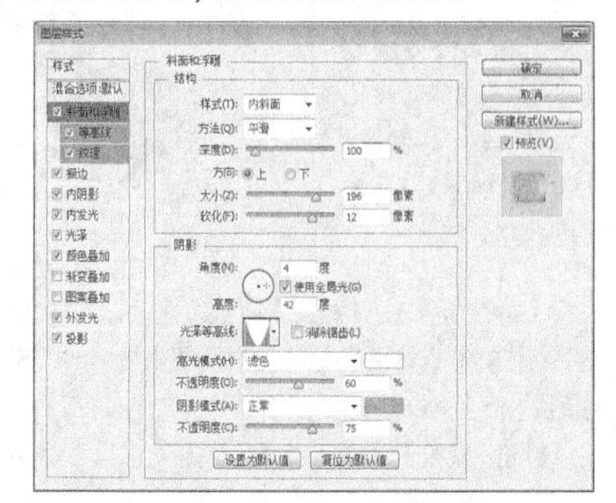

图8-20

图8-21

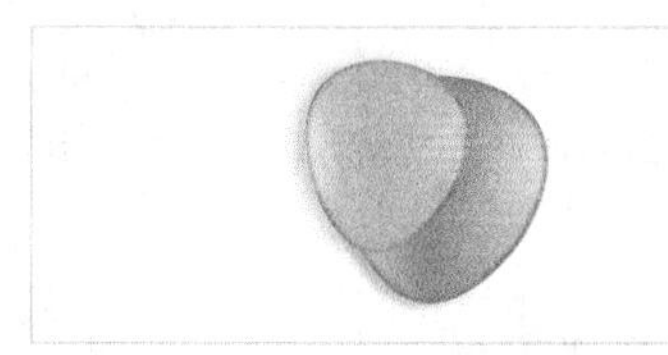

图8-22

11 选择“钢笔工具”，然后绘制出图8-23所示的路径。

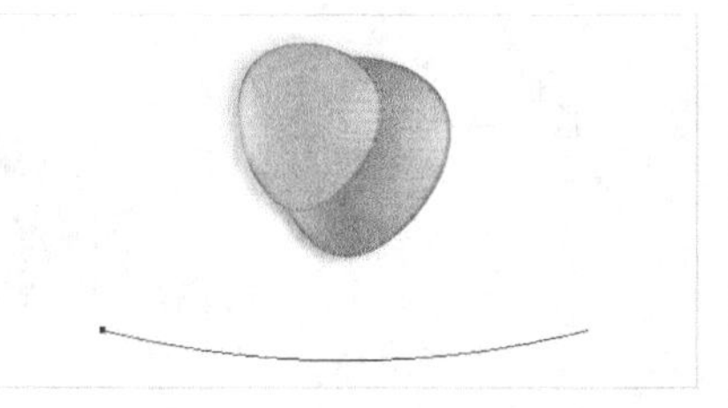

图8-23

12 选择“横排文字工具”，然后在“字符”面板中选择合适的字体，接着在路径中单击并输入标识的英文，效果如图8-24所示。

图8-24

13 选择“椭圆1”形状图层，然后单击鼠标右键选择“拷贝图层样式”，接着选择文字图层，单击鼠标右键选择“粘贴图层样式”，效果如图8-25所示。

图8-25

14 选择“横排文字工具”，然后在“字符”面板中选择合适的字体，并输入相应的文字，效果如图8-26所示。

图8-26

15 在“背景”图层上方新建一个图层，然后设置前景色为（R:159，G:236，B:224），接着使用前景色填充该图层，最终效果如图8-27所示。

图8-27

技巧与提示

为标识添加一个背景颜色是为了使视觉效果更加突出，在现实应用中，可以根据需要来决定是否添加背景颜色。

实例 174 宠物类店标的设计

★★☆☆☆

视频文件：实例174 宠物类店标的设计.mp4
实例位置：实例文件>CH08>实例174.psd
素材位置：无
学习目标：掌握宠物类店标的设计方法

本实例制作的是宠物类店标，设计时将3种不同的动物形象的组合，是一种快捷的设计手法，但是值得注意的是在设计此类标识时，绘制的图形一定要与主题内容呼应。本实例素材和最终效果如图8-28所示。

图8-28

01 按快捷键Ctrl+N新建一个文件，然后设置前景色为（R:67，G:67，B:67），接着选择“自定义形状工具”，在选项栏中单击图标，打开“自定形状”拾色器，选择“狗”，如图8-29所示，接着在绘图区域绘制出一个形状，效果如图8-30所示。

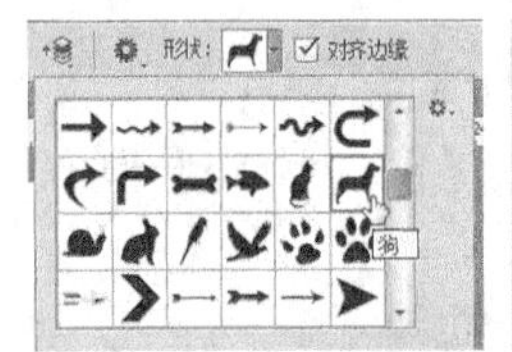

图8-29　　图8-30

02 在选项栏中设置“填充”为（R:83，G:83，B:84），然后在选项栏中单击图标，打开“自定形状”拾色器，选择“猫”，如图8-31所示，接着在绘图区域绘制出一个形状，效果如图8-32所示。

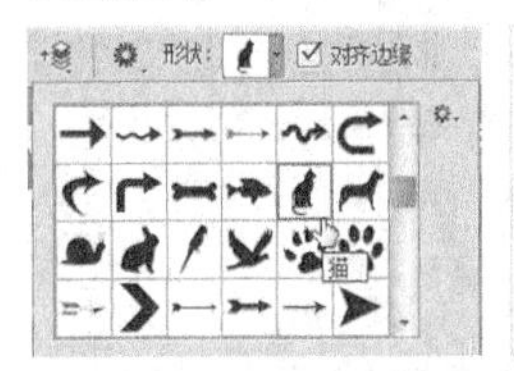

图8-31　　图8-32

03 在选项栏中设置“填充”为（R:111，G:111，B:112），然后在选项栏中单击图标，打开“自定形状”拾色器，选择“兔”，如图8-33所示，接着在绘图区域绘制出一个形状，效果如图8-34所示。

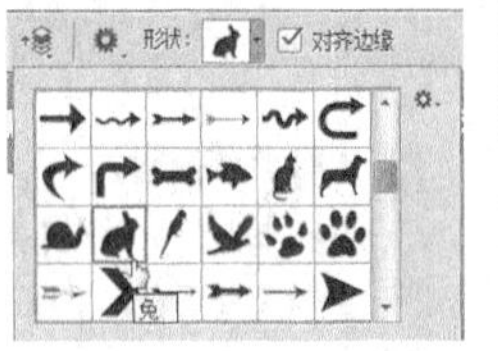

图8-33

技巧与提示

在绘制该图形时，可以使用软件中自带的图形进行绘制，简单又方便快捷。

图8-34

04 在选项栏中设置“填充”为（R:235，G:97，B:0），然后在选项栏中单击图标，打开“自定形状”拾色器，选择“横幅4”，如图8-35所示，接着在绘图区域绘制出一个形状，效果如图8-36所示。

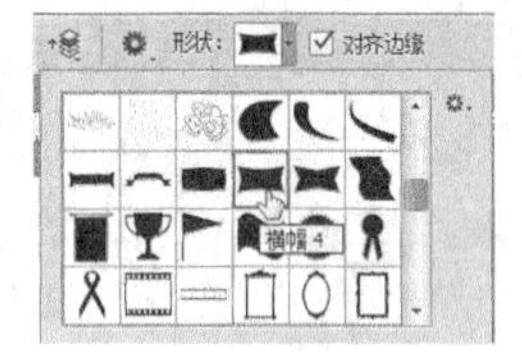

图8-35　　图8-36

05 执行“编辑>变换路径>变形”菜单命令，然后适当地将横幅调整到图8-37所示的形状，效果如图8-38所示。

图8-37　　图8-38

06 选择“横排文字工具”，然后在“字符”面板中选择合适的字体，并输入相应的文字，最终效果如图8-39所示。

图8-39

实例175 水产品类店标的设计

★★☆☆☆

视频文件：实例175 水产品类店标的设计.mp4　　实例位置：实例文件>CH08>实例175.psd

素材位置：无　　学习目标：掌握水产品类店标的设计方法

本实例制作的是水产品类店标，设计中绘制出不同大小的海浪状抽象图形，这是在标识设计中常用的手法；在字体选择上，一定要选择一种视觉感舒适的毛笔字体与图形搭配，这样设计出的标识简洁又有寓意。本实例素材和最终效果如图8-40所示。

图8-40

01 按快捷键Ctrl+N新建一个文件，然后在工具箱中选择“钢笔工具”，绘制出图8-41所示的路径。

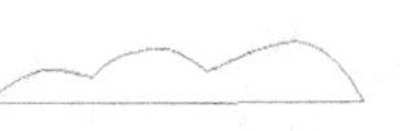

图8-41

02 新建一个图层，然后设置前景色为（R:94，G:160，B:210），接着按快捷键Ctrl+Enter载入该图层的选区，并使用前景色填充该选区，效果如图8-42所示。

03 设置该图层的“不透明度”为70%，效果如图8-43所示。

图8-42　图8-43

04 继续使用“钢笔工具”绘制出图8-44所示的路径，然后设置前景色为（R:147，G:210，B:227），接着使用前景色填充该路径，效果如图8-45所示。

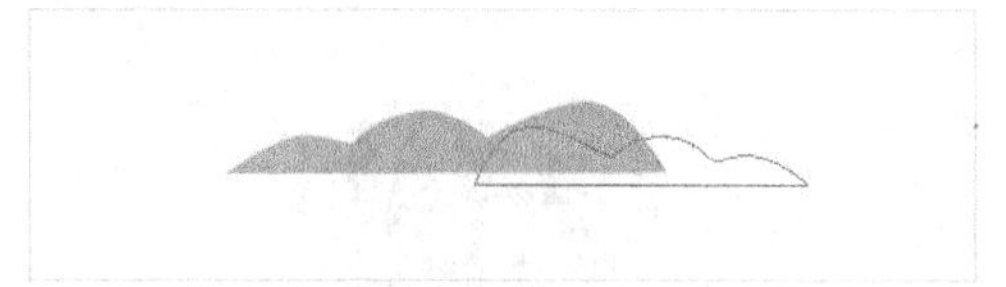

图8-44

图8-45

05 设置该图层的“不透明度”为83%，效果如图8-46所示。

图8-46

06 选择“圆角矩形工具”，然后在选项栏中设置“填充”为（R:255，G:0，B:0），接着绘制出一个的圆角矩形，效果如图8-47所示。

图8-47

技巧与提示

添加一个红色印章图形，是为了体现出该店标的古风韵味。

07 选择“横排文字工具”，然后在“字符”面板中选择合适的字体，并输入相应的文字，最终效果如图8-48所示。

图8-48

实例 176 ★★☆☆☆

女装类店标的设计

视频文件：实例176 女装类店标的设计.mp4
素材位置：素材文件>CH08>176-1.png
实例位置：实例文件>CH08>实例176.psd
学习目标：掌握女装类店标的设计方法

本实例制作的是女装类店标，在寻找素材时，一定要预想好素材最终的展现效果；在文字的排列方式上，要注意横向与纵向、文字的大小和字体的选择等问题。本实例素材和最终效果如图8-49所示。

图8-49

01 按快捷键Ctrl+N新建一个文件，然后导入学习资源中的“素材文件>CH08>176-1.png”文件，如图8-50所示。

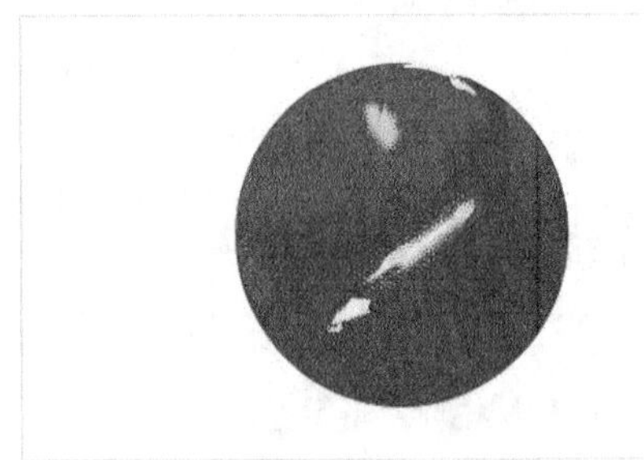

图8-50

02 设置“图层1”图层的“不透明度”为80%，如图8-51所示，效果如图8-52所示。

图8-51

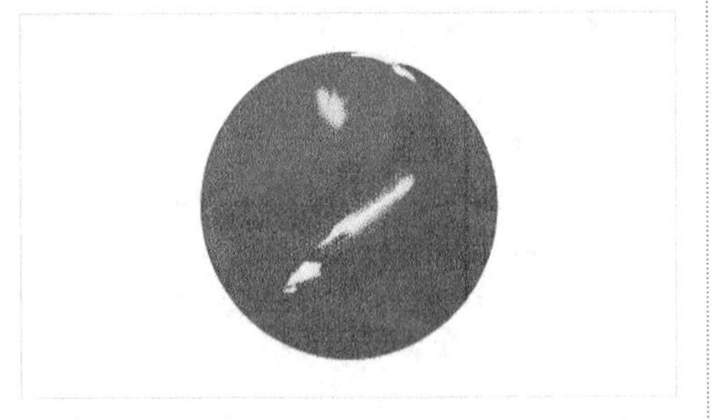

图8-52

03 选择“横排文字工具”，然后在“字符”面板中选择合适的字体，并输入相应的文字，效果如图8-53所示。

图8-53

04 单击选项栏中的“切换文本方向”按钮，然后继续使用“直排文字工具”输入纵向文字，最终效果如图8-54所示。

图8-54

天然产品类店标的设计

视频文件：实例177 天然产品类店标的设计.mp4　实例位置：实例文件>CH08>实例177.psd

素材位置：无　学习目标：掌握天然产品类店标的设计方法

本实例制作的是天然产品类店标，设计中使用了文字来构建该标识，在字体选择上，尽可能选择能突出产品的天然特性的字体；在设计英文时，可以相应的为其添加颜色，增加标识的视觉效果。本实例素材和最终效果如图8-55所示。

图8-55

01 按快捷键Ctrl+N新建一个文件，然后选择“横排文字工具”，接着在“字符”面板中设置“字体”为叶根友毛笔行书，“字体大小”为35.48点，“字距”为200，如图8-56所示，最后输入相应的文字，效果如图8-57所示。

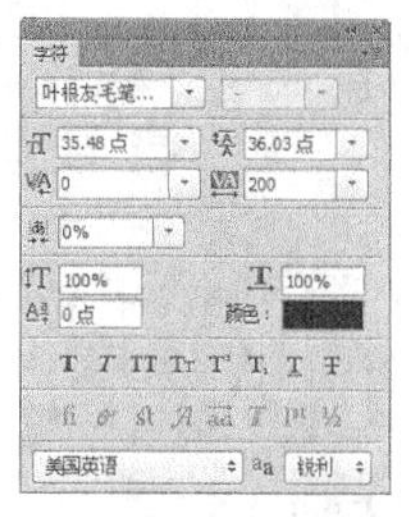

图8-56

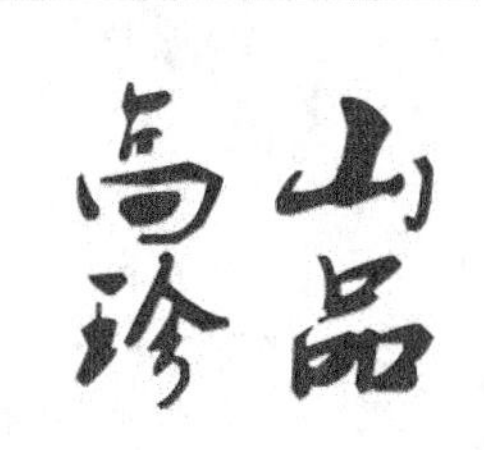

图8-57

技巧与提示

我们在制作标识时，也可以直接选取毛笔字体来制作中文字体的标识。

02 继续使用“横排文字工具”输入相关的英文，然后将该文字图层栅格化，如图8-58所示。

图8-58

03 在工具箱中选择“魔棒工具”，然后按Shift键在英文字的空白处单击，如图8-59所示。

04 设置前景色为（R:255，G:2，B:84），然后按快捷键Alt+Delete为选区填充前景色，效果如图8-60所示。

图8-59　图8-60

05 选择“横排文字工具”，然后在“字符”面板中选择合适的字体，并输入相应的文字，最终效果如图8-61所示。

图8-61

实例178 女士礼服类店标的设计

★★☆☆☆

- 视频文件：实例178 女士礼服类店标的设计.mp4
- 实例位置：实例文件>CH08>实例178.psd
- 素材位置：无
- 学习目标：掌握女士礼服类店标的设计方法

本实例制作的是女士礼服类店标，在设计标识图形时，选择了礼服的缩影图，并且为其添加了两种不同的颜色，增加其层次感；在文字上尽量选择与标识相呼应的字体，以达到理想的视觉效果。本实例素材和最终效果如图8-62所示。

图8-62

01 按快捷键Ctrl+N新建一个文件，然后在工具箱中选择“钢笔工具”，接着绘制出图8-63所示的路径。

02 新建一个图层，然后设置前景色为（R:47，G:51，B:63），接着按快捷键Ctrl+Enter载入该图层的选区，并使用前景色填充该选区，效果如图8-64所示。

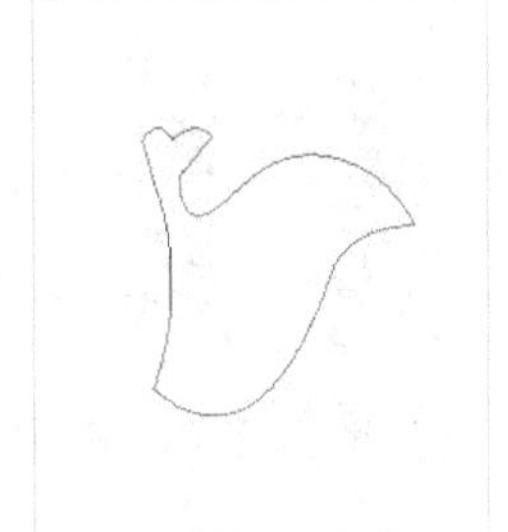

图8-63　图8-64

03 新建一个图层，然后使用“钢笔工具”绘制出图8-65所示的路径，接着设置前景色为（R:241，G:85，B:88），然后按快捷键Ctrl+Enter载入该图层的选区，并使用前景色填充该选区，效果如图8-66所示。

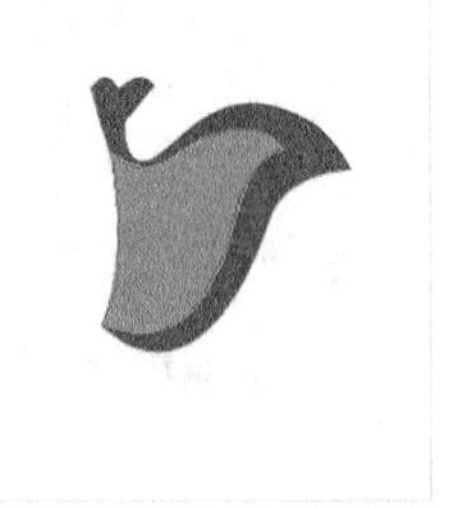

图8-65　图8-66

04 选择“横排文字工具”，然后在“字符”面板中选择合适的字体，并输入相应的文字，效果如图8-67所示。

图8-67

05 选择“矩形工具”，然后在选项栏中设置“填充”颜色为（R:47，G:51，B:63），接着绘制出合适的矩形形状，如图8-68所示。

图8-68

06 使用“横排文字工具”输入相应的文字，最终效果如图8-69所示。

图8-69

创意餐具类店标的设计

- 视频文件：实例179 创意餐具类店标的设计.mp4
- 实例位置：实例文件>CH08>实例179.psd
- 素材位置：无
- 学习目标：掌握创意餐具类店标的设计方法

本实例制作的是创意餐具类店标，设计中主要以心形为基本图形进行设计，先通过正负形的不同填色增加视觉效应，再通过重复的标识图形加强用户对标识的印象。本实例素材和最终效果如图8-70所示。

图8-70

01 按快捷键Ctrl+N新建一个文件，然后在工具箱中选择“钢笔工具”，绘制出图8-71所示的路径。

02 新建一个图层，然后设置前景色为（R:237, G:70, B:124），接着按快捷键Ctrl+Enter载入该图层的选区，并使用前景色填充该选区，效果如图8-72所示。

03 按快捷键Ctrl+J复制心形所在图层得到一个副本图层，然后载入该副本图层的选区，接着设置前景色为（R:201，G:36，B:105），最后按快捷键Alt+Delete填充该选区，效果如图8-73所示。

图8-71

图8-72

图8-73

04 使用“椭圆选框工具”在图形中间绘制一个合适的圆形选区，如图8-74所示。

05 按Delete键删除选区内的像素，如图8-75所示，按快捷键Ctrl+D取消该选区，如图8-76所示。

图8-74

图8-75

图8-76

06 在工具箱中选择“魔棒工具”，然后选取心形的一部分，如图8-77所示，接着设置前景色为（R:242，G:150，B:183），并使用前景色填充该选区，如图8-78所示。

07 选择“钢笔工具”在心形内绘制出一个勺子的路径，如图8-79所示。

图8-77

图8-78

图8-79

08 新建一个图层，然后设置前景色为白色，接着按快捷键Ctrl+Enter载入该图层的选区，并使用前景色填充该选区，效果如图8-80所示。

09 按快捷键Ctrl+J复制勺子所在图层得到一个副本图层，如图8-81所示，然后按快捷键Ctrl+T适当调整图形的大小，如图8-82所示。

图8-80

图8-81

图8-82

10 使用“横排文字工具”输入相应的文字，最终效果如图8-83所示。

图8-83

实例180 高级男装类店标的设计

★★☆☆☆

- 视频文件：实例180 高级男装类店标的设计.mp4
- 实例位置：实例文件>CH08>实例180.psd
- 素材位置：无
- 学习目标：掌握高级男装类店标的设计方法

本实例制作的是高级男装类店标，设计中没有选择较亮的颜色，而是使用了金属色来填充，以显现出男士服装的高级感；在文字选择上，也尽量选择带有棱角的字体，以此来突出该标识的特性。本实例素材和最终效果如图8-84所示。

图8-84

01 按快捷键Ctrl+N新建一个文件，然后在工具箱中选择“钢笔工具”，接着绘制出图8-85所示的路径。

02 新建一个图层，然后设置前景色为（R:192，G:155，B:100），接着按快捷键Ctrl+Enter载入该图层的选区，并使用前景色填充该选区，效果如图8-86所示。

图8-85

图8-86

03 选择“自定义形状工具”，在选项栏中单击图标，打开“自定形状”拾色器，选择“五角星”，如图8-87所示，然后在绘图区域绘制出两个相同大小的五角星形状图形，效果如图8-88所示。

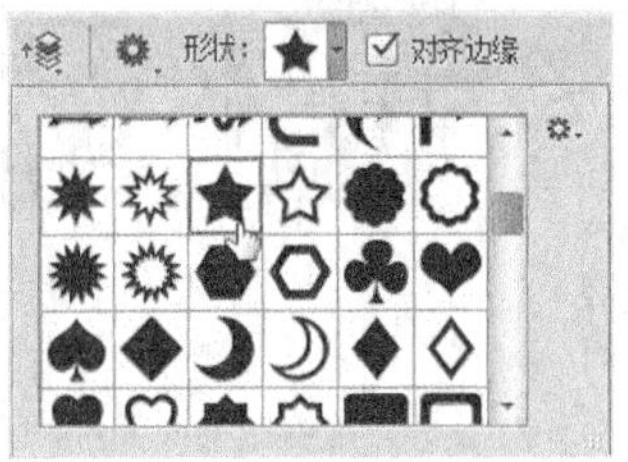

图8-87

图8-88

04 使用“横排文字工具”输入相应的文字，最终效果如图8-89所示。

图8-89

实例181 天然茶类店标的设计

★★☆☆☆

视频文件：实例181 天然茶类店标的设计.mp4
实例位置：实例文件>CH08>实例181.psd
素材位置：无
学习目标：掌握天然茶类店标的设计方法

本实例制作的是天然茶类店标，整体设计以圆形为主体图形，在此图形中绘制其他图形，使整个图形更有层次感；文字中的颜色也做了渐变处理，使标识更有品牌形象感。本实例素材和最终效果如图8-90所示。

图8-90

01 按快捷键Ctrl+N新建一个文件，然后选择“椭圆工具”，接着在选项栏中设置“填充”为（R:221，G:248，B:178），最后在图像中绘制出一个圆形，效果如图8-91所示。

02 在工具箱中选择“钢笔工具”，然后绘制出图8-92所示的路径。

图8-91

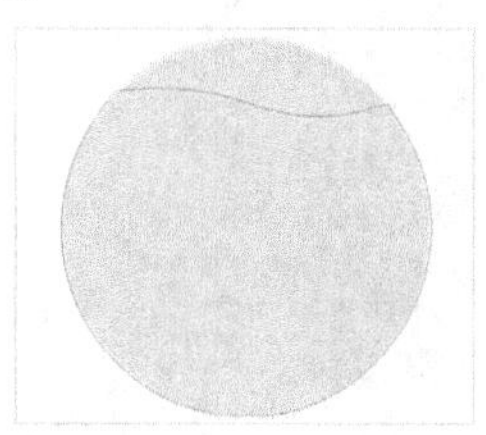

图8-92

03 新建一个“图层1”图层，然后设置前景色为（R:128，G:206，B:4），接着按快捷键Ctrl+Enter载入该图层的选区，并使用前景色填充该选区，效果如图8-93所示。

04 设置“图层1”图层的“不透明度”为79%，效果如图8-94所示。

图8-93

图8-94

05 在工具箱中选择“钢笔工具”，然后绘制出图8-95所示的路径。

06 新建一个“图层2”图层，然后设置前景色为（R:101，G:65，B:0），接着按快捷键Ctrl+Enter载入该图层的选区，并使用前景色填充该选区，效果如图8-96所示。

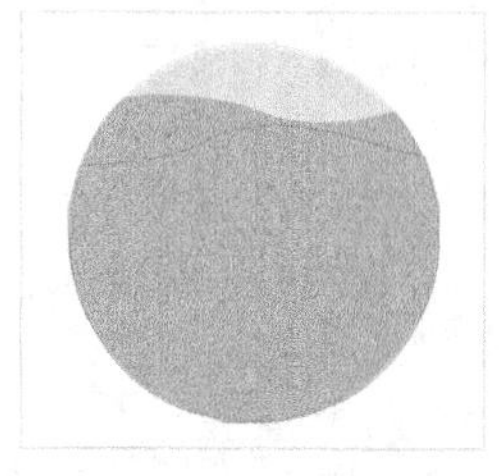

图8-95

图8-96

07 设置“图层2”图层的“不透明度”为69%，效果如图8-97所示。

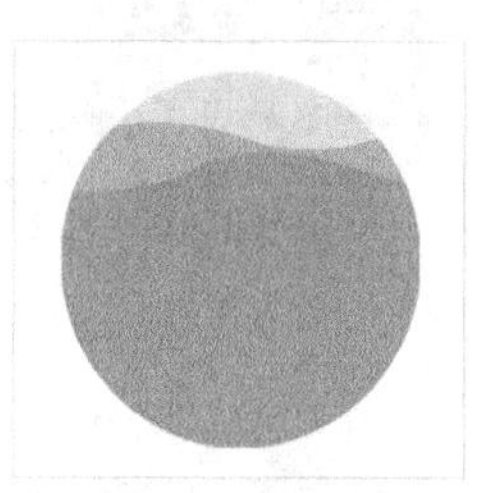

图8-97

08 新建一个“图层3”图层，然后使用“钢笔工具”绘制出图8-98所示的路径，接着设置前景色为（R:82，G:134，B:1），最后按快捷键Ctrl+Enter载入该图层的选区，并使用前景色填充该选区，效果如图8-99所示。

图8-98

图8-99

09 新建一个“图层4”图层，然后使用“钢笔工具”绘制出图8-100所示的路径，接着设置前景色为（R:62，G:101，B:2），最后按快捷键Ctrl+Enter载入该图层的选区，并使用前景色填充该选区，效果如图8-101所示。

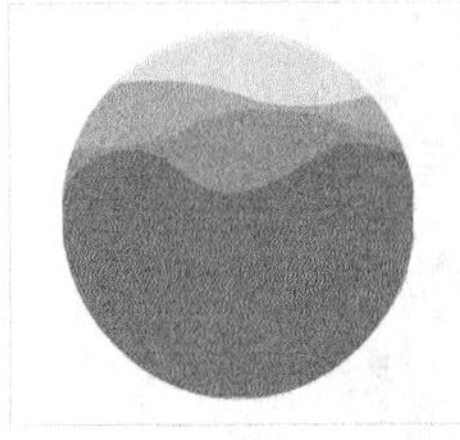
图8-100

图8-101

技巧与提示

绘制多个图层，是为了让LOGO的层次感更加突出，改变其透明度，是为了使标识在视觉上更舒适。

10 使用“横排文字工具”输入相应的文字，如图8-102所示。

11 执行“图层>图层样式>内发光”菜单命令，在打开的对话框中设置“不透明度”为60%，“大小”为7像素，如图8-103所示。

图8-102

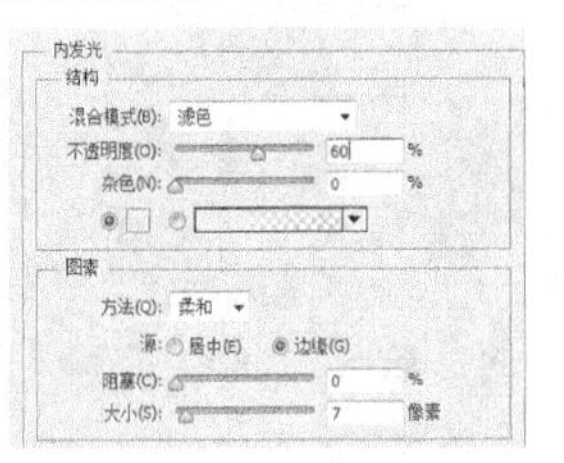

图8-103

12 在“图层样式”对话框中单击“渐变叠加”样式，然后在渐变编辑器中设置第1个色标的颜色为（R:204，G:206，B:1），第2个色标的颜色为白色，如图8-104所示，然后设置“角度”为70度，“缩放”为123%，具体参数设置如图8-105所示，效果如图8-106所示。

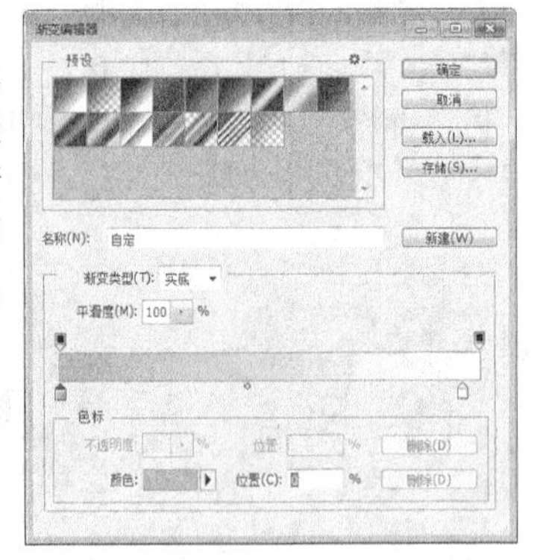

图8-104

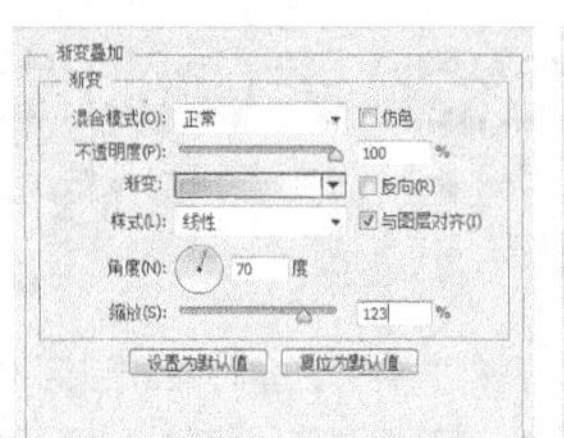

图8-105

图8-106

13 使用“横排文字工具”输入相应的文字，如图8-107所示，然后选择“山顶茶庄”文字图层，接着单击鼠标右键选择“拷贝图层样式”，如图8-108所示，最后选择“mountain”文字图层，并单击鼠标右键，选择“粘贴图层样式”，如图8-109所示，效果如图8-110所示。

图8-107

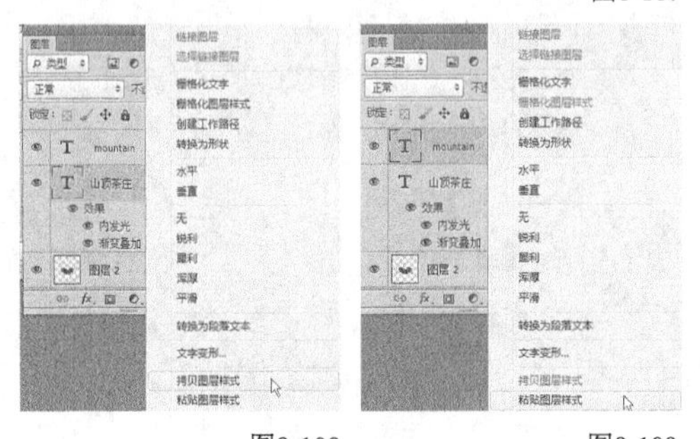
图8-108　　图8-109

图8-110

14 继续使用“横排文字工具”输入其他相关的文字，最终效果如图8-111所示。

图8-111

第 9 章

淘宝店铺首页店招的设计

本章关键实例导航

实例

182 名表店招的设计

★★★☆☆

» 视频文件：实例182 名表店招的设计.mp4

» 实例位置：实例文件>CH09>实例182.psd

» 素材位置：素材文件>CH09>182-1.jpg~182-4.jpg、182-5.png

» 学习目标：掌握名表店招的设计方法

本实例制作的是名表类店招，背景选择了较深的颜色，对图片进行了黑白处理，使整体效果更典雅，在店招中设计出了该店的品牌形象，加深了买家打开页面时对该店的印象。本实例最终效果如图9-1所示，版式结构如图9-2所示。

图9-1

图9-2

01 按快捷键Ctrl+N新建一个文档，然后设置前景色为黑色，接着用前景色填充“背景”图层，如图9-3所示。

图9-3

02 导入学习资源中的“素材文件>CH09>182-1.jpg”文件，并将新生成的图层命名为“图层1”，然后按快捷键Ctrl+T进入自由变换状态，接着调整好大小，并将其放在画面左端，如图9-4所示。

图9-4

03 在“图层”面板下方单击“添加图层蒙版”按钮，为该图层添加一个图层蒙版，然后使用黑色“画笔工具”在蒙版中进行涂抹，接着设置“图层1”图层的“不透明度”为66%，效果如图9-5所示。

图9-5

04 导入学习资源中的“素材文件>CH09>182-2.jpg”文件，并将新生成的图层命名为“图层2”，然后按快捷键Ctrl+T进入自由变换状态，接着调整好大小，并将其放在画面右端，如图9-6所示。

图9-6

05 在“图层”面板下方单击“添加图层蒙版”按钮，为该图层添加一个图层蒙版，然后使用“渐变工具”在蒙版中从左往右填充黑色到白色的线性渐变，效果如图9-7所示。

图9-7

06 导入学习资源中的“素材文件>CH09>182-3.jpg”文件，并将新生成的图层命名为“图层3”，然后按快捷键Ctrl+T进入自由变换状态，接着调整好大小，并将其放在画面右端，如图9-8所示。

图9-8

07 在“图层”面板下方单击“添加图层蒙版”按钮，为该图层添加一个图层蒙版，然后打开“渐变编辑器”对话框，设置第1个色标的颜色为黑色，第2个色标的颜色为白色，第3个色标的颜色为黑色，如图9-9所示，使用“渐变工具”在蒙版中从左向右填充黑色到白色的线性渐变，效果如图9-10所示。

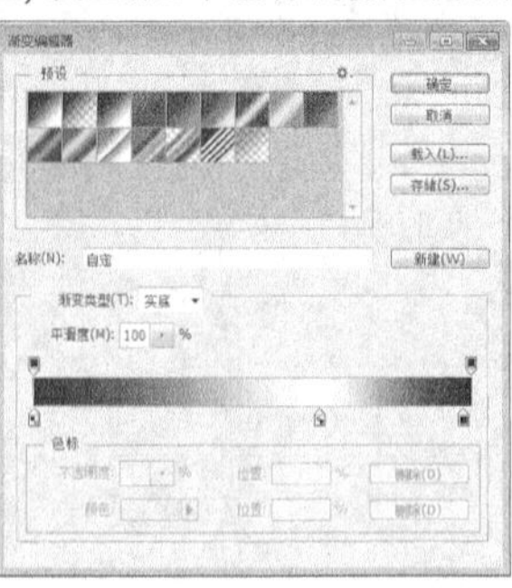

图9-9

图9-10

08 导入学习资源中的“素材文件>CH09>182-4.jpg”文件，并将新生成的图层命名为“模特儿”，然后调整好大小和位置，如图9-11所示。

09 在“图层”面板下方单击“添加图层蒙版”按钮，为该图层添加一个图层蒙版，然后使用黑色“画笔工具”在蒙版中进行涂抹，接着设置“图层1”图层的“不透明度”为66%，效果如图9-12所示。

图9-11

图9-12

10 选择“直线工具”，然后在选项栏中设置“描边”颜色为白色，接着在图像中绘制不规则的直线，效果如图9-13所示。

图9-13

技巧与提示

为了更方便我们操作，完成后可以将这3个形状图层合并为一个图层。

11 将直线合并为一个图层，然后按快捷键Ctrl+J复制出一个副本图层，并调整好位置，如图9-14所示。

图9-14

12 导入学习资源中的“素材文件>CH09>182-5.png”文件，并将新生成的图层命名为“手表”，然后调整好大小和位置，如图9-15所示。

图9-15

13 设置文字颜色为（R:228，G:207，B:166），然后使用“横排文字工具”在画面中输入文字信息(字体：方正特雅宋简体)，最终效果如图9-16所示。

图9-16

技巧与提示

除了可以在图层蒙版中填充颜色以外，还可以在图层蒙版中填充渐变，同时，也可以使用不同的画笔工具来编辑蒙版；另外，还可以在图层蒙版中应用各种滤镜。

实例183 直饮净水器店招的设计

★★★☆☆

- 视频文件：实例183 直饮净水器店招的设计.mp4
- 实例位置：实例文件>CH09>实例183.psd
- 素材位置：素材文件>CH09>183-1.png、183-2.png
- 学习目标：掌握直饮净水器店招的设计方法

本实例制作的是直饮净水器店招，通过水滴和蓝色表现水质的纯净，同时右侧的搜索按钮可以让买家快速搜索想要的商品。本实例最终效果如图9-17所示，版式结构如图9-18所示。

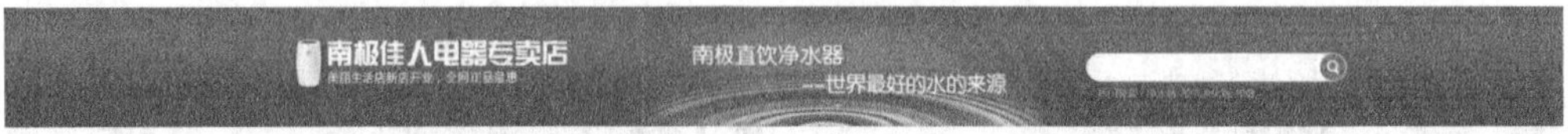

图9-17

图9-18

01 按快捷键Ctrl+N新建一个文档，然后设置前景色为（R: 0，G:75，B:187），接着用前景色填充“背景”图层，如图9-19所示。

图9-19

02 新建一个图层，然后单击工具箱中的“渐变工具”，接着单击选项栏中的“点按可编辑渐变”按钮，在弹出的“渐变编辑器”对话框中设置第1个色标的颜色为透明色，第2个色标的颜色为（R:99，G:230，B:254），第3个色标的颜色为透明色，如图9-20所示，最后从上到下应用对称渐变，效果如图9-21所示。

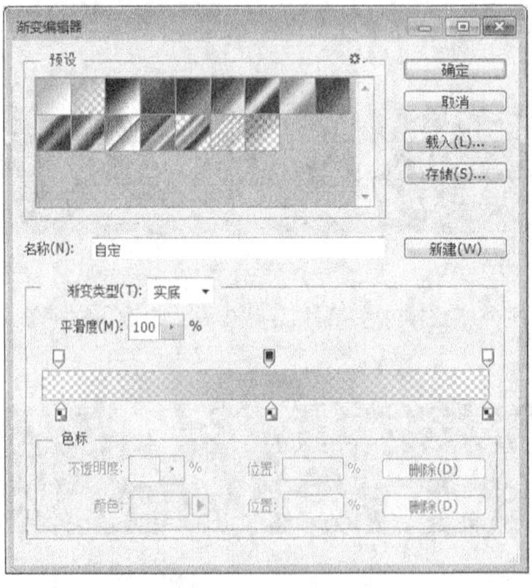

图9-20

图9-21

03 设置“图层1”图层的“混合模式”为“叠加”，“不透明度”为75%，效果如图9-22所示。

图9-22

04 导入学习资源中的“素材文件>CH09>183-1.png”文件，并将新生成的图层命名为“水波”，然后调整好大小和位置，如图9-23所示。

图9-23

05 在“图层”面板下方单击“添加图层蒙版”按钮，为该图层添加一个图层蒙版，然后使用黑色“画笔工具”在蒙版中涂去部分图像，效果如图9-24所示。

图9-24

06 选择“圆角矩形工具”，然后在选项栏中设置“填充”颜色为白色，“半径”为45像素，如图9-25所示，接着在画面中绘制一个圆角矩形，效果如图9-26所示。

图9-25

图9-26

07 选择“椭圆工具” ，然后在选项栏中设置绘图模式为“形状”，“填充”颜色为（R:63，G:129，B:153），接着绘制出一个圆形，效果如图9-27所示。

图9-27

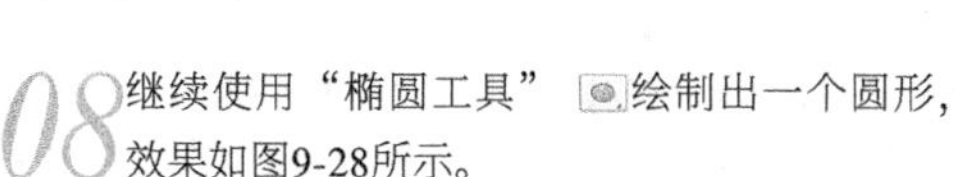

08 继续使用“椭圆工具” 绘制出一个圆形，效果如图9-28所示。

图9-28

09 执行“图层>图层样式>描边”菜单命令，在打开的对话框中设置“大小”为2像素，颜色为白色，如图9-29所示，效果如图9-30所示。

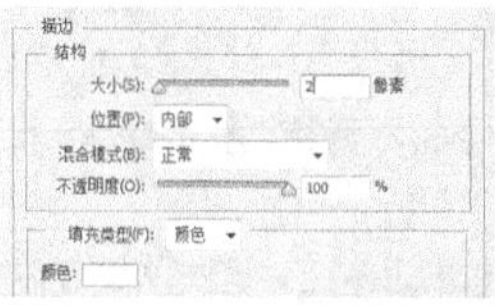

图9-29

图9-30

10 选择“矩形工具” ，然后在选项栏中设置绘图模式为“形状”，“填充”颜色为白色，接着在画面中绘制一个矩形，并适当地调整角度，效果如图9-31所示。

图9-31

11 使用“横排文字工具” 在绘图区域输入文字（字体：微软雅黑），如图9-32所示。

图9-32

12 导入学习资源中的“素材文件>CH09>183-2.png”文件，调整好大小，并将其放在画面左端，如图9-33所示。

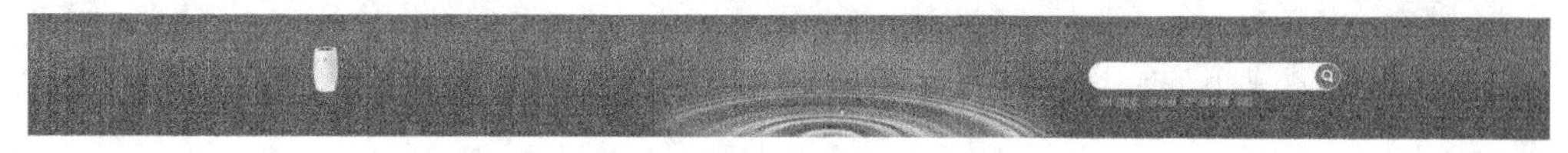

图9-33

13 执行“图层>图层样式>投影”菜单命令，在打开的对话框中设置“不透明度”为39%，“距离”为4像素，“大小”为13像素，如图9-34所示，效果如图9-35所示。

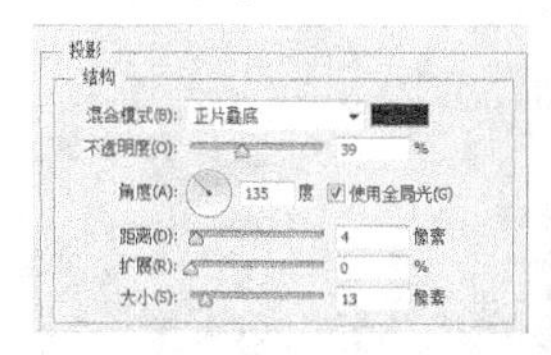

图9-34

图9-35

14 使用“横排文字工具” 在绘图区域输入相关文字（字体：方正综艺简体），最终效果如图9-36所示。

图9-36

实例184 彩妆店招的设计

★★★☆☆

» 视频文件：实例184 彩妆店招的设计.mp4

» 素材位置：素材文件>CH09>184-1.jpg、184-2.psd、184-3.jpg、184-4.png~184-6.png

» 实例位置：实例文件>CH09>实例184.psd

» 学习目标：掌握彩妆店招的设计方法

本实例制作的是彩妆店招，通过柔和的颜色搭配花瓣来衬托产品特性，形成店铺的整体风格，同时将该店的主要促销产品设计到页面中，可以给店铺进行产品定位，形成品牌形象。本实例最终效果如图9-37所示，版式结构如图9-38所示。

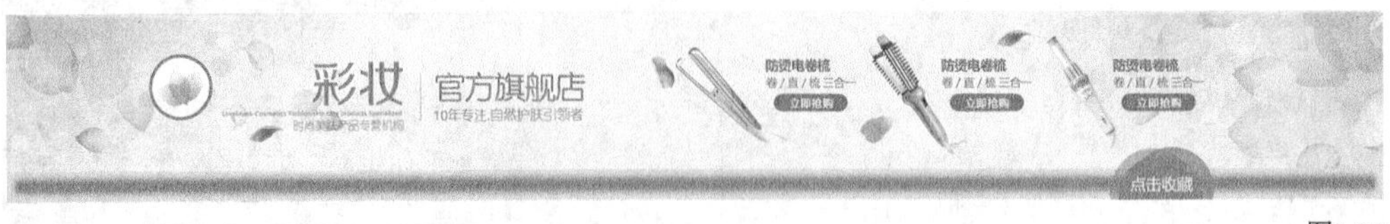

图9-37

图9-38

01 打开学习资源中的“素材文件>CH09>184-1.jpg”文件，然后使用“移动工具” 将其拖曳到“实例184”文档中，效果如图9-39所示。

图9-39

02 选择“矩形工具” ，然后在选项栏中设置前景色为（R:236，G:106，B:147），接着在画面中绘制一个矩形，效果如图9-40所示。

图9-40

03 执行“图层>图层样式>内发光”菜单命令，打开“图层样式”对话框，然后设置“发光颜色”为白色，“阻塞”为19%，“大小”为21像素，如图9-41所示，效果如图9-42所示。

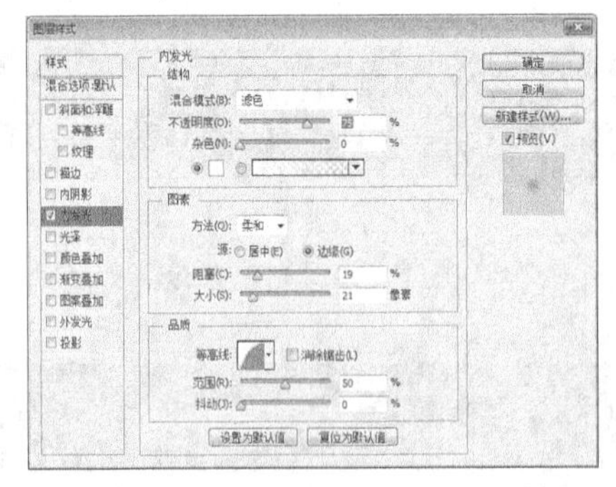

图9-41

图9-42

04 导入学习资源中的“素材文件>CH09>184-2.psd”文件，然后调整好大小和位置，如图9-43所示。

图9-43

05 设置前景色为白色，然后使用“椭圆工具” 绘制出合适的椭圆路径，如图9-44所示。

图9-44

06 执行“图层>图层样式>描边”菜单命令，打开“图层样式”对话框，然后设置“大小”为5像素，“颜色”为（R:255，G:96，B:102），如图9-45所示，效果如图9-46所示。

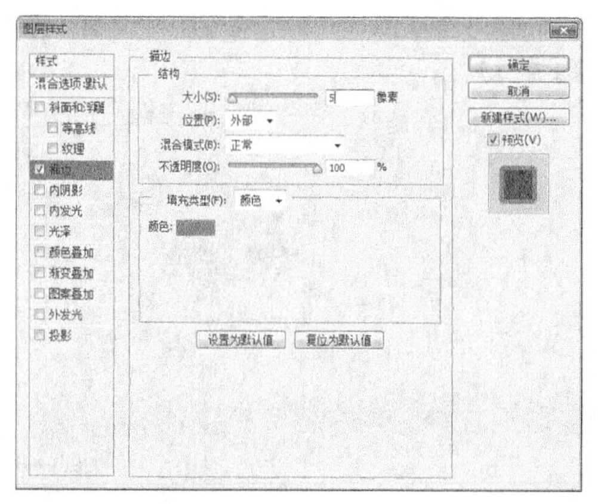

图9-45

图9-46

07 导入学习资源中的“素材文件>CH09>184-3.jpg”文件，然后调整好大小和位置，如图9-47所示。

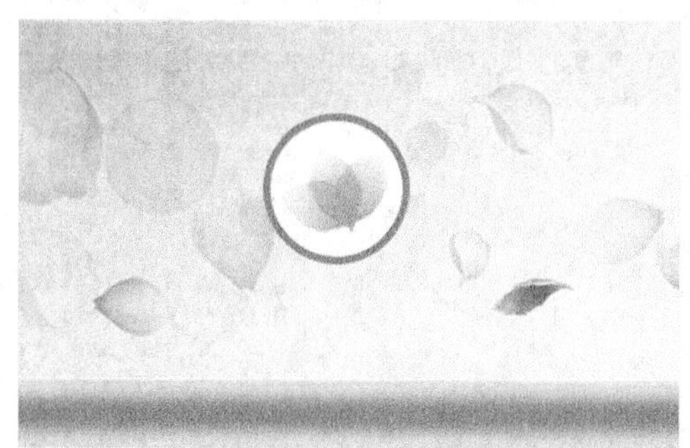

图9-47

08 使用“横排文字工具”T在绘图区域输入相关文字(字体：方正正准黑简体)，如图9-48所示。

图9-48

09 选择“圆角矩形工具”，然后在选项栏中设置绘图模式为“形状”，“填充”颜色为(R:255，G:45，B:48)，“半径”为45像素，在画面中绘制一个圆角矩形，效果如图9-49所示。

图9-49

10 使用“横排文字工具”T在绘图区域输入相关文字(字体：方正正准黑简体)，如图9-50所示。

图9-50

11 导入学习资源中的“素材文件>CH09>184-4.png”文件，并将新生成的图层命名为“产品1”，然后按快捷键Ctrl+T进入自由变换状态，接着调整好大小，如图9-51所示。

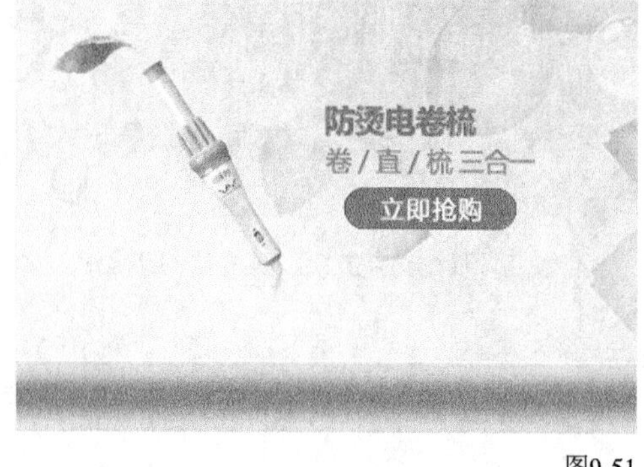

图9-51

12 执行“图层>图层样式>投影”菜单命令，在打开的对话框中设置“不透明度”为14%，“距离”为5像素，“大小”为6像素，如图9-52所示，效果如图9-53所示。

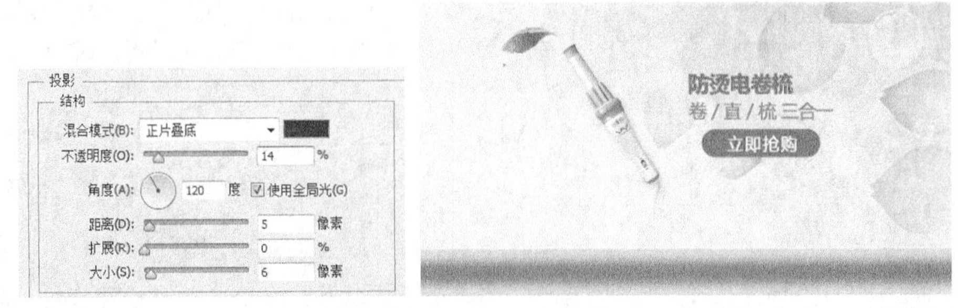

图9-52 图9-53

13 使用“横排文字工具” 在绘图区域输入产品相关文字，然后导入学习资源中的“素材文件>CH09>184-5.png和184-6.png”文件，接着调整好其大小，如图9-54所示。

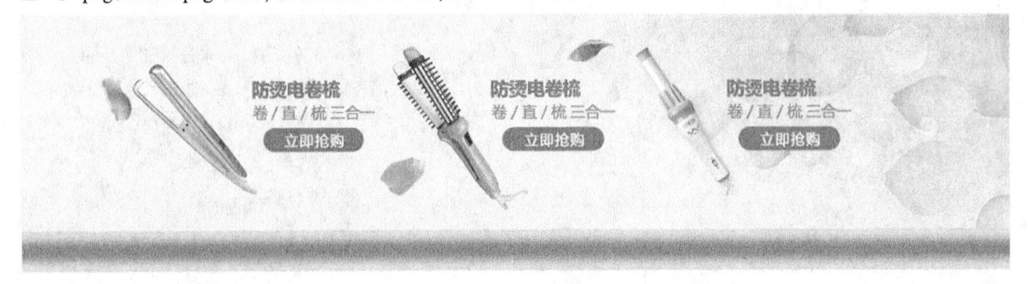

图9-54

14 新建一个图层，然后使用“椭圆选框工具” 绘制一个合适的圆形选区，并使用红色填充选区，如图9-55所示。

15 按快捷键Ctrl+J复制出一个副本图层，然后设置该图层的“不透明度”为67%，接着使用“移动工具” 将图像调整到合适的位置，如图9-56所示。

16 按快捷键Ctrl+J再次复制出一个副本图层，然后设置该图层的“不透明度”为43%，接着使用“移动工具” 将图像调整到合适的位置，如图9-57所示。

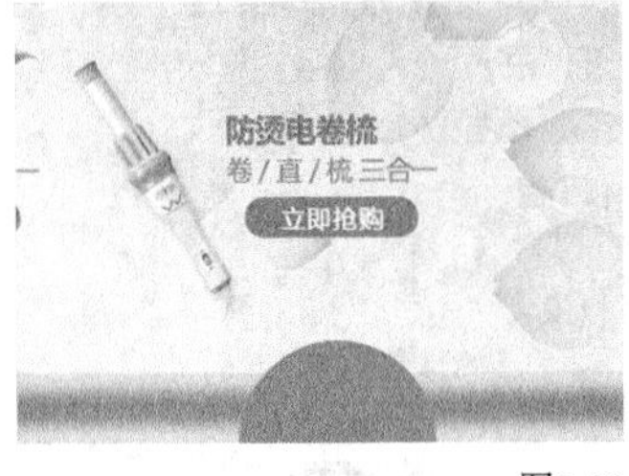

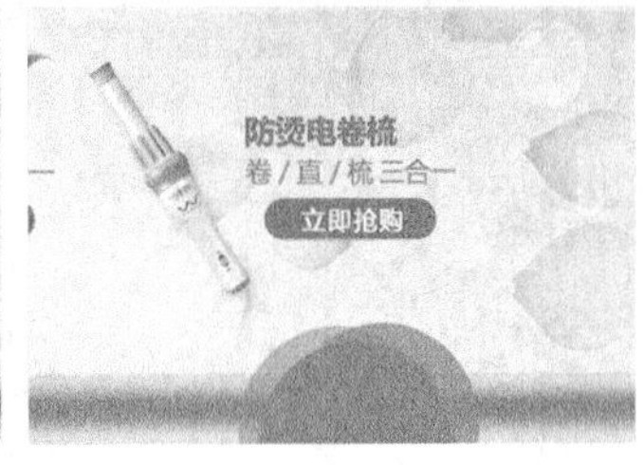

图9-55 图9-56 图9-57

17 使用“横排文字工具” 在半圆区域输入文字(字体：微软雅黑)，最终效果如图9-58所示。

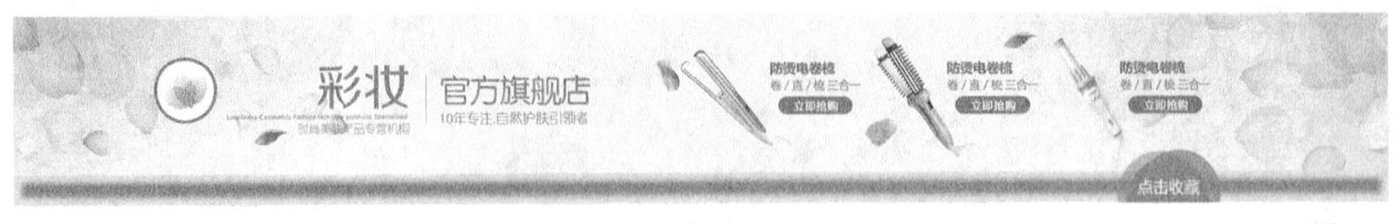

图9-58

时尚女装店招的设计

视频文件：实例185 时尚女装店招的设计.mp4
实例位置：实例文件>CH09>实例185.psd
素材位置：素材文件>CH09>185-1.jpg、185-2.png、185-3.png、185-4.jpg
学习目标：掌握时尚女装店招的设计方法

本实例制作的是时尚女装店招，通过在店招中添加店铺名称和产品图片，可以让买家及时了解店铺的最新活动信息及状态。本实例最终效果如图9-59所示，版式结构如图9-60所示。

图9-59

图9-60

01 打开学习资源中的“素材文件>CH09>185-1.jpg”文件，然后使用“移动工具”将其拖曳到“实例185”文档中，如图9-61所示。

图9-61

02 导入学习资源中的“素材文件>CH09>185-2.png”文件，然后将新生成的图层命名为“图层1”，接着调整好大小，如图9-62所示。

图9-62

03 导入学习资源中的“素材文件>CH09>185-3.png”文件，然后调整好大小，如图9-63所示。

图9-63

04 执行“图层>图层样式>投影”菜单命令，在打开的对话框中设置“不透明度”为18%，“距离”为38像素，“大小”为67像素，如图9-64所示，效果如图9-65所示。

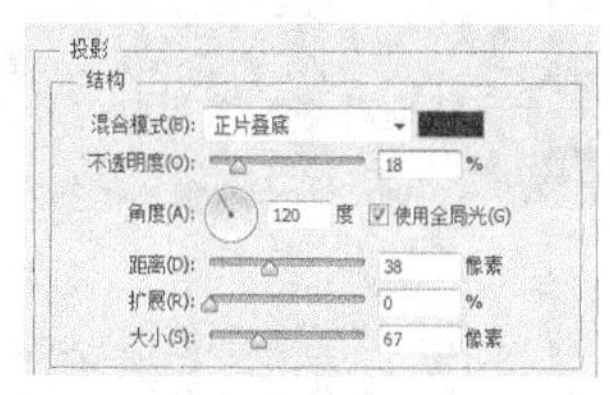

图9-64

05 导入学习资源中的“素材文件>CH09>185-4.jpg”文件，然后将新生成的图层命名为“图层3”，接着调整好位置，最后设置该图层的“混合模式”为“正片叠底”，如图9-66所示。

图9-65

图9-66

06 选择“横排文字工具” T，然后设置文字颜色为（R:205，G:13，B:49），接着在绘图区域输入相关文字(字体：方正准圆简体)，如图9-67所示。

图9-67

07 选择“圆角矩形工具”，然后在选项栏中设置绘图模式为“形状”，“填充”颜色为（R:243，G:157，B:8），“半径”为45像素，接着在画面中绘制一个圆角矩形，效果如图9-68所示。

图9-68

08 使用“横排文字工具” T在绘图区域输入文字(字体：微软雅黑)，如图9-69所示。

图9-69

09 选择“自定义形状工具”，接着在选项栏中单击图标，打开“自定形状”拾色器，选择“红心形卡”，如图9-70所示，在文字上方绘制一个心形图形，效果如图9-71所示。

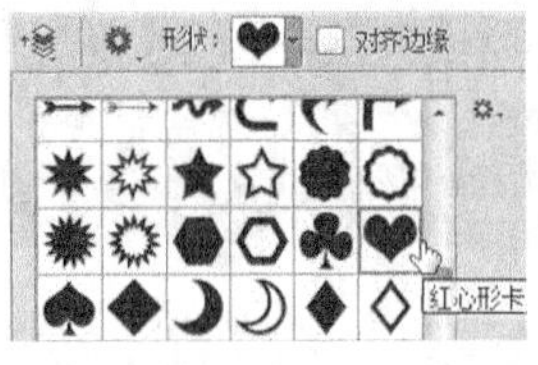

图9-70

图9-71

10 使用“横排文字工具” T在绘图区域输入文字(字体：方正粗倩简体)，如图9-72所示。

图9-72

11 选择“直线工具”，然后在选项栏中设置颜色为（R:204，G:12，B:48），“粗细”为2像素，接着在图像中绘制直线，最终效果如图9-73所示。

图9-73

男士品牌皮鞋店招的设计

视频文件：实例186 男士品牌皮鞋店招的设计.mp4
实例位置：实例文件>CH09>实例186.psd
素材位置：素材文件>CH09>186-1.png~186-4.png
学习目标：掌握男士品牌皮鞋店招的设计方法

本实例制作的是男士品牌皮鞋店招，暗红色的木质地板背景素材可以彰显出产品的典雅气质，同时制作成金属效果的文字，也可以让买家加深对品牌的认识。本实例最终效果如图9-74所示，版式结构如图9-75所示。

图9-74

图9-75

01 按快捷键Ctrl+N新建一个文档，然后设置前景色为（R:36，G:4，B:5），接着用前景色填充“背景”图层，如图9-76所示。

图9-76

02 新建一个“图层1”图层，设置前景色为（R:89，G:15，B:14），接着选择“画笔工具”，并在选项栏中设置“大小”为494像素，“不透明度”为62%，“流量”为80%，如图9-77所示，最后在图像中进行涂抹，图像效果如图9-78所示。

03 新建一个“图层2”图层，设置前景色为白色，接着使用“画笔工具”进行涂抹，最后设置该图层的“混合模式”为“叠加”，效果如图9-79所示。

图9-77

图9-78　图9-79

04 导入学习资源中的“素材文件>CH09>186-1.png、186-2.png、186-3.png”文件，然后分别调整好位置，如图9-80所示。

图9-80

05 使用“横排文字工具”在绘图区域输入文字(字体：方正综艺简体)，如图9-81所示。

图9-81

06 执行“图层>图层样式>渐变叠加”菜单命令，打开“图层样式”对话框，然后单击“点按可编辑渐变”按钮，接着在弹出的“渐变编辑器”对话框中设置第1个色标的颜色为（R:189，G:164，B:113），第2个色标的颜色为（R:230，G:209，B:169），第3个色标的颜色为（R:177，G:148，B:97），如图9-82所示，最后返回“图层样式”对话框，具体参数设置如图9-83所示。

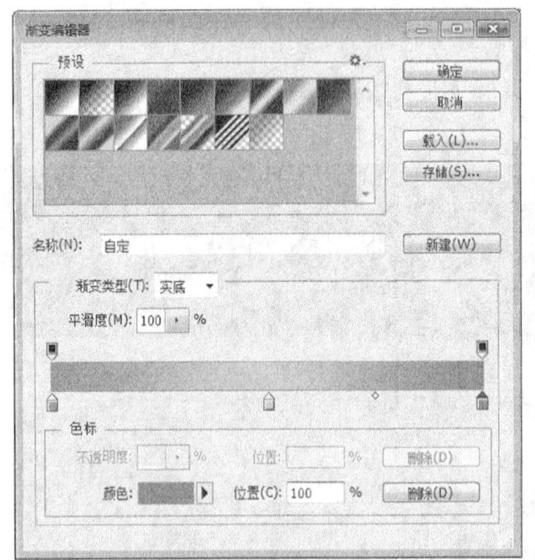

图9-82

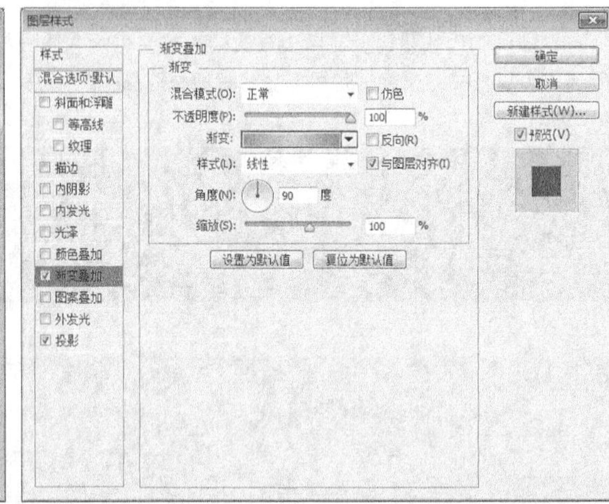

图9-83

07 在“图层样式”对话框中单击“投影”样式，然后设置“角度”为94度，“距离”为3像素，“大小”为3像素，具体参数设置如图9-84所示，效果如图9-85所示。

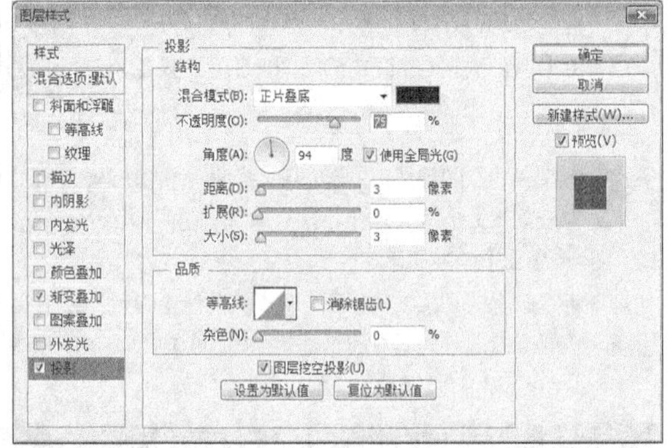

图9-84

图9-85

08 使用“横排文字工具” 在绘图区域输入英文信息，并为其添加相同的“渐变叠加”样式，如图9-86所示。

图9-86

09 选择“矩形工具”，然后在选项栏中设置绘图模式为“形状”，“填充”颜色为（R:0，G:62，B:0），接着在画面中绘制一个矩形，效果如图9-87所示。

图9-87

10 使用“横排文字工具”在绘图区域输入文字(字体：方正准圆简体)，如图9-88所示。

图9-88

11 导入学习资源中的“素材文件>CH09>186-4.png”文件，然后将新生成的图层命名为“图层6”，接着调整好位置，如图9-89所示。

图9-89

12 选择“自定义形状工具”，接着在选项栏中单击图标，打开“自定形状”拾色器，选择“指向左侧”，如图9-90所示，最后在文字上方绘制出图形，效果如图9-91所示。

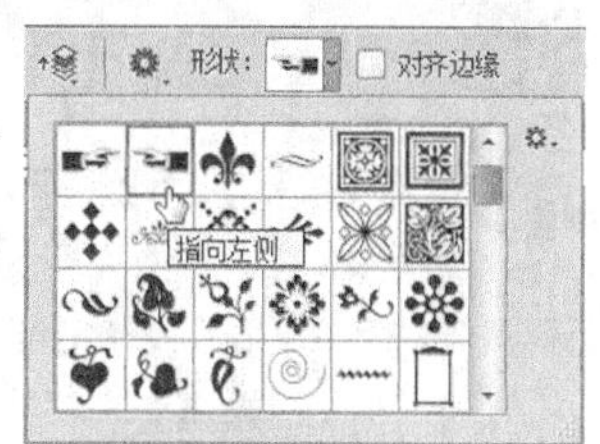

图9-90

图9-91

13 使用“横排文字工具”在绘图区域输入文字(字体：方正准圆简体)，最终效果如图9-92所示。

图9-92

童装店招的设计

视频文件：实例187 童装店招的设计.mp4
实例位置：实例文件>CH09>实例187.psd
素材位置：素材文件>CH09>187-1.jpg、187-2.png~187-4.png、187-5.jpg、187-6.jpg
学习目标：掌握童装店招的设计方法

本实例制作的是童装店招，以可爱的视觉元素来衬托商品的属性特征，并且在设计文字时，采用红色与之搭配，从而加深买家对店铺的印象。本实例最终效果如图9-93所示，版式结构如图9-94所示。

图9-93

图9-94

01 打开学习资源中的“素材文件>CH09>187-1.jpg”文件，然后使用“移动工具” 将其拖曳到“实例187”文档中，效果如图9-95所示。

图9-95

02 导入学习资源中的“素材文件>CH09>187-2.png”文件，然后将新生成的图层命名为“图层1”，接着调整好位置，最后设置该图层的“不透明度”为65%，如图9-96所示。

图9-96

03 按快捷键Ctrl+J复制“图层1”图层得到一个副本图层，然后使用“移动工具” 将图像调整到合适的位置，如图9-97所示。

04 导入学习资源中的“素材文件>CH09>187-3.png”文件，然后将新生成的图层命名为“图层2”，接着调整好位置，如图9-98所示。

图9-97

图9-98

05 选择“横排文字工具”，设置文字颜色为（R:225，G:43，B:83），接着在绘图区域输入相关文字(字体：微软雅黑)，如图9-99所示。

06 导入学习资源中的“素材文件>CH09>187-4.png”文件，并将新生成的图层命名为“图层3”，然后按快捷键Ctrl+T进入自由变换状态，适当调整角度，如图9-100所示。

图9-99

图9-100

07 设置前景色为白色，然后使用“椭圆工具”绘制出合适的椭圆路径，如图9-101所示。

08 导入学习资源中的“素材文件>CH09>187-5.jpg”文件，然后调整好大小和位置，接着按快捷键Ctrl+Alt+G将该图层设置为“椭圆1”形状图层的剪贴蒙版，效果如图9-102所示。

图9-101

图9-102

09 继续使用“椭圆工具”绘制合适的椭圆路径，接着导入学习资源中的“素材文件>CH09>187-6.jpg”文件，最后按快捷键Ctrl+Alt+G创建剪贴蒙版，效果如图9-103所示。

10 选择“矩形工具”，然后在选项栏中设置绘图模式为“形状”，“填充”颜色为（R:225，G:43，B:83），接着在画面中绘制一个矩形，效果如图9-104所示。

图9-103

图9-104

11 执行“图层>图层样式>投影”菜单命令，在打开的对话框中设置“不透明度”为54%，“距离”为7像素，“大小”为9像素，如图9-105所示，效果如图9-106所示。

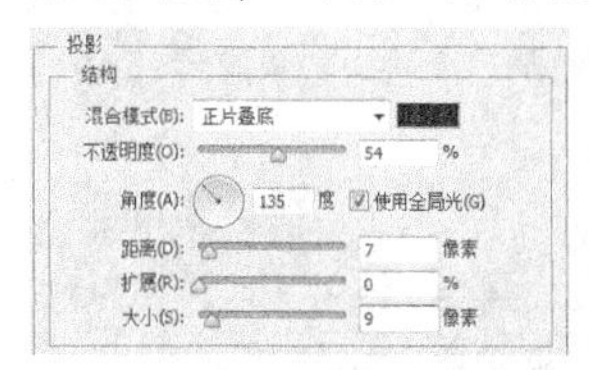

图9-105

图9-106

12 使用“横排文字工具”在绘图区域输入文字(字体：方正兰亭黑简体)，最终效果如图9-107所示。

图9-107

运动跑鞋店招的设计

视频文件：实例188 运动跑鞋店招的设计.mp4

实例位置：实例文件>CH09>实例188.psd

素材位置：素材文件>CH09>188-1.jpg、188-2.jpg、188-3.png

学习目标：掌握运动跑鞋店招的设计方法

本实例制作的是运动跑鞋店招，在制作时，要考虑到商品的属性特征，突出整体效果的动感，这里选择了一些白云元素及正在运动的人像来增加海报的感染力。本实例最终效果如图9-108所示，版式结构如图9-109所示。

图9-108

图9-109

01 按快捷键Ctrl+N新建一个文档，设置前景色为（R:148，G:204，B:189），接着用前景色填充“背景”图层，如图9-110所示。

图9-110

02 导入学习资源中的“素材文件>CH09>188-1.jpg”文件，然后将新生成的图层命名为“图层1”，接着调整好位置，如图9-111所示。

03 在“图层”面板下方单击“添加图层蒙版”按钮，为该图层添加一个图层蒙版，然后使用黑色“画笔工具”在蒙版中涂去部分图像，效果如图9-112所示。

图9-111

图9-112

04 导入学习资源中的“素材文件>CH09>188-2.png”文件，然后将新生成的图层命名为“图层2”，接着调整好位置，如图9-113所示。

图9-113

05 按快捷键Ctrl+J复制出若干朵白云，并调整到合适的位置，效果如图9-114所示。

图9-114

06 选择“椭圆工具” ，然后在选项栏中设置绘图模式为“形状”，“填充”颜色为（R:0，G:87，B:82），“描边”颜色为白色，“形状描边宽度”为7.84点，如图9-115所示，接着绘制出一个圆形，效果如图9-116所示。

图9-115

图9-116

07 选择“多边形工具” ，然后在选项栏中设置“边”为5，并勾选“星形”选项，如图9-117所示，接着绘制出一个星形，效果如图9-118所示。

图9-117

图9-118

08 使用“横排文字工具” 在绘图区域输入文字（字体：方正兰亭黑简体），如图9-119所示。

图9-119

09 执行“图层>图层样式>投影”菜单命令，在打开的对话框中设置“不透明度”为89%，“距离”为10像素，“大小”为7像素，如图9-120所示，效果如图9-121所示。

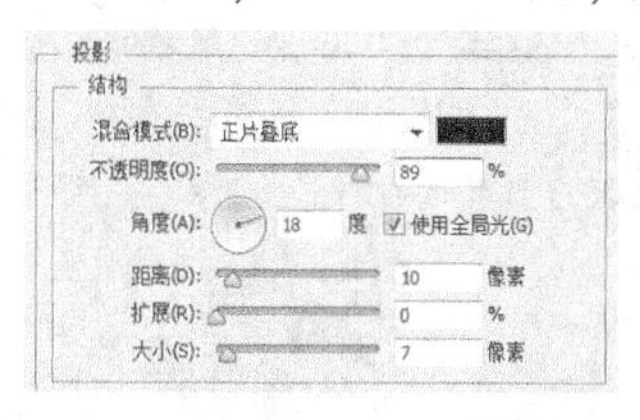

图9-120

图9-121

10 按快捷键Ctrl+J复制出相同的文字，然后将文字颜色转换为白色，并调整到合适的位置，效果如图9-122所示。

图9-122

11 使用“横排文字工具” 在绘图区域输入文字（字体：方正正准黑简体），如图9-123所示。

图9-123

12 导入学习资源中的“素材文件>CH09>188-3.png”文件，然后将新生成的图层命名为“图层3”，接着调整好位置，最后为其添加一个“投影”图层样式，最终效果如图9-124所示。

图9-124

实例189 潮流女包店招的设计

★★★☆☆

视频文件：实例189 潮流女包店招的设计.mp4

实例位置：实例文件>CH09>实例189.psd

素材位置：素材文件>CH09>189-1.jpg、189-2.png、189-3.png

学习目标：掌握潮流女包店招的设计方法

本实例制作的是潮流女包店招，最终呈现出干净、简约的视觉效果，通过对页面的有效分割，使画面更具感染力，以吸引买家进店购买产品。本实例最终效果如图9-125所示，版式结构如图9-126所示。

图9-125

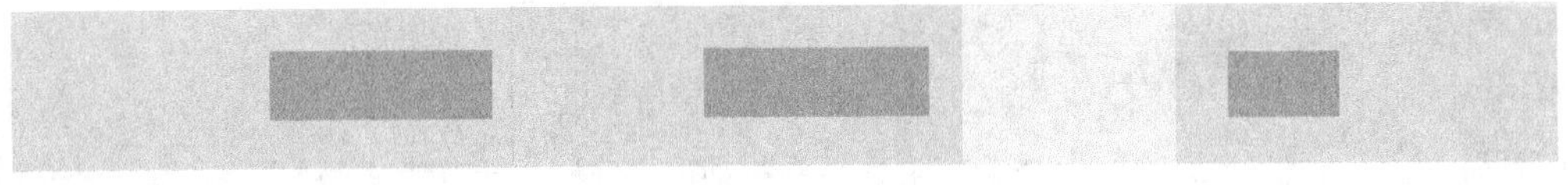

图9-126

01 按快捷键Ctrl+N新建一个文档，然后导入学习资源中的“素材文件>CH09>189-1.jpg”文件，接着将新生成的图层命名为“图层1”，最后调整好位置，如图9-127所示。

图9-127

02 在“图层”面板下方单击“添加图层蒙版”按钮，为该图层添加一个图层蒙版，然后使用黑色“画笔工具”在蒙版中涂去白色背景区域，效果如图9-128所示。

03 导入学习资源中的“素材文件>CH09>189-2.png”文件，然后将新生成的图层命名为“图层2”，接着调整好位置，如图9-129所示。

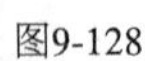

图9-128

图9-129

04 使用“横排文字工具”在绘图区域输入文字(字体：方正兰亭中黑简体)，如图9-130所示。

图9-130

05 导入学习资源中的“素材文件>CH09>189-3.png”文件，然后将新生成的图层命名为“图层3”，接着调整好位置，如图9-131所示。

图9-131

06 使用“直线工具”在图像中绘制出两条直线，以起装饰的作用，效果如图9-132所示。

图9-132

07 选择“自定义形状工具”，接着在选项栏中单击图标，打开“自定形状”拾色器，选择“花1”，如图9-133所示，最后绘制出一个花朵形状，效果如图9-134所示。

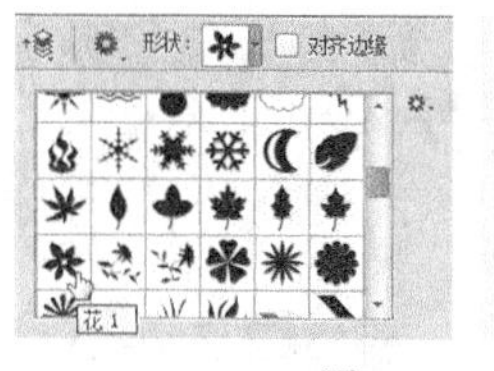

图9-133

图9-134

08 设置该形状图层的“不透明度”为48%，效果如图9-135所示。

图9-135

09 设置前景色为白色，然后继续使用“自定义形状工具”绘制一个花朵形状，并调整到合适的位置，效果如图9-136所示。

10 选择“圆角矩形工具”，然后在选项栏中设置绘图模式为“形状”，“填充”颜色为（R:197，G:0，B:38），“半径”为45像素，接着在画面中绘制一个圆角矩形，效果如图9-137所示。

图9-136

图9-137

11 选择“自定义形状工具”，然后在选项栏中单击图标，打开“自定形状”拾色器，接着选择“红心”，如图9-138所示，最后绘制出一个心形图形，效果如图9-139所示。

12 使用“横排文字工具”在绘图区域输入文字(字体：微软雅黑)，如图9-140所示。

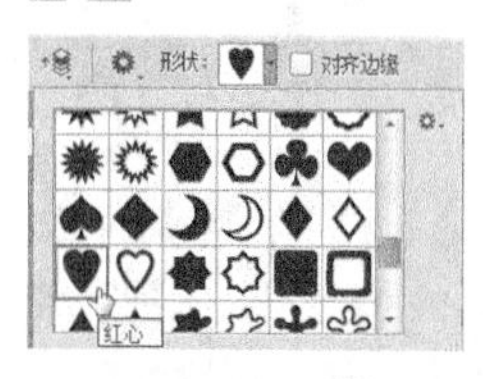

图9-138

图9-139

图9-140

13 选择“矩形工具”，然后在选项栏中设置绘图模式为“形状”，“描边”颜色为（R:180，G:73，B:17），“形状描边宽度”为0.73点，如图9-141所示，接着在画面中绘制一个矩形边框，效果如图9-142所示。

图9-141

图9-142

14 选择“直线工具”，然后在选项栏中设置“描边”颜色为（R:180，G:73，B:17），“形状描边宽度”为0.73点，“描边选项”为虚线，如图9-143所示，接着在画面中绘制一条虚线，效果如图9-144所示。

图9-143

图9-144

15 使用“横排文字工具”在绘图区域输入文字(字体：微软雅黑)，如图9-145所示。

图9-145

16 选择“矩形工具”，然后在选项栏中设置“填充”颜色为（R:180，G:73，B:17），接着在画面中绘制一个矩形边框，最后使用“横排文字工具”输入文字，效果如图9-146所示。

图9-146

17 使用相同的方法制作其他面值的优惠券，效果如图9-147所示。

图9-147

18 选择“自定义形状工具”，然后在选项栏中单击图标，打开“自定形状”拾色器，接着选择“花1”，如图9-148所示，最后绘制出图9-149所示的图形。

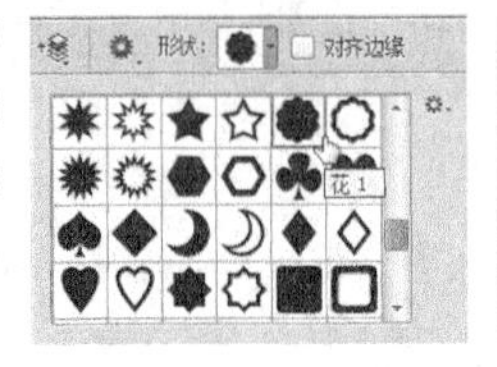

图9-148

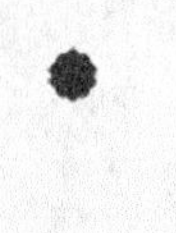

图9-149

19 使用“横排文字工具”在绘图区域输入相关文字(字体：微软雅黑)，如图9-150所示，最终效果如图9-151所示。

图9-150

图9-151

经典男装店招的设计

视频文件：实例190 经典男装店招的设计.mp4　　实例位置：实例文件>CH09>实例190.psd

素材位置：素材文件>CH09>190-1.png、190-2.png　　学习目标：掌握经典男装店招的设计方法

本实例制作的是经典男装店招，使用米黄色作为背景，然后对商品进行黑白处理后将其作为纹理复制在背景上，制作出层次感；在设计文字时，应注意文字大小及排列顺序，以突出商品的关键信息。本实例最终效果如图9-152所示，版式结构如图9-153所示。

图9-152

图9-153

01 按快捷键Ctrl+N新建一个文档，设置前景色为（R:252，G:244，B:223），接着用前景色填充“背景”图层，如图9-154所示。

图9-154

02 导入学习资源中的“素材文件>CH09>190-1.png”文件，然后将新生成的图层命名为“图层1”，接着调整好位置，如图9-155所示，最后设置该图层的“不透明度”为20%，如图9-156所示。

图9-155

图9-156

03 按快捷键Ctrl+J复制出两个副本图层，然后使用“移动工具” 将图像调整到合适的位置，如图9-157所示。

图9-157

04 导入学习资源中的“素材文件>CH09>190-2.png”文件，然后调整好位置，如图9-158所示。

图9-158

05 设置文字颜色为（R:184，G:2，B:0），然后使用“横排文字工具” 在绘图区域输入文字(字体：方正综艺简体)，如图9-159所示。

图9-159

06 执行“图层>图层样式>投影”菜单命令，在打开的对话框中设置“距离”为1像素，如图9-160所示，效果如图9-161所示。

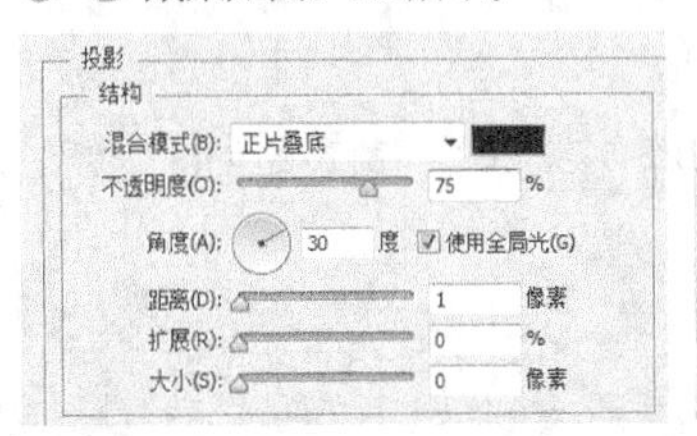

图9-160

图9-161

07 使用“横排文字工具” 在绘图区域输入其他文字(字体：方正综艺简体)，如图9-162所示。

图9-162

08 选择“自定义形状工具” ，然后在选项栏中单击 图标，打开“自定形状”拾色器，选择“箭头2”， 如图9-163所示，最后绘制一个箭头，最终效果如图9-164所示。

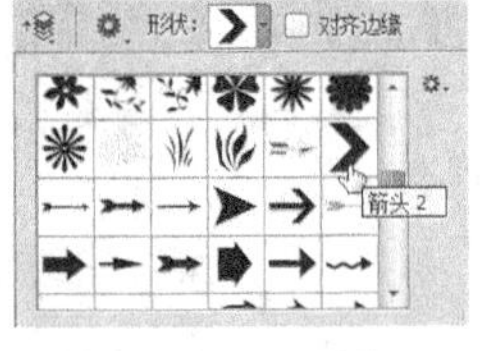

图9-163

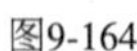

图9-164

实例191 宠物用品店招的设计

★★★☆☆

视频文件：实例191 宠物用品店招的设计.mp4　　实例位置：实例文件>CH09>实例191.psd

素材位置：素材文件>CH09>191-1.png　　学习目标：掌握宠物用品店招的设计方法

本实例制作的是宠物用品店招，背景选择了明亮的黄色进行整体衬托，使视觉效果呈现出轻松的氛围，同时对商品进行了不规则的排列，使画面更有感染力的同时也让店招具有独特的魅力。本实例最终效果如图9-165所示，版式结构如图9-166所示。

图9-165

图9-166

01 按快捷键Ctrl+N新建一个文档，设置前景色为（R:255，G:204，B:0），接着用前景色填充“背景”图层，如图9-167所示。

图9-167

02 导入学习资源中的“素材文件>CH09>191-1.png”文件，然后将新生成的图层命名为“图层1”，接着调整好位置，如图9-168所示。

图9-168

03 在“图层1”图层下方新建一个“图层2”图层，然后使用柔边“画笔工具”在图像中绘制出阴影效果，图像效果如图9-169所示，接着设置该图层的“不透明度”为37%，如图9-170所示。

图9-169

图9-170

04 选择“圆角矩形工具”，然后在选项栏中设置“填充”颜色为黑色，“半径”为45像素，接着在画面中绘制一个圆角矩形，如图9-171所示，最后设置该图层的“不透明度”为50%，效果如图9-172所示。

图9-171

图9-172

05 使用“横排文字工具” T 在绘图区域输入其他文字(字体：微软雅黑)，如图9-173所示。

图9-173

06 选择“自定义形状工具” ，然后在选项栏中单击图标，打开“自定义形状”拾色器，接着选择“爪印（猫）”， 如图9-174所示，最后绘制出动物爪印，效果如图9-175所示。

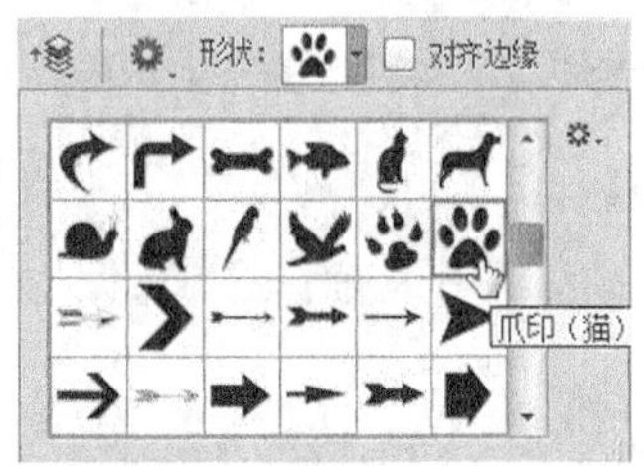

图9-174

图9-175

07 使用“横排文字工具” T 在绘图区域输入其他文字(字体：微软雅黑)，如图9-176所示。

图9-176

08 执行“图层>图层样式>投影”菜单命令，在打开的对话框中设置“不透明度”为52%，“距离”为1像素，“大小”为1像素，如图9-177所示，最终效果如图9-178所示。

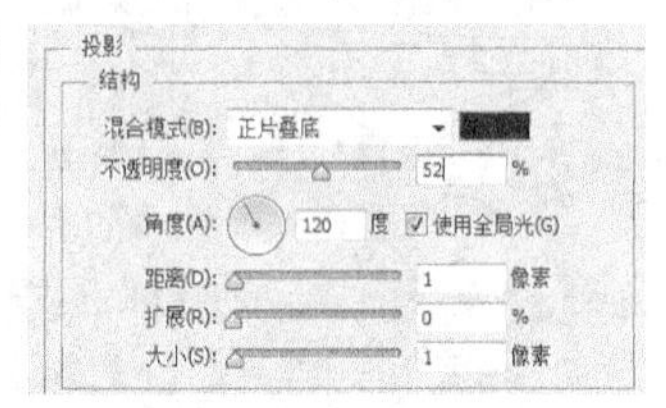

图9-177

图9-178

第 10 章

公告模板的设计

本章关键实例导航

实例192 新装上架公告的设计

★★☆☆☆

视频文件：实例192 新装上架公告的设计.mp4

实例位置：实例文件>CH10>实例192.psd

素材位置：素材文件>CH10>192-1.jpg、192-2.png~192-5.png

学习目标：掌握新装上架公告的设计方法

本实例制作的是新装上架的公告，可以使淘宝买家及时地了解店铺的商品信息和产品款式。本实例最终效果如图10-1所示，版式结构如图10-2所示。

图10-1

图10-2

01 按快捷键Ctrl+N新建一个文档，然后设置前景色为（R: 242，G:244，B:228），接着用前景色填充“背景”图层，如图10-3所示。

02 导入学习资源中的“素材文件>CH10>192-1.jpg”文件，然后设置该图层的“不透明度”为20%，效果如图10-4所示。

图10-3

图10-4

03 导入学习资源中的“素材文件>CH10>192-2.png”文件，然后调整好大小和位置，如图10-5所示。

图10-5

04 执行“图层>图层样式>投影”菜单命令，在打开的对话框中设置“不透明度”为55%，“距离”为10像素，“大小”为10像素，如图10-6所示，效果如图10-7所示。

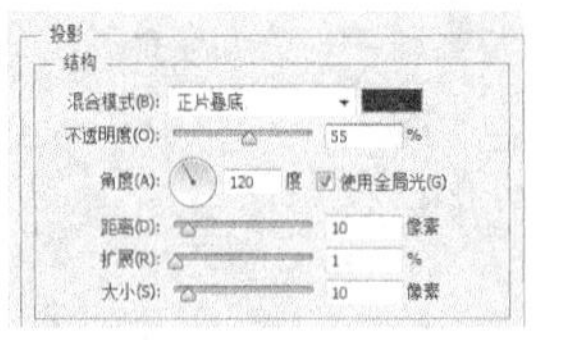

图10-6

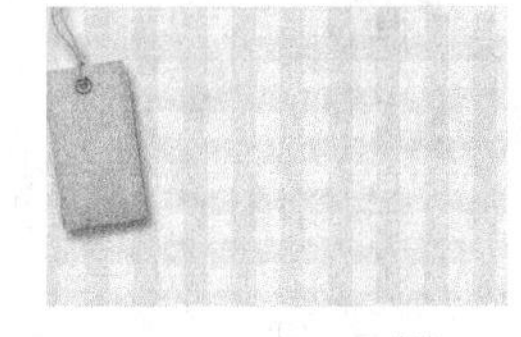

图10-7

05 导入学习资源中的“素材文件>CH10>192-3.png”文件，然后按快捷键Ctrl+T适当地调整素材的角度，并设置该图层的“混合模式”为“正片叠底”，效果如图10-8所示。

图10-8

06 选择“横排文字工具” T，然后在选项栏中设置文字颜色为（R:102，G:55，B:55），接着在绘图区域输入文字(字体：方正细倩简体)，如图10-9所示。

07 导入学习资源中的“素材文件>CH10>192-4.png”文件，然后调整好大小和位置，如图10-10所示。

图10-9

图10-10

08 选择“圆角矩形工具”，然后在选项栏中设置“填充”颜色为（R:251，G:66，B:76），“半径”为15像素，接着在画面中绘制一个圆角矩形，效果如图10-11所示。

09 按快捷键Ctrl+J复制出一个圆角矩形的副本图层，并适当调整图层的位置，效果如图10-12所示。

图10-11　　图10-12

10 在“图层”面板下方单击“添加图层蒙版”按钮，为该图层添加一个图层蒙版，然后使用“渐变工具”在蒙版中从下向上填充黑色到白色的线性渐变，效果如图10-13所示。

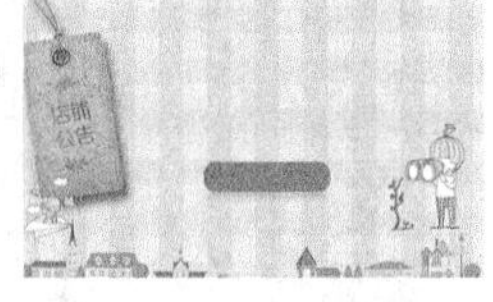

图10-13

11 选择“圆角矩形1”图层，然后载入该形状图层的选区，如图10-14所示。

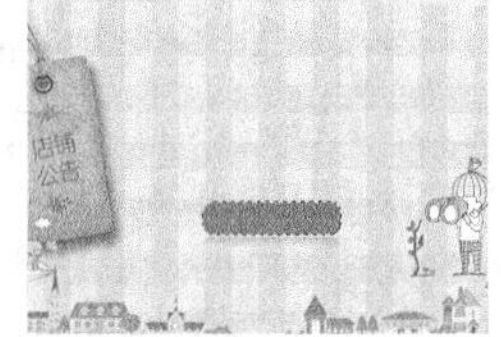

图10-14

12 新建一个图层，然后选择“渐变工具”，接着单击选项栏中的“点按可编辑渐变”按钮，在弹出的“渐变编辑器”对话框中选择“前景色到透明色”，如图10-15所示，最后从上到下应用线性渐变填充选区，效果如图10-16所示。

图10-15

图10-16

13 使用“横排文字工具”在绘图区域输入文字(字体：黑体)，如图10-17所示。

图10-17

14 导入学习资源中的“素材文件>CH10>192-5.png”文件，然后按快捷键Ctrl+J复制出一个副本图层，并调整图层的位置，效果如图10-18所示。

图10-18

15 使用“横排文字工具”在绘图区域输入文字(字体：方正细圆简体)，最终效果如图10-19所示。

图10-19

实例193 店铺发货公告的设计

★★☆☆☆

视频文件：实例193 店铺发货公告的设计.mp4　　实例位置：实例文件>CH10>实例193.psd

素材位置：素材文件>CH10>193-1.png~193-5.png　　学习目标：掌握店铺发货公告的设计方法

本实例制作的是店铺发货的公告，可以让买家详细了解发货时间及方式，制作公告时，可将发货时间及方式等信息一一展示出来，方便买家查看。本实例最终效果如图10-20所示，版式结构如图10-21所示。

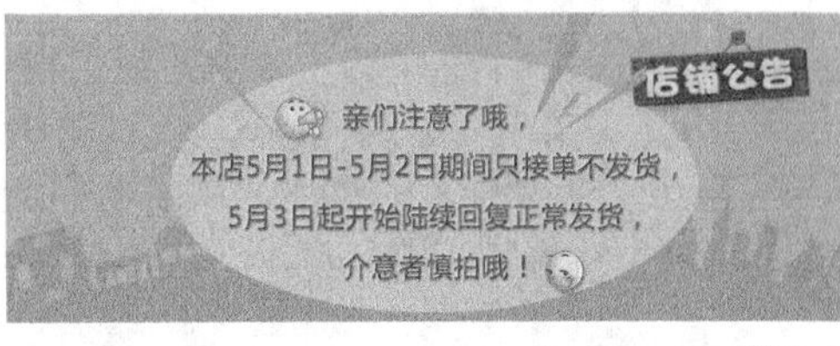

图10-20

图10-21

01 按快捷键Ctrl+N新建一个文档，然后设置前景色为（R:105，G:208，B:165），接着用前景色填充“背景”图层，如图10-22所示。

图10-22

02 在工具箱中选择“钢笔工具”，然后绘制出一个不规则的路径，如图10-23所示。

图10-23

03 设置前景色为（R:75，G:181，B:137），然后使用前景色填充该路径，如图10-24所示。

图10-24

04 导入学习资源中的“素材文件>CH10>193-1.png”文件，然后按快捷键Ctrl+T适当地调整素材的角度，效果如图10-25所示。

图10-25

05 继续导入学习资源中的“素材文件>CH10>193-2.png”文件，然后将该素材放在画面的右下方，效果如图10-26所示。

图10-26

06 选择“椭圆工具”，然后在选项栏中设置绘图模式为“形状”，“填充”颜色为（R:145，G:245，B:204），接着绘制一个椭圆形，效果如图10-27所示。

图10-27

07 导入学习资源中的“素材文件>CH10>193-3.png”文件，然后调整好素材的位置和角度，效果如图10-28所示。

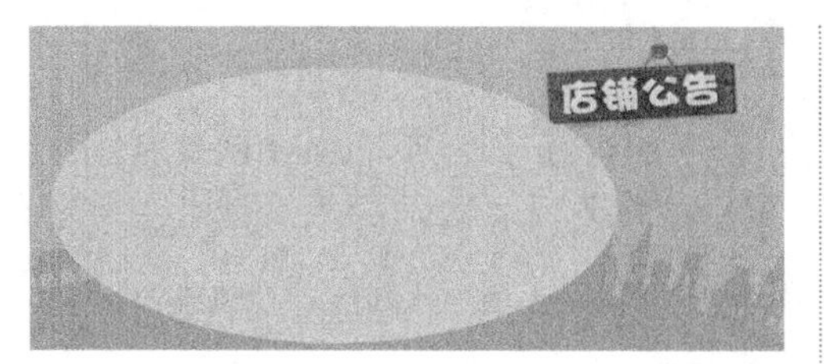

图10-28

08 使用“横排文字工具” 在绘图区域输入文字，如图10-29所示。

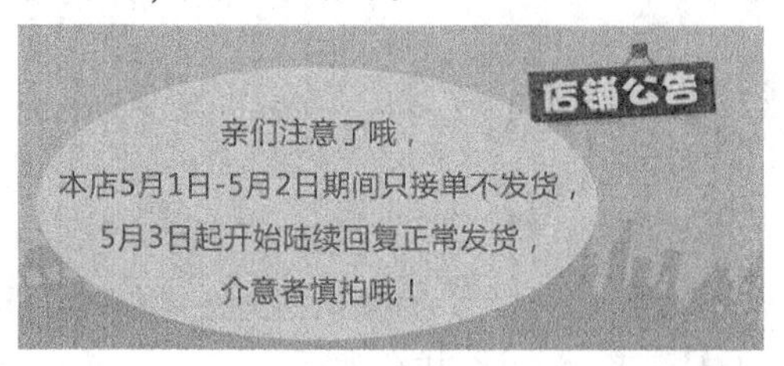

图10-29

09 执行“图层>图层样式>斜面和浮雕”菜单命令，打开“图层样式”对话框，然后设置“深度”为100%，“大小”为3像素，如图10-30所示，效果如图10-31所示。

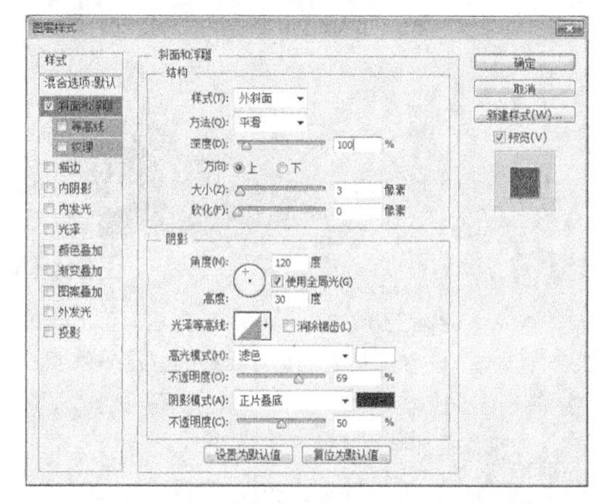

图10-30

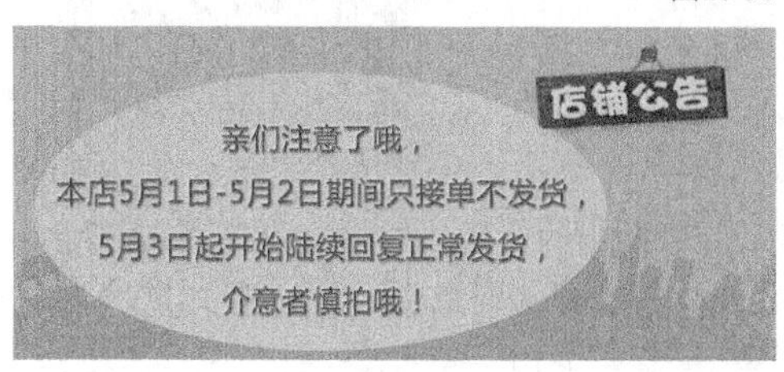

图10-31

10 导入学习资源中的“素材文件>CH10>193-4.png、193-5.png”文件，然后将素材分别放在文字的开头与结尾处，效果如图10-32所示。

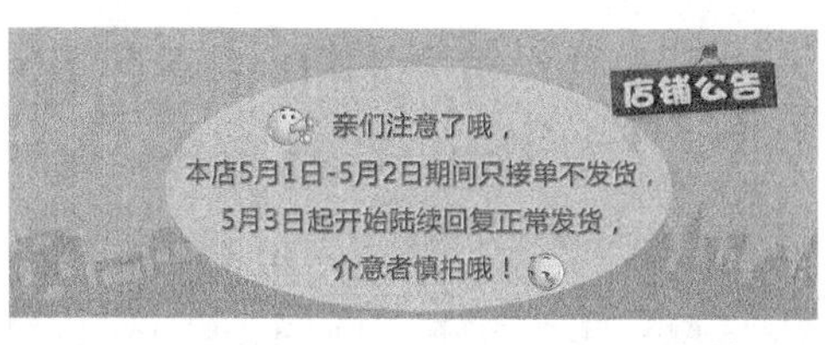

图10-32

11 分别为图标添加投影效果，执行“图层>图层样式>投影”菜单命令，在打开的对话框中设置“不透明度”为45%，“距离”为4像素，“大小”为4像素，如图10-33所示，效果如图10-34所示。

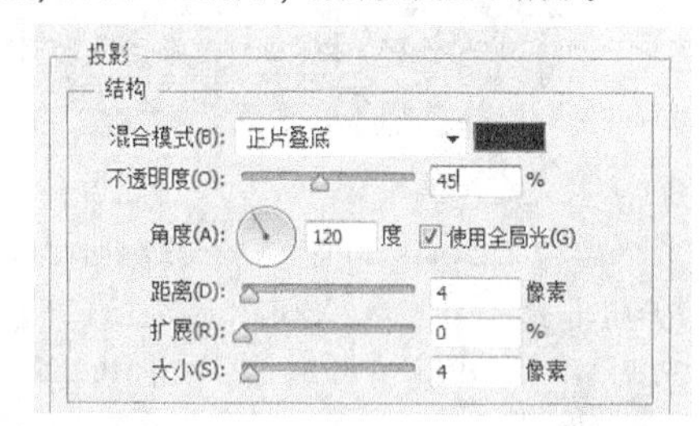

图10-33

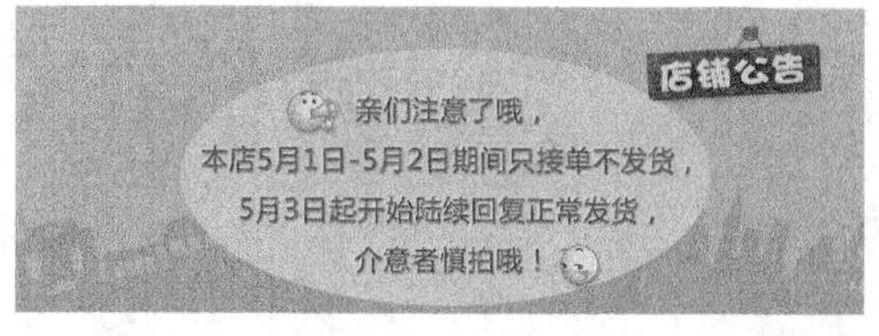

图10-34

12 在工具箱中选择“钢笔工具”，然后绘制出4个不规则的路径，如图10-35所示。

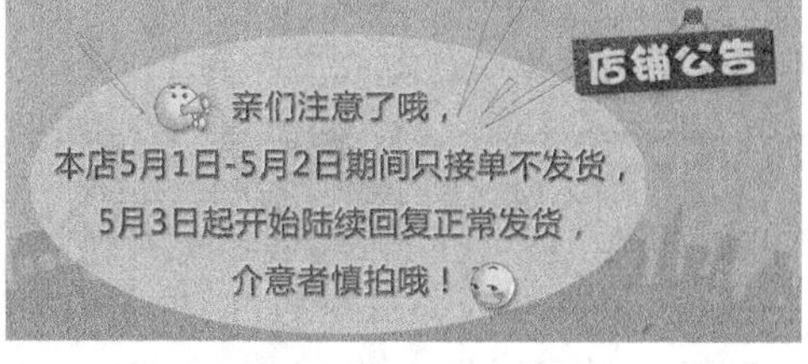

图10-35

13 设置前景色为（R:86，G:188，B:146），然后使用前景色填充该路径，最终效果如图10-36所示。

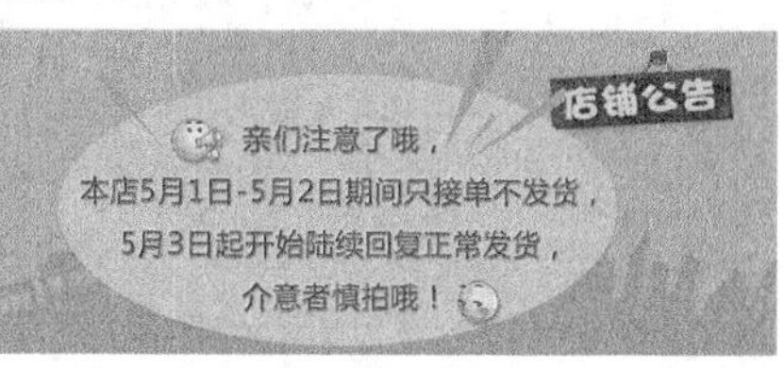

图10-36

实例 194 店铺周年公告的设计

★★☆☆☆

视频文件：实例194 店铺周年公告的设计.mp4
实例位置：实例文件>CH10>实例194.psd
素材位置：素材文件>CH10>194-1.jpg、194-2.png
学习目标：掌握店铺周年公告的设计方法

本实例制作的是店铺周年的公告，可以让买家在公告中及时了解商品信息及详细的商品促销活动。本实例最终效果如图10-37所示，版式结构如图10-38所示。

图10-37

图10-38

01 打开学习资源中的“素材文件>CH10>194-1.jpg”文件，然后使用“移动工具”将其拖曳到“实例194”文档中，效果如图10-39所示。

图10-39

02 选择“自定义形状工具”，然后设置“填充”颜色为（R:255，G:236，B:143），接着在选项栏中单击图标，打开“自定形状”拾色器，选择“横幅4”，如图10-40所示，最后在左上方绘制出图形，效果如图10-41所示。

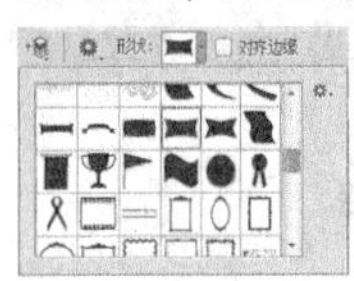

图10-40

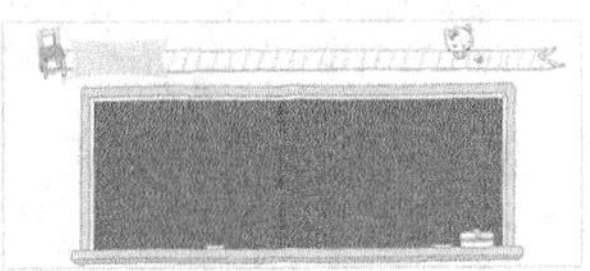

图10-41

03 执行“图层>图层样式>描边”菜单命令，在打开的对话框中设置“大小”为2像素，“颜色”为（R:145，G:121，B:93），如图10-42所示。

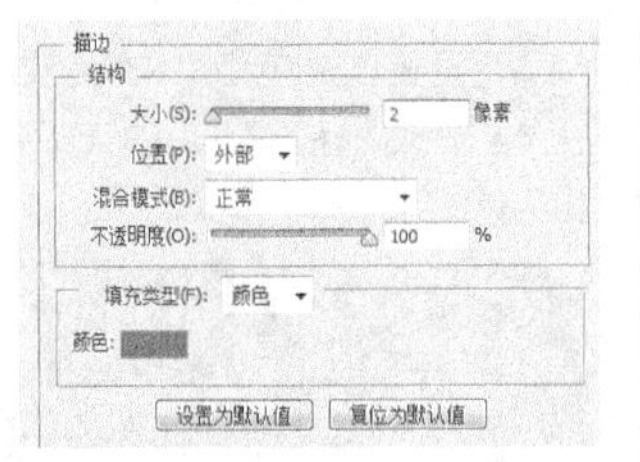

图10-42

04 在“图层样式”对话框中单击“投影”样式，然后设置“角度”为139度，“距离”为10像素，“大小”为6像素，具体参数设置如图10-43所示，效果如图10-44所示。

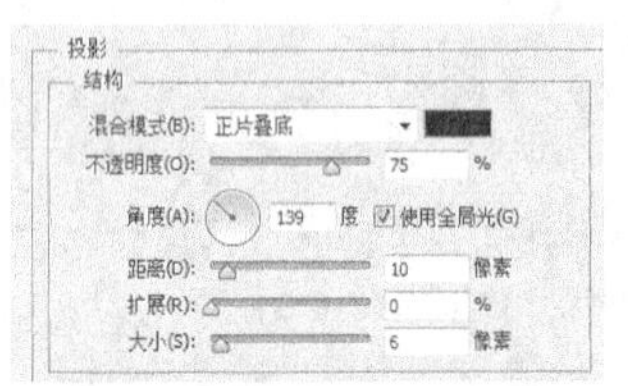

图10-43

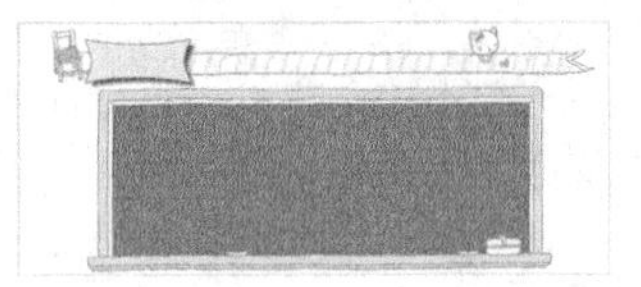

图10-44

05 导入学习资源中的“素材文件>CH10>194-2.png”文件，然后调整好素材的位置和角度，接着使用“横排文字工具”在绘图区域输入文字，效果如图10-45所示。

图10-45

06 设置前景色为白色，然后使用“椭圆工具”绘制4个合适的圆形，放在文字的前方，最终效果如图10-46所示。

图10-46

店铺开张公告的设计

视频文件：实例195 店铺开张公告的设计.mp4　　实例位置：实例文件>CH10>实例195.psd

素材位置：素材文件>CH10>195-1.png~195-3.png　　学习目标：掌握店铺开张公告的设计方法

本实例制作的是店铺开张的公告，使用新颖的设计方法，给买家耳目一新的视觉感受，同时也让买家留下了深刻的印象。本实例最终效果如图10-47所示，版式结构如图10-48所示。

图10-47

图10-48

01 按快捷键Ctrl+N新建一个文档，然后设置前景色为（R:236，G:230，B:226），接着用前景色填充“背景”图层，如图10-49所示。

图10-49

02 导入学习资源中的“素材文件>CH10>195-1.png”文件，然后调整好素材的位置和角度，如图10-50所示。

图10-50

03 执行“图层>图层样式>投影”菜单命令，在打开的对话框中设置“不透明度”为45%，“距离”为4像素，“大小”为4像素，如图10-51所示，效果如图10-52所示。

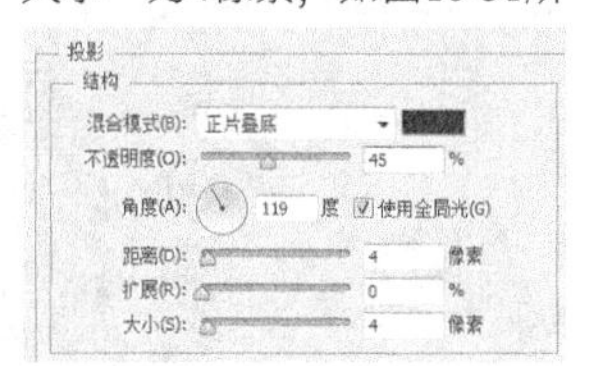

图10-51

图10-52

04 导入学习资源中的“素材文件>CH10>195-2.png”文件，然后调整好素材的位置和角度，效果如图10-53所示。

图10-53

05 按快捷键Ctrl+J复制出一个副本图层，然后移动到画面的右侧，效果如图10-54所示。

图10-54

06 设置前景色为（R:0，G:71，B:60），然后使用“横排文字工具” T 在绘图区域输入文字，效果如图10-55所示。

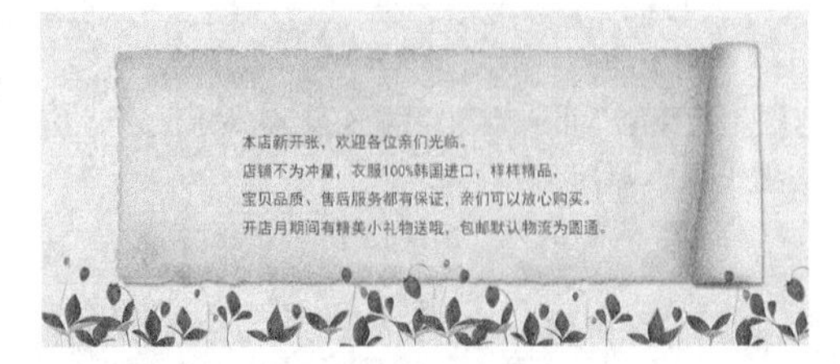

图10-55

07 使用“横排文字工具” T 在绘图区域选中重点文字，如图10-56所示，然后在“字符”面板中更改文字的大小及颜色，具体参数设置如图10-57所示，效果如图10-58所示。

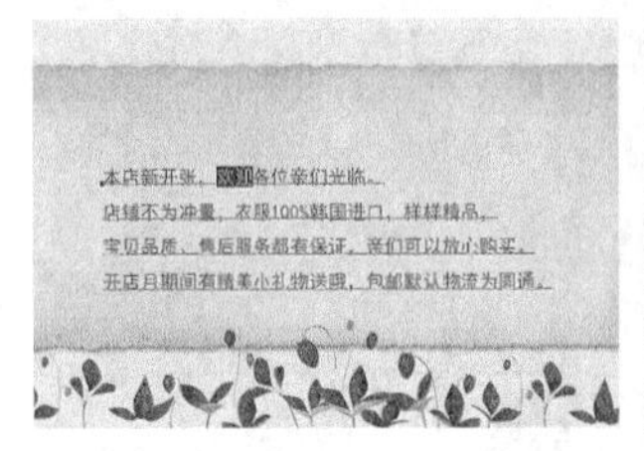

图10-56　图10-57

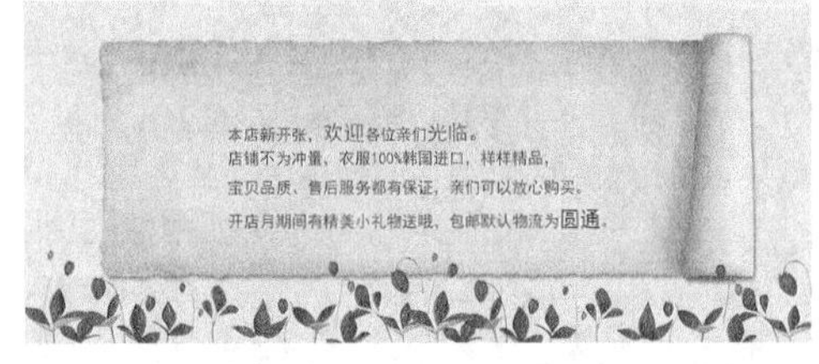

图10-58

08 确定当前图层为文本图层，然后执行“图层>图层样式>描边”菜单命令，在打开的对话框中设置“大小”为2像素，“颜色”为白色，如图10-59所示。

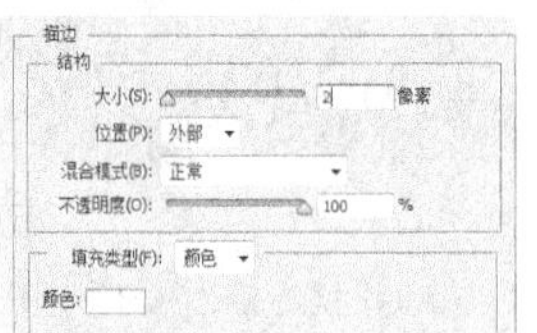

图10-59

09 在“图层样式”对话框中单击“投影”样式，然后设置“距离”为3像素，“大小”为3像素，具体参数设置如图10-60所示，效果如图10-61所示。

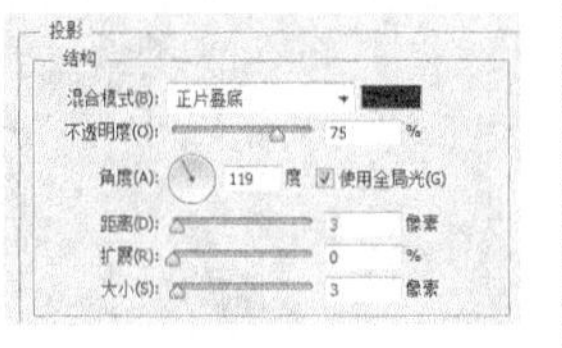

图10-60

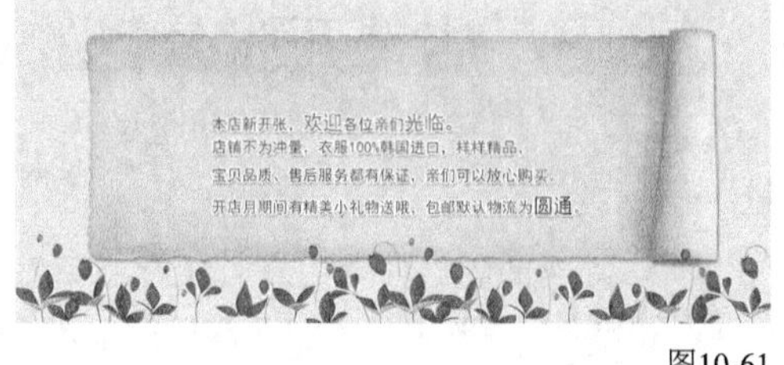

图10-61

10 使用“横排文字工具” T 在绘图区域输入文字，然后按快捷键Ctrl+T适当调整文字的角度，如图10-62所示。

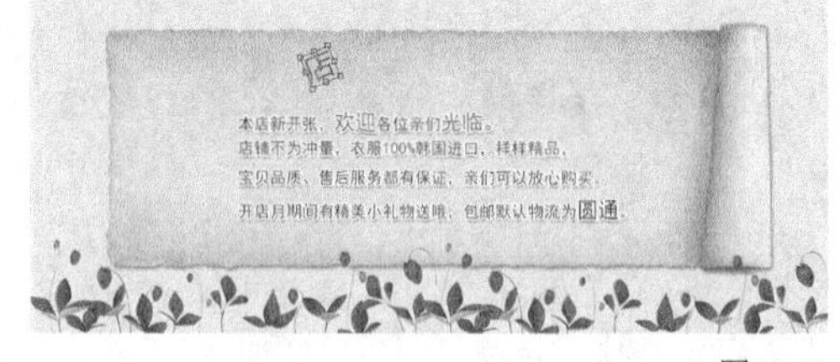

图10-62

11 执行“图层>图层样式>描边”菜单命令，在打开的对话框中设置“大小”为3像素，“不透明度”为100%，“颜色”为白色，如图10-63所示，效果如图10-64所示。

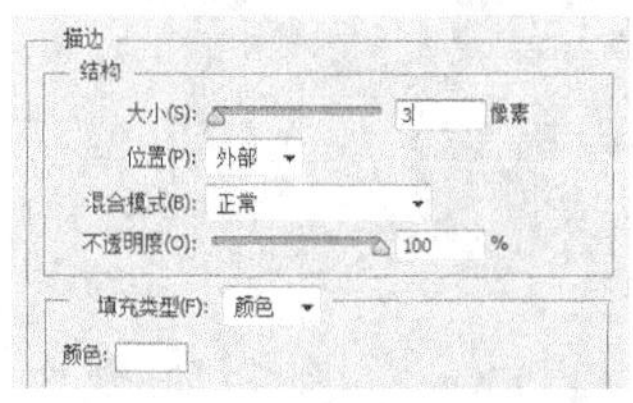

图10-63

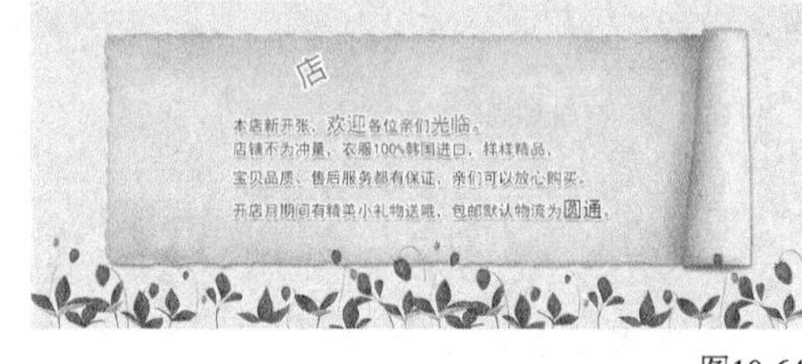

图10-64

12 使用相同的方法制作公告标题，然后导入学习资源中的“素材文件>CH10>195-3.png”文件，并调整好素材的角度，最终效果如图10-65所示。

图10-65

实例 196 ★★☆☆☆

店铺放假公告的设计

- 视频文件：实例196 店铺放假公告的设计.mp4
- 实例位置：实例文件>CH10>实例196.psd
- 素材位置：素材文件>CH10>196-1.jpg、196-2.png
- 学习目标：掌握店铺放假公告的设计方法

本实例制作的是店铺放假的公告，可以在节假日的时间段里，以此方法来告知买家无人值班等信息。本实例最终效果如图10-66所示，版式结构如图10-67所示。

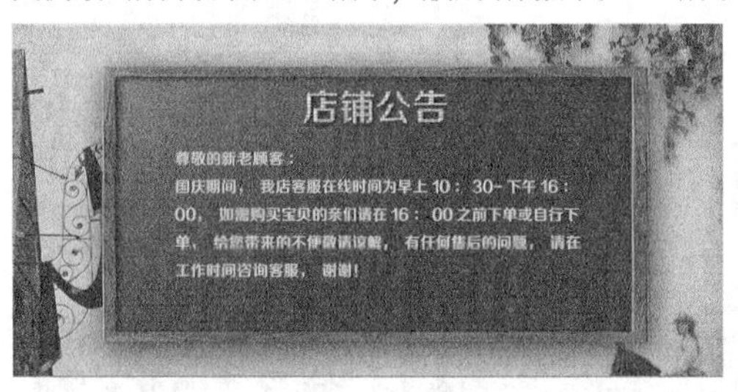

图10-66

图10-67

01 打开学习资源中的“素材文件>CH10>196-1.jpg”文件，然后使用“移动工具”将其拖曳到“实例196”文档中，效果如图10-68所示。

图10-68

02 继续导入学习资源中的“素材文件>CH10>196-2.png”文件，并调整好素材的角度，效果如图10-69所示。

图10-69

03 执行“图层>图层样式>投影”菜单命令，在打开的对话框中设置“距离”为10像素，“大小”为40像素，如图10-70所示，效果如图10-71所示。

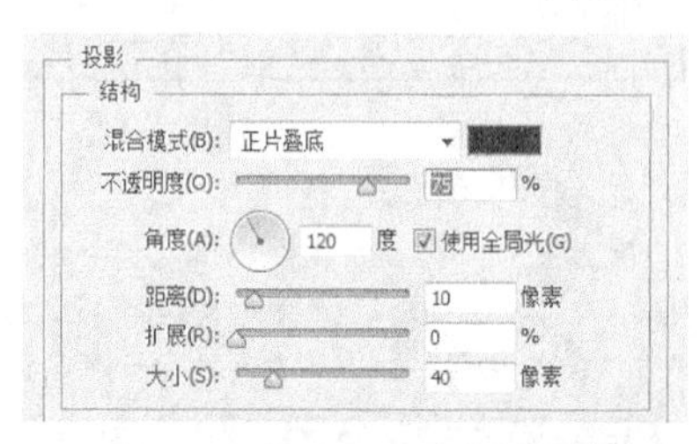

图10-70

图10-71

04 使用“横排文字工具”在绘图区域输入文字（字体：方正正准黑简体），效果如图10-72所示。

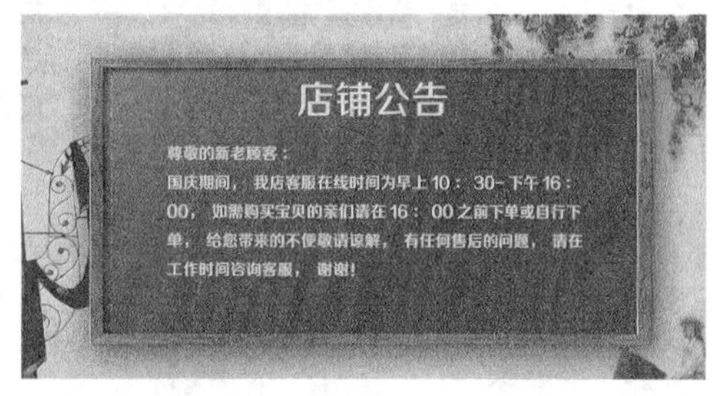

图10-72

05 选中“店铺公告”文字图层，然后执行“图层>图层样式>图案叠加”菜单命令，打开“图层样式”对话框，然后设置“图案”为“纱布”样式，如图10-73所示。

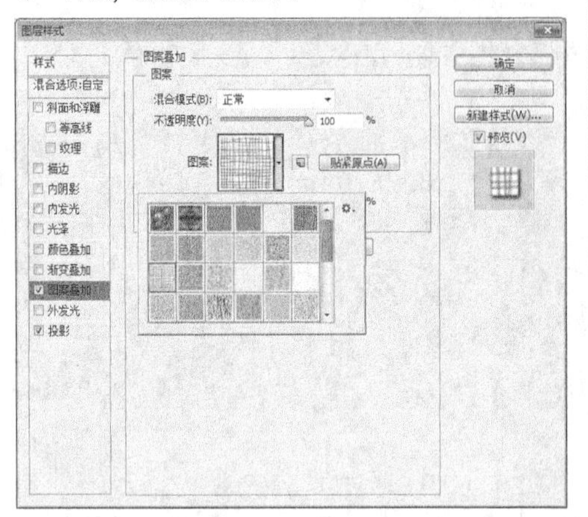

图10-73

技巧与提示

如果找不到合适的叠加图案，可以单击右侧的按钮，选择“艺术表面”命令，然后在弹出的对话框中单击“追加”按钮，如图10-74和图10-75所示。

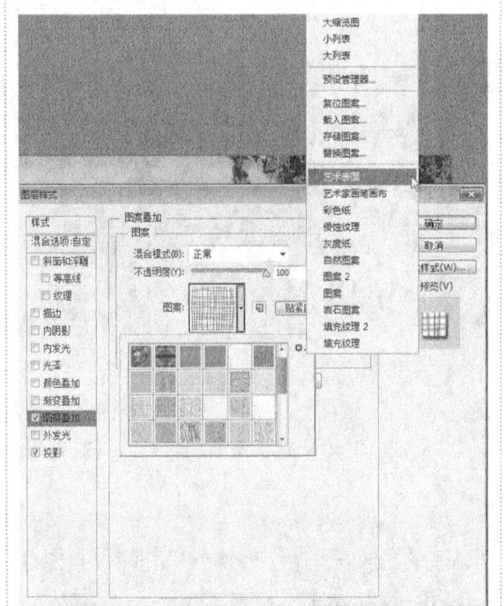

图10-74

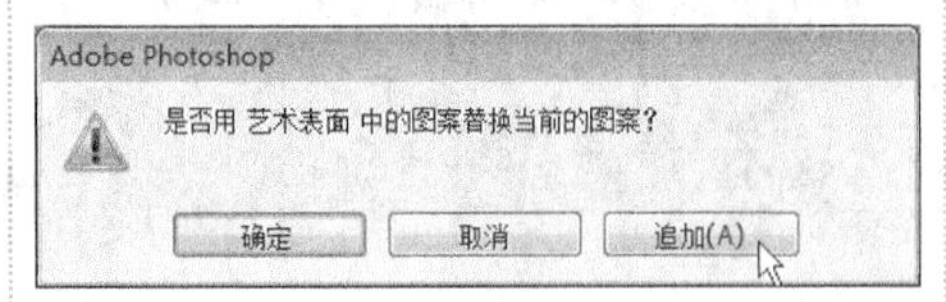

图10-75

06 在“图层样式”对话框中单击“投影”样式，然后设置“不透明度”为88%，“距离”为5像素，“大小”为8像素，具体参数设置如图10-76所示，最终效果如图10-77所示。

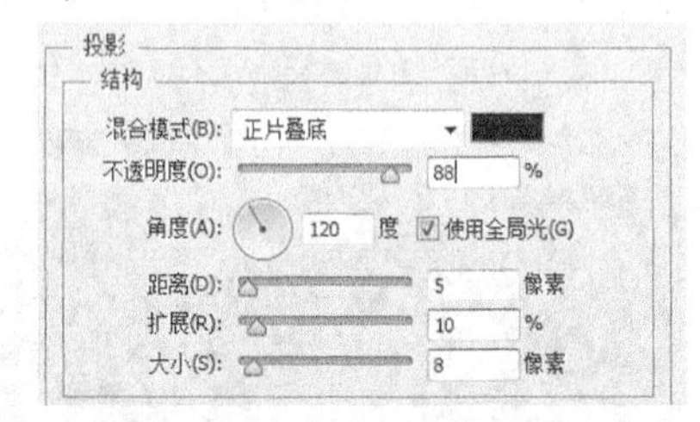

图10-76

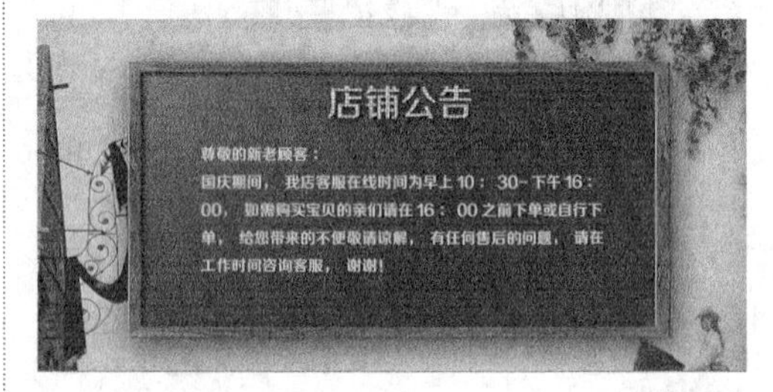

图10-77

第11章 促销页面的设计

本章关键实例导航

实例197 男士护肤品促销页面的设计

★★☆☆☆

- 视频文件：实例197 男士护肤品促销页面的设计.mp4
- 实例位置：实例文件>CH11>实例197.psd
- 素材位置：素材文件>CH11>197-1.jpg、197-2.png~197-4.png、197-5.psd
- 学习目标：掌握男士护肤品促销页面的设计方法

本实例是为男士护肤品设计的促销页面，设计中将画面进行合理的分配，以色块的形式将商品与模特进行分割，视觉上达到平衡而又不呆板的效果；页面主色调以黄色系为主，使页面的视觉效果达到最佳，比较贴合男士护肤品页面的设计风格。本实例最终效果如图11-1所示，版面结构如图11-2所示。

图11-1

图11-2

01 按快捷键Ctrl+N新建一个文档，然后设置前景色为（R:255，G:246，B:231），接着用前景色填充“背景”图层，如图11-3所示。

图11-3

02 在工具箱中选择“钢笔工具”，然后绘制一个三角形的路径，如图11-4所示。

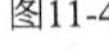

图11-4

03 设置前景色为深蓝色（R:255，G:210，B:2），然后在“路径”面板下单击“用前景色填充路径”按钮，效果如图11-5所示。

图11-5

04 打开学习资源中的“素材文件>CH11>197-1.jpg”文件，将其拖曳到当前文档中，如图11-6所示，然后设置该图层的“混合模式”为“正片叠底”，如图11-7所示，效果如图11-8所示。

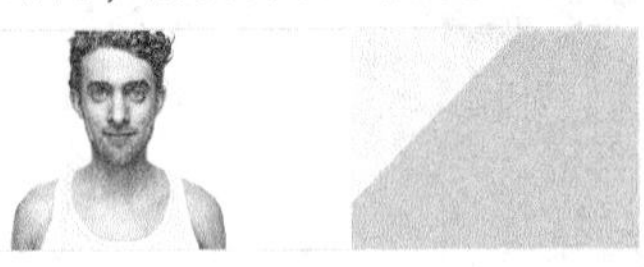

图11-6

图11-7

图11-8

05 打开学习资源中的“素材文件>CH11>197-2.png”文件，然后使用“移动工具”将其拖曳到当前文档中，并将新生成的图层命名为“图层3”，接着适当调整副本图层的角度和大小，效果如图11-9所示。

图11-9

06 在“图层3”图层下方新建一个图层，然后设置前景色为黑色，接着选择“画笔工具”，并在选项栏中适当调整画笔的透明度，最后绘制出阴影部分，效果如图11-10所示。

图11-10

07 打开学习资源中的“素材文件>CH11>197-3.png”文件，然后使用“移动工具”将其拖曳到当前文档中，并将新生成的图层命名为“图层5”，接着适当调整副本图层的角度和大小，效果如图11-11所示。

图11-11

08 执行“图层>图层样式>投影”菜单命令，在打开的对话框中设置“不透明度”为48%，“距离”为16像素，“扩展”为10%，“大小”为32像素，如图11-12所示，效果如图11-13所示。

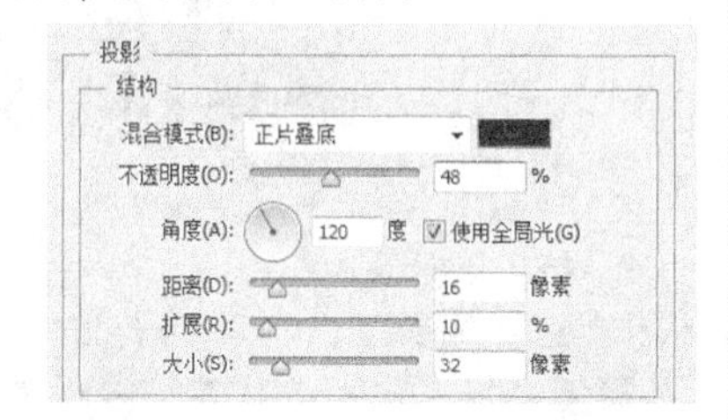

图11-12

图11-13

09 选择“横排文字工具”，然后打开“字符”面板，选择合适的字体输入文字，效果如图11-14所示。

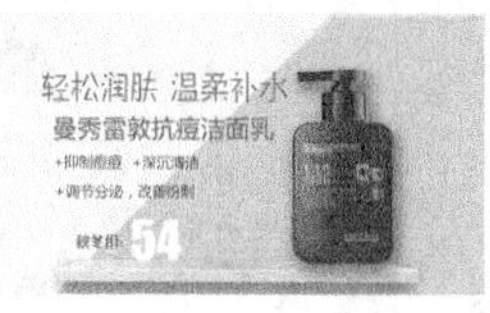

图11-14

10 选择“54”文字图层，然后在“图层”面板下方单击“添加图层样式”按钮，在弹出的菜单栏中选择“渐变叠加”命令，在渐变编辑器中设置第1个色标的颜色为（R:173，G:16，B:27），第2个色标的颜色为（R:255，G:1，B:20），具体参数设置如图11-15所示。单击左侧“投影”命令，设置“不透明度”为65%，“距离”为1像素，“大小”为1%，具体参数设置如图11-16所示，效果如图11-17所示。

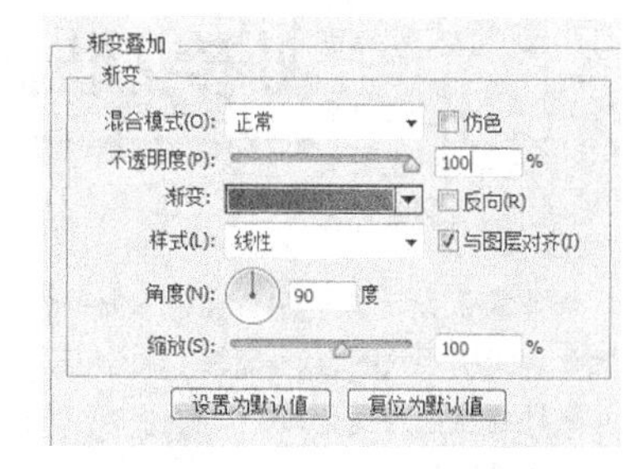

图11-15

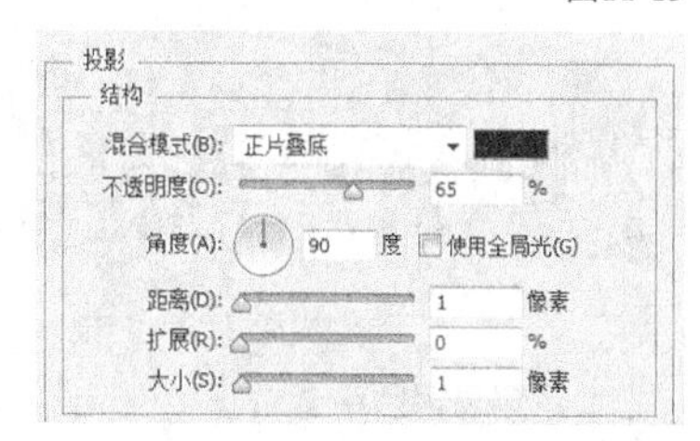

图11-16

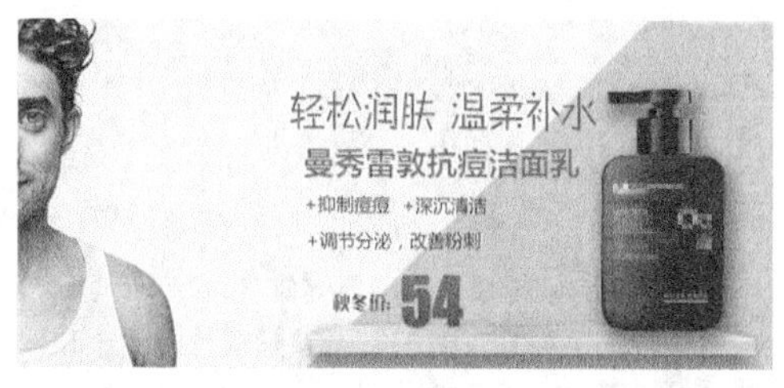

图11-17

11 打开学习资源中的“素材文件>CH11>197-4.png”文件，然后使用“移动工具”将其拖曳到当前文档中，接着适当调整副本图层的角度和大小，效果如图11-18所示。

图11-18

12 导入学习资源中的“素材文件>CH11>197-5.psd”文件，然后分别调整每个商品的角度和大小，最终效果如图11-19所示。

图11-19

实例198 初春女装促销页面的设计

★★★☆☆

- 视频文件：实例198 初春女装促销页面的设计.mp4
- 实例位置：实例文件>CH11>实例198.psd
- 素材位置：素材文件>CH11>198-1.jpg、198-2.psd
- 学习目标：掌握女装类促销页面的设计方法

本实例设计的是初春女装的促销页面，一般是在新品发布或促销节日中使用，运用简洁明了的文字，最大化地吸引买家的眼球；使用对比色设计，将模特与背景进行鲜明对比；文字信息通过倾斜的排版方式，可以有效地将买家的视觉集中到画面中心的文字区域。本实例最终效果如图11-20所示，版式结构如图11-21所示。

图11-20

图11-21

01 按快捷键Ctrl+N新建一个文件，然后导入学习资源中的“素材文件>CH11>198-1.jpg”文件，效果如图11-22所示。

图11-22

02 导入学习资源中的“素材文件>CH11>198-2.psd”文件，然后分别调整好模特的大小和位置，效果如图11-23所示。

图11-23

技巧与提示

注意模特所在图层的位置，这样才能更好地控制整体视觉效果，如果将“图层3”图层放置在最顶层，如图11-24所示，就会出现图11-25所示的效果，使画面没有层次感。

图11-24

图11-25

03 选择“横排文字工具”，然后打开“字符”面板，选择合适的字体输入文字，效果如图11-26所示。

图11-26

04 分别对文字进行角度的调整，以达到最佳的视觉效果，如图11-27所示。

图11-27

技巧与提示

调整字体的方向时，可以按快捷键Ctrl+T进入自由变换状态，然后使用鼠标左键调整定界框4个角上的控制点，接着按Enter键应用变换。

05 设置前景色为（R:28, G:145, B:235），然后选择“矩形工具”绘制合适的矩形形状，如图11-28所示。

图11-28

06 将矩形图层移动到“时装秀”文字图层的上方，如图11-29所示。

图11-29

07 确定当前图层为矩形图层，然后按住Alt键将该矩形图层设置为该文字的图层蒙版，效果如图11-30所示。

图11-30

08 选择“直线工具”，然后在图像中绘制合适的直线，最终效果如图11-31所示。

图11-31

纯银手镯促销页面的设计

- 视频文件：实例199 纯银手镯促销页面的设计.mp4
- 实例位置：实例文件>CH11>实例199.psd
- 素材位置：素材文件>CH11>199-1.jpg、199-2.jpg、199-3.png~199-5.png
- 学习目标：掌握首饰类促销页面的设计方法

本实例最终效果如图11-32所示，版式结构如图11-33所示。

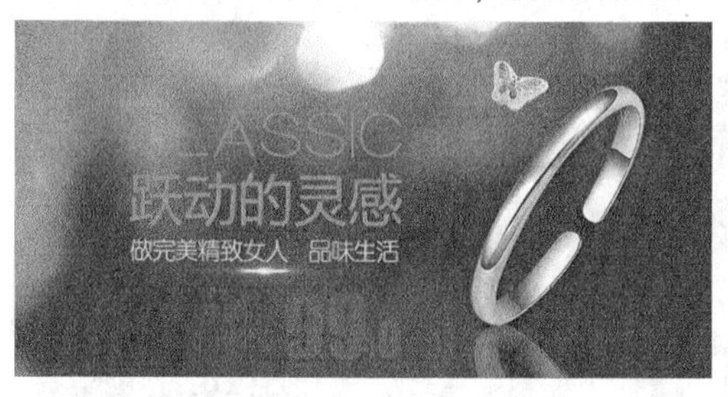

图11-32

图11-33

01 按快捷键Ctrl+N新建一个文件，然后导入学习资源中的“素材文件>CH11>199-1.jpg”文件，效果如图11-34所示。

02 导入学习资源中的“素材文件>CH11>199-2.jpg”文件，然后将该图层的“混合模式”设置为“柔光”，“不透明度”设置为29%，效果如图11-35所示。

图11-34

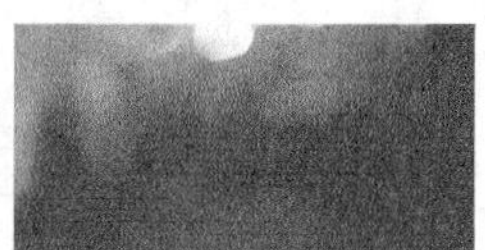

图11-35

03 导入学习资源中的“素材文件>CH11>199-3.png”文件，并将新生成的图层命名为“手镯”，然后调整好大小和位置，如图11-36所示。

04 按快捷键Ctrl+J复制出一个副本图层，然后单击“编辑>变换>垂直翻转”菜单命令，接着将其拖曳到手镯的下方，最后设置该副本图层的“不透明度”为46%，如图11-37所示。

图11-36

图11-37

05 在“手镯倒影”图层下方新建一个“投影”图层，然后使用黑色“画笔工具”为手镯添加投影效果，如图11-38所示。

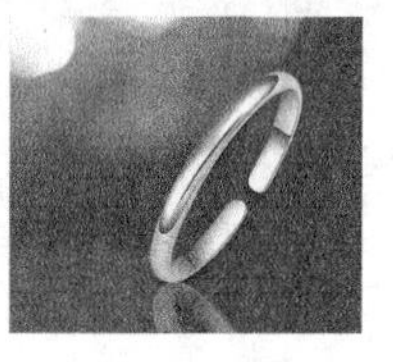

图11-38

06 导入学习资源中的“素材文件>CH11>199-4.png”文件，并将新生成的图层命名为“光效”，然后调整好大小和位置，如图11-39所示。

图11-39

07 选择“横排文字工具”，然后打开“字符”面板，选择合适的字体输入文字，效果如图11-40所示。

图11-40

08 导入学习资源中的“素材文件>CH11>199-5.png”文件，并将新生成的图层命名为“装饰”，然后将其放在“手镯”图层的上方，以起到良好的装饰作用，最终效果如图11-41所示。

图11-41

实例200 清新漱口水促销页面的设计

★★☆☆☆

- 视频文件：实例200 清新漱口水促销页面的设计.mp4
- 实例位置：实例文件>CH11>实例200.psd
- 素材位置：素材文件>CH11>200-1.png~200-4.png
- 学习目标：掌握漱口水促销页面的设计方法

本实例设计的是清新漱口水的促销页面，选用了店铺最新产品作为页面主图，并且添加了水与树叶等元素，能够很好地将背景与产品融合在一起；整个页面主色调是蓝色，这是根据产品的特性选择的，给人一种清新的感觉；文字的颜色选择了白色，以防止别的颜色破坏整个画面的设计感，并且要将主次文字进行有效的区分。本实例最终效果如图11-42所示，版式结构如图11-43所示。

图11-42

图11-43

01 按快捷键Ctrl+N新建一个文件，然后设置前景色为（R:0, G:144, B:255），按快捷键Alt+Delete用前景色填充“背景”图层，如图11-44所示。

02 新建“边框”图层，然后使用“矩形选框工具”绘制一个合适的选区，如图11-45所示。

图11-44

图11-45

03 打开“渐变编辑器”对话框，设置第1个色标的颜色为（R:18, G:76, B:127），第2个色标的颜色为白色，如图11-46所示，最后从下到上为选区填充径向渐变色，效果如图11-47所示。

图11-46

图11-47

04 导入学习资源中的“素材文件>CH11>200-1.png”文件，并将新生成的图层命名为“叶子”，然后调整好大小和位置，如图11-48所示。

05 分别导入学习资源中的“素材文件>CH11>200-2.png、200-3.png”文件，然后调整图层的位置与大小，如图11-49所示。

图11-48

图11-49

06 导入学习资源中的“素材文件>CH11>200-4.png”文件，并将新生成的图层命名为“红色符号”，然后将其放置在画面的右侧，如图11-50所示。

图11-50

07 按快捷键Ctrl+J复制出两个副本图层，然后分别调整位置，如图11-51所示。

图11-51

技巧与提示

如果想要图标居中对齐，可以按住Shift键同时将3个图标图层选中，然后选择选项栏中的“水平居中对齐”按钮，图标就会自动对齐。

08 选择“横排文字工具”，然后打开“字符”面板，选择合适的字体输入文字，最终效果如图11-52所示。

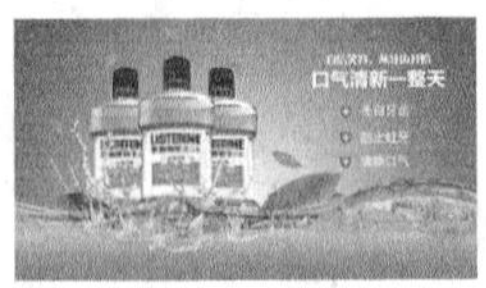

图11-52

实例 201 ★★☆☆☆

水果促销页面的设计

- 视频文件：实例201 水果促销页面的设计.mp4
- 素材位置：素材文件>CH11>201-1.png~201-5.png、201-6.jpg、201-7.png、201-8.png
- 实例位置：实例文件>CH11>实例201.psd
- 学习目标：掌握水果促销页面的设计方法

本实例是为水果设计的促销页面，整体以绿色为主色调，表现水果的新鲜自然；搭配草地、花朵和树叶等，可完美地体现“鲜品品尝”的主题；在寻找产品素材上，切记不能再使用绿色调产品，这样会造成画面整个糊在一起，应使用对比色突出产品。本实例最终效果如图11-53所示，版式结构如图11-54所示。

图11-53

图11-54

01 按快捷键Ctrl+N新建一个文件，然后打开“渐变编辑器”对话框，设置第1个色标的颜色为（R:178，G:233，B:134），第2个色标的颜色为白色，第3个色标的颜色为（R:196，G:237，B:163），如图11-55所示，最后从左到右为“背景”图层填充线性渐变色，效果如图11-56所示。

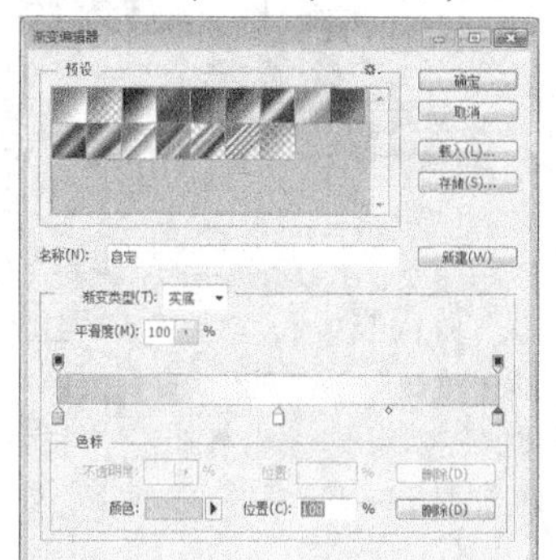

图11-55

图11-56

02 新建一个图层，然后使用“钢笔工具”绘制一个合适的路径，接着设置前景色为（R:0，G:89，B:35），并使用前景色填充该路径，效果如图11-57所示。

图11-57

03 选择“横排文字工具”，然后打开“字符”面板，选择合适的字体输入文字，效果如图11-58所示。

04 继续使用“横排文字工具”在画面上输入文字信息（字体：方正特雅宋简体），然后调整好文字大小和行间距，效果如图11-59所示。

图11-58

图11-59

05 执行“图层>图层样式>渐变叠加”菜单命令，然后单击“点按可编辑渐变”按钮，在弹出的“渐变编辑器”对话框中设置第1个色标的颜色为（R:43，G:85，B:22），第2个色标的颜色为（R:129，G:199，B:0），如图11-60所示，接着返回“图层样式”对话框，单击“确定”按钮 确定 ，如图11-61所示，效果如图11-62所示。

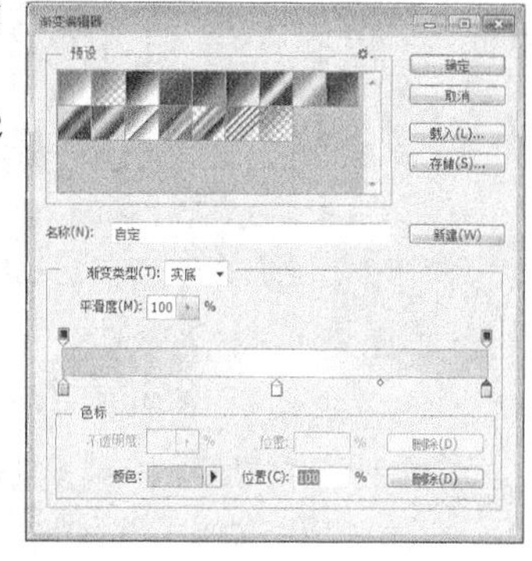

图11-60

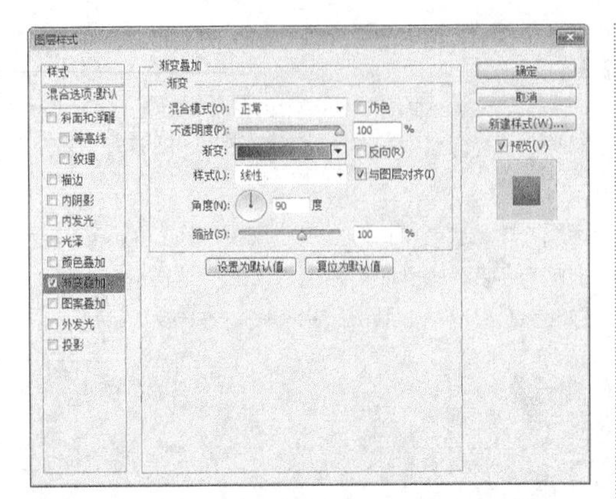

图11-61

图11-62

06设置前景色为（R:46，G:142，B:37），然后选择“矩形工具”绘制合适的矩形形状，如图11-63所示。

07选择“横排文字工具”，然后打开“字符”面板，选择合适的字体输入文字，效果如图11-64所示。

图11-63　　图11-64

08执行“图层>图层样式>投影”菜单命令，在打开的对话框中设置“角度”为120度，“距离”为1像素，“大小”为1像素，如图11-65所示，效果如图11-66所示。

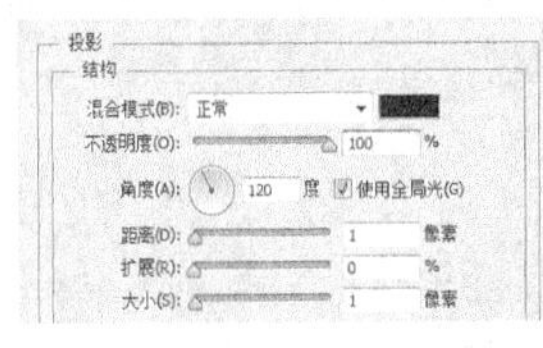

图11-65　　图11-66

09分别导入学习资源中的“素材文件>CH11>201-1.png、201-2.png、201-3.png”文件，然后调整图层的位置与素材的大小，效果如图11-67所示。

图11-67

10导入学习资源中的“素材文件>CH11>201-4.png”文件，然后按快捷键Ctrl+J复制出一个副本图层，并调整素材的位置与大小，如图11-68所示。

图11-68

11导入学习资源中的“素材文件>CH11>201-5.png”文件，然后将其放在画面的左方，作为页面的主要产品展示图，如图11-69所示。

图11-69

12导入学习资源中的“素材文件>CH11>201-6.jpg”文件，然后设置该图层的“混合模式”为“变暗”，“不透明度”为10%，接着按快捷键Ctrl+J复制出一个副本图层，并适当地调整位置与大小，如图11-70所示。

图11-70

13继续导入学习资源中的“素材文件>CH11>201-7.png、201-8.png”文件，然后调整图层的位置与素材的大小，已达到最佳的视觉效果，最终效果如图11-71所示。

图11-71

新品女鞋促销页面的设计

视频文件：实例202 新品女鞋促销页面的设计.mp4　　实例位置：实例文件>CH11>实例202.psd

素材位置：素材文件>CH11>202-1.jpg、202-2.psd、202-3.psd　　学习目标：掌握新品女鞋促销页面的设计方法

本实例为新品女鞋设计的促销页面，以浅色背景衬托出商品的颜色，然后又添加了蝴蝶与花朵这些装饰元素；在商品的摆放上，没有选择单一的产品放在页面上，而是选择通过将几款商品错落的摆放，使页面更加有层次性；文字使用中英文结合的方式，既能加强视觉冲击力，又能很好地起到平衡画面的作用。本实例最终效果如图11-72所示，版式结构如图11-73所示。

图11-72

图11-73

01 按快捷键Ctrl+N新建一个文件，然后导入学习资源中的“素材文件>CH11>202-1.jpg”文件，如图11-74所示。

图11-74

02 导入学习资源中的“素材文件>CH11>202-2.psd”文件，然后调整好每一个图层的位置，如图11-75所示。

图11-75

03 选择“鞋1”图层，然后按快捷键Ctrl+J复制出一个副本图层，如图11-76所示，接着执行“编辑>变换>垂直翻转”菜单命令，并适当地调整副本图层的位置，效果如图11-77所示。

图11-76

图11-77

04 使用相同的方法为另外一只皮鞋制作投影，效果如图11-78所示。

图11-78

05 导入学习资源中的“素材文件>CH11>202-3.psd”文件，然后调整蝴蝶的位置与大小，如图11-79所示。

图11-79

06 新建一个“彩带”图层，然后使用“钢笔工具”绘制路径选区，接着设置前景色为（R:171，G:19，B:83），最后使用前景色填充该路径，如图11-80所示。

图11-80

07 选择“横排文字工具”，然后打开“字符”面板，选择合适的字体输入文字，最终效果如图11-81所示。

图11-81

实例203 舒适床品促销页面的设计

★★☆☆☆

视频文件：实例203 舒适床品促销页面的设计.mp4
实例位置：实例文件>CH11>实例203.psd
素材位置：素材文件>CH11>203-1.jpg、203-2.png、203-3.png
学习目标：掌握床品促销页面的设计方法

本实例是为床上用品设计的促销页面，为了更最大化地表现产品的柔软特性，在设计初期，需要展开联想，蓝天、白云和植物，这些都能让人感觉像在大自然中一样；在文字颜色的选择及排版时，要呼应产品，以达到完美的视觉效果。本实例最终效果如图11-82所示，版式结构如图11-83所示。

图11-82

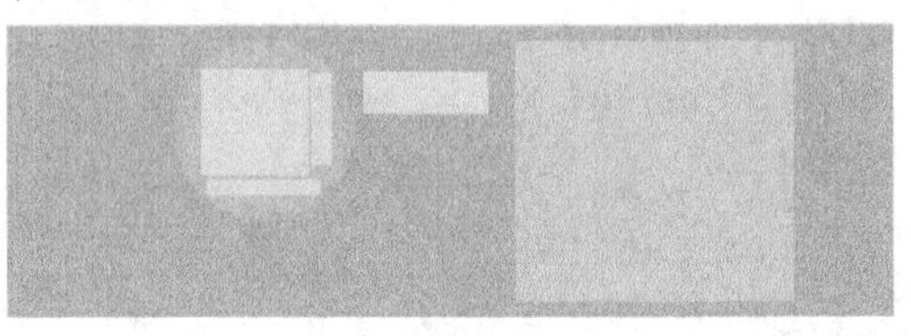

图11-83

01 按快捷键Ctrl+N新建一个文件，然后设置前景色为（R:155, G:203, B:215），接着使用前景色填充“背景”图层，如图11-84所示。

02 新建一个图层，然后设置前景色为白色，接着选择“渐变工具”，并在选项栏中选择“前景色到透明渐变”，最后从上到下拉出线性渐变，效果如图11-85所示。

图11-84 图11-85

03 选择“画笔工具”，然后在选项栏中选择一款柔边笔刷，并设置“画笔大小”为339，“不透明度”为53%，“流量”为80%，如图11-86所示，接着在画面的左上方进行涂抹，效果如图11-87所示。

图11-86 图11-87

04 导入学习资源中的“素材文件>CH11>203-1.jpg”文件，然后将新生成的图层命名为“素材1”图层，接着调整素材的位置与大小，如图11-88所示。

图11-88

05 为“素材1”图层添加一个“图层蒙版”，使用黑色“画笔工具”将图像涂抹成图11-89所示的样子。

图11-89

06 按快捷键Ctrl+J复制“素材1”图层得到一个副本图层，然后在蒙版缩略图上单击鼠标右键，接着在弹出的菜单中选择“删除图层蒙版”命令，如图11-90所示。

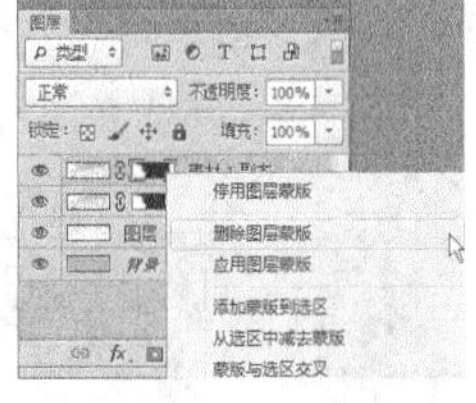

图11-90

07 适当调整副本图层的位置，如图11-91所示，然后在“图层”面板下单击“添加图层蒙版”按钮，重新为该副本图层添加一个图层蒙版，如图11-92所示。

08 选择“画笔工具”，设置前景色为黑色，接着在天空部分进行绘制，将其隐藏掉，如图11-93所示，效果如图11-94所示。

图11-91

图11-92

图11-93

图11-94

09 导入学习资源中的“素材文件>CH11>203-2.png”文件，然后将新生成的图层命名为“素材2”，接着调整素材的位置与大小，如图11-95所示。

图11-95

10 按快捷键Ctrl+J复制“素材2”图层得到一个副本图层，然后设置该图层的“不透明度”为30%，如图11-96所示，效果如图11-97所示。

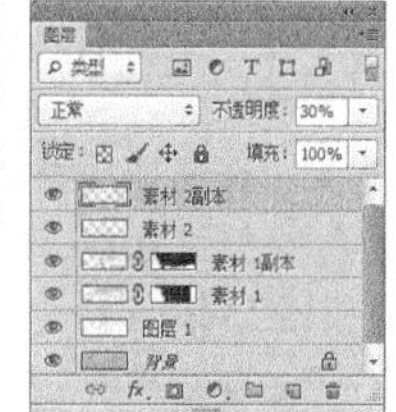

图11-96

图11-97

11 选择“椭圆工具”，然后在选项栏中设置“填充”为无，“描边”颜色为（R:6, G:35, B:131），“描边宽度”为1.49点，如图11-98所示，接着在图像中绘制一个圆形，效果如图11-99所示。

图11-98

图11-99

12 选择“多边形工具”，然后在选项栏中设置“描边”颜色为（R:143, G:2, B:55），“描边宽度”为1点，“边”为3，如图11-100所示，接着在图像中绘制出3个大小不一的三角形，效果如图11-101所示。

13 选择“横排文字工具”，然后打开“字符”面板，选择合适的字体输入文字，效果如图11-102所示。

图11-100

图11-101

图11-102

14 选择“直线工具”，然后在图像中绘制合适的直线，效果如图11-103所示。

15 使用“横排文字工具”，在两条直线中输入文字，效果如图11-104所示。

图11-103

图11-104

16 导入学习资源中的“素材文件>CH11>203-3.png”文件，然后将新生成的图层命名为“床”，接着适当调整素材的位置与大小，如图11-105所示。

图11-105

17 执行“图层>图层样式>投影”菜单命令，在打开的对话框中设置投影的“不透明度”为60%，“距离”为8像素，“大小”为8像素，具体参数设置如图11-106所示，效果如图11-107所示。

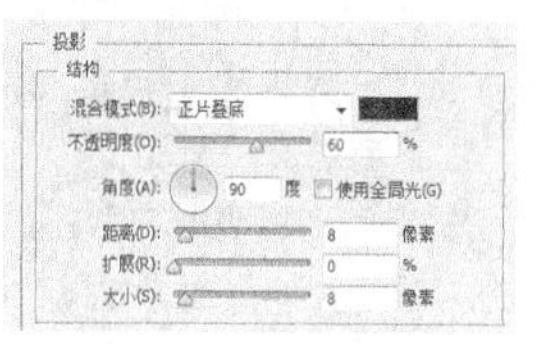

图11-106

图11-107

18 选择“横排文字工具”，选择合适的字体，输入黑色文字，最终效果如图11-108所示。

图11-108

实例204 帅气夹克促销页面的设计

★★☆☆☆

视频文件：实例204 帅气夹克促销页面的设计.mp4

实例位置：实例文件>CH11>实例204.psd

素材位置：素材文件>CH11>204-1.jpg、204-2.png、204-3.png

学习目标：掌握男装促销页面的设计方法

本实例是为男士服饰设计的促销页面，在设计时，应尽量选用大气稳重的颜色与素材，以使画面与产品更加贴合。本实例最终效果如图11-109所示，版式结构如图11-110所示。

图11-109

图11-110

01 按快捷键Ctrl+N新建一个文件，然后导入学习资源中的“素材文件>CH11>204-1.jpg”文件，如图11-111所示。

图11-111

02 设置前景色为（R:87，G:132，B:157），然后选择“渐变工具”，并在选项栏中选择“前景色到透明渐变”，最后按照图11-112所示的方向拉出径向渐变，效果如图11-113所示。

图11-112

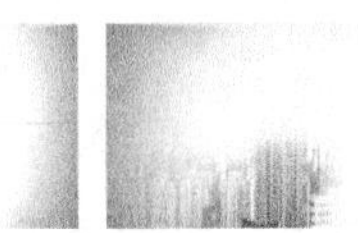

图11-113

03 分别导入学习资源中的“素材文件>CH11>204-2.png、204-3.png”文件，然后分别调整模特的位置与大小，效果如图11-114所示。

图11-114

04 选择“横排文字工具”，然后打开“字符”面板，选择合适的字体输入文字，效果如图11-115所示。

图11-115

05 设置前景色为（R:218，G:901，B:1），然后选择“矩形工具”绘制出合适的矩形，如图11-116所示。

图11-116

06 选择“横排文字工具”，然后在矩形图形中输入文字，最终效果如图11-117所示。

图11-117

实例 205 ★★☆☆☆

精致女包促销页面的设计

视频文件：实例205 精致女包促销页面的设计.mp4
实例位置：实例文件>CH11>实例205.psd
素材位置：素材文件>CH11>205-1.jpg、205-2.jpg、205-3.png、205-4.png
学习目标：掌握精致女包促销页面的设计方法

本实例设计的是女士皮包的促销页面，画面中使用了比较强烈的对比色来突出展示商品，并且使用了两张不同的素材叠加在一切，使画面更加柔和，让买家对关键信息及商品更加关注。本实例最终效果如图11-118所示，版式结构如图11-119所示。

图11-118

图11-119

01 按快捷键Ctrl+N新建一个文件，然后导入学习资源中的“素材文件>CH11>205-1.jpg”文件，如图11-120所示。

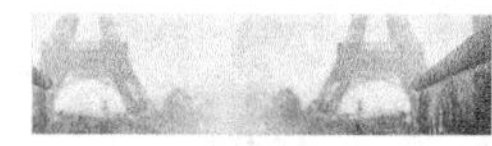

图11-120

02 创建一个“黑白”调整图层，然后在“属性”面板中设置“红色”为139，“黄色”为－24，“绿色”为－16，“青色”为50，“蓝色”为56，“洋红”为56，如图11-121所示，效果如图11-122所示。

图11-121

图11-122

03 导入学习资源中的“素材文件>CH11>205-2.jpg”文件，如图11-123所示，然后为该图层添加一个“图层蒙版”，接着使用黑色“画笔工具”在图像中进行涂抹，如图11-124所示。

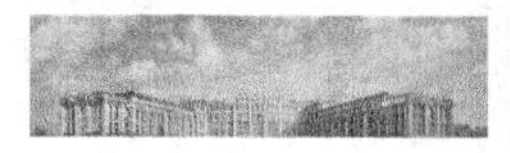

图11-123

图11-124

04 导入学习资源中的“素材文件>CH11>205-3.png”文件，并将新生成的图层命名为“皮包”，然后调整大小和位置，如图11-125所示。

图11-125

05 在“皮包”图层下方新建一个“投影”图层，然后使用黑色“画笔工具”涂抹为皮包添加投影效果，如图11-126所示。

图11-126

06 导入学习资源中的“素材文件>CH11>205-4.png”文件，并将新生成的图层命名为“模特”，然后调整大小和位置，如图11-127所示。

07 选择“横排文字工具”，然后打开“字符”面板，选择合适的字体输入文字，效果如图11-128所示。

图11-127

图11-128

08 选择“矩形工具”和“椭圆工具”绘制一些色块，使文字效果更加突出，最终效果如图11-129所示。

图11-129

男士皮包促销页面的设计

- 视频文件：实例206 男士皮包促销页面的设计.mp4
- 实例位置：实例文件>CH11>实例206.psd
- 素材位置：素材文件>CH11>206-1.jpg、206-2.png
- 学习目标：掌握男士皮包促销页面设计的方法

本实例设计的是男士商务皮包的促销页面，将模特素材进行裁剪，表现皮包的精致，并且通过大小、字体和颜色不同的文字来表现活动的主题。本实例最终效果如图11-130所示，版式结构如图11-131所示。

图11-130

图11-131

01 按快捷键Ctrl+N新建一个文件，然后导入学习资源中的“素材文件>CH11>206-1.jpg”文件，如图11-132所示。

02 导入学习资源中的“素材文件>CH11>206-2.png”文件，然后调整模特的位置与大小，效果如图11-133所示。

图11-132

图11-133

03 选择“横排文字工具”，然后打开“字符”面板，选择合适的字体输入文字，效果如图11-134所示。

图11-134

04 设置前景色为(R:51, G:102, B:0)，然后选择“矩形工具”在文字下方绘制出合适的矩形，以起到良好的装饰作用，最终效果如图11-135所示。

图11-135

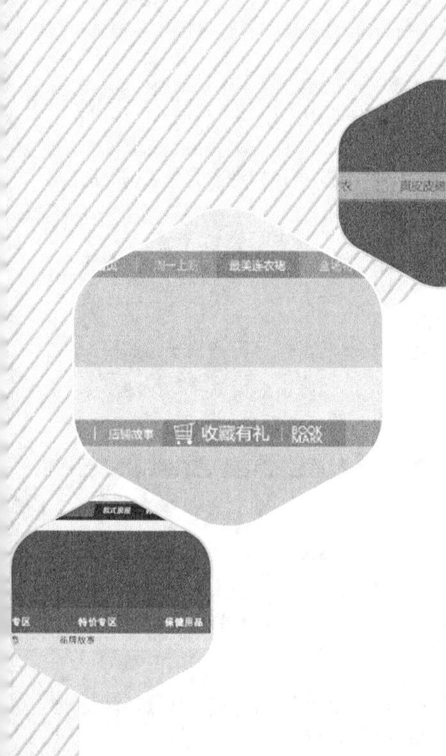

第12章 淘宝导航条的设计

本章关键实例导航

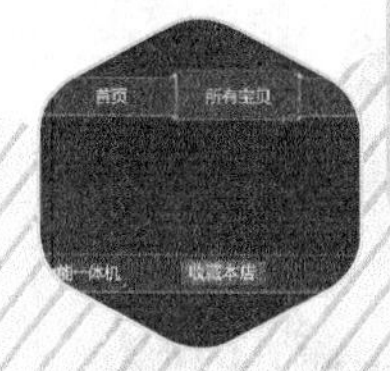

时尚风格家装导航条的设计

视频文件：实例207 时尚风格家装导航条的设计.mp4　　实例位置：实例文件>CH12>实例207.psd

素材位置：无　　学习目标：掌握时尚风格家装导航条的设计方法

店铺导航可以快速跳转到购买页面，是买家购买时的一种快捷途径，同时买家可以快速浏览到店铺的商品信息，在店铺装修中，这是非常重要的设计部分。本实例最终效果如图12-1所示。

图12-1

01 按快捷键Ctrl+N新建一个文档，然后选择“渐变工具”，接着在渐变编辑器中设置第1个色标的颜色为（R:210，G:210，B:210），第2个色标的颜色为白色，第3个色标的颜色为（R:210，G:210，B:210），如图12-2所示，最后按照从左到右为“背景”图层填充线性渐变，效果如图12-3所示。

图12-2

图12-3

02 选择“矩形工具”，然后在选项栏中设置“填充”颜色为（R:197，G:0，B:38），接着在工作区域绘制一个矩形，效果如图12-4所示。

图12-4

03 在选项栏中设置“填充”颜色为黑色，然后在红色矩形下方绘制一个矩形，效果如图12-5所示。

图12-5

04 使用“钢笔工具”绘制一个不规则的路径，如图12-6所示，然后使用黑色填充该路径，如图12-7所示。

图12-6

图12-7

05 选择“横排文字工具”，然后在选项栏中设置“字体”为“方正正粗黑简”，接着在绘图区域输入相关的文字，如图12-8所示。

图12-8

06 使用“钢笔工具”绘制一个三角形状路径，然后使用白色填充该路径，如图12-9所示。

图12-9

07 选择“横排文字工具”，然后在选项栏设置文本颜色为（R:255，G:255，B:1），接着在绘图区域输入相关的文字，如图12-10所示。

图12-10

08 在选项栏中设置文本颜色为（R:195，G:0，B:0），继续输入文字，如图12-11所示。

图12-11

09 选择“服务保障”文字图层，然后在“图层”面板下方单击“添加图层样式”按钮，在弹出的菜单栏中选择“描边”命令，接着设置“大小”为3像素，描边“颜色”为白色，具体参数设置如图12-12所示，细节如图12-13所示，最终效果如图12-14所示。

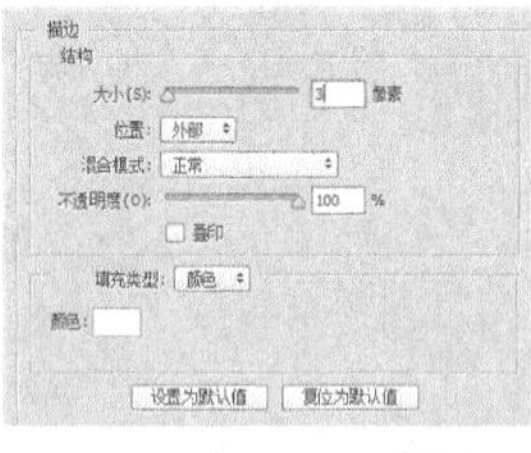

图12-12

图12-13

图12-14

清爽风格家居导航条的设计

视频文件：实例208 清爽风格家居导航条的设计.mp4　　实例位置：实例文件>CH12>实例208.psd

素材位置：无　　学习目标：掌握清爽风格家居导航条的设计方法

导航条设计的内容可以在颜色和版面上进行相应的调整，也可以随着季节和节日等改变，有条理的导航条可以有效增加顾客的访问量。本实例最终效果如图12-15所示。

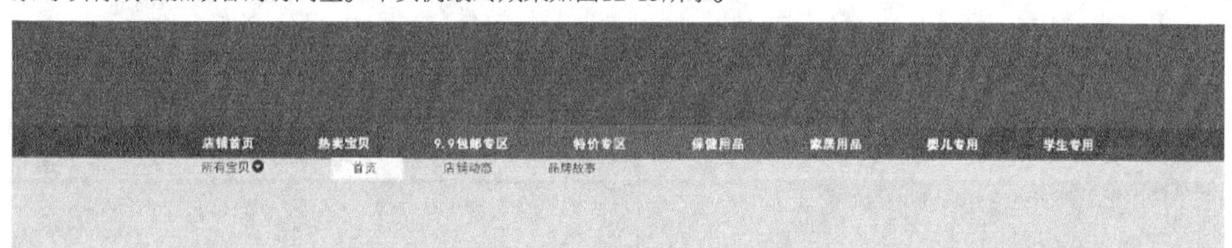

图12-15

01 按快捷键Ctrl+N新建一个文档，然后设置前景色为（R:221，G:221，B:221），接着用前景色填充“背景”图层，如图12-16所示。

02 选择“矩形工具”，然后在选项栏中设置“填充”颜色为（R:0，G:75，B:187），接着在工作区域绘制一个矩形，效果如图12-17所示。

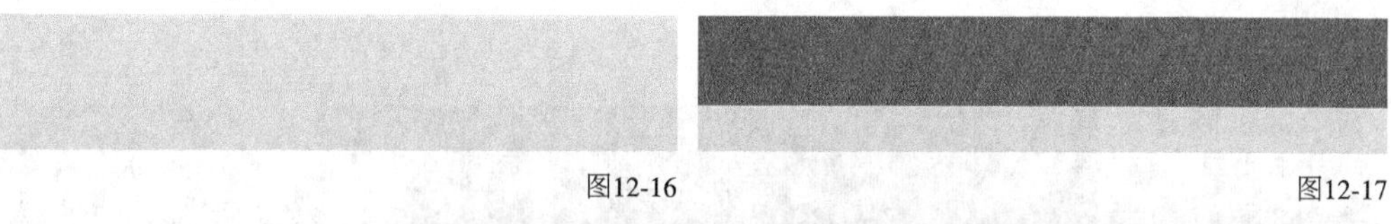

图12-16　　图12-17

03 在选项栏中设置“填充”颜色为（R:254，G:222，B:199），然后继续绘制一个矩形，效果如图12-18所示。

图12-18

04 在选项栏中设置“填充”颜色为（R:0，G:53，B:124），然后继续绘制一个矩形，效果如图12-19所示。

图12-19

05 使用“矩形工具”绘制一个白色的矩形，如图12-20所示，然后设置当前形状图层的“混合模式”为“叠加”，效果如图12-21所示。

图12-20

图12-21

06 在“图层”面板下单击“添加图层蒙版”按钮，为该形状图层添加一个“图层蒙版”，然后选择“渐变工具”，接着在渐变编辑器中设置第1个色标的颜色为黑色，第2个色标的颜色为白色，第3个色标的颜色为黑色，如图12-22所示，最后按照图12-23所示的方向拉出径向渐变，效果如图12-24所示。

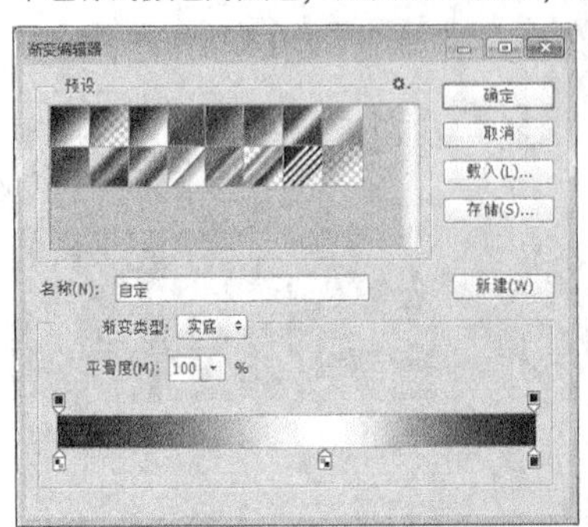

图12-22

图12-23

图12-24

07 选择“矩形工具”，然后在选项栏中设置“填充”颜色为白色，接着绘制一个矩形，效果如图12-25所示。

图12-25

08 使用“横排文字工具”在绘图区域输入相关的文字，如图12-26所示。

图12-26

09 使用“椭圆工具”在图像中绘制一个黑色圆形，如图12-27所示，然后使用“钢笔工具”绘制一个三角形，并使用白色填充该图形，效果如图12-28所示。

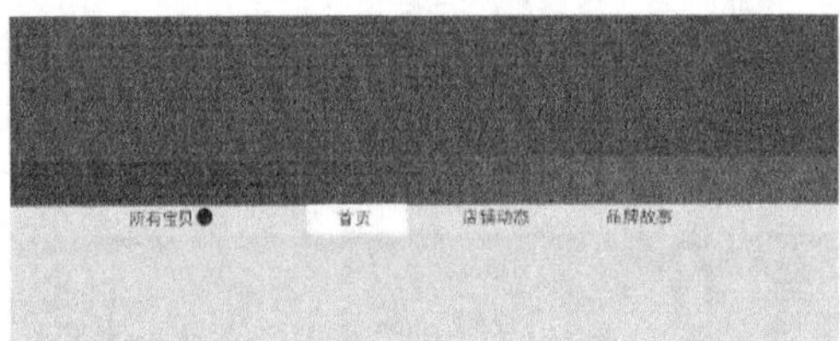

图12-27

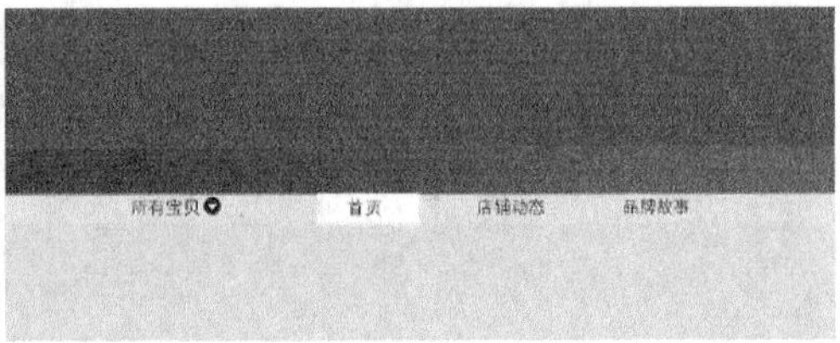

图12-28

10 再次选择“横排文字工具”，然后在绘图区域输入相关的文字，最终效果如图12-29所示。

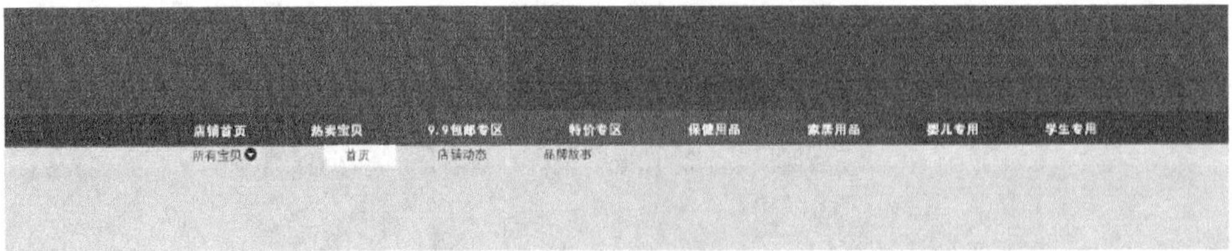

图12-29

暖色调鞋店导航条的设计

视频文件：实例209 暖色调鞋店导航条的设计.mp4

实例位置：实例文件>CH12>实例209.psd

素材位置：无

学习目标：掌握暖色调鞋店导航条的设计方法

本实例设计的是暖色调导航条，在颜色上选取红色作为底色，选取明亮的黄色为文字颜色，整体效果一目了然，也加深了顾客对店铺的整体印象。本实例最终效果如图12-30所示。

图12-30

01 按快捷键Ctrl+N新建一个文档，然后设置前景色为（R:228，G:207，B:166），接着用前景色填充“背景”图层，如图12-31所示。

图12-31

02 新建一个图层，然后使用“矩形选框工具”，绘制一个合适的选区，如图12-32所示。

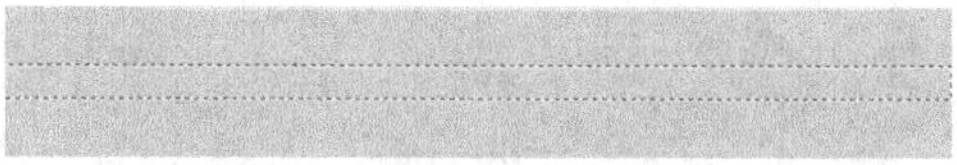

图12-32

03 选择“渐变工具”，然后在渐变编辑器中设置第1个色标的颜色为红色（R:255，G:0，B:0），第2个色标的颜色为黑色，如图12-33所示，最后从上到下在选区内拉出线性渐变，效果如图12-34所示。

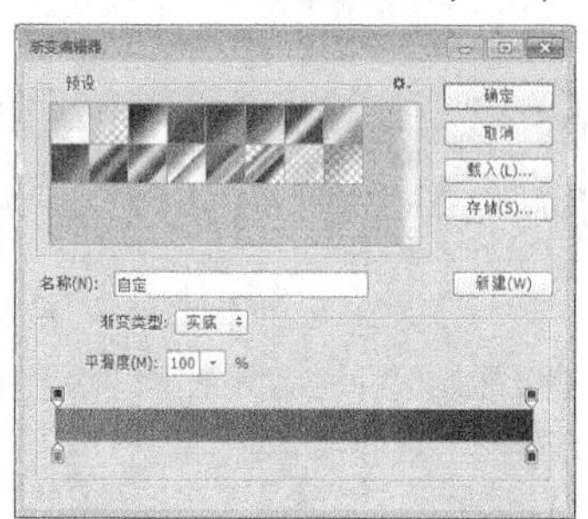

图12-33

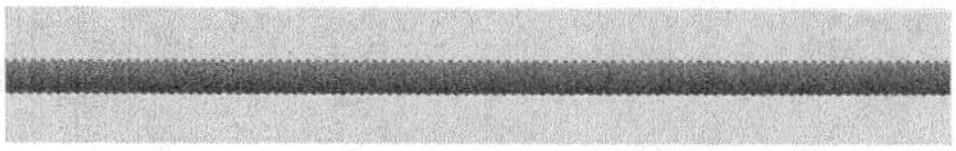

图12-34

04 选择“横排文字工具”，然后在绘图区域输入相关的文字，效果如图12-35所示。

图12-35

技巧与提示

输入文字时，注意文字颜色的选择，以此来区别重点文字。

05 选择“矩形工具”，然后在选项栏中设置“填充”颜色为黑色，接着绘制出一个矩形，效果如图12-36所示。

06 选择“横排文字工具”，然后在选项栏中设置文本颜色为（R:255，G:189，B:29），接着在绘图区域输入文字，效果如图12-37所示。

图12-36 图12-37

07 选择“直线工具”，然后在选项栏中设置“描边”为黑色，“描边宽度”为0.26点，“粗细”为1像素，如图12-38所示，接着在图像中绘制出合适的直线。

图12-38

08 按快捷键Ctrl+J复制出多条直线，然后将其放在合适的位置，以起到分隔文字的作用，最终效果如图12-39所示。

图12-39

皮衣类女装导航条的设计

视频文件：实例210 皮衣类女装导航条的设计.mp4
实例位置：实例文件>CH12>实例210.psd
素材位置：无
学习目标：掌握皮衣类女装导航条的设计方法

在设计皮衣类女装导航条时，应尽可能将产品分类进行细化，这样可以让顾客清晰地找到相应的产品，以有效加大店铺商品的成交率。本实例最终效果如图12-40所示。

图12-40

01 按快捷键Ctrl+N新建一个文件，然后设置前景色为（R:41，G:95，B:25），接着用前景色填充“背景”图层，如图12-41所示。

图12-41

02 新建一个图层，然后使用“矩形选框工具”绘制出一个合适的选区，如图12-42所示。

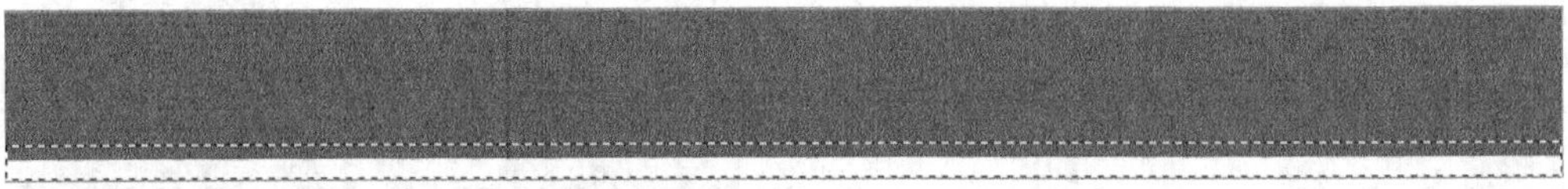

图12-42

03 选择“渐变工具”，然后在渐变编辑器中设置第1个色标的颜色为（R:152，G:231，B:0），第2个色标的颜色为（R:143，G:211，B:0），最后从上到下在选区内拉出线性渐变，效果如图12-43所示。

图12-43

04 选择“横排文字工具”，然后在“字符”面板中设置字体为“微软雅黑”，“字体大小”为14点，“颜色”为（R:44，G:77，B:0），具体参数如图12-44所示，接着在合适的区域输入相关的文字，最终效果如图12-45所示。

图12-44

图12-45

清新女装导航条的设计

视频文件：实例211 清新女装导航条的设计.mp4　　实例位置：实例文件>CH12>实例211.psd

素材位置：无　　学习目标：掌握清新女装导航条的设计方法

本实例设计的是清爽风格导航条，使用粉色和蓝色为对比，使重要的信息被表现出来，从而也最大化地吸引顾客的眼球。本实例最终效果如图12-46所示。

图12-46

01 按快捷键Ctrl+N新建一个文档，然后设置前景色为（R:161，G:232，B:255），接着用前景色填充“背景”图层，如图12-47所示。

02 选择“矩形工具”，然后在选项栏中设置“填充”颜色为（R:222，G:247，B:254），接着绘制一个矩形，效果如图12-48所示。

图12-47

图12-48

03 在选项栏中设置“填充”颜色为（R:0，G:183，B:222），然后继续绘制矩形，效果如图12-49所示。

04 继续选择“矩形工具”，然后在选项栏中设置“填充”颜色为（R:255，G:57，B:136），接着绘制出若干个矩形，效果如图12-50所示。

图12-49

图12-50

05 选择“直线工具”，然后在图像中绘制出合适的直线，效果如图12-51所示。

图12-51

06 选择“横排文字工具”，然后在合适的区域输入相关的文字（字体：微软雅黑），效果如图12-52所示。

图12-52

07 选择“自定义形状工具”，然后在选项栏中设置“形状”为“购物车”，接着在文字旁绘制出一个图形，如图12-53所示，最终效果如图12-54所示。

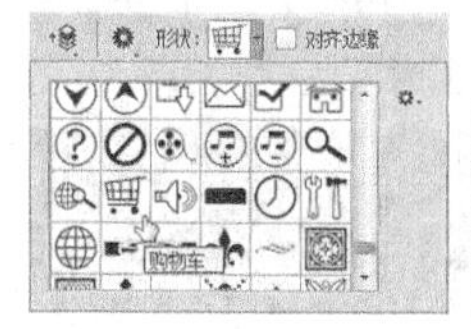

图12-53

图12-54

实例212 炫酷数码导航条的设计

★★★☆☆

视频文件：实例212 炫酷数码导航条的设计.mp4
实例位置：实例文件>CH12>实例212.psd
素材位置：无
学习目标：掌握炫酷数码导航条的设计方法

本实例是为数码类产品设计导航条，使用了深色系来表现产品的科技感，同时将导航条进行了特效处理，使整体视觉效果更好。本实例最终效果如图12-55所示。

图12-55

01 按快捷键Ctrl+N新建一个文档，然后设置前景色为黑色，接着用前景色填充“背景”图层，如图12-56所示。

图12-56

02 设置前景色为（R:24，G:5，B:57），然后选择“画笔工具”，接着在选项栏中选择柔边笔刷，并设置“画笔大小”为198像素，“不透明度”为23%，如图12-57所示，最后在图像中进行涂抹，如图12-58所示。

图12-57

图12-58

03 设置前景色为（R:54，G:11，B:74），然后使用“画笔工具”在图像中进行涂抹，如图12-59所示。

图12-59

04 选择“矩形工具”，然后在选项栏中设置“填充”颜色为（R:19，G:3，B:40），接着绘制出一个矩形，效果如图12-60所示。

图12-60

05 在“图层”面板下方单击“添加图层样式”按钮，在弹出的菜单栏中选择“渐变叠加”命令，在渐变编辑器中设置第1个色标的颜色为（R:4，G:0，B:0），第2个色标的颜色为（R:61，G:36，B:93），第3个色标的颜色为（R:45，G:10，B:72），第4个色标的颜色为（R:3，G:0，B:0），“缩放”为124%，具体参数设置如图12-61所示。

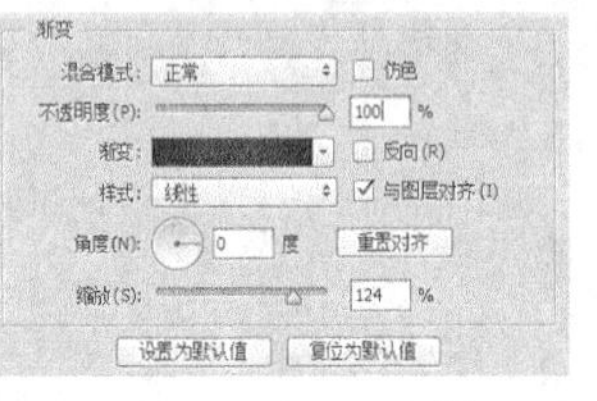

图12-61

06 单击左侧“内发光”命令，然后设置“不透明度”为100%，“发光颜色”为（R:158，G:106，B:219），“大小”为6像素，具体参数设置如图12-62所示，效果如图12-63所示。

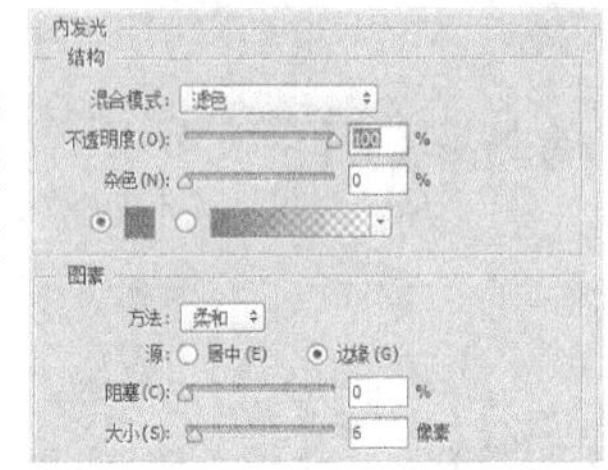

图12-62

图12-63

07 新建一个图层，然后使用“钢笔工具”绘制一个三角形路径，如图12-64所示。

08 设置前景色为(R:213, G:170, B:226)，然后使用前景色填充该路径，如图12-65所示。

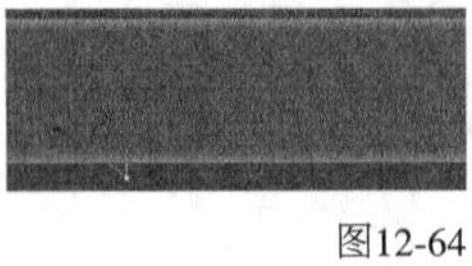

图12-64 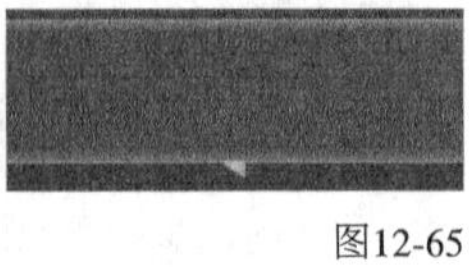　图12-65

09 按快捷键Ctrl+J复制出3个副本图层，然后适当地调整图形的角度，效果如图12-66所示。

10 选择"矩形工具"，然后在选项栏中设置"填充"颜色为（R:70，G:28，B:91），接着绘制一个矩形，最后设置该图层的"填充"为80%，效果如图12-67所示。

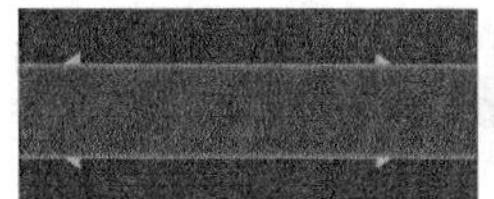
图12-66

图12-67

11 在"图层"面板下方单击"添加图层样式"按钮，在弹出的菜单栏中选择"渐变叠加"命令，在渐变编辑器中设置第1个色标的颜色为（R:208，G:5，B:251），第2个色标的颜色为（R:208，G:5，B:251），第3个色标的颜色为（R:223，G:5，B:249），如图12-68所示，然后设置"不透明度"为48%，"角度"为132度，"缩放"为150%，具体参数设置如图12-69所示。

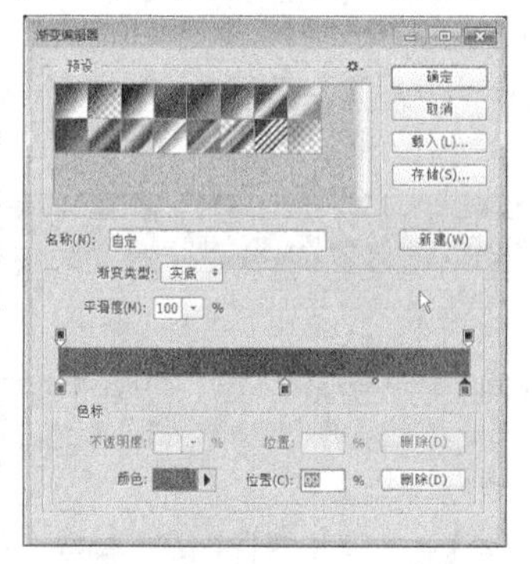
图12-68

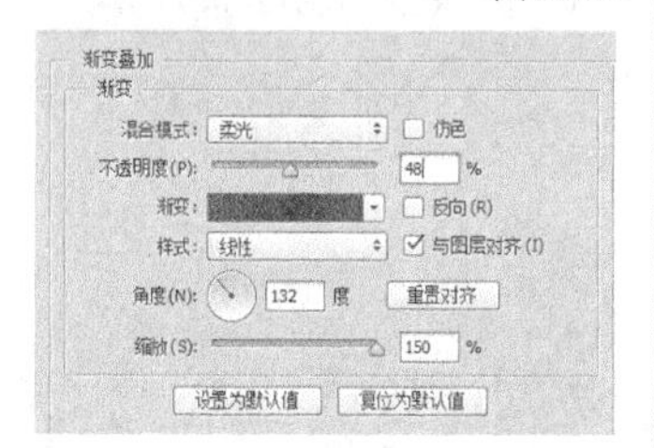
图12-69

12 单击左侧"图案叠加"命令，然后设置"不透明度"为17%，"图案"为"加厚画布"，具体参数设置如图12-70所示。

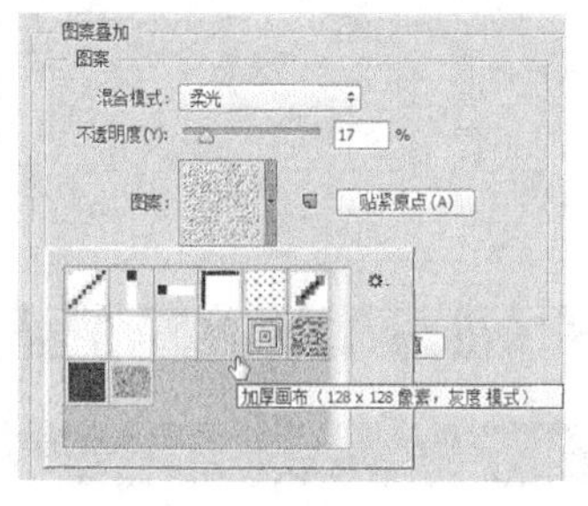
图12-70

13 单击左侧"外发光"命令，然后设置"不透明度"为82%，"发光颜色"为（R:234，G:138，B:243），具体参数设置如图12-71所示，效果如图12-72所示。

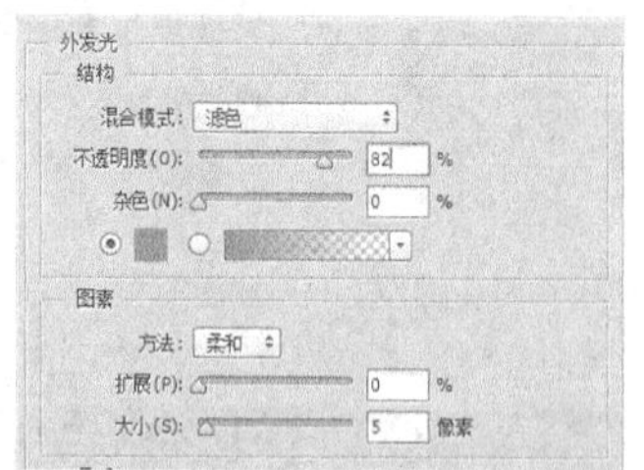
图12-71

图12-72

14 新建一个图层，然后使用"矩形选框工具"绘制一个合适的选区，如图12-73所示，接着选择"渐变工具"，在渐变编辑器中设置第1个色标的颜色为（R:204，G:29，B:108），第2个色标的颜色为（R:174，G:23，B:92），如图12-74所示，最后从上到下在选区内拉出线性渐变，效果如图12-75所示。

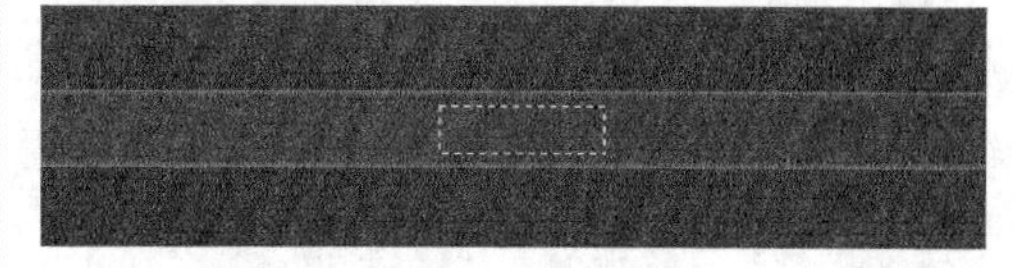
图12-73

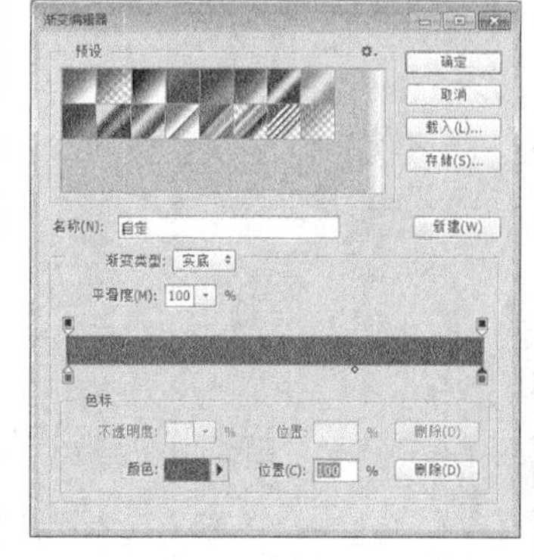
图12-74

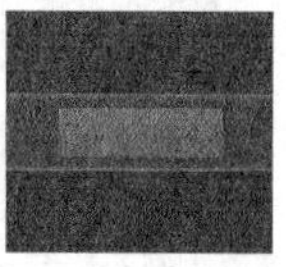
图12-75

15 选择"横排文字工具"，然后在合适的区域输入相关的文字（字体：微软雅黑），最终效果如图12-76所示。

图12-76

简约风格饰品导航条的设计

视频文件：实例213 简约风格饰品导航条的设计.mp4　　实例位置：实例文件>CH12>实例213.psd

素材位置：无　　学习目标：掌握简约风格饰品导航条的设计方法

本实例设计的是简约风格的饰品导航条，为了与产品特性搭配，在颜色上选取了灰色，同时对信息进行详细分类。本实例最终效果如图12-77所示。

图12-77

01 按快捷键Ctrl+N新建一个文件，然后设置前景色为黑色，接着用前景色填充“背景”图层，如图12-78所示。

图12-78

02 选择“矩形工具”，然后在选项栏中设置“填充”颜色为白色，接着在工作区域绘制一个矩形，效果如图12-79所示。

03 选择“矩形工具”，然后在选项栏中设置“填充”颜色为（R:153，G:153，B:153），接着在工作区域绘制一个矩形，效果如图12-80所示。

图12-79　　图12-80

04 在“图层”面板下方单击“添加图层样式”按钮 fx，在弹出的菜单栏中选择“渐变叠加”命令，在渐变编辑器中设置第1个色标的颜色为（R:209，G:209，B:209），第2个色标的颜色为白色，第3个色标的颜色为（R:209，G:209，B:209），如图12-81和图12-82所示。

05 单击左侧“描边”命令，然后设置“大小”为2像素，“位置”为“外部”，描边“颜色”为（R:199，G:201，B:203），具体参数设置如图12-83所示，效果如图12-84所示。

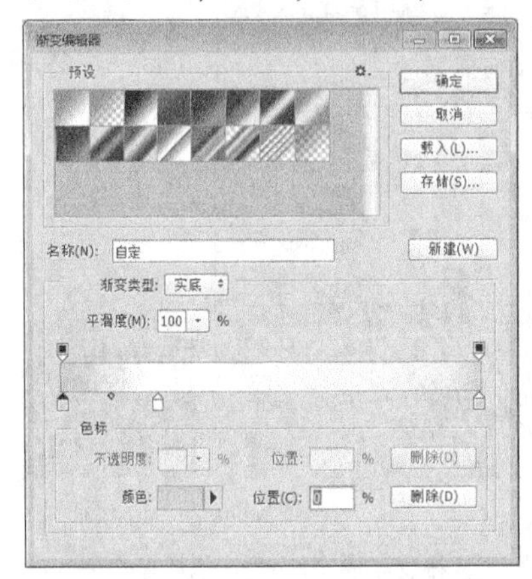

图12-81

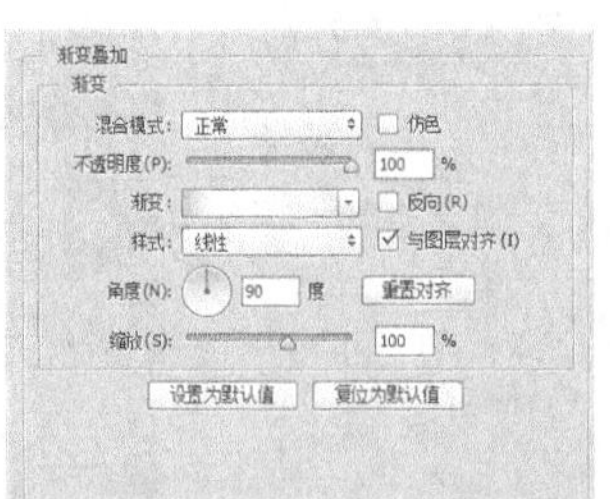

图12-82

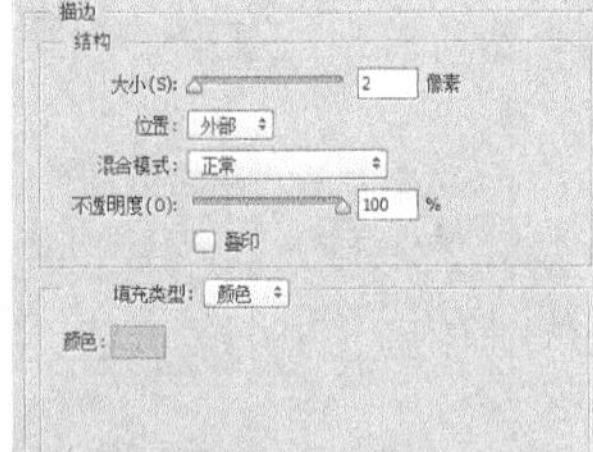

图12-83

图12-84

06 选择“横排文字工具”[T]，然后在合适的区域输入相关的文字，效果如图12-85 所示。

图12-85

07 新建一个图层，然后使用“钢笔工具”绘制一个不规则的路径，如图12-86所示。

图12-86

08 设置前景色为（R:199，G:201，B:203），然后选择“渐变工具”，接着在渐变编辑器中选择“前景色到透明渐变”，如图12-87所示，最后从上到下为选区填充线性渐变，效果如图12-88所示。

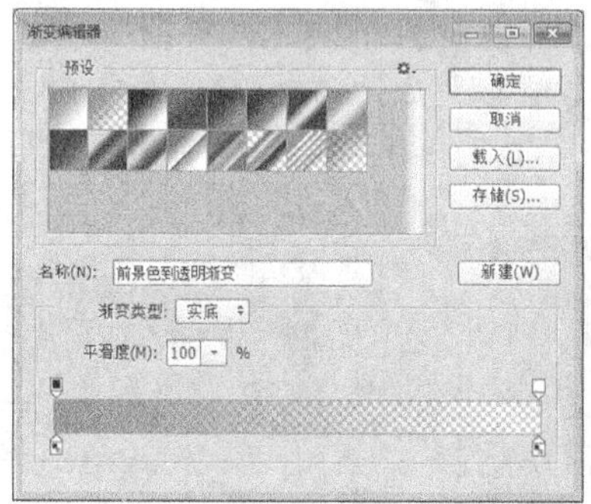

图12-87

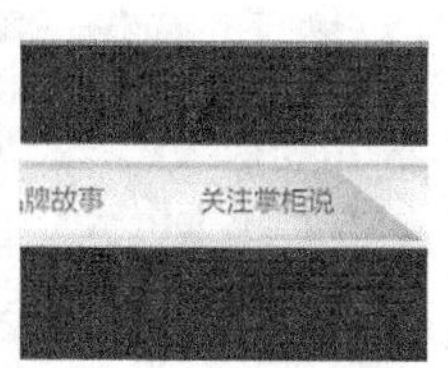

图12-88

09 设置该图层的“不透明度”为75%，效果如图12-89所示，然后为该图层添加一个“图层蒙版”，接着使用黑色“画笔工具”对图像进行涂抹，“图层”面板如图12-90所示，最终效果如图12-91所示。

图12-89

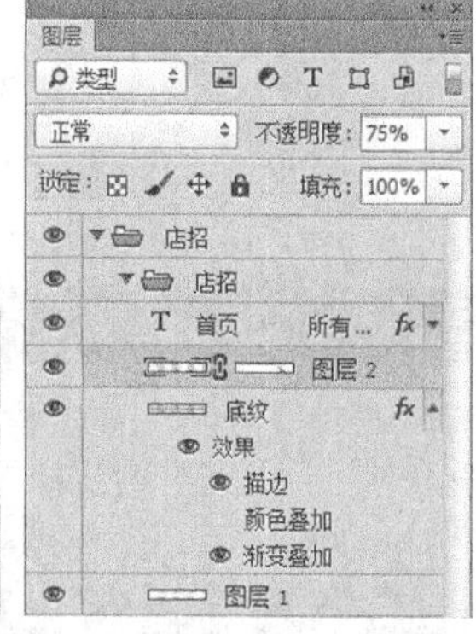

图12-90

图12-91

实例214 可爱风格母婴用品导航条的设计

★★☆☆☆

- 视频文件：实例214 可爱风格母婴用品导航条的设计.mp4
- 实例位置：实例文件>CH12>实例214.psd
- 素材位置：无
- 学习目标：掌握可爱风格母婴用品导航条的设计方法

本实例设计的是可爱风格的母婴用品导航条，主要颜色选取了粉色，通过对产品信息进行详细的分类，使顾客可以快速浏览到想要的商品。本实例最终效果如图12-92所示。

图12-92

01 按快捷键Ctrl+N新建一个文件，然后选择“渐变工具”，接着在渐变编辑器中设置第1个色标的颜色为（R:246，G:150，B:176），第2个色标的颜色为（R:235，G:78，B:122），第3个色标的颜色为（R:219，G:57，B:102），第4个色标的颜色为（R:246，G:151，B:177），如图12-93所示，最后从左到右为“背景”图层填充线性渐变，效果如图12-94所示。

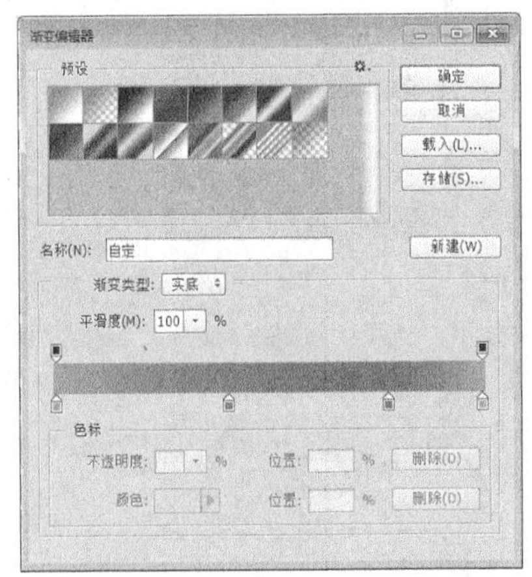

图12-93

图12-94

02 使用“圆角矩形工具”在画面下方绘制一个圆角矩形，效果如图12-95所示。

图12-95

技巧与提示

圆角矩形的颜色没有规定，因为“渐变叠加”图层样式会对其进行改变。

03 在“图层”面板下方单击“添加图层样式”按钮，在弹出的菜单栏中选择“渐变叠加”命令，在渐变编辑器中设置第1个色标的颜色为（R:237，G:47，B:169），第2个色标的颜色为（R:43，G:107，B:196），第3个色标的颜色为（R:242，G:117，B:199），第4个色标的颜色为（R:248，G:171，B:221），如图12-96和图12-97所示。

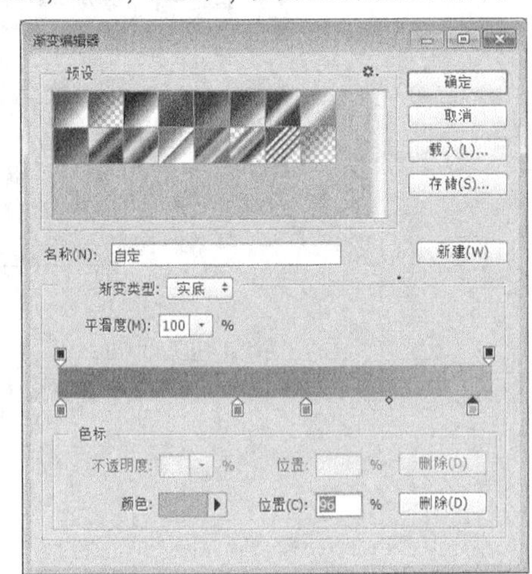

图12-96

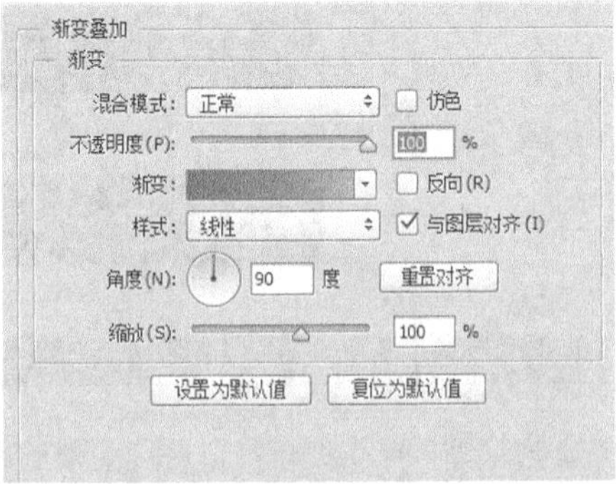

图12-97

04 单击左侧“描边”命令，然后设置“大小”为1像素，“位置”为“内部”，“不透明度”为6%，描边“颜色”为（R:254，G:249，B:237），具体参数设置如图12-98所示。

05 单击左侧“投影”命令，然后设置“不透明度”为50%，“距离”为1像素，“大小”为2像素，具体参数设置如图12-99所示，效果如图12-100所示。

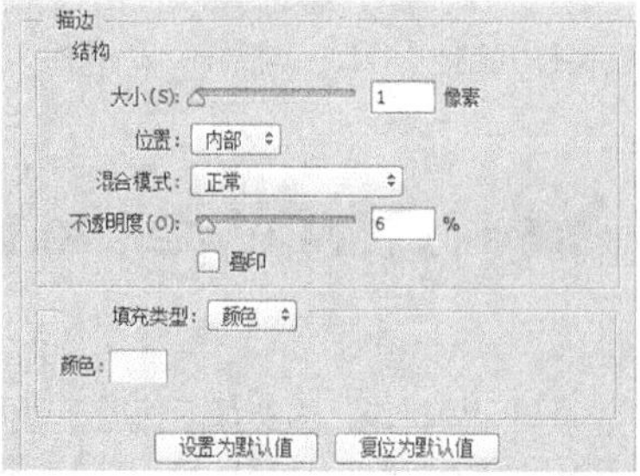

图12-98

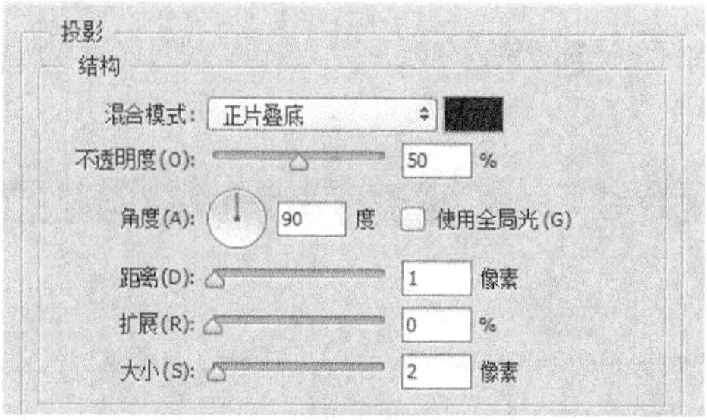

图12-99

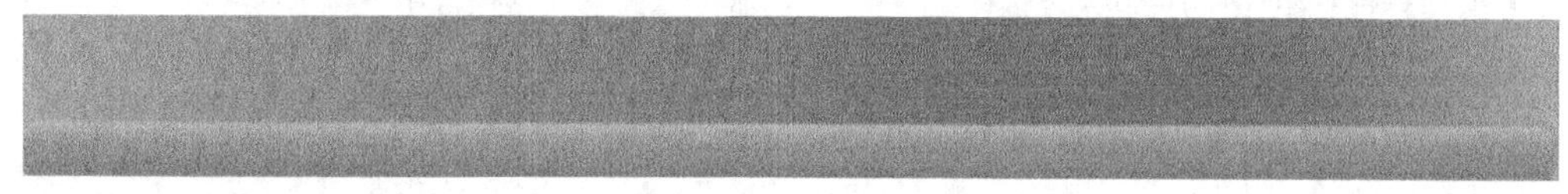

图12-100

06 选择“横排文字工具”，然后在合适的区域输入相关的文字，效果如图12-101所示。

图12-101

07 在“图层”面板下方单击“添加图层样式”按钮，在弹出的菜单栏中选择“描边”命令，然后设置“大小”为1像素，描边“颜色”为白色，具体参数设置如图12-102所示，最终效果如图12-103所示。

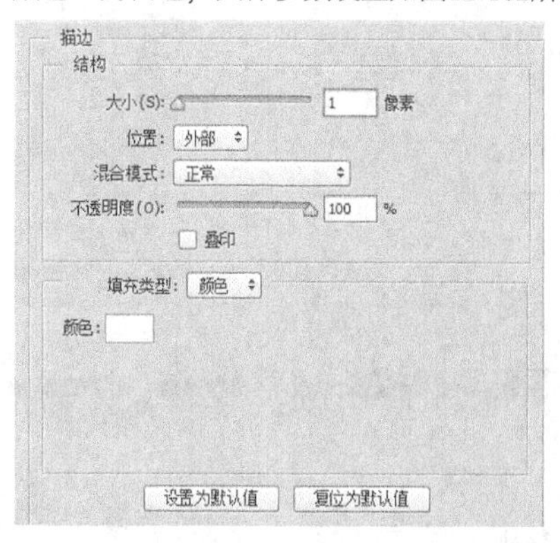

图12-102

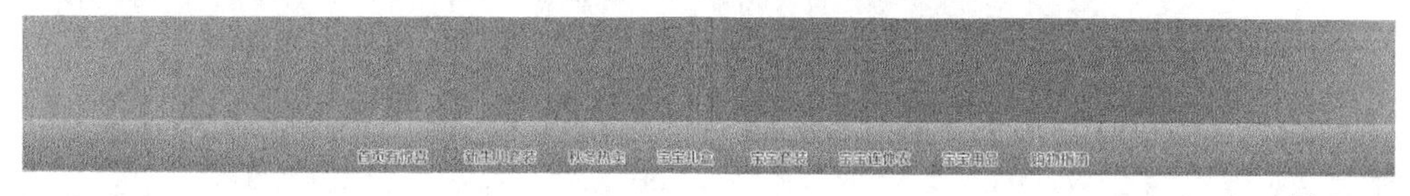

图12-103

实例215 品牌灯饰导航条的设计

★★★☆☆

视频文件：实例215 品牌灯饰导航条的设计.mp4
实例位置：实例文件>CH12>实例215.psd
素材位置：无
学习目标：掌握品牌灯饰导航条的设计方法

本实例设计的是品牌灯饰的导航条，在设计时可以使用图层样式制作出发光等特效，以此来表现导航条的与众不同。本实例最终效果如图12-104所示。

图12-104

01 按快捷键Ctrl+N新建一个文件，然后设置前景色为（R:197，G:197，B:197），接着用前景色填充“背景”图层，如图12-105所示。

图12-105

02 新建一个图层，然后使用“矩形选框工具”绘制一个合适的选区，如图12-106所示。

图12-106

03 选择“渐变工具”，然后在渐变编辑器中设置第1个色标的颜色为（R:83，G:83，B:83），第2个色标的颜色为（R:3，G:3，B:3），如图12-107所示，然后从上到下在选区内拉出对称渐变，效果如图12-108所示。

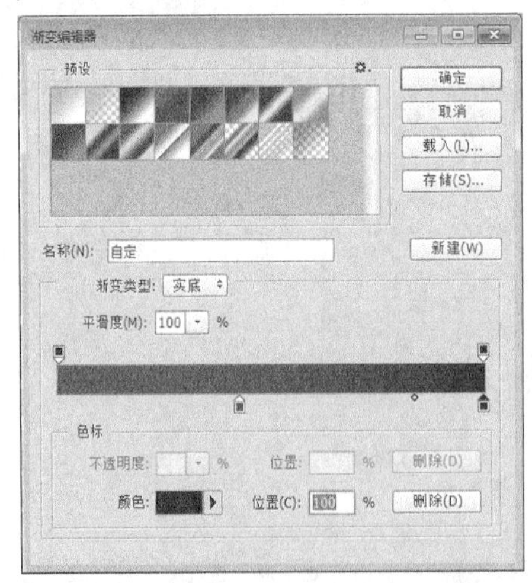

图12-107

图12-108

04 新建一个图层，然后继续使用“矩形选框工具”绘制一个合适的选区，接着选择“渐变工具”，在渐变编辑器中设置第1个色标的颜色为（R:249，G:203，B:68），第2个色标的颜色为白色，第3个色标的颜色为（R:249，G:203，B:68），第4个色标的颜色为白色，如图12-109所示，然后从左到右在选区内拉出对称渐变，效果如图12-110所示。

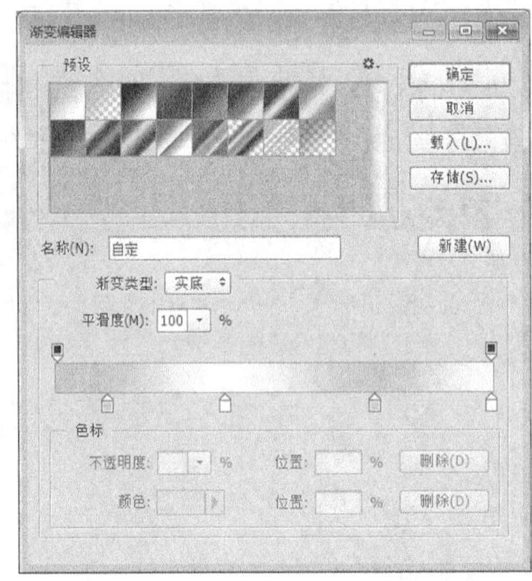

图12-109

图12-110

05 选择“横排文字工具”，然后在矩形框中输入“首页”文字，效果如图12-111所示。

图12-111

06 在“图层”面板下方单击“添加图层样式”按钮 fx，在弹出的菜单栏中选择“渐变叠加”命令，在渐变编辑器中设置第1个色标的颜色为（R:46，G:37，B:8），第2个色标的颜色为（R:142，G:113，B:34），具体参数设置如图12-112所示，效果如图12-113所示。

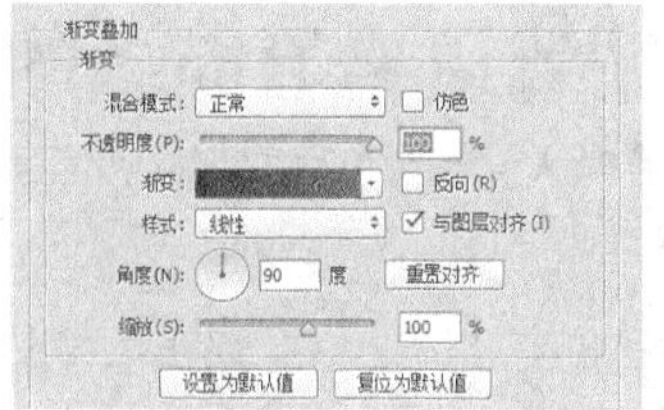
图12-112

图12-113

07 继续使用“横排文字工具” T 在导航栏中输入其他相关文字，如图12-114所示。

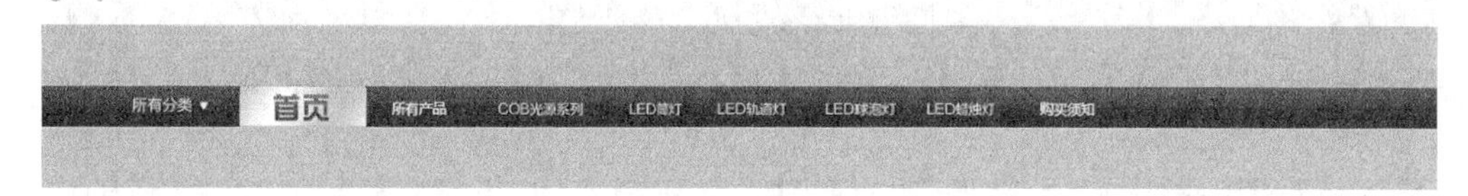

图12-114

08 按Shift键选中所有导航条的信息文字，然后按快捷键Ctrl+G新建一个图层组，并重新命名为“导航文字”，如图12-115所示。

09 在“图层”面板下方单击“添加图层样式”按钮 fx，在弹出的菜单栏中选择“渐变叠加”命令，在渐变编辑器中设置第1个色标的颜色为（R:255，G:254，B:246），第2个色标的颜色为（R:255，G:235，B:183），如图12-116和图12-117所示，效果如图12-118所示。

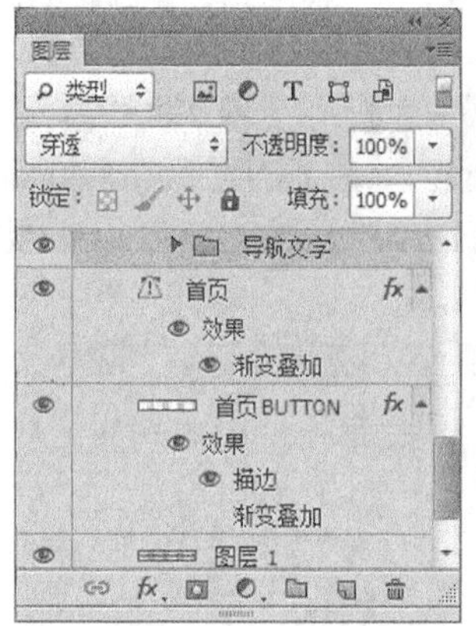

图12-115

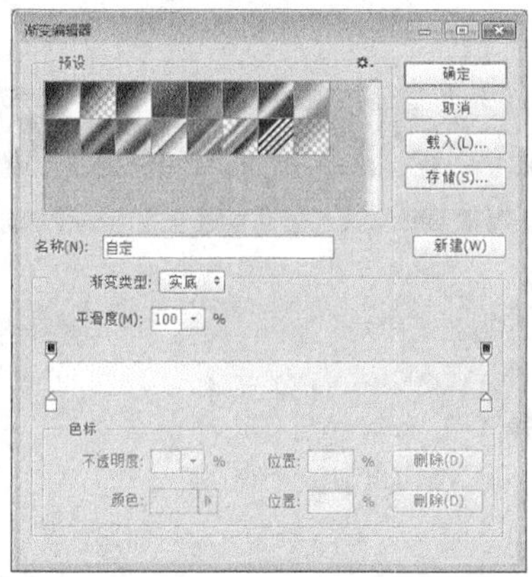

图12-116

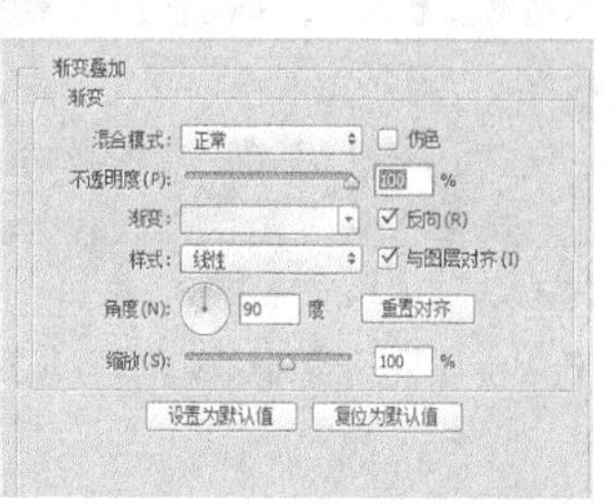

图12-117

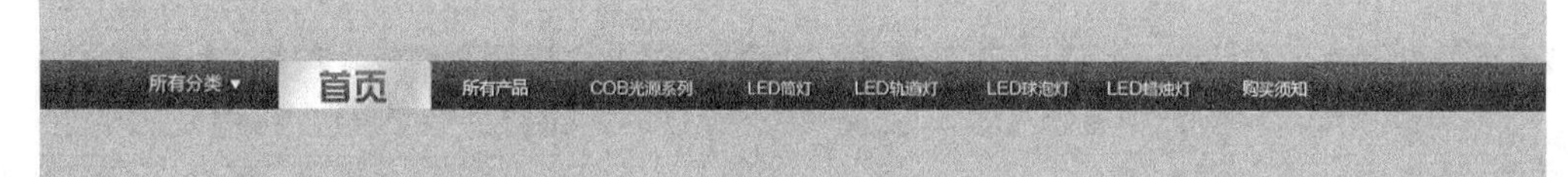

图12-118

10 选择“直线工具” ，然后在图像中绘制合适的直线作为分割线，最终效果如图12-119所示。

图12-119

精致风格导航条的设计

视频文件：实例216 精致风格导航条的设计.mp4　　实例位置：实例文件>CH12>实例216.psd

素材位置：无　　学习目标：掌握精致风格导航条的设计方法

本实例制作的是精致风格的导航条，通过文字引导，将该店铺的商品详情都展现给用户。快速引导页面可以在一定程度上提高店铺商品的购买率，同时也可以加强顾客对店铺的印象。本实例最终效果如图12-120所示。

图12-120

01 按快捷键Ctrl+N新建一个文件，然后设置前景色为（R:33，G:16，B:6），接着用前景色填充“背景”图层，如图12-121所示。

图12-121

02 选择“矩形工具”，然后在选项栏中设置“填充”颜色为白色，接着在工作区域绘制一个矩形，效果如图12-122所示。

图12-122

03 在“图层”面板下方单击“添加图层样式”按钮，在弹出的菜单栏中选择“渐变叠加”命令，在渐变编辑器中设置第1个色标的颜色为（R:238，G:126，B:1），第2个色标的颜色为（R:253，G:219，B:0），具体参数设置如图12-123所示，效果如图12-124所示。

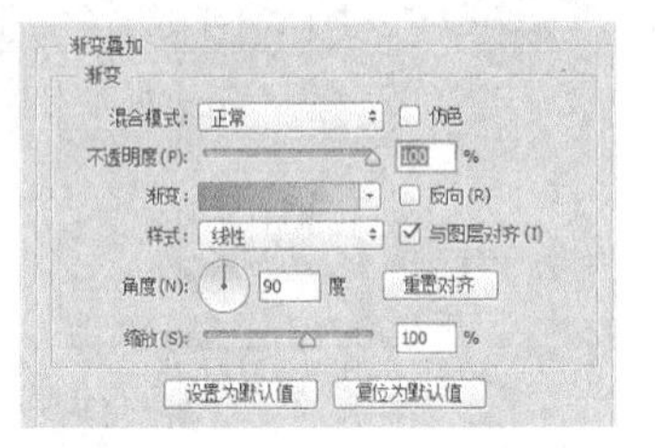

图12-123

图12-124

04 选择“横排文字工具”，然后在合适的区域输入相关的文字，最终效果如图12-125 所示。

图12-125

第13章 宝贝陈列展示区的设计

本章关键实例导航

实例217 女装产品展示区的设计

★★★☆☆

- 视频文件：实例217 女装产品展示区的设计.mp4
- 实例位置：实例文件>CH13>实例217.psd
- 素材位置：素材文件>CH13>217-1.jpg~217-5.jpg
- 学习目标：掌握女装产品展示区的设计方法

本实例是为女装产品设计展示页面，主要以画面分割的方式将产品有效地排列出来，在设计时要注意标题设计一定要与画面风格统一。本实例最终效果如图13-1所示，版式结构如图13-2所示。

图13-1

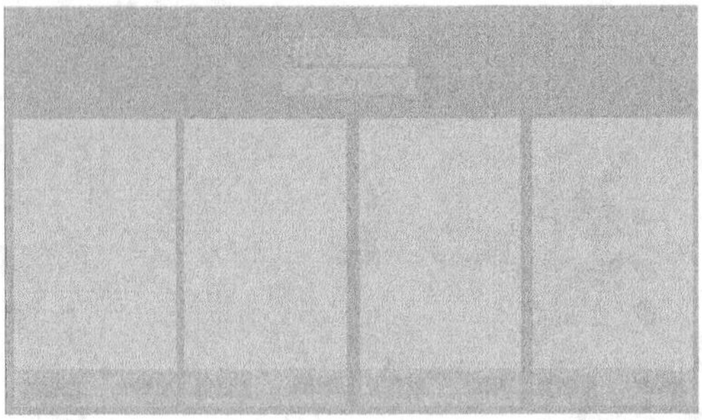

图13-2

01 按快捷键Ctrl+N新建一个文件，然后导入学习资源中的“素材文件>CH13>217-1.jpg”文件，如图13-3所示。

02 分别导入学习资源中的“素材文件>CH13>217-2.jpg~217-5.jpg”文件，然后分别调整素材的位置，效果如图13-4所示。

图13-3　　图13-4

技巧与提示

当遇到多张图片，将素材图层全部选中，可以将其进行对齐。

03 设置前景色为白色，然后选择“矩形工具”在素材的下方绘制出4个相同大小的矩形，如图13-5所示。

04 在选项栏中将“填充”设置为黑色，然后继续绘制一个矩形，如图13-6所示。

图13-5　　图13-6

05 执行“滤镜>模糊>高斯模糊”菜单命令，然后在弹出的对话框中选择“确定”按钮，如图13-7所示，接着在弹出的“高斯模糊”对话框中设置“半径”为5.5像素，如图13-8所示。

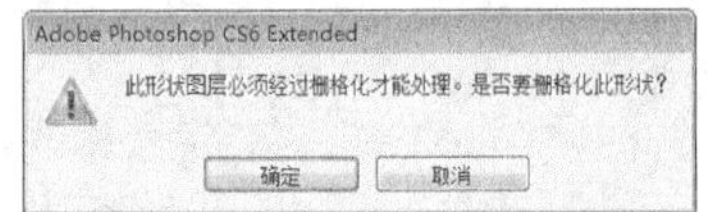

图13-7

技巧与提示

除上述方法外，还可以栅格化形状图层，将其转换为普通图层，再制作模糊效果。

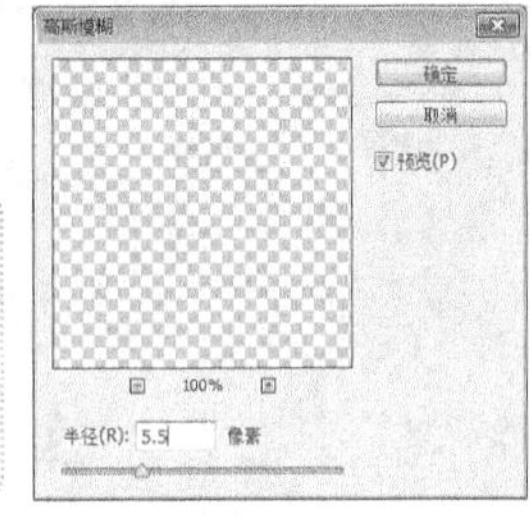

图13-8

06 执行“滤镜>模糊>动感模糊”菜单命令，如图13-9所示，然后在弹出的“高斯模糊”对话框中设置“距离”为54像素，如图13-10所示，效果如图13-11所示。

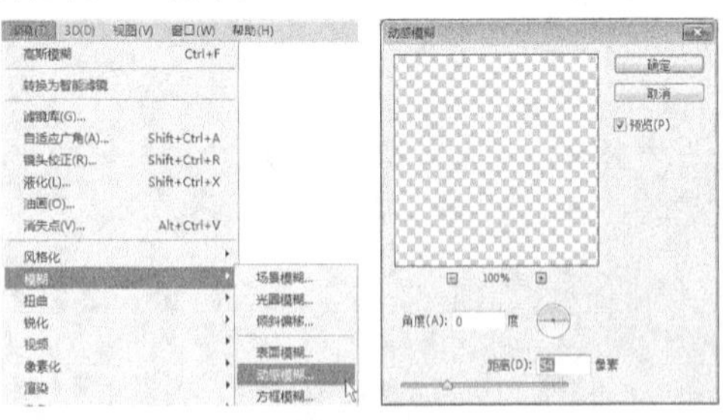

图13-9　　图13-10

图13-11

07 将黑色矩形图层调整到白色矩形图层的下方，如图13-12所示，然后按快捷键Ctrl+T进入自由变换模式，适当地调整图形的大小，如图13-13所示。

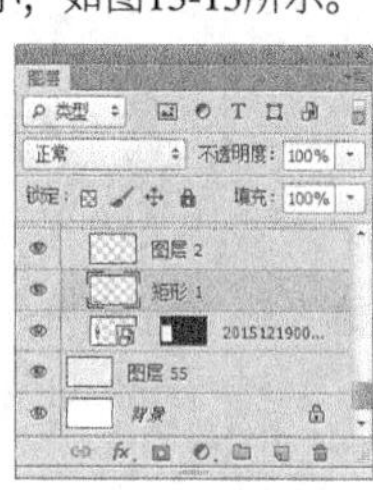

图13-12　　图13-13

08 按快捷键Ctrl+J复制出3个副本图层，并将其放到合适的位置，制作出相应的投影效果，如图13-14所示。

图13-14

技巧与提示

制作投影图层的同时，注意图层之间的位置。

09 设置前景色为（R:165，G:1，B:0），然后使用“矩形工具” 绘制4个相同大小的矩形，如图13-15所示。

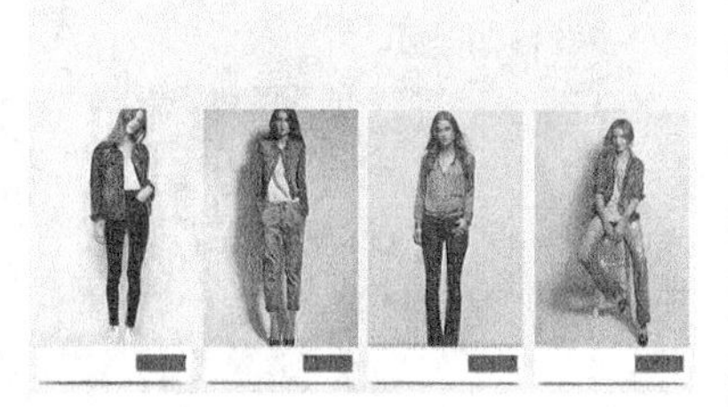

图13-15

10 使用相同的方法为按钮制作相应的投影效果，如图13-16所示。

图13-16

技巧与提示

投影效果也可以使用画笔进行绘制。

11 选择“横排文字工具” ，然后在相应的区域输入文字，效果如图13-17所示。

图13-17

12 选择“直线工具” ，然后在选项栏中设置“填充”颜色为（R:90，G:90，B:90），接着在图像中绘制合适的直线，如图13-18所示。

图13-18

13 选择“横排文字工具” 在直线的中间位置输入标题文字，最终效果如图13-19所示。

图13-19

实例 218 ★★☆☆☆

男装产品展示区的设计

视频文件：实例218 男装产品展示区的设计.mp4　　实例位置：实例文件>CH13>实例218.psd

素材位置：素材文件>CH13>218-1.jpg~218-3.jpg　　学习目标：掌握男装产品展示区的设计方法

本实例是为男装产品设计展示页面，以产品细节处作为展示的背景区域，以白色色块来衬托商品的文字信息，提高产品的辨识度。本实例最终效果如图13-20所示，版式结构如图13-21所示。

图13-20

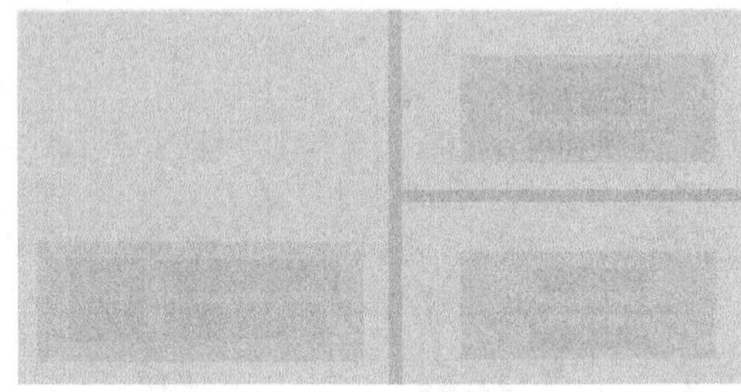

图13-21

01 按快捷键Ctrl+N新建一个文件，然后新建一个图层，接着使用“矩形选框工具” 绘制一个矩形选区，并使用合适的颜色填充选区，如图13-22所示。

图13-22

02 导入学习资源中的“素材文件>CH13>218-1.jpg”文件，然后将其设置为“图层1”图层的剪切蒙版，效果如图13-23所示，“图层”面板如图13-24所示。

图13-23　　图13-24

03 新建一个图层，然后使用“矩形选框工具” 绘制一个矩形选区，并使用合适的颜色填充选区，接着按住Alt键复制出一个相同的矩形，并适当地调整位置，如图13-25所示。

图13-25

04 分别导入学习资源中的“素材文件>CH13>218-2.jpg、218-3.jpg”文件，然后分别将其设置为图层的剪切蒙版，效果如图13-26所示。

图13-26

05 新建一个图层，然后设置前景色为（R:232，G:14，B:14），接着使用“矩形选框工具” 绘制一个矩形选区，并使用前景色填充选区，如图13-27所示。

图13-27

06 设置该图层的“不透明度”为65%，效果如图13-28所示。

图13-28

07 继续使用“矩形选框工具”绘制一个矩形选区，并使用前景色填充选区，如图13-29所示。

图13-29

08 执行“图层>图层样式>描边”菜单命令，在打开的对话框中设置“大小”为1像素，“不透明度”为100%，如图13-30所示，效果如图13-31所示。

描边
结构
大小(S): 1 像素
位置(P): 内部
混合模式(B): 正常
不透明度(O): 100 %
填充类型(F): 颜色
颜色:
设置为默认值 复位为默认值

图13-30

图13-31

09 选择“横排文字工具”，然后在相应的区域输入文字，效果如图13-32所示。

图13-32

10 选择“矩形工具”，然后在选项栏中设置“填充”为无，“描边”为白色，“描边宽度”为1.49点，如图13-33所示，接着在图像中绘制一个矩形，效果如图13-34所示。

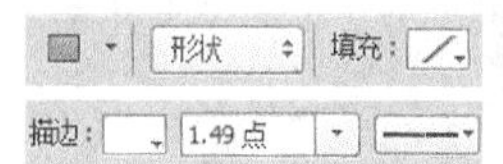

图13-33　　图13-34

11 在选项栏中设置“填充”为白色，然后在图像中绘制两个相同大小的矩形，效果如图13-35所示。

图13-35

12 选择“横排文字工具”，然后在相应的区域输入文字，效果如图13-36所示。

图13-36

13 选择“矩形工具”，然后在选项栏中设置“填充”为无，“描边”颜色为（R:232，G:14，B:14），接着在图像中绘制两个相同大小的矩形，最终效果如图13-37所示。

图13-37

实例219 运动鞋展示区的设计

★★★☆☆

视频文件：实例219 运动鞋展示区的设计.mp4
实例位置：实例文件>CH13>实例219.psd
素材位置：素材文件>CH13>219-1.jpg~219-6.jpg、219-7.png
学习目标：掌握运动鞋展示区的设计方法

本实例是为运动鞋设计展示页面，在设计标题时，利用显著的商品搭配文字来引导买家关注，利用分块的模式将商品的详细信息标注出来，以便于顾客购买和选择。本实例最终效果如图13-38所示，版式结构如图13-39所示。

图13-38

图13-39

01 按快捷键Ctrl+N新建一个文件，然后新建一个图层，接着使用“矩形选框工具”绘制出一个矩形选区，并使用合适的颜色填充选区，如图13-40所示。

图13-40

02 导入学习资源中的“素材文件>CH13>219-1.jpg”文件，如图13-41所示，然后将其设置为“图层1”图层的剪切蒙版，效果如图13-42所示。

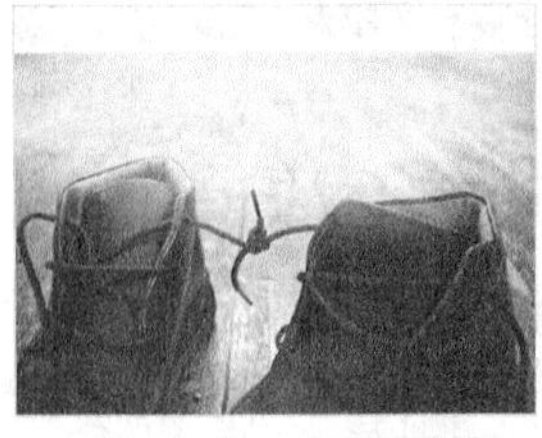

图13-41　图13-42

03 导入学习资源中的“素材文件>CH13>219-2.jpg”文件，如图13-43所示，然后设置该图层的“混合模式”为“正片叠底”，如图13-44所示，效果如图13-45所示。

图13-43

图13-44 　图13-45

04 选择“矩形工具”，然后在选项栏中设置“填充”为白色，“描边”颜色为（R:173，G:209，B:36），描边宽度为5点，如图13-46所示，接着在图像中绘制一个矩形，效果如图13-47所示。

图13-46

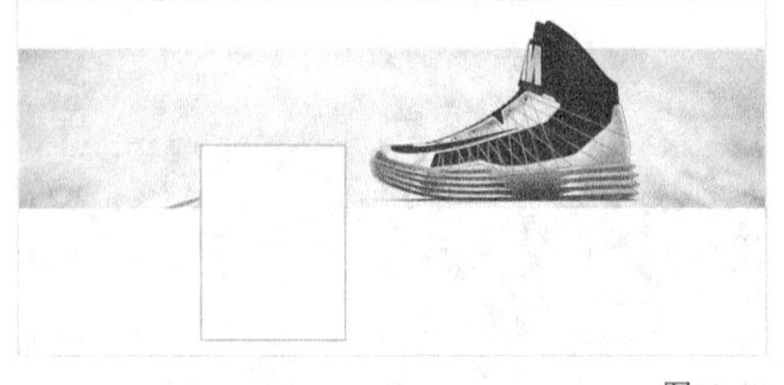

图13-47

05 选择“横排文字工具”，然后在相应的区域输入文字，效果如图13-48所示。

图13-48

技巧与提示

在输入文字信息时，应注意文字的排列方式及英文字母的大小写。

06 导入学习资源中的“素材文件>CH13>219-3.jpg”文件，然后适当地调整素材的位置，接着使用“横排文字工具”在相应的区域输入文字，效果如图13-49所示。

图13-49

07 分别导入学习资源中的“素材文件>CH13>219-4.jpg、219-5.jpg”文件，然后分别调整素材的位置，效果如图13-50所示。

图13-50

08 选择“矩形工具”，然后在选项栏中设置“填充”为白色，“描边”颜色为（R:225，G:223，B:106），如图13-51所示，接着在图像中绘制一个矩形，效果如图13-52所示。

图13-51

图13-52

09 在选项栏中设置“填充”为黑色，“描边”为无，然后在图像中绘制一个矩形，效果如图13-53所示。

图13-53

10 分别导入学习资源中的“素材文件>CH13>219-6.jpg、219-7.png”文件，然后分别调整素材的位置，效果如图13-54所示。

图13-54

11 选择“横排文字工具”，然后在相应的区域输入产品的相关信息，最终效果如图13-55所示。

图13-55

实例 220 ★★☆☆☆

婴儿产品展示区的设计

- 视频文件：实例220 婴儿产品展示区的设计.mp4
- 实例位置：实例文件>CH13>实例220.psd
- 素材位置：素材文件>CH13>220-1.png~220-6.png
- 学习目标：掌握婴儿产品展示区的设计方法

本实例是为婴儿产品设计展示页面，主体使用了绿色系色调来设计，与店铺本身的商品颜色统一，不仅可以给顾客带来舒适的视觉感受，还能加深其对商品的兴趣。本实例最终效果如图13-56所示，版式结构如图13-57所示。

图13-56

图13-57

01 按快捷键Ctrl+N新建一个文件，然后设置前景色为（R:221，G:228，B:231），接着用前景色填充“背景”图层，如图13-58所示。

02 选择“圆角矩形工具”，然后在选项栏中设置“填充”颜色为（R:117，G:158，B:0），“半径”为15像素，接着在画面中绘制一个圆角矩形，效果如图13-59所示。

图13-58

图13-59

03 导入学习资源中的“素材文件>CH13>220-1.png”文件，然后调整素材的位置，效果如图13-60所示。

04 选择“矩形工具”，然后在选项栏中设置“填充”为白色，接着在图像中绘制5个矩形，效果如图13-61所示。

图13-60

图13-61

05 导入学习资源中的“素材文件>CH13>220-2.png~220-6.png”文件，然后分别调整素材的位置，效果如图13-62所示。

06 选择“圆角矩形工具”，然后在选项栏中设置“填充”为（R:117，G:158，B:0），“半径”为25像素，接着在画面中绘制5个圆角矩形，效果如图13-63所示。

图13-62

图13-63

07 选择“横排文字工具”，然后在相应的区域输入产品的相关信息，效果如图13-64所示。

08 选择“矩形工具”，然后在选项栏中设置“描边”颜色为（R:343，G:254，B:0），接着在图像中绘制一个矩形，最后选择“自定义形状工具”，在矩形框中绘制一个三角形，效果如图13-65所示。

图13-64

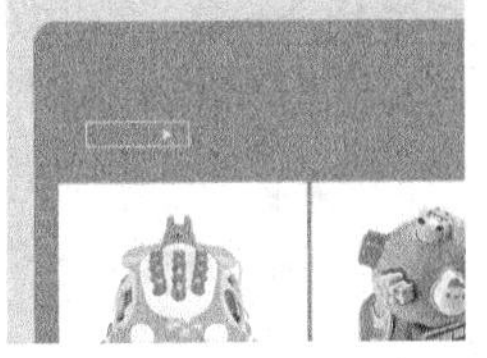

图13-65

09 使用“横排文字工具”在相应的区域输入产品的相关信息，并适当调整文字的大小与位置，最终效果如图13-66所示。

图13-66

家居类产品展示区的设计

视频文件：实例221 家居类产品展示区的设计.mp4　　实例位置：实例文件>CH13>实例221.psd
素材位置：素材文件>CH13>221-1.png~221-5.png　　学习目标：掌握家居类产品展示区的设计方法

本实例是为家居类产品设计展示页面，使用浅色可以将商品的特征突出表现出来，在文字设计上，使用中英文相结合的方式，使视觉效果上更有国际范，也使顾客能够很好地对商品进行分类。本实例最终效果如图13-67所示，版式结构如图13-68所示。

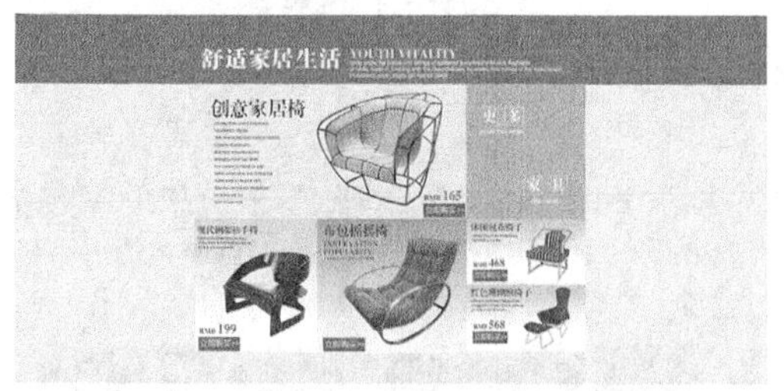

图13-67

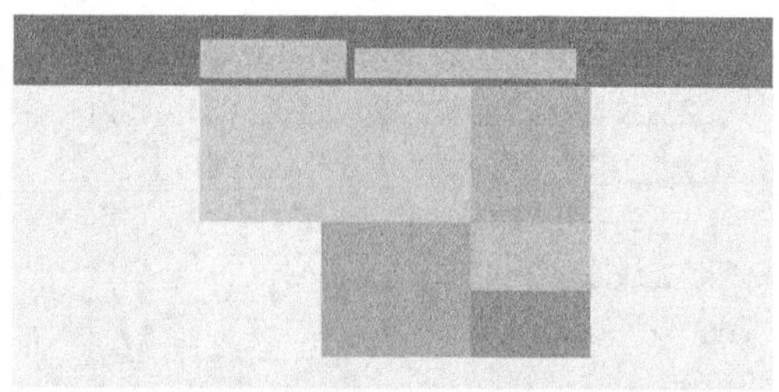

图13-68

01 按快捷键Ctrl+N新建一个文件，然后设置前景色为（R:236，G:235，B:242），接着用前景色填充“背景”图层，如图13-69所示。

02 新建一个图层，然后设置前景色为（R:115，G:113，B:112），接着使用“矩形选框工具”绘制出一个矩形选区，并使用前景色填充选区，如图13-70所示。

图13-69　　图13-70

03 使用“横排文字工具”在相应的区域输入产品的相关信息，并适当调整文字的大小与位置，效果如图13-71所示。

图13-71

04 新建一个图层，然后设置前景色为（R:233，G:234，B:226），接着使用“矩形选框工具”绘制一个矩形选区，并使用前景色填充选区，如图13-72所示。

图13-72

05 新建一个图层，然后使用“矩形选框工具”绘制一个矩形选区，如图13-73所示。

图13-73

06 选择“渐变工具”，打开渐变编辑器，然后设置第1个色标的颜色为（R:166，G:165，B:163），第2个色标的颜色为白色，如图13-74所示，接着从上到下为选区填充线性渐变色，效果如图13-75所示。

图13-74

图13-75

07 新建一个图层，继续使用“矩形选框工具”，绘制一个矩形选区，如图13-76所示。

图13-76

08 选择“渐变工具”，打开渐变编辑器，然后设置第1个色标的颜色为（R:214，G:214，B:213），第2个色标的颜色为白色，如图13-77所示，接着从上到下为选区填充线性渐变色，效果如图13-78所示。

图13-77

图13-78

09 使用相同的方法绘制两个相同的渐变矩形，效果如图13-79所示。

图13-79

10 新建一个图层，然后设置前景色为（R:235，G:178，B:63），接着使用“矩形选框工具”绘制一个矩形选区，并使用前景色填充选区，如图13-80所示。

图13-80

11 导入学习资源中的“素材文件>CH13>221-1.png~221-5.png”文件，然后分别调整素材的位置，效果如图13-81所示。

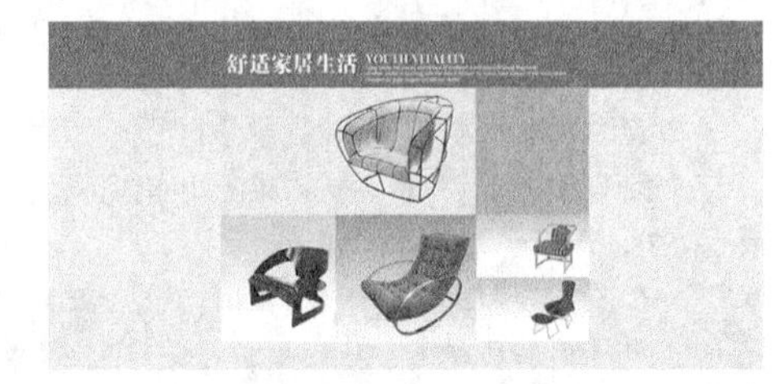

图13-81

12 使用“横排文字工具”在相应的区域输入产品的相关信息，并适当调整文字的大小与位置，效果如图13-82所示。

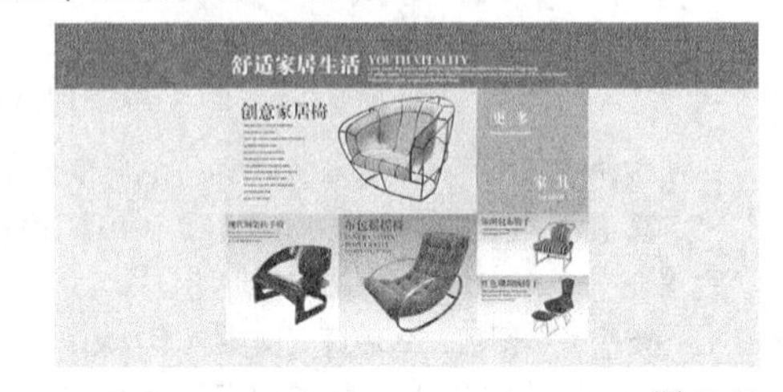

图13-82

技巧与提示

在对文字的排版中，应注意英文与中文的大小比例关系。

13 选择“矩形工具”，然后在选项栏中设置“填充”颜色为（R:188，G:1，B:1），接着在图像中绘制5个相同大小的矩形，效果如图13-83所示。

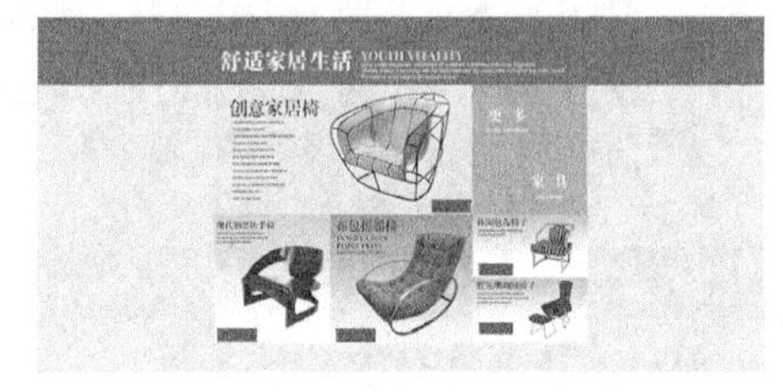

图13-83

14 使用“横排文字工具”在相应的区域输入产品的相关信息，最终效果如图13-84所示。

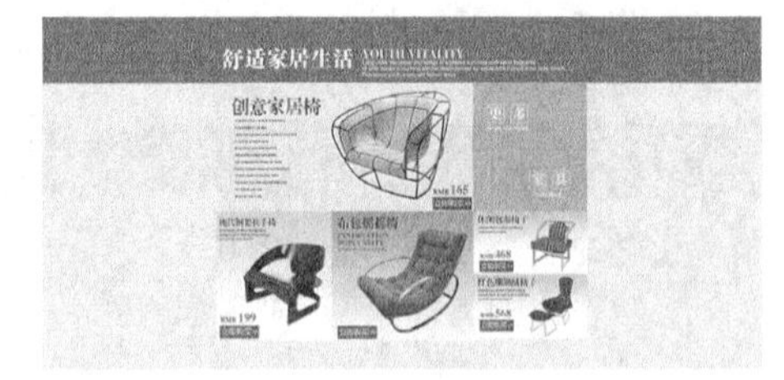

图13-84

第14章 店铺收藏区的设计

本章关键实例导航

实例 222 ★★☆☆☆

店铺大酬宾收藏区的设计

视频文件：实例222 店铺大酬宾收藏区的设计.mp4
实例位置：实例文件>CH14>实例222.psd
素材位置：素材文件>CH14>222-1.jpg、222-2.jpg
学习目标：掌握优惠促销收藏区的设计方法

本实例是为店铺大酬宾设计收藏区，主题色调使用了红色，并且以爆破的图形方式将文字信息展示出来，不仅使画面的视觉效果更惊艳，而且能快速吸引顾客的眼球。本实例最终效果如图14-1所示，版式结构如图14-2所示。

图14-1

图14-2

01 按快捷键Ctrl+N新建一个文件，然后导入学习资源中的“素材文件>CH14>222-1.jpg”文件，效果如图14-3所示。

02 使用“横排文字工具”在绘图区域输入“BOOK”文字信息，效果如图14-4所示。

图14-3

图14-4

03 在“图层”面板下方单击“添加图层样式”，然后在弹出的菜单中选择“投影”命令，在弹出的“投影”对话框里设置“距离”为2像素，“大小”为8像素，如图14-5所示，效果如图14-6所示。

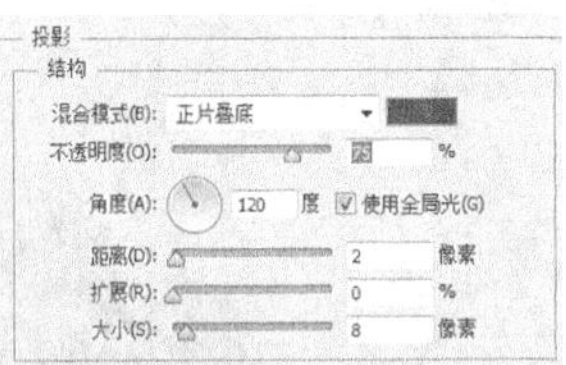

图14-5

图14-6

04 使用“横排文字工具”在绘图区域输入其他相关信息，效果如图14-7所示。

图14-7

05 选择“圆角矩形工具”，然后在选项栏中设置“填充”颜色为黑色，“半径”为50像素，如图14-8所示，接着在画面下方绘制一个圆角矩形，效果如图14-9所示。

图14-8

图14-9

06 导入学习资源中的“素材文件>CH14>222-2.jpg”文件，然后使用“移动工具”将素材放到合适的位置，最终效果如图14-10所示。

图14-10

精品女装收藏区的设计

- 视频文件：实例223 精品女装收藏区的设计.mp4
- 实例位置：实例文件>CH14>实例223.psd
- 素材位置：素材文件>CH14>223-1.jpg~223-4.jpg
- 学习目标：掌握精品女装收藏区的设计方法

本实例是为精品女装设计收藏区，画面中使用了分割的设计手法，不仅能让顾客快速找到“收藏店铺”区域，而且能准确搜索到其他的商品信息。本实例最终效果如图14-11所示，版式结构如图14-12所示。

图14-11

图14-12

01 按快捷键Ctrl+N新建一个文件，然后使用“矩形工具”和“椭圆工具”在画面中规划好设计区域，效果如图14-13所示。

图14-13

技巧与提示

图中的图形颜色可以随意设置，这里只是用来规划素材摆放的位置。

02 分别导入学习资源中的“素材文件>CH14>223-1.jpg~223-4.jpg”文件，然后分别将素材文件设置为形状图层的剪切蒙版，“图层”面板如图14-14所示，效果如图14-15所示。

图14-14

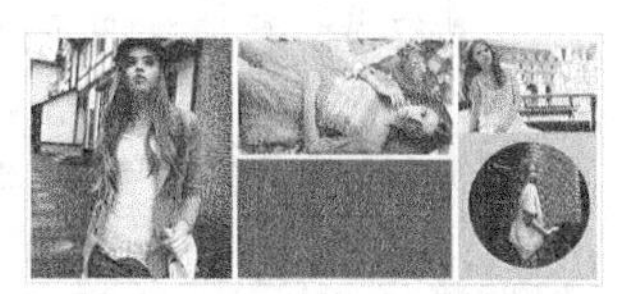

图14-15

03 选择“矩形工具”，然后在选项栏中设置“填充”颜色为（R:240，G:188，B:86），接着在画面中绘制一个矩形，最后设置该形状图层的“不透明度”为70%，如图14-16所示，效果如图14-17所示。

图14-16

图14-17

04 使用“横排文字工具”在绘图区域输入其他相关信息，效果如图14-18所示。

图14-18

05 找到“BOOK MARK”文字图层，然后在该图层的下方使用“矩形工具”绘制一个矩形，效果如图14-19所示。

图14-19

06 继续使用“横排文字工具”在绘图区域输入“VIP”等相关文字信息，然后设置该文字图层的“不透明度”为70%，最终效果如图14-20所示。

图14-20

实例224 优惠券收藏区的设计

★★☆☆☆

视频文件：实例224 优惠券收藏区的设计.mp4
实例位置：实例文件>CH14>实例224.psd
素材位置：无
学习目标：掌握优惠券收藏区的设计方法

本实例是为优惠券设计收藏区，在设计时可以结合店铺的促销活动，使收藏区和优惠券有效地结合在一起，一举两得，并且能够激起顾客的购买欲。本实例最终效果如图14-21所示，版式结构如图14-22所示。

图14-21

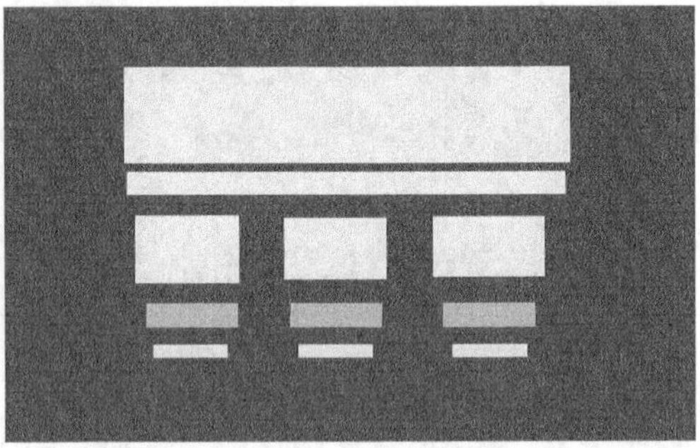

图14-22

01 按快捷键Ctrl+N新建一个文件，然后设置前景色为（R:124，G:1，B:57），接着用前景色填充“背景”图层，如图14-23所示。

图14-23

02 新建一个图层，然后设置前景色为（R:234，G:34，B:127），选择“画笔工具”，设置“大小”为411像素，“硬度”为0%，“不透明度”为54%，具体参数设置如图14-24所示，接着在绘图区的中心处绘制光效效果，如图14-25所示。

图14-24 图14-25

03 新建一个图层，然后使用黑色填充该图层，接着在“图层”面板下方单击“添加图层蒙版”按钮，选择“渐变工具”，在渐变编辑器中设置第1个色标的颜色为黑色，第2个色标的颜色为白色，如图14-26所示，最后使用径向渐变为蒙版填充渐变色，如图14-27所示，效果如图14-28所示。

图14-26

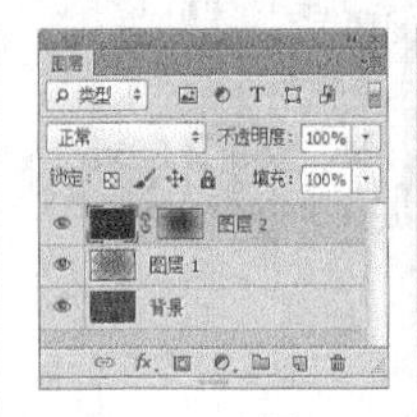

图14-27 图14-28

04 新建一个图层，然后设置前景色为（R:238，G:183，B:86），接着使用“椭圆选框工具”绘制出合适的选区，并使用前景色填充选区，效果如图14-29所示。

图14-29

05 执行“滤镜>模糊>动感模糊”菜单命令，在“动感模糊”对话框中设置“距离”为54像素，具体参数设置如图14-30所示，效果如图14-31所示。

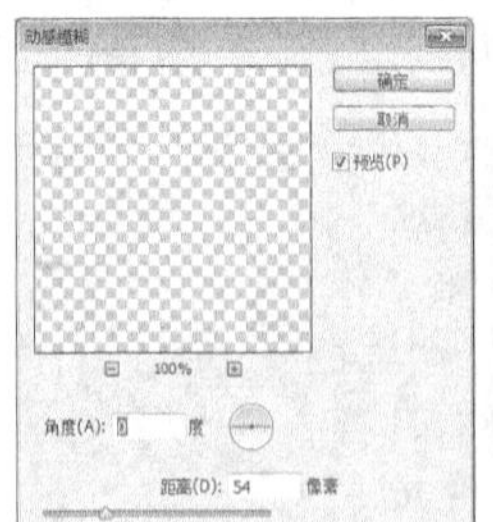

图14-30 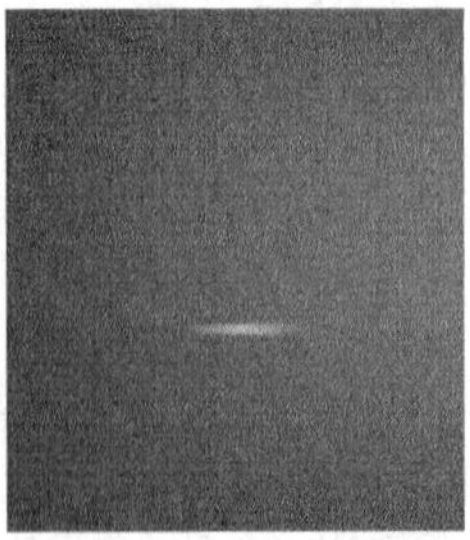 图14-31

06 在“图层”面板下方单击“添加图层样式”fx，然后在弹出的菜单中选择“内发光”命令，设置“不透明度”为100%，“发光颜色”为（R:226，G:167，B:42），“大小”为245像素，如图14-32所示，效果如图14-33所示。

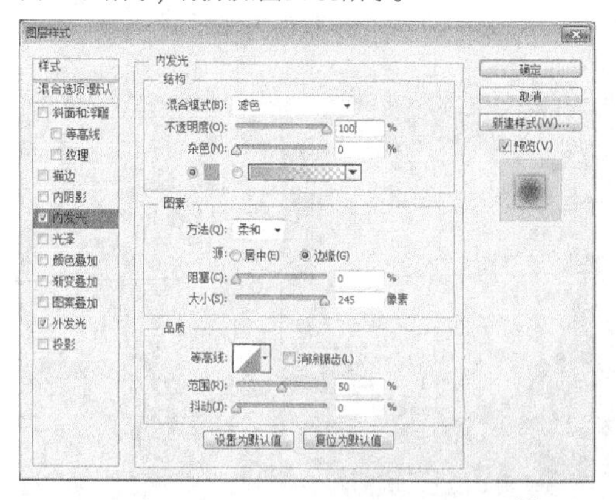

图14-32

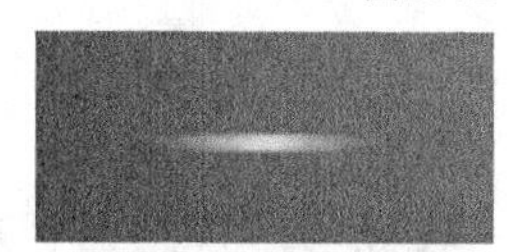

图14-33

07 单击左侧“外发光”命令，然后设置“不透明度”为84%，“发光颜色”为（R:242，G:99，B:12），“大小”为6像素，如图14-34所示，效果如图14-35所示。

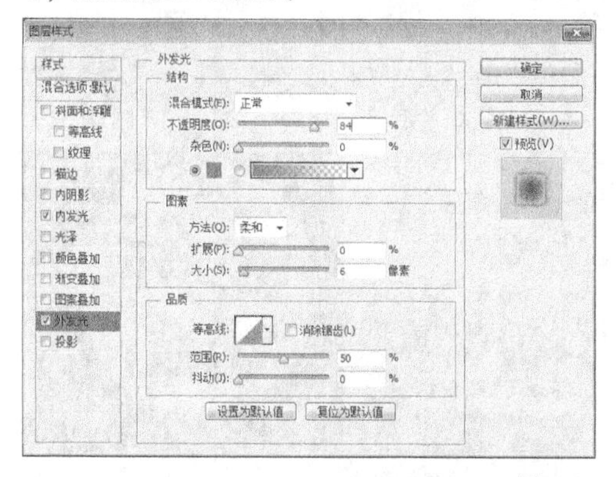

图14-34

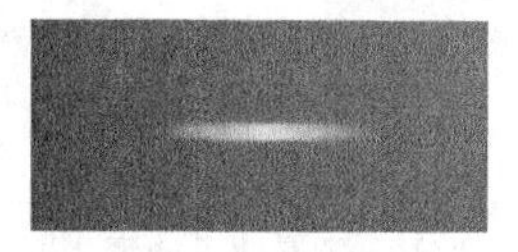

图14-35

08 按快捷键Ctrl+J复制出两个相同的图形，然后对其进行排列，效果如图14-36所示。

09 新建一个图层，设置前景色为（R:231，G:167，B:43），然后使用“椭圆选框工具”绘制合适的选区，并用前景色填充选区，最后复制出两个相同的圆形，效果如图14-37所示。

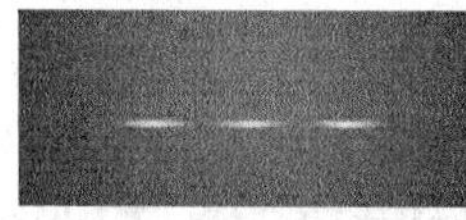

图14-36

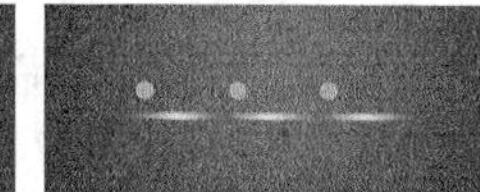

图14-37

10 设置前景色为白色，然后使用“横排文字工具”T在绘图区域输入相应文字，在输入文字时，注意区分文字的大小，效果如图14-38所示。

11 选择“圆角矩形工具”，然后在选项栏中设置“填充”颜色为（R:240，G:188，B:86），接着在画面中绘制3个相同大小的圆角矩形，效果如图14-39所示。

图14-38

图14-39

12 选择“横排文字工具”T，然后在相应的区域输入文字，效果如图14-40所示。

图14-40

13 选择“收藏送豪礼”文字图层，然后在“图层”面板下方单击“添加图层样式”fx，接着在弹出的菜单栏中选择“投影”命令，并在弹出的对话框中设置“不透明度”为61%，“距离”为4像素，“扩展”为3%，如图14-41所示，最终效果如图14-42所示。

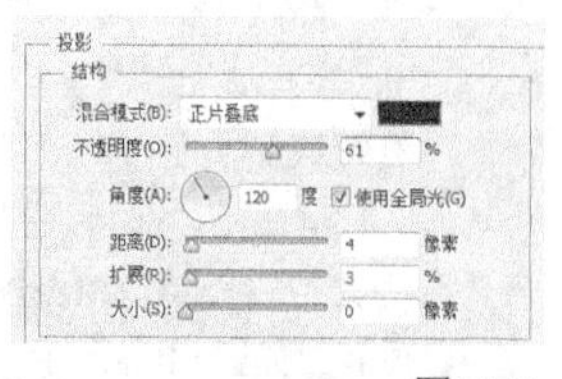

图14-41

图14-42

实例225 新品上市收藏区的设计

★★☆☆☆

视频文件：实例225 新品上市收藏区的设计.mp4
实例位置：实例文件>CH14>实例225.psd
素材位置：素材文件>CH14>225-1.jpg
学习目标：掌握新品上市收藏区的设计方法

本实例是为新品上市设计的收藏区，整个页面以新品展示为主，在页面中以白色的圆形来衬托文字，达到良好的视觉效果。本实例最终效果如图14-43所示，版式结构如图14-44所示。

图14-43

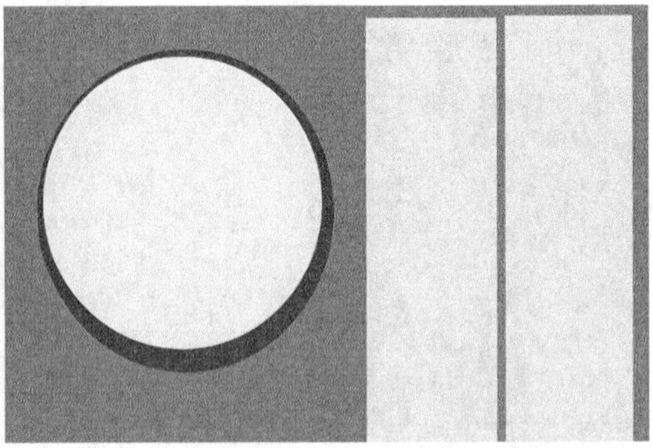

图14-44

01 按快捷键Ctrl+N新建一个文件，然后导入学习资源中的“素材文件>CH14>225-1.jpg”文件，如图14-45所示。

02 选择“椭圆工具”，然后在选项栏中设置“填充”颜色为黑色，接着在绘图区域绘制一个圆形，如图14-46所示。

图14-45

图14-46

03 设置该形状图层的“不透明度”为66%，如图14-47所示，然后在选项栏中将“填充”颜色更改为白色，接着在绘图区域绘制一个圆形，并调整好位置，如图14-48所示。

图14-47

图14-48

04 选择“横排文字工具”，然后设置文字“颜色”为（R:132，G:38，B:54），接着在相应的区域输入文字，效果如图14-49所示。

05 选择“矩形工具”，然后在圆形内绘制3个大小不一的矩形，如图14-50所示。

图14-49

图14-50

06 选择“自定义形状工具”，然后在选项栏中设置“形状”为“标志3”，如图14-51所示，接着在文字旁绘制一个三角形，效果如图14-52所示。

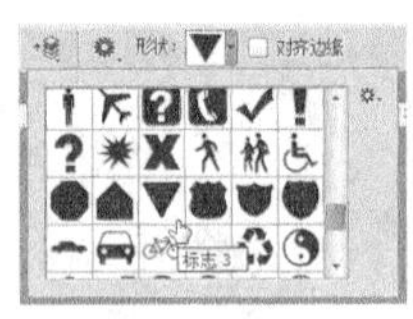

图14-51

图14-52

07 使用“横排文字工具”在矩形框中输入相关文字，最终效果如图14-53所示。

图14-53

优惠促销收藏区的设计

视频文件：实例226 优惠促销收藏区的设计.mp4
实例位置：实例文件>CH14>实例226.psd
素材位置：素材文件>CH14>226-1.jpg、226-2.png~226-4.png
学习目标：掌握优惠促销收藏区的设计方法

本实例是为优惠促销设计收藏区，为了能够将活动的火热程度体现出来，在页面中添加了红包等元素作为点缀，并且将“收藏”文字以独特的手法表现出来。本实例最终效果如图14-54所示，版式结构如图14-55所示。

图14-54

图14-55

01 按快捷键Ctrl+N新建一个文件，然后导入学习资源中的“素材文件>CH14>226-1.jpg”文件，如图14-56所示。

02 选择“矩形工具”，然后在选项栏中设置“填充”颜色为（R:226，G:5，B:34），并在画面中绘制出一个矩形，接着选择“自定义形状工具”，在选项栏中设置“形状”为“标志3”，并调整三角形的角度，效果如图14-57所示。

图14-56

图14-57

03 选择“自定义形状工具”，然后将“填充”颜色改为白色，接着继续绘制一个三角形，效果如图14-58所示。

图14-58

04 选择该形状图层，在“图层”面板下方单击“添加图层样式”，然后在弹出的菜单中选择“渐变叠加”命令，在“渐变叠加”对话框里选择“渐变”，然后打开渐变编辑器，设置第1个色标的颜色为（R:254，G:20，B:20），第2个色标的颜色为（R:252，G:57，B:57），如图14-59和图14-60所示。

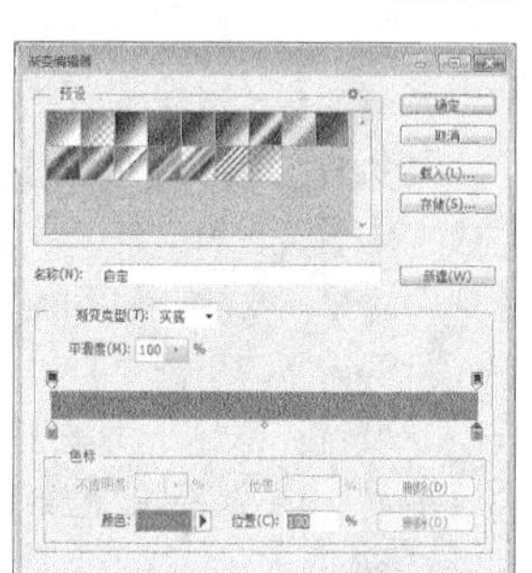

图14-59

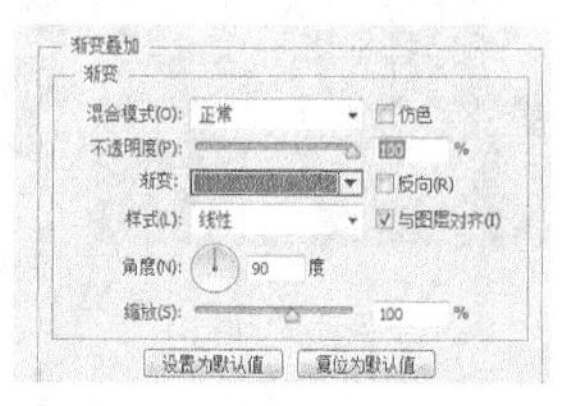

图14-60

05 单击左侧的“投影”命令，在对话框中设置投影颜色为（R:223，G:6，B:35），“距离”为10像素，“大小”为10像素，具体参数设置如图14-61所示，效果如图14-62所示。

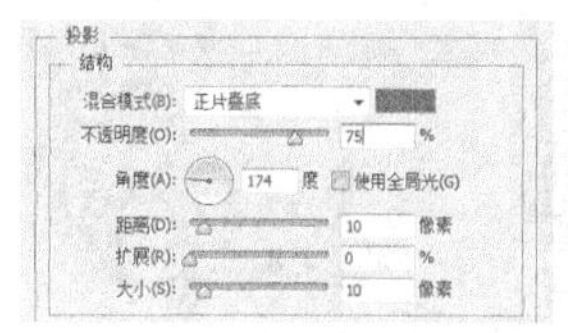

图14-61

图14-62

06 按快捷键Ctrl+J复制出一个副本图层，然后按快捷键Ctrl+T进入自由变换模式，单击鼠标右键，在弹出菜单中选择“水平翻转”命令，如图14-63所示，效果如图14-64所示。

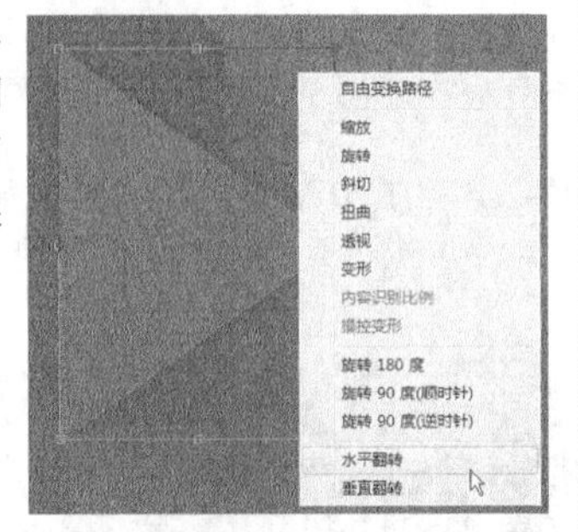

图14-63

图14-64

07 继续按快捷键Ctrl+J复制出一个副本图层，然后按快捷键Ctrl+T进入自由变换模式，单击鼠标右键，在弹出菜单中选择“旋转90度（顺时针）”命令，效果如图14-65所示。

08 导入学习资源中的“素材文件>CH14>226-2.png”文件，然后将新生成的图层命名为“素材1”，接着适当调整素材的位置与大小，如图14-66所示。

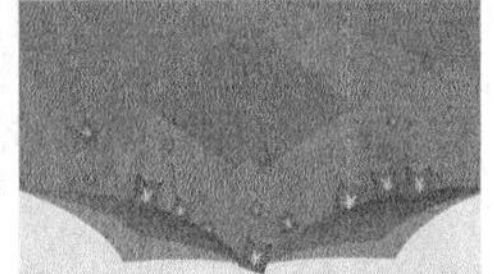

图14-65　　图14-66

09 设置前景色为（R:234，G:255，B:0），使用“横排文字工具” 在矩形框中输入“收藏”文字（字体：微软雅黑），如图14-67所示。

10 导入学习资源中的“素材文件>CH14>226-3.png”文件，然后适当调整素材的角度，并放在文字的右上角，如图14-68所示。

图14-67　　图14-68

11 在“图层”面板下方单击“添加图层样式” ，然后在弹出的菜单中选择“投影”命令，设置“不透明度”为38%，“距离”为23像素，“扩展”为17%，“大小”为2像素，如图14-69所示，效果如图14-70所示。

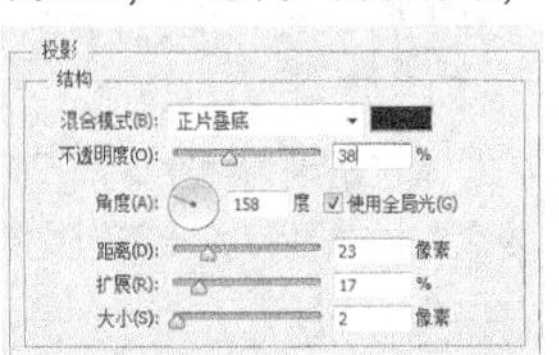

图14-69

图14-70

12 导入学习资源中的“素材文件>CH14>226-4.png”文件，然后调整移动至画面的下方，如图14-71所示。

图14-71

13 使用“横排文字工具” 在绘图区域输入相关文字，并设置合适的文字大小，最终效果如图14-72所示。

图14-72

第15章 客服区的设计

本章关键实例导航

实例 227 ★★☆☆☆

素雅风格客服区的设计

视频文件：实例227 素雅风格客服区的设计.mp4
实例位置：实例文件>CH15>实例227.psd
素材位置：素材文件>CH15>227-1.jpg、227-2.png
学习目标：掌握素雅风格客服区的设计方法

本实例设计的是素雅风格的客服区，主要目的是让顾客轻易地找到客服，从而解决疑惑，提升顾客的咨询兴趣。本实例最终效果如图15-1所示，版式结构如图15-2所示。

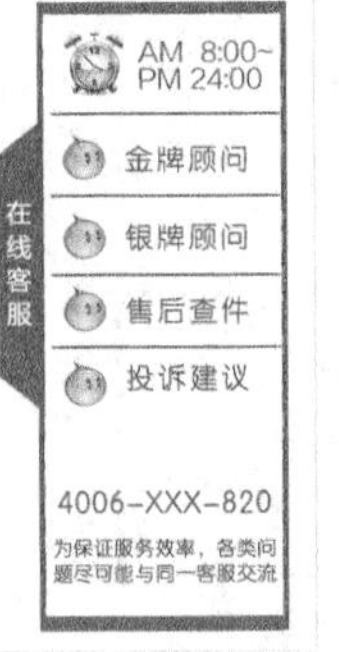

图15-1

图15-2

01 按快捷键Ctrl+N新建一个文件，然后设置前景色为（R:0，G:100，B:62），接着用前景色填充“背景”图层，如图15-3所示。

02 在工具箱中选择“钢笔工具”，然后绘制一个不规则形状的路径，并使用前景色填充该路径，如图15-4所示。

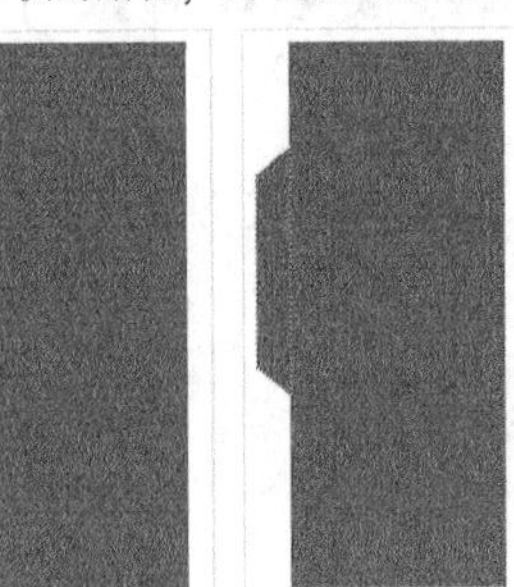

图15-3　　图15-4

03 选择“矩形工具”，然后在选项栏中设置“填充”颜色为白色，接着在绿色矩形的上方绘制另一个矩形，如图15-5所示。

04 选择“直线工具”，然后在图像中绘制出合适的直线，效果如图15-6所示。

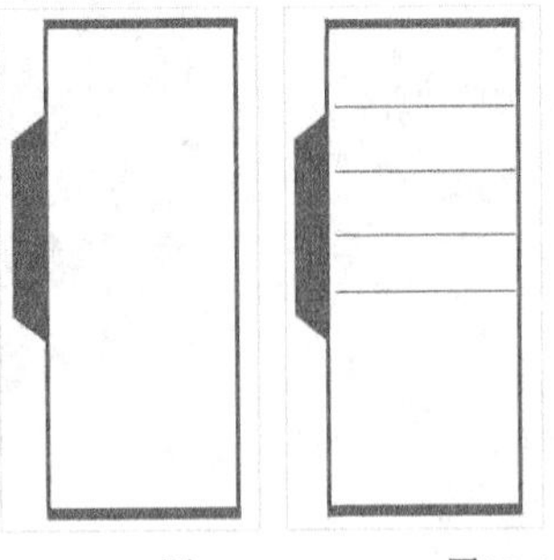

图15-5　　图15-6

05 导入学习资源中的“素材文件>CH15>227-1.jpg”文件，然后将其移动至画面的右上角，效果如图15-7所示。

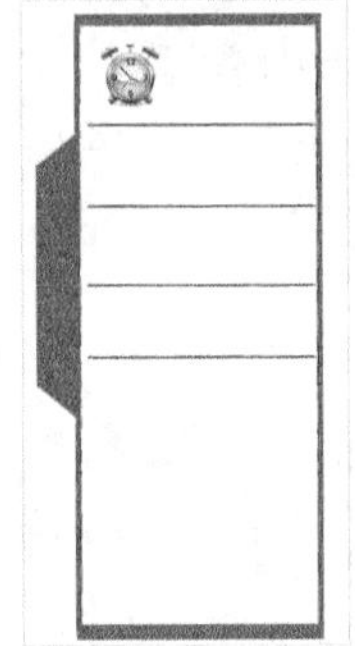

图15-7

06 选择“横排文字工具”，然后在选项栏中选择合适的颜色与字体，接着在绘图区域输入相关信息，效果如图15-8所示。

07 导入学习资源中的“素材文件>CH15>227-2.png”文件，然后按快捷键Ctrl+J复制出多个副本图层，并调整素材的位置，最终效果如图15-9所示。

图15-8

图15-9

实例 228 ★★☆☆☆

简约风格客服区的设计

- 视频文件：实例228 简约风格客服区的设计.mp4
- 实例位置：实例文件>CH15>实例228.psd
- 素材位置：素材文件>CH15>228-1.png~228-3.png
- 学习目标：掌握简约风格客服区的设计方法

本实例设计的是简约风格的客服区，页面中整齐排列出客服的名称，目的是体现店铺的专业性，从而突出该店铺的服务品质，同时也便于顾客及时联系到客服人员。本实例最终效果如图15-10所示，版式结构如图15-11所示。

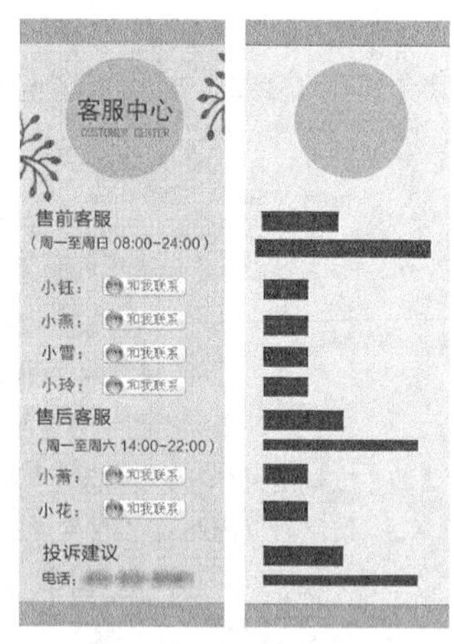

图15-10　图15-11

01 按快捷键Ctrl+N新建一个文件，然后设置前景色为（R:218，G:193，B:166），接着用前景色填充"背景"图层，如图15-12所示。

02 导入学习资源中的"素材文件>CH15>228-1.png"文件，然后设置该素材图层的"不透明度"为65%，效果如图15-13所示。

03 选择"矩形工具"，然后在选项栏中设置"填充"颜色为（R:132，G:194，B:72），接着在画面上方绘制一个矩形，如图15-14所示。

图15-12　图15-13　图15-14

04 选择"椭圆工具"，然后在选项栏中设置"填充"颜色为（R:168，G:202，B:118），接着在画面中绘制一个圆形，如图15-15所示。

05 导入学习资源中的"素材文件>CH15>228-2.png"文件，然后使用"移动工具"将素材放到合适的位置，效果如图15-16所示。

图15-15　图15-16

06 按快捷键Ctrl+J复制出一个副本图层，然后按快捷键Ctrl+T进入自由变换模式，单击鼠标右键，在弹出的菜单栏中选择"水平翻转"命令，如图15-17所示。

07 使用"横排文字工具"在绘图区域输入相关信息，效果如图15-18所示。

08 导入学习资源中的"素材文件>CH15>228-3.png"文件，然后按快捷键Ctrl+J复制出多个副本图层，并调整好素材的位置，最终效果如图15-19所示。

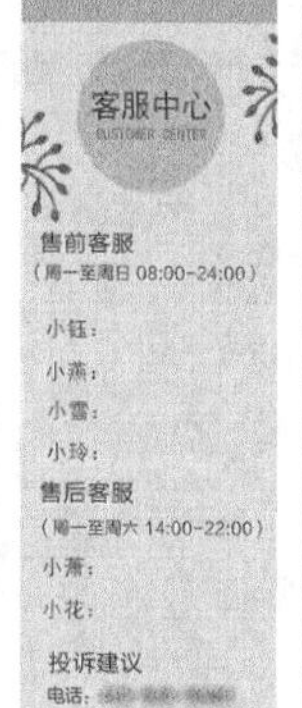

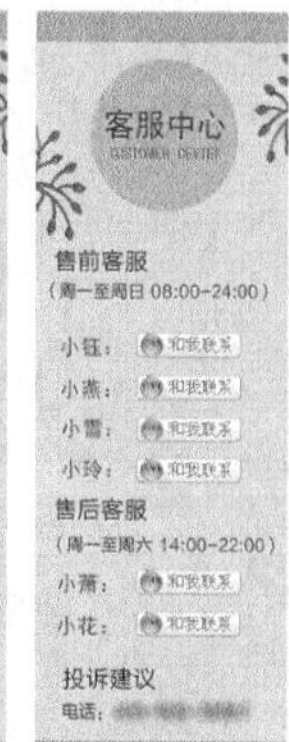

图15-17　图15-18　图15-19

实例

229 暗红色调客服区的设计

★★☆☆☆

视频文件：实例229 暗红色调客服区的设计.mp4　　实例位置：实例文件>CH15>实例229.psd

素材位置：素材文件>CH15>229-1.png、228-3.png　　学习目标：掌握暗红色调客服区的设计方法

本实例设计的是暗红色调的客服区，在设计时，将文字和图片组合在一起营造出一种专业的氛围。本实例最终效果如图15-20所示，版式结构如图15-21所示。

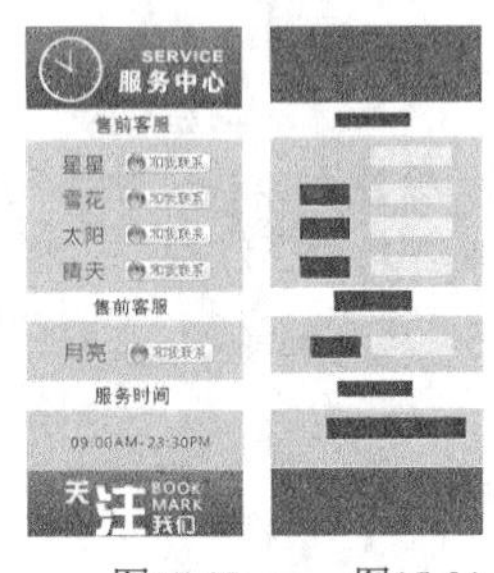

图15-20　图15-21

01 按快捷键Ctrl+N新建一个文件，然后设置前景色为（R:255，G:200，B:200），接着用前景色填充“背景”图层，如图15-22所示。

02 选择“矩形工具”，然后在选项栏中设置“填充”颜色为白色，接着在画面下方绘制一个矩形，如图15-23所示。

图15-22　图15-23

03 在“图层”面板下方单击“添加图层样式”，然后在弹出的菜单中选择“渐变叠加”命令，在“渐变叠加”对话框中选择“渐变”，然后打开渐变编辑器，设置第1个色标的颜色为（R:144，G:0，B:0），第2个色标的颜色为（R:196，G:0，B:0），如图15-24所示，参数设置如图15-25所示，效果如图15-26所示。

图15-24

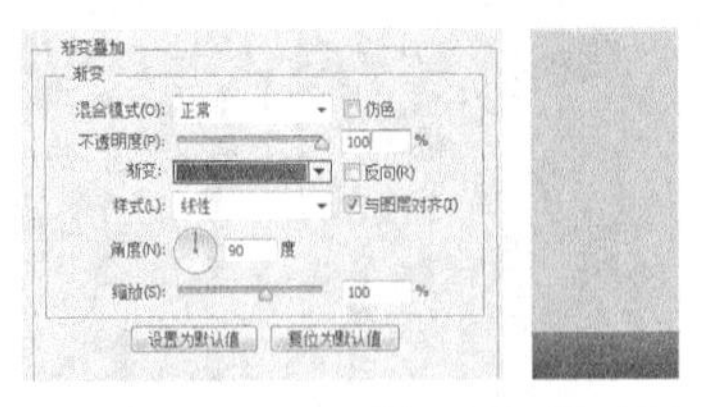

图15-25　图15-26

04 按快捷键Ctrl+J复制出一个副本图层，然后使用“移动工具”将该图形移动到画面的上方，效果如图15-27所示。

05 导入学习资源中的“素材文件>CH15>229-1.png”文件，然后将素材移动至画面的左上角，接着使用“横排文字工具”在绘图区域输入相关信息，效果如图15-28所示。

06 选择“矩形工具”，然后在绘图区域绘制出3个相同大小的矩形，如图15-29所示。

07 选择“横排文字工具”，然后在选项栏中设置文字“颜色”为黑色，接着在绘图区域输入相关信息，效果如图15-30所示。

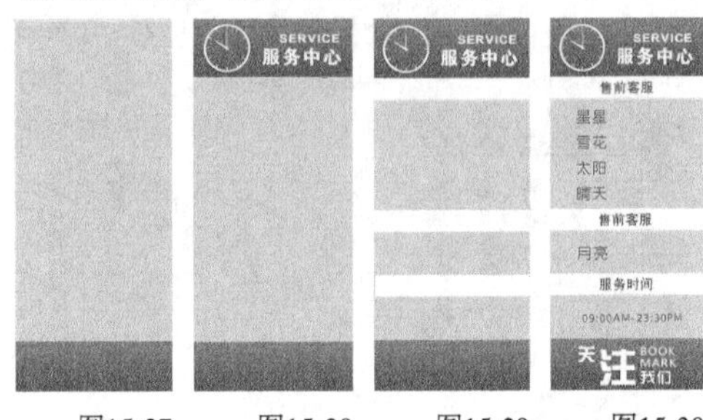

图15-27　图15-28　图15-29　图15-30

08 导入学习资源中的素材文件，然后按快捷键Ctrl+J复制出多个副本图层，并调整好素材的位置，最终效果如图15-31所示。

技巧与提示

文件位置：“素材文件>CH15>228-3.png”，此处就不另外保存了，可以直接使用。

图15-31

可爱风格客服区的设计

视频文件：实例230 可爱风格客服区的设计.mp4

实例位置：实例文件>CH15>实例230.psd

素材位置：素材文件>CH15>230-1.jpg、230-2.png、230-3.jpg

学习目标：掌握可爱风格客服区的设计方法

本实例设计的是可爱风格的客服区，在设计中运用了大量的卡通形象替代客服标识，可以很好地拉近客服与顾客的距离，显得格外亲切自然。本实例最终效果如图15-32所示，版式结构如图15-33所示。

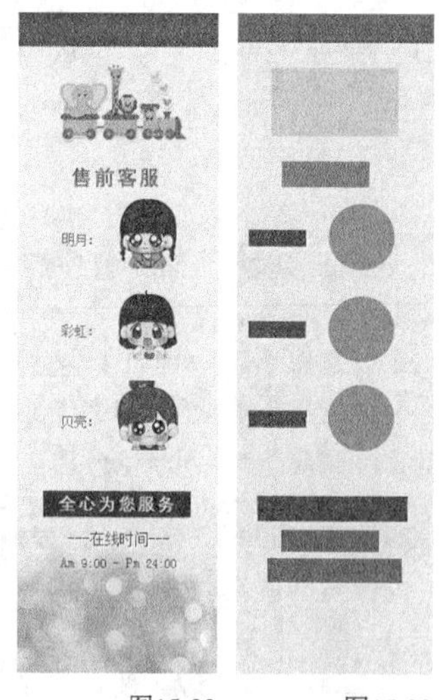

图15-32　　图15-33

01 按快捷键Ctrl+N新建一个文件，然后设置前景色为（R:243，G:236，B:220），接着用前景色填充“背景”图层，如图15-34所示。

02 导入学习资源中的“素材文件>CH15>230-1.jpg”文件，然后设置该素材图层的“不透明度”为39%，效果如图15-35所示。

图15-34　　图15-35

03 在“图层”面板下方单击“添加图层蒙版”按钮，为“素材1”图层添加一个“图层蒙版”，如图15-36所示，然后使用“矩形选框工具”绘制一个矩形选区，如图15-37所示，接着使用“渐变工具”从上到下为选区填充“黑色到白色渐变”，效果如图15-38所示。

图15-36

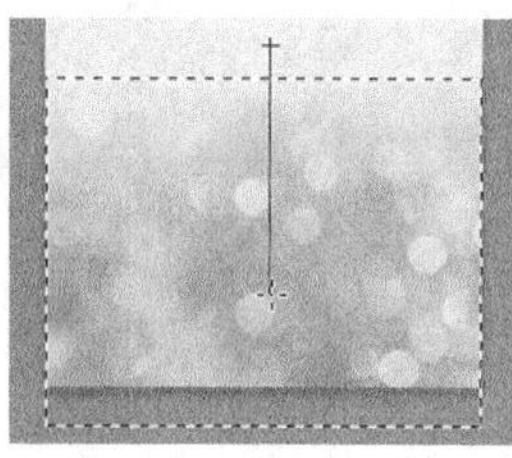

图15-37　　图15-38

04 继续使用“矩形选框工具”在画面上方绘制一个矩形选区，如图15-39所示。

图15-39

05 选择“渐变工具”，在渐变编辑器设置第1个色标的颜色为（R:73，G:56，B:58），第2个色标的颜色为（R:117，G:101，B:103），第3个色标的颜色为（R:73，G:56，B:58），最后使用径向渐变为选区填充渐变色，效果如图15-40所示。

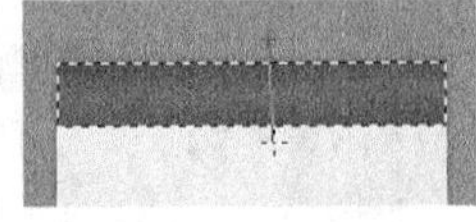

图15-40

06 导入学习资源中的“素材文件>CH15>230-2.png”文件，然后适当调整素材的位置，效果如图15-41所示。

07 选择“横排文字工具”，然后在选项栏中选择合适的颜色与字体，接着在绘图区域输入相关信息，效果如图15-42所示。

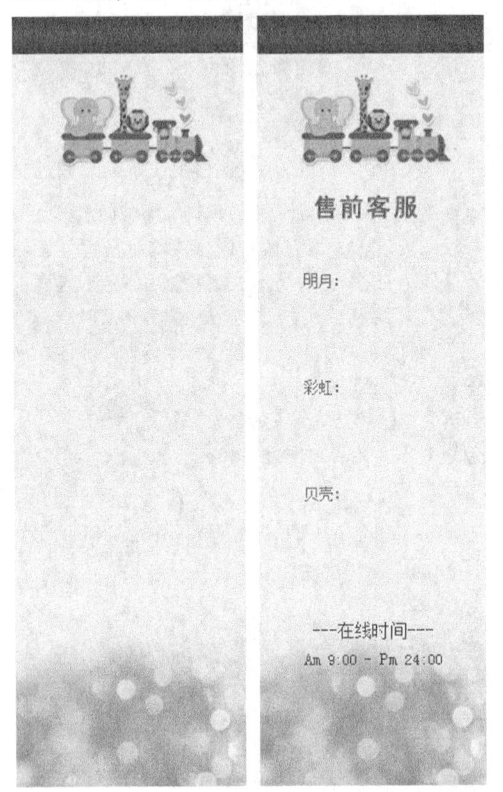

图15-41　　图15-42

08 导入学习资源中的“素材文件>CH15>230-3.jpg”文件，然后设置该素材图层的“混合模式”为“正片叠底”，效果如图15-43所示。

09 选择“矩形工具”，然后在选项栏中设置“填充”颜色为黑色，接着在绘图区域绘制一个矩形，如图15-44所示。

图15-43　　图15-44

10 继续使用“横排文字工具”在绘图区域输入相关信息，最终效果如图15-45所示。

图15-45

卡通风格客服区的设计

视频文件：实例231 卡通风格客服区的设计.mp4
实例位置：实例文件>CH15>实例231.psd
素材位置：素材文件>CH15>231-1.png、231-2.png
学习目标：掌握卡通风格客服区的设计方法

本实例设计的是卡通风格的客服区，独特的形状设计和明亮的橘黄色，不仅加深顾客对店铺的印象，而且给人专业的感觉。本实例最终效果如图15-46所示，版式结构如图15-47所示。

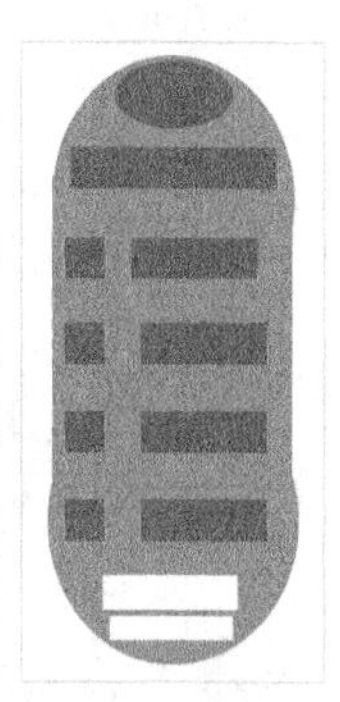

图15-46　图15-47

01 按快捷键Ctrl+N新建一个文件，然后选择“椭圆工具”，接着在选项栏中设置“填充”颜色为（R:253，G:154，B:41），最后在图像中绘制一个圆形，效果如图15-48所示。

图15-48

02 继续使用“椭圆工具”在绘图区域绘制一个椭圆形，效果如图15-49所示。

03 选择“矩形工具”，然后在选项栏中设置“填充”颜色为（R:252，G:101，B:0），接着在绘图区域绘制一个矩形，如图15-50所示。

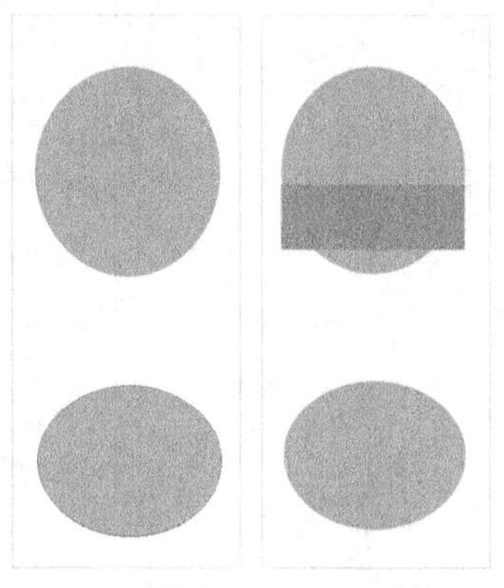

图15-49　图15-50

04 在工具箱中选择“钢笔工具”，然后绘制一个不规则形状的路径，如图15-51所示。

05 新建一个图层，然后设置前景色为（R:116，G:47，B:1），接着使用前景色填充该路径，如图15-52所示。

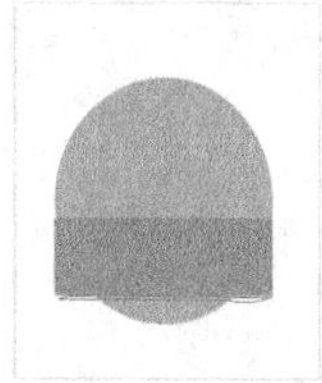

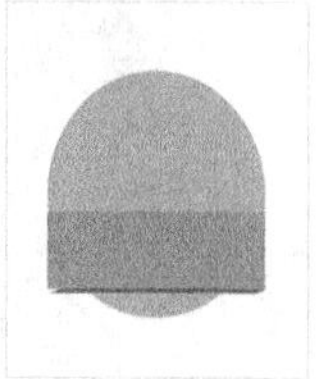

图15-51　图15-52

06 使用相同的方法制作多个矩形及阴影效果，如图15-53所示。

07 选择“横排文字工具”，然后在选项栏中设置文字“颜色”为（R:251，G:231，B:28），接着在绘图区域输入相关信息，效果如图15-54所示。

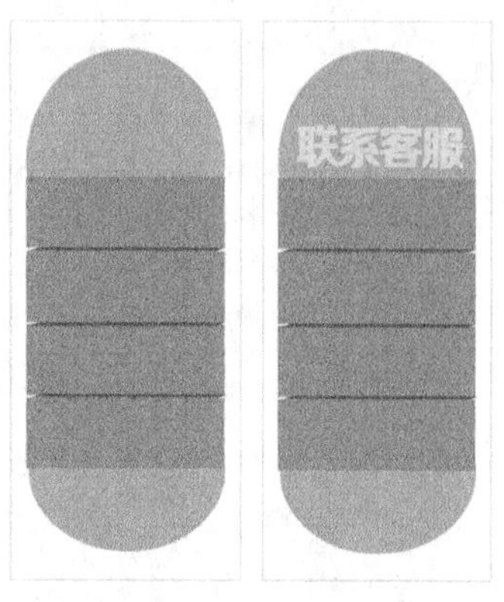

图15-53　图15-54

08 在“图层”面板下方单击“添加图层样式”[fx.]，然后在弹出的菜单中选择“描边”命令，在弹出的“描边”对话框里设置“颜色”为（R:252，G:101，B:0），“大小”为1像素，如图15-55所示。

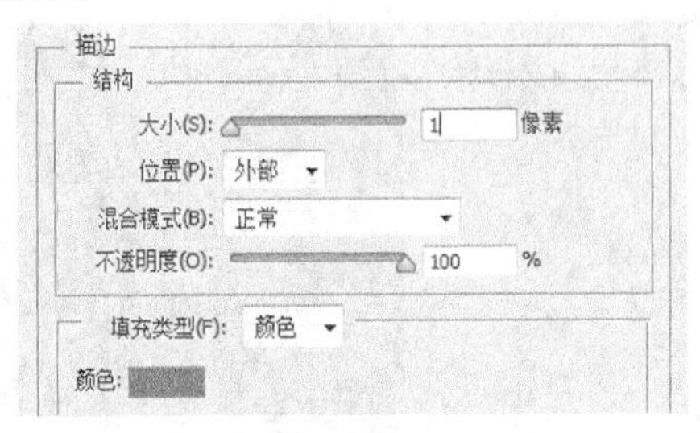

图15-55

09 单击左侧的“渐变叠加”命令，然后打开渐变编辑器，设置第1个色标的颜色为（R:255，G:205，B:7），第2个色标的颜色为（R:254，G:247，B:140），如图15-56和图15-57所示。

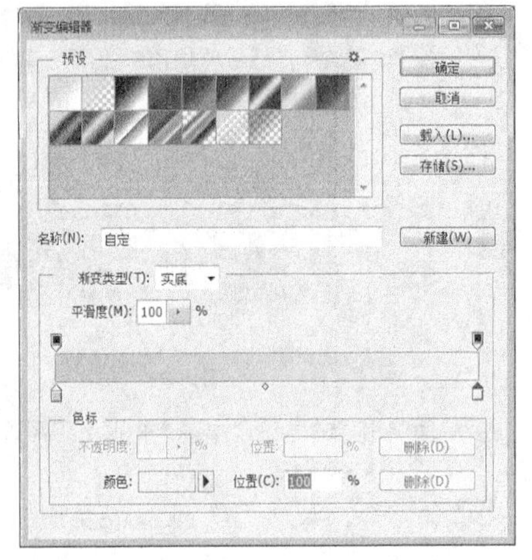

图15-56

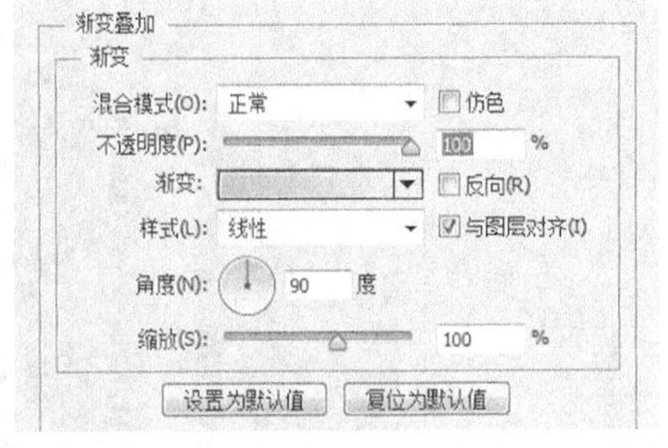

图15-57

10 单击左侧的“投影”命令，在“投影”对话框中设置“距离”为2像素，“大小”为3像素，具体参数设置如图15-58所示，效果如图15-59所示。

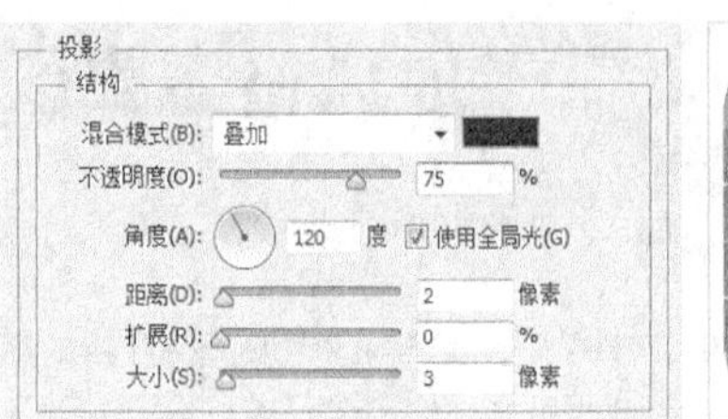

图15-58 图15-59

11 导入学习资源中的“素材文件>CH15>231-1.png”文件，然后适当调整素材的位置，效果如图15-60所示。

12 选择“横排文字工具”[T]，然后在选项栏中选择合适的颜色与字体，接着在绘图区域输入相关信息，效果如图15-61所示。

图15-60 图15-61

13 导入学习资源中的“素材文件>CH15>231-2.png”文件，然后按快捷键Ctrl+J复制出多个副本图层，并调整好素材的位置，最终效果如图15-62所示。

图15-62

第16章 分类引导页面的设计

本章关键实例导航

家具类分类引导页面的设计

- 视频文件：实例232 家具类分类引导页面的设计.mp4
- 实例位置：实例文件>CH16>实例232.psd
- 素材位置：素材文件>CH16>232-1.jpg~232-5.jpg
- 学习目标：掌握家具类分类引导页面的设计方法

本实例是为家具类设计的分类引导页面，必要的地方设计了留白，视觉效果简洁，画面统一。本实例最终效果如图16-1所示，版式结构如图16-2所示。

图16-1

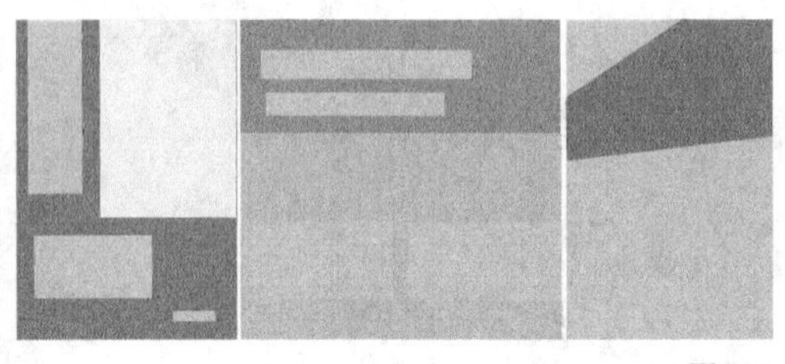

图16-2

01 按快捷键Ctrl+N新建一个文件，然后导入学习资源中的“素材文件>CH16>232-1.jpg”文件，接着将该图片移动至画面的左方，效果如图16-3所示。

图16-3

02 选择“矩形工具”，然后在选项栏中设置“填充”为黑色，“描边”为白色，“描边宽度”为3点，如图16-4所示，接着在绘图区域绘制合适的矩形，如图16-5所示。

图16-4

图16-5

03 导入学习资源中的“素材文件>CH16>232-2.jpg”文件，然后将其设置为“矩形1”图层的剪切蒙版，如图16-6所示，效果如图16-7所示。

图16-6

图16-7

04 分别导入学习资源中的“素材文件>CH16>232-3.jpg、232-4.jpg”文件，然后分别调整图层的位置，效果如图16-8所示。

图16-8

05 选择“矩形工具”，然后在选项栏中设置“填充”为（R:169，G:107，B:79），接着在绘图区域绘制合适的矩形，如图16-9所示。

图16-9

06 新建一个“网格”图层，然后设置前景色为（R:255，G:249，B:182），接着使用“矩形选框工具”绘制一个合适的选区，并使用前景色填充选区，如图16-10所示。

图16-10

07 设置“网格”图层的“混合模式”为“正片叠底”，“不透明度”为40%，如图16-11所示。

图16-11

08 执行“图层>图层样式>图案叠加”菜单命令，打开“图层样式”对话框，然后设置“不透明度”为78%，“图案”为“纱布”，如图16-12所示，效果如图16-13所示。

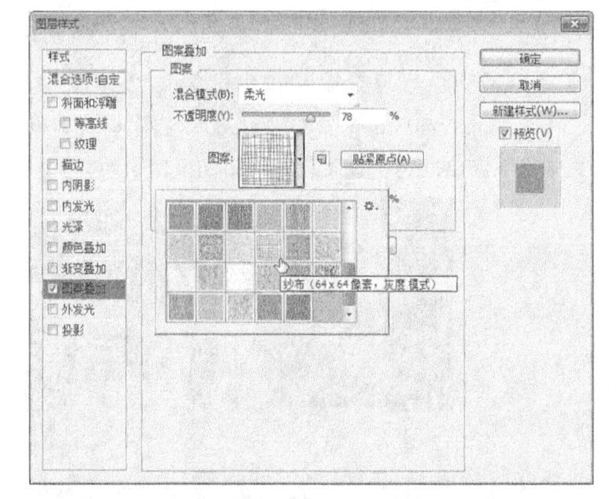

图16-12

图16-13

09 新建一个图层，然后使用“钢笔工具”绘制一个合适的路径，接着使用白色填充该路径，效果如图16-14所示。

图16-14

10 导入学习资源中的“素材文件>CH16>232-5.jpg”文件，然后将素材文件设置为图层的剪切蒙版，效果如图16-15所示。

图16-15

11 新建一个图层，然后使用“矩形选框工具”绘制一个合适的选区，并使用黑色填充选区，接着设置该图层的“不透明度”为60%，如图16-16所示。

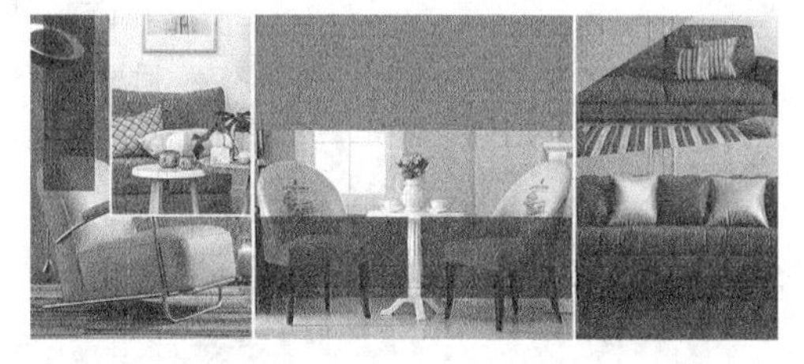

图16-16

12 选择“横排文字工具”，然后在相应的区域输入合适的文字，效果如图16-17所示。

图16-17

技巧与提示

输入文字时，需注意文字的横向与纵向排列。

13 选择“直线工具”，然后在图像中绘制合适的直线来装饰文字，最终效果如图16-18所示。

图16-18

实例233 体育用品分类引导页面的设计

★★☆☆☆

视频文件：实例233 体育用品分类引导页面的设计.mp4
实例位置：实例文件>CH16>实例233.psd
素材位置：素材文件>CH16>233-1.jpg~233-3.jpg
学习目标：掌握体育用品分类引导页面的设计方法

本实例是为体育用品设计的分类引导页面，通过对商品的分类，以不同色块进行设计，饱和度较高的颜色营造出活泼跳跃的页面氛围。本实例最终效果如图16-19所示，版式结构如图16-20所示。

图16-19

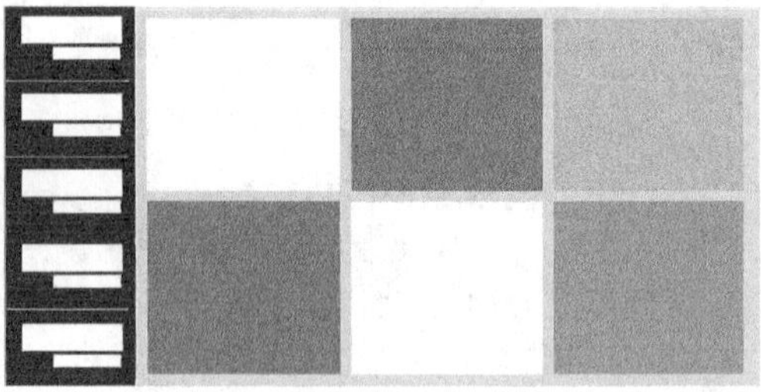

图16-20

01

按快捷键Ctrl+N新建一个文件，然后设置前景色为（R:216，G:217，B:222），接着用前景色填充“背景”图层，如图16-21所示。

图16-21

02

执行“视图>标尺”菜单命令，然后在显示的标尺区域拉出参考线，如图16-22所示。

图16-22

03

使用“矩形工具”在画面中绘制若干个矩形，并填充合适的颜色，效果如图16-23所示。

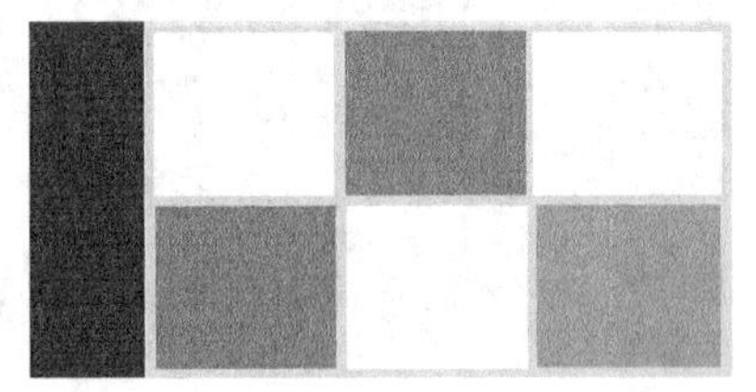

图16-23

04

分别导入学习资源中的“素材文件>CH16>233-1.jpg~233-3.jpg”文件，然后分别将素材文件设置为形状图层的剪切蒙版，效果如图16-24所示。

图16-24

05

选择“横排文字工具”，在相应的区域输入文字，效果如图16-25所示。

图16-25

06

选择“直线工具”，然后在图像中绘制出合适的直线，以此来装饰文字，最终效果如图16-26所示。

图16-26

头饰分类引导页面的设计

»视频文件：实例234 头饰分类引导页面的设计.mp4　»实例位置：实例文件>CH16>实例234.psd
»素材位置：素材文件>CH16>234-1.jpg~234-5.jpg　»学习目标：掌握头饰分类引导页面的设计方法

本实例是为女性头饰设计的分类引导页面，通过不规则的排版设计，让顾客在浏览店铺时，及时收集到商品信息。本实例最终效果如图16-27所示，版式结构如图16-28所示。

图16-27

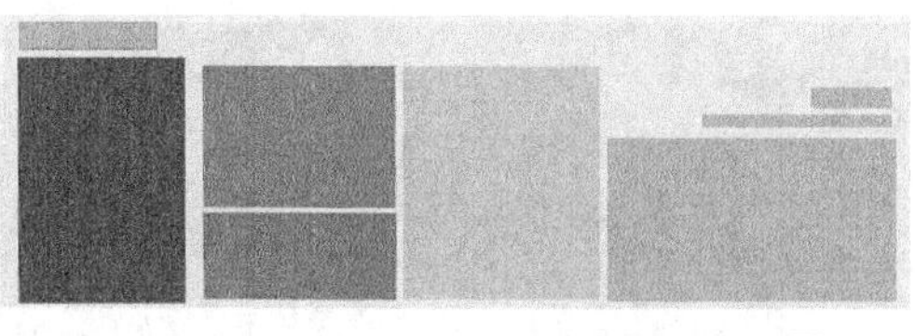

图16-28

01 按快捷键Ctrl+N新建一个文件，然后设置前景色为（R:238，G:227，B:214），接着用前景色填充“背景”图层，如图16-29所示。

02 选择“矩形工具”，然后在选项栏中设置“填充”为（R:147，G:147，B:147），接着在绘图区域绘制若干个矩形，如图16-30所示。

图16-29　图16-30

03 分别导入学习资源中的“素材文件>CH16>234-1.jpg ~234-5.jpg”文件，然后分别将素材文件设置为形状图层的剪切蒙版，效果如图16-31所示。

04 选择“横排文字工具”，在相应的区域输入文字，效果如图16-32所示。

图16-31

图16-32

05 选择“矩形工具”，然后在选项栏中设置“填充”为（R:138，G:135，B:135），接着在“点击了解”文字图层的下方绘制一个矩形，如图16-33所示。

06 选择“直线工具”，然后在图像中绘制合适的直线来装饰画面，最终效果如图16-34所示。

图16-33

图16-34

实例 235 ★★★☆☆

女装分类引导页面的设计

视频文件：实例235 女装分类引导页面的设计.mp4
实例位置：实例文件>CH16>实例235.psd
素材位置：素材文件>CH16>235-1.jpg~235-4.jpg
学习目标：掌握女装分类引导页面的设计方法

本实例是为女装设计的分类引导页面，使用店铺内不同款的商品进行设计，通过调整色块的透明度，来增加页面的层次感。本实例最终效果如图16-35所示，版式结构如图16-36所示。

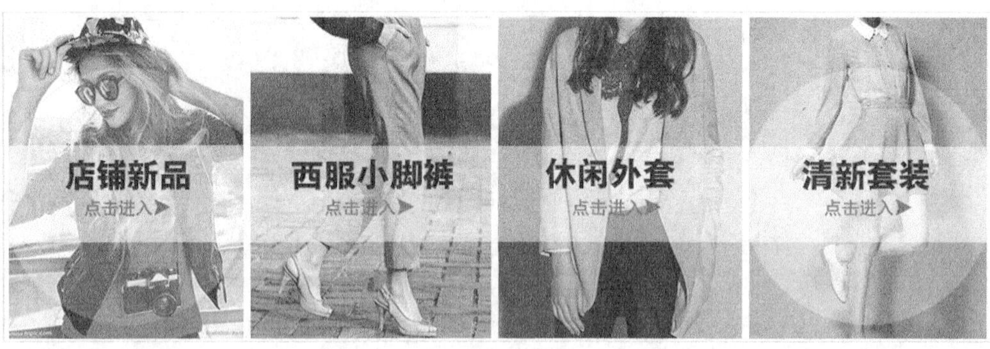

图16-35

图16-36

01 按快捷键Ctrl+N新建一个文件，然后执行“视图>标尺”菜单命令，并在显示的标尺区域拉出参考线，选择“矩形工具”，并在选项栏中设置“填充”为（R:191，G:152，B:111），接着在绘图区域绘制4个相同大小的矩形，如图16-37所示。

图16-37

02 分别导入学习资源中的“素材文件>CH16>235-1.jpg~235-4.jpg”文件，然后分别将素材文件设置为形状图层的剪切蒙版，效果如图16-38所示。

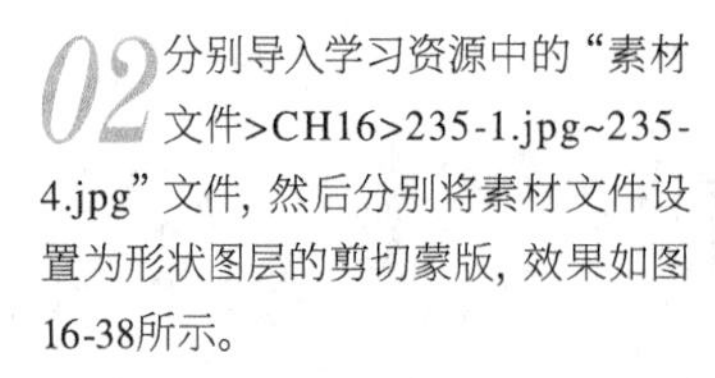

图16-38

03 选择“椭圆工具”，然后在选项栏中设置“填充”为白色，接着在图像中绘制一个圆形，并设置该形状图层的“不透明度”为34%，效果如图16-39所示。

图16-39

04 按快捷键Ctrl+J复制形状图层得到一个副本图层，然后将其移动到画面的右方，效果如图16-40所示。

图16-40

05 使用“矩形工具”在画面左侧绘制一个矩形，然后设置该图层的“不透明度”为65%，如图16-41所示。

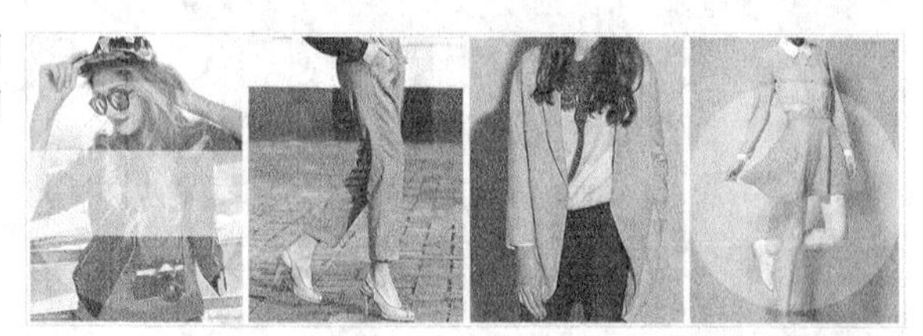

图16-41

06 按快捷键Ctrl+J复制矩形图层得到3个副本图层，调整形状的位置，效果如图16-42所示。

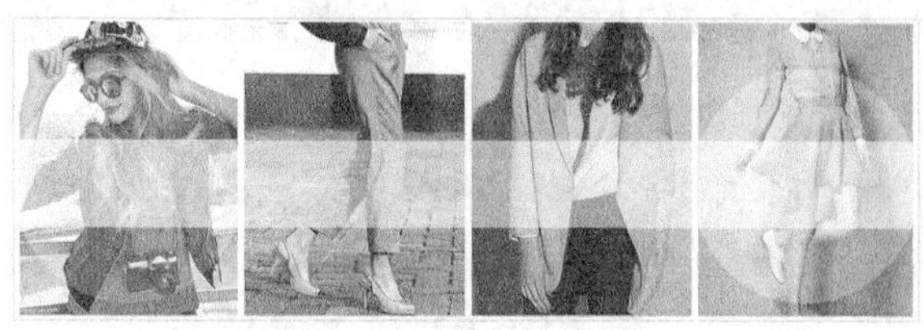

图16-42

07 选择“横排文字工具”，然后在相应的区域输入文字，效果如图16-43所示。

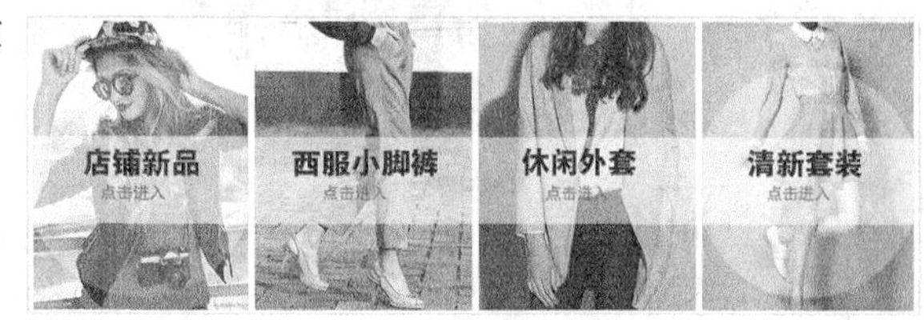

图16-43

08 选择“自定义形状工具”，然后在选项栏中设置“形状”为“箭头6”，如图16-44所示，接着在文字旁绘制一个三角形，最终效果如图16-45所示。

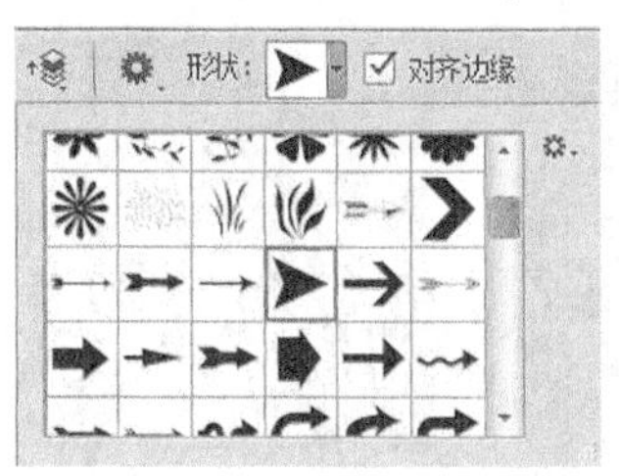

图16-44

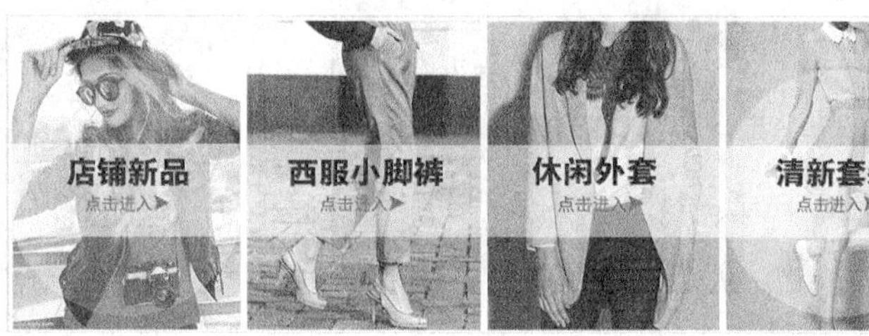

图16-45

实例236 数码产品分类引导页面的设计

★★☆☆☆

视频文件：实例236 数码产品分类引导页面的设计.mp4
实例位置：实例文件>CH16>实例236.psd
素材位置：素材文件>CH16>236-1.png~236-5.png
学习目标：掌握数码产品分类引导页面的设计方法

本实例是为数码产品设计的分类引导页面，使用不同的色块营造出多彩的页面氛围，同时将关键的商品信息在页面中表现出来，在顾客购物中起到良好的引导作用。本实例最终效果如图16-46所示，版式结构如图16-47所示。

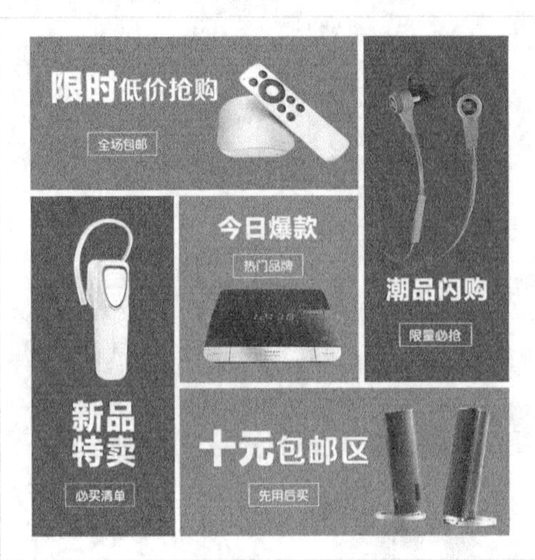

图16-46

图16-47

01 按快捷键Ctrl+N新建一个文件，然后使用“矩形工具” 在画面中规划好设计区域，如图16-48所示。

图16-48

技巧与提示

每个形状的图形颜色参考图，如图16-49所示。

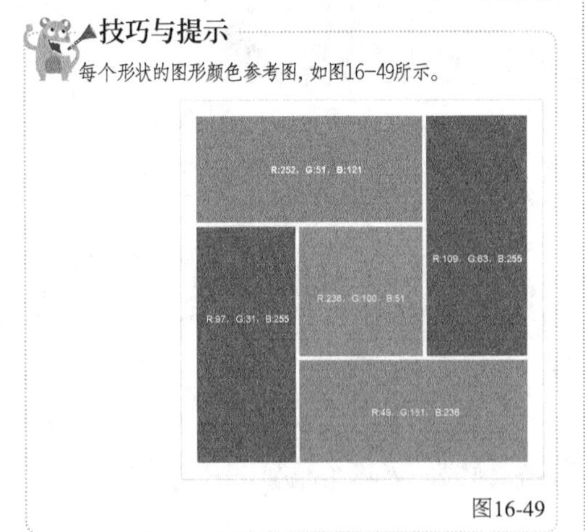

图16-49

02 分别导入学习资源中的“素材文件>CH16>236-1.png~236-5.png”文件，然后分别调整好素材的位置，效果如图16-50所示。

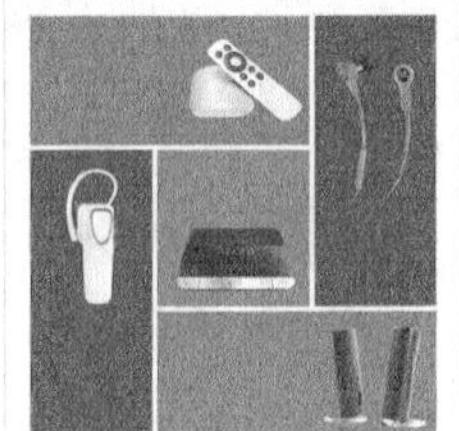

图16-50

03 选择“横排文字工具” ，然后在相应的区域输入文字，如图16-51所示，接着使用“矩形工具” 在每个产品信息中绘制一个矩形框，最终效果如图16-52所示。

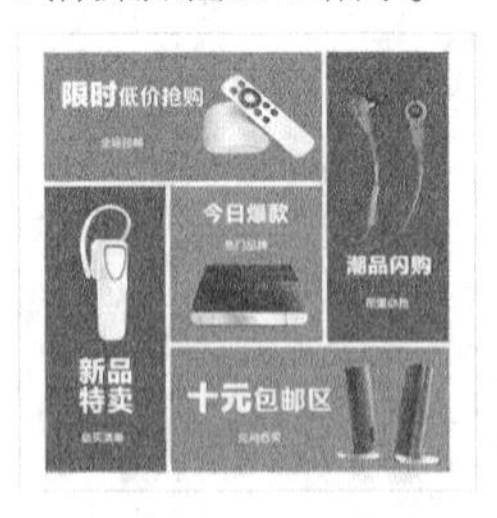

图16-51

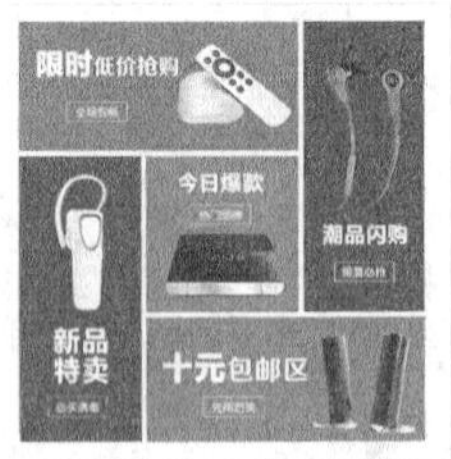

图16-52

第17章 店铺页尾的设计

本章关键实例导航

实例237 购物须知页尾的设计

★★☆☆☆

- 视频文件：实例237 购物须知页尾的设计.mp4
- 实例位置：实例文件>CH17>实例237.psd
- 素材位置：素材文件>CH17>237-1.jpg
- 学习目标：掌握购物须知页尾的设计方法

本实例是为购物须知设计的页尾效果，设计时将顾客在购物时需要注意的事项整齐排列，并将客服的在线时间标注出来，以保证顾客有疑问时可以随时咨询。本实例最终效果如图17-1所示，版式结构如图17-2所示。

图17-1

图17-2

01 按快捷键Ctrl+N新建一个文件，然后导入学习资源中的"素材文件>CH17>237-1.jpg"文件，接着使用"移动工具"将素材放到画面的上方，效果如图17-3所示。

图17-3

02 在"图层"面板下方单击"添加图层蒙版"按钮，然后使用"渐变工具"从上到下为蒙版填充渐变色，如图17-4和图17-5所示，效果如图17-6所示。

图17-4

图17-5

图17-6

03 选择"横排文字工具"，在画面中输入文字，效果如图17-7所示。

图17-7

04 选择"矩形工具"，然后在选项栏中设置"填充"颜色为（R:145，G:32，B:39），接着在画面中绘制3个相同大小的矩形，如图17-8所示。

图17-8

05 选择"钢笔工具"，然后绘制一个三角形路径，如图17-9所示。

06 按快捷键Ctrl+Enter将路径载入选区，然后按Delete键删除选区内容，接着按照相同的方法处理其他矩形，效果如图17-10所示。

图17-9

图17-10

07 选择"横排文字工具"，然后在绘图区域输入相应的文字，最终效果如图17-11所示。

图17-11

实例 238 ★★☆☆☆

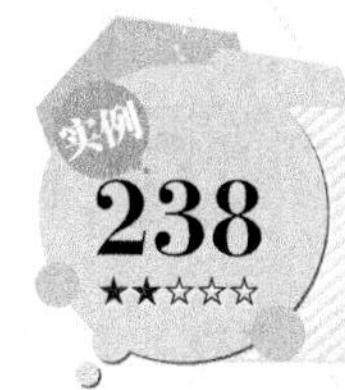

五星好评页尾的设计

- 视频文件：实例238 五星好评页尾的设计.mp4
- 实例位置：实例文件>CH17>实例238.psd
- 素材位置：素材文件>CH17>238-1.jpg
- 学习目标：掌握五星好评页尾的设计方法

本实例设计的页尾版块是五星好评，这一页面不仅可以加深顾客对店铺的印象，而且可以使卖家了解顾客在该店消费后的满意程度，在淘宝店铺页面中设计这样一个五星好评版块是非常必要的。本实例最终效果如图17-12所示，版式结构如图17-13所示。

亲，如果您满意 请帮我们打5分
宝贝与描述相符 5分
卖家的服务态度 5分
卖家的发货速度 5分
如果您不满意，请与我们联系，
我们将服务到您满意为止
如果您满意我们的宝贝，
请记得打5分噢，作为给我们的奖励！

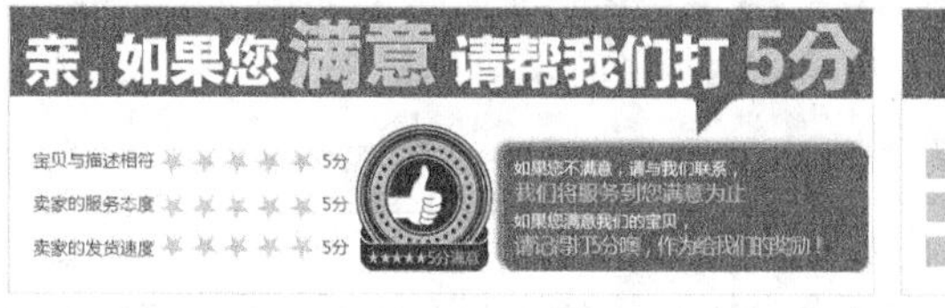

图17-12

图17-13

01 按快捷键Ctrl+N新建一个文件，然后新建一个图层，并使用“矩形选框工具”绘制一个合适的选区，接着设置前景色为（R:166，G:1，B:8），最后使用前景色填充该选区，如图17-14所示。

图17-14

02 选择“钢笔工具”，绘制一个三角形路径，然后使用前景色填充该路径，如图17-15所示。

图17-15

03 选择“横排文字工具”，在绘图区域输入相应的文字，效果如图17-16所示。

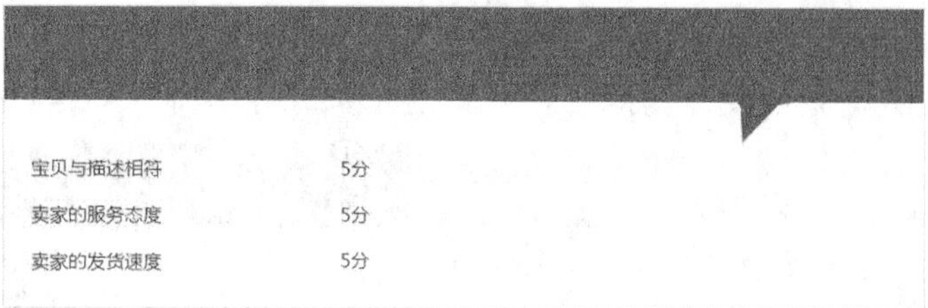

宝贝与描述相符 5分
卖家的服务态度 5分
卖家的发货速度 5分

图17-16

04 选择“自定义形状工具”，然后在选项栏中设置“填充”颜色为（R:251，G:198，B:42），“形状”为“五角星”，如图17-17所示，在文字旁绘制一个五角星，效果如图17-18所示。

形状：
对齐边缘
五角星

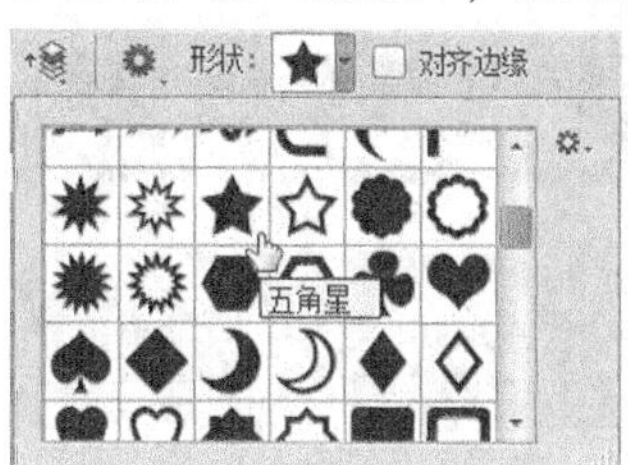

图17-17

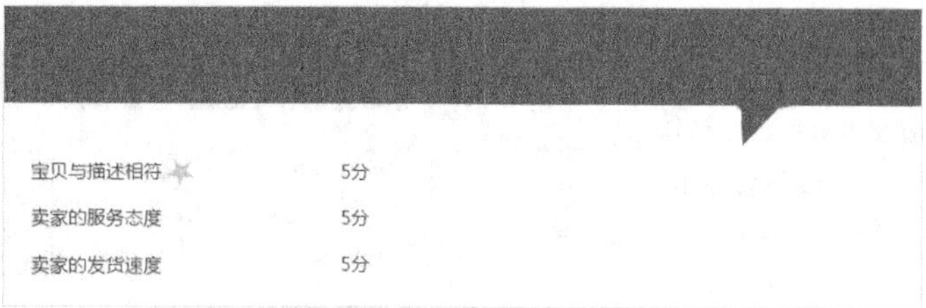

宝贝与描述相符 5分
卖家的服务态度 5分
卖家的发货速度 5分

图17-18

05 按住Alt键复制出多个五角星，然后调整图形之间的距离，效果如图17-19所示。

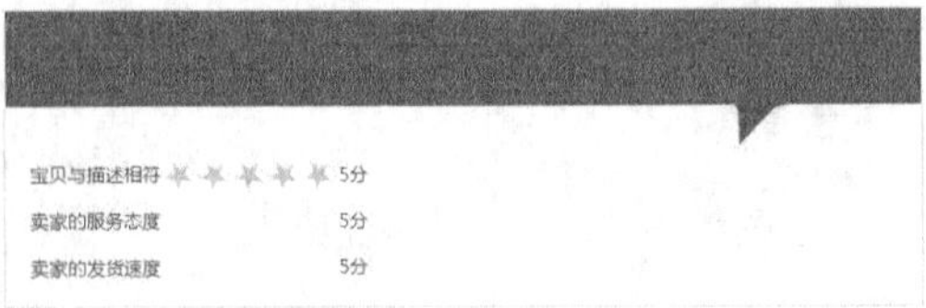

图17-19

06 按Shift键将这一行五角星全部选中，然后继续按住Alt键复制出两行五角星，效果如图17-20所示。

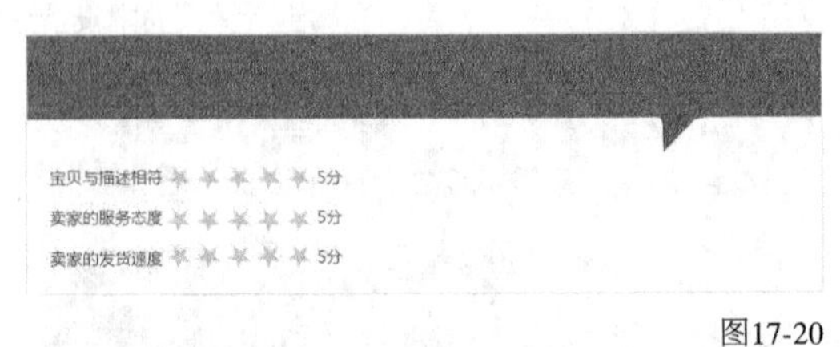

图17-20

07 导入学习资源中的“素材文件>CH17>238-1.jpg”文件，然后调整好大小和位置，如图17-21所示。

图17-21

08 选择“圆角矩形工具”，然后在选项栏中设置“填充”颜色为（R:166，G:1，B:8），“半径”为50像素，如图17-22所示，接着在画面下方绘制一个圆角矩形，效果如图17-23所示。

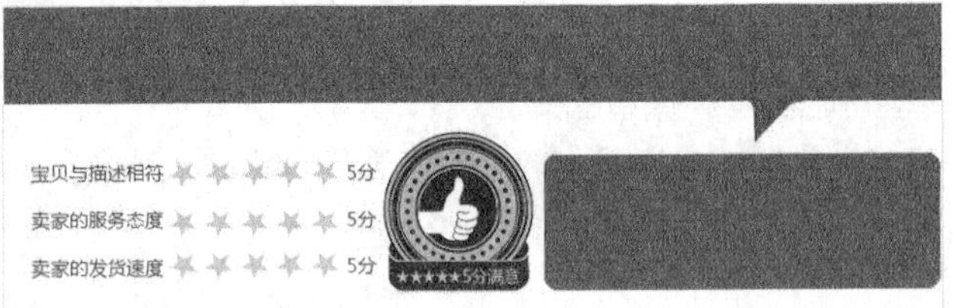

图17-22

图17-23

09 执行“图层>图层样式>投影”菜单命令，在打开的对话框中设置“不透明度”为56%，“角度”为-36度，“距离”为5像素，“大小”为5像素，如图17-24所示，效果如图17-25所示。

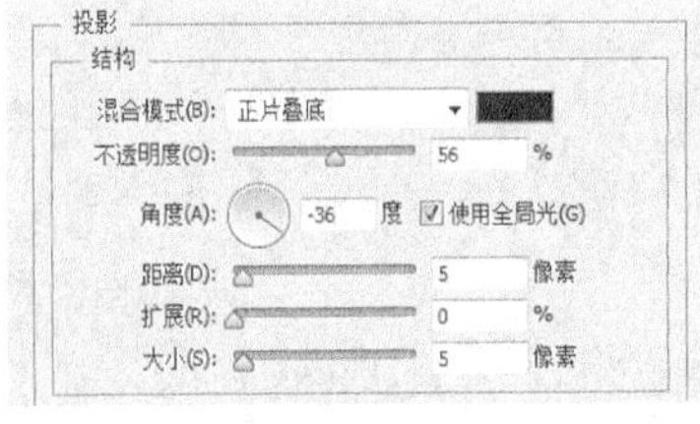

图17-24

图17-25

10 选择“横排文字工具”，然后在绘图区域输入相应的文字，最终效果如图17-26所示。

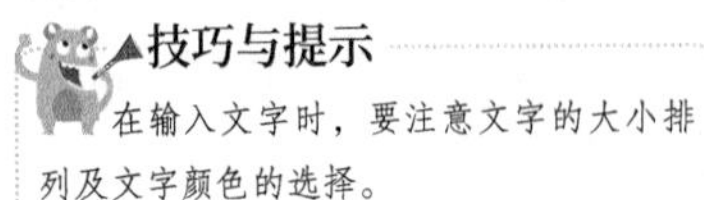

▲技巧与提示

在输入文字时，要注意文字的大小排列及文字颜色的选择。

图17-26

简约风格页尾的设计

» 视频文件：实例239 简约风格页尾的设计.mp4
» 实例位置：实例文件>CH17>实例239.psd
» 素材位置：素材文件>CH17>239-1.jpg、239-2.psd
» 学习目标：掌握简约风格页尾的设计方法

本实例设计的是简约风格的页尾，使用深色的背景将关键的图标和信息表现出来，使顾客可以清晰明了地找到相应信息。本实例最终效果如图17-27所示，版式结构如图17-28所示。

图17-27

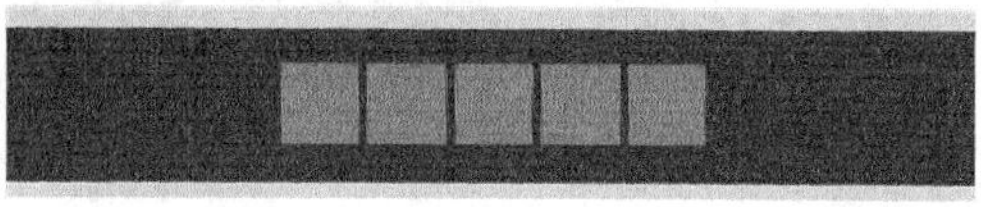

图17-28

01 按快捷键Ctrl+N新建一个文件，然后设置前景色为（R:213，G:213，B:213），接着用前景色填充“背景”图层，如图17-29所示。

图17-29

02 导入学习资源中的“素材文件>CH17>239-1.jpg”文件，然后调整好大小和位置，如图17-30所示。

图17-30

03 选择“矩形工具”，然后在选项栏中设置“填充”为（R:47，G:180，B:185），接着在画面中绘制一个矩形，并设置该矩形的“不透明度”为60%，如图17-31所示。

图17-31

04 按住Alt键复制多个矩形，然后调整图形之间的距离，效果如图17-32所示。

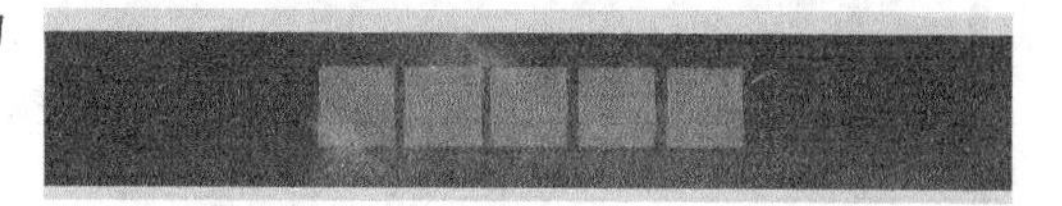

图17-32

05 选择“自定义形状工具”，然后在选项栏中设置“填充”颜色为白色，“形状”为“箭头2”，如图17-33所示，接着在绘图区域绘制一个箭头，效果如图17-34所示。

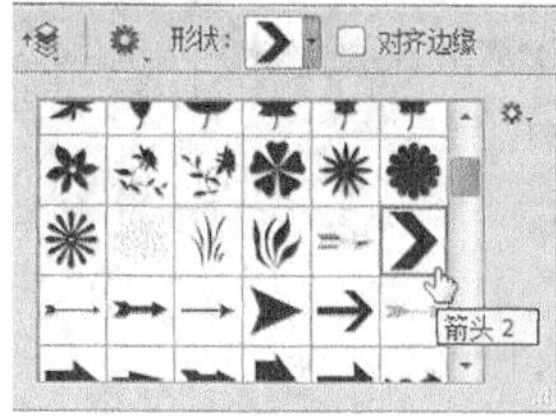

图17-33

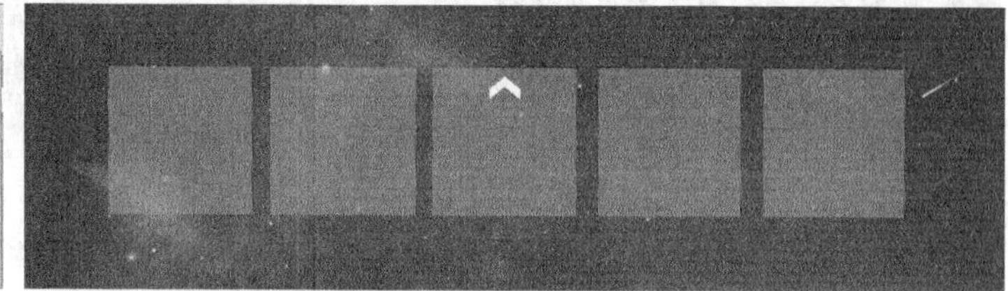

图17-34

06 选择“椭圆工具”，然后在选项栏中设置“填充”为白色，接着在图像中绘制两个圆形，效果如图17-35所示。

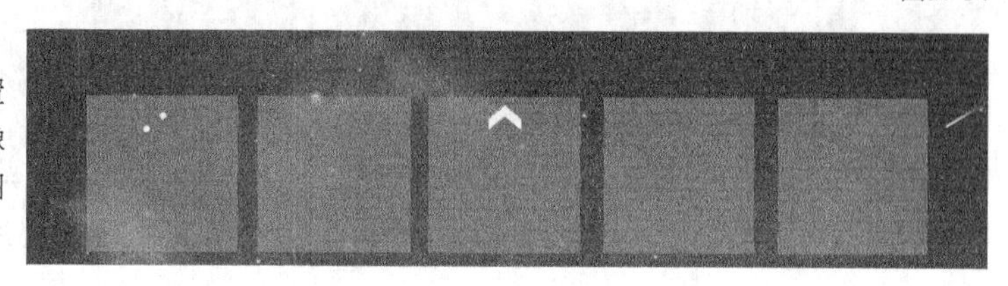

图17-35

07 选择“钢笔工具”，然后在选项栏中设置“描边”为白色，“描边宽度”为“1点”，如图17-36所示，接着绘制一个不规则的线段来连接两个圆形，如图17-37所示。

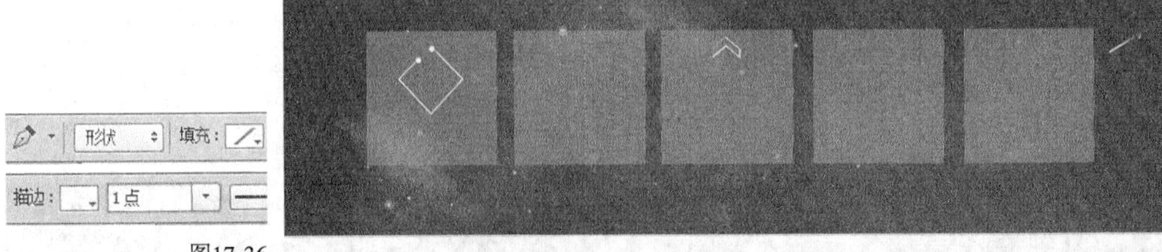

图17-36

图17-37

08 按Shift键将两个圆形和直线图层选中，然后复制出多个形状并调整好位置，效果如图17-38所示。

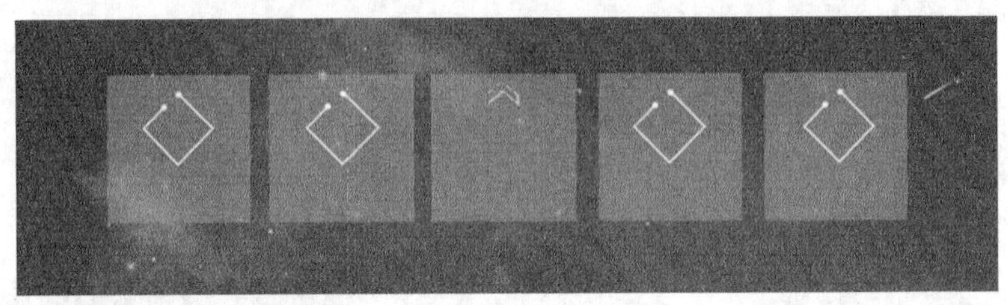

图17-38

09 导入学习资源中的“素材文件>CH17>239-2.psd”文件，然后将素材分别移至线框内，如图17-39所示。

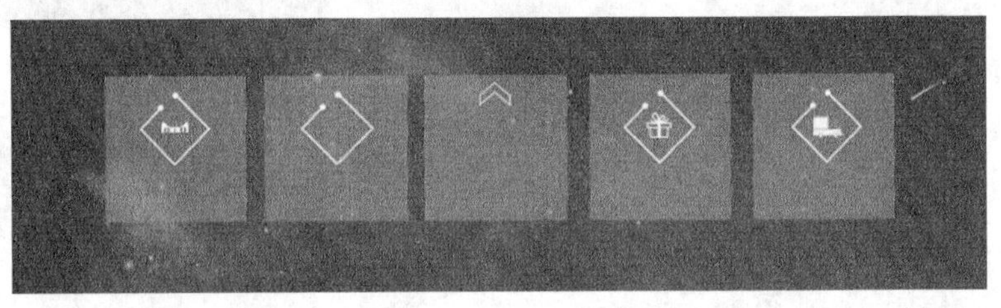

图17-39

10 使用“横排文字工具”在第2个直线框内输入“藏”字，以与其他图形保持一致，效果如图17-40所示。

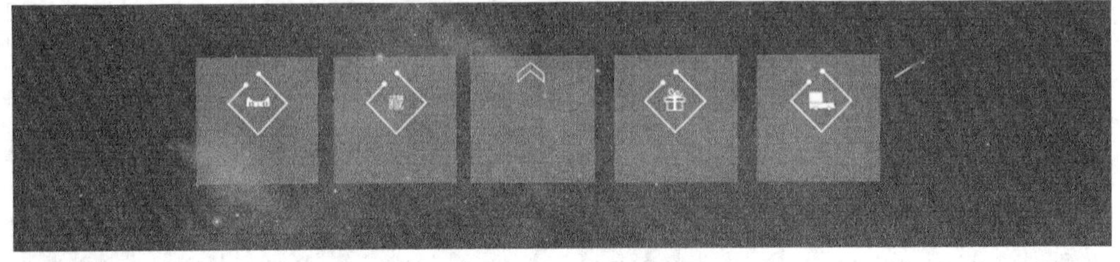

图17-40

11 继续选择“横排文字工具”，在绘图区域输入相应的文字，最终效果如图17-41所示。

图17-41

实例 240 ★★★☆☆

数码产品页尾的设计

视频文件：实例240 数码产品页尾的设计.mp4
实例位置：实例文件>CH17>实例240.psd
素材位置：素材文件>CH17>240-1.jpg、240-2.png、240-3.psd
学习目标：掌握数码产品页尾的设计方法

本实例设计的是数码产品类页面的页尾，简单的背景搭配多彩的图标色块，起到了点缀画面的作用，图标选取了店铺中关键的服务信息，以服务客户。本实例最终效果如图17-42所示，版式结构如图17-43所示。

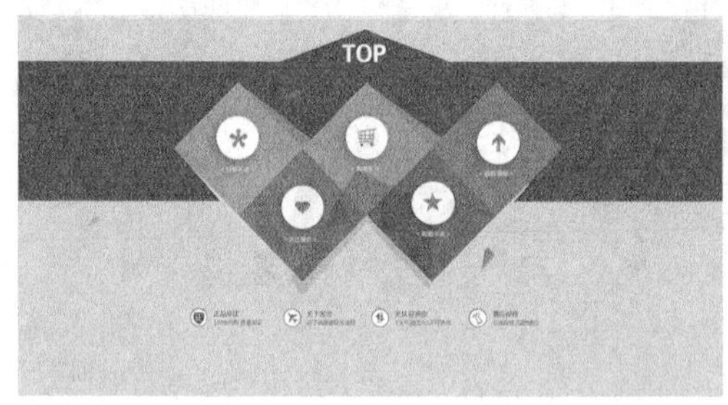

图17-42

图17-43

01 按快捷键Ctrl+N新建一个文件，然后导入学习资源中的“素材文件>CH17>240-1.jpg”文件，接着使用“移动工具”将素材放到画面的上方，效果如图17-44所示。

图17-44

02 继续导入学习资源中的“素材文件>CH17>240-2.png”文件，然后将素材移动到画面的中间，效果如图17-45所示。

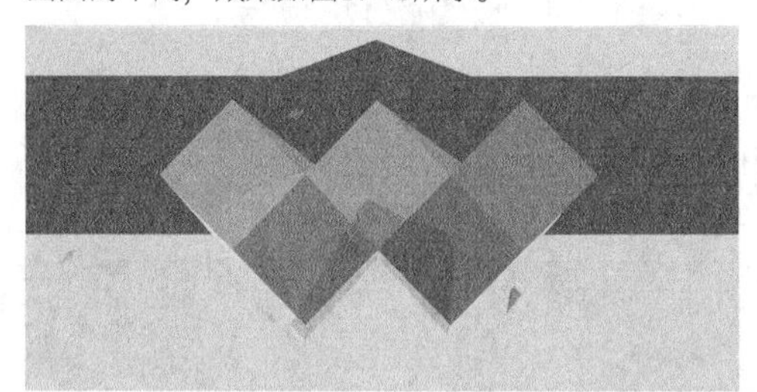

图17-45

03 选择“椭圆工具”，然后在选项栏中设置“填充”为白色，接着在图像中绘制一个圆形，效果如图17-46所示。

图17-46

04 执行“图层>图层样式>投影”菜单命令，在打开的对话框中设置“角度”为30度，“距离”为10像素，“大小”为25像素，如图17-47所示，效果如图17-48所示。

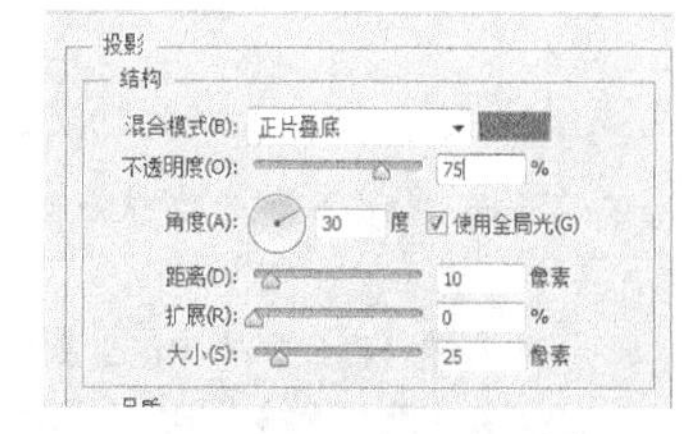

图17-47

图17-48

05 按快捷键Ctrl+J复制出多个圆形，并相应的调整圆形的位置，如图17-49所示。

06 选择“自定义形状工具”，然后在“形状”中找到相应的图形，并放在白色圆形中，效果如图17-50所示。

图17-49

图17-50

技巧与提示

如果在“自定义形状工具”中找不到相应的图形，可以单击形状对话框右侧的按钮，然后单击“全部”，如图17-51所示，接着在弹出的对话框中单击“确定”按钮 确定 ，如图17-52所示，就可以找到相关的图形了。

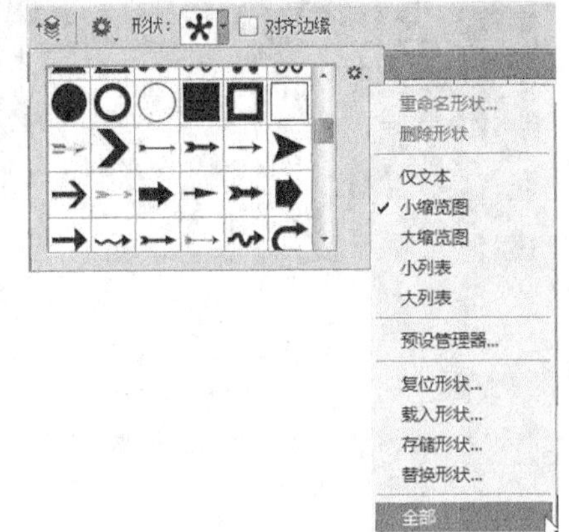

图17-51

图17-52

07 选择“横排文字工具”，然后在绘图区上方输入“TOP”文字，效果如图17-53所示。

08 导入学习资源中的“素材文件>CH17>240-3.psd”文件，然后使用“移动工具”调整好素材位置，接着使用“横排文字工具”输入相关文字，最终效果如图17-54所示。

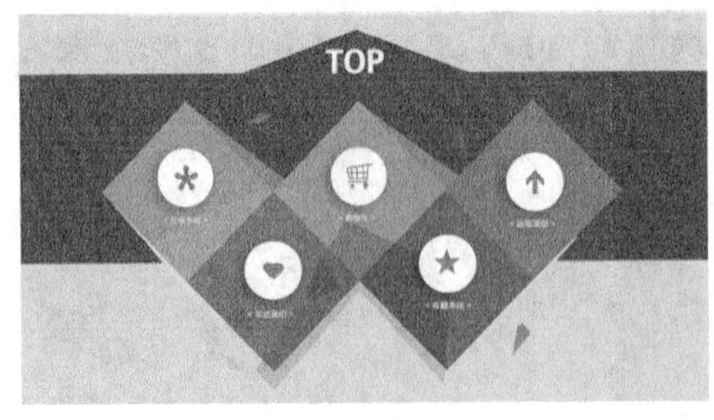

图17-53

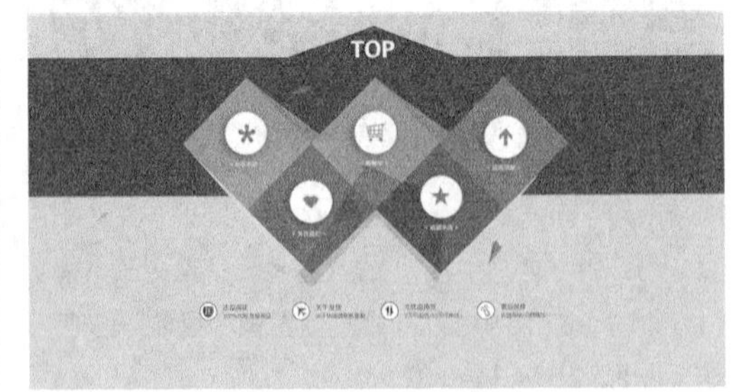

图17-54

女装产品页尾的设计

- 视频文件：实例241 女装产品页尾的设计.mp4
- 实例位置：实例文件>CH17>实例241.psd
- 素材位置：素材文件>CH17>241-1.jpg
- 学习目标：掌握女装产品页尾的设计方法

本实例设计的是女装产品的页尾，页尾的文字内容是该店铺最新的促销信息，以起良好的宣传作用。本实例最终效果如图17-55所示，版式结构如图17-56所示。

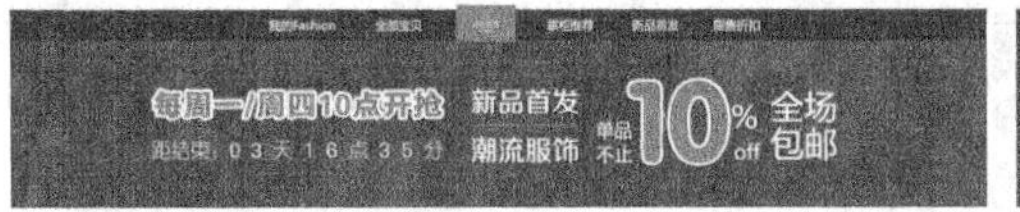

图17-55

图17-56

01 按快捷键Ctrl+N新建一个文件，然后新建一个图层，并使用“矩形选框工具”绘制一个合适的选区，接着设置前景色为黑色，并使用前景色填充该选区，如图17-57所示。

图17-57

02 新建一个图层，然后设置前景色为（R:252，G:51，B:121），接着使用“矩形选框工具”绘制一个合适的选区，并使用前景色填充该选区，如图17-58所示。

图17-58

03 选择“横排文字工具”，然后在绘图区域输入相应的文字，效果如图17-59所示。

图17-59

04 选择“自定义形状工具”，然后在选项栏中设置“填充”颜色为白色，“形状”为“三角形边框”，如图17-60所示，接着在绘图区域绘制一个三角形，效果如图17-61所示。

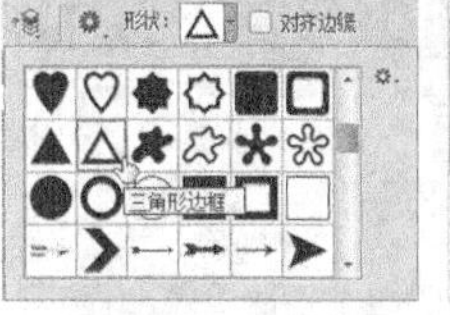

图17-60

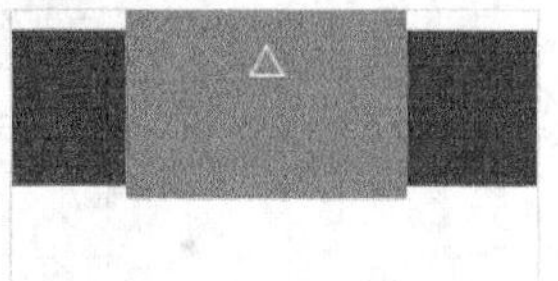

图17-61

05 继续使用“横排文字工具”输入相应的文字，效果如图17-62所示。

图17-62

06 选择“矩形工具”，然后在选项栏中设置“填充”颜色为（R:50，G:50，B:50），接着在画面中绘制一个矩形，如图17-63所示。

图17-63

07 导入学习资源中的“素材文件>CH17>241-1.jpg”文件，然后调整素材的位置和大小，效果如图17-64所示。

图17-64

08 设置该素材图层的“不透明度”为15%，效果如图17-65所示。

图17-65

09 执行“滤镜>模糊>动感模糊”菜单命令，在“动感模糊”对话框中设置“距离”为28像素，具体参数如图17-66所示，效果如图17-67所示。将“素材1”图层设置为“矩形1”形状图层的剪切蒙版，如图17-68所示，效果如图17-69所示。

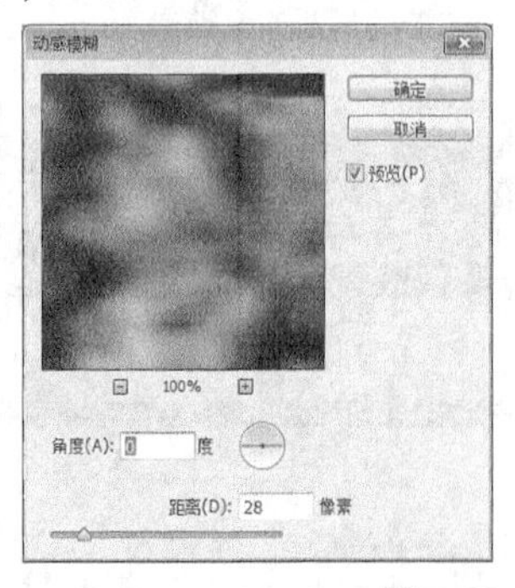

图17-66

图17-67

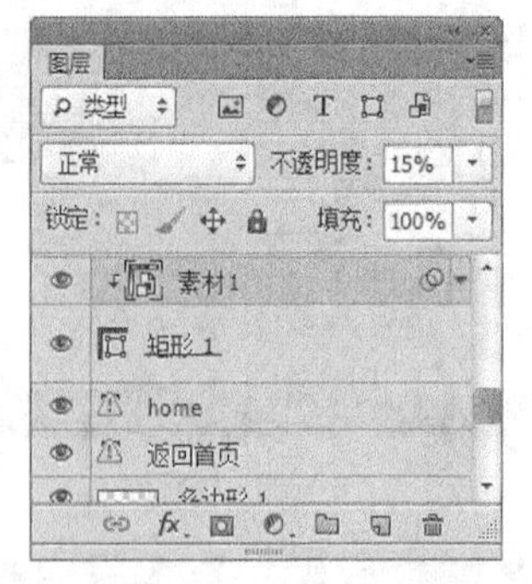

图17-68

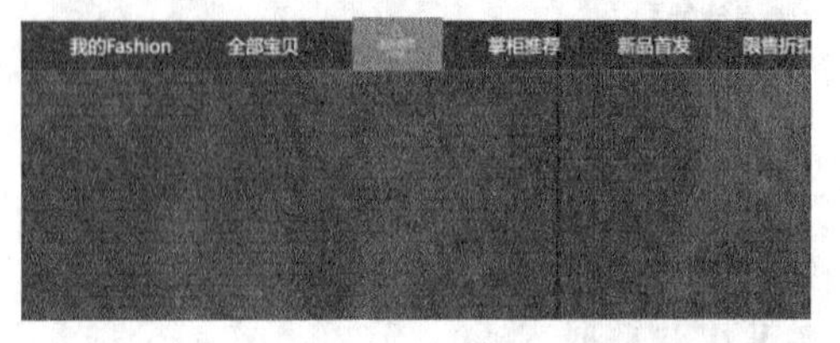

图17-69

10 使用“横排文字工具”T输入相应的文字，如图17-70所示，然后执行“图层>图层样式>描边”菜单命令，在打开的对话框中设置“大小”为6像素，“位置”为“外部”，“颜色”为白色，如图17-71所示，效果如图17-72所示。

图17-70

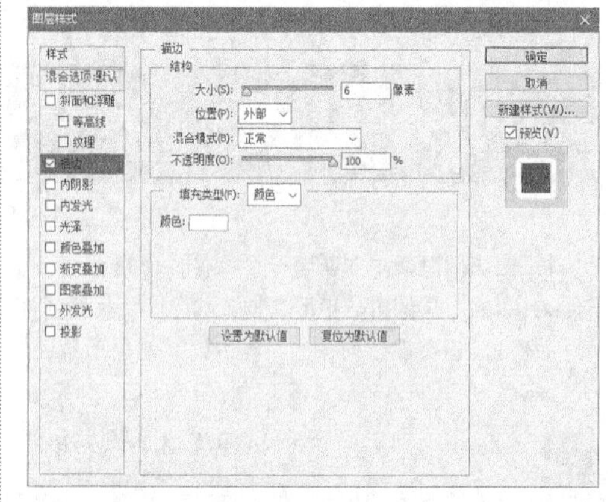

图17-71

图17-72

11 继续使用“横排文字工具”T输入相应的文字，如图17-73所示，然后选择“10”文字图层，为其添加一个白色描边，效果如图17-74所示。

图17-73

图17-74

12 选择“直线工具”，然后在“新品首发”文字下方绘制合适的直线，最终效果如图17-75所示。

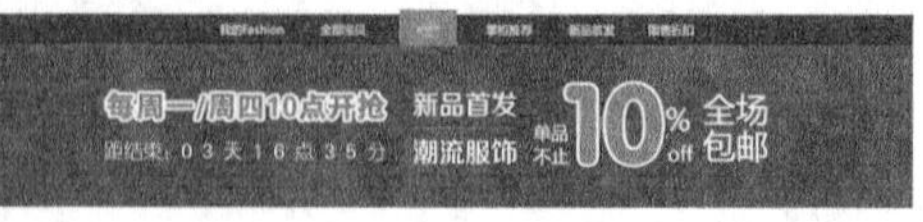

图17-75

第18章

店铺商品描述区的设计

本章关键实例导航

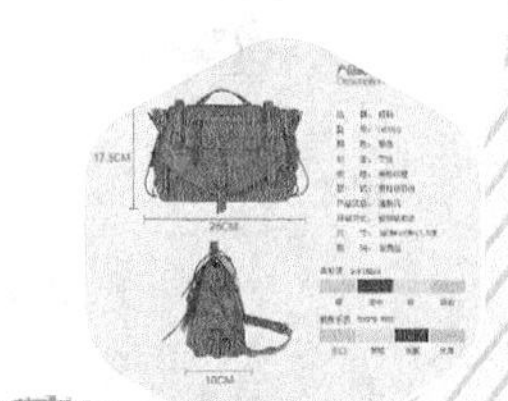

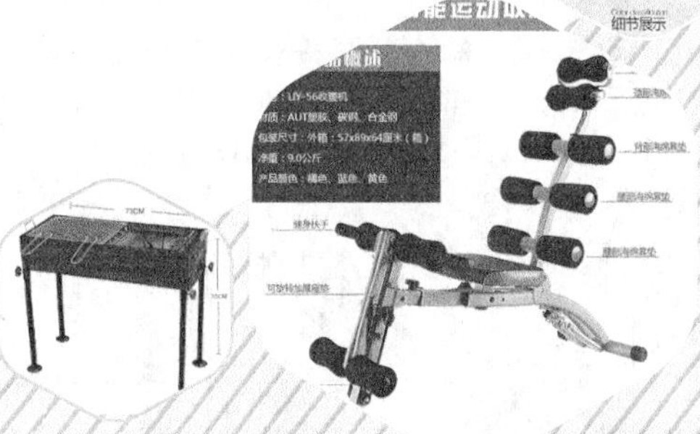

实例242 家居类商品描述区的设计

★★★☆☆

视频文件：实例242 家居类商品描述区的设计.mp4
实例位置：实例文件>CH18>实例242.psd
素材位置：素材文件>CH18>242-1.jpg、242-2.jpg
学习目标：掌握家居类商品描述区的设计方法

本实例是为家居类设计商品描述区，设计时可以将画面进行合理的分配，以色块的形式分割商品与文字，以文字说明来展示家居类商品的特点和功能，让顾客可以全方位地了解产品的细节。本实例最终效果如图18-1所示，版式结构如图18-2所示。

图18-1

图18-2

01 按快捷键Ctrl+N新建一个文件，然后使用“钢笔工具”绘制一个不规则形状路径，如图18-3所示。

02 新建一个图层，然后设置前景色（R:230，G:228，B:251），接着使用前景色填充该路径，如图18-4所示。

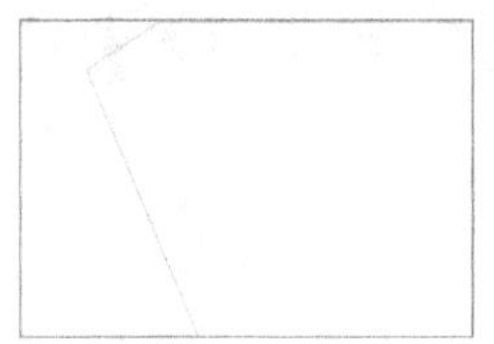

图18-3

图18-4

03 选择“矩形工具”，然后在画面中绘制一个矩形，如图18-5所示。

图18-5

04 导入学习资源中的“素材文件>CH18>242-1.jpg”文件，然后使用“移动工具”将素材放到画面的左方，如图18-6所示，接着将素材文件设置为形状图层的剪切蒙版，效果如图18-7所示。

图18-6

图18-7

05 选择“矩形工具”，然后在选项栏中设置“填充”颜色为黑色，并在画面中绘制一个矩形，接着按快捷键Ctrl+T适当调整该图形的角度，最后设置该形状图层的“不透明度”为30%，如图18-8所示。

06 使用“矩形工具”在画面中绘制一个黑色矩形，并适当地调整图形的位置，如图18-9所示。

图18-8

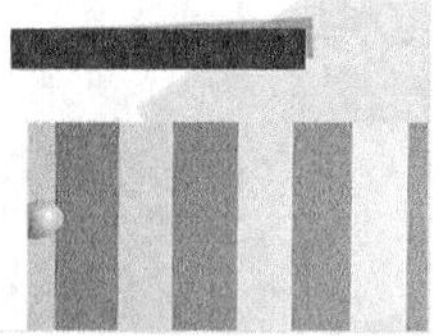

图18-9

07 选择“直线工具”，在图像中绘制合适的直线，如图18-10所示，然后导入学习资源中的“素材文件>CH18>242-2.jpg”文件，并放在直线右端，效果如图18-11所示。

图18-10

图18-11

08 选择“横排文字工具”，然后在绘图区域输入相应的文字，最终效果如图18-12所示。

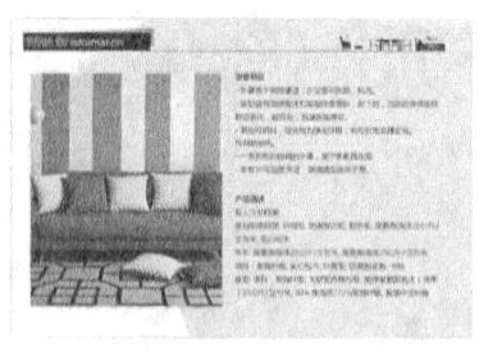

图18-12

茶叶类商品描述区的设计

实例 243 ★★★☆☆

视频文件：实例243 茶叶类商品描述区的设计.mp4
实例位置：实例文件>CH18>实例243.psd
素材位置：素材文件>CH18>243-1.jpg、243-2.png、243-3.png
学习目标：掌握茶叶类商品描述区的设计方法

本实例是为茶叶类设计商品描述区，背景以水墨风格的素材来突出产品的特性，明确的产品信息使顾客可以更清晰地了解和认识商品。本实例最终效果如图18-13所示，版式结构如图18-14所示。

图18-13

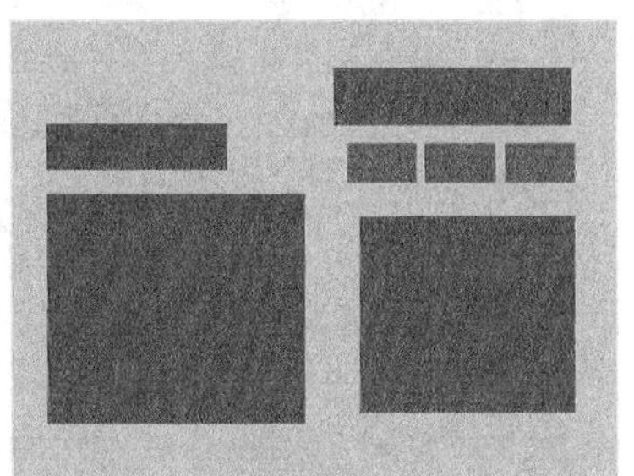

图18-14

01 按快捷键Ctrl+N新建一个文件，然后使用“矩形工具”绘制一个矩形，如图18-15所示。

图18-15

02 在“图层”面板下方单击“添加图层样式”按钮，在弹出的菜单栏中选择“渐变叠加”命令，在打开的对话框中设置“不透明度”为11%，具体参数设置如图18-16所示，效果如图18-17所示。

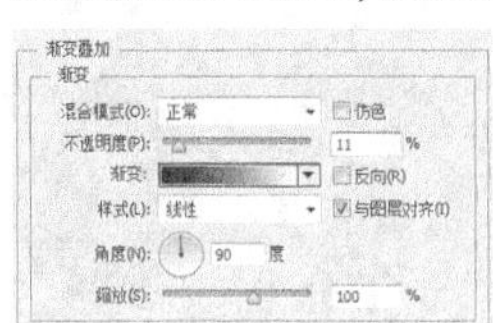

图18-16 图18-17

03 单击左侧“图案叠加”命令，然后设置“图案”为“水彩画”，具体参数设置如图18-18所示，效果如图18-19所示。

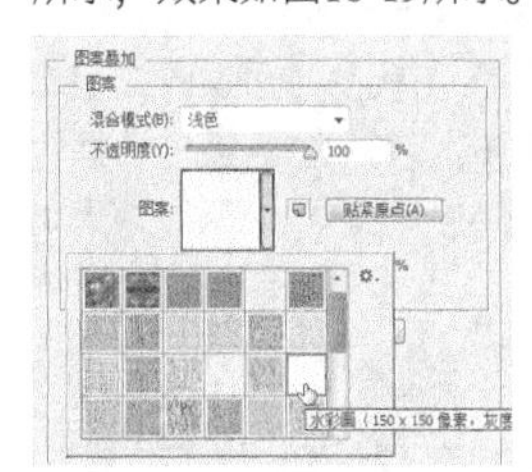

图18-18 图18-19

04 导入学习资源中的“素材文件>CH18>243-1.jpg”文件，然后设置该素材图层的“填充”为33%，如图18-20所示，效果如图18-21所示。

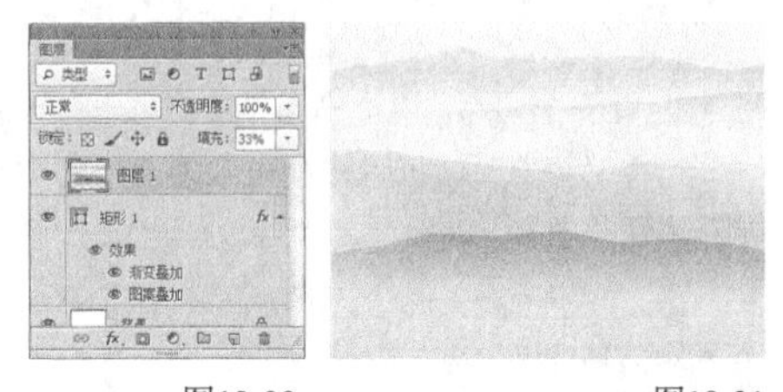

图18-20 图18-21

05 打开学习资源中的“素材文件>CH18>243-2.png”文件，然后使用“移动工具”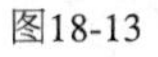将其拖曳到当前文件中，如图18-22所示。

06 按快捷键Ctrl+J复制出多个副本图层，然后使用“移动工具”调整落叶的位置，效果如图18-23所示。

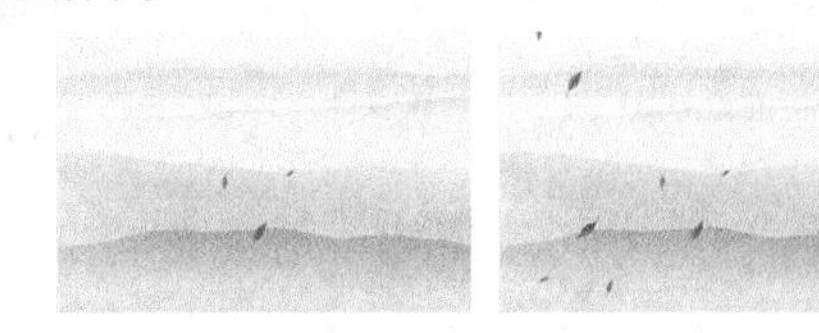

图18-22 图18-23

07 选择“图层2副本2”图层，然后执行“滤镜>模糊>高斯模糊”菜单命令，在“高斯模糊”对话框中设置“半径”为5.5像素，具体参数如图18-24所示，效果如图18-25所示。

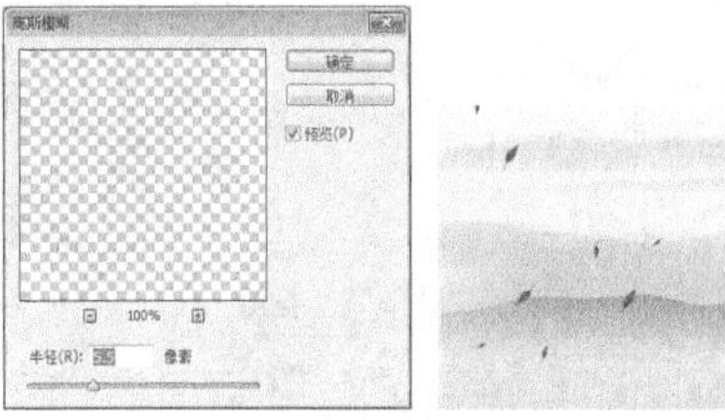

图18-24 图18-25

08 打开学习资源中的“素材文件>CH18>243-3.png”文件，然后使用“移动工具”将其拖曳到当前文件中，并将素材调整至合适的位置，如图18-26所示。

09 在“图层”面板下方单击“创建新的填充或调整图层”按钮，在弹出的菜单中选择“曲线”命令，然后在“属性”面板中将曲线调整为图18-27所示的形状。

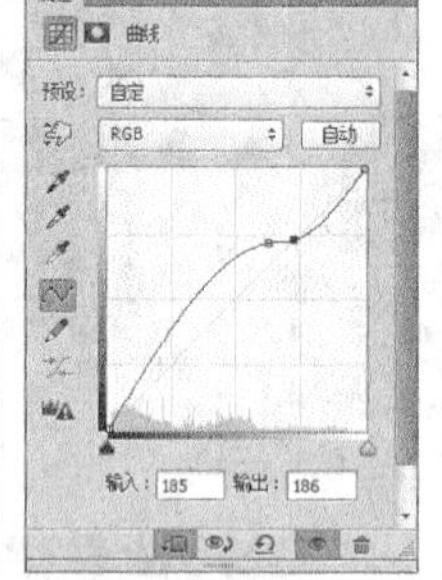

图18-26　图18-27

10 在“图层”面板下方单击“创建新的填充或调整图层”按钮，然后为其添加一个“色彩平衡”调整图层，具体参数设置如图18-28所示，效果如图18-29所示。

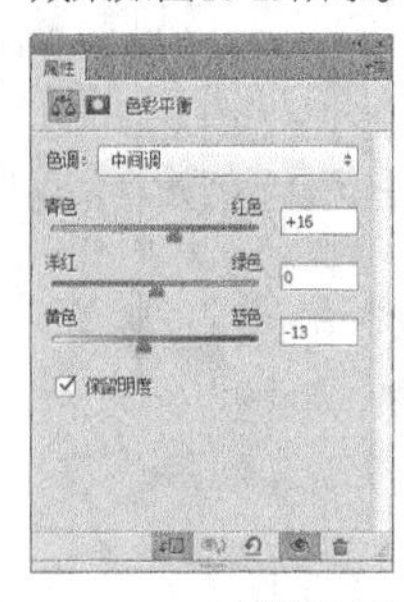

图18-28　图18-29

11 在该素材图层的下方新建一个图层，然后设置前景色为黑色，接着选择“画笔工具”，设置“大小”为300像素，“硬度”为0%，“不透明度”为36%，具体参数设置如图18-30所示，在茶杯处绘制阴影效果，如图18-31所示。

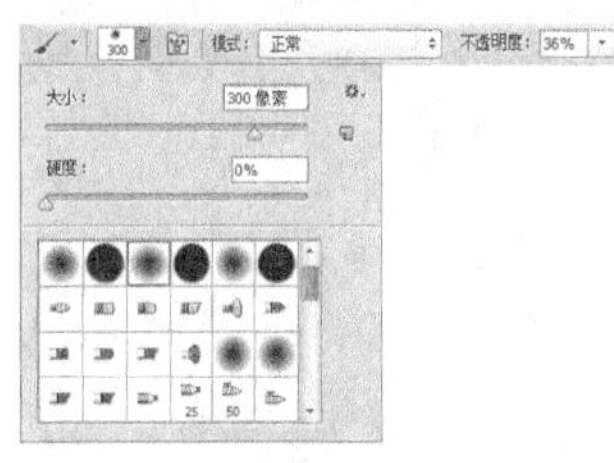

图18-30　图18-31

12 选择“圆角矩形工具”，然后在选项栏中设置“描边”颜色为白色，“描边宽度”为0.7点，如图18-32所示，接着在画面下方绘制一个圆角矩形，效果如图18-33所示。

图18-32　图18-33

13 在“图层”面板下方单击“添加图层样式”按钮，在弹出的菜单栏中选择“渐变叠加”命令，在渐变编辑器中设置第1个色标的颜色为（R:163，G:40，B:48），第2个色标的颜色为白色，接着设置“大小”为1像素，“不透明度”为55%，如图18-34和图18-35所示，效果如图18-36所示。

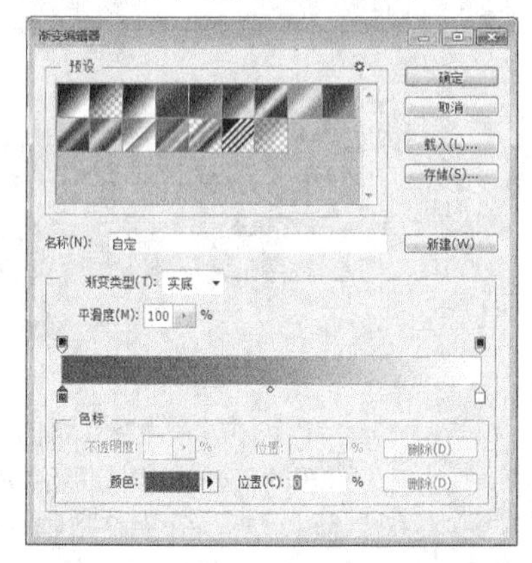

图18-34

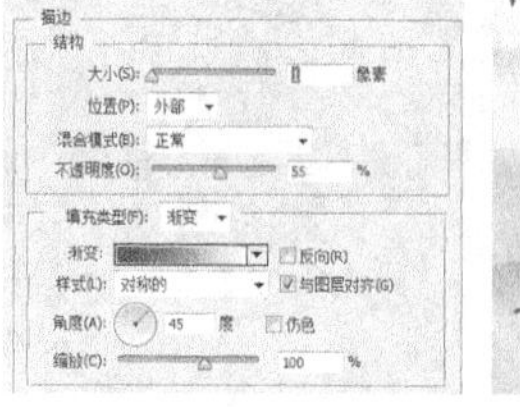

图18-35　图18-36

14 按快捷键Ctrl+J复制多个圆角矩形边框，并调整好位置，效果如图18-37所示。

15 选择“横排文字工具”，然后设置文字的颜色为黑色，接着在“字符”面板中选择合适的字体，在绘图区域输入相关信息，最终效果如图18-38所示。

图18-37　图18-38

实例244 彩妆类商品描述区的设计

★★★☆☆

视频文件：实例244 彩妆类商品描述区的设计.mp4
实例位置：实例文件>CH18>实例244.psd
素材位置：素材文件>CH18>244-1.jpg~244-3.jpg
学习目标：掌握彩妆类商品描述区的设计方法

本实例是为彩妆类设计商品描述区，设计时可以采用柔和的粉色作为主色调，搭配花朵等元素完美展现出商品特性，在右侧写明商品信息，使顾客对商品特性一目了然。本实例最终效果如图18-39所示，版式结构如图18-40所示。

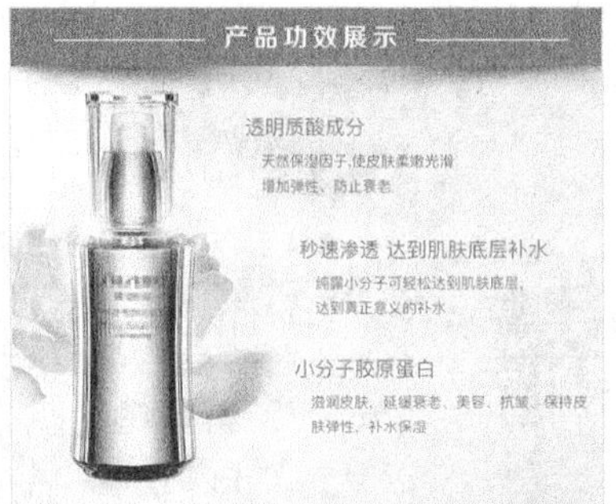

图18-39

图18-40

01 按快捷键Ctrl+N新建一个文件，然后导入学习资源中的“素材文件>CH18>244-1.jpg”文件，如图18-41所示。

图18-41

02 继续导入学习资源中的“素材文件>CH18>244-2.jpg”文件，然后将其移动至画面的左侧，效果如图18-42所示。

图18-42

03 为“图层1”图层添加一个“图层蒙版”，使用黑色“画笔工具”将图像涂抹成图18-43所示的效果，并设置该图层的“不透明度”为59%，“图层”面板如图18-44所示。

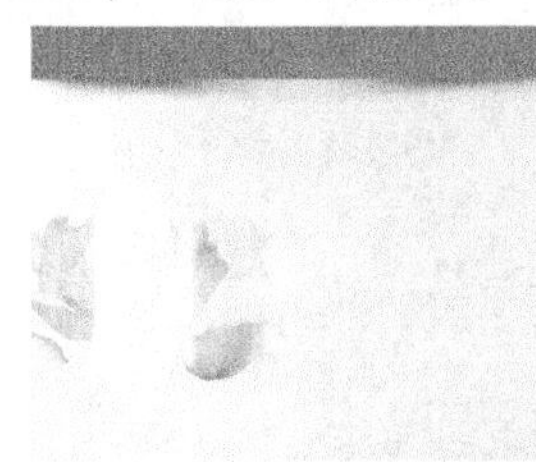

图18-43

图18-44

04 导入学习资源中的“素材文件>CH18>244-3.jpg”文件，如图18-45所示，然后设置该素材图层的“不透明度”为“正片叠底”，如图18-46所示，效果如图18-47所示。

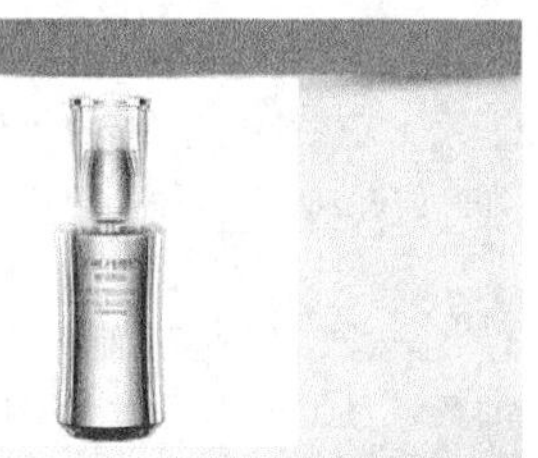

图18-45

图18-46

图18-47

05 选择“横排文字工具”，在绘图区域输入相应的文字，然后使用“直线工具”在主要标题处绘制两条合适的直线，最终效果如图18-48所示。

图18-48

实例 245 生活用品类商品描述区的设计

★★★☆☆

视频文件：实例245 生活用品类商品描述区的设计.mp4
实例位置：实例文件>CH18>实例245.psd
素材位置：素材文件>CH18>245-1.jpg
学习目标：掌握生活用品类商品描述区的设计方法

本实例是为生活用品类设计商品描述区，设计时通过标注信息将产品参数的很好地展现出来，使顾客更好地了解商品属性。本实例最终效果如图18-49所示，版式结构如图18-50所示。

图18-49

图18-50

01 按快捷键Ctrl+N新建一个文件，然后导入学习资源中的“素材文件>CH18>245-1.jpg”文件，如图18-51所示。

02 新建一个“图层1”图层，然后使用“矩形选框工具”绘制一个合适的选区，接着设置前景色为（R:214，G:214，B:214），最后使用前景色填充选区，效果如图18-52所示。

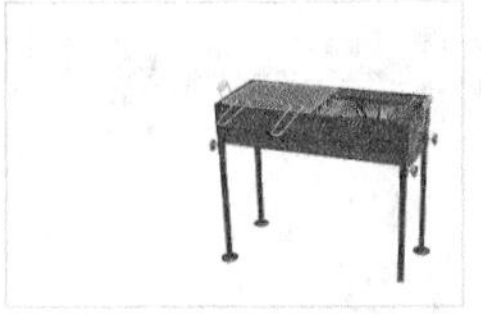

图18-51　图18-52

03 新建一个“图层2”图层，然后使用“钢笔工具”绘制一个不规则形状路径，接着使用白色填充该路径，效果如图18-53所示。

04 新建一个“图层3”图层，然后使用“矩形选框工具”绘制一个合适的选区，接着设置前景色为（R:238，G:71，B:26），最后使用前景色填充选区，效果如图18-54所示。

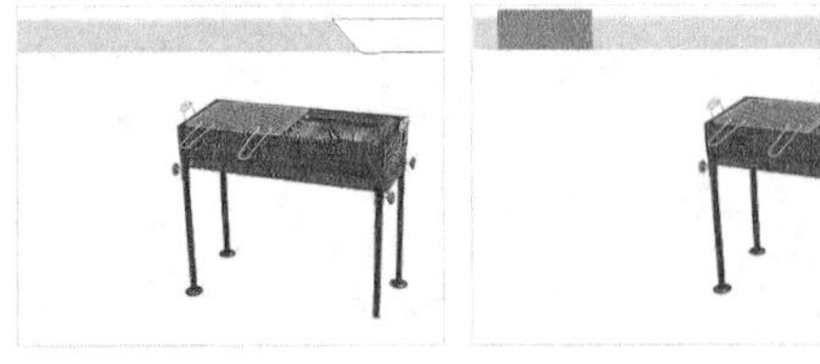

图18-53　图18-54

05 使用“钢笔工具”绘制一个三角的形状路径，然后使用黑色填充该路径，制作出矩形立体效果，如图18-55所示。

06 选择“矩形工具”，然后在绘图区域绘制出若干个矩形，并调整好图形间的距离和图形排列位置，效果如图18-56所示。

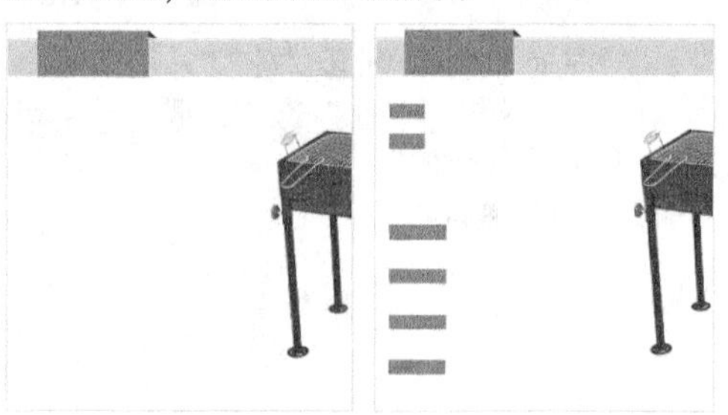

图18-55　图18-56

07 选择“横排文字工具”，然后在绘图区域输入相关文字，效果如图18-57所示。

08 使用“直线工具”绘制出产品尺寸，使顾客对产品外观尺寸能够一目了然，最终效果如图18-58所示。

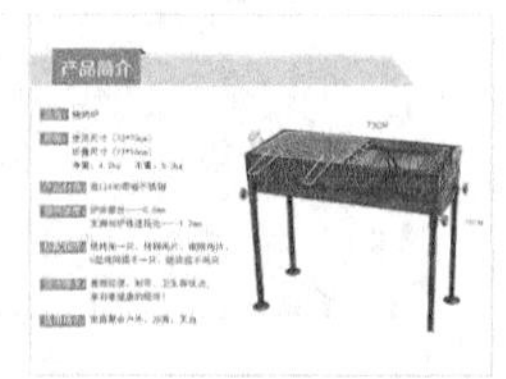

图18-57

图18-58

休闲男装商品描述区的设计

- 视频文件：实例246 休闲男装商品描述区的设计.mp4
- 实例位置：实例文件>CH18>实例246.psd
- 素材位置：素材文件>CH18>246-1.jpg~246-5.jpg
- 学习目标：掌握休闲男装商品描述区的设计方法

本实例是为休闲男装类设计商品描述区，以表格的方式可以将产品信息很好地展现出来，使顾客一目了然。本实例最终效果如图18-59所示，版式结构如图18-60所示。

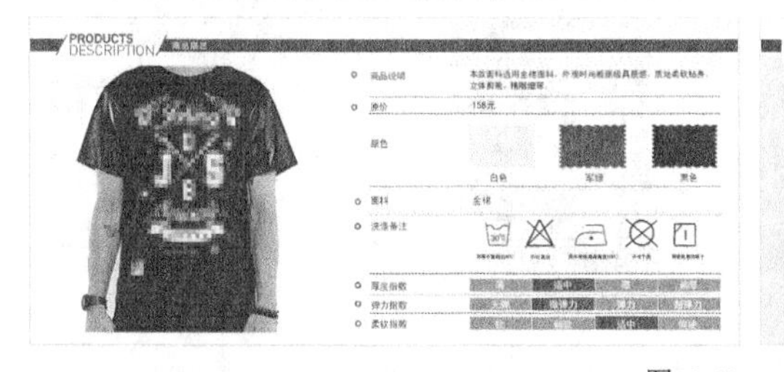

图18-59

图18-60

01 按快捷键Ctrl+N新建一个文件，然后导入学习资源中的“素材文件>CH18>246-1.jpg”文件，如图18-61所示。

02 选择“矩形工具”，然后在选项栏中设置“填充”颜色为白色，接着画面中绘制出一个矩形，如图18-62所示。

图18-61

图18-62

03 在选项栏中设置“填充”颜色为（R:64，G:60，B:64），然后继续在画面中绘制一个矩形，如图18-63所示。

04 使用“钢笔工具”绘制一个不规则形状路径，然后按快捷键Ctrl+Enter载入路径选区，如图18-64所示。

图18-63

图18-64

05 选择“矩形3”形状图层，然后单击鼠标右键，在弹出的菜单中选择“栅格化图层”命令，如图18-65所示，接着按Delete键删除选区内的图形，效果如图18-66所示。

图18-65

图18-66

06 使用“直线工具”在空白处绘制两条合适的直线，效果如图18-67所示。

图18-67

07 选择“横排文字工具”，然后在绘图区域输入标题文字，效果如图18-68所示。

图18-68

08 继续使用“横排文字工具”在绘图区域输入产品相关信息的文字，效果如图18-69所示。

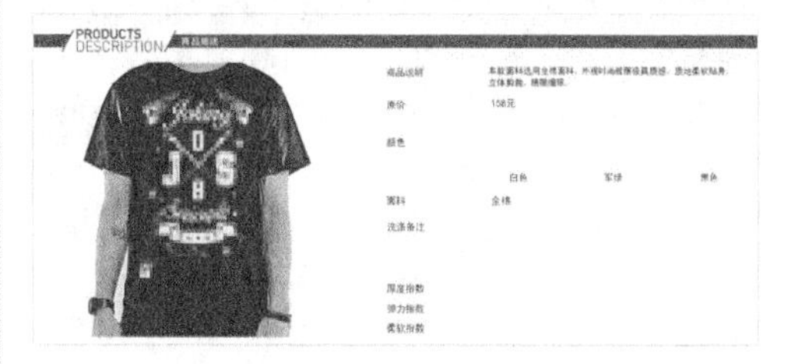

图18-69

09 选择“自定义形状工具”，然后在选项栏中设置“填充”颜色为黑色，“形状”为“邮票1”，如图18-70所示，接着在绘图区域绘制3个相同大小的图形，效果如图18-71所示。

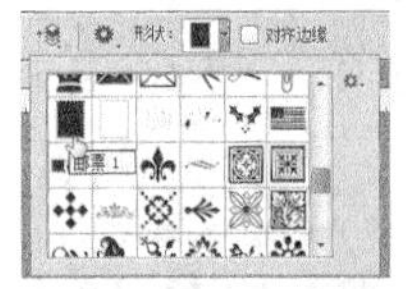

图18-70

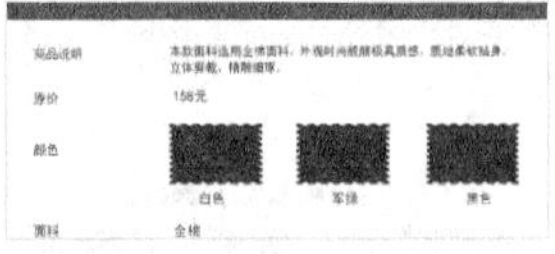

图18-71

10 分别导入学习资源中的“素材文件>CH18>246-2.jpg~246-4.jpg”文件，如图18-72和图18-73所示，然后分别将素材文件设置为形状图层的剪切蒙版，“图层”面板如图18-74所示，效果如图18-75所示。

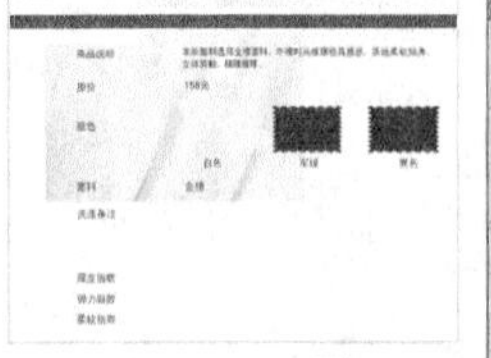

图18-72

图18-73

图18-74

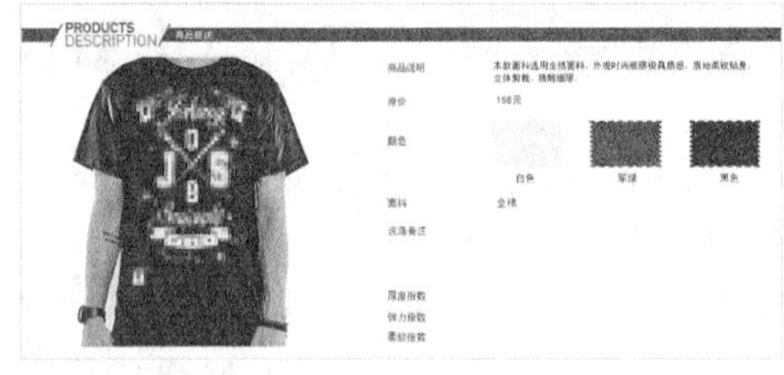

图18-75

11 选择“矩形工具”，然后在绘图区域绘制若干个矩形，并调整好图形间的距离与排列位置，效果如图18-76所示。

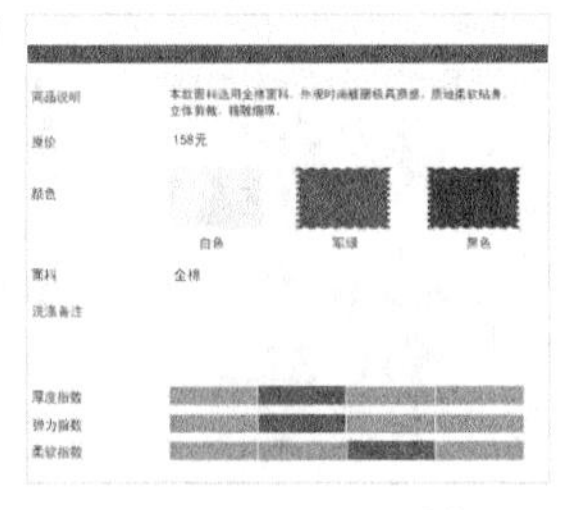

图18-76

技巧与提示

矩形为浅灰色（R:153，G:60，B:64）和深灰色（R:74，G:74，B:74）。

12 使用“横排文字工具”在矩形中输入产品相关的文字，效果如图18-77所示。

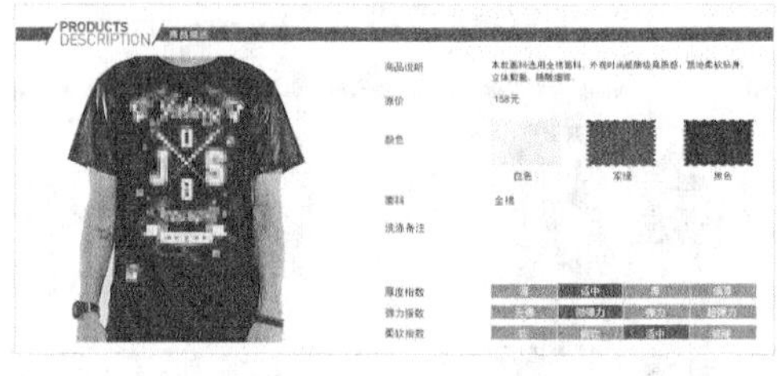

图18-77

13 导入学习资源中的“素材文件>CH18>246-5.jpg”文件，然后将素材移动到矩形的上方，效果如图18-78所示。

14 选择“直线工具”，然后在选项栏中设置“描边”颜色为黑色，“描边宽度”为“1点”，“设置形状描边类型”为虚线，“粗细”为1像素，接着分别在文字的下方绘制出若干条虚线，效果如图18-79所示。

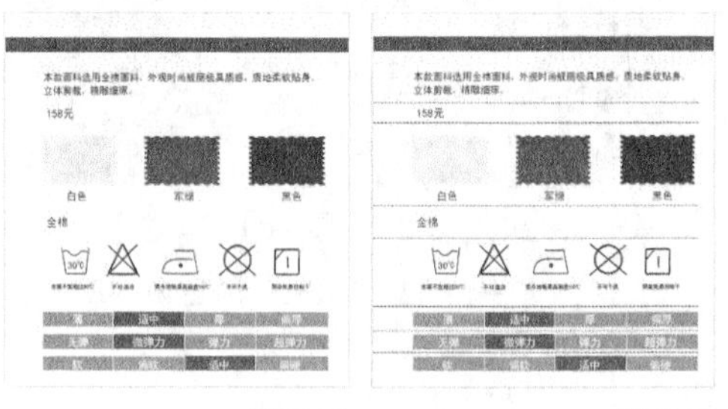

图18-78　图18-79

15 选择“椭圆工具”，然后在选项栏中设置“填充”为无，“描边”为（R:196，G:0，B:0），“描边宽度”为“3点”，如图18-80所示，接着在文字旁绘制若干个圆形，最终效果如图18-81所示。

图18-80

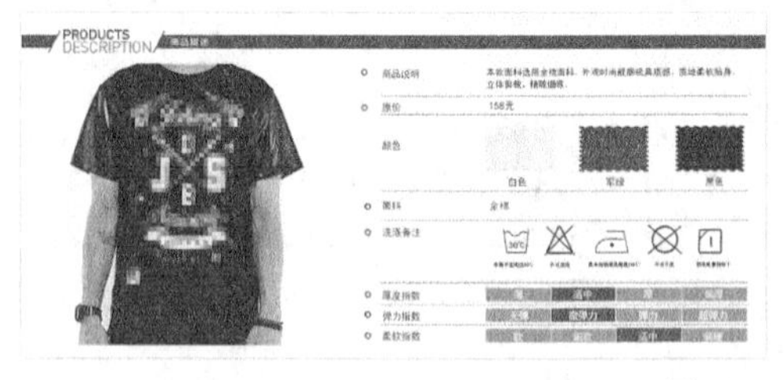

图18-81

实例 247 ★★★☆☆

运动器械类商品描述区的设计

视频文件：实例247 运动器械类商品描述区的设计.mp4

实例位置：实例文件>CH18>实例247.psd

素材位置：素材文件>CH18>247-1.jpg

学习目标：掌握运动器械类商品描述区的设计方法

本实例是为运动器械类设计商品描述区，设计时可以使用图文结合的方式，并将产品的细节部分详细地标注出来，使买家更直观了解商品。本实例最终效果如图18-82所示，版式结构如图18-83所示。

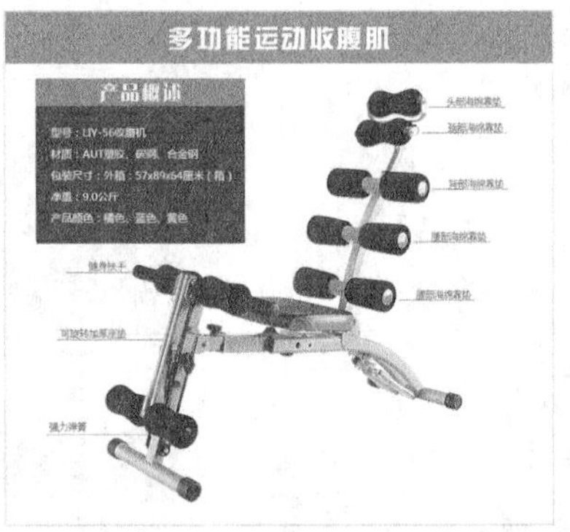

图18-82

图18-83

01 按快捷键Ctrl+N新建一个文件，然后导入学习资源中的“素材文件>CH18>247-1.jpg”文件，如图18-84所示。

02 选择“矩形工具”，然后在选项栏中设置“填充”颜色为（R:149，G:149，B:149），接着画面顶端绘制一个矩形，如图18-85所示。

图18-84

图18-85

03 在选项栏中设置“填充”颜色为（R:85，G:35，B:94），然后使用“矩形工具”在画面中绘制一个矩形，如图18-86所示。

04 在选项栏中设置“填充”颜色为（R:254，G:96，B:40），然后使用“矩形工具”在紫色矩形中绘制一个矩形，如图18-87所示。

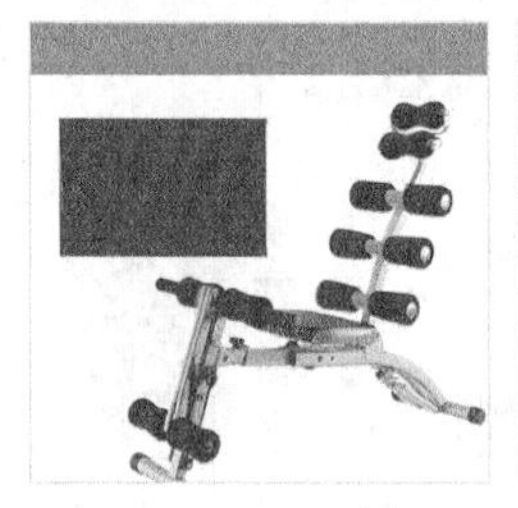

图18-86

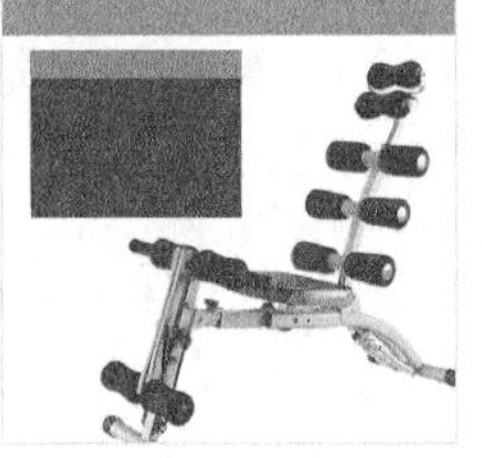

图18-87

05 使用“横排文字工具”在绘图区域输入产品相关的文字，效果如图18-88所示。

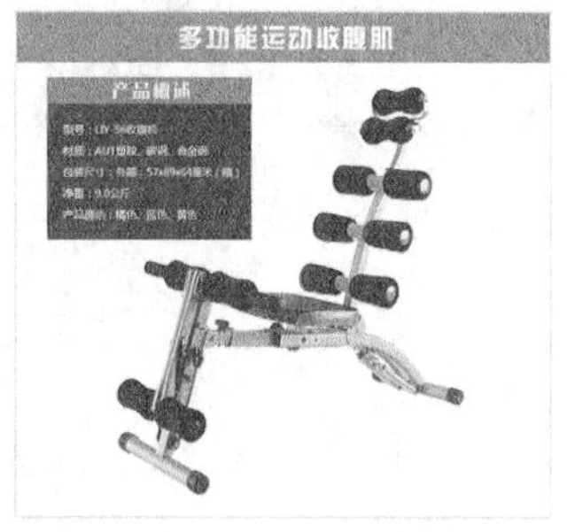

图18-88

06 使用“直线工具”在空白处绘制出若干条合适的直线，然后使用“横排文字工具”在绘图区域输入文字，最终效果如图18-89所示。

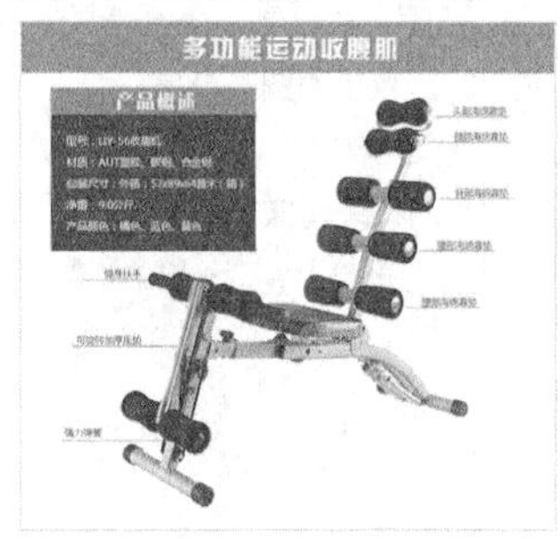

图18-89

技巧与提示

在选择字体时，描述产品功能的文字应尽量选择笔触细一些的字体，这样画面效果比较平衡。

实例248 男式休闲鞋商品描述区的设计

★★★☆☆

视频文件：实例248 男式休闲鞋商品描述区的设计.mp4
实例位置：实例文件>CH18>实例248.psd
素材位置：素材文件>CH18>248-1.png
学习目标：掌握男式休闲鞋商品描述区的设计方法

本实例是为男式休闲鞋设计商品描述区，设计时文字与图片的结合是设计的关键，选择合适的颜色能够使视觉效果达到平衡而页面效果又不呆板。本实例最终效果如图18-90所示，版式结构如图18-91所示。

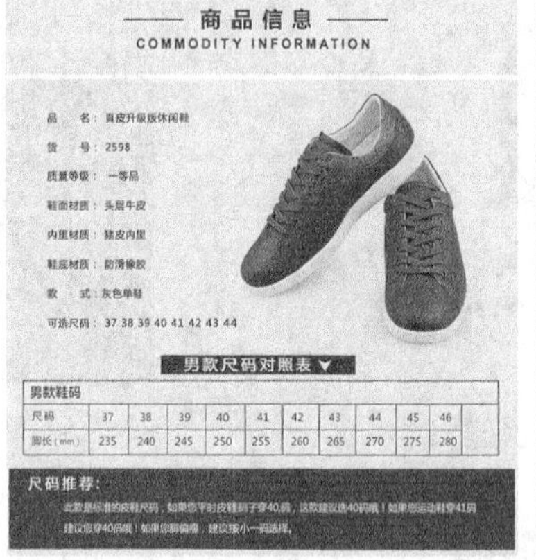

图18-90

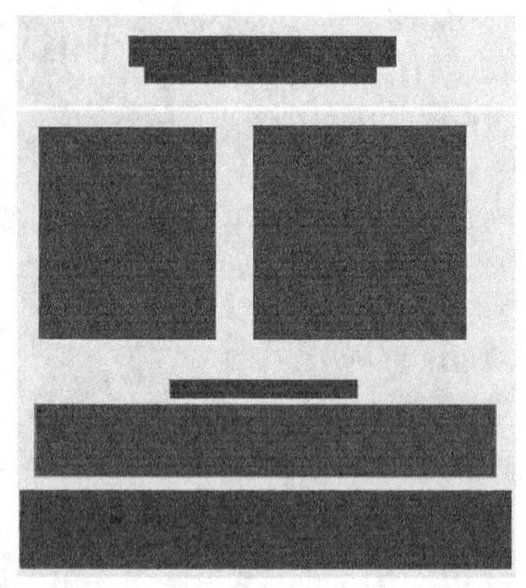

图18-91

01 按快捷键Ctrl+N新建一个文件，然后设置前景色为（R:233，G:232，B:232），接着用前景色填充“背景”图层，如图18-92所示。

图18-92

02 新建一个图层，然后使用“矩形选框工具”绘制一个合适的选区，并使用白色填充选区，效果如图18-93所示。

03 使用“横排文字工具”在绘图区域输入产品相关的文字，效果如图18-94所示。

图18-93　　图18-94

04 使用“直线工具”在标题文字的两边绘制两条合适的直线，如图18-95所示。

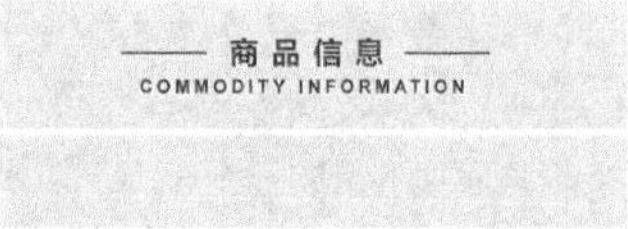

商品信息
COMMODITY INFORMATION

图18-95

05 导入学习资源中的“素材文件>CH18>248-1.png”文件，然后调整图层的位置与大小，如图18-96所示。

图18-96

06 使用“横排文字工具”在绘图区域输入产品相关的文字，效果如图18-97所示。

图18-97

07 选择“矩形工具”，然后在选项栏中设置“填充”颜色为（R:43，G:55，B:95），接着在绘图区域绘制两个大小不一的矩形，如图18-98所示。

图18-98

08 选择“矩形工具”，然后在选项栏中设置“填充”为无，“描边”颜色为黑色，“描边宽度”为0.35点，如图18-99所示，接着绘制一个黑色矩形框，如图18-100所示。

图18-99

图18-100

09 选择“直线工具”，然后在选项栏中设置“描边”颜色为黑色，“描边宽度”为0.21点，“粗细”为1像素，如图18-101所示，接着在绘图区域绘制一个合适的表格，如图18-102所示。

图18-101

图18-102

10 使用“横排文字工具”在绘图区域输入产品尺码信息，最终效果如图18-103所示。

男款鞋码										
尺码	37	38	39	40	41	42	43	44	45	46
脚长（mm）	235	240	245	250	255	260	265	270	275	280

图18-103

实例249 咖啡饮品类商品描述区的设计

★★★☆☆

- 视频文件：实例249 咖啡饮品类商品描述区的设计.mp4
- 实例位置：实例文件>CH18>实例249.psd
- 素材位置：素材文件>CH18>249-1.jpg、249-2.jpg
- 学习目标：掌握咖啡饮品类商品描述区的设计方法

本实例是为咖啡饮品类设计商品描述区，在介绍商品时，一定要全面详细地将信息描述出来，包括食品中的营养成分等，这样才能让顾客在挑选商品时更方便。本实例最终效果如图18-104所示，版式结构如图18-105所示。

商品属性
COMMODITY PROPERTY
缇宝黑咖啡 TIEMPO BLACK COFFEE
品 牌 TIEMPO
味 道 美味飘香 香醇独特
规 格 5kg/2.2ml
成 品 树脂末、葡萄糖浆、棕榈仁油
储存方法 置于阴凉干燥处
营养成分表
项目/items 每100g 营养素参考值（%）
能量/energy 907千焦（kj） 23%
蛋白质/protein 4.0克（g） 7%
脂肪/fat 13.7克（g） 23%
碳水化合物/carbohydrate 79.6克（g） 26%
钠/sodium 90毫克（mg） 5%

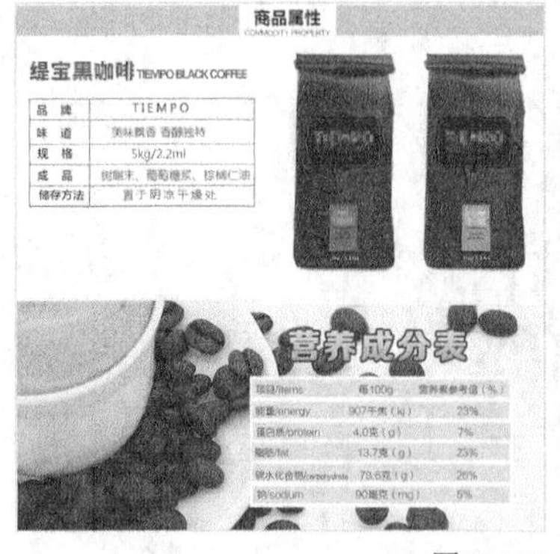

图18-104

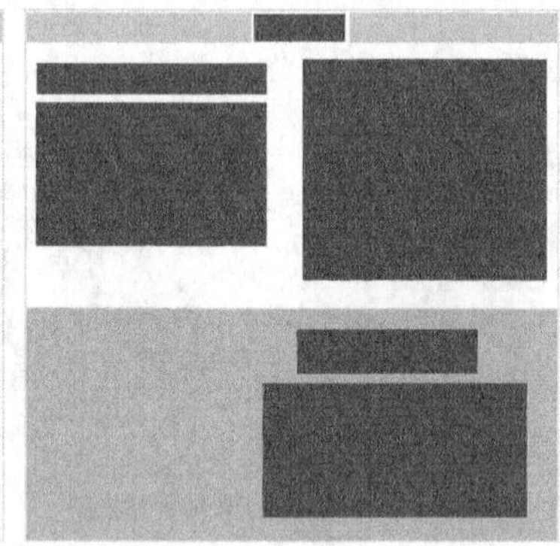

图18-105

01 按快捷键Ctrl+N新建一个文件，然后选择“矩形工具”，接着在选项栏中设置“填充”颜色为（R:201，G:203，B:202），最后在绘图区域绘制两个大小相同的矩形，如图18-106所示。

图18-106

02 使用“横排文字工具”在绘图区域输入产品相关的文字，效果如图18-107所示。

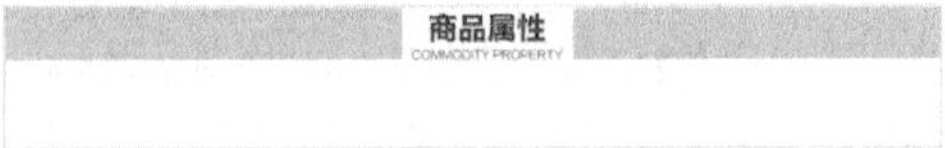

商品属性
COMMODITY PROPERTY

图18-107

03 选择“矩形工具”，然后在选项栏中设置“填充”为无，“描边”颜色为黑色，“描边宽度”为0.35点，绘制出一个矩形框，接着选择“直线工具”，在绘图区域绘制出一个合适的表格，如图18-108所示。

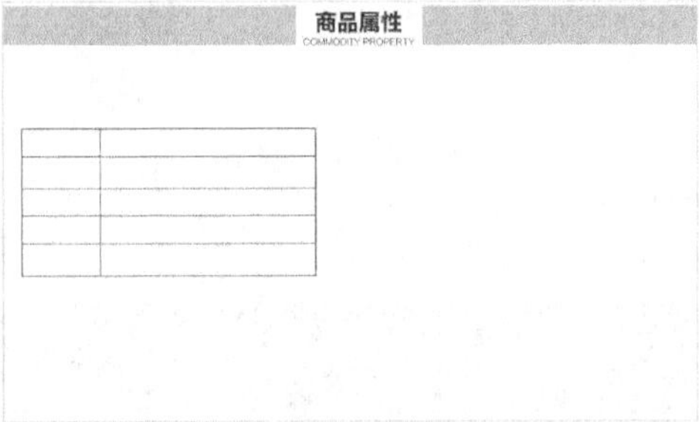

商品属性
COMMODITY PROPERTY

图18-108

04 使用“横排文字工具”在表格区域内输入产品相关的文字，效果如图18-109所示。

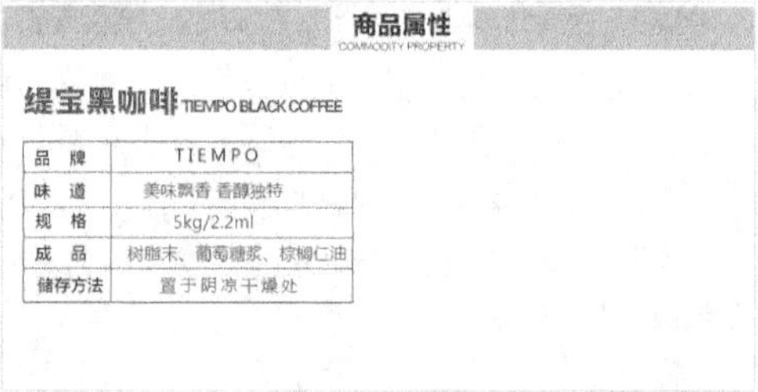

商品属性
COMMODITY PROPERTY
缇宝黑咖啡 TIEMPO BLACK COFFEE
品 牌 TIEMPO
味 道 美味飘香 香醇独特
规 格 5kg/2.2ml
成 品 树脂末、葡萄糖浆、棕榈仁油
储存方法 置于阴凉干燥处

图18-109

05 选择“矩形工具”，然后在绘图区域绘制一个矩形，如图18-110所示。

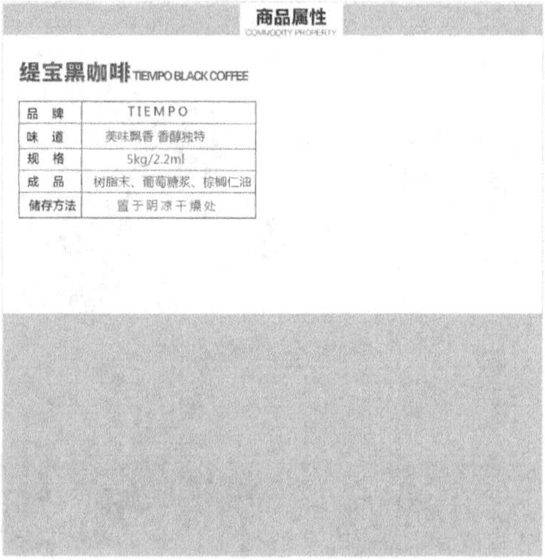

商品属性
COMMODITY PROPERTY
缇宝黑咖啡 TIEMPO BLACK COFFEE
品 牌 TIEMPO
味 道 美味飘香 香醇独特
规 格 5kg/2.2ml
成 品 树脂末、葡萄糖浆、棕榈仁油
储存方法 置于阴凉干燥处

图18-110

06 导入学习资源中的“素材文件>CH18>249-1.jpg”文件，然后使用“移动工具” 将素材放到画面的下方，如图18-111所示，接着将素材文件设置为形状图层的剪切蒙版，效果如图18-112所示。

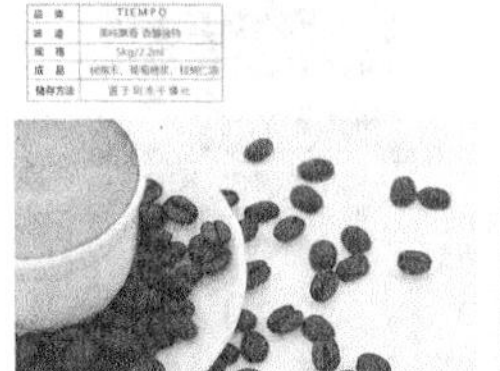

图18-111

图18-112

07 导入学习资源中的“素材文件>CH18>249-2.jpg”文件，然后使用“移动工具” 将素材移动到表格的右方，如图18-113所示。

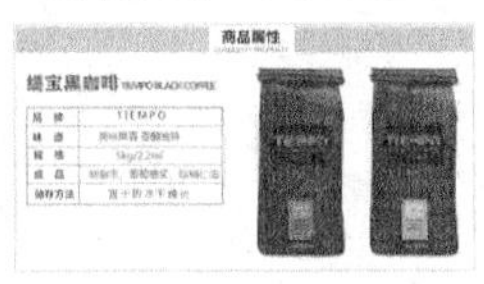

图18-113

08 选择“矩形工具” ，然后在选项栏中设置“填充”为白色，“描边”颜色为黑色，接着绘制出一个黑色矩形框，如图18-114所示。

09 选择“矩形工具” ，然后在选项栏中设置“填充”颜色为（R:224，G:224，B:224），接着在矩形框中域绘制出若干个大小相同的矩形，如图18-115所示。

图18-114

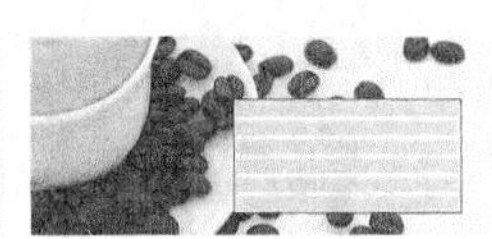

图18-115

10 使用“横排文字工具” 在表格区域内输入产品相关的文字，效果如图18-116所示。

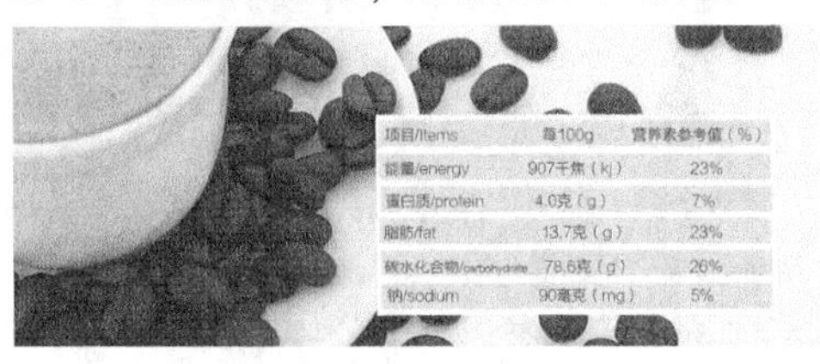

图18-116

11 继续使用“横排文字工具” 在表格上方输入“营养成分表”的文字，效果如图18-117所示。

图18-117

12 在“图层”面板下方单击“添加图层样式”按钮 ，在弹出的菜单栏中选择“描边”命令，然后设置“大小”为3像素，描边“颜色”为（R:60, G:26, B:13），具体参数设置如图18-118所示。

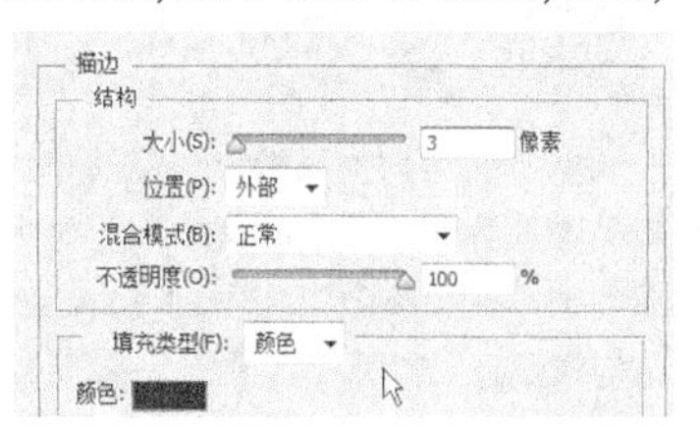

图18-118

13 单击左侧“渐变叠加”命令，在渐变编辑器中设置第1个色标的颜色为（R:213，G:180，B:106），第2个色标的颜色为（R:240，G:220，B:170），如图18-119和图18-120所示，最终效果如图18-121所示。

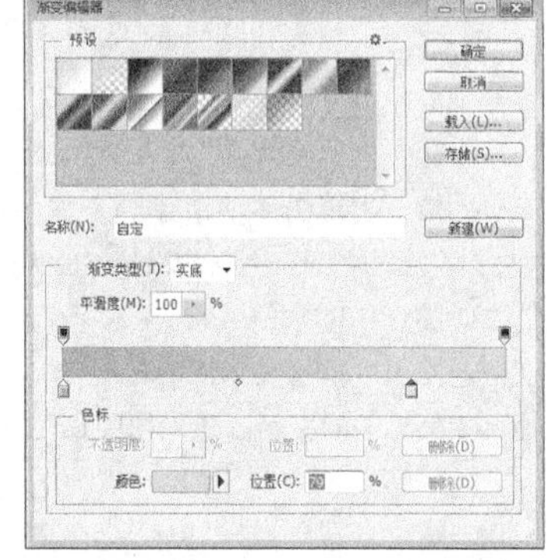

图18-119

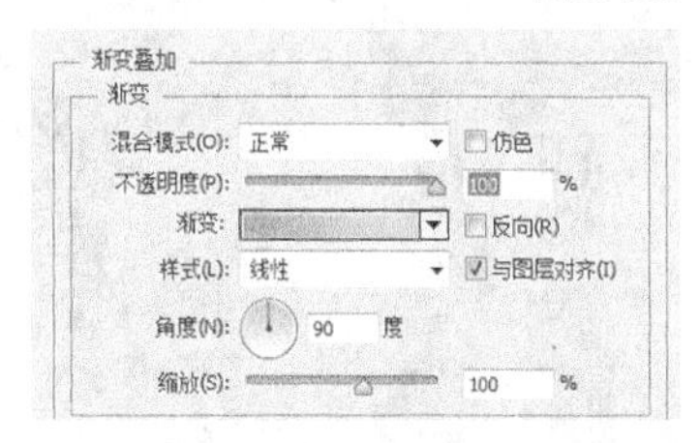

图18-120

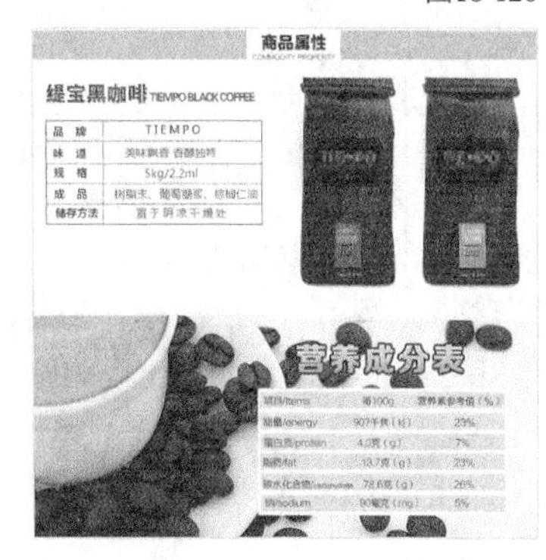

图18-121

实例250 牛仔裤商品描述区的设计

★★★☆☆

视频文件：实例250 牛仔裤商品描述区的设计.mp4

实例位置：实例文件>CH18>实例250.psd

素材位置：素材文件>CH18>250-1.jpg、250-2.jpg

学习目标：掌握牛仔裤商品描述区的设计方法

本实例是为牛仔裤设计商品描述区，以商品图片为背景，搭配文字，更好地展现商品。本实例最终效果如图18-122所示，版式结构如图18-123所示。

2016新品原创设计
A TOWN SHOP TREASURE
修身微弹牛仔裤
产品信息

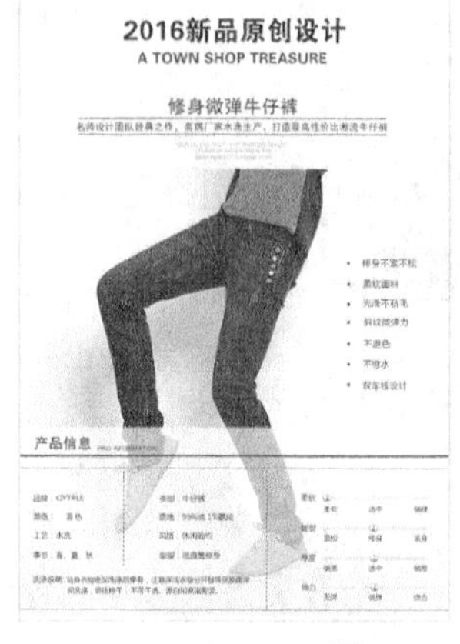

图18-122

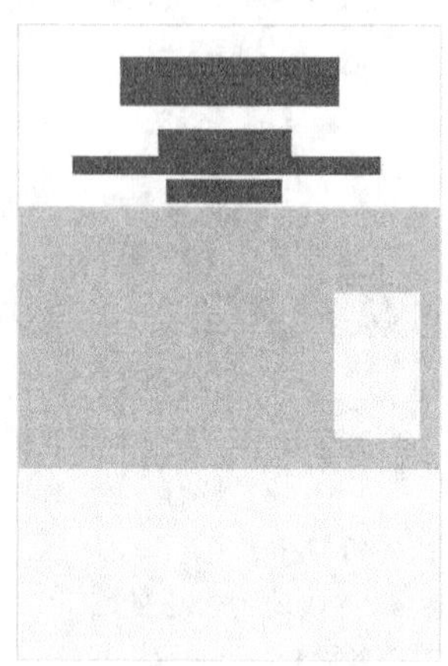

图18-123

01 按快捷键Ctrl+N新建一个文件，然后导入学习资源中的“素材文件>CH18>250-1.jpg”文件，如图18-124所示。

02 使用“横排文字工具”在绘图区域输入产品相关的文字，效果如图18-125所示。

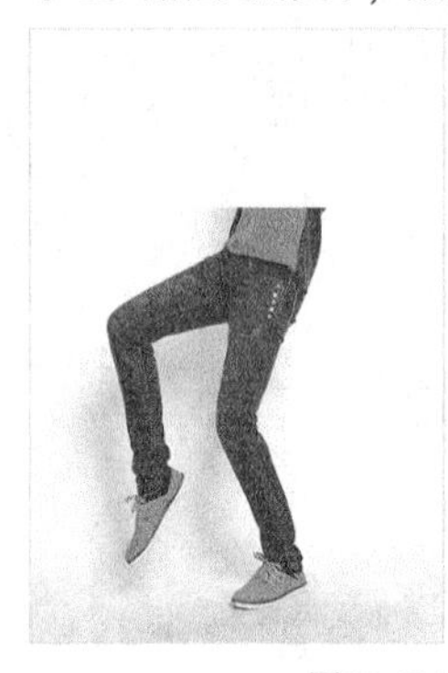

图18-124

2016新品原创设计
A TOWN SHOP TREASURE
修身微弹牛仔裤

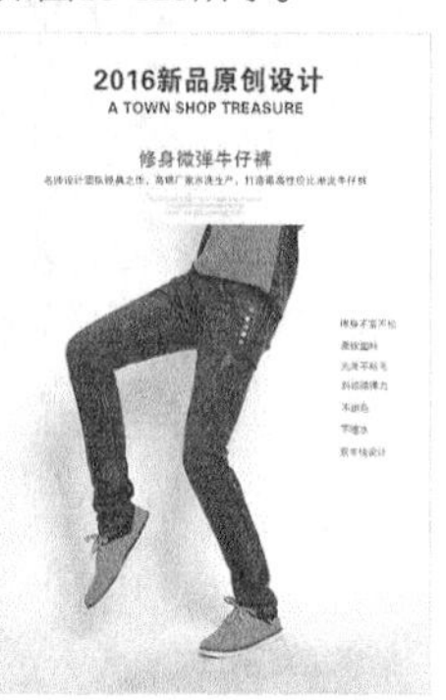

图18-125

03 选择“直线工具”，然后在选项栏中设置“描边”颜色为黑色，“描边宽度”为0.21点，“粗细”为1像素，接着在绘图区域绘制出两条直线，如图18-126所示。

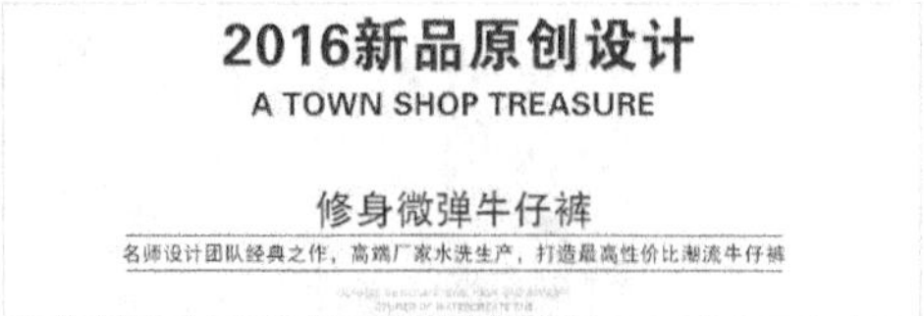

2016新品原创设计
A TOWN SHOP TREASURE
修身微弹牛仔裤
名师设计团队经典之作，高端厂家水洗生产，打造最高性价比潮流牛仔裤

图18-126

04 选择“椭圆工具”，然后在选项栏中设置“填充”为黑色，接着在文字旁绘制若干个圆形，效果如图18-127所示。

05 选择“矩形工具”，然后在选项栏中设置“填充”颜色为白色，接着在矩形框中绘制一个矩形，最后设置该矩形的“不透明度”为75%，效果如图18-128所示。

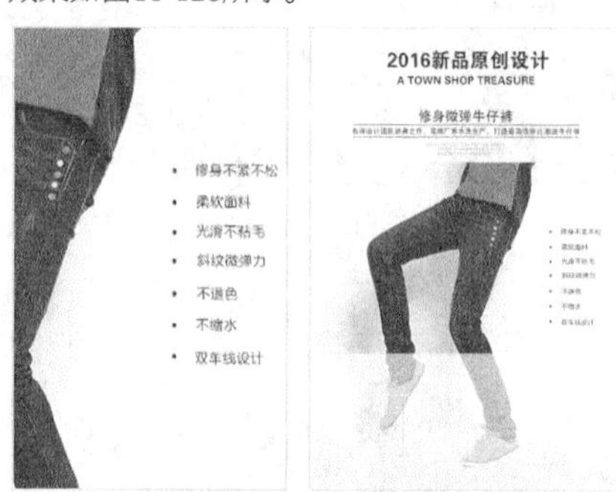

修身不紧不松
柔软面料
光滑不粘毛
斜纹微弹力
不退色
不缩水
双车线设计

图18-127

2016新品原创设计
A TOWN SHOP TREASURE
修身微弹牛仔裤

图18-128

06 使用“横排文字工具”在绘图区域输入产品相关的文字，效果如图18-129所示。

产品信息
品牌：KIYTRUI
类别：牛仔裤
颜色：蓝色
工艺：水洗
风格：休闲简约
季节：春、夏、秋

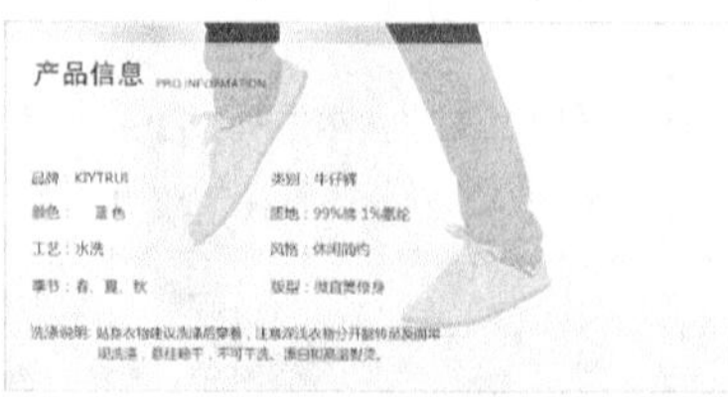

图18-129

07 选择“直线工具”，然后在选项栏中设置“描边”颜色为黑色，“粗细”为3像素，接着在绘图区域绘制出一条直线，如图18-130所示。在选项栏中设置“粗细”为1像素，然后绘制一条直线，如图18-131所示。

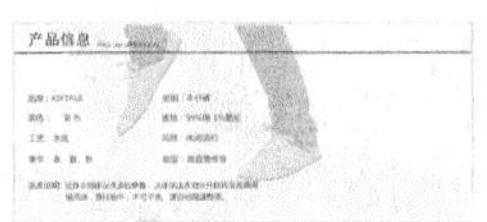

图18-130

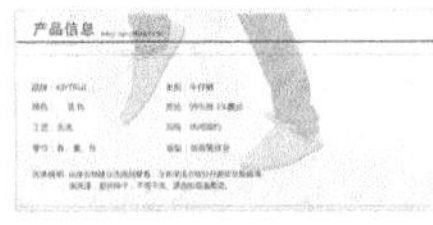

图18-131

08 在选项栏中设置“描边宽度”为3.80点，“设置形状描边类型”为虚线，如图18-132所示，然后绘制两条虚线，效果如图18-133所示。

图18-132

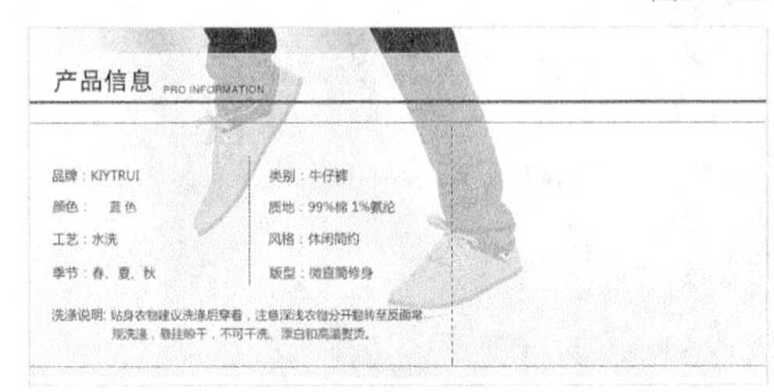

图18-133

09 选择“圆角矩形工具”，然后在选项栏中设置“填充”为白色，“描边”颜色为灰色，“描边宽度”为0.21点，“半径”为5像素，如图18-134所示，接着在画面下方绘制一个圆角矩形，效果如图18-135所示。

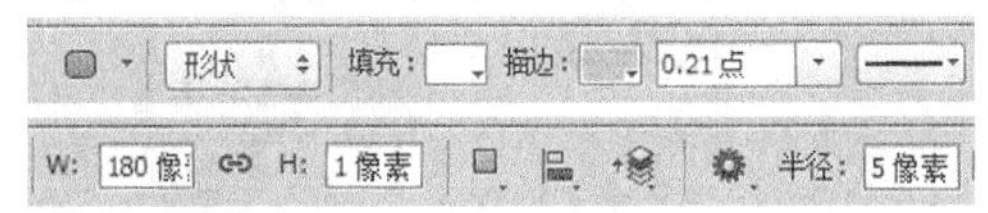

图18-134

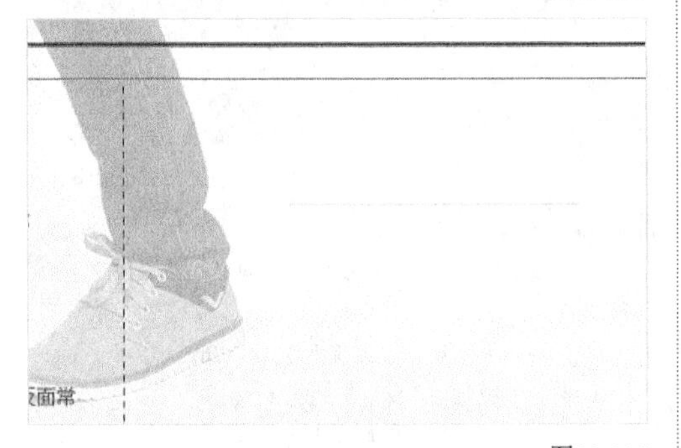

图18-135

10 在“图层”面板下方单击“添加图层样式”按钮，在弹出的菜单栏中选择“投影”命令，然后设置“阴影颜色”为（R:109，G:99，B:99），“大小”为3像素，具体参数设置如图18-136所示，效果如图18-137所示。

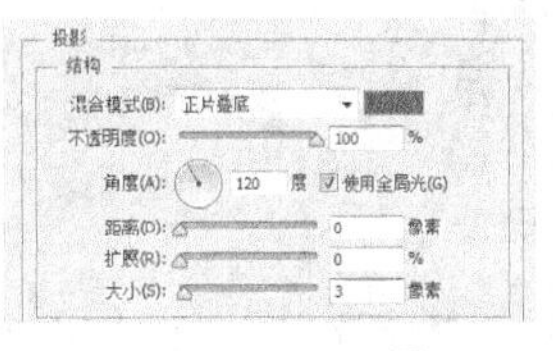

图18-136

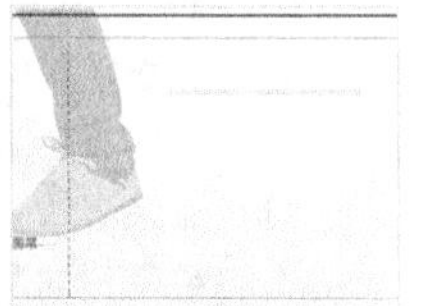

图18-137

11 按快捷键Ctrl+J复制出多个圆角矩形边框，并调整位置，效果如图18-138所示。

12 使用“横排文字工具”在绘图区域输入产品相关的文字，效果如图18-139所示。

图18-138

图18-139

13 导入学习资源中的“素材文件>CH18>250-2.jpg”文件，然后使用“移动工具”将素材放到合适的位置，如图18-140所示

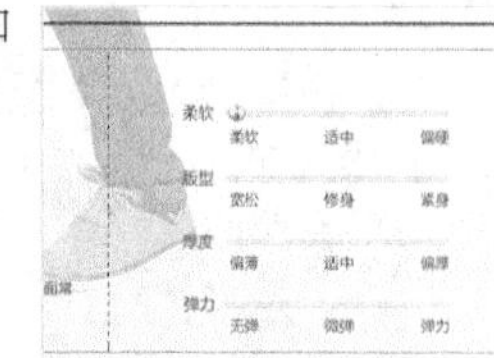

图18-140

14 按快捷键Ctrl+J复制出多个副本图层，然后分别调整好素材的位置，如图18-141所示，最终效果如图18-142所示。

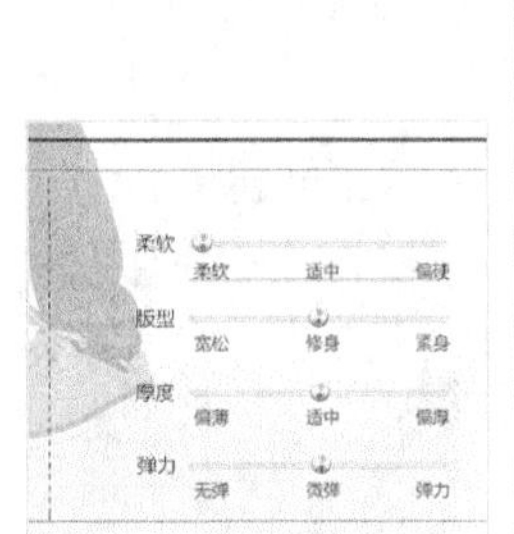

图18-141

图18-142

实例251 男士西服商品描述区的设计

★★★☆☆

视频文件：实例251 男士西服商品描述区的设计.mp4
实例位置：实例文件>CH18>实例251.psd
素材位置：素材文件>CH18>251-1.jpg
学习目标：掌握男士西服商品描述区的设计方法

本实例是为男士西服设计商品描述区，使用与产品相近的灰色进行设计，细节处完美的体现西服做工的精良，同时搭配文字，使页面效果更舒适。本实例最终效果如图18-143所示，版式结构如图18-144所示。

图18-143

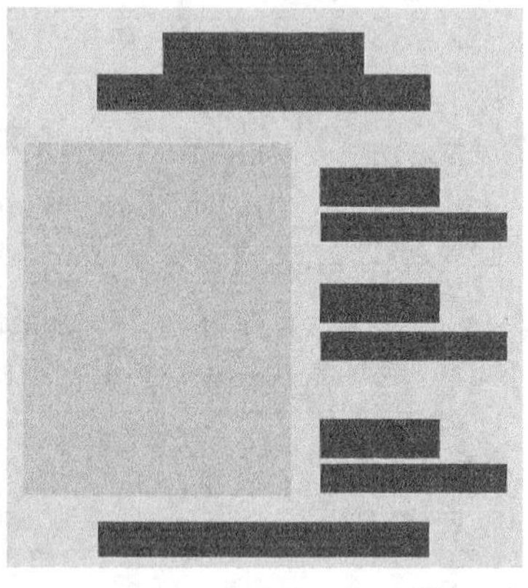

图18-144

01 按快捷键Ctrl+N新建一个文件，然后设置前景色为（R:218，G:218，B:218），接着用前景色填充“背景”图层，如图18-145所示。

02 选择“矩形工具”，然后在选项栏中设置“填充”颜色为白色，接着在矩形框中绘制出一个矩形，效果如图18-146所示。

03 导入学习资源中的“素材文件>CH18>251-1.jpg”文件，然后使用“移动工具”将素材放到合适的位置，接着将素材文件设置为形状图层的剪切蒙版，效果如图18-147所示。

图18-145

图18-146

图18-147

04 在“背景”图层上方新建一个“椭圆3”图层，如图18-148所示，然后使用“椭圆选框工具”绘制出合适的选区，如图18-149所示。

图18-148

图18-149

05 设置前景色为黑色，然后选择“画笔工具”，接着设置“大小”为58像素，“硬度”为0%，“不透明度”为36%，具体参数设置如图18-150所示，接着在选区中绘制阴影效果，最后设置该图层的“填充”为69%，效果如图18-151所示。

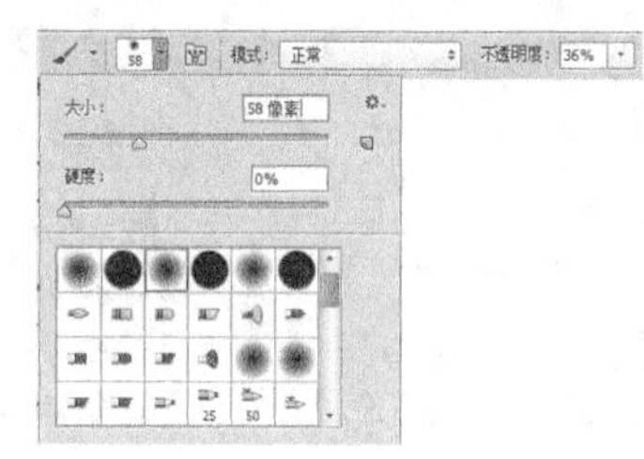

图18-150

图18-151

06 使用“横排文字工具”在绘图区域输入产品相关的文字，最终效果如图18-152所示。

图18-152

技巧与提示

输入文字以后，可以采用以下3种方法来结束文字的输入。

第1种：按大键盘上的快捷键Ctrl+Enter。

第2种：直接按小键盘上的Enter键。

第3种：在工具箱中单击其他工具。

实例 252 ★★★☆☆

女士皮包商品描述区的设计

视频文件：实例252 女士皮包商品描述区的设计.mp4　实例位置：实例文件>CH18>实例252.psd
素材位置：素材文件>CH18>252-1.jpg、252-2.jpg　学习目标：掌握女士皮包商品描述区的设计方法

本实例是为女士皮包设计商品描述区，设计时边框处采用渐变的紫色，使页面效果更加具有时尚气息，并且选取了商品的各个角度展示商品，使顾客更加了解商品。本实例最终效果如图18-153所示，版式结构如图18-154所示。

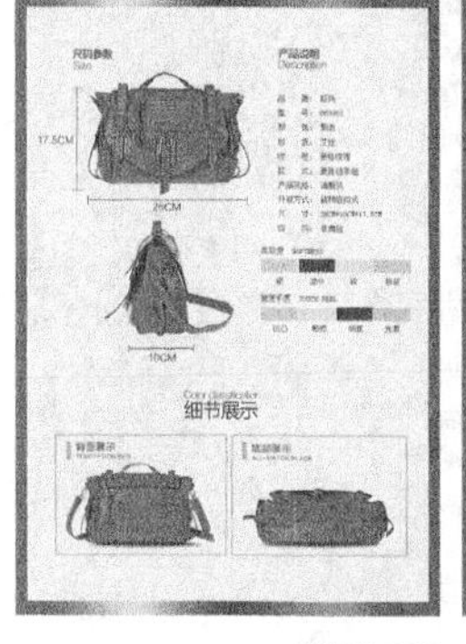

图18-153

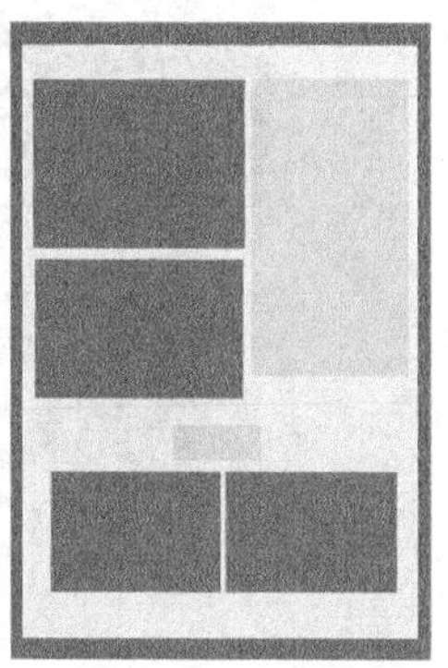

图18-154

01 按快捷键Ctrl+N新建一个文件，然后选择“渐变工具”，接着在渐变编辑器中设置第1个色标的颜色为（R:104，G:104，B:137），第2个色标的颜色为（R:220，G:221，B:236），第3个色标的颜色为（R:61，G:65，B:94），第4个色标的颜色为（R:155，G:157，B:180），如图18-155所示，最后从左至右为“背景”图层填充线性渐变，效果如图18-156所示。

图18-155

图18-156

技巧与提示

背景选择紫色系，是为了使背景与产品颜色呼应。

02 选择“矩形工具”，然后在选项栏中设置“填充”颜色为(R:236, G:237, B:238)，接着在矩形框中绘制一个矩形，效果如图18-157所示。

03 导入学习资源中的“素材文件>CH18>252-1.jpg”文件，然后使用“移动工具”将素材放到合适的位置，接着设置该图层的“混合模式”为“正片叠底”，效果如图18-158所示。

图18-157

图18-158

04 选择“直线工具”，然后在选项栏中设置“描边”颜色为黑色，“粗细”为1像素，接着在绘图区域绘制直线，如图18-159所示。

图18-159

05 使用“横排文字工具”在绘图区域输入产品相关的文字，效果如图18-160所示。

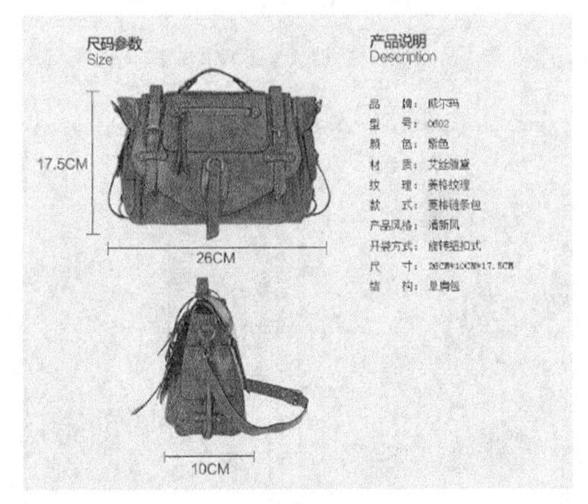

图18-160

06 选择“矩形工具”，然后在选项栏中设置合适的颜色，接着在矩形框中绘制若干个矩形，如图18-161所示，最后使用“横排文字工具”在绘图区域输入相关的文字，效果如图18-162所示。

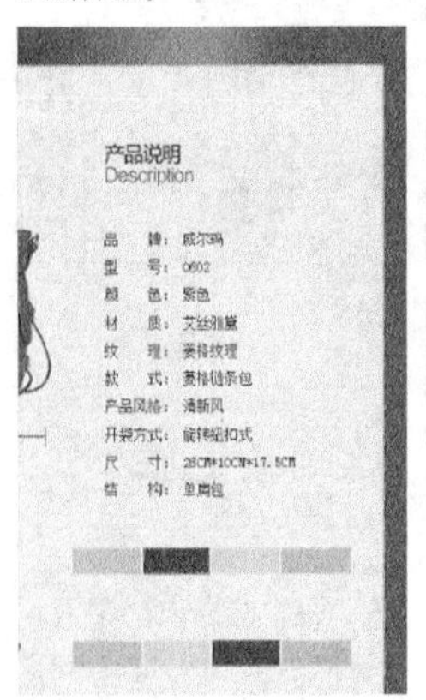

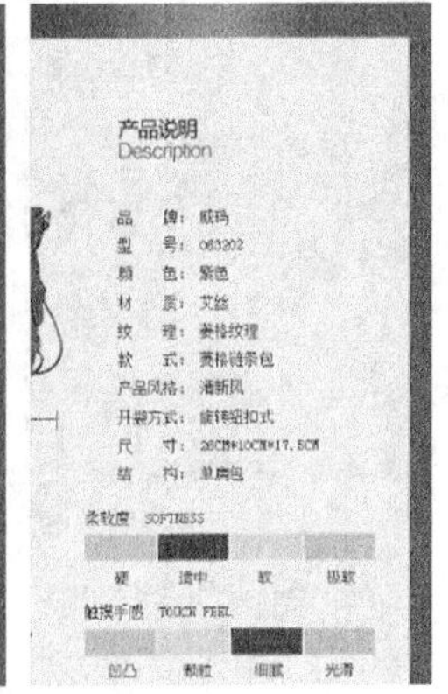

图18-161　图18-162

07 导入学习资源中的“素材文件>CH18>252-2.jpg”文件，然后使用“移动工具”将素材放到合适的位置，接着设置该图层的“混合模式”为“正片叠底”，效果如图18-163所示。

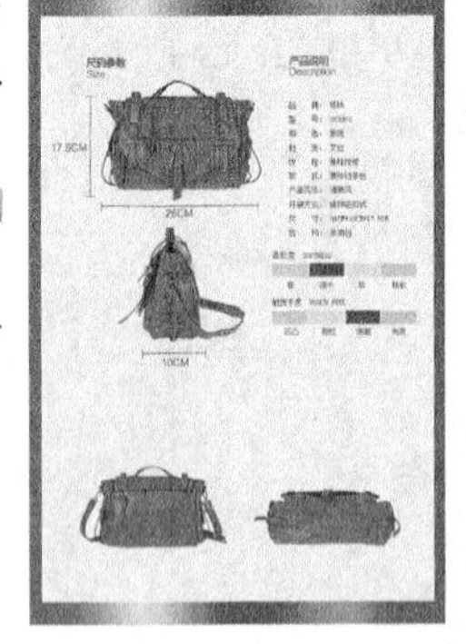

图18-163

08 新建一个图层，然后设置前景色为黑色，接着使用“画笔工具”在产品下方绘制出阴影效果，效果如图18-164所示。

图18-164

技巧与提示

在新建图层时，一定要注意图层的前后顺序。

09 选择“矩形工具”，然后在选项栏中设置“描边”颜色为（R:174，G:174，B:174），“描边宽度”为1.5点，如图18-165所示，接着在绘图区域绘制出一个矩形，如图18-166所示。

图18-165　图18-166

10 使用“横排文字工具”在绘图区域输入产品相关的文字，细节展示板块如图18-167所示，最终效果如图18-168所示。

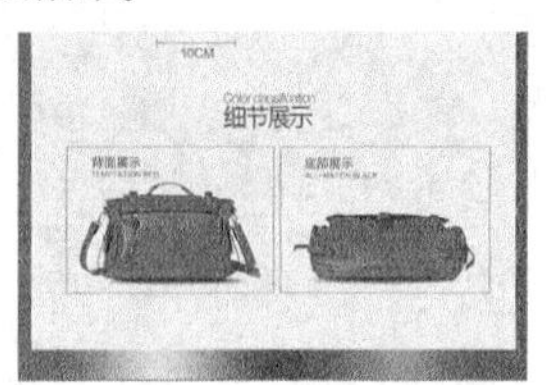

图18-167

图18-168

婴儿服饰商品描述区的设计

视频文件：实例253 婴儿服饰商品描述区的设计.mp4　实例位置：实例文件>CH18>实例253.psd
素材位置：素材文件>CH18>253-1.jpg　学习目标：掌握婴儿服饰商品描述区的设计方法

本实例是为婴儿服饰设计商品描述区，以纯净的蓝色作为主色调，搭配可爱的几何图形，更好地展示商品。本实例最终效果如图18-169所示，版式结构如图18-170所示。

图18-169

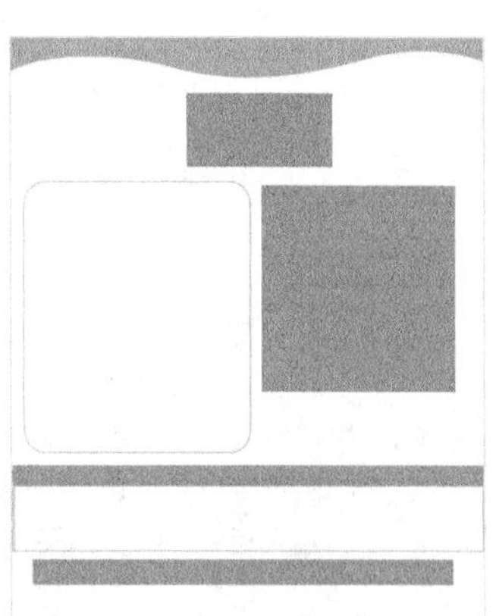

图18-170

01 按快捷键Ctrl+N新建一个文件，然后使用“钢笔工具”绘制一个不规则的路径，如图18-171所示。

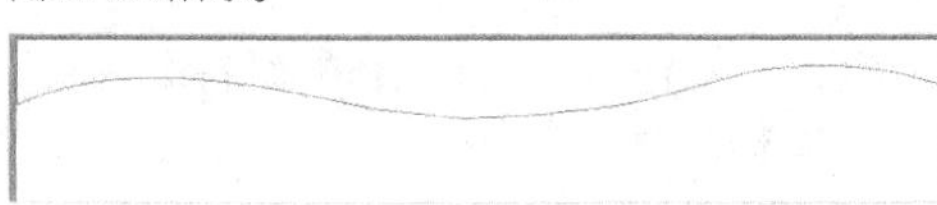

图18-171

02 新建一个图层，然后设置前景色为（R:84，G:165，B:219），接着使用前景色填充该路径，效果如图18-172所示。

图18-172

03 使用“椭圆工具”绘制出3个圆形，然后选择“矩形工具”在圆形下方绘制一个矩形，使图形组成一个云朵的形状，如图18-173和图18-174所示。

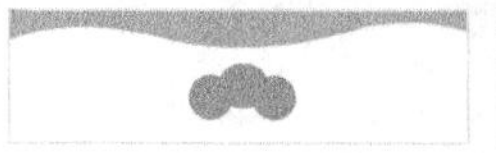

图18-173

图18-174

04 选择“自定义形状工具”，然后在选项栏中设置“形状”为“红心形卡”，如图18-175所示，接着在绘图区域绘制出心形，效果如图18-176所示。

图18-175

图18-176

05 使用“横排文字工具”在绘图区域输入产品相关的文字，如图18-177所示。

图18-177

06 选择“圆角矩形工具”，然后在选项栏中设置“描边宽度”为2点，“半径”为35像素，如图18-178所示，接着在画面中绘制一个圆角矩形，效果如图18-179所示。

图18-178

图18-179

07 导入学习资源中的“素材文件>CH18>253-1.jpg”文件，然后使用“移动工具”将素材放到合适的位置，效果如图18-180所示。

图18-180

08 使用“圆角矩形工具”在画面中绘制若干个的圆角矩形，并调整好位置，如图18-181所示，然后输入相关文字，效果如图18-182和图18-183所示。

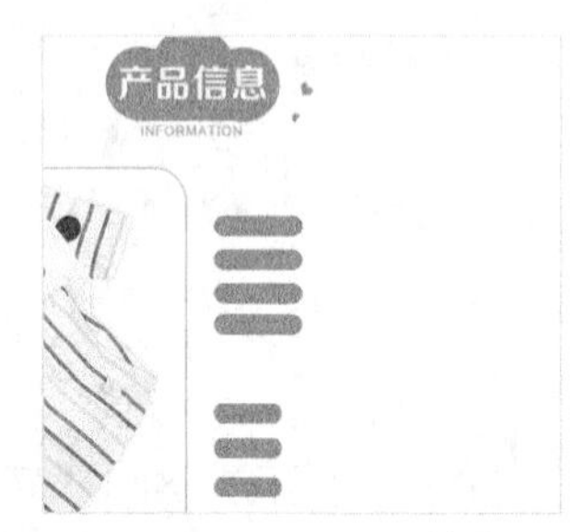

图18-181

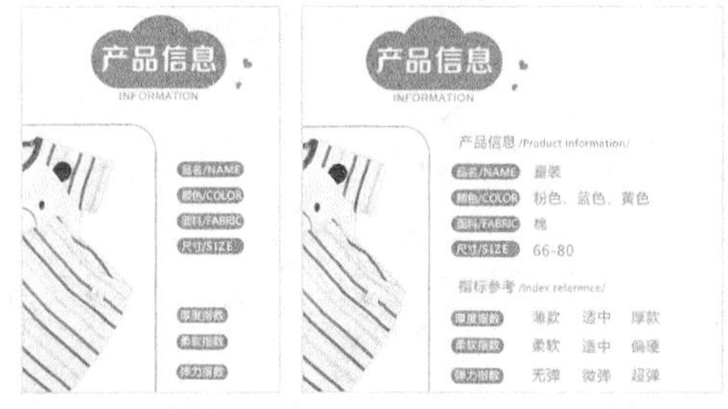

图18-182　图18-183

09 选择“矩形工具”，然后在相应的文字旁绘制出矩形，如图18-184所示。

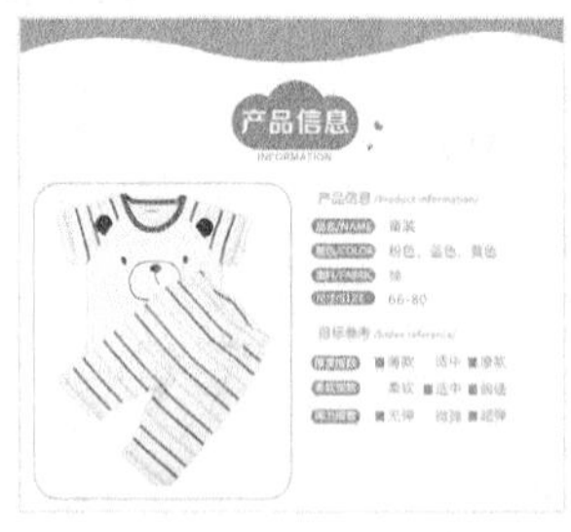

图18-184

10 选择“自定义形状工具”，然后在选项栏中设置“形状”为“选中复选框”，如图18-185所示，接着在绘图区域绘制出图形，效果如图18-186所示。

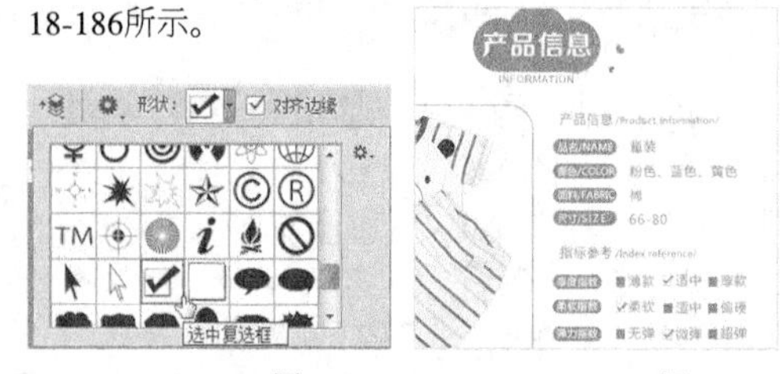

图18-185　图18-186

11 选择“矩形工具”，然后在画面的下方绘制一个矩形，如图18-187所示，然后使用“直线工具”在矩形的下方绘制出表格，如图18-188所示。

图18-187　图18-188

12 使用“横排文字工具”在表格内输入产品相关的文字，如图18-189所示。

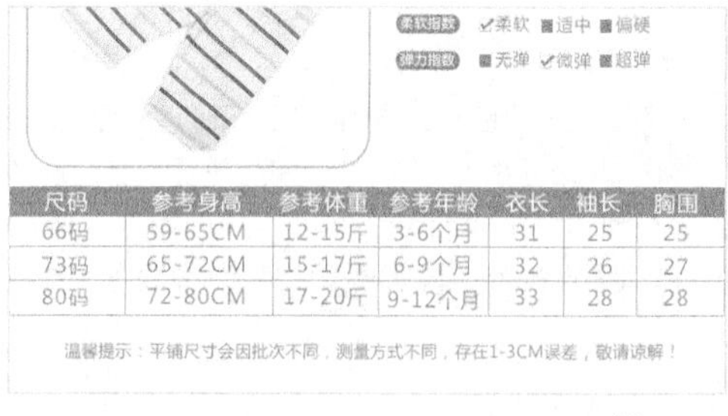

尺码	参考身高	参考体重	参考年龄	衣长	袖长	胸围
66码	59-65CM	12-15斤	3-6个月	31	25	25
73码	65-72CM	15-17斤	6-9个月	32	26	27
80码	72-80CM	17-20斤	9-12个月	33	28	28

温馨提示：平铺尺寸会因批次不同，测量方式不同，存在1-3CM误差，敬请谅解！

图18-189

13 选择“自定义形状工具”，然后在选项栏中设置“形状”为“花2”，如图18-190所示，接着在绘图区域绘制出图形，最后使用“横排文字工具”输入“温馨提示”的相关文字，最终效果如图18-191所示。

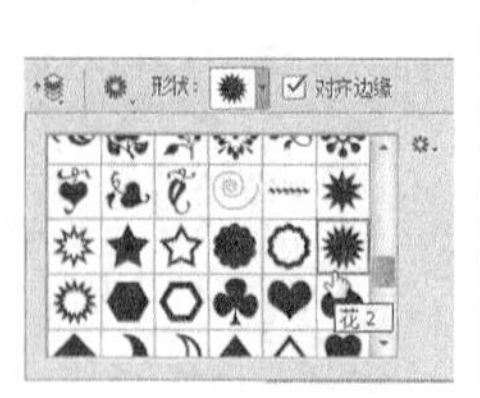

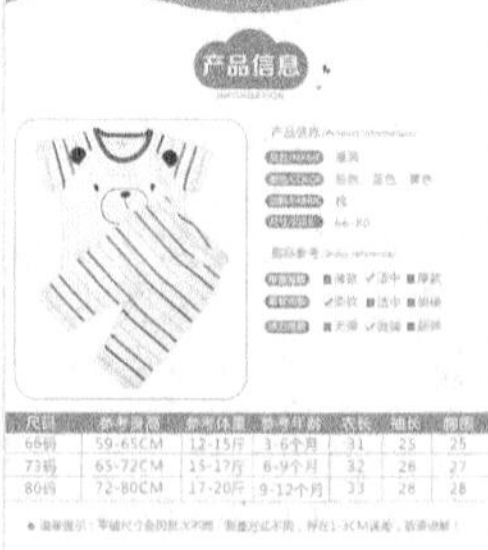

图18-190　图18-191

第19章 促销活动海报的设计

本章关键实例导航

实例254 ★★★★☆ 浪漫情人节促销活动海报的设计

◎视频文件：实例254 浪漫情人节促销活动海报的设计.mp4　◎实例位置：实例文件>CH19>实例254.psd

◎素材位置：素材文件>CH19>254-1.jpg、254-2.png~254-9.png　◎学习目标：掌握浪漫情人节促销活动海报的设计方法

本实例是为情人节促销活动设计海报，在设计海报时，一般选取与节日相关的视觉元素相搭配，如月亮背景、牛郎与织女等，都能很好地体现出情人节的特征，将重要的促销商品以一定的顺序排列，放在页面左右，以达到良好的视觉效果。本实例最终效果如图19-1所示，版式结构如图19-2所示。

图19-1

图19-2

01 打开学习资源中的“素材文件>CH19>254-1.jpg”文件，然后使用“移动工具” 将其拖曳到“实例254”文档中，效果如图19-3所示。

图19-3

02 导入学习资源中的“素材文件>CH19>254-2.png”文件，并将新生成的图层命名为“图层1”，然后按快捷键Ctrl+T进入自由变换状态，接着调整好大小，并将其放在画面顶端，如图19-4所示。

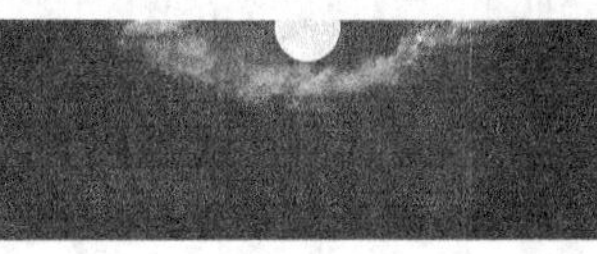

图19-4

03 执行“图层>图层样式>外发光”菜单命令，打开“图层样式”对话框，然后设置“不透明度”为80%，发光颜色为白色，“大小”为248像素，如图19-5所示，效果如图19-6所示。

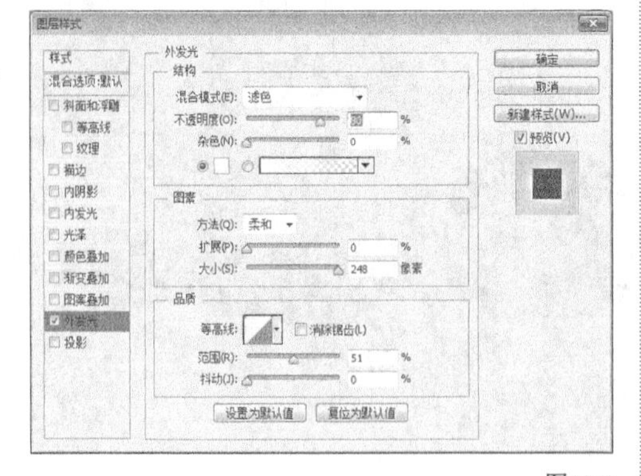

图19-5

图19-6

04 导入学习资源中的“素材文件>CH19>254-3.png”文件，并将新生成的图层命名为“图层2”，然后调整好大小与位置，接着设置该图层的“混合模式”为“滤色”，效果如图19-7所示。

图19-7

05 按快捷键Ctrl+J复制一个副本图层，然后使用“移动工具” 将图像拖曳到画面右侧，如图19-8所示。

图19-8

06 导入学习资源中的“素材文件>CH19>254-4.png”文件，并将新生成的图层命名为“图层3”，然后调整好大小与位置，接着设置该图层的“混合模式”为“滤色”，效果如图19-9所示。

图19-9

07 导入学习资源中的“素材文件>CH19>254-5.png”文件，并将新生成的图层命名为“花瓣”，然后调整好大小与位置，如图19-10所示。

图19-10

08 导入学习资源中的“素材文件>CH19>254-6.png”文件，并将新生成的图层命名为“牛郎织女”，然后调整好大小与位置，如图19-11所示。

图19-11

09 使用“椭圆选框工具”在图像上绘制一个合适的圆形选区，如图19-12所示，然后在“图层”面板下方单击“添加图层蒙版”按钮，为该图层添加一个图层蒙版，如图19-13所示，效果如图19-14所示。

图19-12

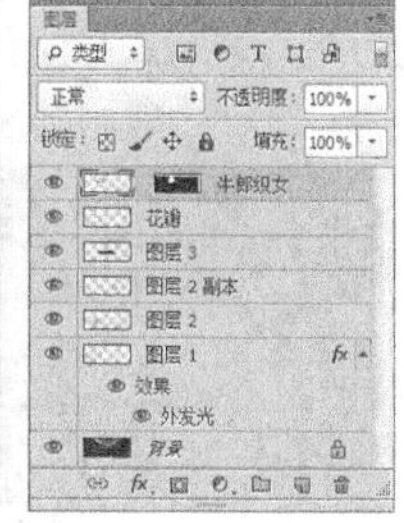

图19-13

图19-14

10 导入学习资源中的“素材文件>CH19>254-7.png”文件，并将新生成的图层命名为“文字”，然后调整好大小与位置，如图19-15所示。

图19-15

11 执行“图层>图层样式>渐变叠加”菜单命令，打开“图层样式”对话框，然后单击“点按可编辑渐变”按钮，接着在弹出的“渐变编辑器”对话框中设置第1个色标的颜色为（R:77，G:28，B:230），第2个色标的颜色为（R:255，G:10，B:114），如图19-16所示，最后返回“图层样式”对话框，设置“不透明度”为82%，“缩放”为60%，具体参数设置如图19-17所示。

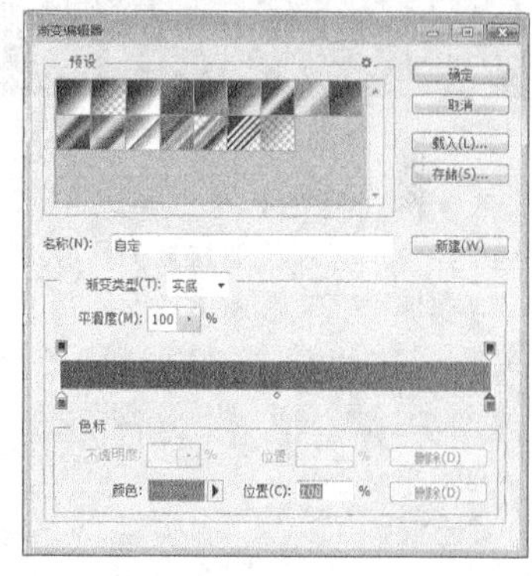

图19-16

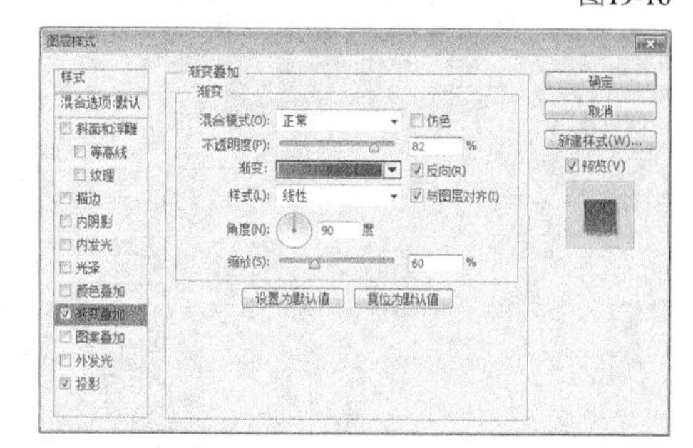

图19-17

12 在“图层样式”对话框中单击“投影”样式，然后设置“不透明度”为28%，“角度”为120度，“距离”为4像素，“大小”为2像素，具体参数设置如图19-18所示。

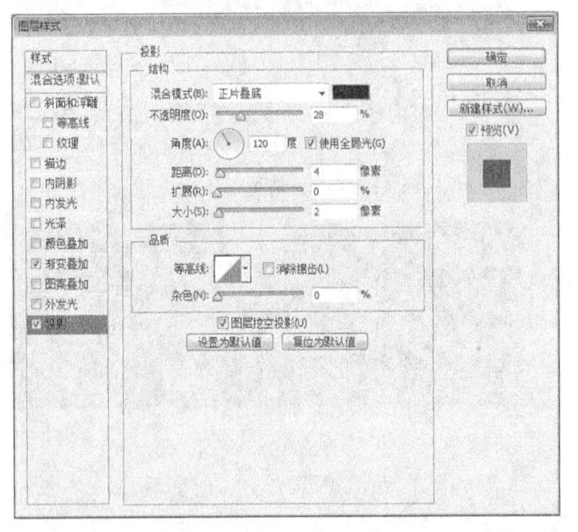

图19-18

13 使用“横排文字工具” T 在画面中输入文字（字体：Aparajita），效果如图19-19所示。

图19-19

14 执行“图层>图层样式>渐变叠加”菜单命令，打开“图层样式”对话框，然后设置“不透明度”为100%，“缩放”为71%，具体参数设置如图19-20所示，效果如图19-21所示。

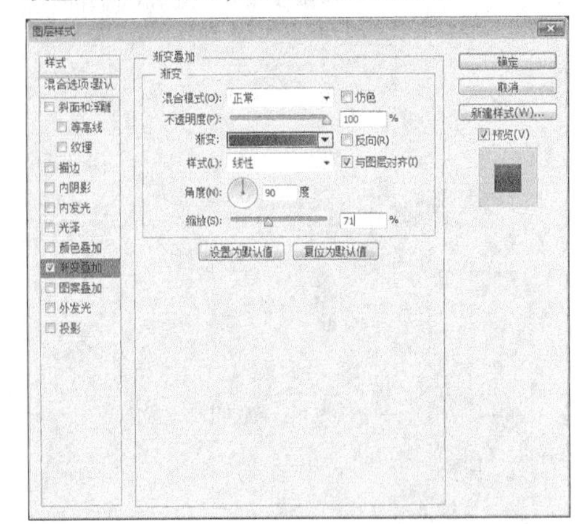

图19-20

图19-21

技巧与提示

因为英文渐变叠加的渐变色与主题文字渐变色是一样的，所以步骤中就不重复叙述了。

15 导入学习资源中的“素材文件>CH19>254-8.png和254-9.png”文件，然后调整好大小与位置，如图19-22所示。

图19-22

16 选择“横排文字工具” T，然后在选项栏中设置字体为方正综艺简体，字体大小为57.84点，颜色为（R:255，G:219，B:2），如图19-23所示，接着在画面中输入文字，效果如图19-24所示。

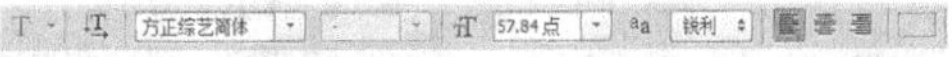

方正综艺简体 57.84点 锐利

图19-23

图19-24

17 继续选择“横排文字工具” T，然后在选项栏中设置字体为方正准圆简体，字体大小为48.2点，颜色为（R:232，G:11，B:130），如图19-25所示，接着在画面中输入文字，最终效果如图19-26所示。

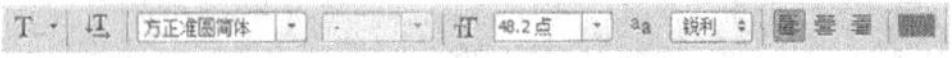

方正准圆简体 48.2点 锐利

图19-25

图19-26

实例255 女神节珠宝促销活动海报的设计

★★★★☆

视频文件：实例255 女神节珠宝促销活动海报的设计.mp4
实例位置：实例文件>CH19>实例255.psd
素材位置：素材文件>CH19>255-1.jpg、255-2.png、255-3.jpg、255-4.png~255-6.png
学习目标：掌握珠宝促销活动海报的设计方法

本实例是为珠宝促销活动设计海报，因为是在3月8日妇女节进行促销，所以背景上尽量选择柔和的色调进行搭配，设计元素也选取花朵来衬托产品的精致。文字也要选择相近的色调，注意色调的浓度一定要是整个页面的亮点，这样才有可能吸引顾客的注意力。本实例最终效果如图19-27所示，版式结构如图19-28所示。

图19-27

图19-28

01 打开学习资源中的“素材文件>CH19>255-1.jpg”文件，然后使用“移动工具”将其拖曳到“实例255”文档中，效果如图19-29所示。

图19-29

02 导入学习资源中的“素材文件>CH19>255-2.png”文件，并将新生成的图层命名为“图层1”，然后按快捷键Ctrl+T进入自由变换状态，接着调整好大小，并放在画面右侧，如图19-30所示。

图19-30

03 导入学习资源中的“素材文件>CH19>255-3.jpg”文件，然后调整好大小，并放在画面左侧，如图19-31所示。

图19-31

04 在“图层”面板下方单击“添加图层蒙版”按钮，为该图层添加一个图层蒙版，然后使用黑色“画笔工具”在蒙版中涂去白色背景区域，效果如图19-32所示。

图19-32

05 导入学习资源中的“素材文件>CH19>255-4.png”文件，然后将新生成的图层命名为“图层2”，并调整好大小和位置，如图19-33所示。

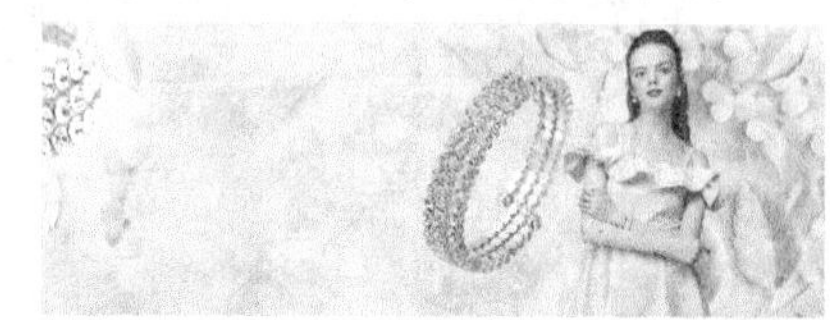

图19-33

06 按快捷键Ctrl+J复制一个副本图层，然后按快捷键Ctrl+T进入自由变换状态，接着单击鼠标右键，选择“垂直翻转”菜单命令，如图19-34所示，最后使用“移动工具”将图像拖曳到图19-35所示的位置。

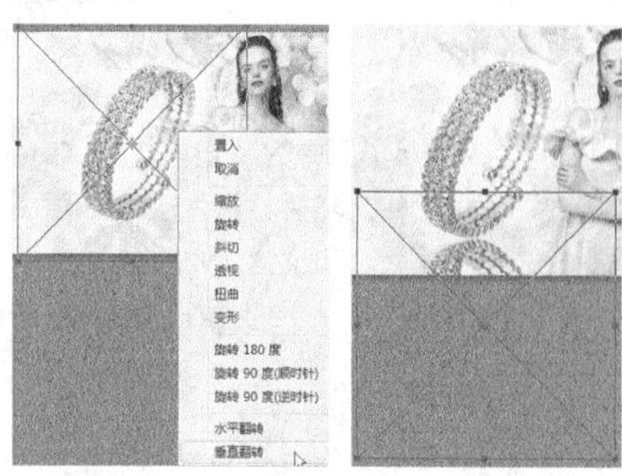

图19-34　图19-35

07 设置“图层2副本”图层的“不透明度”为47%，效果如图19-36所示。

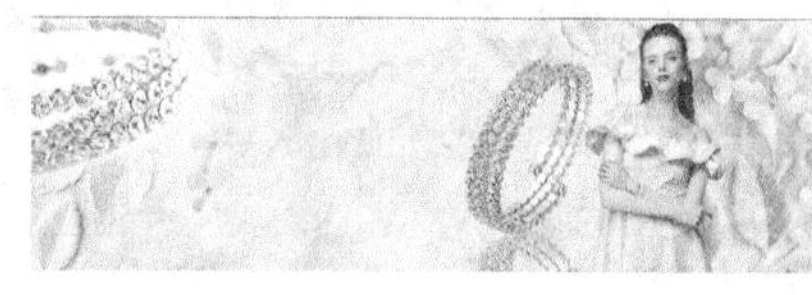

图19-36

08 选择“图层2”图层，然后执行“图层>图层样式>外发光”菜单命令，打开“图层样式”对话框，然后设置“不透明度”为58%，“扩展”为10%，“大小”为73像素，如图19-37所示，效果如图19-38所示。

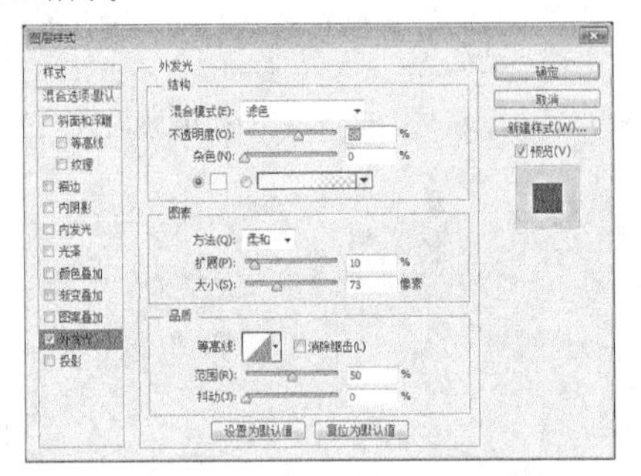

图19-37

图19-38

09 在“图层2”图层下方新建一个图层，然后设置前景色为黑色，接着选择“画笔工具”，并在选项栏中设置画笔的“大小”为88像素，“不透明度”为46%，“流量”为80%，如图19-39所示，最后绘制出首饰的阴影效果，效果如图19-40所示。

图19-39　图19-40

10 导入学习资源中的“素材文件>CH19>255-5.png”文件，然后将新生成的图层命名为“图层4”，并调整大小和位置，如图19-41所示。

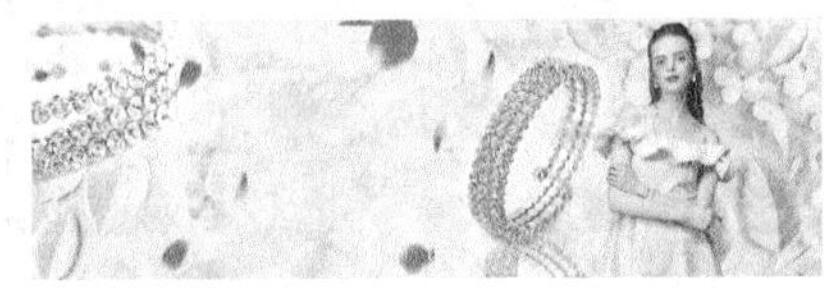

图19-41

11 在“图层”面板下方单击“添加图层蒙版”按钮，为该图层添加一个图层蒙版，然后使用黑色“画笔工具”在蒙版中涂抹，如图19-42所示，效果如图19-43所示。

图19-42

图19-43

12 选择“椭圆工具”，然后在选项栏中设置绘图模式为“形状”，“填充”颜色为白色，“描边”颜色为（R:255，G:41，B:74），“形状描边宽度”为20.55点，如图19-44所示，接着在画面中绘制一个圆形边框，效果如图19-45所示。

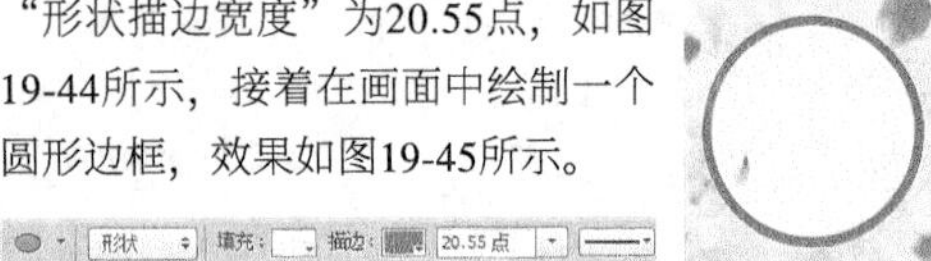

图19-44　图19-45

13 再次选择“椭圆工具”，然后在选项栏中设置“填充”为无，“描边”颜色为红色，“形状描边宽度”为2.65点，“描边选项”为虚线，如图19-46所示，接着在画面中绘制一个圆形边框，效果如图19-47所示。

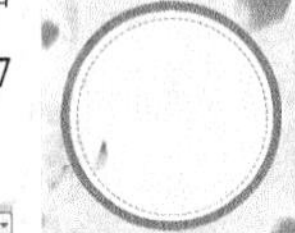

图19-46　图19-47

14 导入学习资源中的“素材文件>CH19>255-6.png”文件，然后将新生成的图层命名为“图层5”，并调整大小和位置，如图19-48所示。

图19-48

15 使用“钢笔工具”绘制出矩形，并使用红色填充路径，如图19-49所示，然后使用“横排文字工具”在画面中输入其他文字，最终效果如图19-50所示。

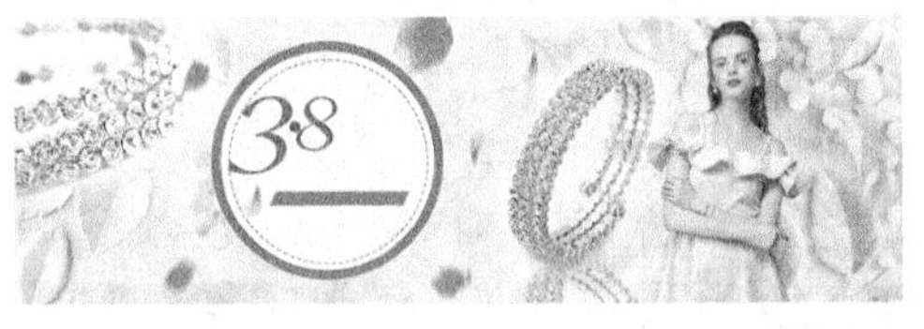

图19-49

图19-50

圣诞节宠物用品促销活动海报的设计

视频文件：实例256 圣诞节宠物用品促销活动海报的设计.mp4　实例位置：实例文件>CH19>实例256.psd

素材位置：素材文件>CH19>256-1.jpg、256-2.png~256-7.png　学习目标：掌握圣诞节宠物用品促销活动海报的设计方法

本实例是为宠物用品促销活动设计海报，对于喜庆的节日，在设计海报时会选择比较亮丽的暖色调，整个页面主要是体现产品。在处理产品时，一定要注意产品的摆放，使其视觉上更舒适。本实例最终效果如图19-51所示，版式结构如图19-52所示。

图19-51

图19-52

01 打开学习资源中的“素材文件>CH19>256-1.jpg”文件，然后使用“移动工具”将其拖曳到“实例256”文档中，效果如图19-53所示。

图19-53

02 导入学习资源中的“素材文件>CH19>256-2.png”文件，并将新生成的图层命名为“图层1”，然后按快捷键Ctrl+T进入自由变换状态，接着调整大小，并放在画面顶端，如图19-54所示。

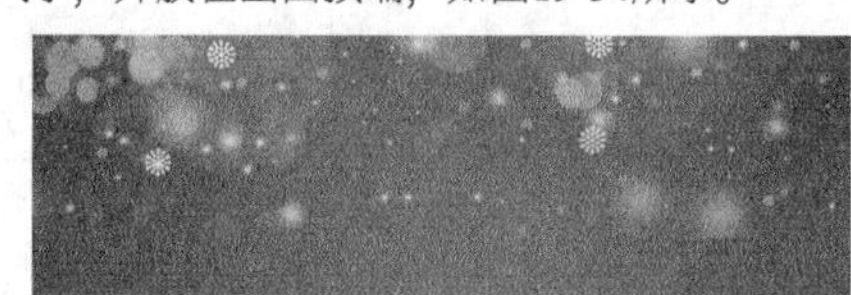

图19-54

03 在“图层”面板下方单击“添加图层蒙版”按钮，为该图层添加一个图层蒙版，然后使用“渐变工具”在蒙版中填充黑色到白色的线性渐变，如图19-55所示，效果如图19-56所示。

图19-55

图19-56

04 导入学习资源中的“素材文件>CH19> 256-3.png~256-6.png ”文件，然后调整好大小与位置，如图19-57所示。

图19-57

05 导入学习资源中的“素材文件>CH19>256-7.png”文件，并将新生成的图层命名为“图层6”，然后调整好大小与位置，如图19-58所示，接着设置该图层的“混合模式”为“明度”，如图19-59所示，效果如图19-60所示。

图19-58

图层
类型
明度
不透明度：79%
锁定：
填充：100%
图层 6
图层 7
图层 4
图层 3
图层 2
图层 1
背景

图19-59

图19-60

06 选择“圆角矩形工具”，然后在选项栏中设置“描边”颜色为白色，“形状描边宽度”为7.84点，“描边选项”为虚线，如图19-61所示，接着在画面中绘制一个虚线边框，效果如图19-62所示。

形状 填充: 描边: 7.84点

图19-61

图19-62

07 执行“图层>图层样式>内发光”菜单命令，打开“图层样式”对话框，然后设置“不透明度”为91%，“大小”为3像素，如图19-63所示。

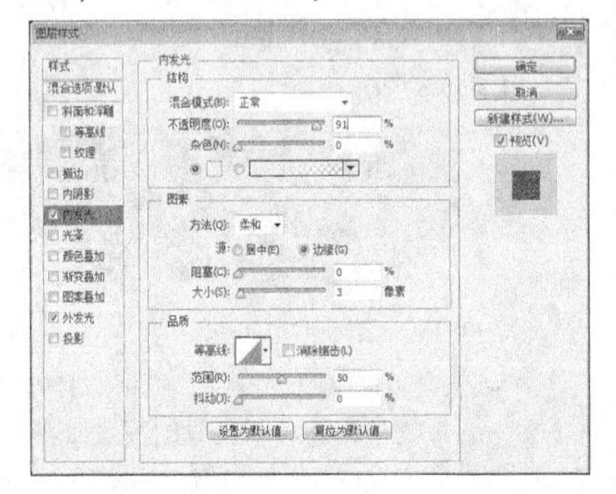

图19-63

08 在“图层样式”对话框中单击“外发光”样式，然后设置“不透明度”为88%，“大小”为6像素，如图19-64所示，效果如图19-65所示。

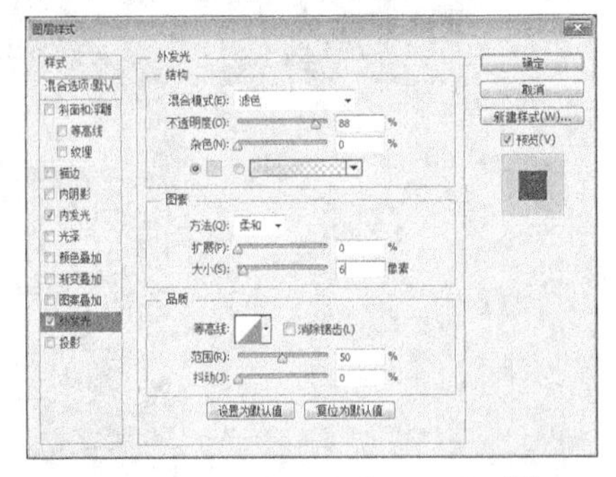

图19-64

图19-65

09 使用“横排文字工具”在绘图区域输入文字(字体:方正正准黑简)，效果如图19-66所示。

图19-66

10 在“图层”面板下方单击“添加图层样式”，然后在弹出的菜单中选择“渐变叠加”命令，在弹出的“渐变叠加”对话框中单击“点按可编辑渐变”按钮，接着在弹出的“渐变编辑器”对话框中设置第1个色标的颜色为（R:255，G:248，B:193），第2个色标的颜色为（R:252，G:251，B:237），如图19-67所示，最后返回“图层样式”对话框，设置“不透明度”为100%，“缩放”为150%，具体参数设置如图19-68所示，最终效果如图19-69所示。

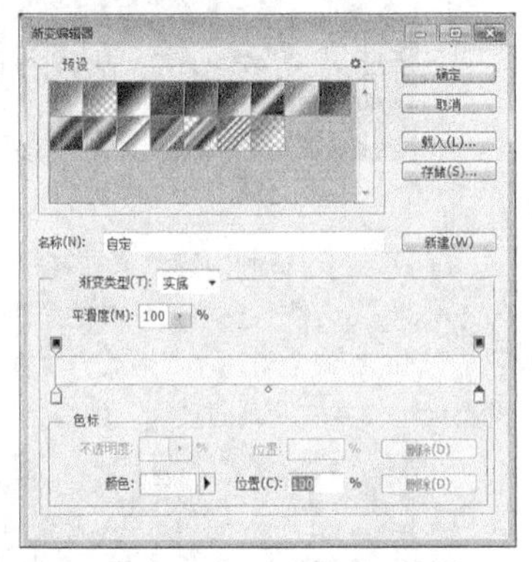

图19-67

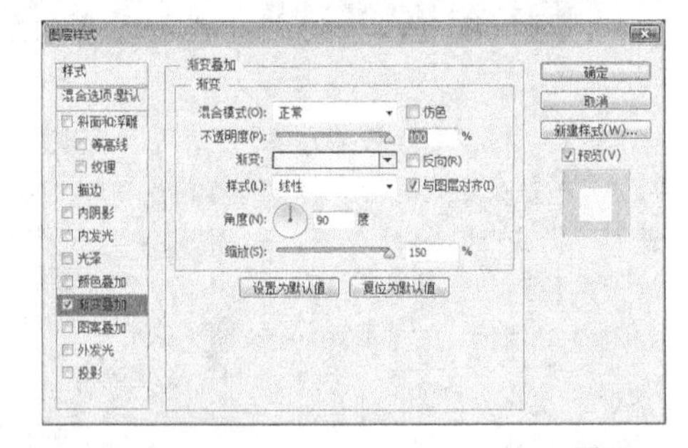

图19-68

图19-69

实例257 秋冬换季新品促销活动海报的设计

★★★★☆

视频文件：实例257 秋冬换季新品促销活动海报的设计.mp4　　实例位置：实例文件>CH19>实例257.psd

素材位置：素材文件>CH19>257-1.png~257-4.png　　学习目标：掌握秋冬换季新品促销活动海报的设计方法

本实例是为秋冬换季新品促销活动设计海报，整个海报的设计原则是以对称的方式进行，背景不仅在颜色上对称，而且在几何图形中也采用了对称的方式，以人物模特为设计中心，突出了秋冬新品的主题内容。本实例最终效果如图19-70所示，版式结构如图19-71所示。

图19-70

图19-71

01 按快捷键Ctrl+N新建一个文件，然后设置前景色为（R:50，G:88，B:196），接着用前景色填充“背景”图层，如图19-72 所示。

图19-72

02 新建一个图层，然后使用“钢笔工具”绘制出图19-73所示的形状，接着设置前景色为（R:238，G:238，B:238），并使用前景色填充路径，如图19-74所示。

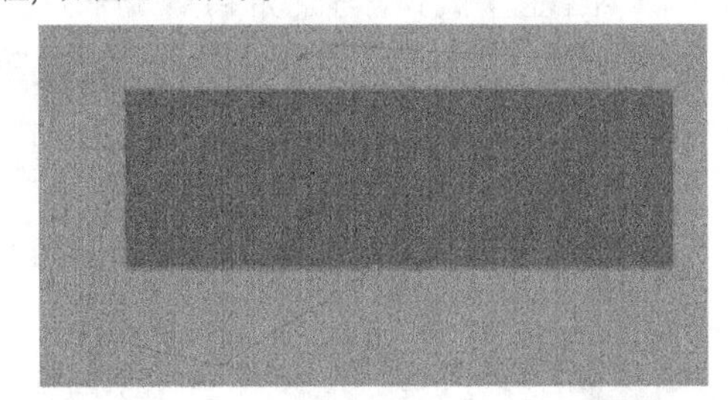

图19-73

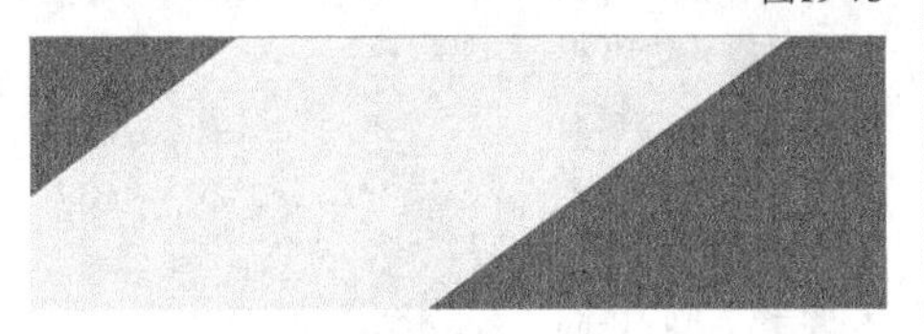

图19-74

03 新建一个“图层2”图层，然后使用“矩形选框工具”绘制出合适的选区，接着设置前景色为（R:255，G:107，B:83），并用前景色填充选区，最后按快捷键Ctrl+D取消选区，效果如图19-75所示。

图19-75

04 使用“钢笔工具”绘制出图19-76所示的形状，然后按快捷键Ctrl+Enter载入路径的选区，接着按Delete键将选区内的图像删除，最后按快捷键Ctrl+D取消选区，效果如图19-77所示。

图19-76

图19-77

05 新建一个“图层3”图层，然后使用“矩形选框工具”绘制出合适的选区，并用白色填充选区，接着按快捷键Ctrl+D取消选区，效果如图19-78所示。

图19-78

06 新建一个"图层4"图层，然后使用"钢笔工具" 绘制出图19-79所示的形状，接着设置前景色为（R:244，G:67，B:45），并使用前景色填充路径，如图19-80所示。

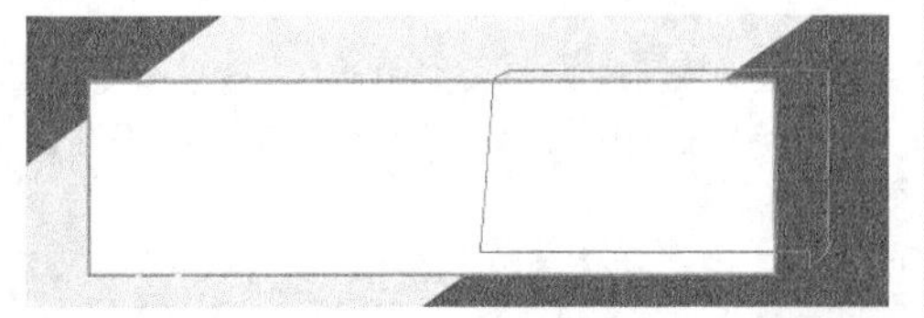
图19-79

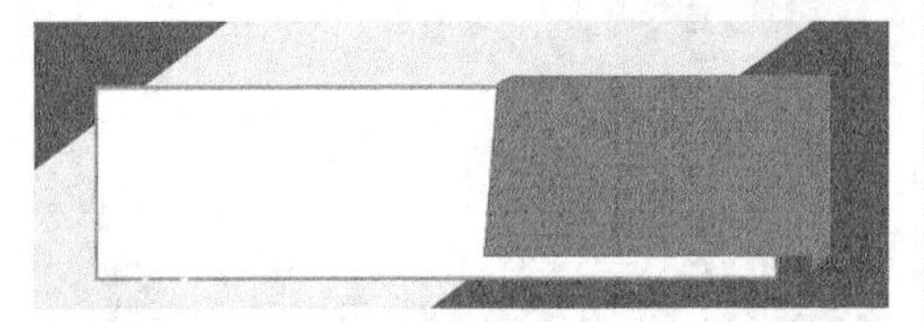
图19-80

07 导入学习资源中的"素材文件>CH19>257-1.png"文件，然后调整好大小和位置，接着按快捷键Ctrl+Alt+G创建剪贴蒙版，效果如图19-81所示。

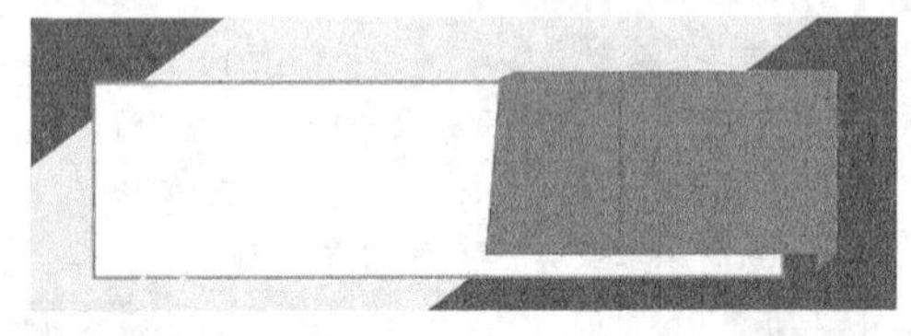
图19-81

08 新建一个"图层5"图层，然后使用"钢笔工具" 绘制出一个三角形的形状，接着设置前景色为（R:255，G:161，B:37），并使用前景色填充路径，如图19-82所示。

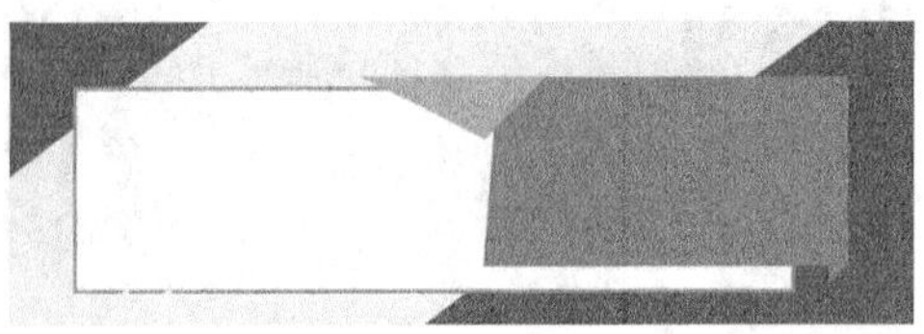
图19-82

09 按快捷键Ctrl+J复制一个副本图层，然后使用"移动工具" 将图像调整好位置，如图19-83所示。

图19-83

10 按Ctrl键载入副本图层选区，如图19-84所示，然后设置前景色为（R:249，G:180，B:89），接着按快捷键Alt+Delete填充前景色，效果如图19-85所示。

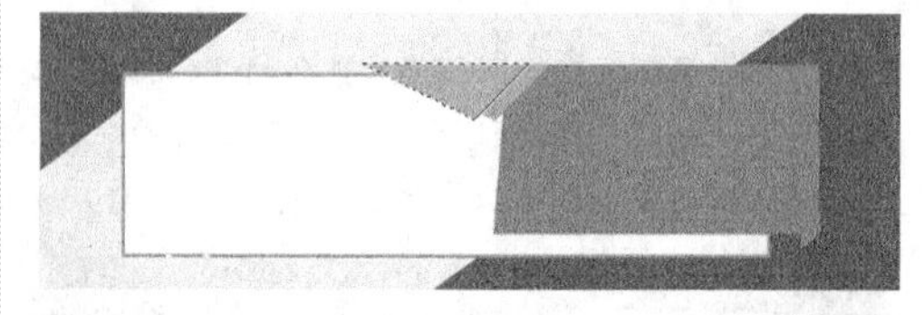
图19-84

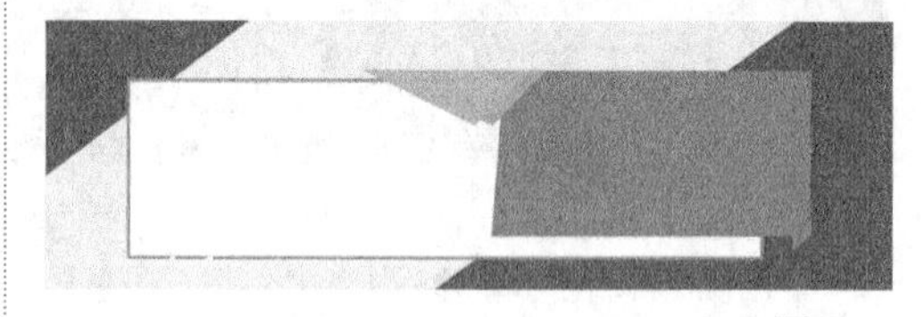
图19-85

11 使用"横排文字工具" 在绘图区域输入文字（字体：方正中雅宋），效果如图19-86所示。

图19-86

12 导入学习资源中的"素材文件>CH19>257-2.png"文件，并将新生成的图层命名为"男模1"，然后调整好大小与位置，如图19-87所示。

图19-87

13 按快捷键Ctrl+J复制一个"男模1副本"图层，然后执行"滤镜>模糊>动感模糊"菜单命令，接着在"动感模糊"对话框中设置"距离"为33像素，如图19-88所示，效果如图19-89所示。

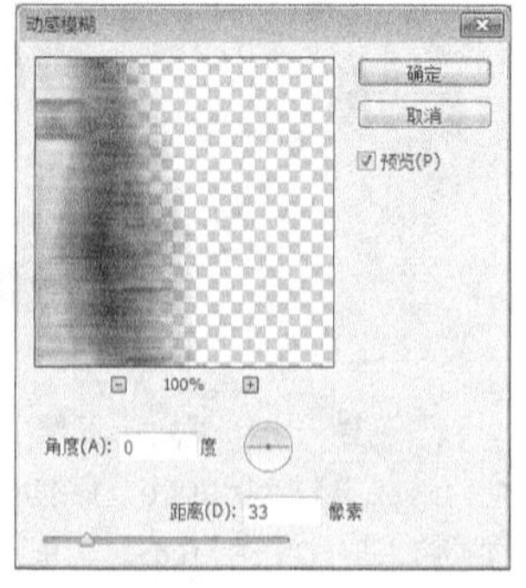

图19-88

图19-89

14 将“男模1副本”图层拖曳到“男模1”图层下方，然后使用“移动工具” 将图像调整好位置，效果如图19-90所示。

图19-90

15 选择“男模1”图层，然后执行“图层>图层样式>投影”菜单命令，打开“图层样式”对话框，设置“不透明度”为79%，“距离”为10像素，“大小”为10像素，如图19-91所示，效果如图19-92所示。

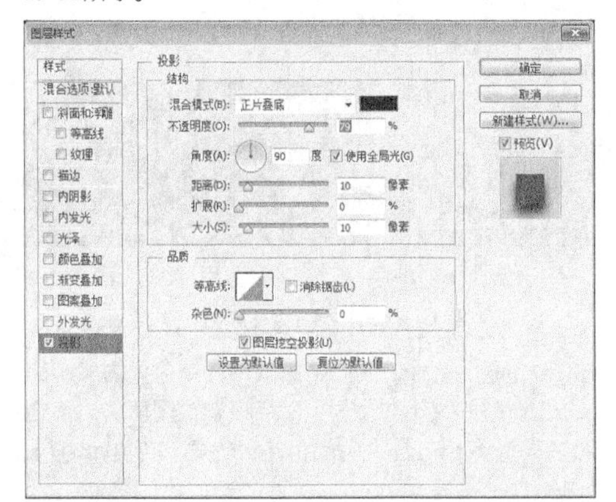

图19-91

图19-92

16 导入学习资源中的“素材文件>CH19>257-3.png”文件，并将新生成的图层命名为“男模2”，然后调整好大小与位置，如图19-93所示。

图19-93

17 使用相同的方法为“男模2”制作动感模糊特效，并添加“投影”效果，如图19-94所示。

图19-94

18 导入学习资源中的“素材文件>CH19>257-4.png”文件，并将新生成的图层命名为“女模”，然后调整好大小与位置，如图19-95所示。

图19-95

19 执行“图层>图层样式>投影”菜单命令，打开“图层样式”对话框，设置“不透明度”为78%，“距离”为7像素，“大小”为21像素，“等高线”为“高斯”，如图19-96所示，最终效果如图19-97所示。

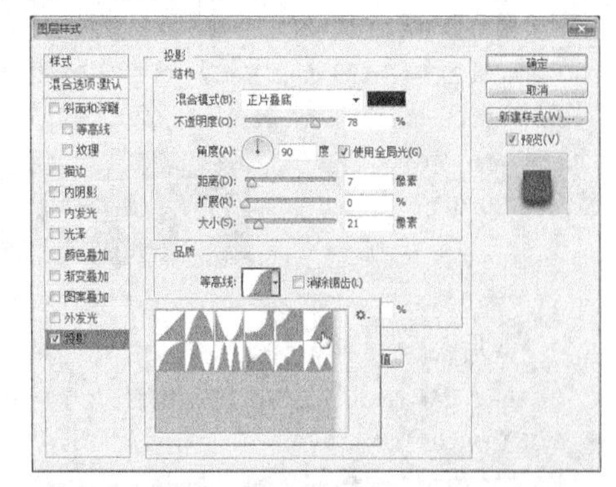

图19-96

图19-97

实例 258 ★★★★☆

“双11”家具促销活动海报的设计

视频文件：实例258 “双11”家具促销活动海报的设计.mp4　　实例位置：实例文件>CH19>实例258.psd
素材位置：素材文件>CH19>258-1.png~258-8.png　　学习目标：掌握“双11”家具促销活动海报的设计方法

本实例是为“双11”家具促销活动设计海报，在设计时要考虑到展现商家的促销力度，可以使用红黄搭配的色调，突出折扣的力度，并且通过合理的布局对各产品和活动内容进行表现。本实例最终效果如图19-98所示，版式结构如图19-99所示。

图19-98

图19-99

01 按快捷键Ctrl+N新建一个文件，然后设置前景色为（R:146，G:11，B:13），接着用前景色填充“背景”图层，如图19-100所示。

02 新建一个图层，然后使用“钢笔工具” 绘制出三角的形状，接着设置前景色为（R:175，G:0，B:42），并使用前景色填充路径，如图19-101所示。

图19-100

图19-101

03 按快捷键Ctrl+J复制一个副本图层，然后设置前景色为（R:209, G:7, B:55），接着按Ctrl键载入图层的选区并使用前景色填充选区，最后使用“移动工具” 将图像调整好位置，如图19-102所示。

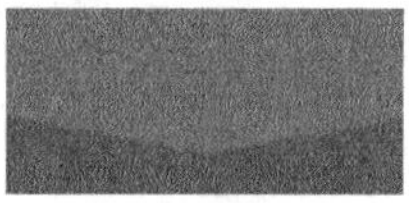

图19-102

04 导入学习资源中的“素材文件>CH19> 258-1.png、258-2.png”文件，然后调整好大小与位置，如图19-103所示。

图19-103

05 导入学习资源中的“素材文件>CH19>258-3.png”文件，并将新生成的图层命名为“图层4”，调整好大小与位置，然后设置该图层的“混合模式”为“正片叠底”，“不透明度”为48%，如图19-104所示，效果如图19-105所示。

图19-104

图19-105

06 导入学习资源中的“素材文件>CH19>258-4.png”文件，并将新生成的图层命名为“图层5”，调整好大小与位置，然后设置该图层的“混合模式”为“滤色”，如图19-106所示，效果如图19-107所示。

图19-106

图19-107

07 按快捷键Ctrl+J复制出多个副本图层，然后使用“移动工具” 分别将图像调整好位置，如图19-108所示。

图19-108

08 导入学习资源中的“素材文件>CH19>258-5.png”文件，然后调整好大小与位置，如图19-109所示。

09 新建一个图层，然后使用“钢笔工具” 绘制出矩形的形状，接着设置前景色为（R:255, G:224, B:19），并使用前景色填充路径，最后适当调整矩形的角度，如图19-110所示。

图19-109

图19-110

10 执行“图层>图层样式>投影”菜单命令，打开“图层样式”对话框，然后设置“角度”为45度，“距离”为11像素，“大小”为35像素，如图19-111所示，效果如图19-112所示。

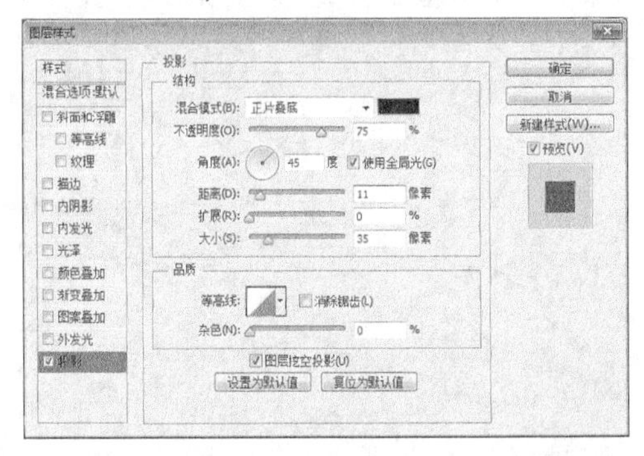

图19-111

图19-112

11 使用“横排文字工具” 在绘图区域输入文字（字体：方正兰亭中黑），效果如图19-113所示。

12 按快捷键Ctrl+T进入自由变换状态，然后适当旋转文字的角度，效果如图19-114所示。

图19-113

图19-114

13 导入学习资源中的“素材文件>CH19>258-6.png”文件，然后调整好大小与位置，如图19-115所示。

图19-115

14 导入学习资源中的“素材文件>CH19>258-7.png”文件，并将新生成的图层命名为“光效1”，然后调整好大小与位置，如图19-116所示。

图19-116

15 设置“光效1”图层的“混合模式”为“线性减淡（添加）”，如图19-117所示，然后执行“图层>图层样式>外发光”菜单命令，打开“图层样式”对话框，接着设置“不透明度”为75%，“方法”为“柔和”，“大小”为21像素，如图19-118所示，效果如图19-119所示。

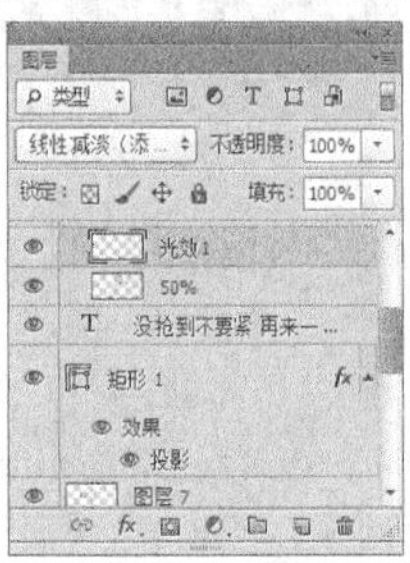

图19-117

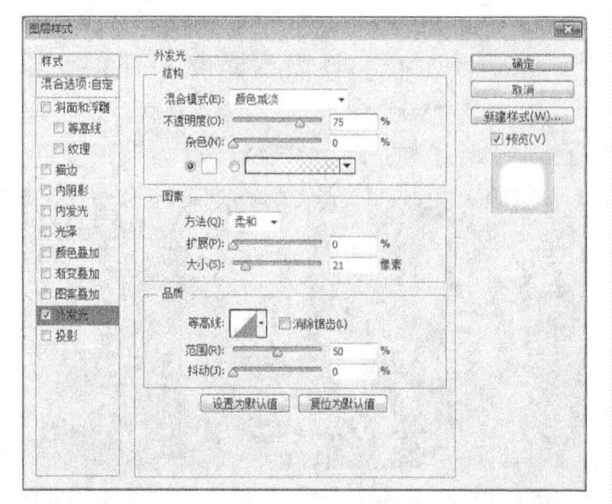

图19-118

图19-119

16 导入学习资源中的“素材文件>CH19>258-8.png”文件，并将新生成的图层命名为“光效2”，然后设置该图层的“混合模式”为“线性减淡（添加）”，并为其添加“外发光”效果，如图19-120所示。

图19-120

17 按Shift键同时选中“50%”“光效1”和“光效2”3个图层，如图19-121所示，然后按快捷键Ctrl+G新建一个“效果”图层组，如图19-122所示，接着双击该图层组，并在弹出的“图层样式”对话框左侧勾选“斜面和浮雕”样式，最后设置“深度”为571%，“大小”为7像素，如图19-123所示。

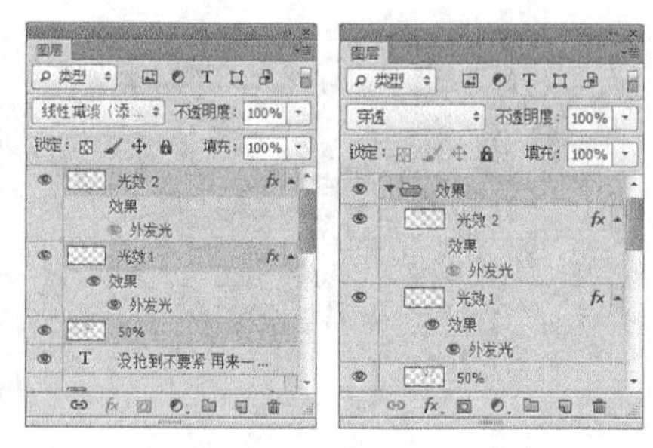

图19-121　　图19-122

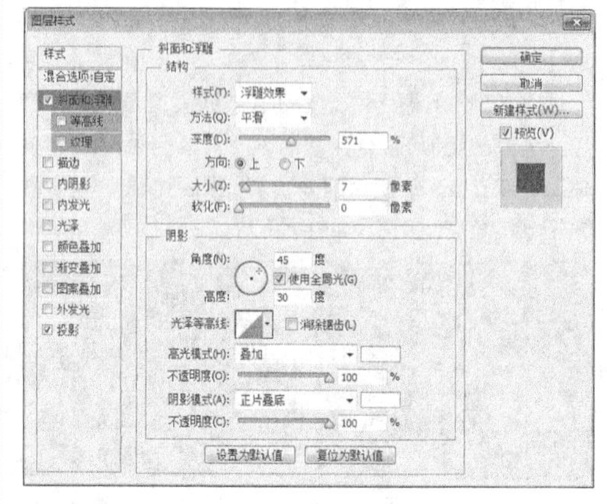

图19-123

18 在“图层样式”对话框中单击“投影”样式，然后设置颜色为（R:160，G:4，B:4），“角度”为100度，“距离”为15像素，“大小”为13像素，如图19-124所示，最终效果如图19-125所示。

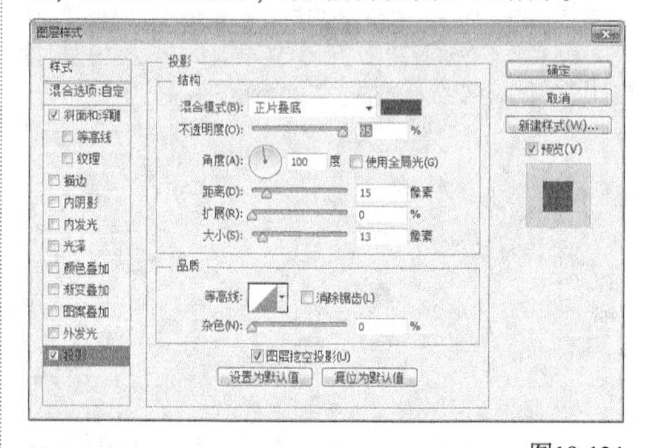

图19-124

图19-125

元旦数码产品促销活动海报的设计

视频文件：实例259 元旦数码产品促销活动海报的设计.mp4　实例位置：实例文件>CH19>实例259.psd

素材位置：素材文件>CH19>259-1.jpg、259-2.png~259-5.png　学习目标：掌握元旦数码产品促销活动海报的设计方法

本实例是为元旦数码产品促销活动设计海报，在设计元素上选取了红色帷帐来表现新年的喜庆感觉，海报的重点在于字体设计，产品和文字相结合，营造出统一的画面效果。本实例最终效果如图19-126所示，版式结构如图19-127所示。

图19-126

图19-127

01 打开学习资源中的“素材文件>CH19>259-1.jpg”文件，然后使用“移动工具”将其拖曳到“实例259”文档中，效果如图19-128所示。

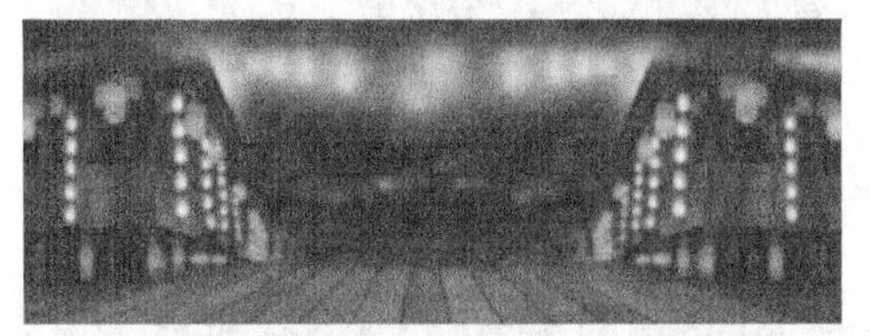

图19-128

02 导入学习资源中的“素材文件>CH19>259-2.png”文件，并将新生成的图层命名为“红色”，然后调整好大小和位置，如图19-129所示。

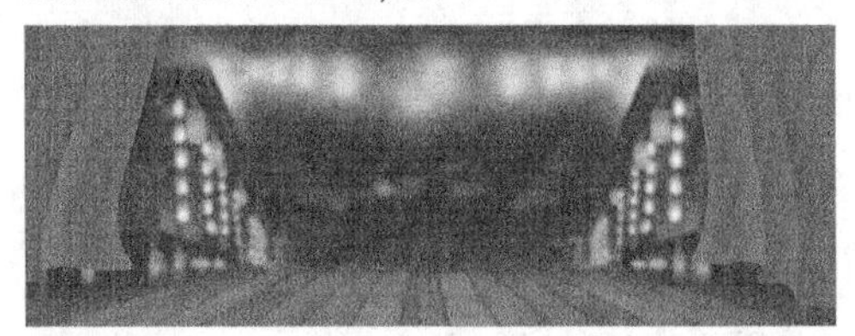

图19-129

03 导入学习资源中的“素材文件>CH19>259-3.png”文件，并将新生成的图层命名为“灯笼”，然后调整好大小和位置，如图19-130所示。

图19-130

04 按快捷键Ctrl+J复制一个副本图层，然后按快捷键Ctrl+T进入自由变换状态，接着单击鼠标右键，选择“水平翻转”菜单命令，如图19-131所示，最后使用“移动工具”将图像拖曳到图19-132所示的位置。

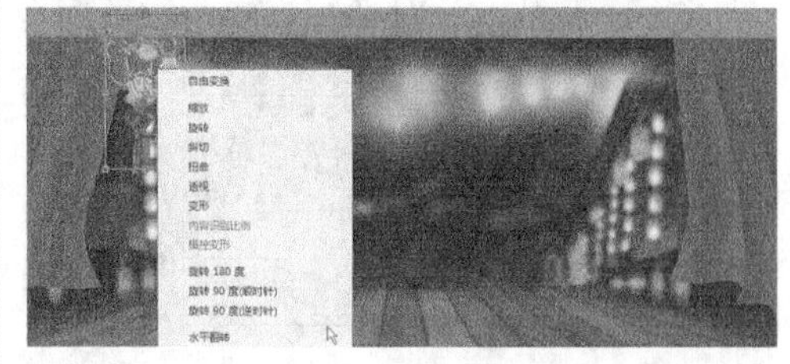

图19-131

图19-132

05 导入学习资源中的“素材文件>CH19>259-4.png”文件，并将新生成的图层命名为“元旦大巨惠”，然后调整好大小和位置，如图19-133所示。

图19-133

06 导入学习资源中的“素材文件>CH19>259-5.png”文件，并将新生成的图层命名为“金币”，然后将该图层调整到“元旦大巨惠”图层的下方，如图19-134所示，效果如图19-135所示。

图19-134

图19-135

07 设置前景色为（R:221，G:150，B:68），然后使用“椭圆工具” 绘制出合适的椭圆路径，效果如图19-136所示。

图19-136

08 设置该形状图层的“不透明度”为66%，如图19-137所示，效果如图19-138所示。

图19-137

图19-138

09 使用“横排文字工具” 在绘图区域输入文字(字体：方正韵动特黑)，并在选项栏中单击“居中对齐文本”按钮，效果如图19-139所示。

图19-139

10 设置前景色为（R:252，G:42，B:129），然后使用“椭圆工具” 绘制出合适的椭圆路径，如图19-140所示，接着按快捷键Ctrl+J复制一个椭圆路径，并适当调整位置，效果如图19-141所示。

图19-140

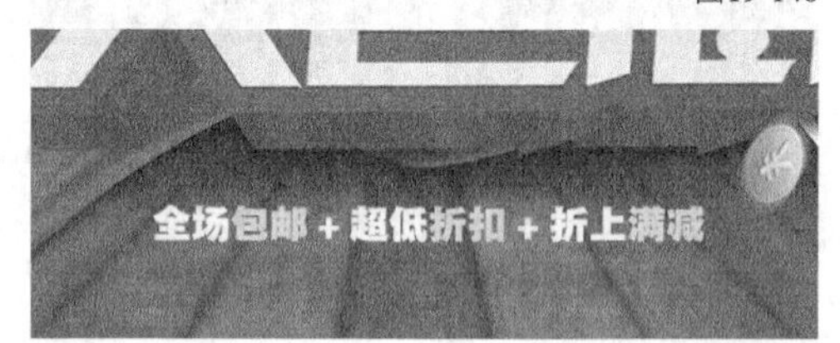

图19-141

11 设置前景色为（R:244，G:236，B:51），然后使用“横排文字工具” 在绘图区域输入文字(字体：方正韵动粗黑)，并在“字符”面板中单击“下划线”按钮，如图19-142所示，最终效果如图19-143所示。

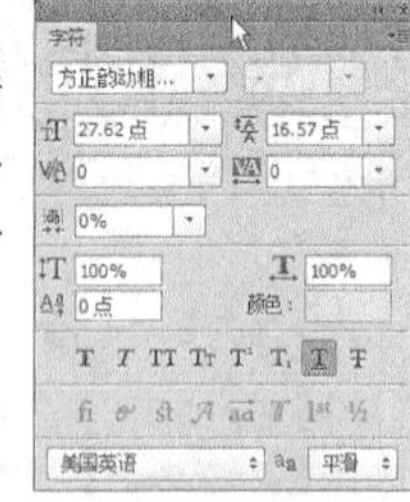

图19-142

图19-143

"6·18"淘宝狂欢节促销活动海报的设计

视频文件：实例260 "6·18"淘宝狂欢节促销活动海报的设计.mp4　实例位置：实例文件>CH19>实例260.psd
素材位置：素材文件>CH19>260-1.png~260-4.png　学习目标：掌握淘宝狂欢节促销活动海报的设计方法

本实例是为淘宝狂欢节促销活动设计海报，海报中将文字"618狂欢"作为海报视觉重点，以不规则的产品作为独特的背景展示，使颜色与产品页面在视觉统一。本实例最终效果如图19-144所示，版式结构如图19-145所示。

图19-144

图19-145

01 按快捷键Ctrl+N新建一个文件，然后选择"矩形工具"，然后在选项栏中设置绘图模式为"形状"，"填充"颜色为白色，"描边"颜色为黑色，"形状描边宽度"为9.58点，如图19-146所示，接着在画面中绘制一个矩形，效果如图19-147所示。

图19-146

图19-147

02 导入学习资源中的"素材文件>CH19>260-1.png"文件，然后调整好大小和位置，如图19-148所示。

图19-148

03 设置前景色为（R:194，G:0，B:9），然后选择"多边形工具"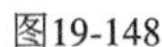，设置"边"为3，绘制出合适的三角形，如图19-149所示。

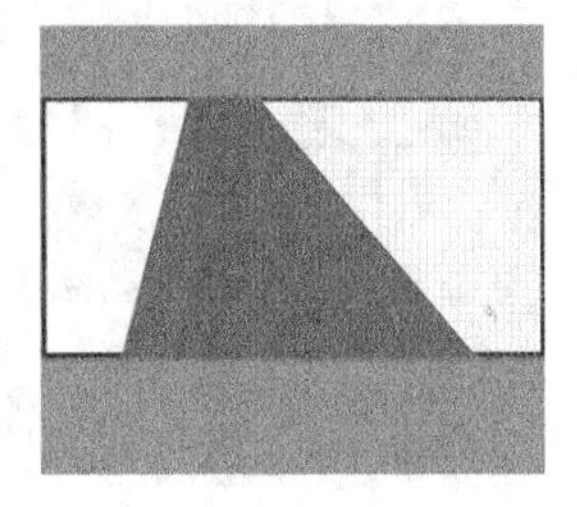

图19-149

04 选择"直接选择工具"，然后调整路径的各个锚点，如图19-150所示。

图19-150

05 设置前景色为（R:167，G:0，B10），然后使用"多边形工具"绘制出合适的三角形，如图19-151所示。

图19-151

06 适当地调整颜色与透明度，然后使用相同的方法绘制出更多的三角形，如图19-152所示。

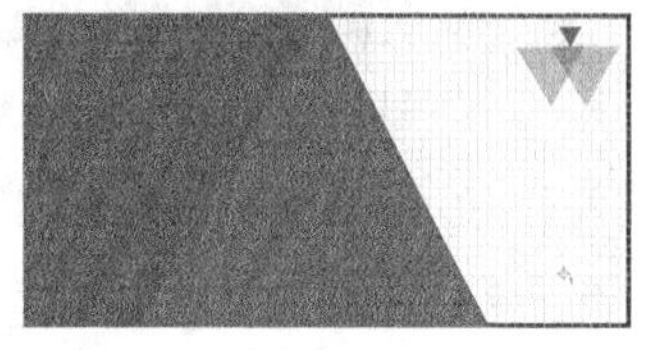

图19-152

07 分别导入学习资源中的“素材文件>CH19>260-2.png和260-3.png”文件，然后调整好大小和位置，如图19-153所示。

图19-153

08 按Shift键选中“网格”~“模特”11个图层，如图19-154所示，然后按快捷键Ctrl+Alt+E将这些图层中的图像盖印到一个新的图层中，同时保持原始图层的内容不变，如图19-155所示。

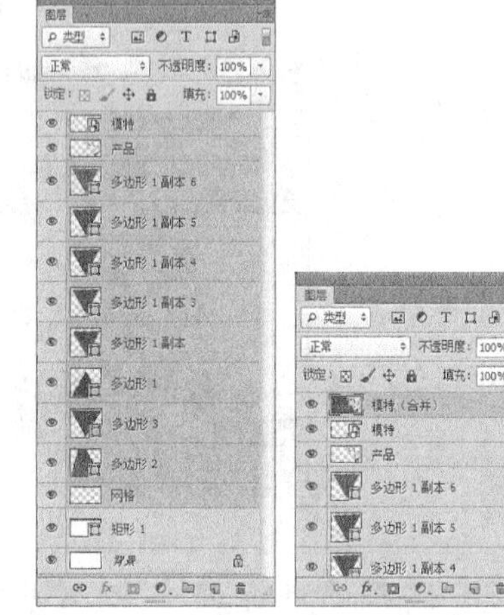

图19-154　　图19-155

09 将合并的图层拖曳到“矩形1”形状的图层的上方，然后按快捷键Ctrl+Alt+G将该合并图层设置为矩形的剪贴蒙版，如图19-156所示。

10 再次按Shift键同时选中“网格”~“模特”11个图层，然后按快捷键Ctrl+G新建一个图层组，然后单击图层组左侧的眼睛图标隐藏图层组，如图19-157所示，效果如图19-158所示。

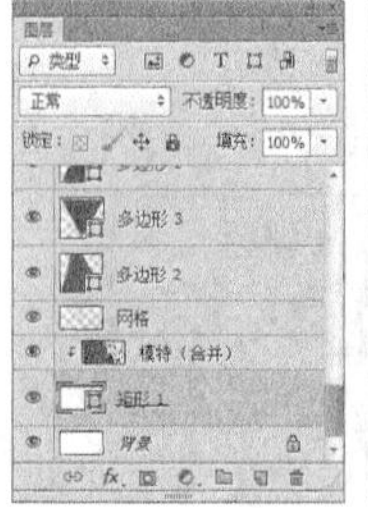

图19-156　　图19-157

图19-158

11 设置前景色为红色，然后使用“椭圆工具”绘制出合适的椭圆路径，如图19-159所示。

12 导入学习资源中的“素材文件>CH19>260-4.png”文件，然后调整好大小和位置，如图19-160所示。

图19-159　　图19-160

13 执行“图层>图层样式>投影”菜单命令，打开“图层样式”对话框，然后设置“不透明度”为22%，“角度”为127度，“距离”为18像素，“大小”为10像素，如图19-161所示，效果如图19-162所示。

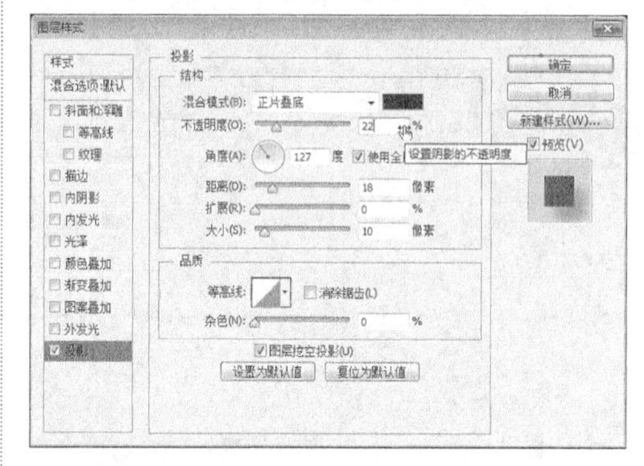

图19-161

图19-162

14 使用“横排文字工具” 在绘图区域输入文字(字体：方正兰亭粗黑)，并同样添加一个投影效果，效果如图19-163所示。

图19-163

15 新建一个“黄色”图层，然后设置前景色为黄色，接着使用“钢笔工具” 绘制出合适的形状，并使用前景色填充路径，如图19-164所示。

16 新建一个“彩色边框”图层，然后使用“钢笔工具” 绘制出合适的形状，并使用适当的颜色填充路径，如图19-165所示。

图19-164

图19-165

17 按快捷键Ctrl+Alt+G将“五彩边框”图层设置为“黄色”图层的剪贴蒙版，如图19-166所示，效果如图19-167所示。

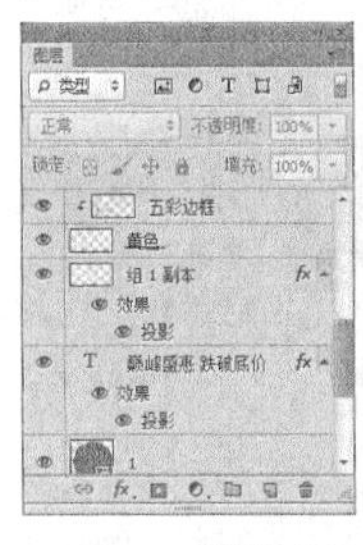

图19-166

图19-167

18 选择“黄色”图层，然后按Ctrl键单击图层缩略图左侧的眼睛图标 载入该图层的选区，如图19-168所示。

图19-168

19 执行“选择>修改>收缩”菜单命令，在弹出的“收缩选区”对话框中设置“收缩量”为5像素，如图19-169所示，效果如图19-170所示。

图19-169

图19-170

20 新建一个图层，然后设置前景色为(R:250, G:25, B:88)，接着用前景色填充选区，最后按快捷键Ctrl+D取消选区，效果如图19-171所示。

图19-171

21 选择“圆角矩形工具” ，然后在选项栏中设置绘图模式为“形状”，“填充”颜色为（R:103, G:2, B:30），“描边”颜色为（R:253, G:242, B:6），“形状描边宽度”为3点，“半径”为15像素，如图19-172所示，接着在画面中绘制一个圆角矩形，效果如图19-173所示。

图19-172

图19-173

22 使用“横排文字工具” 在绘图区域输入文字(字体：方正综艺简体)，并适当调整文字大小，最终效果如图19-174所示。

图19-174

实例261 男士皮包特惠促销活动海报的设计

★★★☆☆

视频文件：实例261 男士皮包特惠促销活动海报的设计.mp4
实例位置：实例文件>CH19>实例261.psd
素材位置：素材文件>CH19>261-1.png
学习目标：掌握男士皮包特惠促销活动海报的设计方法

本实例是为男士皮包特惠促销活动设计海报，在设计原则上选择了不对称设计方法，设计中使用的两种颜色色调差别较大，可以使产品与文字形成明显对比，同时也赋予出产品精致、典雅的视觉效果。本实例最终效果如图19-175所示，版式结构如图19-176所示。

图19-175

图19-176

01 按快捷键Ctrl+N新建一个文件，然后设置前景色为（R:49，G:46，B:55），接着用前景色填充“背景”图层，如图19-177所示。

图19-177

02 设置前景色为（R:253，G:50，B:42），然后使用“矩形工具”在画面中绘制一个矩形，如图19-178所示，接着按快捷键Ctrl+T进入自由变换状态，适当调整矩形的角度，如图19-179所示。

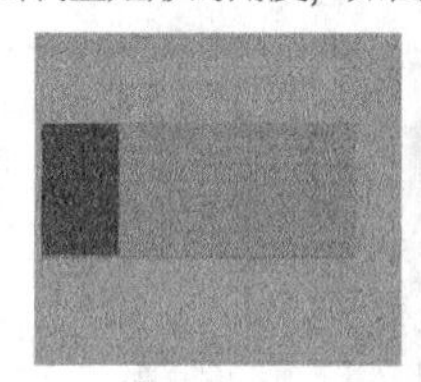

图19-178

图19-179

03 使用“横排文字工具”在绘图区域输入文字（字体：Trajan Pro，字体大小：912.47点），效果如图19-180所示。

图19-180

04 按快捷键Ctrl+Alt+G将文字图层设置为“矩形1”图层的剪贴蒙版，然后设置文字图层的“不透明度”为19%，如图19-181所示，效果如图19-182所示。

图19-181

图19-182

05 导入学习资源中的“素材文件>CH19>261-1.png”文件，然后调整好大小和位置，如图19-183所示。

06 设置前景色为白色，然后使用“矩形工具”在画面中绘制一个白色矩形，如图19-184所示。

图19-183

图19-184

07 在选项栏中设置“填充”为无，“描边”颜色为白色，“形状描边宽度”为2点，如图19-185所示，然后使用“矩形工具”在画面中绘制一个矩形，如图19-186所示。

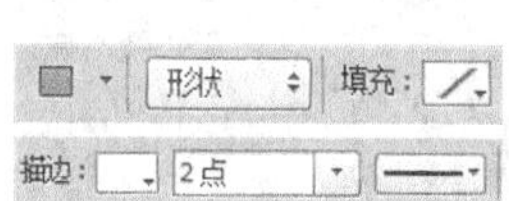

图19-185

图19-186

08 使用“横排文字工具”在绘图区域输入文字（字体：方正综艺简体），并适当调整文字大小和颜色，最终效果如图19-187所示。

图19-187

实例262 父亲节特惠促销活动海报的设计

★★★☆☆

- 视频文件：实例262 父亲节特惠促销活动海报的设计.mp4
- 实例位置：实例文件>CH19>实例262.psd
- 素材位置：素材文件>CH19>262-1.jpg、262-2.jpg、262-3.png、262-4.png、262-5.jpg、262-6.png~262-8.png
- 学习目标：掌握特惠促销活动海报的设计方法

本实例是为父亲节促销活动设计海报，放大了“感恩父亲”的海报主题；文字的颜色上选取了较为明亮的黄色，起到点缀画面的作用。本实例最终效果如图19-188所示，版式结构如图19-189所示。

图19-188

图19-189

01 打开学习资源中的“素材文件>CH19>262-1.jpg”文件，如图19-190所示。

图19-190

02 导入学习资源中的“素材文件>CH19>262-2.jpg”文件，然后在“图层”面板下方单击“添加图层蒙版”按钮，为该图层添加一个图层蒙版，接着使用黑色“画笔工具”在蒙版中涂去部分图像，如图19-191所示，效果如图19-192所示。

图19-191

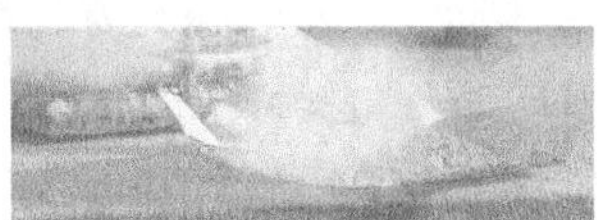

图19-192

03 导入学习资源中的“素材文件>CH19>262-3.png”文件，并将新生成的图层命名为“父子”，然后调整好大小和位置，如图19-193所示。

04 按快捷键Ctrl+J复制一个副本图层，然后将副本图层拖曳到“父子”图层的下方，如图19-194所示，接着按Ctrl键单击图层缩略图左侧的眼睛图标载入该副本图层的选区，最后使用黑色填充该选区。

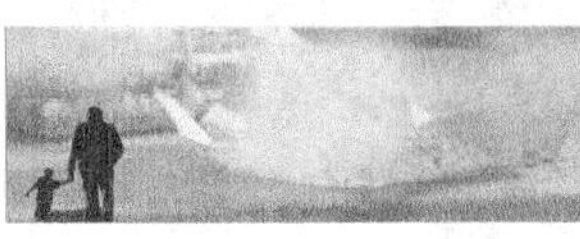

图19-193

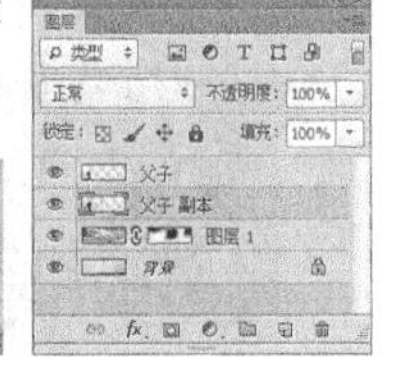

图19-194

05 按快捷键Ctrl+T进入自由变换状态，然后将图像适当放大，如图19-195所示。

图19-195

06 执行“滤镜>模糊>高斯模糊”菜单命令，然后在弹出的“高斯模糊”对话框中设置“半径”为36像素，如图19-196所示，效果如图19-197所示。

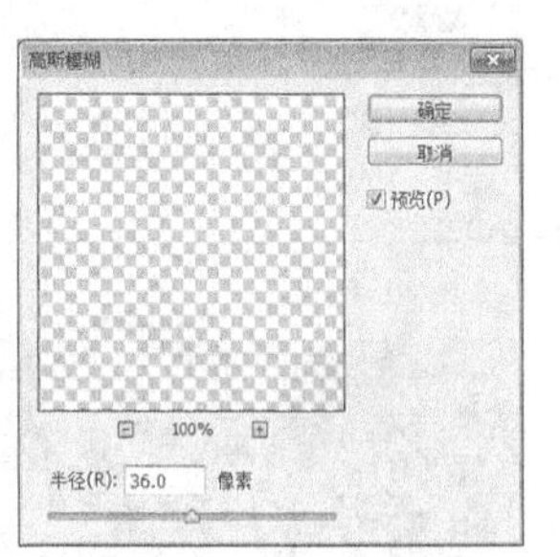

图19-196

图19-197

07 设置“父子副本”图层的“不透明度”为85%，效果如图19-198所示。

图19-198

08 新建一个图层，然后使用黑色填充图层，并设置该图层的“混合模式”为“深色”，“不透明度”为71%，效果如图19-199所示。

09 导入学习资源中的“素材文件>CH19>262-4.png”文件，然后调整好大小和位置，如图19-200所示。

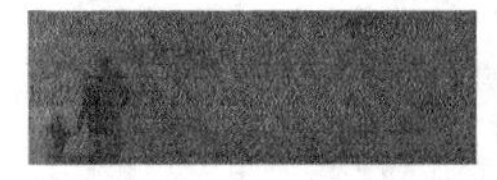

图19-199

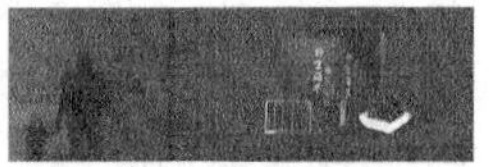

图19-200

10 执行“图层>图层样式>外发光”菜单命令，打开“图层样式”对话框，然后设置“不透明度”为11%，“扩展”为10%，“大小”为146像素，如图19-201所示，效果如图19-202所示。

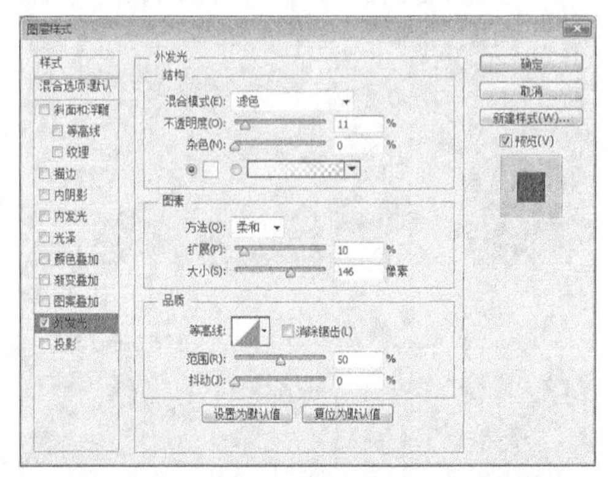

图19-201

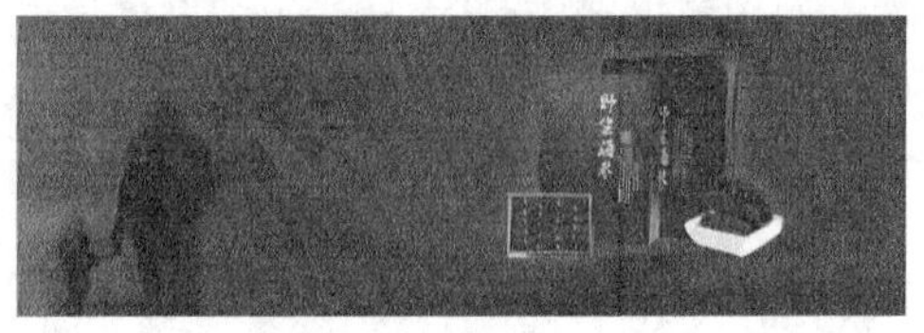

图19-202

11 导入学习资源中的“素材文件>CH19>262-5.jpg”文件，并将新生成的图层命名为“光线”，然后设置该图层的“混合模式”为“线性减淡（添加）”，“不透明度”为48%，如图19-203所示，效果如图19-204所示。

图19-203

图19-204

12 导入学习资源中的“素材文件>CH19>262-6.png”文件，然后调整好大小和位置，如图19-205所示。

图19-205

13 执行“图层>图层样式>颜色叠加”菜单命令，在打开的对话框中设置“叠加颜色”为（R:255，G:174，B:0），如图19-206所示，效果如图19-207所示。

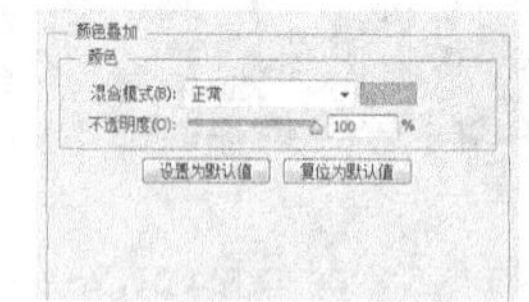

图19-206

图19-207

14 导入学习资源中的“素材文件>CH19>262-7.png”文件，并将新生成的图层命名为“边框”，然后按快捷键Ctrl+T进入自由变换状态，接着调整好大小，如图19-208所示。

15 使用“横排文字工具” T 在绘图区域输入文字(字体：方正行楷简体)，并适当调整字体大小，效果如图19-209所示。

图19-208

图19-209

16 导入学习资源中的“素材文件>CH19>262-8.png”文件，然后调整好大小，如图19-210所示。

图19-210

17 使用“横排文字工具” T 在绘图区域输入文字(字体：方正正粗黑简体)，并适当调整文字大小和颜色，最终效果如图19-211所示。

图19-211

实例263 春款女装上新促销活动海报的设计

★★★★☆

视频文件：实例263 春款女装上新促销活动海报的设计.mp4　实例位置：实例文件>CH19>实例263.psd

素材位置：素材文件>CH19>263-1.jpg、263-2.png~263-4.png　学习目标：掌握春款女装上新促销活动海报的设计方法

本实例是为春款女装上新促销活动设计海报，因为该海报的促销季节定在春季，需展示的产品是女士的春季服装，所以在元素上尽可能选择一些代表春季的来装饰页面，文字设计上使用了绿色，在排版上使用横向与纵向相结合的方式，达到视觉上的舒适。本实例最终效果如图19-212所示，版式结构如图19-213所示。

图19-212

图19-213

01 导入学习资源中的“素材文件>CH19>263-1.jpg和263-2.png”文件，然后调整好大小，效果如图19-214所示。

图19-214

02 新建一个图层，然后设置前景色为（R:254，G:105，B:140），接着使用“椭圆选框工具”在图像上绘制一个合适的圆形选区，并使用前景色填充选区，如图19-215所示。

图19-215

03 使用“横排文字工具”在绘图区域输入文字(字体：微软雅黑)，并适当调整文字大小，效果如图19-216所示。

04 设置前景色为（R:4，G:122，B:107），然后使用“椭圆工具”在画面中绘制一个圆形，效果如图19-217所示。

图19-216

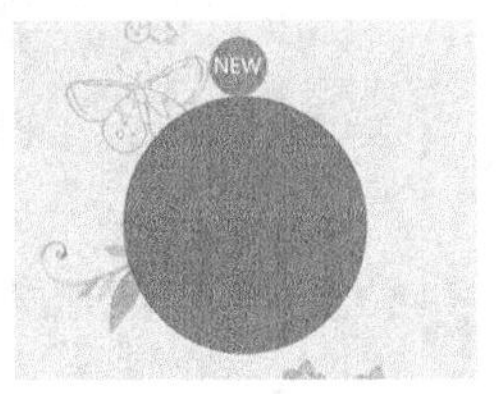

图19-217

05 设置“椭圆”形状图层“不透明度”为80%，如图19-218所示，效果如图19-219所示。

06 使用“横排文字工具”在绘图区域输入文字(字体：方正粗雅宋体)，并适当调整字体大小和颜色，效果如图19-220所示。

图19-218　图19-219　图19-220

07 使用“直线工具”在图像中绘制出多条直线，以起到装饰的作用，效果如图19-221所示。

图19-221

08 继续使用“横排文字工具”在绘图区域输入文字(字体：方正细圆简体)，并适当调整文字大小，效果如图19-222所示。

09 分别导入学习资源中的“素材文件>CH19>263-3.png和263-4.png”文件，然后调整好大小和位置，最终效果如图19-223所示。

图19-222

图19-223

实例264 国庆特惠促销活动海报的设计

★★★★☆

视频文件：实例264 国庆特惠促销活动海报的设计.mp4
实例位置：实例文件>CH19>实例264.psd
素材位置：素材文件>CH19>264-1.png~264-4.png
学习目标：掌握国庆特惠促销活动海报的设计方法

本实例是为国庆特惠促销活动设计海报，背景颜色选择了粉色与蓝色，通过色彩搭配营造出一种符合该产品属性的气氛。本实例最终效果如图19-224所示，版式结构如图19-225所示。

图19-224

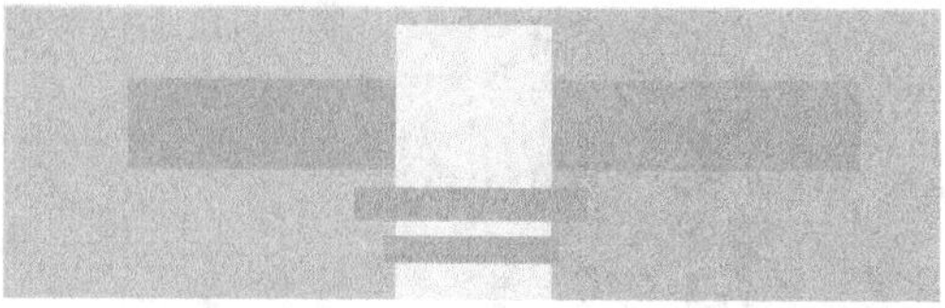

图19-225

01 按快捷键Ctrl+N新建一个文件，然后新建一个图层，接着设置前景色为（R:255，G:181，B:202），最后使用“矩形选框工具”绘制出一个矩形选区，并使用前景色填充选区，完成后按快捷键Ctrl+D取消选区，效果如图19-226所示。

图19-226

02 按快捷键Ctrl+J复制一个副本图层，然后设置前景色为（R:181，G:244，B:255），接着按Ctrl键载入图层的选区并使用前景色填充选区，最后使用“移动工具”将图像调整好位置，如图19-227所示。

图19-227

03 新建一个图层，然后使用“钢笔工具”绘制出三角形，并使用合适的颜色填充路径，如图19-228所示。

图19-228

04 导入学习资源中的“素材文件>CH19>264-1.png”文件，然后调整好大小，如图19-229所示。

图19-229

05 执行“图层>图层样式>投影”菜单命令，打开“图层样式”对话框，然后设置“不透明度”为34%，“距离”为12像素，“大小”为13像素，如图19-230所示，效果如图19-231所示。

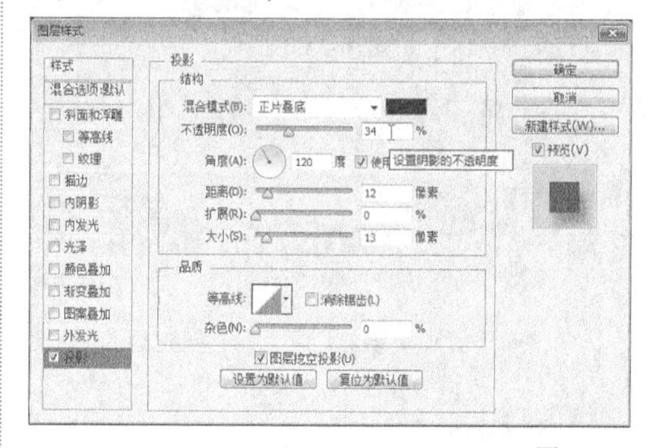

图19-230

图19-231

06 导入学习资源中的“素材文件>CH19>264-2.png、264-3.png”文件，然后调整好大小，如图19-232所示。

图19-232

07 新建一个“图层6”图层，然后使用“矩形选框工具” 绘制出一个矩形选区，并使用白色填充选区，接着设置该图层的“不透明度”为62%，如图19-233所示，效果如图19-234所示。

图19-233　　图19-234

08 新建一个“图层7”图层，然后使用“矩形选框工具” 绘制一个矩形选区，如图19-235所示。

图19-235

09 执行“编辑>描边”菜单命令，然后在弹出的“描边”对话框中设置“宽度”为5像素，“颜色”为红色，“位置”为“居外”，如图19-236所示，效果如图19-237所示。

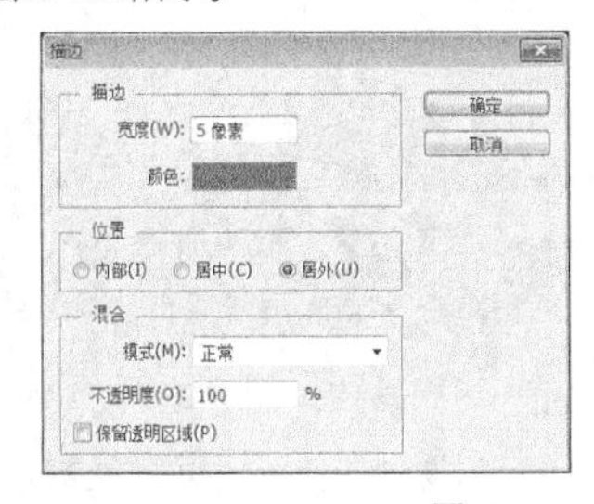

图19-236

图19-237

10 使用“直线工具” 在图像中绘制一条红色直线，如图19-238所示。

图19-238

11 使用“横排文字工具” 在绘图区域输入文字(字体：方正综艺简体)，并适当调整文字大小，效果如图19-239所示。

图19-239

12 按快捷键Ctrl+J复制一个文字副本图层，并将文字的颜色转换为白色，然后适当地调整文字位置，达到最佳的视觉效果，如图19-240所示。

图19-240

13 使用“横排文字工具” 在绘图区域输入文字（字体：方正正粗黑简体），并适当调整文字大小和颜色，效果如图19-241所示。

图19-241

14 导入学习资源中的“素材文件>CH19>264-4.png”文件，然后将其放在主题文字上，起到装饰的作用，最终效果如图19-242所示。

图19-242

实例265 淘宝零点抢购特惠活动海报的设计

★★★☆☆

- 视频文件：实例265 淘宝零点抢购特惠活动海报的设计.mp4
- 实例位置：实例文件>CH19>实例265.psd
- 素材位置：素材文件>CH19>265-1.jpg、265-2.psd、265-3.png
- 学习目标：掌握淘宝零点抢购特惠活动海报的设计方法

本实例是为淘宝零点抢购促销活动设计海报，在设计时为了能够突出“零点抢购”活动的紧迫感，在设计背景时，添加了类似闪电的图形元素，文字上也采用了背景色衬托的设计手法，最大限度地将文字主题内容体现出来。本实例最终效果如图19-243所示，版式结构如图19-244所示。

图19-243

图19-244

01 打开学习资源中的“素材文件>CH19>265-1.jpg”文件，然后使用“移动工具”将其拖曳到“实例265”文档中，效果如图19-245所示。

图19-245

02 导入学习资源中的“素材文件>CH19>265-2.psd”文件，然后调整大小和位置，如图19-246所示。

图19-246

03 使用“横排文字工具”在绘图区域输入文字(字体：方正毡笔黑简体)，并适当调整文字大小，效果如图19-247所示。

图19-247

04 将文字图层栅格化，然后在工具箱中选取“矩形选框工具”框选出“零”字，如图19-248所示。

05 按快捷键Ctrl+T进入自由变换状态，然后调整大小和角度，如图19-249所示。

图19-248

图19-249

06 执行“图层>图层样式>投影”菜单命令，在打开的对话框中设置“不透明度”为47%，“角度”为-175度，如图19-250所示，效果如图19-251所示。

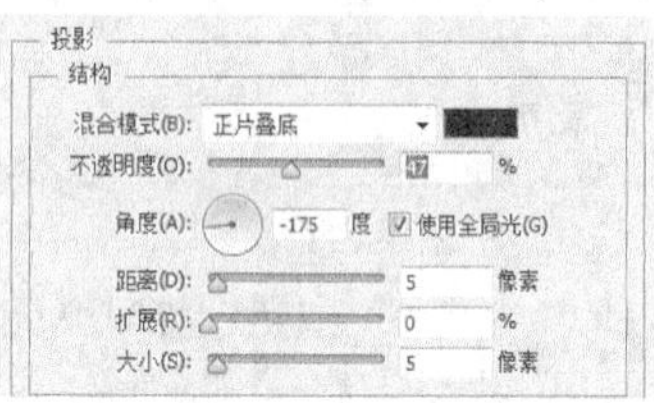

图19-250

图19-251

07 导入学习资源中的“素材文件>CH19>265-3.png”文件，如图19-252所示，然后使用“横排文字工具”在绘图区域输入文字，并适当调整文字大小，以达到最佳的效果，如图19-253所示。

图19-252

图19-253

08 继续使用“横排文字工具”在左右两边绘图区域输入相关文字(字体：方正大黑简体)，最终效果如图19-254所示。

图19-254

感恩教师节促销活动海报的设计

视频文件：实例266 感恩教师节促销活动海报的设计.mp4　　实例位置：实例文件>CH19>实例266.psd

素材位置：素材文件>CH19>266-1.jpg、266-2.png、266-3.png　　学习目标：掌握感恩教师节促销活动海报的设计方法

本实例是为感恩教师节促销活动设计海报，选择了柔和的粉绿色背景衬托主题，页面的两边添加了花朵，在页面的中心将主题“感恩教师节”进行了精心的设计，以此来突出该海报的主题内容。本实例最终效果如图19-255所示，版式结构如图19-256所示。

图19-255

图19-256

01 打开学习资源中的“素材文件>CH19>266-1.jpg”文件，然后使用“移动工具”将其拖曳到“实例266”文档中，效果如图19-257所示。

图19-257

02 导入学习资源中的“素材文件>CH19>266-2.png”文件，然后调整大小和位置，如图19-258所示。

图19-258

03 执行“图层>图层样式>投影”菜单命令，在打开的对话框中设置“不透明度”为33%，“距离”为14像素，“大小”为16像素，如图19-259所示，效果如图19-260所示。

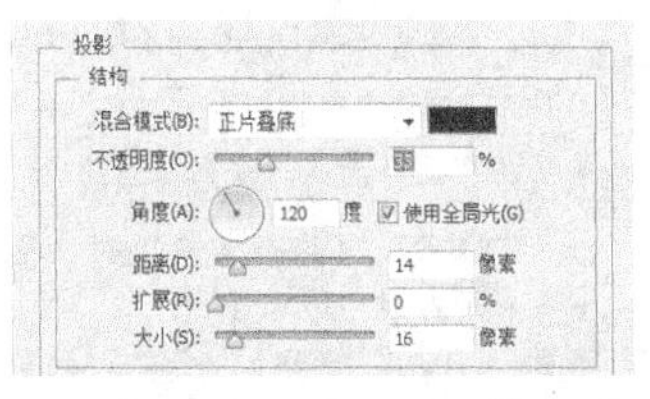

图19-259

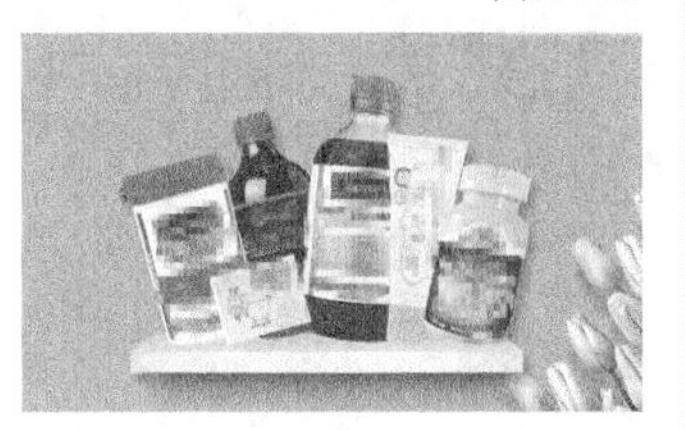

图19-260

04 导入学习资源中的“素材文件>CH19>266-3.png”文件，然后调整大小和位置，如图19-261所示。

图19-261

05 在“背景”图层上方新建一个“白色光”图层，然后设置前景色为白色，选择“画笔工具”，设置“大小”为453像素，“硬度”为0%，“不透明度”为46%，“流量”为80%，具体参数设置如图19-262所示，接着在商品处绘制白色光效，如图19-263所示。

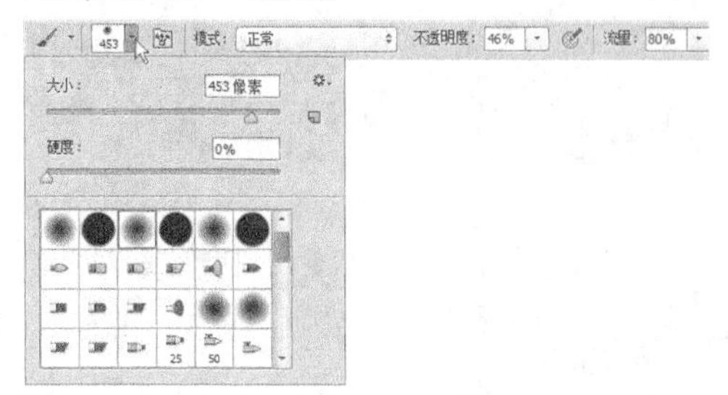

图19-262

图19-263

06 新建一个“心形”图层，然后使用“钢笔工具”绘制出图19-264所示的形状，接着设置前景色为（R:243，G:102，B:112），并使用前景色填充路径，如图19-265所示。

图19-264

图19-265

07 按快捷键Ctrl+J复制一个副本图层，然后按快捷键Ctrl+T进入自由变换状态，接着单击鼠标右键，选择“水平翻转”菜单命令，如图19-266所示，最后使用“移动工具”将图像拖曳到图19-267所示的位置。

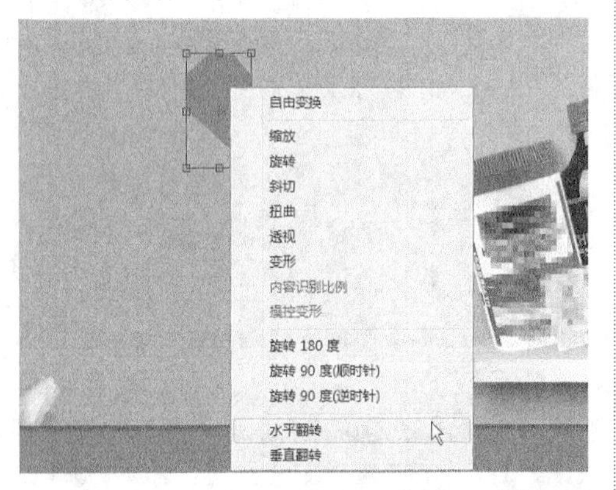

图19-266

图19-267

08 新建一个图层，然后使用“钢笔工具”绘制出不规则形状，并使用白色填充路径，如图19-268所示。

图19-268

09 使用“横排文字工具”在绘图区域输入文字(字体：方正准圆简体)，并适当调整文字大小，效果如图19-269所示。

图19-269

10 设置前景色为（R:243，G:102，B:112），然后选择“自定义形状工具”，接着在选项栏中单击图标，打开“自定形状”拾色器，选择“红心形卡”，如图19-270所示，最后在文字上方绘制一个心形，效果如图19-271所示。

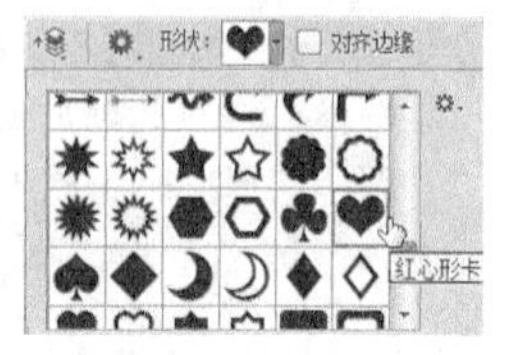

图19-270

图19-271

技巧与提示

加载Photoshop预设形状和外部形状，可以在选项栏中单击图标，打开“自定形状”拾色器，可以看到Photoshop只提供了少量的形状，这时我们可以单击图标，然后在弹出的菜单中选择“全部”命令，如图19-272所示，这样可以将Photoshop预设的所有形状都加载到“自定形状”拾色器中。如果要加载外部的形状，可以在拾色器菜单中选择“载入形状”命令，然后在弹出的“载入”对话框中选择形状（形状的格式为.csh格式），图19-273所示就是加载的外部形状。

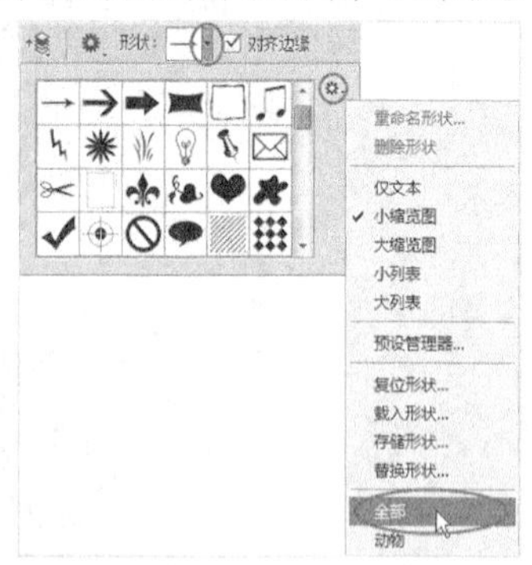

图19-272

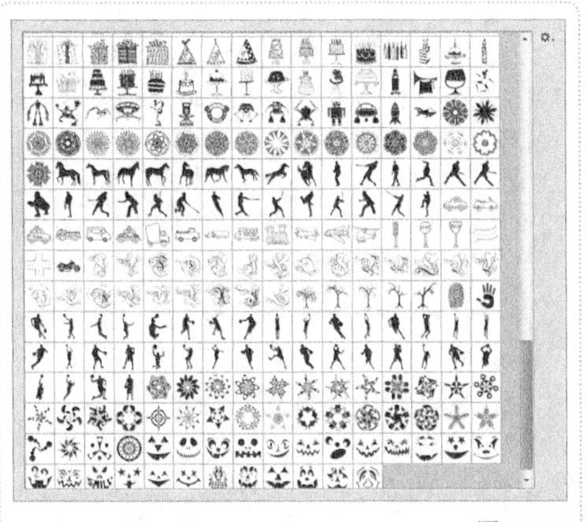

图19-273

11 选择“椭圆工具” ，然后在选项栏中设置“填充”为无，“描边”颜色为（R:243，G:102，B:112），“形状描边宽度”为0.73点，如图19-274所示，接着在画面中绘制一个圆形边框，如图19-275所示。

图19-274

图19-275

12 选择“自定形状工具” ，然后在选项栏中单击图标，打开“自定形状”拾色器，选择“箭头6”，如图19-276所示，接着在圆圈内绘制一个箭头，效果如图19-277所示。

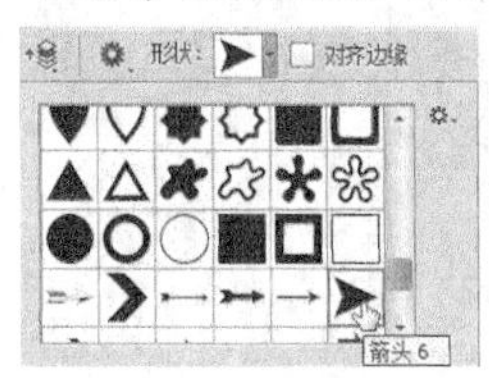

图19-276　　图19-277

技巧与提示

此处绘制图像，可以直接复制，也可以直接使用“自定义形状工具” 绘制多个。

13 同时选中这两个形状图层，然后复制出两个圆圈箭头，并调整好位置，效果如图19-278所示。

图19-278

14 使用“横排文字工具” 在绘图区域输入相关文字(字体：方正准圆简体)，效果如图19-279所示。

图19-279

15 在“图层”面板下单击“创建新组”按钮 ，然后创建一个图层组，并命名为“优惠券”，如图19-280所示。

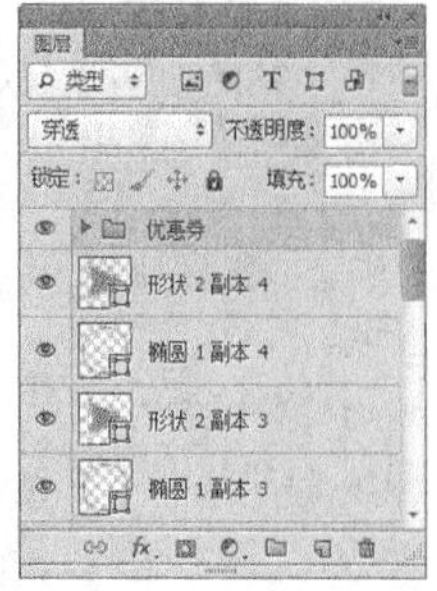

图19-280

16 设置前景色为（R:255，G:253，B:79），然后选择“矩形工具” 在画面中绘制一个矩形，效果如图19-281所示。

图19-281

17 按快捷键Ctrl+T进入自由变换状态，然后单击鼠标右键，选择“斜切”菜单命令，如图19-282所示，接着使用鼠标调整图像的形状，如图19-283所示。

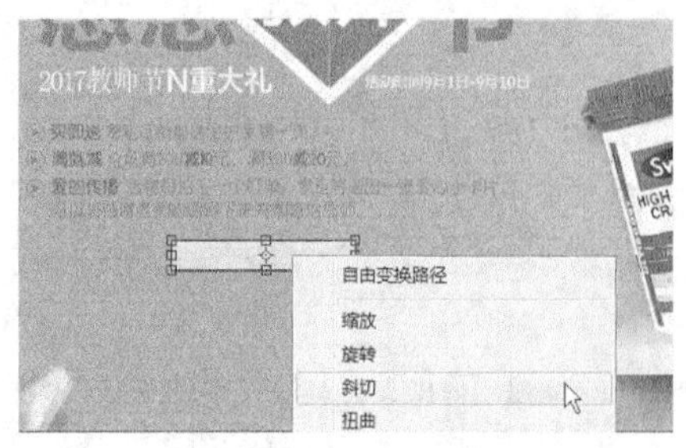

图19-282

图19-283

18 按快捷键Ctrl+J复制一个形状副本图层，然后按快捷键Ctrl+T进入自由变换状态，接着单击鼠标右键，选择“水平翻转”菜单命令，如图19-284所示，最后使用“移动工具” 适当调整图像，如图19-285所示。

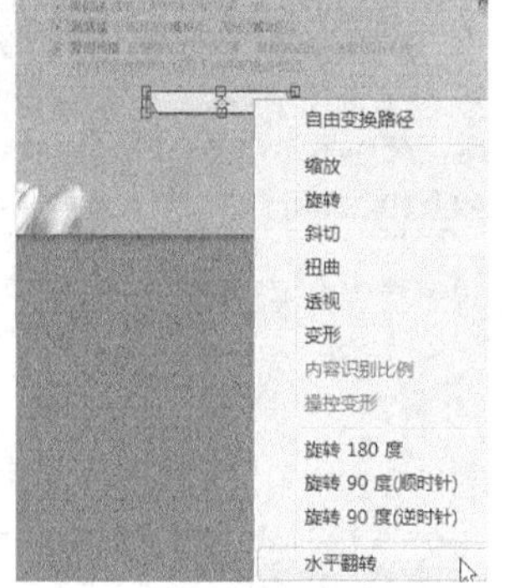

图19-284

图19-285

19 设置前景色为（R:44，G:154，B:230），然后使用“横排文字工具” 在绘图区域输入相关文字（字体：方正兰亭中黑），效果如图19-286所示。

图19-286

20 选择“矩形工具” ，然后在选项栏中设置绘图模式为“形状”，“填充”为无，“描边”颜色为白色，接着在画面中绘制一个矩形，效果如图19-287所示。

图19-287

21 使用“横排文字工具” 在绘图区域输入相关文字（字体：方正准圆简体），并适当调整文字大小和颜色，效果如图19-288所示。

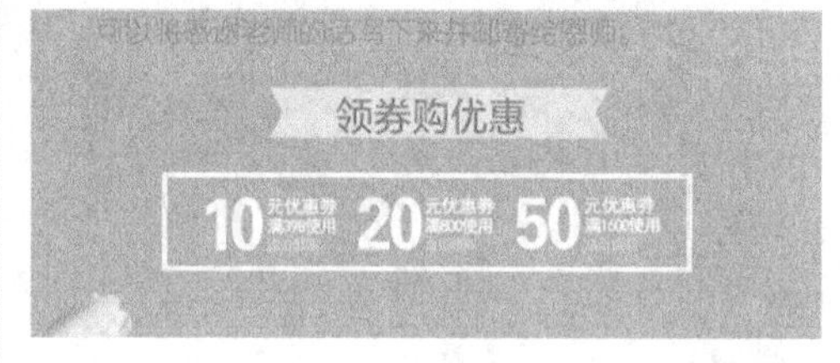

图19-288

22 使用“直线工具” 在图像中绘制出两条相同的直线，以起分隔的作用，如图19-289所示，最终效果如图19-290所示。

图19-289

图19-290

开学特惠节促销活动海报的设计

视频文件：实例267 开学特惠节促销活动海报的设计.mp4　实例位置：实例文件>CH19>实例267.psd

素材位置：素材文件>CH19>267-1.png~267-3.png　学习目标：掌握开学特惠节促销活动海报的设计方法

本实例是为开学特惠节促销活动设计海报，在设计海报时，考虑到主要的产品类型是童装，所以将模特设计在页面的最前方，剩下的页面以文字搭配不同的有趣图形，来突出天真可爱的氛围。本实例最终效果如图19-291所示，版式结构如图19-292所示。

图19-291

图19-292

01 按快捷键Ctrl+N新建一个文件，然后设置前景色为（R:0，G:191，B:254），接着用前景色填充"背景"图层，如图19-293所示。

02 导入学习资源中的"素材文件>CH19>267-1.png"文件，并将新生成的图层命名为"图层1"，然后调整大小和位置，如图19-294所示。

图19-293　图19-294

03 设置"图层1"图层的"不透明度"为11%，如图19-295所示，效果如图19-296所示。

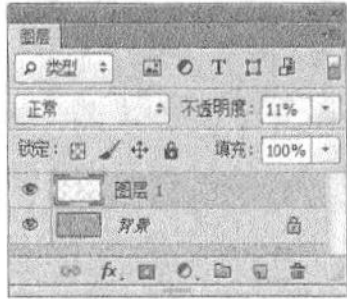

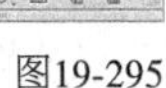

图19-295　图19-296

04 选择"矩形工具"，然后在选项栏中设置绘图模式为"形状"，"填充"颜色为（R:44，G:155，B:241），"描边"颜色为（R:156，G:230，B:255），"形状描边宽度"为10点，如图19-297所示，接着在画面中绘制一个矩形，效果如图19-298所示。

05 导入学习资源中的"素材文件>CH19>267-2.png"文件，然后调整大小和位置，如图19-299所示。

图19-297

图19-298　图19-299

06 使用"横排文字工具"在绘图区域输入相关文字（字体：方正兰亭中黑），并适当调整文字的大小，效果如图19-300所示。

图19-300

07 选择"直线工具"，然后在选项栏中设置绘图模式为"形状"，"填充"为无，"描边"颜色为白色，"形状描边宽度"为1点，如图19-301所示，接着在画面中绘制两条相同的直线，效果如图19-302所示。

图19-301

图19-302

08 选择“椭圆工具” ，然后在选项栏中设置“填充”为无，“描边”颜色为白色，“形状描边宽度”为8点，“描边选项”为虚线，如图19-303所示，接着在画面中绘制两个圆形虚线边框，效果如图19-304所示。

图19-303

图19-304

09 在选项栏中设置“填充”为无，“描边”颜色为（R:255，G:86，B:149），“形状描边宽度”为6点，“描边选项”为实线，如图19-305所示，接着使用“椭圆工具” 在画面中绘制一个圆形边框，效果如图19-306所示。

图19-305

图19-306

10 在选项栏中设置“填充”颜色为（R:246，G:254，B:144），“描边”为无，然后使用“椭圆工具” 在画面中绘制一个圆形，效果如图19-307所示。

图19-307

11 在选项栏中设置“填充”颜色为白色，然后继续使用“椭圆工具” 在画面中绘制出若干个圆形，效果如图19-308所示。

图19-308

12 导入学习资源中的“素材文件>CH19>267-3.png”文件，然后调整大小和位置，如图19-309所示。

图19-309

13 按快捷键Ctrl+J复制一个副本图层，然后使用“移动工具” 适当调整图像位置，最终效果如图19-310所示。

图19-310

实例268 感恩母亲节促销活动海报的设计

★★★★☆

- 视频文件：实例268 感恩母亲节促销活动海报的设计.mp4
- 实例位置：实例文件>CH19>实例268.psd
- 素材位置：素材文件>CH19>268-1.jpg、268-2.png、268-3.png
- 学习目标：掌握感恩母亲节促销活动海报的设计方法

本实例是为感恩母亲节促销活动设计海报，在设计的过程中使用了粉色作为页面的主要颜色，同时搭配代表性的花朵衬托主题，体现母亲的伟大，搭配上符合情景的海报图片，突出海报的视觉效果。本实例最终效果如图19-311所示，版式结构如图19-312所示。

图19-311

图19-312

01 按快捷键Ctrl+N新建一个文件，然后设置前景色为（R:249，G:176，B:197），接着用前景色填充“背景”图层，如图19-313所示。

图19-313

02 导入学习资源中的“素材文件>CH19>268-1.jpg”文件，并将新生成的图层命名为“人像”，然后调整大小和位置，接着设置该图层的“混合模式”为“正片叠底”，如图19-314所示，效果如图19-315所示。

图19-314

图19-315

03 按快捷键Ctrl+J复制一个副本图层，然后设置该图层的“混合模式”为“正常”，如图19-316所示。

图19-316

04 在工具箱中单击“魔棒工具”，然后在选项栏中设置“容差”为15，并勾选“连续”选项，如图19-317所示。

图19-317

05 用“魔棒工具”在背景的任意一个位置单击鼠标左键，选择容差范围内的区域，然后按住Shift键单击其他的背景区域，选中所有的背景，如图19-318所示，接着按Delete键删除选区内的图像，如图19-319所示。

图19-318

图19-319

06 在“图层”面板下方单击“添加图层蒙版”按钮，为该图层添加一个图层蒙版，如图19-320所示。

图19-320

07设置前景色为黑色，然后选择“画笔工具”，接着在选项栏中设置“大小”为74像素，“不透明度”为41%，“流量”为64%，如图19-321所示，然后在人像的边缘处涂抹，图像效果如图19-322所示。

图19-321

图19-322

08导入学习资源中的“素材文件>CH19>268-2.png”文件，然后调整大小和位置，如图19-323所示。

图19-323

09选择“矩形工具”，然后在选项栏中设置“填充”为无，“描边”颜色为（R:248，G:34，B:64），“形状描边宽度”为1点，“描边选项”为实线，如图19-324所示，接着在画面中绘制一个矩形边框，效果如图19-325所示。

图19-324

图19-325

10在选项栏中设置“填充”颜色为（R:248，G:34，B:64），“描边”为无，如图19-326所示，然后使用“矩形工具”在画面中绘制一个矩形，效果如图19-327所示。

图19-326

图19-327

11在选项栏中设置“填充”颜色为（R:236，G:105，B:65），“描边”为无，然后继续使用“矩形工具”在画面中绘制一个矩形，效果如图19-328所示。

图19-328

12选择“直接选择工具”，然后调整路径的各个锚点，如图19-329所示，接着使用“横排文字工具”在绘图区域输入相关文字(字体：方正兰亭中黑)，并适当调整文字的大小，效果如图19-330所示。

图19-329

图19-330

13导入学习资源中的“素材文件>CH19>268-3.png”文件，然后调整大小，并放在文字的两边，最终效果如图19-331所示。

图19-331

实例 269 ★★★★☆

年货盛宴促销活动海报的设计

- 视频文件：实例269 年货盛宴促销活动海报的设计.mp4
- 实例位置：实例文件>CH19>实例269.psd
- 素材位置：素材文件>CH19>269-1.jpg、269-2.png、269-3.psd、269-4.png、269-5.jpg、269-6.png、269-7.png
- 学习目标：掌握年货盛宴促销活动海报的设计方法

本实例是为年货盛宴促销活动设计海报，画面中选择了多处可以代表新年的设计元素，以浓烈的红增强视觉冲击力。本实例最终效果如图19-332所示，版式结构如图19-333所示。

图19-332

图19-333

01 导入学习资源中的“素材文件>CH19>269-1.jpg和269-2.png”文件，然后调整大小，效果如图19-334所示。

图19-334

02 导入学习资源中的“素材文件>CH19>269-3.psd”文件，并将新生成的图层命名为“光效”，然后调整大小和位置，如图19-335所示，接着设置该图层的“混合模式”为“滤色”，如图19-336所示，效果如图19-337所示。

图19-335

图19-336

图19-337

03 导入学习资源中的“素材文件>CH19>269-4.png”文件，并将新生成的图层命名为“年货盛宴”，然后调整大小和位置，如图19-338所示。

图19-338

04 导入学习资源中的“素材文件>CH19>269-5.jpg”文件，并将新生成的图层命名为“光效2”，然后调整大小和位置，如图19-339所示。

图19-339

05 设置该图层的“混合模式”为“滤色”，如图19-340所示，然后按快捷键Ctrl+J复制两个副本图层，并使用“移动工具” 适当调整图像位置，效果如图19-341所示。

图19-340

图19-341

06 使用“横排文字工具” 在绘图区域输入相关文字(字体：微软雅黑)，并适当调整文字的大小，效果如图19-342所示。

图19-342

07 执行“图层>图层样式>渐变叠加”菜单命令，打开“图层样式”对话框，然后单击“点按可编辑渐变”按钮，接着在弹出的“渐变编辑器”对话框中设置第1个色标的颜色为（R:246，G:229，B:93），第2个色标的颜色为（R:250，G:195，B:30），如图19-343所示，最后返回“图层样式”对话框，设置“不透明度”为100%，“角度”为84度，“缩放”为88%，具体参数设置如图19-344所示，效果如图19-345所示。

图19-343

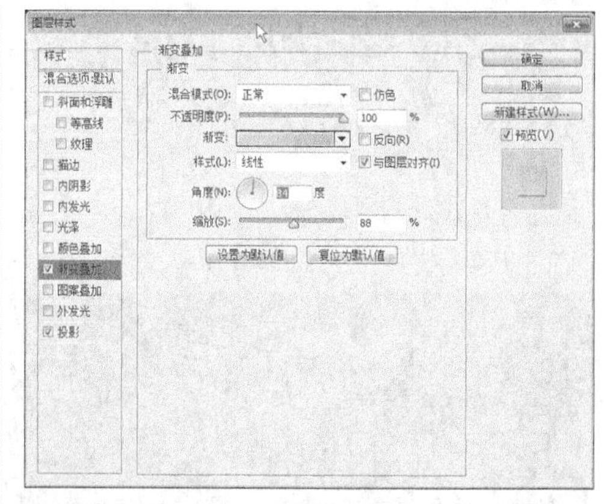

图19-344

图19-345

08 在“图层样式”对话框中单击“投影”样式，然后设置“不透明度”为30%，“角度”为120度，“距离”为11像素，“扩展”为7%，“大小”为7像素，具体参数设置如图19-346所示，效果如图19-347所示。

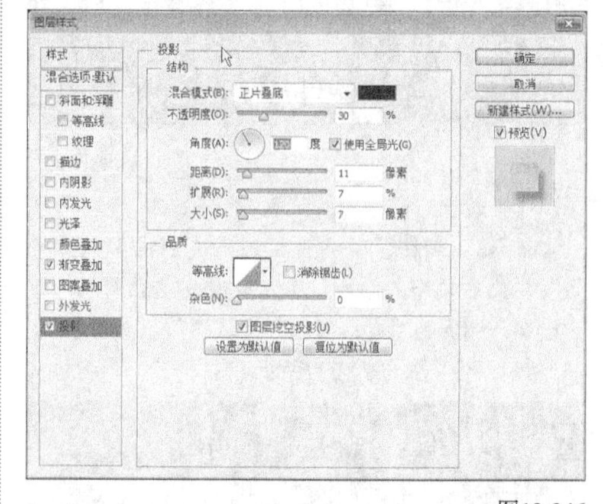

图19-346

图19-347

09 导入学习资源中的“素材文件>CH19>269-6.png和269-7.png”文件，然后调整位置和大小，效果如图19-348所示。

图19-348

10 使用“横排文字工具” T 在绘图域输入相关文字(字体：方正粗倩简体)，并适当调整文字的大小，效果如图19-349所示。

图19-349

11 执行“图层>图层样式>斜面和浮雕”菜单命令，打开“图层样式”对话框，然后设置“深度”为100%，“大小”为5像素，接着设置“角度”为104度，“高度”为69度，并取消勾选“使用全局光”选项，再设置高光的“不透明度”为96%，“阴影颜色”为（R:171，G:107，B:44），具体参数设置如图19-350所示。

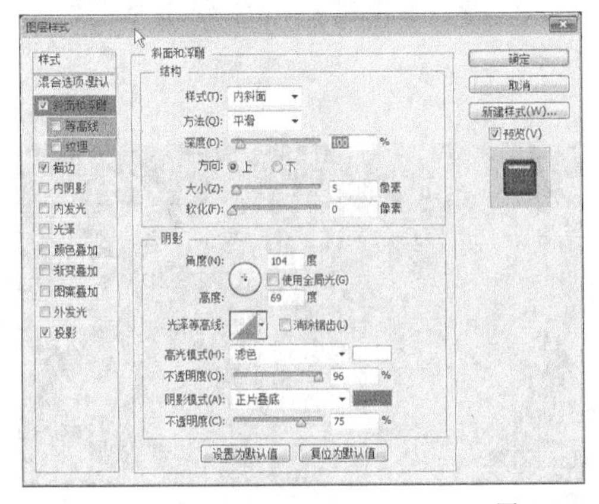

图19-350

12 在“图层样式”对话框中单击“描边”样式，然后设置“大小”为3像素，“不透明度”为100%，“颜色”为黑色，具体参数设置如图19-351所示。

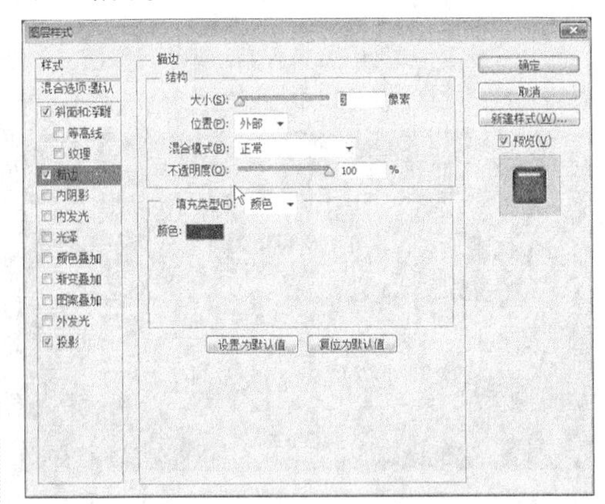

图19-351

13 在“图层样式”对话框中单击“投影”样式，然后设置“不透明度”为62%，“角度”为－90度，“距离”为5像素，“扩展”为30%，“大小”为4像素，具体参数设置如图19-352所示，最终效果如图19-353所示。

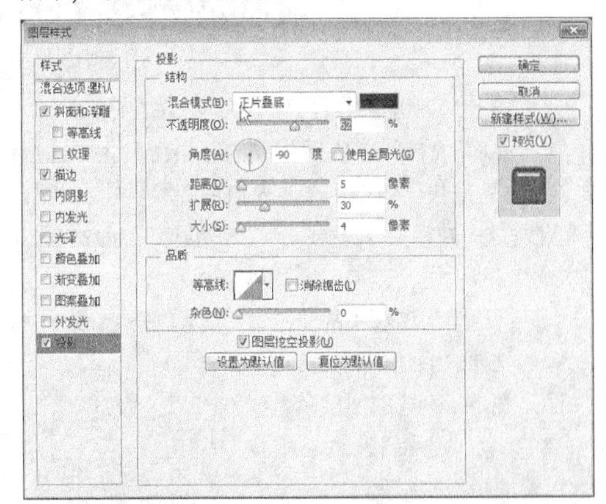

图19-352

图19-353

实例270 “双12”购物狂欢节促销活动海报的设计

★★★★☆

- 视频文件：实例270“双12”购物狂欢节促销活动海报的设计.mp4
- 实例位置：实例文件>CH19>实例270.psd
- 素材位置：素材文件>CH19>270-1.png~270-4.png
- 学习目标：掌握“双12”购物狂欢节促销活动海报的设计方法

本实例是为购物狂欢节促销活动设计海报，主要的设计元素是文字，页面的中心视觉也是体现“双12”的视觉效果，整个页面以中心圆为发射点。本实例最终效果如图19-354所示，版式结构如图19-355所示。

图19-354

图19-355

01 按快捷键Ctrl+N新建一个文件，然后设置前景色为（R:14，G:0，B:72），接着用前景色填充“背景”图层，如图19-356所示。

图19-356

02 导入学习资源中的“素材文件>CH19>270-1.png”文件，并将新生成的图层命名为“图层1”，然后按快捷键Ctrl+T进入自由变换状态，接着调整大小，并设置该图层的“不透明度”为23%，如图19-357所示，效果如图19-358所示。

03 导入学习资源中的“素材文件>CH19>270-2.png”文件，并将新生成的图层命名为“装饰”，然后调整大小和位置，如图19-359所示。

图19-357

图19-358

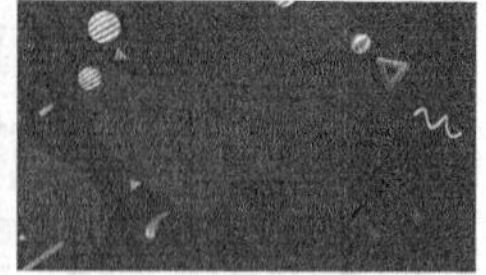

图19-359

04 导入学习资源中的“素材文件>CH19>270-3.png”文件，并将新生成的图层命名为“金币”，然后调整大小和位置，如图19-360所示。

05 按快捷键Ctrl+J复制一个副本图层，然后使用“移动工具”适当调整图像位置，效果如图19-361所示。

图19-360　图19-361

06 执行“滤镜>模糊>动感模糊”菜单命令，然后在“动感模糊”对话框中设置“角度”为-13度，“距离”为43像素，如图19-362所示，效果如图19-363所示。

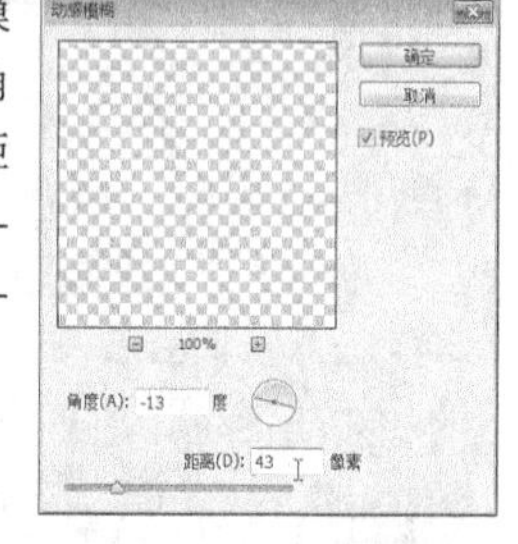

图19-362

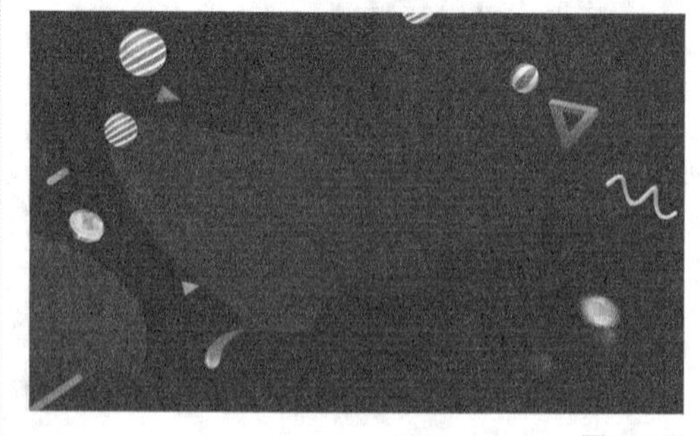

图19-363

07 执行“图层>图层样式>外发光”菜单命令，打开“图层样式”对话框，然后设置“不透明度”为68%，发光颜色为（R:187，G:130，B:182），“扩展”为11%，“大小”为16像素，如图19-364所示，效果如图19-365所示。

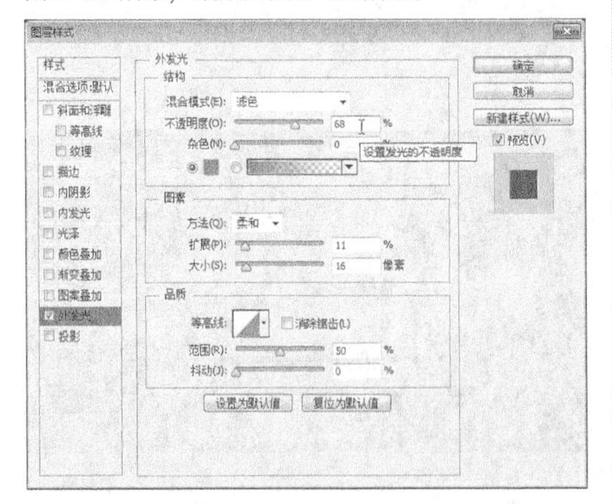

图19-364

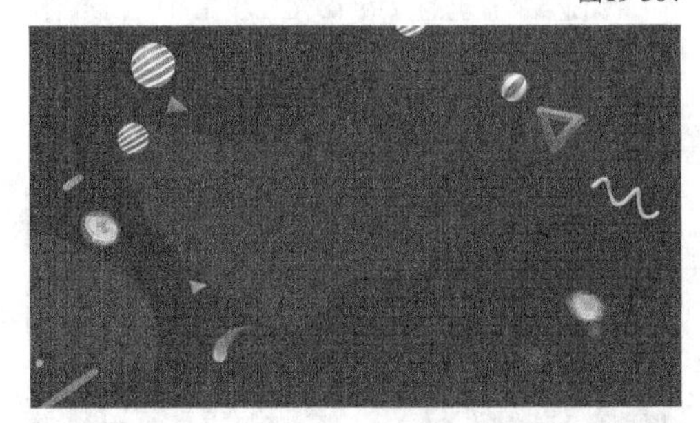

图19-365

08 选择“椭圆工具”，然后在选项栏中设置绘图模式为“形状”，“填充”为无，“描边”颜色为（R:55，G:194，B:255），“形状描边宽度”为5.46点，如图19-366所示，接着在画面中绘制一个圆形边框，效果如图19-367所示。

图19-366

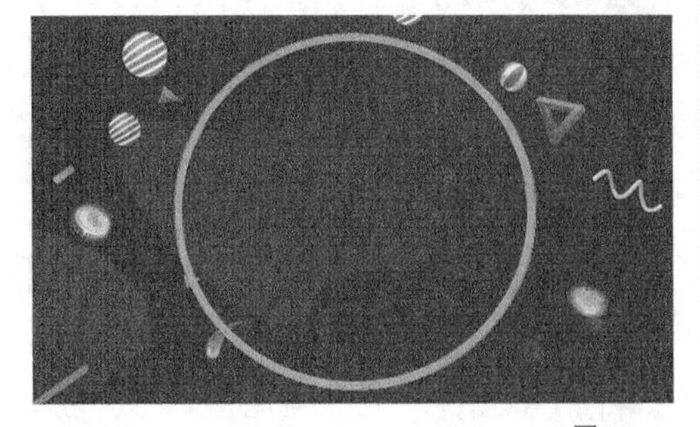

图19-367

09 在选项栏中设置“填充”颜色为（R:114，G:198，B:197），“描边”为无，然后使用“椭圆工具”在画面中绘制一个圆形，效果如图19-368所示。

10 在选项栏中设置“填充”颜色为（R:200，G:231，B:232），然后使用“椭圆工具”在画面中绘制一个圆形，效果如图19-369所示。

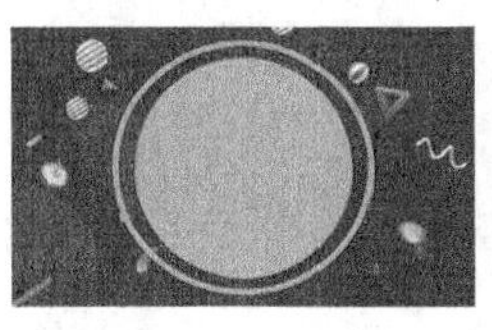

图19-368

图19-369

11 在选项栏中设置“填充”颜色为（R:124，G:76，B:155），然后使用“椭圆工具”在画面中绘制一个圆形，效果如图19-370所示。

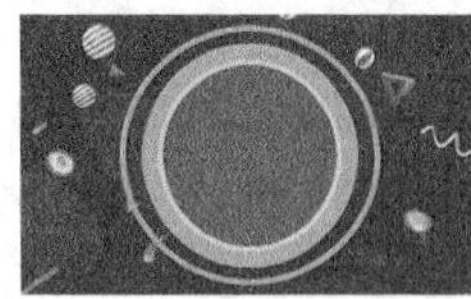

图19-370

12 在选项栏中设置“填充”颜色为（R:49，G:39，B:112），然后使用“椭圆工具”在画面中绘制一个圆形，效果如图19-371所示。

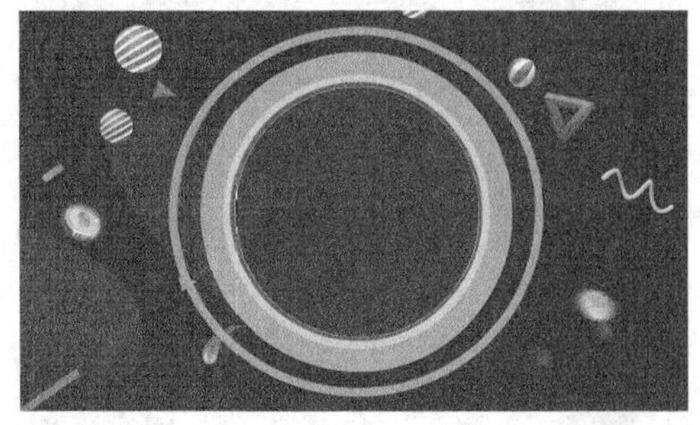

图19-371

13 导入学习资源中的“素材文件>CH19>270-4.png”文件，然后调整大小和位置，如图19-372所示。

图19-372

14 执行“图层>图层样式>斜面和浮雕”菜单命令，打开“图层样式”对话框，然后设置“深度”为217%，“大小”为13像素，“软化”为2像素，接着设置“角度”为140度，“高度”为48度，再设置“光泽等高线”为“锥形”，具体参数设置如图19-373所示。

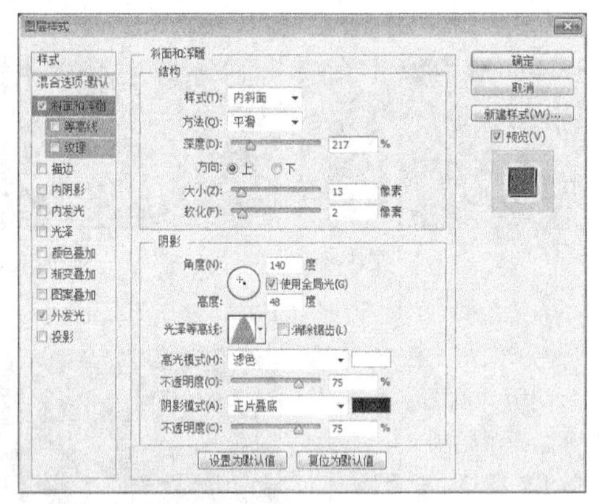

图19-373

15 在“图层样式”对话框中单击“外发光”样式，然后设置“混合模式”为“线性减淡（添加）”，“不透明度”为50%，发光颜色为（R:2，G:156，B:221），“扩展”为10%，“大小”为59像素，如图19-374所示，效果如图19-375所示。

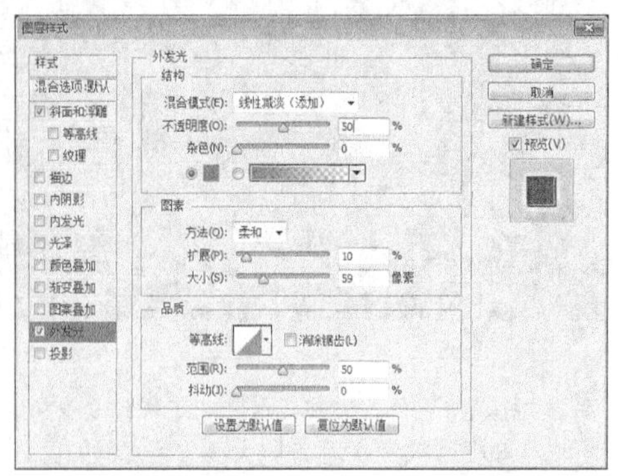

图19-374

图19-375

16 选择“圆角矩形工具”，然后在选项栏中设置“填充”颜色为（R:250，G:250，B:0），“半径”为45像素，如图19-376所示，接着在画面中绘制一个圆角矩形，效果如图19-377所示。

图19-376

图19-377

17 设置前景色为（R:70，G:24，B:0），然后使用“横排文字工具”在绘图区域输入相关文字（字体：体坛粗黑简体），并适当调整文字的大小，效果如图19-378所示。

图19-378

18 选择“自定形状工具”，然后在选项栏中单击图标，打开“自定形状”拾色器，选择“箭头2”，接着在文字旁边绘制一个箭头，最终效果如图19-379所示。

图19-379

天猫儿童节促销活动海报的设计

- 视频文件：实例271 天猫儿童节促销活动海报的设计.mp4
- 实例位置：实例文件>CH19>实例271.psd
- 素材位置：素材文件>CH19>271-1.png、271-2.psd、271-3.png~271-7.png
- 学习目标：掌握天猫儿童节促销活动海报的设计方法

本实例是为天猫儿童节促销活动设计海报，因为该海报的主题是儿童节，所以在设计元素中选择了很多可爱、稚嫩的视觉元素；在文字上也进行了精心的设计，将字体进行变形处理，背景使用了蓝色，将页面的视觉效果完美地表现出来。本实例最终效果如图19-380所示，版式结构如图19-381所示。

图19-380

图19-381

01 按快捷键Ctrl+N新建一个文件，然后设置前景色为（R:114，G:202，B:242），接着用前景色填充“背景”图层，如图19-382所示。

图19-382

02 导入学习资源中的“素材文件>CH19>271-1.png”文件，然后调整大小和位置，如图19-383所示。

图19-383

03 按快捷键Ctrl+J复制两个副本图层，然后分别使用“移动工具”将图像拖曳到合适的位置，如图19-384所示。

图19-384

04 新建一个“白云”图层，然后使用“钢笔工具”绘制出白云的形状，如图19-385所示，接着使用白色填充路径，如图19-386所示。

图19-385

图19-386

05 新建一个“山丘”图层，然后使用“钢笔工具”绘制出图19-387所示的形状，接着设置前景色为（R:52，G:174，B:225），并使用前景色填充路径，如图19-388所示。

图19-387

图19-388

06 按快捷键Ctrl+J复制一个“山丘 副本”图层，然后将该副本图层拖曳到“山丘”图层的下方，并适当调整位置，如图19-389所示。

图19-389

07 按Ctrl键单击图层缩略图左侧的眼睛图标载入“山丘 副本”图层的选区，然后设置前景色为（R:162，G:220，B:244），并用前景色填充选区，接着按快捷键Ctrl+D取消选区，效果如图19-390所示。

图19-390

08 按Shift键同时选中“山丘”和“山丘 副本”这两个图层，然后按快捷键Ctrl+J复制出若干个山丘，并调整到合适的位置，效果如图19-391所示。

图19-391

09 新建一个图层，然后使用“钢笔工具”绘制出图19-392所示的形状，接着使用蓝色填充路径，如图19-393所示。

图19-392

图19-393

10 新建一个图层，然后使用“钢笔工具”绘制出不规则的形状，接着使用白色填充路径，如图19-394所示。

图19-394

11 在选项栏中设置“填充”为无，“描边”颜色为（R:52，G:174，B:225），“形状描边宽度”为3.22点，“描边选项”为虚线，如图19-395所示，接着在画面中绘制一条虚线，效果如图19-396所示。

图19-395

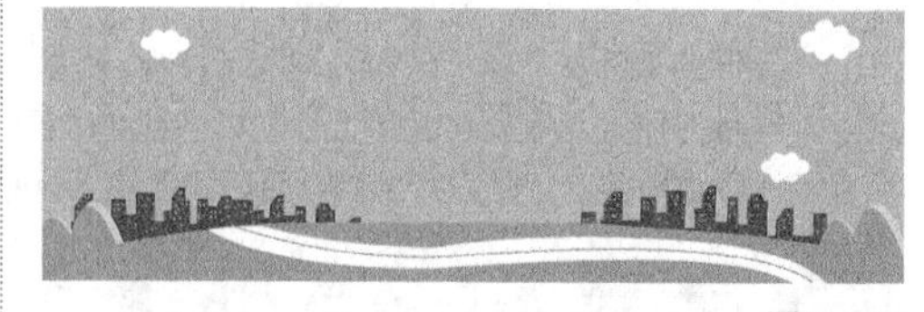

图19-396

12 分别导入学习资源中的“素材文件>CH19>271-2.psd、271-3.png~271-5.png”文件，然后调整大小和位置，效果如图19-397所示。

图19-397

13 设置前景色为（R:247，G:244，B:31），然后使用“横排文字工具”在绘图区域输入相关文字(字体：方正大黑简体)，效果如图19-398所示。

图19-398

14 执行“编辑>描边”菜单命令，然后在弹出的“描边”对话框中设置“大小”为13像素，“颜色”为（R:93，G:56，B:121），如图19-399所示，效果如图19-400所示。

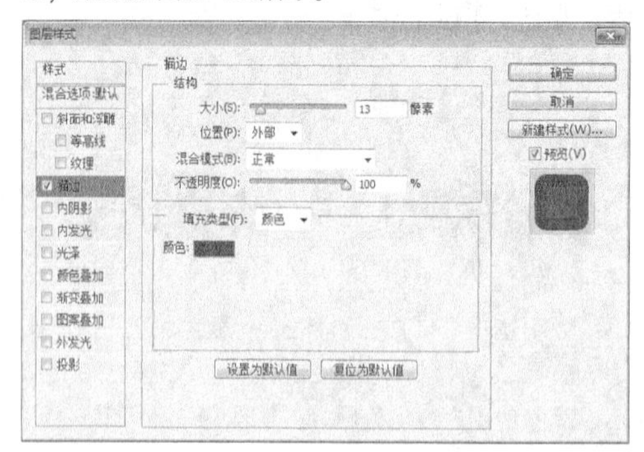

图19-399

图19-400

15 导入学习资源中的“素材文件>CH19>271-6.png和271-7.png”文件，然后调整大小和位置，效果如图19-401所示。

图19-401

16 选择“人物”图层，执行“滤镜>进一步锐化”菜单命令，为该图层添加一个智能滤镜，如图19-402所示，效果如图19-403所示。

图19-402　　图19-403

17 选择“人物2”图层，然后使用相同的方法为其添加一个“进一步锐化”智能滤镜，效果如图19-404所示。

图19-404

18 在“人物2”图层下方新建一个图层，然后使用黑色“画笔工具”为其添加一个阴影效果，如图19-405所示。

图19-405

19 设置前景色为（R:0，G:141，B:72），然后选择“矩形工具”在画面中绘制一个矩形，效果如图19-406所示。

图19-406

20 按快捷键Ctrl+T进入自由变换状态，然后单击鼠标右键，选择“斜切”菜单命令，接着使用鼠标调整图像的形状，如图19-407所示。

图19-407

21 按快捷键Ctrl+J复制一个形状副本图层，然后按快捷键Ctrl+T进入自由变换状态，接着单击鼠标右键，选择“水平翻转”菜单命令，最后使用“移动工具”适当调整图像，如图19-408所示。

图19-408

22 使用“横排文字工具”在绘图区域输入相关文字（字体：方正大黑简体），并适当调整颜色，最终效果如图19-409所示。

图19-409

实例272 “5·1”巨惠家电促销活动海报的设计

★★★★☆

- 视频文件：实例272“5·1”巨惠家电促销活动海报的设计.mp4
- 实例位置：实例文件>CH19>实例272.psd
- 素材位置：素材文件>CH19>272-1.jpg、272-2.png、272-3.png、272-4.jpg、272-5.png
- 学习目标：掌握家电促销活动海报的设计方法

本实例是为家电促销活动设计海报，整体的颜色选择了明亮的黄色与绿色进行搭配，背景元素选择了多个几何图形进行点缀，从而衬托出产品。本实例最终效果如图19-410所示，版式结构如图19-411所示。

图19-410

图19-411

01 导入学习资源中的“素材文件>CH19>272-1.jpg和272-2.png”文件，然后调整大小，效果如图19-412所示。

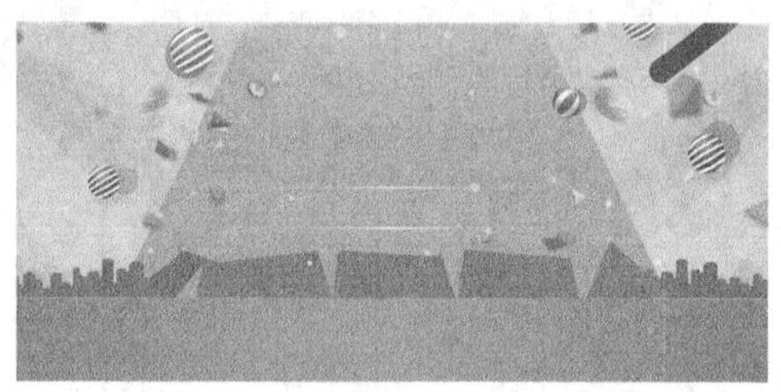

图19-412

02 导入学习资源中的“素材文件>CH19>272-3.png”文件，如图19-413所示，然后执行“图层>图层样式>斜面和浮雕”菜单命令，打开“图层样式”对话框，然后设置“深度”为235%，“大小”为5像素，“软化”为4像素，接着设置“光泽等高线”为“环形”，再设置高光的“不透明度”为56%，阴影的“不透明度”为47%，具体参数设置如图19-414所示。

图19-413

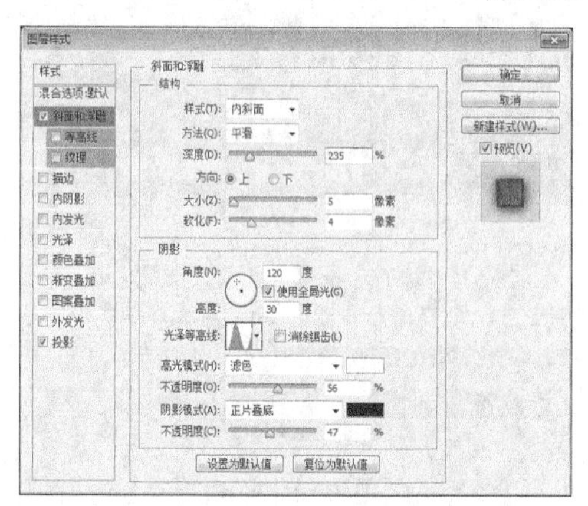

图19-414

03 在“图层样式”对话框中单击“投影”样式，然后设置“不透明度”为89%，“大小”为16像素，具体参数设置如图19-415所示，效果如图19-416所示。

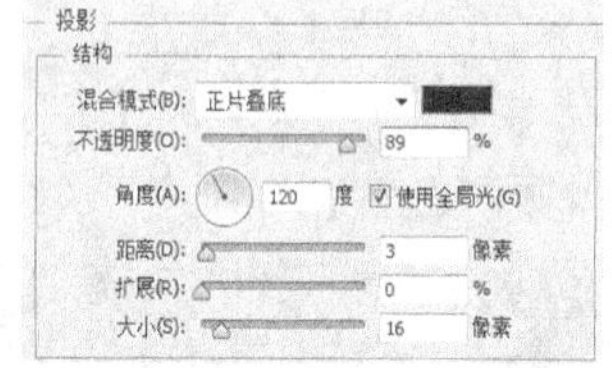

图19-415

图19-416

04 在“主体文字”图层下方新建一个“投影”图层，如图19-417所示，然后使用黑色“画笔工具”为其添加一个阴影效果，如图19-418所示。

图19-417　　图19-418

05 导入学习资源中的“素材文件>CH19>272-4.jpg”文件，并将新生成的图层命名为“光效”，然后设置该图层的“混合模式”为“滤色”，如图19-419所示，效果如图19-420所示。

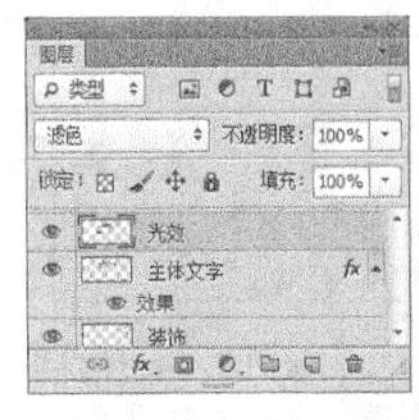

图19-419　　图19-420

06 按快捷键Ctrl+J复制一个副本图层，然后使用“移动工具”适当调整图像位置，效果如图19-421所示。

图19-421

07 使用“横排文字工具”在绘图区域输入相关文字（字体：方正细倩简体），并适当调整文字的大小，效果如图19-422所示。

图19-422

08 选择“矩形工具”，然后在选项栏中设置“填充”为无，“描边”颜色为白色，“形状描边宽度”为0.69点，“描边选项”为实线，如图19-423所示，接着在画面中绘制一个矩形边框，效果如图19-424所示。

图19-423

图19-424

09 执行“图层>栅格化>形状”菜单命令，将形状栅格化，接着使用“矩形选框工具”将文字部分框选出来，如图19-425所示，最后按Delete键删除选区内的内容，如图19-426所示。

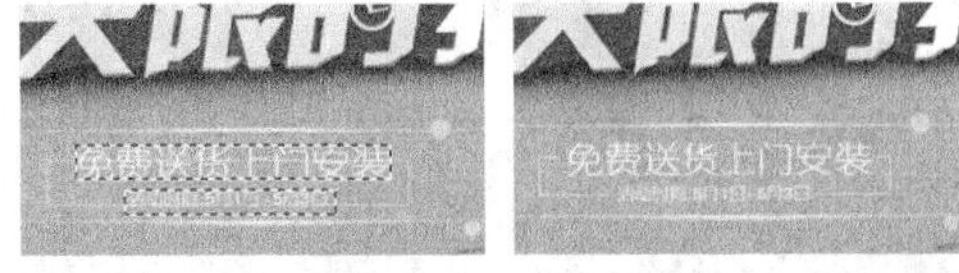

图19-425　　图19-426

10 导入学习资源中的“素材文件>CH19>272-5.png”文件，如图19-427所示，然后执行“图层>图层样式>投影”菜单命令，打开“图层样式”对话框，接着设置“不透明度”为63%，“距离”为9像素，“大小”为29像素，具体参数设置如图19-428所示，效果如图19-429所示。

图19-427

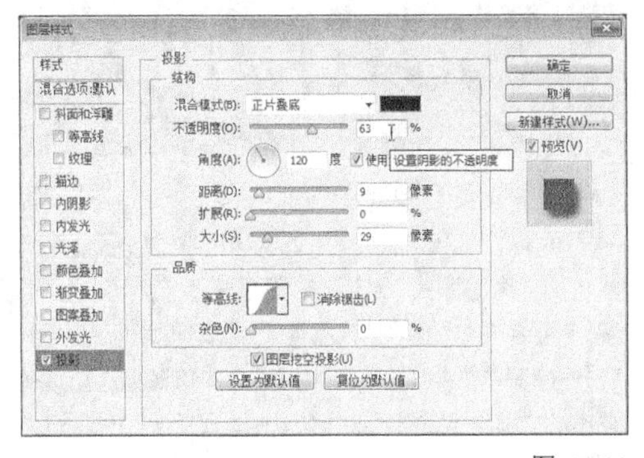

图19-428

图19-429

11 新建一个"图层8"图层，然后设置前景色为（R:114，G:199，B:8），接着使用"矩形选框工具"绘制一个矩形选区，并使用前景色进行填充，完成后按快捷键Ctrl+D取消选区，效果如图19-430所示。

12 新建一个"图层9"图层，然后设置前景色为（R:130，G:240，B:4），接着使用"矩形选框工具"绘制一个矩形选区，并使用前景色进行填充，完成后按快捷键Ctrl+D取消选区，效果如图19-431所示。

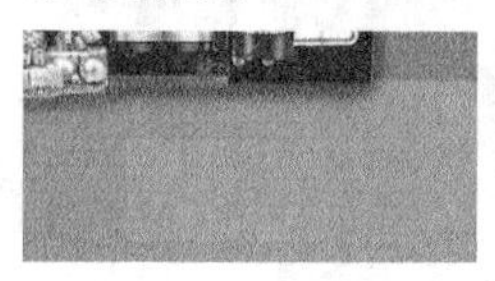

图19-430

图19-431

13 选择"直线工具"，然后在选项栏中设置"描边"颜色为（R:252，G:255，B:16），"形状描边宽度"为0.69点，"描边选项"为虚线，如图19-432所示，接着在画面中绘制一条虚线，效果如图19-433所示。

14 使用"横排文字工具"在绘图域输入相关文字（字体：方正大黑简体），如图19-434所示。

图19-432

图19-433

图19-434

15 执行"图层>图层样式>描边"菜单命令，打开"图层样式"对话框，然后设置"大小"为3像素，"混合模式"为"正片叠底"，"填充类型"为"渐变"，接着单击"点按可编辑渐变"按钮，在弹出的"渐变编辑器"对话框中设置第1个色标的颜色为白色，第2个色标的颜色为（R:114，G:91，B:0），如图19-435所示，最后返回"图层样式"对话框，设置"缩放"为150%，具体参数设置如图19-436所示，效果如图19-437所示。

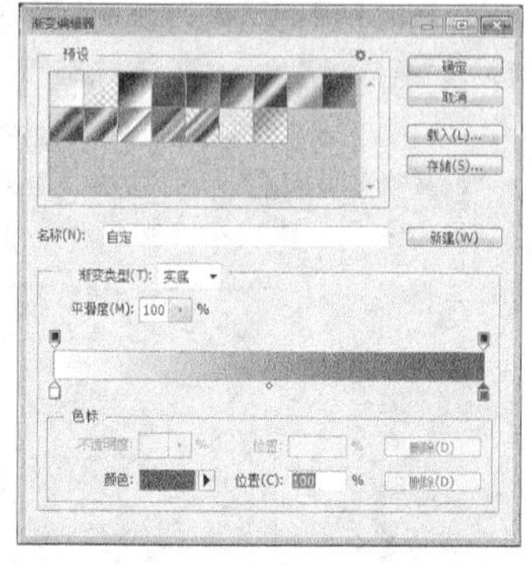

图19-435

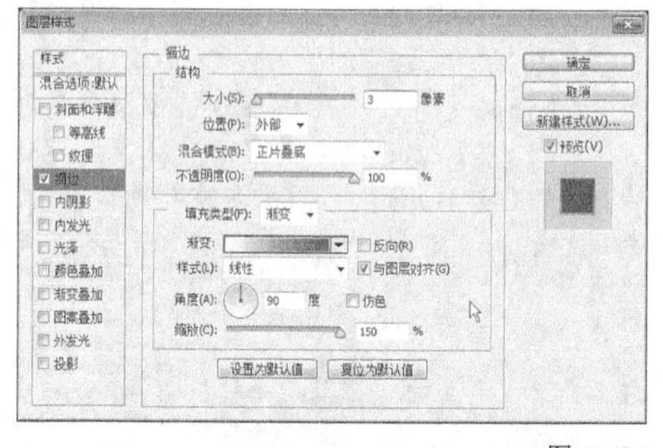

图19-436

图19-437

16 使用"横排文字工具"在绘图区域输入相关文字(字体：方正兰亭粗黑简体)，并适当调整大小，效果如图19-438所示。

图19-438

17 使用相同的方法制作其他面值的优惠券，最终效果如图19-439所示。

图19-439

实例 273 ★★★★☆

手机限时秒杀促销活动海报的设计

视频文件：实例273 手机限时秒杀促销活动海报的设计.mp4　实例位置：实例文件>CH19>实例273.psd

素材位置：素材文件>CH19>273-1.jpg、273-2.png~273-5.png　学习目标：掌握手机限时秒杀促销活动海报的设计方法

本实例是为手机限时秒杀促销活动设计海报，在设计海报时，要尽可能将主要产品与文字进行呼应，体现出“限时秒杀”的紧迫性，整体的海报气氛也要营造出火热的抢购氛围。本实例最终效果如图19-440所示，版式结构如图19-441所示。

图19-440

图19-441

01 打开学习资源中的“素材文件>CH19>273-1.jpg”文件，然后使用“移动工具” 将其拖曳到“实例273”文档中，效果如图19-442所示。

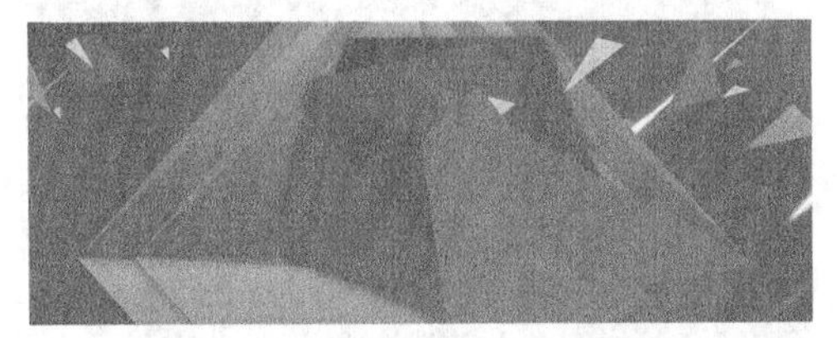

图19-442

02 新建一个“图层1”图层，然后设置前景色为（R:82，G:17，B:125），接着使用“钢笔工具” 绘制出不规则的形状，并使用前景色填充路径，如图19-443所示。

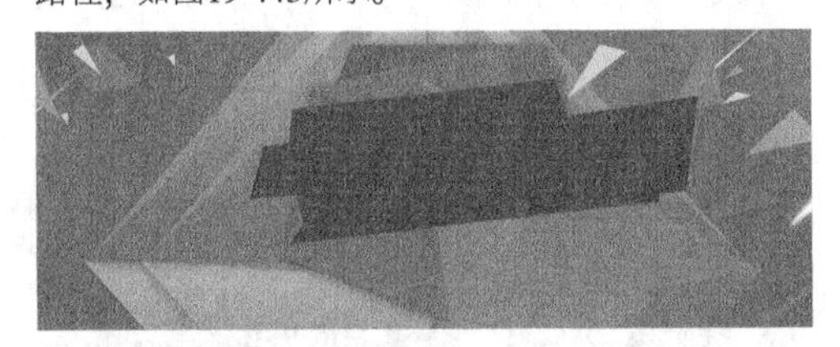

图19-443

03 执行“图层>图层样式>内投影”菜单命令，在打开的对话框中设置“不透明度”为74%，“距离”为3像素，“阻塞”为6%，“大小”为7像素，具体参数设置如图19-444所示。

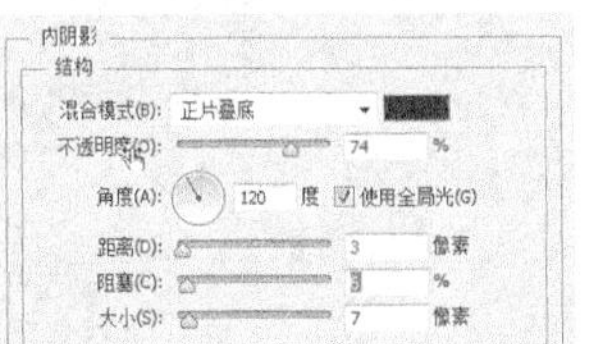

图19-444

04 在“图层样式”对话框中单击“投影”样式，然后设置“不透明度”为52%，“距离”为3像素，“大小”为11像素，具体参数设置如图19-445所示，效果如图19-446所示。

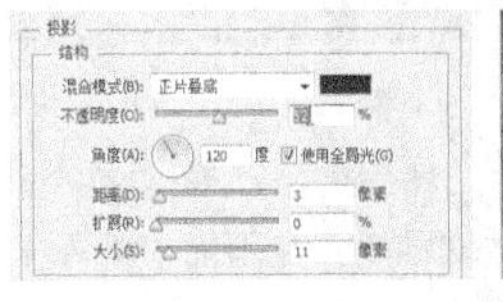

图19-445

图19-446

05 导入学习资源中的“素材文件>CH19>273-2.png和273-3.png”文件，然后调整大小和位置，效果如图19-447所示。

图19-447

06 选择“横排文字工具” ，然后在选项栏中设置字体为方正综艺简体，字体大小为100点，颜色为白色，接着在画面中输入文字，效果如图19-448所示。

图19-448

07 按快捷键Ctrl+T进入自由变换状态，然后适当调整文字的角度，如图19-449所示。

图19-449

08 选择“横排文字工具”，然后在选项栏中设置字体为方正正大黑简体，字体大小为31.3点，颜色为（R:255，G:210，B:1），接着在画面中输入文字，最后适当调整文字的角度，效果如图19-450所示。

图19-450

09 设置前景色为黑色，然后使用“横排文字工具”（字体：微软雅黑）在画面中输入文字，并适当调整文字的角度和大小，效果如图19-451所示。

图19-451

10 选择“椭圆工具”，然后在选项栏中设置绘图模式为“形状”，“填充”颜色为（R:234，G:97，B:0），接着在画面左上方绘制一个圆形，效果如图19-452所示。

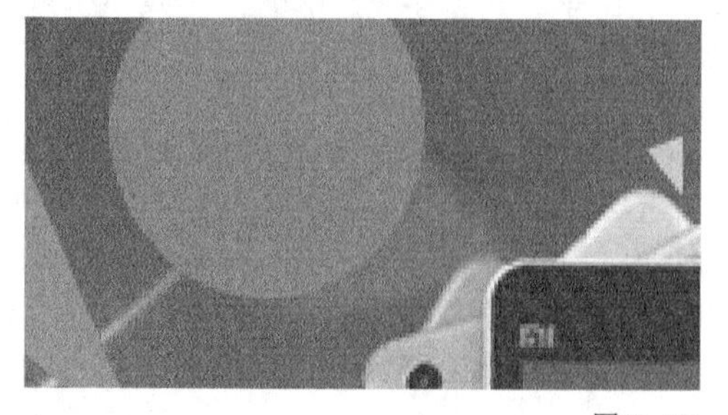

图19-452

11 执行“图层>图层样式>投影”菜单命令，打开“图层样式”对话框，然后设置“距离”为7像素，“大小”为17像素，具体参数设置如图19-453所示，效果如图19-454所示。

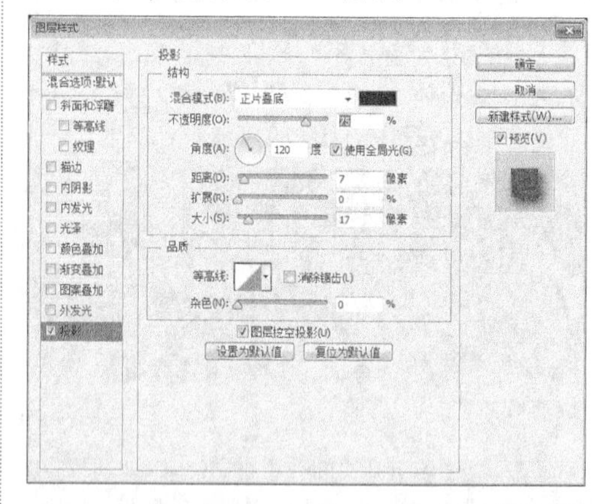

图19-453

图19-454

12 导入学习资源中的“素材文件>CH19>273-4.png和273-5.png”文件，然后调整位置和大小，最终效果如图19-455所示。

图19-455

第20章 店铺整体装修设计

本章关键实例导航

实例 274 ★★★★★ 数码店铺装修设计

» 视频文件：实例274 数码店铺装修设计.mp4

» 素材位置：素材文件>CH20>274-1.jpg、274-2.png、274-3.psd、274-4.png、274-5.jpg~274-10.jpg、274-11.png、274-12.png

» 实例位置：实例文件>CH20>实例274.psd

» 学习目标：掌握数码店铺装修的设计方法

本实例是为数码店铺设计和制作首页，因为是数码类的产品，要尽可能体现产品的科技感，所以在颜色上选取黑、白和灰这3种颜色作为页面的主色调，设计中心围绕着产品，以清晰明了的视觉效果来吸引顾客的注意。本实例最终效果如图20-1所示，版式结构如图20-2所示。

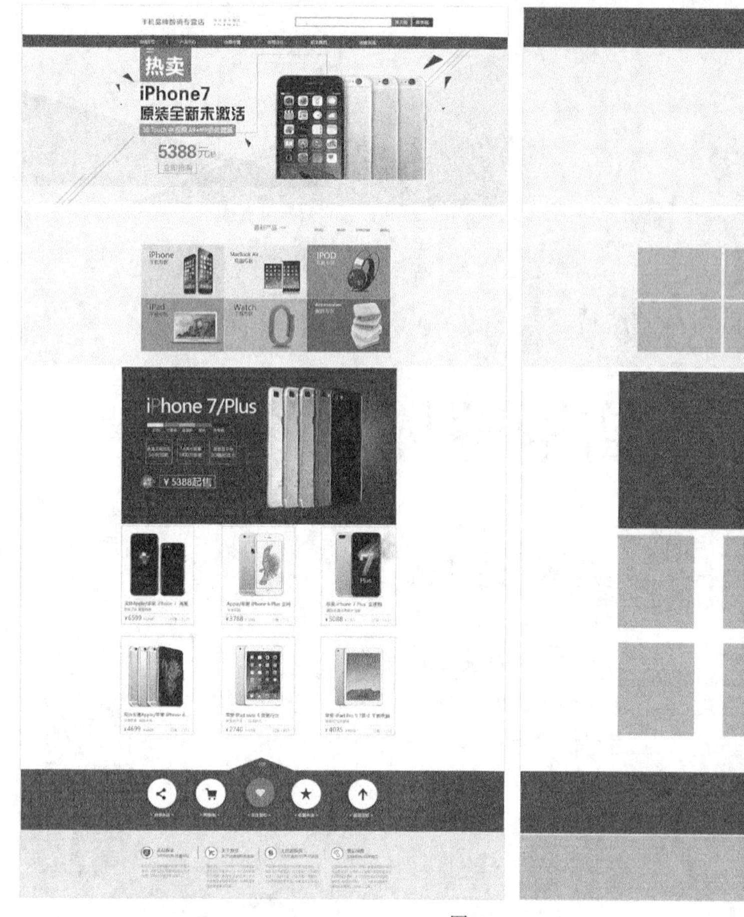

图20-1

图20-2

01 按快捷键Ctrl+N新建一个文件，然后选择“矩形工具”，接着在选项栏中设置“填充”颜色为（R:51，G:51，B:51），接着绘制一个矩形，如图20-3所示。

02 在选项栏中设置“填充”颜色为（R:196，G:0，B:0），然后继续使用“矩形工具”在图像中绘制一个矩形，效果如图20-4所示。

图20-3

图20-4

03 在选项栏中设置“填充”颜色为白色，“描边”颜色为（R:196，G:0，B:0），然后绘制一个矩形边框，效果如图20-5所示。

图20-5

04 使用“横排文字工具”输入相应的文字信息，效果如图20-6所示。

手机品牌数码专营店

图20-6

05 在选项栏中设置“填充”颜色为（R:71，G:73，B:85），然后使用“矩形工具”绘制一个矩形，效果如图20-7所示。

图20-7

06 使用“横排文字工具”输入相应的文字信息，然后使用“直线工具”在图像中绘制出合适的直线，效果如图20-8所示。

图20-8

07 导入学习资源中的“素材文件>CH20>274-1.jpg”文件，然后适当调整素材的大小和位置，如图20-9所示。

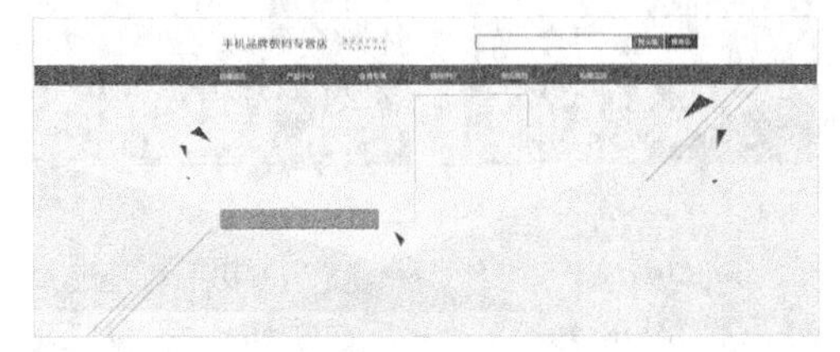

图20-9

08 继续导入学习资源中的“素材文件>CH20>274-2.png”文件，然后将素材放在画面的右侧，效果如图20-10所示。

图20-10

09 选择“矩形工具”，然后在选项栏中设置“填充”颜色为（R:248，G:76，B:74），接着绘制一个矩形，效果如图20-11所示。

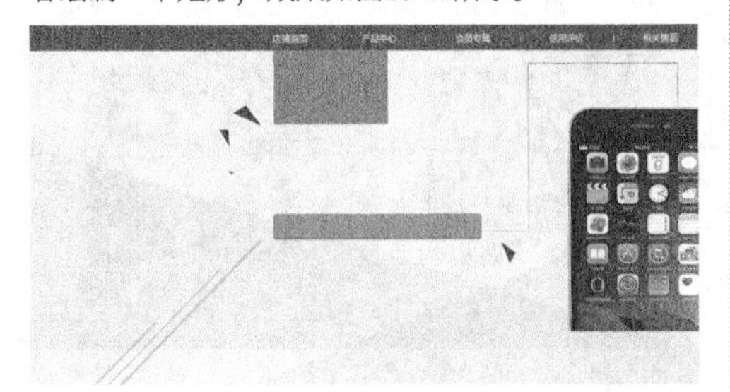

图20-11

10 使用“横排文字工具”输入相应的文字信息，然后使用“直线工具”在图像中绘制出合适的直线，效果如图20-12所示。

11 选择“矩形工具”，然后在选项栏中设置“填充”为无，“描边”颜色为（R:248，G:76，B:74），接着绘制一个矩形边框，效果如图20-13所示。

图20-12　　图20-13

12 使用“矩形工具”在绘图区域绘制出若干个大小相同的矩形，效果如图20-14所示。

图20-14

技巧与提示

矩形图形的“填充”颜色分别为（R:239，G:223，B:207）、（R:235，G:236，B:238）、（R:47，G:169，B:248）、（R:255，G:129，B:129）、（R:192，G:191，B:191）和（R:124，G:93，B:199）。

13 导入学习资源中的“素材文件>CH20>274-3.psd”文件，然后分别将素材放到合适的位置，效果如图20-15所示。

图20-15

14 使用“横排文字工具”输入相应的文字信息，效果如图20-16所示。

图20-16

15 选择“矩形工具”，然后在选项栏中设置“填充”颜色为（R:44，G:43，B:43），接着绘制出一个矩形边框，效果如图20-17所示。

图20-17

16 选择“画笔工具”，然后在选项栏中选择一款柔边笔刷，并设置“画笔大小”为432，“不透明度”为61%，“流量”为80%，如图20-18所示，接着在画面的右侧进行涂抹，效果如图20-19所示。

图20-18

图20-19

17 导入学习资源中的“素材文件>CH20>274-4.png”文件，然后适当调整素材的大小和位置，如图20-20所示。

18 按快捷键Ctrl+J复制出一个副本图层，然后单击“编辑>变换>垂直翻转”菜单命令，接着将其拖曳到手机的下方，如图20-21所示。

图20-20

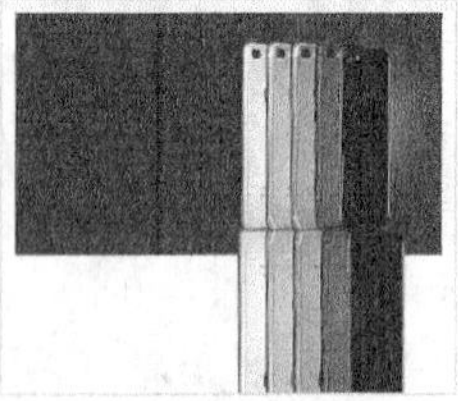

图20-21

19 为该图层添加一个“图层蒙版”，然后使用“渐变工具”在蒙版中从下到上填充线性渐变，效果如图20-22所示。

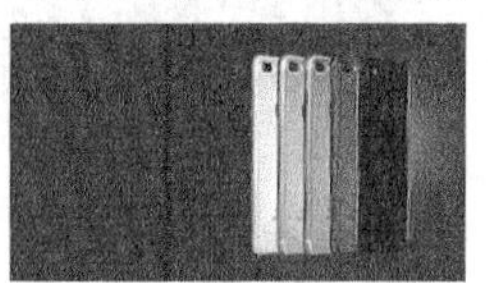
图20-22

20 使用“横排文字工具”输入相应的文字信息，效果如图20-23所示。

21 使用“矩形工具”按照手机的颜色绘制出颜色不一的5个矩形，效果如图20-24所示。

图20-23

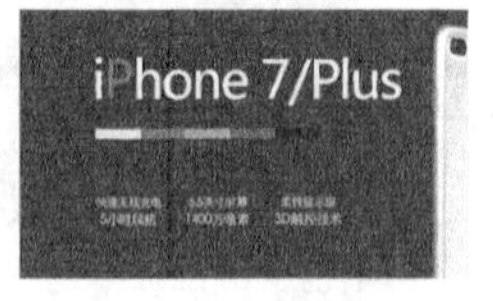

图20-24

22 选择“圆角矩形工具”，然后在选项栏中设置“描边”颜色为（R:160，G:160，B:160），“描边宽度”为0.75点，如图20-25所示，接着在文字区域绘制出3个的圆角矩形，效果如图20-26所示。

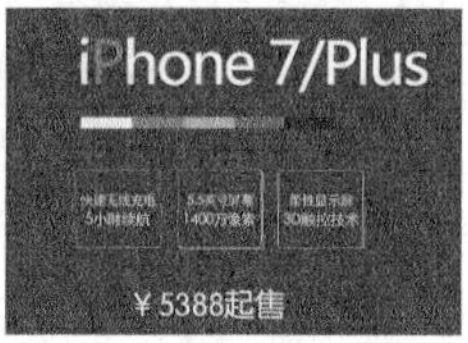

图20-25

图20-26

23 使用“椭圆工具”和“钢笔工具”绘制出购买按钮，然后使用“横排文字工具”输入文字信息，效果如图20-27所示。

24 使用“矩形工具”绘制出一个矩形框，以此来突出价格信息，效果如图20-28所示。

图20-27

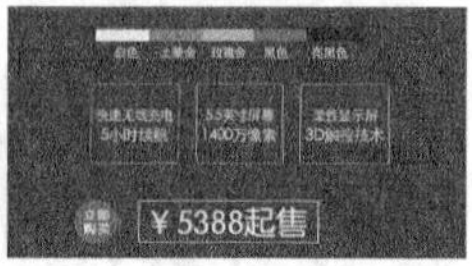

图20-28

25 继续使用“矩形工具”绘制出一个矩形，如图20-29所示，然后在选项栏中设置“填充”颜色为白色，接着再次绘制一个白色矩形，效果如图20-30所示。

图20-29

图20-30

26 导入学习资源中的“素材文件>CH20>274-5.jpg”文件，然后适当调整素材的大小和位置，如图20-31所示。

27 使用“横排文字工具”输入产品相应的价格及名称，效果如图20-32所示。

图20-31

图20-32

28 分别导入学习资源中的“素材文件> CH20>274-6.jpg~274-10.jpg”文件，然后调整好每个素材的大小和位置，接着使用“横排文字工具”[T]输入产品相应的价格及名称，效果如图20-33所示。

图20-33

29 导入学习资源中的“素材文件>CH20>274-11.png”文件，然后适当调整素材的大小和位置，如图20-34所示。

30 选择“椭圆工具”[◎]，然后在选项栏中设置“填充”颜色为白色，然后在图像中绘制一个圆形，效果如图20-35所示。

图20-34　　图20-35

31 执行“图层>图层样式>投影”菜单命令，在打开的对话框中设置“距离”为10像素，“大小”为25像素，如图20-36所示，效果如图20-37所示。

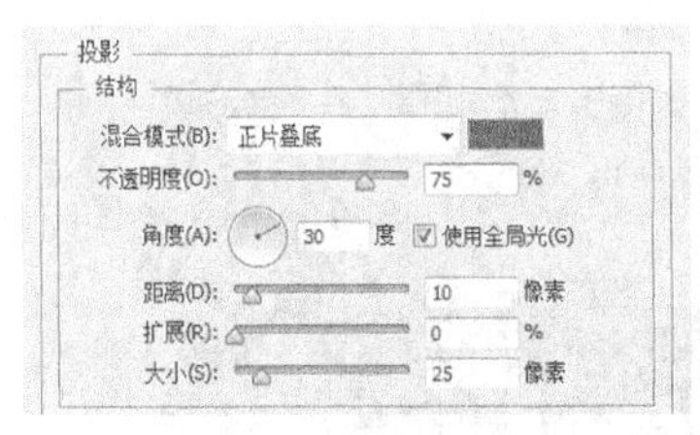

图20-36　　图20-37

32 按快捷键Ctrl+J复制出多个圆形，然后分别调整好位置，如图20-38所示。

33 在选项栏中设置“填充”颜色为（R:255，G:0，B:78），然后继续使用“椭圆工具”[◎]在图像中绘制一个圆形，效果如图20-39所示。

图20-38　　图20-39

34 选择“自定义形状工具”[✿]，然后在选项栏中单击[▾]图标，在“自定形状”拾色器中选择相应的图标，接着使用“横排文字工具”[T]输入相应的文字信息，效果如图20-40所示。

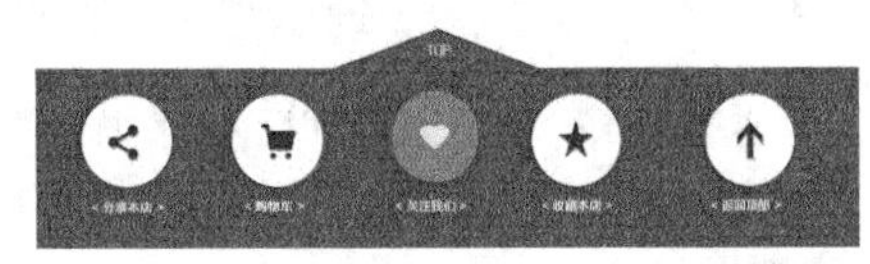

图20-40

35 导入学习资源中的“素材文件>CH20>274-12.png”文件，然后适当调整素材的大小和位置，接着在画面的最底部继续使用“横排文字工具”[T]输入相关注意事项，如图20-41所示，最终效果如图20-42所示。

图20-41

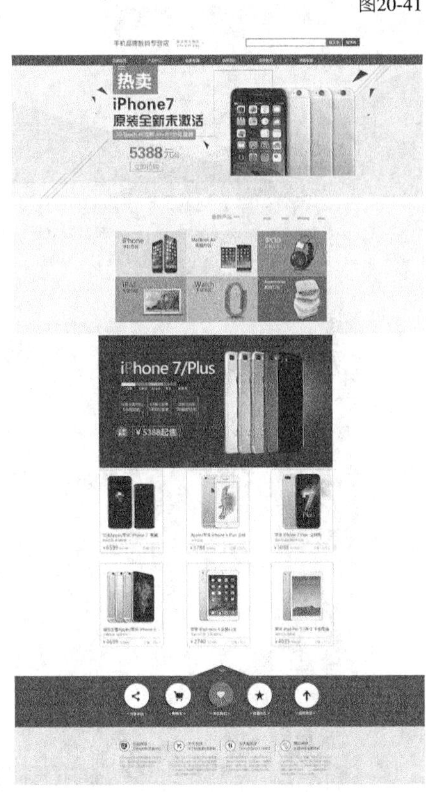

图20-42

实例275 ★★★★★ 婴儿服饰店铺装修设计

- 视频文件：实例275 婴儿服饰店铺装修设计.mp4
- 素材位置：素材文件>CH20>275-1.jpg、275-2.png、275-3.psd、275-4.psd、275-5.jpg~275-8.jpg、275-9.png、275-10.psd、275-11.png、275-12.jpg~275-18.jpg、275-19.png
- 实例位置：实例文件>CH20>实例275.psd
- 学习目标：掌握婴儿服饰店铺装修的设计方法

本实例是为婴儿服饰店铺设计和制作首页，整体以蓝色为主色调；在元素运用上使用了五角星等几何形状进行背景衬托，以此来表现母婴用品店铺的温馨风格。本实例最终效果如图20-43所示，版式结构如图20-44所示。

图20-43

图20-44

简约家居店铺装修设计

视频文件：实例278 简约家居店铺装修设计.mp4
实例位置：实例文件>CH20>实例278.psd
素材位置：素材文件>CH20>278-1.jpg~278-18.jpg、278-19.png
学习目标：掌握简约家居店铺装修的设计方法

本实例是为简约家居店铺设计和制作首页，整体排列元素秩序井然、简约大方；在产品配色上使用了较深的颜色，使首页视觉效果稳重大气，符合家居店铺的产品特征。本实例最终效果如图20-49所示，版式结构如图20-50所示。

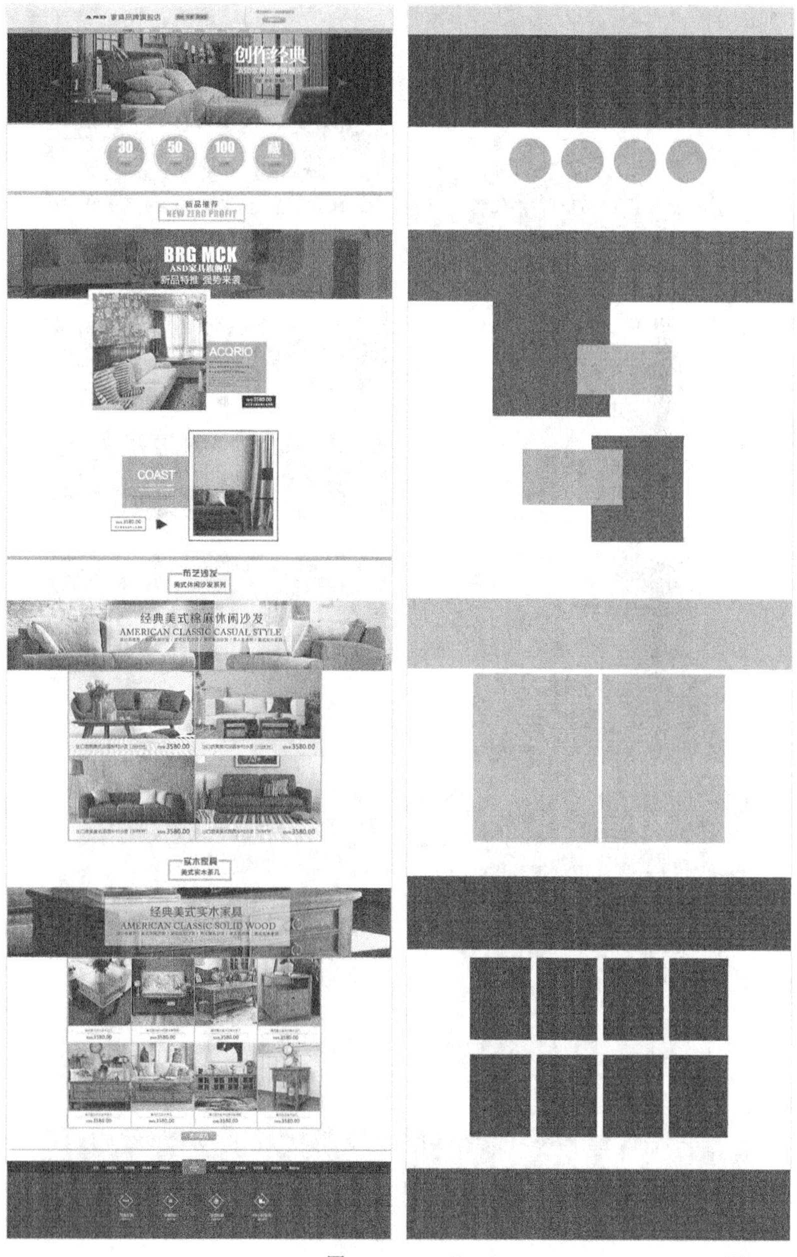

图20-49　图20-50

实例
279
★★★★★

暖色调坚果店铺装修设计

» 视频文件：实例279 暖色调坚果店铺装修设计.mp4

» 素材位置：素材文件>CH20>279-1.png~279-3.png、279-4.jpg、279-5.png、279-6.png、279-7.jpg、279-8.png、279-9.psd、279-10.png、279-11.png、279-12.jpg、279-13.png、279-14.jpg、279-15.png、279-16.jpg、279-17.png、279-18.jpg、279-19.png、279-20.png、279-21.jpg、279-22.png、279-23.png

» 实例位置：实例文件>CH20>实例279.psd

» 学习目标：掌握暖色调坚果店铺装修的设计方法

本实例是为坚果店铺设计和制作首页，整体以暖色调为主，呈现一种让人胃口大开的生动画面效果，灵活的配图和独特的排版方式营造出舒适的视觉效果。本实例最终效果如图20-51所示，版式结构如图20-52所示。

图20-51　　图20-52

时尚男装店铺装修设计

- 视频文件：实例280 时尚男装店铺装修设计.mp4
- 实例位置：实例文件>CH20>实例280.psd
- 素材位置：素材文件>CH20>280-1.jpg~280-3.jpg、280-4.png、280-5.jpg~280-12.jpg、280-13.png、280-14.psd~280-16.psd
- 学习目标：掌握时尚男装店铺装修的设计方法

本实例是为时尚男装店铺设计和制作首页，选用了店铺最新产品作为主图，搭配深色的背景，形成黑白色的鲜明对比，3个产品分类区域采用了不规则的排列顺序，使页面达到简洁大方的视觉效果。本实例最终效果如图20-53所示，版式结构如图20-54所示。

图20-53 图20-54

多彩女装店铺装修设计

- 视频文件：实例281 多彩女装店铺装修设计.mp4
- 素材位置：素材文件>CH20>281-1.jpg、281-2.png~281-6.png、281-7.jpg~281-10.jpg、281-11.png、281-12.jpg~281-22.jpg
- 实例位置：实例文件>CH20>实例281.psd
- 学习目标：掌握多彩女装店铺装修的设计方法

本实例是为多彩女装店铺设计和制作首页，在设计时考虑到产品多数为夏装新品，想体现出清爽阳光的页面效果，因而在颜色搭配上也尽可能选取多颜色进行呼应。本实例最终效果如图20-55所示，版式结构如图20-56所示。

图20-55　　图20-56